Otto Mildenberger

Entwurf analoger und digitaler Filter

Otto Mildenberger

Entwurf analoger und digitaler Filter

Mit 249 Bildern, 6 Tabellen und 64 Beispielen

Das in diesem Buch enthaltene Programm-Material ist mit keiner Verpflichtung oder Garantie irgendeiner Art verbunden. Der Autor übernimmt infolgedessen keine Verantwortung und wird keine daraus folgende oder sonstige Haftung übernehmen, die auf irgendeine Art aus der Benutzung dieses Programm-Materials oder Teilen davon entsteht.

Der Verlag Vieweg ist ein Unternehmen der Verlagsgruppe Bertelsmann International.

Umschlaggestaltung: Hanswerner Klein, Leverkusen
Druck und buchbinderische Verarbeitung: W. Langelüddecke, Braunschweig
Gedruckt auf säurefreiem Papier
Printed in Germany

ISBN 3-528-06430-7

Vorwort

Der Entwurf und die Realisierung elektrischer Filter gehört zu den grundlegenden Aufgaben der Elektrotechnik. Der Einsatzbereich elektrischer Filterschaltungen geht von extrem niedrigen Frequenzen (Anwendungen in der Energietechnik) bis in den Mikrowellenbereich. Entsprechend vielfältig sind daher auch die Filtertechnologien und Entwurfsverfahren. In diesem Buch werden wichtige Entwurfsmethoden für analoge Filter mit konzentrierten Bauelementen und für zeit-diskrete/digitale Filterschaltungen behandelt. Die hier besprochenen Syntheseverfahren für die analogen Schaltungen gehen stets von idealisierten Bauelementen aus (verlustlose Induktivitäten, Kapazitäten, ideale Operationsverstärker). Nach dem Entwurf muß dann getrennt untersucht werden, wie sich z.B. Verluste auf das Übertragungsverhalten auswirken und ob ggf. eine Modifizierung der Entwurfsvorschriften nötig ist. Auf diese Weise können Filter im Bereich von 50 Hz bis 50 MHz (aktive Filter bis ca. 300 kHz) entworfen werden.

Beim Entwurf für digitale Filter werden ebenfalls ideale Bauelemente vorausgesetzt. Fehler, die durch das Rechnen mit Zahlen endlicher Stellenzahl entstehen, müssen nachträglich ermittelt werden. Digitale Filter können vorwiegend bei niedrigen Frequenzen wirtschaftlich eingesetzt werden.

Zum Verständnis des Stoffes werden solide Kenntnisse der Grundlagen der Elektrotechnik vorausgesetzt. Ferner Kenntnisse aus dem Bereich der Elektronik und der Systemtheorie, wie sie in der Regel bei Studenten im 2. Teil des Hauptstudiums Elektrotechnik vorausgesetzt werden können. Im Bereich Mathematik dürfte der im Grundstudium vermittelte Stoff ausreichen, Kenntnisse über Funktionentheorie werden nicht vorausgesetzt. Ungeachtet dieser Voraussetzungen, werden an vielen Stellen Grundlagen nochmals wiederholt oder auf geeignete Literatur verwiesen.

Das Buch gliedert sich in sieben Abschnitte und einen Anhang. Im 1. Abschnitt erhält der Leser einen Überblick über die Aufgaben von Filtern und deren prinzipielle Realisierungsmöglichkeiten. Der Abschnitt 1.3 über die Normierung ist auf jeden Fall zu lesen, weil auf die dort mitgeteilten Ergebnisse ständig zurückgegriffen wird. Dem Leser wird auch empfohlen, den Abschnitt 2 über die Pol-Nullstellenschemata gründlich durchzuarbeiten. Die hier vermittelten Grundlagen sind eine notwendige Voraussetzung zum Verständnis des Stoffes in den Folgeabschnitten. Der Abschnitt 3 befaßt sich mit der Zweipolsynthese, dabei liegt der Schwerpunkt auf der Synthese von Reaktanzzweipolen. Der hier vermittelte Stoff ist eine wichtige Grundlage zum Verständnis der im 4. Abschnitt besprochenen Methoden über die Synthese passiver Zweitorschaltungen.

Der Abschnitt 5 befaßt sich mit der Realisierung von speziellen Übertragungscharakteristiken durch passive Schaltungen. Besprochen wird hier u.a. der Entwurf von Tief-, Hochpässen, Bandpässen und Bandsperren. Der Stoff baut auf Ergebnisse früherer Abschnitte auf, trotzdem kann der 5. Abschnitt unabhängig von den anderen gelesen werden, wenn der Leser über ausreichend gute Vorkenntnisse verfügt und ggf. die Hinweise auf Ergebnisse der früheren Abschnitte beachtet.

Auch der 6. Abschnitt über die Synthese aktiver Filter kann zu einem größeren Teil ohne vorherige Durcharbeitung der früheren Abschnitte durchgelesen werden. Dies gilt besonders für die einleitenden Abschnitte 6.1 und 6.2 und auch für die im Abschnitt 6.4 besprochenen Synthesemethoden von aktiven Kaskadenfiltern.

Der etwas umfangreichere 7. Abschnitt befaßt sich mit digitalen bzw. zeitdiskreten Filtern. Hier setzt besonders der Stoff in den Abschnitten 7.2 und 7.4 Kenntnisse über die in dem Abschnitt 4.4 behandelten Synthesemethoden passiver Filter voraus. Die anderen Abschnitte sind weitgehend auch für Leser zugänglich, die die früheren Abschnitte (noch) nicht gelesen haben.

Bei der Darstellung wurde großer Wert auf eine gute Verständlichkeit gelegt, die das Buch auch für das Selbststudium geeignet machen soll. Zum guten Verständnis sollen besonders die zahlreichen voll durchgerechneten Entwurfsbeispiele dienen. Beweise werden oft nur skizziert, häufig treten Plausibilitätserklärungen und Erläuterungen an die Stelle einer exakten Beweisführung.

Das zu diesem Buch erhältliche Programm soll den Leser bei der Einarbeitung in die Filtertechnik unterstützen. Das Programm ist auch als Lernprogramm konzipiert. Der Benutzer kann an vielen Stellen den Entwurfsverlauf selbst steuern und dadurch gut nachvollziehen. Der Anhang enthält eine Programmbeschreibung. An vielen Stellen im Text wird zusätzlich auf die Einsatzmöglichkeit des Programmes hingewiesen. Es soll aber ausdrücklich erwähnt werden, daß zum Verständnis des Stoffes in diesem Buch der Einsatz des Programmes nicht erforderlich ist, es bietet lediglich eine zusätzliche Unterstützung.

Besonderen Dank schulde ich meiner Frau, die den größten Teil der Schreibarbeiten übernommen hat. Dem Verlag danke ich für die angenehme Zusammenarbeit.

Mainz, im September 1991 Otto Mildenberger

Inhaltsverzeichnis

Verzeichnis der wichtigsten Formelzeichen

$\mathbf{A}$	Kettenmatrix
$A(\omega)$	Dämpfungsfunktion
A_D, A_S	Durchlaßdämpfung, Sperrdämpfung
$B(\omega)$	Phasenverlauf
$\delta(t), \delta(n)$	Dirac-Impuls, Einheitsimpuls
$E[\,]$	Erwartungswert
f, ω	Frequenz, Kreisfrequenz
f_g, f_s	Grenzfrequenz, Sperrfrequenz
$g(t), g(n)$	Impulsantwort eines kontinuierlichen und zeitdiskreten Systems
$G(j\omega)$	Übertragungsfunktionen
$G(s), G(z)$	Systemfunktionen (Übertragungsfunktionen)
Q	Güte oder Quantisierungsstufe
$s = \sigma + j\omega$	komplexe Frequenzvariable mit Real- und Imaginärteil
σ	Standardabweichung
$\mathbf{S}$	Streumatrix
$\mathbf{S}_{11}$	Reflektanz
$\mathbf{S}_{21}$	Transmittanz, Betriebsübertragungsfunktion
t, n	kontinuierliche und diskrete Zeitvariable
T	Periode, Abtastintervall
T_G	Gruppenlaufzeit
$w(t), w(n)$	Fensterfunktionen
$x(t), x(n)$	kontinuierliches, zeitdiskretes Eingangssignal
$y(t), y(n)$	kontinuierliches, zeitdiskretes Ausgangssignal
$Y(s)$	Admittanzfunktion
z	komplexe Frequenzvariable bei zeitdiskreten Systemen
$Z(s)$	Impedanzfunktion
O—	Korrespondenzsymbol

1. Einführung

1.1 Aufgaben der Netzwerktheorie

Bei der Netzwerkanalyse wird untersucht, wie sich ein vorgegebenes Netzwerk verhält. Eine typische Aufgabe ist die Ermittlung einer Netzwerkreaktion auf ein vorgegebenes Eingangssignal. Die Aufgabe der Netzwerksynthese besteht umgekehrt darin, ein Netzwerk zu entwerfen, das auf ein bestimmtes Eingangssignal, oder auf eine Klasse von Eingangssignalen, in vorgeschriebener Art reagiert.

Der Begriff "Netzwerk" ist dabei sehr weit zu fassen. Es kann sich dabei einmal um konventionelle Netzwerke aus Widerständen, Induktivitäten, Kapazitäten und Übertragern (RLCÜ-Netzwerke) handeln, aber auch um aktive Netzwerke und ebenso um zeitdiskrete Realisierungen. Während die (eigentliche) Syntheseaufgabe bei RLCÜ-Realisierungen beendet ist, wenn die Schaltungsstruktur und die Bauelementewerte festliegen, kann bei einer digitalen Realisierung die Syntheseaufgabe darin bestehen, ein Programm für den zum Einsatz vorgesehenen Signalprozessor zu entwickeln.

Häufig werden die durch die Synthese gewonnenen Schaltungen auch als Filter bezeichnet, und man verwendet den Begriff "Filtersynthese" anstelle der allgemeineren Bezeichnung Netzwerksynthese.

Zur Erklärung des Begriffs Filter betrachten wir die Anordnung nach Bild 1.1. Dort ist ein (lineares) System mit dem Eingangssignal $x(t) = u_1(t) + u_2(t)$ dargestellt. Das System reagiert auf $u_1(t)$ mit $v_1(t)$ und auf $u_2(t)$ mit $v_2(t)$, so daß das Ausgangssignal $y(t) = v_1(t) + v_2(t)$ lautet. Die Filteraufgabe kann nun so beschrieben werden, daß das System (die Filterschaltung) eine möglichst gute Trennung der Signalanteile durchführt. Der "unerwünschte" Signalanteil $u_2(t)$ soll "herausgefiltert" werden, so daß der erwünschte Signalanteil $u_1(t)$ alleine übrigbleibt. Optimal wäre diese Aufgabe gelöst, wenn das System auf das Eingangssignal $x(t) = u_1(t) + u_2(t)$ mit $y(t) = u_1(t)$ oder auch $y(t) = ku_1(t - t_0)$ reagieren würde. Dies würde bedeuten, daß das System die erwünschte Signalkomponente vollständig durchläßt (bzw. verzerrungsfrei überträgt: $v_1(t) = ku_1(t - t_0)$) und die unerwünschte Signalkomponente $u_2(t)$ vollständig unterdrückt (herausfiltert).

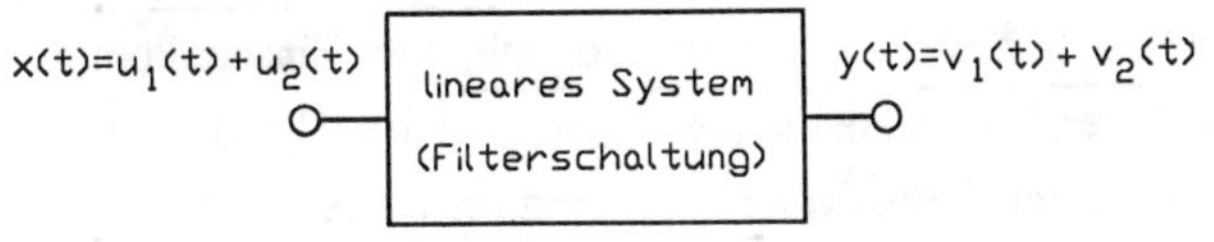

$x(t)=u_1(t)+u_2(t)$

lineares System

(Filterschaltung)

$y(t)=v_1(t)+v_2(t)$

Bild 1.1
Erklärung zum Begriff Filter

Die geschilderte Aufgabe kann dann relativ problemlos gelöst werden, wenn sich die Spektren $U_1(j\omega)$ und $U_2(j\omega)$ der Signalkomponenten $u_1(t)$ und $u_2(t)$ nicht "überlappen". Dies bedeutet, daß es keinen Frequenzbereich gibt, in dem die Frequenzen von $u_1(t)$ und $u_2(t)$ gemeinsam auftreten. Eine Trennung der Signale kann dann durch den Einsatz geeigneter Tief-, Hoch-, Bandpässe sowie Bandsperren erfolgen. Wenn beispielsweise ein Fernsprechsignal $u_1(t)$ (Frequenzbereich bis 3400 Hz) von einer sinusförmigen Störung $u_2(t) = \hat{u}_2 \sin(\omega_0 t)$ mit einer Frequenz f_0 oberhalb von 3,4 kHz getrennt werden soll, benötigt man einen Tiefpaß mit einer Grenzfrequenz, die oberhalb von 3,4 kHz und unterhalb von f_0 liegt. Bei Frequenzmultiplexsystemen werden einzelne Kanäle von den anderen durch geeignete Bandpässe getrennt.

Schwieriger sind die Verhältnisse, wenn sich die Spektren der Signalanteile $u_1(t)$ und $u_2(t)$ überlappen, weil dann ein "Wegfiltern" des unerwünschten Signalanteiles durch einfache frequenzselektive Filter nicht mehr möglich ist. In solchen Fällen kommt es darauf an, den unerwünschten Signalanteil $v_2(t)$ am Systemausgang gegenüber der erwünschten Systemreaktion $v_1(t)$ möglichst klein zu machen. Beispiele für Filter mit solchen Anforderungen sind das optimale Suchfilter (matched filter) und auch das Wienersche Optimalfilter.

Neben Aufgaben der Filtersynthese, wie sie mit Hilfe des Bildes 1.1 beschrieben werden, gibt es auch noch andere Aufgabenstellungen, bei denen eine Signaltrennung (Filterung) nicht im Vordergrund steht. Als Beispiel wird die Synthese von Entzerrerschaltungen genannt. Bei Entzerrern handelt es sich um Netzwerke deren Übertragungsfunktionen so festgelegt werden, daß, zusammen mit einer Übertragungsstrecke, ein konstanter Dämpfungsverlauf und eine konstante Gruppenlaufzeit entsteht. Zur Entzerrung der Phase bzw. der Gruppenlaufzeit verwendet man Allpässe, die eine frequenzunabhängige Dämpfung aufweisen.

1.2 Realisierungsmöglichkeiten von Filtern

Filterschaltungen haben ein Einsatzgebiet, das von 0 Hz bis in den hohen Gigahertzbereich reicht. Das bedingt Realisierungen in den unterschiedlichsten Technologien (siehe z.B. [Ri]). Konventionelle RLCÜ-Filter können im Bereich von etwa 50 Hz bis ca. 50 MHz realisiert werden, aktive RC-Filter hingegen nur bis etwa 300 kHz. Im Bereich oberhalb 100 MHz sind Realisierungen mit konzentrierten Bauelementen nicht mehr möglich, zum Einsatz kommen dann Streifenleitungsfilter und Hohlleiter. Die untere Frequenzgrenze bei den RLCÜ-Filtern ist hauptsächlich darin begründet, daß die Realisierung von hinreichend verlustfreien Spulen (und Übertragern) bei niedrigen Frequenzen sehr aufwendig ist. Soll eine Spule bei einer niedrigen

Frequenz f_0 (z.B. $f_0 = 1$ Hz) noch eine hinreichend große Güte $Q = 2\pi f_0 L/R$ aufweisen (z.B. $Q > 100$), dann muß der Verlustwiderstand R sehr klein sein und dies erfordert einen großvolumigen (und teuren) Aufbau.

Im Bereich sehr niedriger Frequenzen sind digitale Filter besonders wirtschaftlich, weil die Geschwindigkeitsanforderungen an die digitalen Bausteine dort gering sind. Das Einsatzgebiet digitaler Filter ist aber nicht nur auf den Bereich sehr niedriger Frequenzen beschränkt, derzeit sind auch schon Realisierungen im MHz-Bereich möglich. Wie die digitalen Filter, gehören auch die SC-Filter (Schalter-Kondensator-Filter) zur Klasse der zeitdiskreten Realisierungen. SC-Filter können im Frequenzbereich von 10 Hz bis in den MHz-Bereich eingesetzt werden.

Neben der Klassifizierung nach Frequenzbereichen, gibt es zahlreiche andere Beurteilungskriterien für Filtertechnologien. Besonders wichtig ist der Einfluß von Bauelemententoleranzen auf die gewünschte Netzwerksfunktion (Empfindlichkeiten). Große Empfindlichkeiten erfordern die Verwendung teurer Bauelemente mit engen Toleranzen. Als besonders günstig erweisen sich verlustfreie LC-Zweitore, die in Widerstände "eingebettet" sind. Günstige Eigenschaften weisen auch all die Strukturen auf, die diese LC-Filter nachbilden bzw. simulieren (z.B. Leapfrog Strukturen oder Wellendigitalfilter). Deutlich ungünstiger sind Kaskadenstrukturen, die meist aus Teilfiltern 1. und 2. Grades bestehen. Der Unterschied der Empfindlichkeiten zwischen verschiedenen Bauformen kann ganz erheblich sein und sogar mehrere Größenordnungen umfassen. Das kann bedeuten, daß in einem Filter 1%-ige Bauelemente erforderlich sind und bei anderen Realisierungsverfahren 0,1%-ige oder noch genauere.

Zum Abschluß dieser einleitenden Bemerkungen soll in der Tabelle 1.1 ein (nicht vollständiger) Überblick über Realisierungsmöglichkeiten von Filtern mit konzentrierten Bauelementen angegeben werden. Alle in dem Bild angegebenen Filterstrukturen werden in diesem Buch angesprochen.

Analoge Filter			Zeitdiskrete Filter		
passiv	aktiv		wertekont.	digital	
RLCÜ-Netzwerke	Kaskaden-Strukturen	Simulations-Strukturen	SC-Filter	Kaskaden-Strukturen	Simulations-Strukturen

Tabelle 1.1 *Überblick über Filterarten*

1.3 Normierung

In Grundlagenfächern, z.B. einer Einführung in die Elektrotechnik, wird üblicherweise Wert darauf gelegt, daß jede physikalische Größe als Produkt von Zahlenwert und Einheit in die zur Berechnung benutzten Gleichungen (Größengleichungen) eingesetzt wird. Auf diese Weise kann das Ergebnis durch eine Kontrolle der Einheiten zusätzlich überprüft werden. In der System- und Netzwerktheorie erweist sich jedoch das Rechnen mit normierten (dimensionslosen) Größen als nützlich. Dafür gibt es zwei Gründe.

1. Die in Netzwerken üblicherweise auftretenden Bauelementewerte unterscheiden sich meist um viele Größenordnungen (z.B. 10^6 Ohm, 10^{-9} F). Auch die bei einem Netzwerk relevanten Frequenzen können viele Größenordnungen überstreichen. Eine (sinnvolle) Normierung führt hier auf Zahlenwerte, die in einer gleichen Größenordnung liegen und mit denen einfacher gerechnet werden kann.
2. Die mit der Normierung gewonnenen Ergebnisse können durch eine entsprechende Entnormierung auch für andere Anwendungsfälle verwendet werden.

Diese Aussagen werden bei dem Beispiel zum Schluß des Abschnittes demonstriert.

In diesem Abschnitt bezeichnen wir wirkliche dimensionsbehaftete Größen mit dem Index "w", die normierten Größen mit dem Index "n", der Index "b" bezeichnet die (dimensionsbehafteten) Bezugsgrößen.

Wenn ω_b die Bezugskreisfrequenz ist, dann ist

$$\omega_n = \frac{\omega_w}{\omega_b} = \frac{2\pi f_w}{2\pi f_b} = \frac{f_w}{f_b} = f_n \tag{1.1}$$

die normierte Frequenz. Wir erkennen aus dieser Beziehung, daß eine Unterscheidung zwischen der Kreisfrequenz ω_n und der Frequenz f_n bei den normierten Größen nicht mehr nötig ist.

Alle Impedanzen eines Netzwerkes werden auf einen reellen Bezugswiderstand $R_b > 0$ bezogen, damit erhalten wir die normierte Impedanz

$$Z_n = \frac{Z_w}{R_b}. \tag{1.2}$$

Mit den beiden Gleichungen 1.1 und 1.2 gewinnen wir die in der Tabelle 1.2 zusammengestellten Beziehungen für die Bauelemente R, L, C. Die ganz rechte Spalte in dieser Tabelle enthält die Beziehungen zur Entnormierung der Bauelemente.

wirkliches Bauelement	wirkliche Impedanz	normierte Impedanz	normiertes Bauelement	Entnormierung
R_w	R_w	$\frac{R_w}{R_b}$	$R_n = \frac{R_w}{R_b}$	$R_w = R_n R_b$
L_w	$j\omega_w L_w$	$\frac{j\omega_w L_w}{R_b} = j\omega_n \frac{\omega_b L_w}{R_b}$	$L_n = \frac{\omega_b L_w}{R_b}$	$L_w = L_n \frac{R_b}{\omega_b}$
C_w	$\frac{1}{j\omega_w C_w}$	$\frac{1}{j\omega_w C_w R_b} = \frac{1}{j\omega_n \omega_b C_w R_b}$	$C_n = \omega_b C_w R_b$	$C_w = \frac{C_n}{\omega_b R_b}$

***Tabelle 1.2** Gleichungen zur Normierung und Entnormierung von Bauelementen*

Wir beziehen nun weiterhin alle Spannungen in einem Netzwerk auf eine (beliebige) Bezugsspannung U_b und die Ströme auf den Bezugsstrom $I_b = U_b/R_b$:

$$U_n = \frac{U_w}{U_b}, \quad I_n = \frac{I_w}{I_b} \text{ mit } \frac{U_b}{I_b} = R_b. \tag{1.3}$$

Falls wir bei den Netzwerken eine Übertragungsfunktion $G_w = U_{2w}/U_{1w}$ mit der Ursache U_{1w} und der Wirkung U_{2w} ermitteln wollen, so erhalten wir mit normierten und mit nicht normierten Größen das gleiche Ergebnis:

$$G_w = \frac{U_{2w}}{U_{1w}} = \frac{U_{2n} \cdot U_b}{U_{1n} \cdot U_b} = \frac{U_{2n}}{U_{1n}} = G_n = G.$$

Anders ist dies, wenn Ursache und Wirkung nicht beide Spannungen (oder beide Ströme) sind. Ist die Ursache z.B. ein Strom und die Wirkung eine Spannung, so gilt

$$G_w = \frac{U_{2w}}{I_{1w}} = \frac{U_{2n} \cdot U_b}{I_{1n} \cdot I_b} = \frac{U_{2n}}{I_{1n}} \cdot \frac{U_b}{I_b} = R_b \frac{U_{2n}}{I_{1n}} = R_b \cdot G_n.$$

Die sich aus den normierten Größen ergebende Übertragungsfunktion $G_n = U_{2n}/I_{1n}$ ergibt mit dem Bezugswiderstand R_b multipliziert die wirkliche Übertragungsfunktion G_w, die ja die Dimension eines Widerstandes aufweist.

Als letzte zu normierende Größe bleibt die Zeit übrig. Wenn man z.B. ein Signal $\sin(\omega t)$ betrachtet, dann muß das (dimensionslose) Produkt ωt sicherlich im normierten und auch im nicht normierten Fall gleich groß sein. Dies bedeutet $\omega_w \cdot t_w = \omega_n \cdot t_n$ und dann folgt

$$t_n = \frac{\omega_w}{\omega_n} t_w = \omega_b \cdot t_w, \tag{1.4}$$

die Bezugszeit hat also den Wert $t_b = 1/\omega_b$. Falls beispielsweise in einer Filtertabelle (siehe z.B. [Zv]) angegeben ist, daß die Gruppenlaufzeit eines Tiefpasses (mit einer Grenzfrequenz von 10 kHz) im Durchlaßbereich den normierten Wert 3 aufweist, so bedeutet dies einen wirklichen Wert

$$T_{Gw} = \frac{T_{Gn}}{\omega_b} = \frac{T_{Gn}}{2\pi f_g} = \frac{3}{2\pi \cdot 10^4} \approx 48\ \mu s.$$

Eine Zusammenstellung und einen Überblick über die besprochenen Normierungsbeziehungen zeigt die Tabelle 1.3.

Symbol	Bezeichnung	Bemerkung
$R_n = R_w/R_b$	normierter Widerstand	$R_b > 0$ (reell), Bezugswiderstand
$\omega_n = \omega_w/\omega_b = f_w/f_b$	normierte Frequenz	ω_b, f_b Bezugskreisfrequenz, Bezugsfrequenz
$L_n = \omega_b L_w/R_b$	normierte Induktivität	
$C_n = \omega_b C_w R_b$	normierte Kapazität	
$U_n = U_w/U_b$	normierte Spannung	$U_b > 0$ (reell), Bezugsspannung
$I_n = I_w/I_b$	normierter Strom	$I_b = U_b/R_b$ Bezugsstrom
$t_n = t_w/t_b = t_w\omega_b$	normierte Zeit	$t_b = 1/\omega_b$ Bezugszeit

***Tabelle 1.3** Zusammenstellung der normierten Größen*

Hinweise:

1. Stellt man die Übertragungsfunktion in der Form

$$G(j\omega) = |G(j\omega)| \cdot e^{-jB(\omega)}$$

dar, so ist die Gruppenlaufzeit die Ableitung der Phase $B(\omega)$ nach der Kreisfrequenz, also

$$T_G = \frac{dB(\omega)}{d\omega}.$$

T_G ist ein Maß für die Verzögerungszeit, die ein Signal durch eine Filterschaltung erfährt.

2. Die Bezugsfrequenz bei Tiefpässen ist üblicherweise die Grenzfrequenz.

Beispiel

Das Bild 1.2 zeigt im linken Teil eine (Tiefpaß-) Schaltung, rechts ist der Betrag der Übertragungsfunktion $|G| = |U_2/U_0|$ dieser Schaltung skizziert. Offenbar handelt es sich um einen Tiefpaß mit der Grenzfrequenz $f_{gw} = 10$ kHz und der Sperrfrequenz $f_{sw} = 15$ kHz. Bis zur Grenzfrequenz liegt die Übertragungsfunktion im Bereich von 0,98 - 1, oberhalb der Sperrfrequenz gilt $|G| \leq 0{,}14$. Der Tiefpaß hat eine Durchlaßdämpfung $A_D = -20\, lg\, 0{,}98 = 0{,}17$ dB und eine Sperrdämpfung von $A_S = -20\, lg\, 0{,}14 = 17$ dB. Bei der Resonanzfrequenz

$$f_{rw} = \frac{1}{2\pi} \frac{1}{\sqrt{L_{2w} C_{2w}}} = \frac{1}{2\pi\sqrt{10{,}94\, 10^{-3} \cdot 8{,}32\, 10^{-9}}} = 16{,}682 \text{ kHz}$$

des Parallelschwingkreises (kurz oberhalb der Sperrfrequenz) hat die Übertragungsfunktion eine Nullstelle (siehe Verlauf von $|G|$ rechts im Bild 1.2). Man beachte hierbei die Durchnumerierung der Bauelemente entsprechend der Zweigzahl der LC-Abzweigschaltung.

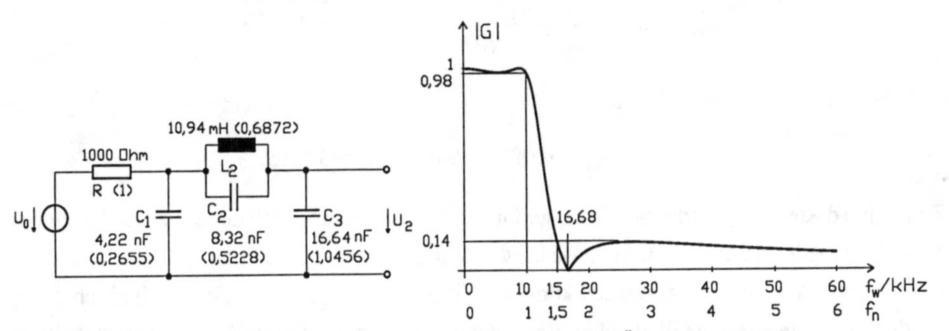

***Bild 1.2** Zu normierende Schaltung und der Verlauf des Betrages seiner Übertragungsfunktion*

Zur Normierung der Schaltung benötigen wir einen Bezugswiderstand R_b und eine Bezugsfrequenz f_b. Wir wählen $R_b = 1000$ Ohm, da dann der Widerstand in dem Netzwerk den normierten Wert 1 annimmt (die normierten Bauelementewerte sind in Klammern angegeben). Die Wahl der Bezugsfrequenz ist oft etwas problematischer. In unserem Fall wählen wir $f_b = 10000$ Hz, dann hat die normierte Grenzfrequenz der Schaltung den Wert 1, die normierte Sperrfrequenz den Wert 1,5 (siehe die 2. Bezifferung der Frequenzachse im Bild 1.2).

Mit diesen Bezugsgrößen ($R_b = 1000$ Ohm, $f_b = 10000$ Hz) erhalten wir die folgenden normierten Bauelementewerte (siehe 4. Spalte von Tabelle 1.2):

$$C_{1n} = C_{1w}\omega_b R_b = 0{,}2655, \quad C_{2n} = C_{2w}\omega_b R_b = 0{,}5228,$$

$$L_{2n} = \omega_b L_{2w}/R_b = 0.6872, \quad C_{3n} = C_{3w}\omega_b R_b = 1{,}0456.$$

Im vorliegenden Fall konnte schnell ein sinnvoller Wert für die Bezugsfrequenz f_b gefunden werden, da der Verlauf des Betrages der Übertragungsfunktion bekannt war. Falls solche Zusatzinformationen nicht vorliegen, wird man ω_b so festlegen, daß die Werte der Impedanzen in der Schaltung bei ω_b die gleiche Größenordnung wie die Ohmschen Widerstände aufweisen. Man könnte also setzen $\omega_b L_{2w} = R = R_b$ und würde damit eine normierte Induktivität $L_{2n} = 1$ erhalten und eine Bezugskreisfrequenz $\omega_b = R_b/L_{2w} = 1000/0{,}01094 = 91407{,}65\ \mathrm{s}^{-1}$, bzw. eine Bezugsfrequenz $f_b = 14{,}55$ kHz.

Wie wir erkennen, führt die Normierung zu dimensionslosen Bauelementewerten, die alle in der gleichen Größenordnung liegen und mit denen einfacher gerechnet werden kann. Dies erkennt man schon, wenn die Resonanzfrequenz des Parallelschwingkreises in der Schaltung gesucht wird. Dann erhalten wir

$$f_{rn} = \omega_{rn} = \frac{1}{\sqrt{L_{2n}C_{2n}}} = \frac{1}{\sqrt{0{,}6872 \cdot 0{,}5228}} = 1{,}6683$$

und die wirkliche Resonanzfrequenz

$$f_{rw} = f_b \cdot f_{rn} = 10000 \cdot 1{,}6683 = 16{,}683 \text{ kHz}.$$

Zu Beginn dieses Abschnittes wurde ausgeführt, daß neben dem Vorteil des einfachen Rechnens ein weiterer existiert (Punkt 2), der darin besteht, daß durch geeignete Entnormierungen weitere Anwendungsfälle gewonnen werden können. Wir nehmen an, daß wir eine Tiefpaßschaltung benötigen, die den prinzipiell gleichen Verlauf der Übertragungsfunktion wie unsere Schaltung besitzt, die aber eine Grenzfrequenz von 15 kHz und nicht von 10 kHz haben soll. Dieses Problem können wir einfach dadurch lösen, daß wir bei der gegebenen Schaltung mit den normierten Bauelementenwerten (Bild 1.2 links) eine Entnormierung mit $f_b = 15$ kHz durchführen. Dies führt zu den neuen Bauelementenwerten:

$$R = 1000 \text{ Ohm}, \quad C_{1w} = 2{,}82 \text{ nF}, \quad C_{2w} = 5{,}55 \text{ nF}, \quad L_{2w} = 7{,}29 \text{ mH}, \quad C_{3w} = 11{,}09 \text{ nF}.$$

Dann entspricht (rechts im Bild 1.2) der normierten Frequenz $f_n = 1$ die neue wirkliche Grenzfrequenz von 15 kHz, die neue Sperrfrequenz hat den Wert 22,5 kHz.

Es könnte auch sein, daß wir eine Tiefpaßschaltung mit dem Verlauf der Übertragungsfunktion nach Bild 1.2 mit der Grenzfrequenz von 10 kHz benötigen, die einen Widerstand von 600 Ohm und nicht von 1000 Ohm aufweist, weil vielleicht die gegebene Spannungsquelle einen solchen Innenwiderstand hat. In diesem Fall würden wir die Entnormierung mit $R_b = 600$ Ohm und $f_b = 10$ kHz durchführen.

Man erkennt, daß die gegebene normierte Tiefpaßschaltung alle Tiefpässe repräsentiert, die einen Verlauf der Übertragungsfunktion nach Bild 1.2 aufweisen. Durch eine entsprechende Entnormierung erhält man eine wirkliche Tiefpaßschaltung mit der gewünschten Grenzfrequenz.

Zum Abschluß dieses Beispiels gehen wir kurz auf das Pol-Nullstellenschema der Übertragungsfunktion $G(s)$ unserer Schaltung ein. Leser, die über die nun folgenden Begriffe nicht ausreichend informiert sind, können den folgenden Teil zunächst überspringen und vorher den Abschnitt 2 durcharbeiten.

$G(s)$ ist eine gebrochen rationale Funktion 3. Grades. Im Bild 1.3 ist das PN-Schema angegeben, d.h. die Lage der Pol- und Nullstellen von $G(s)$ sind in der s-Ebene markiert

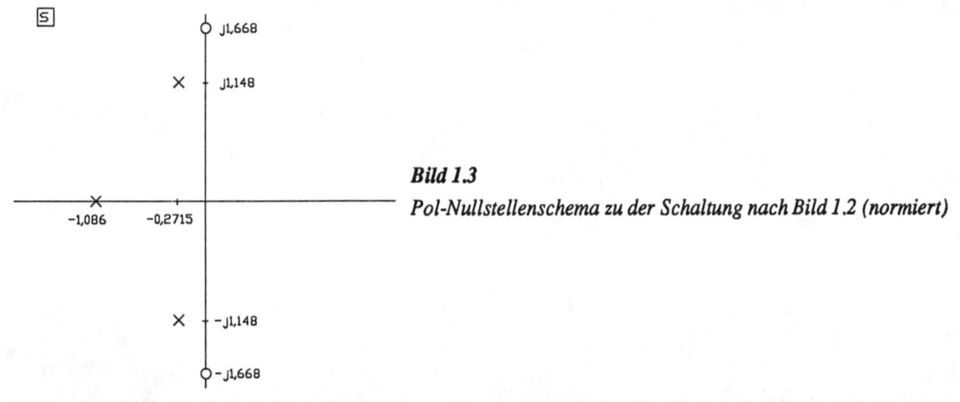

Bild 1.3
Pol-Nullstellenschema zu der Schaltung nach Bild 1.2 (normiert)

Offensichtlich handelt es sich hierbei um eine normierte Darstellung. Aus Bild 1.2 (rechts) erkennt man daß $G(j1{,}668) = 0$ wird, dies ist die Nullstelle auf der imaginären Achse. PN-Schemata werden wir stets in normierter Form angeben. Das wirkliche (nicht normierte) PN-Schema erhält man, wenn man alle Werte mit ω_b multipliziert: $s_w = s \cdot \omega_b$. Die Nullstellen würden dann bei $\pm j1{,}668 \cdot \omega_b = \pm j104803{,}5$ liegen und z.B. die reelle Polstelle bei $-1{,}0856 \cdot \omega_b = -68210{,}25$.

In den folgenden Abschnitten werden wir fast ausschließlich mit normierten Größen rechnen. Dadurch ist es zweckmäßig, auf Indizes zur Unterscheidung normierter und nicht normierter Größen zu verzichten. Dort wo gleichzeitig normierte und nicht normierte Größen auftreten, wird ausdrücklich darauf hingewiesen, so daß Verwechslungen ausgeschlossen sind.

2 Pol-Nullstellen-Schemata

2.1 Analoge Übertragungssysteme

2.1.1 Einige systemtheoretische Grundlagen

Systemtheoretisch stellen die in diesem Buch besprochenen Filterschaltungen lineare, kausale und zeitinvariante Systeme mit einem Eingangs- und einem Ausgangssignal dar.

Die Übertragungsfunktion $G(j\omega)$ kann (wenn die Schaltung vorliegt) mit der komplexen Rechnung ermittelt werden. $G(j\omega)$ ist i.a. eine komplexe Funktion, d.h.

$$G(j\omega) = R(\omega) + jX(\omega),$$

wobei der Realteil eine gerade Funktion ist ($R(\omega) = R(-\omega)$) und der Imaginärteil eine ungerade ($X(\omega) = -X(-\omega)$).

Häufig verwenden wir die Darstellung

$$G(j\omega) = |\, G(j\omega)\, |\, e^{-jB(\omega)}. \tag{2.1}$$

Dabei ist der Betrag $|\, G(j\omega)\, |$ eine gerade und die Phase $B(\omega)$ eine ungerade Funktion. An Stelle des Betrages tritt häufig die Dämpfung

$$A(\omega) = -20\, lg\, |\, G(j\omega)\, | \tag{2.2}$$

und an die Stelle der Phase die Gruppenlaufzeit

$$T_G = \frac{dB(\omega)}{d\omega}. \tag{2.3}$$

Es wird nochmals erwähnt, daß es sich bei allen Größen um normierte Größen handelt. Dies hat auch zur Folge, daß sprachlich zwischen der (normierten) Frequenz und der (normierten) Kreisfrequenz nicht unterschieden werden muß.

$G(j\omega)$ hat auch die Bedeutung der Fourier-Transformierten der Impulsantwort $g(t)$ des Systems. Eine notwendige und hinreichende Bedingung für die Stabilität des Systems ist die absolute Integrierbarkeit der Impulsantwort, d.h.

$$\int_0^\infty |\, g(t)\, |\, dt < K < \infty. \tag{2.4}$$

Die Laplace-Transformierte $G(s)$ der Impulsantwort wird im folgenden ebenfalls Übertragungsfunktion genannt. Aus $G(s)$ erhält man $G(j\omega)$, wenn s durch $j\omega$ ersetzt wird, also $G(j\omega) = G(s = j\omega)$.

Netzwerke, die aus endlich vielen konzentrierten Bauelementen aufgebaut sind, haben gebrochen rationale Übertragungsfunktionen

$$G(s) = \frac{P_Z(s)}{P_N(s)} = \frac{a_0 + a_1 s + \ldots + a_m s^m}{b_0 + b_1 s + \ldots + b_n s^n} \tag{2.5}$$

mit reellen Koeffizienten a_μ, b_ν.

Es läßt sich zeigen, daß ein System (Netzwerk) genau dann stabil ist, wenn der Zählergrad m den Nennergrad n nicht übersteigt ($m \le n$) und wenn alle Polstellen von $G(s)$ in der linken s-Halbebene liegen.

Hinweise:

1. Bei der Beziehung 2.4 ist vorausgesetzt, daß die Impulsantwort keine δ-Anteile enthält, bzw. daß $g(t)$ nur der Anteil der Impulsantwort ohne gegebenenfalls vorhandene δ-Anteile ist.
2. Die Aussage $G(j\omega) = G(s = j\omega)$ ist nur bei stabilen Systemen korrekt. Bei nicht stabilen Systemen enthält der Konvergenzbereich von $G(s)$ nicht die $j\omega$-Achse (siehe z.B. [Mi]).
3. Ein Polynom dessen Nullstellen ausnahmslos negative Realteile aufweisen, nennt man **Hurwitzpolynom**. In diesem Sinne ist das Nennerpolynom $P_N(s)$ bei Gl. 2.5 ein Hurwitzpolynom, wenn das System stabil ist. Notwendig (nicht hinreichend) für ein Hurwitzpolynom ist, daß alle Polynomkoeffizienten vorhanden sind und gleiche Vorzeichen aufweisen.
4. In Sonderfällen (siehe Abschnitte 2.2.2 und 3) werden Netzwerke auch dann noch als stabil bezeichnet, wenn der Zählergrad $m \le n + 1$ ist und (einfache) Pole auf der $j\omega$-Achse auftreten.

Wir setzen im folgenden stets stabile Systeme voraus. Sind $s_{0\mu}$ ($\mu = 1 \ldots m$) die Nullstellen des Zählerpolynoms $P_Z(s)$ und $s_{\infty\nu}$ ($\nu = 1 \ldots n$) die Nullstellen des Nennerpolynoms $P_N(s)$, d.h. die Polstellen von $G(s)$, dann wird

$$G(s) = \frac{a_0 + a_1 s + \ldots + a_m s^m}{b_0 + b_1 s + \ldots + b_n s^n} = \frac{a_m}{b_n} \cdot \frac{(s - s_{01})(s - s_{02}) \ldots (s - s_{0m})}{(s - s_{\infty 1})(s - s_{\infty 2}) \ldots (s - s_{\infty n})}, \; m \le n. \tag{2.6}$$

Das **Pol-Nullstellenschema** (PN-Schema) von $G(s)$ entsteht dadurch, daß die Nullstellen $s_{0\mu}$ und die Polstellen $s_{\infty\nu}$ in der komplexen s-Ebene eingetragen werden. Nullstellen werden durch "Kreise", Polstellen durch "Kreuze" markiert.

Ein Beispiel für ein PN-Schema zeigt das Bild 2.1. Pole und Nullstellen können entweder reell sein, oder sie müssen als konjugiert komplexe Paare auftreten. Dies folgt daraus, daß die Koeffizienten a_μ, b_ν (bei $G(s)$ nach Gl. 2.6) reell sind. Das im Bild 2.1 skizzierte PN-Schema gehört zu einem stabilen System, denn die Polstellen liegen alle in der linken s-Halbebene und außerdem ist $m \leq n (m = n = 3)$. Aus dem PN-Schema kann $G(s)$ bis auf einen konstanten reellen Faktor (den Quotienten a_m/b_n in Gl. 2.6) zurückgewonnen werden.

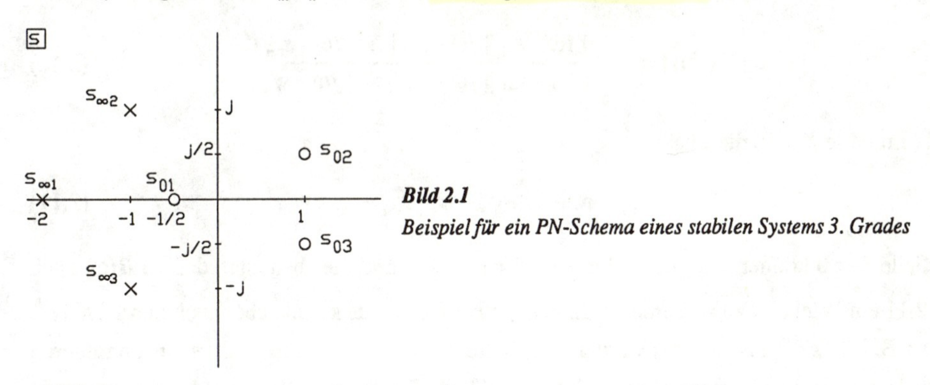

Bild 2.1
Beispiel für ein PN-Schema eines stabilen Systems 3. Grades

2.1.2 Die Ermittlung von Betrag und Phase aus dem PN-Schema

Aus dem PN-Schema erhält man $G(s)$ bis auf einen konstanten (reellen) Faktor in der Form:

$$G(s) = K \frac{(s - s_{01})(s - s_{02})\ldots(s - s_{0m})}{(s - s_{\infty 1})(s - s_{\infty 2})\ldots(s - s_{\infty n})}. \tag{2.7}$$

Mit $s = j\omega$ finden wir daraus die (eigentliche) Übertragungsfunktion

$$G(j\omega) = K \frac{(j\omega - s_{01})(j\omega - s_{02})\ldots(j\omega - s_{0m})}{(j\omega - s_{\infty 1})(j\omega - s_{\infty 2})\ldots(j\omega - s_{\infty n})}. \tag{2.8}$$

Es zeigt sich, daß man von dieser Darstellung ausgehend, eine sehr anschauliche Methode zur Ermittlung von $|G(j\omega)|$ und der Phase $B(\omega)$ ableiten kann.

Zu diesem Zweck stellen wir die einzelnen (komplexen) Faktoren des Zählers und Nenners von Gl. 2.8 folgendermaßen dar:

$$(j\omega - s_{0\mu}) = |j\omega - s_{0\mu}|\, e^{j\psi_\mu}, \quad (j\omega - s_{\infty\nu}) = |j\omega - s_{\infty\nu}|\, e^{j\varphi_\nu}, \quad \mu = 1\ldots m, \nu = 1\ldots n.$$

Dann erhalten wir zunächst:

Nullstellen O
Polstellen X

$$G(j\omega)=K\frac{|j\omega-s_{01}||j\omega-s_{02}|\ldots|j\omega-s_{0m}|\,e^{j(\psi_1+\ldots+\psi_m)}}{|j\omega-s_{\infty1}||j\omega-s_{\infty2}|\ldots|j\omega-s_{\infty n}|\,e^{j(\varphi_1+\ldots+\varphi_n)}}=$$
$$=K\frac{|j\omega-s_{01}||j\omega-s_{02}|\ldots|j\omega-s_{0m}|}{|j\omega-s_{\infty1}||j\omega-s_{\infty2}|\ldots|j\omega-s_{\infty n}|}e^{-j(\varphi_1+\varphi_2+\ldots+\varphi_n-\psi_1-\psi_2-\ldots-\psi_m)}=|G(j\omega)|\,e^{-jB(\omega)}. \tag{2.9}$$

Durch Vergleich mit der ganz rechts stehenden Form von $G(j\omega)$ erhalten wir den Betrag

$$|G(j\omega)|=|K|\frac{|j\omega-s_{01}||j\omega-s_{02}|\ldots|j\omega-s_{0m}|}{|j\omega-s_{\infty1}||j\omega-s_{\infty2}|\ldots|j\omega-s_{\infty n}|} \tag{2.10}$$

und (im Falle $K>0$) die Phase

$$B(\omega)=\varphi_1+\varphi_2+\ldots+\varphi_n-\psi_1-\psi_2-\ldots-\psi_m. \tag{2.11}$$

Im Falle $K<0$ können wir auch schreiben $K=|K|\,e^{-j\pi}$ und dies bedeutet, daß zu $B(\omega)$ nach Gl. 2.11 ein Winkel π zu addieren ist. Eine negative Konstante könnte aber auch durch $|K|\,e^{j\pi}$ oder z.B. $|K|\,e^{-j3\pi}$ ausgedrückt werden. Von $B(\omega)$ nach Gl. 2.11 wäre dann π zu subtrahieren bzw. 3π zu addieren. Offensichtlich gibt Gl. 2.11 die Phase im Falle $K<0$ bis auf ungerade Vielfache von π an. Auch bei positiven Konstanten besteht keine Eindeutigkeit. Man kann (bei $K>0$) anstatt K auch $Ke^{jk2\pi}$ $(k=0,\pm1,\pm2\ldots)$ schreiben und dies bedeutet, daß zu $B(\omega)$ Vielfache von 2π addiert werden können. Diese Überlegungen zeigen, daß aus dem PN-Schema die Phase nur bis auf Vielfache von π ermittelt werden kann. Ob zu $B(\omega)$ nach Gl. 2.11 ein Winkel $k\pi$ $(k=1,2\ldots)$ zu addieren oder zu subtrahieren ist, wird letztendlich durch die das System realisierende Schaltung bestimmt. Dies gilt auch für den zur Bestimmung von $|G(j\omega)|$ notwendigen Wert der Konstanten K. Im Rahmen von Beispielen werden wir später auf diese Probleme zurückkommen.

Die Beziehungen 2.10 und 2.11 sind deshalb wichtig, weil sie interessante Interpretationsmöglichkeiten gestatten. Wir betrachten zunächst das im Bild 2.2 (links) skizzierte PN-Schema mit nur einem einzigen Pol $s_\infty=-a+jb$ und der mit k_∞ bezeichneten Verbindungsstrecke von dem Pol zu der (hier angenommenen) Frequenz ω.

Zu dieser Polstelle gehört (im Nenner von Gl. 2.9) ein Faktor der Art

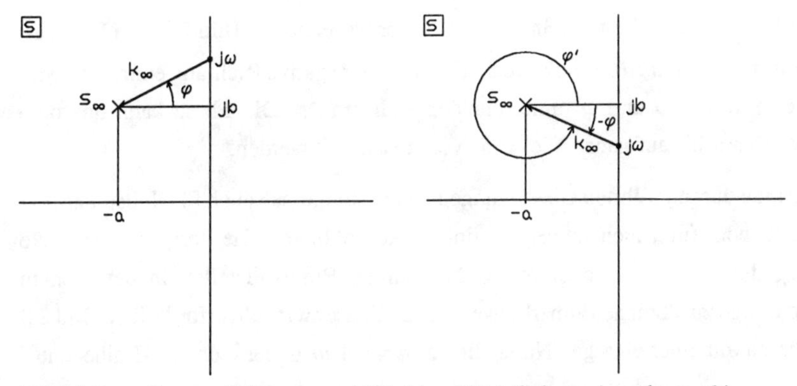

***Bild 2.2** Darstellung zur Erklärung von $|G(j\omega)|$ und $B(\omega)$ (links $\omega > b$, rechts $\omega < b$)*

$$(j\omega - s_\infty) = |j\omega - s_\infty| e^{j\varphi}.$$

Setzen wir $s_\infty = -a + jb$, so erhalten wir

$$(j\omega - s_\infty) = (j\omega + a - jb) = a + j(\omega - b).$$

Wir sehen direkt, daß der Betrag

$$|j\omega - s_\infty| = \sqrt{a^2 + (\omega - b)^2} = k_\infty$$

gerade die Entfernung der Polstelle zu dem Punkt $j\omega$ auf der imaginären Achse ist (Pythagoras). Weiterhin sehen wir, daß der Winkel

$$\varphi = Arctan \frac{\omega - b}{a}$$

der komplexen Zahl $(j\omega - s_\infty)$ gerade der Steigungswinkel der Verbindungsstrecke ist (linker Bildteil von Bild 2.2), denn dort gilt auch $\tan\varphi = (\omega - b)/a$. Diese Aussagen bleiben auch gültig, wenn wir einen Frequenzwert wählen, der kleiner als b ist (rechter Bildteil 2.2). Die Beziehung $k_\infty = \sqrt{a^2 + (\omega - b)^2}$ für den Betrag ändert sich nicht. Da $\omega < b$ ist, erhalten wir nun einen negativen Winkel φ, den wir in umgekehrter Drehrichtung eingetragen haben.

Hinweis:

Im Falle $\omega < b$ hat die komplexe Zahl $(j\omega - s_\infty)$ einen positiven Realteil a und einen negativen Imaginärteil $\omega - b$. Dies bedeutet, daß sie im 4. Quadranten liegt und eigentlich einen Winkel

$$\varphi' = 2\pi + Arctan \frac{\omega - b}{a}$$

besitzt. Dieser Winkel liegt im Bereich $3\pi/2 \le \varphi' \le 2\pi$, er ist rechts im Bild 2.2 ebenfalls eingetragen. Ob wir mit $\varphi = Arctan[(\omega - b)/a]$ rechnen und eine negative Richtung eintragen, oder mit φ', spielt keine Rolle. φ und φ' unterscheiden sich um 2π. Die Phase kann aus dem PN-Schema sowieso nur bis auf ganze Vielfache von π ermittelt werden.

Die für diese Polstelle durchgeführten Überlegungen gelten sinngemäß auch für Nullstellen, die in der linken s-Halbebene (und auch auf der imaginären Achse) liegen. Die Verbindungsstrecke wird hier mit k_0, der Steigungswinkel mit ψ bezeichnet. Bei Nullstellen in der rechten s-Halbebene sind einige zusätzliche Bemerkungen zu den Phasenwinkeln erforderlich. Bild 2.3 zeigt ein PN-Schema mit einer einzigen Nullstelle bei $s_0 = a + jb$ in der rechten s-Halbebene.

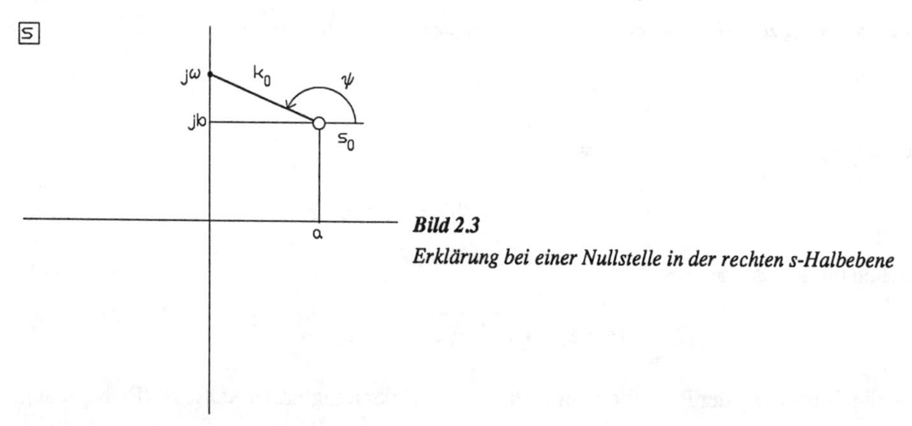

Bild 2.3
Erklärung bei einer Nullstelle in der rechten s-Halbebene

Zu der im Bild 2.3 eingetragenen Nullstelle gehört (in Gl. 2.9) ein Faktor

$$(j\omega - s_0) = (j\omega - a - jb) = -a + j(\omega - b).$$

Damit wird $|j\omega - s_0| = \sqrt{a^2 + (\omega - b)^2} = k_0$ (siehe Bild 2.3). Die komplexe Zahl $(j\omega - s_0)$ liegt im 2. Quadranten (falls $\omega > b$ ist) oder im 3. Quadranten (bei $\omega < b$) und es gilt daher

$$\psi = \pi - Arctan\frac{\omega - b}{a}.$$

Zusammenfassung der Ergebnisse

1. Die in Gl. 2.10 auftretenden Beträge $|j\omega - s_{0\mu}|$ bzw. $|j\omega - s_{\infty\nu}|$ entsprechen den Entfernungen $k_{0\mu}$ bzw. $k_{\infty\nu}$ der Null- oder Polstellen zu dem aktuellen Frequenzwert. Wenn wir die Schreibweise

$$s_{0\mu} = Re(s_{0\mu}) + j\,Im(s_{0\mu}), \quad s_{\infty\nu} = Re(s_{\infty\nu}) + j\,Im(s_{\infty\nu})$$

verwenden, gilt

$$
\begin{aligned}
k_{0\mu} &= |j\omega - s_{0\mu}| = \sqrt{(Re(s_{0\mu}))^2 + (\omega - Im(s_{0\mu}))^2}, \quad \mu = 1\ldots m \\
k_{\infty\nu} &= |j\omega - s_{\infty\nu}| = \sqrt{(Re(s_{\infty\nu}))^2 + (\omega - Im(s_{\infty\nu}))^2}, \quad \nu = 1\ldots n.
\end{aligned}
\tag{2.12}
$$

Mit diesen Ausdrücken wird (nach Gl. 2.10)

$$
|G(j\omega)| = |K| \frac{k_{01} \cdot k_{02} \ldots k_{0m}}{k_{\infty 1} \cdot k_{\infty 2} \ldots k_{\infty n}}. \tag{2.13}
$$

Im PN-Schema von Bild 2.4 (identisch mit dem nach Bild 2.1) sind diese Strecken eingetragen. Man erkennt sehr schön, daß $|G(j\omega)|$ eine gerade Funktion ist. Ersetzt man ω durch seinen negativen Wert, dann bleibt k_{01} gleich groß, k_{02} und k_{03} vertauschen ihre Größen. Entsprechendes gilt bei den "Polstellenstrecken", so daß sich der Betrag $|G(j\omega)|$ nicht ändert.

2. Die "Polstellenwinkel" φ_ν sind die Steigungswinkel der Strecken $k_{\infty\nu}$. Sie berechnen sich aus der Beziehung

$$
\varphi_\nu = Arctan \frac{\omega - I_m(s_{\infty\nu})}{|Re(s_{\infty\nu})|}, \quad \nu = 1\ldots n. \tag{2.14}
$$

Negative Winkel bedeuten eine negative Steigung der Verbindungsstrecken, sie werden dann in mathematisch negativer Richtung eingetragen. Wenn die positive Zählrichtung bevorzugt wird, ist ein Winkel von 2π zu addieren (vgl. hierzu den rechten Bildteil 2.2).

Bei den Nullstellen ist zu unterscheiden, ob sie in der linken oder der rechten s-Halbebene liegen. Es gilt

$$
\begin{aligned}
\psi_\mu &= Arctan \frac{\omega - I_m(s_{0\mu})}{|Re(s_{0\mu})|} \text{ im Falle } Re(s_{0\mu}) \le 0 \text{ (d.h. links)}, \\
\psi_\mu &= \pi - Arctan \frac{\omega - I_m(s_{0\mu})}{Re(s_{0\mu})} \text{ im Falle } Re(s_{0\mu}) > 0 \text{ (d.h. rechts)}.
\end{aligned}
\tag{2.15}
$$

Der Fall $Re(s_{0\mu}) = 0$, d.h. Nullstellen auf der imaginären Achse, ist im 1. Fall mitenthalten.

Die Phase kann mit der Beziehung

$$
B(\omega) = \varphi_1 + \varphi_2 + \ldots + \varphi_n - \psi_1 - \psi_2 - \ldots - \psi_m + k\pi \quad (k = 0, \pm 1, \pm 2 \ldots) \tag{2.16}
$$

nur bis auf ganze Vielfache von π ermittelt werden.

Aus dem PN-Schema von Bild 2.4 erkennt man ebenfalls sehr schön, daß $B(\omega) = -B(-\omega)$ ist. Ersetzt man ω durch den entsprechenden negativen Wert, so ändert sich bei allen Verbindungsstrecken die Zählrichtung der Winkel.

3. Schließlich sollen noch Beziehungen zur Ermittlung der Gruppenlaufzeit $T_G = d\,B(\omega)/d\omega$ angegeben werden. Aus Gl. 2.16 folgt

$$T_G(\omega) = \frac{d\varphi_1}{d\omega} + \frac{d\varphi_2}{d\omega} + \ldots + \frac{d\varphi_n}{d\omega} - \frac{d\psi_1}{d\omega} - \frac{d\psi_2}{d\omega} - \ldots - \frac{d\psi_m}{d\omega}. \quad (2.17)$$

Für die Ableitungen der Winkel nach ω finden wir mit den Beziehungen 2.14, 2.15 unter Beachtung der Ableitung $d(Arctan x)/dx = 1/(1+x^2)$:

$$\frac{d\varphi_\nu}{d\omega} = \frac{|Re(s_{\infty\nu})|}{k_{\infty\nu}^2}, \quad \frac{d\psi_\mu}{d\omega} = \frac{-Re(s_{0\mu})}{k_{0\mu}^2}. \quad (2.18)$$

Bei den Nullstellen in der linken s-Halbebene ($Re(s_{0\mu}) < 0$)) wird die Ableitung $d\psi_\mu/d\omega > 0$, bei Nullstellen rechts ($Re(s_{0\mu} > 0)$) wird $d\psi_\mu/d\omega < 0$.

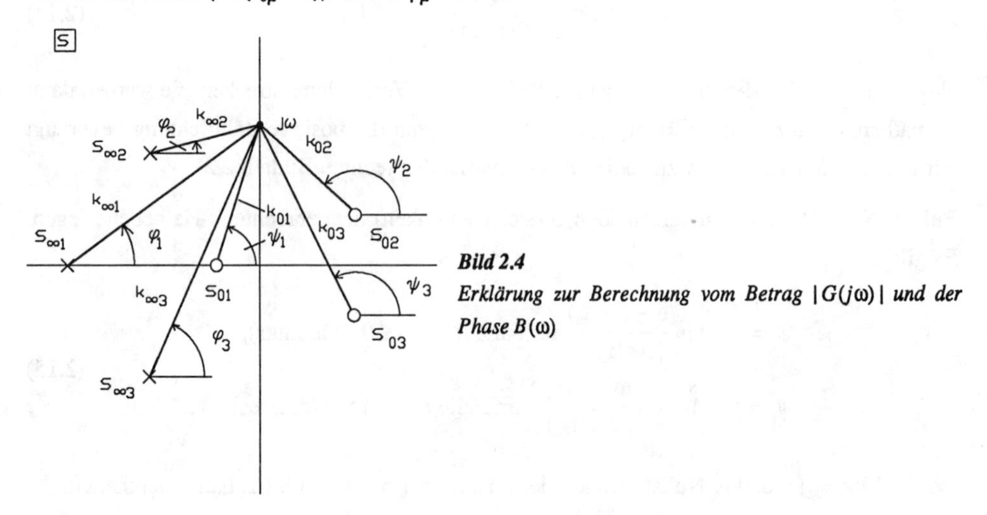

Bild 2.4
Erklärung zur Berechnung vom Betrag $|G(j\omega)|$ und der Phase $B(\omega)$

Hinweis:
Zur numerischen Auswertung der Beziehungen für Betrag, Phase und Gruppenlaufzeit kann das Programm NETZWERKFUNKTIONEN verwendet werden. Das Programm gestattet die Eingabe (und Abspeicherung) von PN-Schemata und die anschließende Berechnung und Darstellung der gewünschten Funktionen. Da das PN-Schema $|G(j\omega)|$ und $B(\omega)$ nicht eindeutig festlegt, sind

zusätzlich Eingabemöglichkeiten von Nebenbedingungen vorgesehen. "Voreingestellt" sind die Werte $K = 1$ und $B(0) = 0$. Die Eingabe des PN-Schemas kann auf zwei Arten erfolgen, einmal durch die Eingabe der "Koordinaten" der Pol- und Nullstellen, oder durch die Eingabe der Pol- und Nullstellenfrequenzen sowie der Pol- und Nullstellengüten. Die 2. Art wird bisweilen beim Entwurf aktiver Filter bevorzugt. Die Erklärung dieser Begriffe erfolgt im Abschnitt 2.2.3. Daneben gibt es auch noch eine Eingabemöglichkeit für die Koeffizienten der (gebrochen rationalen) Übertragungsfunktion.

Beispiel 1

Bild 2.5 zeigt (links) das PN-Schema eines (nullstellenfreien) Netzwerkes. Gesucht ist der Verlauf von $|G(j\omega)|$ und von $B(\omega)$. Es ist bekannt, daß $|G(0)| = 1$ und $B(0) = 0$ sind.

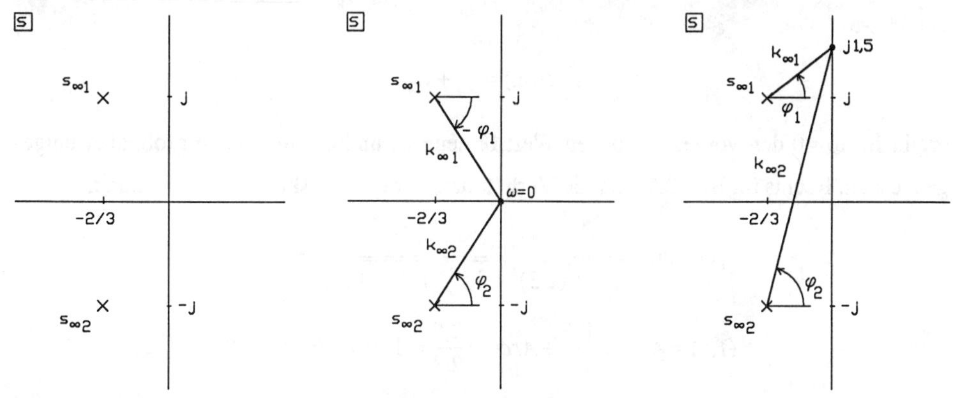

***Bild 2.5** PN-Schema zu Beispiel 1 (links), (Bildmitte: $\omega = 0$, rechts: $\omega = 1{,}5$)*

Nach Gl. 2.13 erhalten wir für den Betrag die Beziehung

$$|G(j\omega)| = K\frac{1}{k_{\infty 1}k_{\infty 2}}, K > 0.$$

Zur Festlegung der Konstanten K betrachten wir den in der Bildmitte skizzierten Fall für $\omega = 0$. Hier gilt

$$k_{\infty 1} = k_{\infty 2} = \sqrt{(2/3)^2 + 1} = \sqrt{13/9},$$

und mit der oben angegebenen Nebenbedingung folgt

$$|G(0)| = 1 = K\frac{1}{k_{\infty 1}k_{\infty 2}} = K\frac{1}{13/9} = K\frac{9}{13}, \quad K = \frac{13}{9}$$

und somit

$$|G(j\omega)| = \frac{13}{9}\frac{1}{k_{\infty 1}k_{\infty 2}}.$$

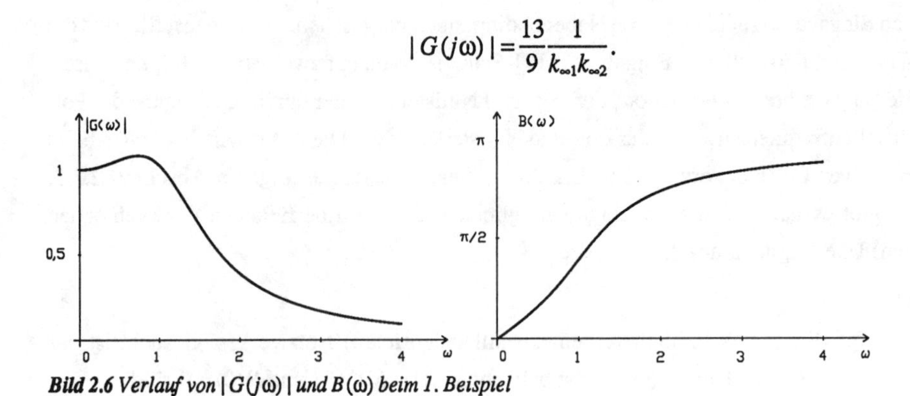

Bild 2.6 Verlauf von | G(jω) | und B(ω) beim 1. Beispiel

Die Phase

$$B(\omega) = \varphi_1 + \varphi_2$$

ergibt für $\omega = 0$ den vorgeschriebenen Wert 0, denn φ_1 und φ_2 sind gleich groß, aber entgegengesetzt. Rechts im Bild 2.5 sind die Verhältnisse für $\omega = 1{,}5$ skizziert. Wir erhalten

$$|G(1{,}5)| = \frac{13}{9}\frac{1}{\sqrt{(2/3)^2+0{,}5^2}\sqrt{(2/3)^2+2{,}5^2}} = 0{,}67,$$

$$B(1{,}5) = Arctan\frac{0{,}5}{2/3} + Arctan\frac{2{,}5}{2/3} = 1{,}953 \quad (= 111{,}93^0).$$

Man erkennt, daß $|G(j\omega)|$ mit zunehmender Frequenz immer kleiner wird (Tiefpaßverhalten). Mit steigender Frequenz nähern sich die Winkel φ_1 und φ_2 dem Wert $\pi/2$, d.h. $B(\infty) = \pi$.

Im Bild 2.6 sind Betrag und Phase skizziert. Die Berechnung kann mit Hilfe des Programmes NETZWERKFUNKTIONEN durchgeführt werden. Die Konstante $K = 13/9$ bzw. der Wert $G(0) = 1$ muß eingegeben werden.

Beispiel 2

Das PN-Schema ist im Bild 2.7 dargestellt. $|G(\omega)|$, $B(\omega)$ und $T_G(\omega)$ sind bei $\omega = 1/2$ zu berechnen (dies ist die links im Bild 2.7 eingezeichnete Frequenz). Nebenbedingungen: $G(0) = 1$, $B(0) = 0$.

Im vorliegenden Fall wird

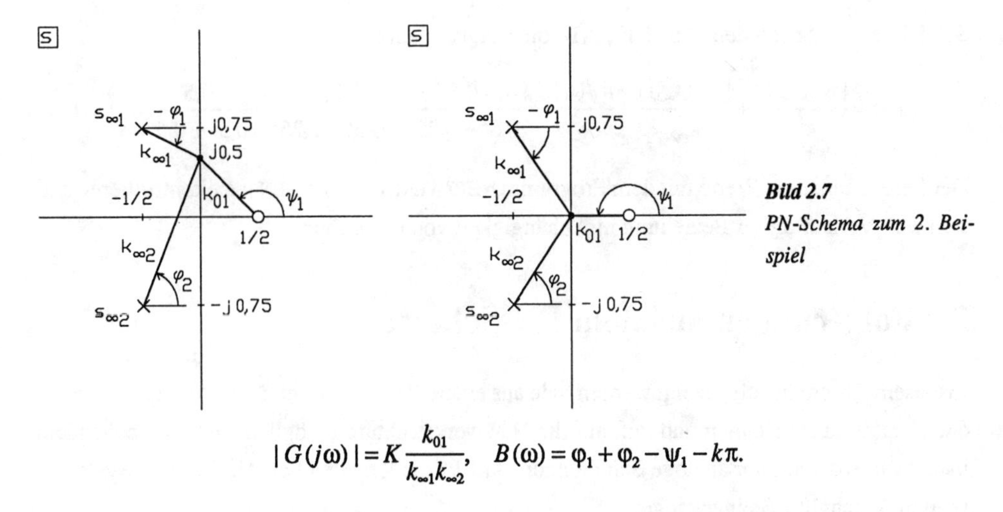

Bild 2.7
PN-Schema zum 2. Beispiel

$$|G(j\omega)| = K\frac{k_{01}}{k_{\infty 1}k_{\infty 2}}, \quad B(\omega) = \varphi_1 + \varphi_2 - \psi_1 - k\pi.$$

Zur Festlegung der noch nicht bestimmten Parameter betrachten wir die Verhältnisse bei $\omega = 0$ (rechts im Bild 2.7). Wir erhalten

$$|G(0)| = 1 = K\frac{0{,}5}{0{,}5^2 + 0{,}75^2} = K \cdot 0{,}6154, \text{ also } K = 1/0{,}6154 = 1{,}625$$

und damit

$$|G(j\omega)| = 1{,}625\frac{k_{01}}{k_{\infty 1}k_{\infty 2}}.$$

Mit $\varphi_1 = -\varphi_2$ und $\psi = \pi$ erhalten wir für die Phase

$$B(0) = 0 = \varphi_1 + \varphi_2 - \psi_1 + k\pi = -\pi + k\pi, \text{ also } k = 1$$

und damit

$$B(\omega) = \varphi_1 + \varphi_2 - \psi_1 + \pi.$$

Für $\omega = 0{,}5$ wird

$$|G(j0{,}5)| = 1{,}625\frac{\sqrt{0{,}5^2 + 0{,}5^2}}{\sqrt{0{,}5^2 + 0{,}25^2}\sqrt{0{,}5^2 + 1{,}25^2}} = 1{,}5268,$$

$$B(0{,}5) = -Arctan\frac{0{,}25}{0{,}5} + Arctan\frac{1{,}25}{0{,}5} - \left(\pi - Arctan\frac{0{,}5}{0{,}5}\right) + \pi = 1{,}512 = (86{,}6^0).$$

Schließlich wird nach den Gln. 2.17, 2.18 die Gruppenlaufzeit

$$T_G(0{,}5) = \frac{|Re(s_{\infty 1})|}{k_{\infty 1}^2} + \frac{|Re(s_{\infty 2})|}{k_{\infty 2}^2} - \frac{Re(s_{01})}{k_{01}^2} = \frac{0{,}5}{0{,}5^2+0{,}25^2} + \frac{0{,}5}{0{,}5^2+1{,}25^2} - \frac{0{,}5}{0{,}5^2+0{,}5^2} = 0{,}876.$$

Der Leser kann diese Werte mit dem Programm NETZWERKFUNKTIONEN nachkontrollieren und sich den Verlauf dieser Beziehung in Abhängigkeit von ω ansehen.

2.2 Folgerungen aus dem PN-Schema

In diesem Abschnitt soll gezeigt werden, wie aus einem PN-Schema einfache Rückschlüsse auf das Übertragungsverhalten und ggf. auf die Netzwerkstrukturen möglich sind. Wir behandeln in diesem Abschnitt nur analoge Schaltungen. Auf Besonderheiten bei zeitdiskreten Systemen wird in Abschnitt 2.3 eingegangen.

2.2.1 Der Begriff des Mindestphasensystems

Definition:

Ein Mindestphasensystem hat in der rechten s-Halbebene keine Nullstellen.

Der Grund für den Namen Mindestphasensystem kommt daher, daß bei solchen Systemen die Phase $B(\omega)$ "langsamer" zunimmt als bei Systemen mit Nullstellen in der rechten s-Halbebene (Nichtmindestphasensysteme). Diese Aussagen sollen anhand der beiden in Bild 2.8 dargestellten PN-Schemata erklärt werden. Die Lage der Polstellen soll bei beiden Systemen gleich sein. Die imaginäre Achse bildet die Symmetrielinie für die Nullstellen der beiden Systeme. Beide Systeme, das Mindestphasensystem (links) und das Nichtmindestphasensystem (rechts) weisen exakt den gleichen Verlauf des Betrages der Übertragungsfunktion auf:

$$|G(j\omega)| = K\frac{k_{01}k_{02}}{k_{\infty 1}k_{\infty 2}k_{\infty 3}}, K > 0.$$

Infolge der spiegelbildlich zur imaginären Achse liegenden Nullstellen, sind die Strecken k_{01} und k_{02} bei beiden Systemen (und bei gleichen Werten von ω) jeweils gleich groß.

Bei der Phase

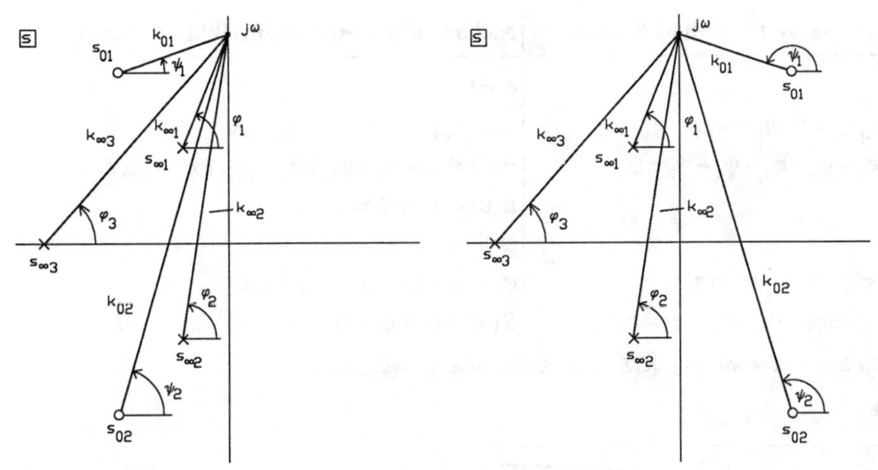

***Bild 2.8** PN-Schema eines Mindestphasensystems (links) und eines Nichtmindestphasensystems mit gleichem Verlauf von* $|G(j\omega)|$

$$B(\omega) = \varphi_1 + \varphi_2 + \varphi_3 - \psi_1 - \psi_2 + k\pi \quad (k = 0, \pm 1, \ldots)$$

ergeben sich jedoch Unterschiede. Bei dem Mindestphasensystem werden die Nullstellenwinkel ψ_1 und ψ_2 mit steigender Frequenz (ebenso wie $\varphi_1, \varphi_2, \varphi_3$) immer größer. Bei dem Nichtmindestphasensystem verkleinern sich hingegen ψ_1 und ψ_2 bei zunehmender Frequenz. Weil bei dem Nichtmindestphasensystem von zunehmenden Winkeln $\varphi_1, \varphi_2, \varphi_3$ abnehmende Winkel ψ_1, ψ_2 subtrahiert werden, steigt die Phase hier stärker an als bei dem Mindestphasensystem.

Wir wollen die Phasenverläufe genauer untersuchen (siehe Tabelle 2.1). Für $\omega = 0$ gilt bei beiden Systemen $\varphi_1 = -\varphi_2$, $\varphi_3 = 0$ also $\varphi_1 + \varphi_2 + \varphi_3 = 0$. Das kann sich der Leser ganz rasch klar machen, wenn er in den PN-Schemata den Punkt $\omega = 0$ markiert und die Verbindungsstrecken zu den Pol- und Nullstellen zieht.

Bei dem Mindestphasensystem gilt bei $\omega = 0$ ebenfalls $\psi_1 = -\psi_2$ und wir erhalten (mit $k = 0$) $B(0) = 0$. Bei dem Nichtmindestphasensystem ergibt (bei $\omega = 0$) die Winkelsumme $\psi_1 + \psi_2 = 2\pi$, dies bedeutet $B(0) = -2\pi + k\pi$. Wir wählen hier $k = 2$, damit auch bei dem Nichtmindestphasensystem $B(0) = 0$ wird. Für sehr große ω-Werte ($\omega \to \infty$) werden alle Winkel $\pi/2$ groß. Damit wird $B(\infty) = \pi/2 + k\pi$. Bei dem Mindestphasensystem ($k = 0$) bedeutet dies $B(\infty) = \pi/2$ und bei dem Nichtmindestphasensystem ($k = 2$) wird $B(\infty) = 5\pi/2$.

Der gesamte Phasenverlauf für die beiden Systeme ist in Bild 2.9 dargestellt. Bei dem Mindestphasensystem steigt $B(\omega)$ wesentlich weniger stark als bei dem Nichtmindestphasensystem an. Wie schon erwähnt, haben beide Systeme einen exakt gleichen Verlauf von $|G(j\omega)|$.

Mindestphasensystem (Bild 2.8, links)	Nichtmindestphasensystem (Bild 2.8, rechts)
$\omega = 0$:	$\omega = 0$:
$\varphi_1 = -\varphi_2,\ \varphi_3 = 0,\ \psi_1 = -\psi_2$	$\varphi_1 = -\varphi_2,\ \varphi_3 = 0,\ \psi_1 + \psi_2 = 2\pi$
$B(0) = \varphi_1 + \varphi_2 + \varphi_3 - \psi_1 - \psi_2 = 0$	$B(0) = \varphi_1 + \varphi_2 + \varphi_3 - \psi_1 - \psi_2 + k\pi = -2\pi + k\pi$
	$B(0) = 0$ mit $k = 2$
$\omega = \infty$:	$\omega = \infty$:
$\varphi_1 = \varphi_2 = \varphi_3 = \psi_1 = \psi_2 = \pi/2$	$\varphi_1 = \varphi_2 = \varphi_3 = \psi_1 = \psi_2 = \pi/2$
$B(\infty) = \varphi_1 + \varphi_2 + \varphi_3 - \psi_1 - \psi_2 = \pi/2$	$B(\infty) = \varphi_1 + \varphi_2 + \varphi_3 - \psi_1 - \psi_2 + 2\pi = 5\pi/2$

***Tabelle 2.1** Berechnung von $B(0)$ und $B(\infty)$ bei den Systemen gemäß Bild 2.8*

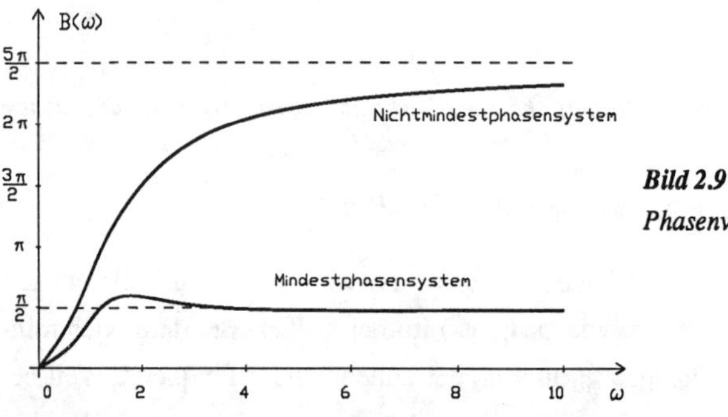

Bild 2.9

Phasenverläufe der beiden Systeme nach Bild 2.8

Hinweis:

Offensichtlich besteht zwischen dem Dämpfungsverlauf (bzw. dem Verlauf von $|G(j\omega)|$) und dem Phasenverlauf eines Systems ein Zusammenhang. Will man den Dämpfungsverlauf (etwas) ändern, so bedeutet dies eine Verschiebung der Pol- und Nullstellen in der komplexen s-Ebene. Diese Verschiebung wirkt sich dann natürlich auch auf den Phasenverlauf aus. Bei Mindestphasensystemen kann sogar ein eindeutiger Zusammenhang zwischen Dämpfung und Phase angegeben werden. Hier gelten die Zusammenhänge

$$B(\omega) = \frac{2\omega}{\pi} \int_0^\infty \frac{A(x)}{x^2 - \omega^2} dx, \quad A(\omega) = \frac{2}{\pi} \int_0^\infty \frac{xB(x)}{x^2 - \omega^2} dx. \tag{2.19}$$

Die Dämpfung ist hier als $A(\omega) = -\ln|G(j\omega)|$ mit der (Pseudo-) Einheit Neper einzusetzen. Man spricht in diesem Zusammenhang auch von einer Hilbert-Transformation. Diese Beziehungen bedeuten, daß bei einem Mindestphasensystem der Dämpfungsverlauf eindeutig aus dem Phasenverlauf ermittelt werden kann und umgekehrt.

2.2.2 Bemerkungen zu PN-Schemata von Zweipolfunktionen

Im Bild 2.10 ist links ein Zweipol an eine Stromquelle, rechts an eine Spannungsquelle angeschlossen.

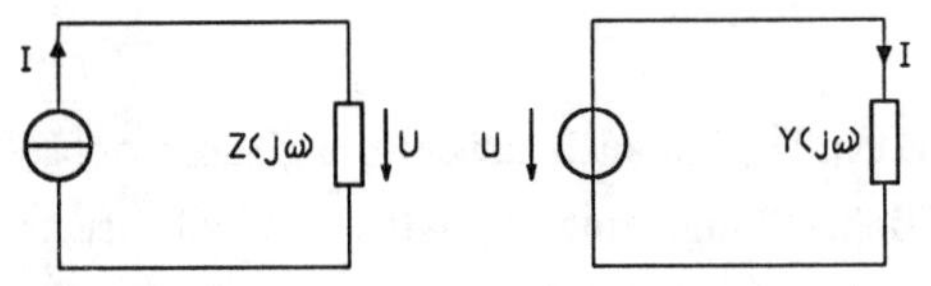

Bild 2.10
Anschluß eines Zweipoles an eine Strom- und eine Spannungsquelle

Im linken Bildteil ist der Strom I die Ursache für die an der Impedanz $Z(j\omega)$ auftretende Spannung U, wir können eine Übertragungsfunktion

$$G_Z(j\omega) = \frac{U}{I} = Z(j\omega)$$

definieren. Wir setzen natürlich einen passiven Zweipol voraus, dies bedeutet, daß $G_Z(j\omega)$ bzw. $G_Z(s)$ ein stabiles System beschreibt. Somit hat $G_Z(s)$ bzw. $Z(s)$ keine Polstellen in der rechten s-Halbebene.

Wenn wir den Betrieb des Zweipoles rechts im Bild 2.10 betrachten, dann ist U die Ursache und I die Wirkung, es liegt eine Übertragungsfunktion

$$G_Y(j\omega) = \frac{I}{U} = \frac{1}{Z(j\omega)} = Y(j\omega)$$

vor. Damit kann auch $G_Y(s)$ bzw. $Y(s)$ keine Pole in der rechten s-Halbebene besitzen.

Aus der Beziehung

$$Z(s) = \frac{1}{Y(s)}$$

folgt, daß Pole von $Z(s)$ Nullstellen von $Y(s)$ sind und umgekehrt. Da Pole sowohl von $Z(s)$ als auch von $Y(s)$ aus Gründen der Stabilität nicht in der rechten s-Halbebene auftreten, folgt, daß $Z(s)$ und $Y(s)$ in der rechten s-Halbebene auch keine Nullstellen aufweisen. Eine Nullstelle von $Z(s)$ in der rechten s-Halbebene würde ja eine Polstelle von $Y(s)$ in der rechten s-Halbebene bedeuten.

Unsere Überlegungen haben zu dem Ergebnis geführt, daß Zweipolfunktionen Pol- und Nullstellen nur in der linken s-Halbebene besitzen. Zweipolnetzwerke sind also stets Mindestphasennetzwerke. Im Abschnitt 3 gehen wir ausführlicher auf die Eigenschaften von Zweipolfunktionen ein.

Hinweise:

Bei Zweipolfunktionen werden einfache Pole und Nullstellen auch auf der imaginären Achse zugelassen. Der Grund ist folgender. Bei der Behandlung reiner Reaktanzzweipole ist es zweckmäßig von verlustfreien (idealen) Bauelementen (Induktivitäten, Kapazitäten) auszugehen. Dies führt zu Impedanzen, die Pole und Nullstellen auch auf der imaginären Achse besitzen und damit im strengeren Sinne nichtstabile Systeme darstellen. Zur Erklärung nehmen wir an, daß die Zweipolschaltung aus einer einzigen verlustfreien Kapazität mit $C = 1$ besteht. Dann ist $G_Z(s) = Z(s) = 1/s$. $Z(s)$ hat bei $s = 0$ eine Polstelle. Die Rücktransformation von $Z(s) = 1/s$ in den Zeitbereich führt zu einer Impulsantwort

$$g_Z(t) = s(t) = \begin{cases} 0 \; \textit{für}\, t < 0 \\ 1 \; \textit{für}\, t > 0 \end{cases}.$$

Die Stabilitätsbedingung nach Gl. 2.4 ist hier nicht erfüllt, die Impulsantwort ist nicht absolut integrierbar. Ein bei $t = 0$ angelegter und dann konstanter Eingangsstrom (Anordnung nach dem linken Teil von Bild 2.10) würde eine Spannung zur Folge haben, die unbegrenzt ansteigt. Nun ist die Verlustfreiheit des Kondensators eine theoretische Annahme. In Wirklichkeit erzwingen unvermeidliche Verluste einen "stabilen" Endwert für die Spannung. Die Polstelle liegt tatsächlich nicht auf der imaginären Achse (bei $s = 0$), sondern etwas links davon. Für theoretische Untersuchungen ist es aber viel einfacher mit verlustfreien Bauelementen zu rechnen und damit Pole und Nullstellen auf der imaginären Achse zuzulassen.

2.2.3 Die Erzeugung eines frequenzempfindlichen Verhaltens

Wir gehen von Eingangssignalen der Form $x(t) = \cos(\omega t)$ aus und suchen ein System, das bei einer Frequenz ω_0 eine besonders große Systemreaktion $y(t) = |G(j\omega_0)| \cdot \cos(\omega_0 t - \varphi)$ hervorruft. Das Bild 2.11 zeigt im linken Teil das PN-Schema eines solchen Systems mit einem Polstellenpaar bei $s_{\infty 1,2} = -\varepsilon \pm j\omega_0$. Aus diesem PN-Schema erkennt man sehr anschaulich, daß $|G(j\omega)|$ in der "Nähe von ω_0" ein Maximum erreicht, denn die Strecke $k_{\infty 1}$ wird minimal, während $k_{\infty 2}$ annähernd konstant bleibt.

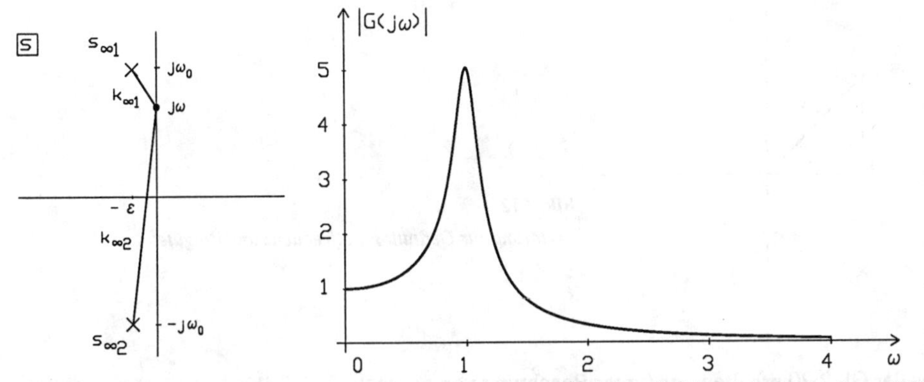

Bild 2.11 PN-Schema eines Systems mit frequenzempfindlichem Verhalten (links) und der Verlauf von $|G(j\omega)|$ (bei $\varepsilon = 0{,}1$, $\omega_0 = 1$)

Mit

$$|G(j\omega)| = K\frac{1}{k_{\infty 1}k_{\infty 2}}, K > 0 \tag{2.20}$$

erhalten wir bei der Frequenz ω_0:

$$|G(j\omega_0)| \approx K\frac{1}{\varepsilon \cdot 2\omega_0}. \tag{2.21}$$

Rechts im Bild 2.11 ist $|G(j\omega)|$ mit der Nebenbedingung $|G(0)| = 1$ und den Werten $\varepsilon = 0{,}1$, $\omega_0 = 1$ aufgetragen. Wir erkennen, daß bei ω_0 ein Maximum auftritt. Dieses Maximum wird offensichtlich umso größer, je näher die Polstellen an der $j\omega$-Achse liegen (ε klein). Das System eignet sich zum "herausfiltern" eines (sinusförmigen) Signales mit der Frequenz ω_0, denn Signale mit anderen Frequenzen werden deutlich geringer "verstärkt".

Wir wollen im Zusammenhang mit diesem Beispiel die Begriffe Polfrequenz ω_p und Polgüte Q_p einführen. Es gilt

$$\omega_p = \sqrt{\varepsilon^2 + \omega_0^2}, \quad Q_p = \frac{\omega_p}{2\varepsilon} = \frac{1}{2\cos\delta}. \tag{2.22}$$

ω_p entspricht der Strecke von dem Koordinatenursprung zu der Polstelle (siehe Bild 2.12). Der Zusammenhang $Q_p = 1/(2\cos\delta)$ ist ebenfalls aus Bild 2.12 sofort erkennbar.

Die Polgüte ist umso größer, je "näher" die Polstellen an der imaginären Achse liegen.

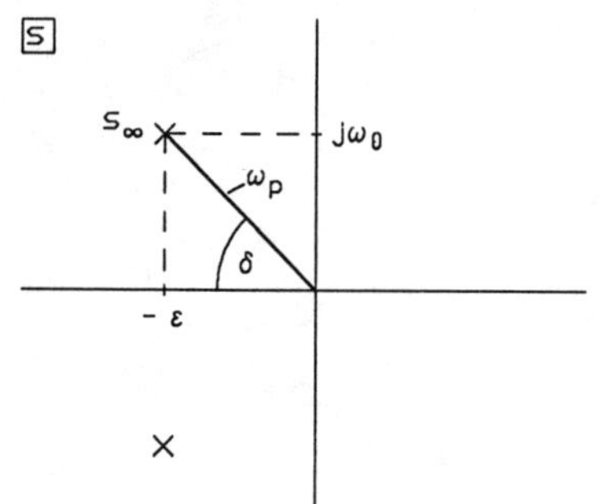

Bild 2.12
Erklärung zur Definition Polfrequenz und Polgüte

Aus der Gl. 2.20 erhalten wir (unter Beachtung von ω_p nach Gl. 2.22)

$$|G(0)| = K\frac{1}{k_{\infty 1}k_{\infty 2}} = K\frac{1}{\omega_0^2+\varepsilon^2} = \frac{K}{\omega_p^2}, \quad K = \omega_p^2\,|G(0)|.$$

Mit diesem Wert für K wird nach Gl. 2.21 und der Polgüte nach Gl. 2.22

$$|G(j\omega_0)| \approx |G(0)|\cdot\frac{\omega_p^2}{2\varepsilon\omega_0} = |G(0)|\cdot Q_p\frac{\omega_p}{\omega_0}.$$

Bei großen Werten für die Polgüte ($Q_p > 3\ldots4$) wird $\omega_p \approx \omega_0$ und wir erhalten

$$\frac{|G(j\omega_0)|}{|G(0)|} \approx Q_p. \tag{2.23}$$

Das bedeutet, daß das Maximum von $|G(j\omega)|$ etwa Q_p mal so groß ist wie der Wert der Übertragungsfunktion bei $\omega = 0$. Diese Zusammenhänge sind natürlich nur bei hinreichend großer Polgüte ($Q_p > 3\ldots4$) korrekt. Beim Beispiel des PN-Schemas nach Bild 2.11 ist $\omega_p = \sqrt{1+0{,}01} = 1{,}005 \approx \omega_0$, $Q_p = 1{,}005/0{,}2 = 5{,}024$. Aus dem Verlauf von $|G(j\omega)|$ (rechts im Bild 2.11) erkennt man die gute Übereinstimmung mit dem Näherungswert nach Gl. 2.23.

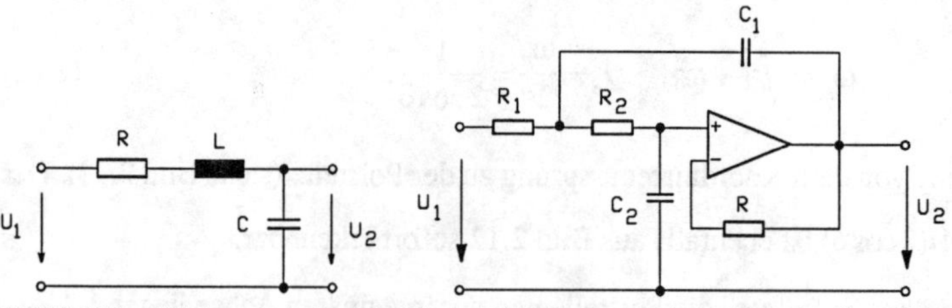

***Bild 2.13** Realisierungsschaltungen für ein PN-Schema mit einem konjugiert komplexen Polstellenpaar (Bild 2.11)*

Im Bild 2.13 sind zwei mögliche Realisierungsschaltungen für ein PN-Schema nach Bild 2.11 angegeben. Bei der passiven Schaltung (links im Bild) erhalten wir (nach elementarer Rechnung)

$$G(s) = \frac{1/(LC)}{1/(LC) + sR/L + s^2}.$$

Die Pole liegen (im Falle $R < 2\sqrt{L/C}$) bei

$$s_{\infty 1,2} = -\frac{R}{2L} \pm j\sqrt{\frac{1}{LC} - \frac{R^2}{4L^2}} = -\varepsilon \pm j\omega_0.$$

Dies bedeutet

$$\varepsilon = \frac{R}{2L}, \quad \omega_0 = \sqrt{\frac{1}{LC} - \frac{R^2}{4L^2}}$$

und nach Gl. 2.22 wird

$$\omega_p = 1/\sqrt{LC}, \quad Q_p = \frac{\sqrt{L/C}}{R}. \tag{2.24}$$

In der Praxis hängt der Wert der erreichbaren Polgüte Q_p davon ab, wie klein der Verlustwiderstand einer Spule gemacht werden kann. Erreichbar sind Werte von 300 bis 400.

Bei der Schaltung rechts im Bild 2.13 erhält man (unter Voraussetzung eines idealen Operationsverstärkers) die Übertragungsfunktion (siehe [He] und auch Abschnitt 6.2.1.3)

$$G(s) = \frac{1/(R_1R_2C_1C_2)}{1/(R_1R_2C_1C_2) + s \cdot (R_1 + R_2)/(R_1R_2C_1) + s^2}.$$

Die Pole liegen bei

$$s_{\infty 1,2} = -\frac{R_1 + R_2}{2R_1R_2C_1} \pm \sqrt{\left(\frac{R_1 + R_2}{2R_1R_2C_1}\right)^2 - \frac{1}{R_1R_2C_1C_2}} = -\varepsilon \pm \omega_0.$$

Dies ergibt nach Gl. 2.22 die Werte

$$\omega_p = \frac{1}{\sqrt{R_1R_2C_1C_2}}, \quad Q_p = \sqrt{\frac{R_1R_2C_1}{C_2(R_1 + R_2)^2}}.$$

Die vorliegende Schaltung (rechts im Bild 2.13) läßt sich in der Praxis bis zu Werten von $Q_p = 5$ realisieren. Eine Modifizierung der Schaltung (siehe [He]) erlaubt Werte bis zu Polgüten von 20. Aktive Schaltungen mit noch höheren Polgüten benötigen mehr als einen Operationsverstärker.

Hinweise:

1. Durch die Angabe der Polfrequenz und der Polgüte wird die Lage des konjugiert komplexen Polpaares eindeutig festgelegt. Aus Gl. 2.22 erhält man durch elementare Rechnung

$$\omega_0 = Im(s_\infty) = \omega_p \sqrt{1 - 1/(4Q_p^2)}, \quad -\varepsilon = Re(s_\infty) = -\omega_p/(2Q_p). \qquad (2.25)$$

Diese Beziehungen gelten auch noch für Pole auf der imaginären Achse ($Q_p = \infty$) und ebenfalls für reelle Polstellen ($Q_p = 1/2$, siehe Bild 2.12 mit $\delta = 0$). Bei Polen auf der imaginären Achse wird (nach Gl. 2.25) $\omega_0 = \omega_p$ und $\varepsilon = 0$. Bei (einem) Pol auf der reellen Achse erhält man mit $Q_p = 1/2$ die Werte $\omega_0 = Im(s_{\infty\nu}) = 0$ und $Re(s_\infty) = -\omega_p$.

2. Auf ganz entsprechende Weise lassen sich für Nullstellen die Begriffe Nullstellenfrequenz und Nullstellengüte definieren. Gegebenfalls in der rechten s-Halbebene auftretende Nullstellen werden durch negative Werte für die Nullstellengüte gekennzeichnet.

3. Das Programm NETZWERKFUNKTIONEN erlaubt alternativ die Eingabe von PN-Schemata auch durch die Angabe der Polfrequenz, Polgüte, Nullstellenfrequenz und Nullstellengüte in der beschriebenen Weise.

2.2.4 Polynomfilter

Netzwerke mit nullstellenfreien PN-Schemata nennt man Polynomnetzwerke. Polynomnetzwerke sind demnach stets Mindestphasensysteme. Bild 2.14 zeigt (links) das PN-Schema eines Polynomfilters 3. Grades, rechts ist der Phasenverlauf $B(\omega) = \varphi_1 + \varphi_2 + \varphi_3$ dargestellt.

Die Übertragungsfunktion eines Polynomfilters hat die Form

$$G(s) = \frac{a_0}{b_0 + b_1 s + \ldots + b_n s^n}, \qquad (2.26)$$

die reziproke Übertragungsfunktion ist also ein Polynom. Aus dem PN-Schema (links im Bild 2.14) erkennt man, daß der Betrag

$$|G(j\omega)| = |K| \frac{1}{k_{\infty 1} k_{\infty 2} \ldots k_{\infty n}}$$

für große Werte von ω gegen Null geht (Tiefpaßcharakter). Genauere Aussagen über den Verlauf von $|G(j\omega)|$ bei großen ω-Werten gewinnt man aus Gl. 2.26. Mit $s = j\omega$ wird (bei großen Werten von ω)

$$|G(j\omega)| \approx \frac{|a_0|}{|b_n|} \cdot \frac{1}{\omega^n}$$

und

$$A(\omega) = -20 \cdot lg\,|G(j\omega)| \approx -20 \cdot lg\left(\frac{|a_0|}{|b_n|}\frac{1}{\omega^n}\right) = -20 \cdot lg\frac{|a_0|}{|b_n|} + 20 \cdot lg\,\omega^n \approx n \cdot 20 \cdot lg\,\omega.$$

Dies bedeutet, daß (bei sehr hohen Frequenzen) die Dämpfung um $n \cdot 20$ dB je Dekade ansteigt. Bei dem Filter nach Bild 2.14 also um 60 dB/Dekade.

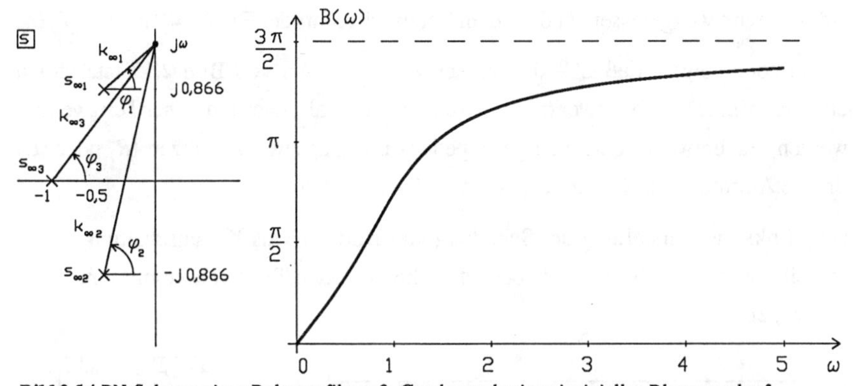

Bild 2.14 PN-Schema eines Polynomfilters 3. Grades und sein prinzipieller Phasenverlauf

Polynomfilter haben eine große technische Bedeutung, sie lassen sich stets durch LC-Abzweigschaltungen nach Bild 2.15 realisieren. Auf diese Realisierungsprobleme gehen wir im Abschnitt 4.4.4.2 genauer ein. Dort wird auch ein Verfahren zur Berechnung der Bauelementewerte der Netzwerke besprochen.

Die LC-Abzweigschaltung kann wahlweise mit einer Kapazität (im Querzweig) oder einer Induktivität (im Längszweig) beginnen. Je nach Größe des Grades n ist das letzte Bauelement im LC-Zweitor eine Induktivität oder eine Kapazität. Für das PN-Schema 3. Grades nach Bild 2.14 ergeben sich also die beiden im Bild 2.16 skizzierten Realisierungsschaltungen.

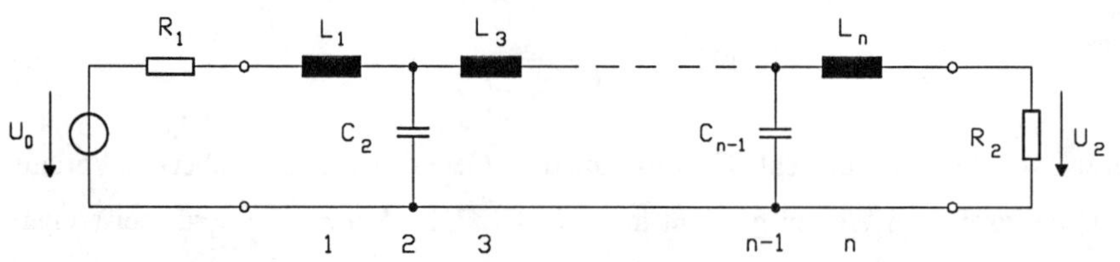

Bild 2.15 Abzweigschaltung zur Realisierung eines Polynomnetzwerkes n-ter Ordnung

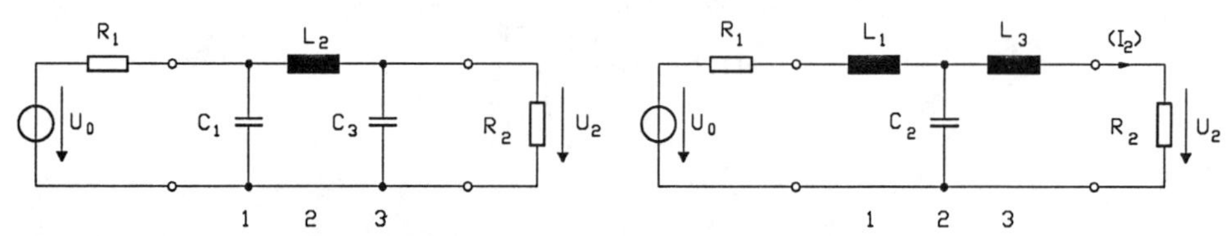

Bild 2.16 Mögliche Realisierungsschaltungen für ein Polynomfilter 3. Grades

In der Praxis wird das im linken Bildteil skizzierte Netzwerk bevorzugt, da hier nur eine Induktivität benötigt wird.

Es soll auch noch erwähnt werden, daß bei dem Netzwerk links im Bild 2.16 der Fall $R_2 = \infty$ möglich ist (d.h. R_2 wird weggelassen) und bei dem Netzwerk rechts der Fall $R_2 = 0$ mit $G = I_2/U_0$.

Wir wollen nun noch zeigen, daß LC-Abzweignetzwerke der Art von Bild 2.15 tatsächlich Polynomnetzwerke sind. Diese Netzwerke können als Kettenschaltungen einfacher Teilzweitore aufgefaßt werden, die entweder eine einzige Impedanz im Längszweig besitzen (R_1 oder sL) oder eine einzige Admittanz im Querzweig (sC oder $1/R_2$).

Bild 2.17 zeigt links die Darstellung der Schaltung von Bild 2.16 als Kettenschaltung dieser elementaren Teilzweitore. Rechts sind die beiden vorkommenden Teilzweitore mit ihren Kettenmatrizen angegeben.

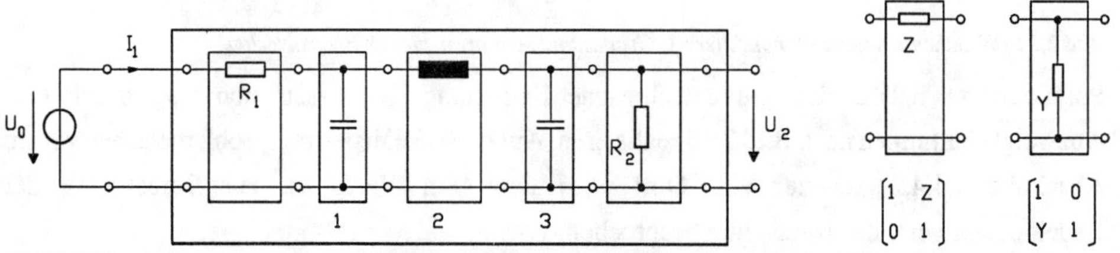

Bild 2.17 Darstellung einer Abzweigschaltung als Kettenschaltung der rechts skizzierten elementaren Teilzweitore

Für die gesamte Schaltungsanordnung gelten die Kettengleichungen

$$U_1 = A_{11}U_2 + A_{12}I_2, \quad I_1 = A_{21}U_2 + A_{22}I_2$$

und unter Beachtung von $I_2 = 0$ und $U_1 = U_0$ erhalten wir die Übertragungsfunktion

$$G = \frac{U_2}{U_0} = \frac{1}{A_{11}}.$$

Zur Ermittlung von A_{11} müssen wir die Kettenmatrix **A** berechnen. Unter Beachtung der rechts im Bild 2.17 angegebenen Beziehung wird

$$\mathbf{A} = \begin{pmatrix} 1 & R_1 \\ 0 & 1 \end{pmatrix} \begin{pmatrix} 1 & 0 \\ sC_1 & 1 \end{pmatrix} \begin{pmatrix} 1 & sL_2 \\ 0 & 1 \end{pmatrix} \begin{pmatrix} 1 & 0 \\ sC_3 & 1 \end{pmatrix} \begin{pmatrix} 1 & 0 \\ 1/R_2 & 1 \end{pmatrix}.$$

Der Leser erkennt sofort, daß die Elemente der Matrix **A** Polynome in s sein müssen. Dabei kann kein Polynom einen größeren Grad als n (hier $n = 3$) aufweisen, wenn n die Zahl der Energiespeicher ist. Im konkreten Fall führt die Ausmultiplikation der Teilmatrizen zu dem Matrixelement.

$$A_{11} = 1 + R_1/R_2 + s(R_1C_1 + R_1C_3 + L_2/R_2) + s^2(L_2C_3 + L_2C_1 \cdot R_1/R_2) + s^3 R_1C_1L_2C_3,$$

und somit hat die Übertragungsfunktion die erwartete Form

$$G(s) = \frac{1}{A_{11}} = \frac{1}{b_0 + b_1 s + b_2 s^2 + b_3 s^3}.$$

Im Abschnitt 4.4.4.2 werden wir zeigen, wie man bei einem gegebenen PN-Schema die Bauelementewerte einer LC-Abzweigschaltung berechnen kann.

Zusätzlicher Hinweis:

Wir können aus den soeben durchgeführten Überlegungen relativ rasch die Erkenntnis gewinnen, daß durch Abzweignetzwerke nur Mindestphasensysteme realisierbar sind. Jedes Abzweignetzwerk kann als Kettenschaltung von Elementarzweitoren (gemäß Bild 2.17), natürlich mit beliebigen Impedanzen und Admittanzen, dargestellt werden. Die Elemente der Kettenmatrix sind dann auf jeden Fall Summen von Produkten aus Impedanz- und Admittanzfunktionen der Teilzweitore. Polstellen können somit bei den Matrixelementen nur dort auftreten, wo Impedanzen bzw. Admittanzen der Teilzweitore unendlich groß werden. Diese Polstellen können (aus Stabilitätsgründen) nicht in der rechten s-Halbebene auftreten. Die Übertragungsfunktionen (z.B. $U_2/U_0 = 1/A_{11}$) sind jeweils reziproke Kettenmatrixelemente. Eine Polstelle eines Kettenmatrixelementes ist eine Nullstelle der Übertragungsfunktion. Diese Nullstelle kann nicht im Bereich $Re(s) > 0$ liegen und dies bedeutet die Eigenschaft "Mindestphasensystem". Als Beispiel betrachten wir die Abzweigschaltung von Bild 1.2 im Abschnitt

1.3. Dort hat das "Teilzweitor" mit dem LC-Parallelschwingkreis eine Polstelle bei seiner Resonanzfrequenz $\omega_r = 1/\sqrt{LC}$ (= 1,668) und dort liegt auch die Nullstelle von $G(s)$ (siehe Verlauf von $|G(j\omega)|$ rechts im Bild). Das PN-Schema von $G(s)$ ist übrigens im Bild 1.3 dargestellt.

2.2.5 PN-Schemata bei speziellen Übertragungscharakteristiken

2.2.5.1 Der Allpaß

Bei Allpässen liegen Pol- und Nullstellen symmetrisch zur imaginären Achse. Im Bild 2.18 ist das PN-Schema eines Allpasses 3. Grades skizziert.

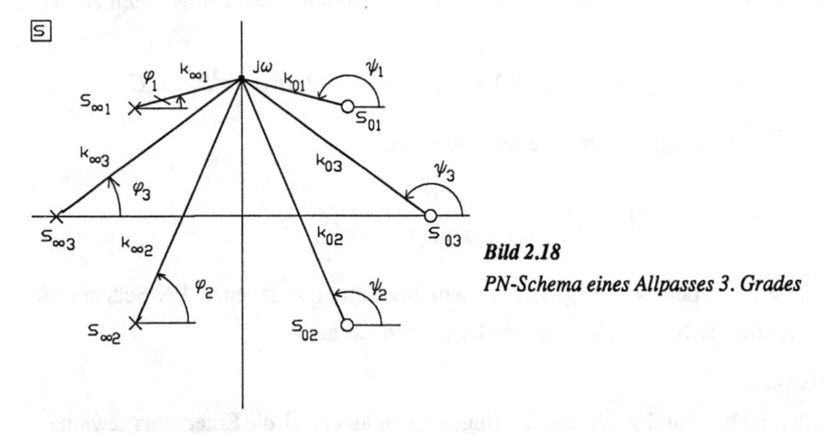

Bild 2.18
PN-Schema eines Allpasses 3. Grades

Da die Entfernungen zwischen den Pol- und Nullstellen auf Grund der Symmetrie zu einem beliebigen Punkt $j\omega$ auf der imaginären Achse jeweils gleich groß sind ($k_{\infty\nu} = k_{0\nu}, \nu = 1 \ldots n$), ergibt sich ein konstanter Betrag der Übertragungsfunktion:

$$|G(j\omega)| = K. \tag{2.27}$$

Aus Bild 2.18 erkennt man, daß die Summe von "Polstellenwinkeln" φ_ν und "Nullstellenwinkeln" ψ_ν jeweils π ergeben, also $\varphi_\nu + \psi_\nu = \pi, \nu = 1 \ldots n$.

Damit erhalten wir

$$B(\omega) = \varphi_1 + \varphi_2 + \ldots + \varphi_n - \psi_1 - \psi_2 - \ldots - \psi_n + k\pi$$
$$= \varphi_1 + \varphi_2 + \ldots + \varphi_n - (\pi - \varphi_1) - (\pi - \varphi_2) - \ldots - (\pi - \varphi_n) + k\pi,$$
$$B(\omega) = 2(\varphi_1 + \varphi_2 + \ldots + \varphi_n) + k\pi. \quad (2.28)$$

Aus dieser Beziehung folgt $B(0) = k\pi$ und $B(\infty) = (n+k)\pi$ ($\varphi_1 = \varphi_2 = \ldots = \varphi_n = \pi/2$ bei $\omega = \infty$). Die Phase steigt also insgesamt um $n\pi$ an. Sie kann aus dem PN-Schema nur bis auf Vielfache von π ermittelt werden. Zur vollständigen Festlegung von $B(\omega)$, und ebenso zur Festlegung der Konstanten K in Gl. 2.27, benötigen wir noch zusätzliche Informationen. Wir wollen an einem ganz einfachen Beispiel einmal zeigen, auf welche Weise diese "Zusatzbedingungen" entstehen. Dazu ist links im Bild 2.19 das PN-Schema eines Allpasses 1. Grades skizziert, rechts sind zwei mögliche Realisierungsschaltungen für diesen Allpaß dargestellt. Es handelt sich bei den angegebenen Schaltungen um sogenannte symmetrische Kreuzschaltungen. Wie wir aus den zusätzlichen Hinweisen in Abschnitt 2.2.4 wissen, kann ein Allpaß nicht durch eine Abzweigschaltung realisiert werden, denn er ist kein Mindestphasensystem. Wir wollen hier nicht darauf eingehen, wie die angegebenen Schaltungen gewonnen werden (siehe hierzu Abschnitt 5.1), es kommt uns nur auf die Festlegung der Parameter bei Betrag und Phase an.

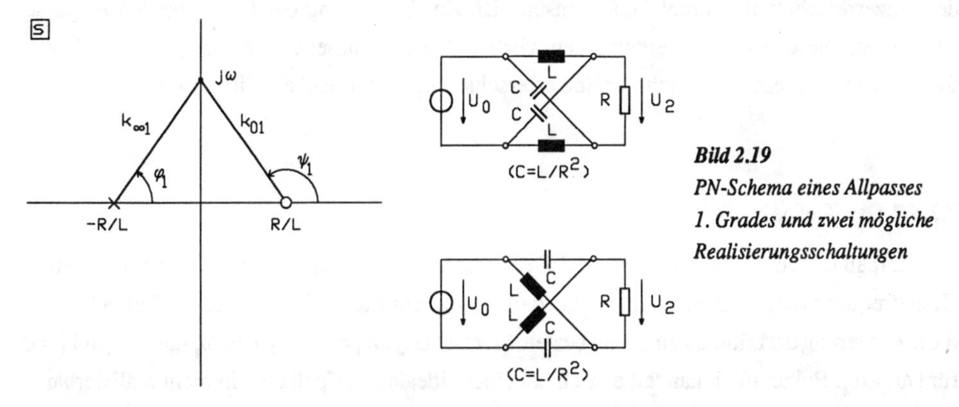

Bild 2.19
PN-Schema eines Allpasses 1. Grades und zwei mögliche Realisierungsschaltungen

Aus Gl. 2.28 wird im vorliegenden Fall (siehe PN-Schema im Bild 2.19)

$$B(\omega) = 2\varphi_1 + k\pi = 2Arctan\frac{\omega L}{R} + k\pi\,.$$

Bei der oberen Schaltung in Bild 2.19 entsteht bei $\omega = 0$ durch die Induktivitäten eine Durchverbindung, d.h. $U_2 = U_0$. Daraus folgt $|G(j\omega)| = 1$ (d.h. $K = 1$ in Gl. 2.27) und

$$B(\omega) = 2\,Arctan\,\frac{\omega L}{R}.$$

$B(\omega)$ steigt von $B(0) = 0$ auf $B(\infty) = \pi$ an.

Bei der Schaltung unten im Bild 2.19 erfolgt durch die Induktivitäten bei $\omega = 0$ eine "Umpolung", es gilt $U_2 = -U_0$, dies bedeutet $B(0) = \pi$ und wir erhalten

$$B(\omega) = 2\,Arctan\,\frac{\omega L}{R} + \pi.$$

Die Phase steigt hier von $B(0) = \pi$ auf $B(\infty) = 2\pi$ an, sie ist gegenüber der Phase der oberen Schaltung um π angehoben.

Allpässe werden dazu verwendet, Phasenverläufe von Systemen zu korrigieren. In der Regel muß eine Übertragungsstrecke eine konstante Dämpfung und eine konstante Gruppenlaufzeit, d.h. eine lineare Phase aufweisen. Falls diese Forderungen nicht ausreichend erfüllt sind, schaltet man hinter das betreffende System Entzerrerschaltungen. Ein Dämpfungsentzerrer wird dabei so entworfen, daß die Dämpfung des gegebenen Systems, zusammen mit dem Dämpfungsverlauf der Entzerrerschaltung, hinreichend konstant ist. Zur Entzerrung der Phase werden Allpässe verwendet. Diese Allpässe werden so entworfen, daß der Phasenverlauf des gesamten Übertragungssystems, einschließlich der Entzerrerschaltungen, hinreichend linear wird.

2.2.5.2 Der Tiefpaß

Ein Tiefpaß ist dadurch charakterisiert, daß der Betrag seiner Übertragungsfunktion bis zu einer Grenzfrequenz möglichst konstant ist und dann rasch sehr klein wird. Der ideale Tiefpaß erfüllt diese Forderung definitionsgemäß am besten, hier ist $|G(j\omega)| = K$ für $|\omega| < \omega_g$ und $|G(j\omega)| = 0$ für $|\omega| > \omega_g$. Bekanntlich handelt es sich bei einem idealen Tiefpaß um ein nicht realisierbares (nicht kausales) System (siehe z.B. [Mi]).

Jedes System, dessen PN-Schema bei $\omega = 0$ keine Nullstelle aufweist und bei dem der Nennergrad n größer als der Zählergrad m ist, verhält sich zunächst insofern tiefpaßartig, daß kleine Frequenzen nicht gesperrt und hohe Frequenzen gesperrt werden ($|G(j\omega)| \to 0$ für $\omega \to \infty$). In diesem Sinne ist eine einfache RC-Schaltung (Bild 2.20) mit der Übertragungsfunktion

$$G(s) = \frac{1/(RC)}{1/(RC) + s}$$

ein Tiefpaß. Das PN-Schema (Bild 2.20) hat eine einzige Polstelle bei $s = -1/(RC)$. Rechts im Bild 2.20 ist der Betrag $|G(j\omega)|$ dieses "Elementartiefpasses" skizziert. Als Grenzfrequenz bezeichnet man (hier) i.a. den Wert $\omega_g = 1/(RC)$, bei dem $|G(j\omega)|$ auf $\sqrt{2}/2$ abgeklungen ist.

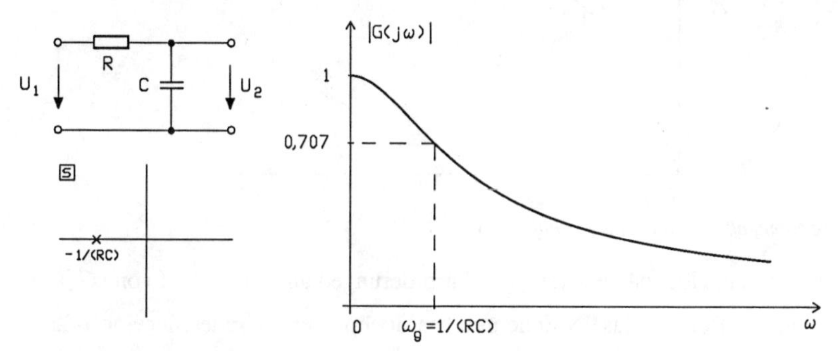

Bild 2.20 *"Elementartiefpaß" mit seinem PN-Schema und dem Verlauf von* $|G(j\omega)|$

In diesem Buch wird der Begriff Tiefpaß i.a. restriktiver angewandt. Wir sprechen nur dann von Tiefpässen, wenn $|G(j\omega)|$ einen "deutlichen Tiefpaßverlauf" im Sinne eines idealen Tiefpasses aufweist. Ein Beispiel für einen Tiefpaß im engeren Sinne haben wir bereits im Abschnitt 1.3 kennengelernt (Bilder 1.2, 1.3). Bei diesem Tiefpaß handelt es sich um einen sogenannten Cauer-Tiefpaß (siehe Abschnitt 5.2.5). Eine wichtige Klasse von Tiefpässen bilden die Polynomtiefpässe. Das sind (durch LC-Abzweigschaltungen realisierbare) Polynomnetzwerke mit ganz speziellen Anordnungen der Polstellen (siehe Abschnitt 5.2).

2.2.5.3 Der Hochpaß

Ein Hochpaß soll niedrige Frequenzanteile möglichst gut unterdrücken und Anteile oberhalb seiner Grenzfrequenz durchlassen. Dies bedingt, daß im PN-Schema bei $s = 0$ eine (mindestens einfache) Nullstelle auftritt ($G(0) = 0$) und der Zählergrad m mit dem Nennergrad n übereinstimmt ($|G(j\omega)| \rightarrow K$ für $\omega \rightarrow \infty$).

Das einfachste PN-Schema mit dieser Eigenschaft besitzt bei $s = 0$ eine Nullstelle und eine Polstelle auf der negativ reellen Achse (Bild 2.21). Ein solches PN-Schema kann durch die ebenfalls im Bild 2.21 skizzierte einfache CR-Schaltung mit der Übertragungsfunktion

$$G(s) = \frac{s}{1/(RC) + s}$$

realisiert werden. Rechts im Bild 2.21 ist schließlich $|G(j\omega)|$ aufgetragen.

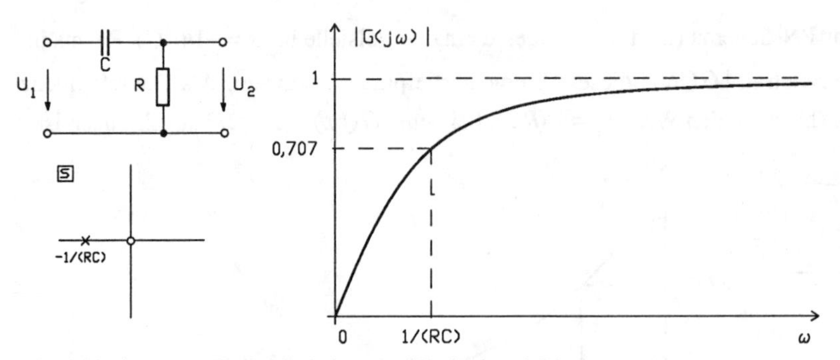

Bild 2.21 *Elementare Hochpaßschaltung und Verlauf von* $|G(j\omega)|$

Im allgemeinen werden bei Hochpässen strengere Anforderungen an den Verlauf von $|G(j\omega)|$ gestellt. Bild 2.22 zeigt als Beispiel das PN-Schema eines Hochpasses 3. Grades, der eine 3-fache Nullstelle bei $s = 0$ aufweist. Rechts ist der Verlauf von $|G(j\omega)|$ dargestellt. Der Entwurf von Hochpässen wird im Abschnitt 5.3 behandelt, dort wird auch eine Realisierungsschaltung für den Hochpaß gemäß Bild 2.22 angegeben.

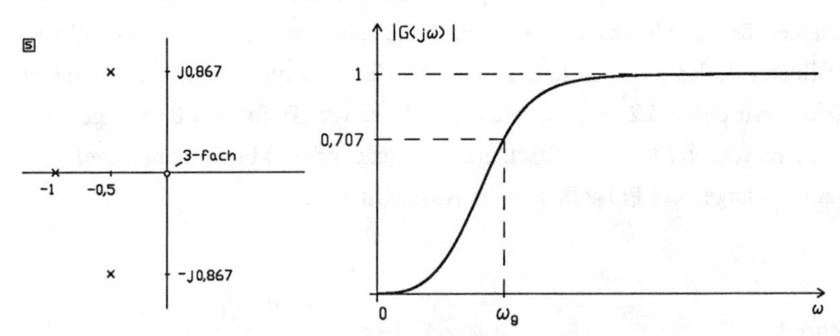

Bild 2.22 *PN-Schema und Verlauf von* $|G(j\omega)|$ *bei einem Hochpaß 3. Grades*

Hinweis:

Da bei $\omega = 0$ eine 3-fache Nullstelle vorliegt, ist bei der Berechnung von $|G(j\omega)|$ die Strecke k_0 in der 3. Potenz einzusetzen:

$$|G(j\omega)| = K \frac{k_0^3}{k_{\infty 1} k_{\infty 2} k_{\infty 3}}.$$

Auch bei der Berechnung des Phasenwinkels ist diese Vielfachheit zu beachten:

$$B(\omega) = \varphi_1 + \varphi_2 + \varphi_3 - 3\pi/2 + k\pi, \quad (\psi = \pi/2\,!).$$

2.2.5.4 Der Bandpaß

Man kann sich den Verlauf von $|G(j\omega)|$ eines Bandpasses dadurch entstanden denken, daß die Übertragungsfunktion eines Tiefpasses (einschließlich dem Teil negativer Frequenzen) verschoben wird. Dies ist im Bild 2.23 dargestellt. Der linke Bildteil zeigt den Verlauf einer (idealen) Tiefpaßübertragungsfunktion, die Verschiebung um ω_0 ergibt den rechts skizzierten Verlauf einer Bandpaßübertragungsfunktion (bei positiven ω-Werten).

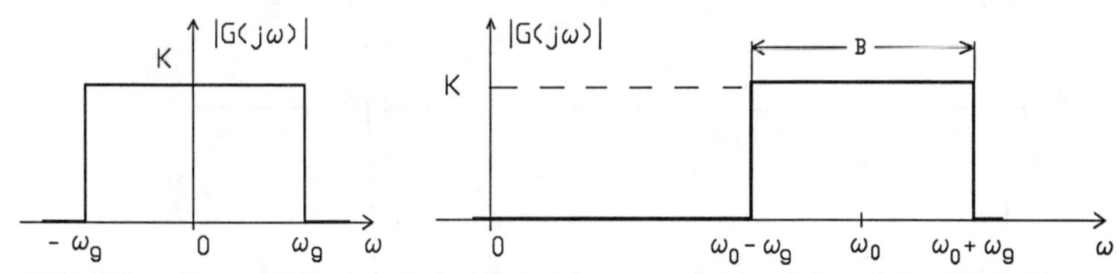

***Bild 2.23** Darstellung zur Erklärung, wie eine Bandpaßübertragungsfunktion als "verschobene" Tiefpaßübertragungsfunktion interpretiert werden kann*

Der Bandpaß wird durch seine Mittenfrequenz ω_0 und seine Bandbreite B (hier $B = 2\omega_g$) charakterisiert.

Die im Bild 2.23 dargestellte Entstehung einer Bandpaßübertragungsfunktion bedeutet, daß das PN-Schema des Bandpasses ebenfalls durch eine Verschiebung eines Tiefpaß-PN-Schemas entsteht. Das Bild 2.24 zeigt links das PN-Schema eines Tiefpasses 3. Grades und in der Mitte das um ω_0 nach oben verschobene PN-Schema. Aus den jeweils eingezeichneten Strecken $k_{\infty\nu}$ erkennt man, daß der Wert $|G(j\omega_1)|$ beim Tiefpaß mit dem Wert $|G(j(\omega_0+\omega_1))|$ beim Bandpaß übereinstimmt. Das PN-Schema führt also tatsächlich zu einer "verschobenen" Tiefpaßübertragungsfunktion. Das PN-Schema in der Mitte von Bild 2.24 ist allerdings nicht realisierbar. Bekanntlich (siehe auch Abschnitt 2.1.1) können Pol- und Nullstellen nur reell oder als konjungiert komplexe Paare auftreten. Diese Forderung und die Bedingung $G(0) = 0$ führen zu dem (realisierbaren) PN-Schema rechts im Bild 2.24. Die Strecken $k_{\infty\nu}$ von den zusätzlich eingeführten Polstellen in der unteren s-Halbebene und auch die Strecke k_0 von der Nullstelle ändern sich bei ω Werten im Bereich von ω_0 nur relativ wenig, so daß der Bandpaßcharakter erhalten bleibt.

Hinweis:

Die Synthese von Bandpässen wird im Abschnitt 5.4 behandelt. Dort wird genau ausgeführt, auf welche Weise ein realisierbares Bandpaß-PN-Schema aus dem eines Tiefpasses entsteht.

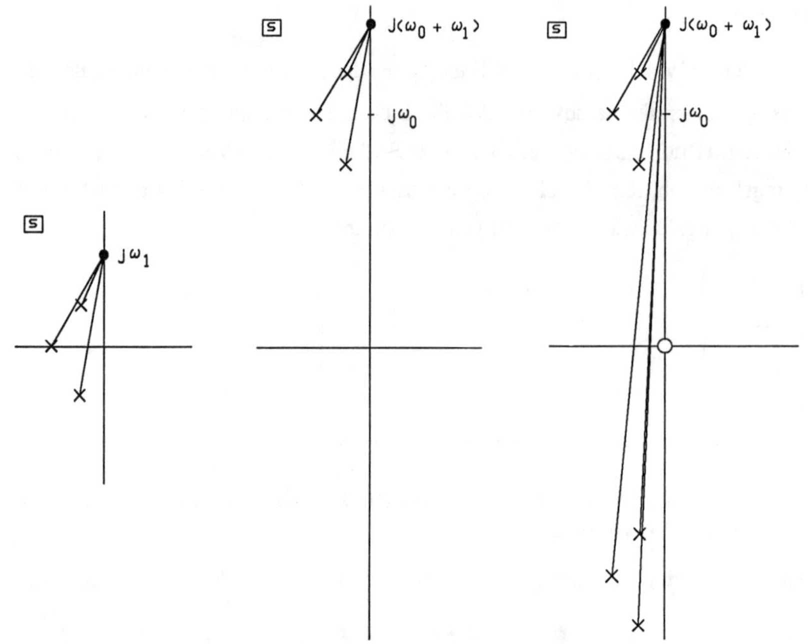

***Bild 2.24** Entstehung des PN-Schemas eines Bandpasses aus dem eines Tiefpasses*

Als Ergebnis haben wir gefunden, daß ein Bandpaß-PN-Schema als verschobenes Tiefpaß-PN-Schema verstanden werden kann, wenn aus Gründen der Realisierbarkeit konjugiert komplexe Polstellen (und ggf. Nullstellen) hinzugefügt werden. Eine Nullstelle bei $s = 0$ sorgt für die Bedingung $G(0) = 0$ (siehe Bild 2.24, rechts).

Im Bild 2.25 ist schließlich das PN-Schema eines "Elementarbandpasses" mit einer Realisierungsschaltung dargestellt.

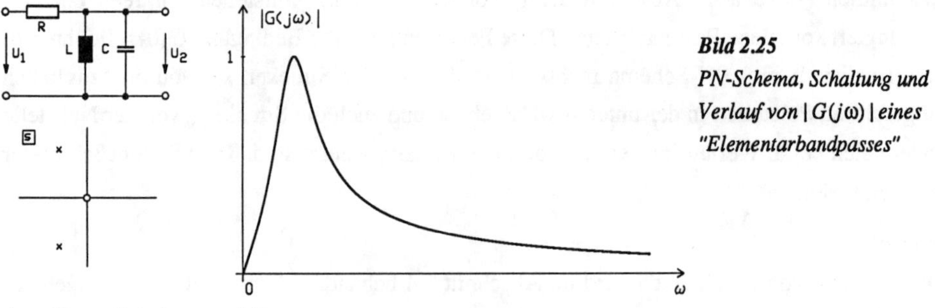

Bild 2.25
PN-Schema, Schaltung und Verlauf von $|G(j\omega)|$ eines "Elementarbandpasses"

Aus dieser Schaltung erhält man

$$G(s) = \frac{s/(RC)}{1/(LC) + s/(RC) + s^2}.$$

Der Verlauf von $|G(j\omega)|$ ist rechts im Bild skizziert.

2.2.5.5 Die Bandsperre

Das Bild 2.26 zeigt den Verlauf des Betrages der Übertragungsfunktion einer idealen Bandsperre.

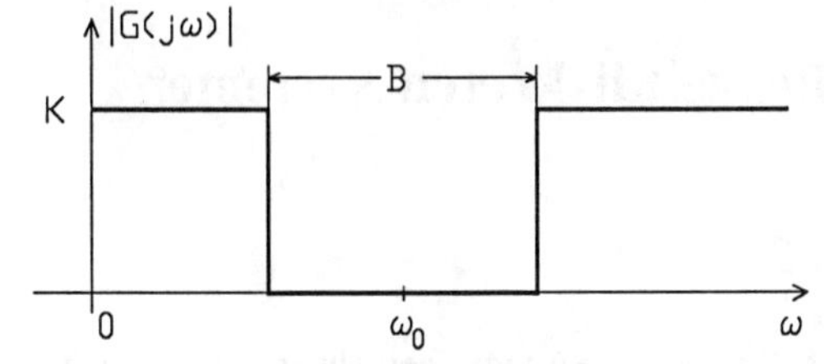

Bild 2.26
Verlauf von $|G(j\omega)|$ *bei einer idealen Bandsperre* *(*ω_0*: Mittenfrequenz,* B *: Bandbreite)*

Man erkennt, daß im PN-Schema mindestens eine Nullstelle auf der imaginären Achse bei $j\omega_0$ auftreten muß, und aus Realisierbarkeitsgründen die dazu konjugiert komplexe Nullstelle bei $-j\omega_0$. Die Bedingung $|G(\infty)| = K$ wird dadurch erreicht, daß der Zählergrad und der Nennergrad gleich sind.

Das Bild 2.27 zeigt PN-Schema, Schaltung und Verlauf von $|G(j\omega)|$ einer "Elementarbandsperre". Die Übertragungsfunktion dieser Schaltung lautet

$$G(s) = \frac{1/(LC) + s^2}{1/(LC) + s(R/L) + s^2},$$

Nullstellen: $s_0 = \pm j\sqrt{1/(LC)}$, Polstellen: $s_\infty = -\frac{R}{2L} \pm \sqrt{\frac{R^2}{4L^2} - \frac{1}{LC}}$.

Auf den Entwurf von Bandsperren mit strengeren Anforderungen gehen wir im Abschnitt 5.5 ein.

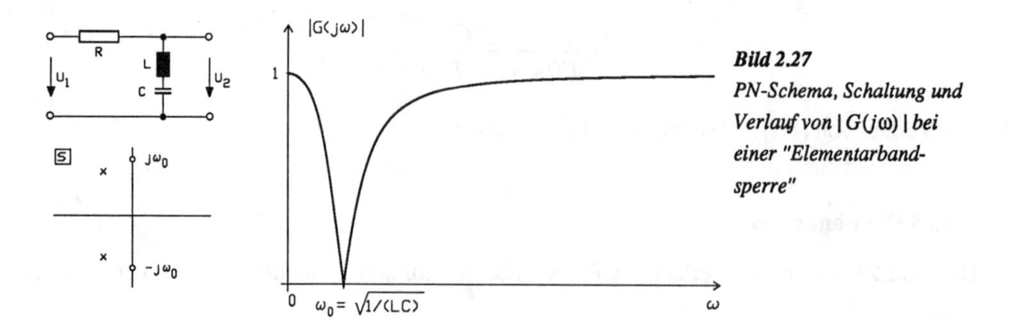

Bild 2.27
PN-Schema, Schaltung und Verlauf von $|G(j\omega)|$ bei einer "Elementarbandsperre"

2.3 Pol-Nullstellenschemata bei zeitdiskreten Systemen

2.3.1 Systemtheoretische Grundlagen

Die Übertragungsfunktion eines zeitdiskreten (kausalen) Systems berechnet sich nach der Beziehung

$$G(j\omega) = \sum_{n=0}^{\infty} g(n) e^{-jn\omega T} = \sum_{n=0}^{\infty} g(n) (e^{j\omega T})^{-n} . \tag{2.29}$$

Dabei ist $g(n)$ die Impulsantwort des Systems, also die Systemreaktion auf den Einheitsimpuls $\delta(n)$.

Stabil ist das System genau dann, wenn

$$\sum_{n=0}^{\infty} |g(n)| < N < \infty \tag{2.30}$$

ist. Diese Beziehung entspricht der Bedingung der absoluten Integrierbarkeit der Impulsantwort bei analogen Systemen (Abschnitt 2.1.1, Gl. 2.4).

Aus Gl. 2.29 erkennt man, daß $G(j\omega)$ eine periodische Funktion mit der Periode $2\pi/T$ ist.

$$G(j(\omega + k2\pi/T)) = \sum_{n=0}^{\infty} g(n) e^{-jn(\omega + k2\pi/T)T} = \sum_{n=0}^{\infty} g(n) e^{-jn\omega T} e^{-jnk2\pi} = \sum_{n=0}^{\infty} g(n) e^{-jn\omega T} = G(j\omega).$$

Diese Periodizität bedingt, daß mit zeitdiskreten Filtern nicht ohne weiteres ein Tief- oder Hochpaßverhalten realisiert werden kann. In der Praxis sorgt man durch (analoge) Vorfilter (Antialiasingfilter) dafür, daß der Frequenzbereich der Eingangssignale auf $f_{\max} = 1/(2T)$ bzw.

$\omega_{max} = \pi/T$ begrenzt wird. Für die Klasse der Eingangssignale des zeitdiskreten Systems (nach dem Vorfilter) ist damit die Bedingung des Abtasttheorems erfüllt, weil die Abtastzeit $T \leq 1/(2f_{max})$ wird (siehe z.B. [Mi]).

Die z-Transformierte der Impulsantwort lautet

$$G(z) = \sum_{n=0}^{\infty} g(n) z^{-n} . \tag{2.31}$$

Durch Vergleich dieser Beziehung mit (der rechten Form von) Gl. 2.29 erkennt man, daß man aus $G(z)$ die Übertragungsfunktion $G(j\omega)$ erhält, wenn $z = e^{j\omega T}$ gesetzt wird, d.h.

$$G(j\omega) = G(z = e^{j\omega T}). \tag{2.32}$$

Aus $z = e^{j\omega T}$ erhält man $j\omega = \frac{1}{T}\ln z$, und somit gilt umgekehrt

$$G(z) = G\left(j\omega = \frac{1}{T}\ln z\right). \tag{2.33}$$

Wir bezeichnen im folgenden sowohl $G(j\omega)$ als auch $G(z)$ als Übertragungsfunktion. Wegen der unterschiedlichen Argumente werden Verwechslungen dennoch ausgeschlossen.

Zeitdiskrete Systeme weisen gebrochen rationale Übertragungsfunktionen mit reellen Koeffizienten auf:

$$G(z) = \frac{c_0 + c_1 z_1 + \ldots + c_q z^q}{d_0 + d_1 z_1 + \ldots + d_r z^r} = \frac{c_q}{d_r} \frac{(z - z_{01})(z - z_{02})\ldots(z - z_{0q})}{(z - z_{\infty 1})(z - z_{\infty 2})\ldots(z - z_{\infty r})}, q \leq r . \tag{2.34}$$

Dies bedeutet, daß (ebenso wie bei analogen Systemen) nur reelle Pol- oder Nullstellen sowie konjugiert komplexe Paare möglich sind. Stabil ist das zeitdiskrete System genau dann, wenn alle Pole von $G(z)$ im Bereich $|z| < 1$, also dem Einheitskreis liegen und der Zählergrad q den Nennergrad r nicht übersteigt.

Hinweise:

1. Bei analogen Systemen wurde der Grad des Nennerpolynoms der Übertragungsfunktion mit n bezeichnet. Hier wählen wir stattdessen den Buchstaben r und für den Zählergrad q, weil bei zeitdiskreten Systemen der Buchstabe n als "Zeitvariable" verwendet wird (z.B. $g(n)$).
2. Bekanntlich gelingt es nicht, zeitdiskrete Systeme zu entwerfen, die exakt gleiche Übertra-

gungsfunktionen wie analoge Systeme aufweisen [Mi]. Eine Methode, die diese Aufgabe näherungsweise löst, ist die Bilinear-Transformation, bei der die komplexe Frequenz s durch $\frac{2}{T}\cdot\frac{(z-1)}{(z+1)}$ ersetzt wird.

Mit $z = e^{j\omega T}$ erhalten wir aus Gl. 2.34

$$G(j\omega)=\frac{c_0+c_1e^{j\omega T}+\ldots+c_qe^{jq\omega T}}{d_0+d_1e^{j\omega T}+\ldots+d_re^{jr\omega T}}=\frac{c_q\,|\,e^{j\omega T}-z_{01}\,|\ldots|\,e^{j\omega T}-z_{0q}\,|}{d_r\,|\,e^{j\omega T}-z_{\infty 1}\,|\ldots|\,e^{j\omega T}-z_{\infty r}\,|} \tag{2.35}$$

und daraus z.B. den Betrag

$$|\,G(j\omega)\,|=\frac{\sqrt{(c_0+c_1\cos(\omega T)+\ldots+c_q\cos(q\,\omega T))^2+(c_1\sin(\omega T)+\ldots+c_q\sin(q\,\omega T))^2}}{\sqrt{(d_0+d_1\cos(\omega T)+\ldots+d_r\cos(r\,\omega T))^2+(d_1\sin(\omega T)+d_r\sin(r\,\omega T))^2}}. \tag{2.36}$$

Diese unschöne Beziehung ist entbehrlich, wenn Betrag (und Phase) unmittelbar aus dem PN-Schema ermittelt wird.

2.3.2 Die Ermittlung von Betrag und Phase aus dem PN-Schema

Aus dem PN-Schema erhält man die Übertragungsfunktion in der Form

$$G(z)=K\frac{(z-z_{01})\,(z-z_{02})\ldots(z-z_{0q})}{(z-z_{\infty 1})\,(z-z_{\infty 2})\ldots(z-z_{\infty r})}.$$

bzw. mit $z = e^{j\omega T}$

$$G(j\omega)=K\frac{(e^{j\omega T}-z_{01})\,(e^{j\omega T}-z_{02})\ldots(e^{j\omega T}-z_{0q})}{(e^{j\omega T}-z_{\infty 1})\,(e^{j\omega T}-z_{\infty 2})\ldots(e^{j\omega T}-z_{\infty r})}.$$

Mit der Schreibweise

$$\begin{aligned}(e^{j\omega T}-z_{0\mu})&=|\,e^{j\omega T}-z_{0\mu}\,|\,e^{j\psi_\mu}=k_{0\mu}e^{j\psi_\mu}, \quad \mu=1\ldots q,\\ (e^{j\omega T}-z_{\infty\nu})&=|\,e^{j\omega T}-z_{\infty\nu}\,|\,e^{j\varphi_\nu}=k_{\infty\nu}e^{j\varphi_\nu}, \quad \nu=1\ldots r\end{aligned} \tag{2.37}$$

ergibt sich

$$G(j\omega)=K\frac{k_{01}\cdot k_{02}\ldots k_{0q}}{k_{\infty 1}\cdot k_{\infty 2}\ldots k_{\infty r}}e^{-j(\varphi_1+\ldots+\varphi_r-\psi_1-\ldots-\psi_q)},$$

also der Betrag

$$|G(j\omega)| = |K| \frac{k_{01} \cdot k_{02} \ldots k_{0q}}{k_{\infty 1} \cdot k_{\infty 2} \ldots k_{\infty r}} \tag{2.38}$$

und die Phase

$$B(\omega) = \varphi_1 + \varphi_2 + \ldots + \varphi_r - \psi_1 - \psi_2 - \ldots - \psi_q + k\pi, \quad k = 0, \pm 1, \pm 2, \ldots . \tag{2.39}$$

Dies sind formal die gleichen Beziehungen wie bei analogen Systemen (Abschnitt 2.1.2, Gln. 2.10, 2.11), Unterschiede bestehen in der Interpretation der Strecken und Winkel.

Zur weiteren Erklärung betrachten wir einen der Ausdrücke von Gl. 2.37:

$$(e^{j\omega T} - z_{\infty\nu}) = |e^{j\omega T} - z_{\infty\nu}|\, e^{j\varphi_\nu} = k_{\infty\nu}\, e^{j\varphi_\nu}.$$

In der z-Ebene von Bild 2.28 ist die Polstelle $z_{\infty\nu} = a + jb$ eingetragen und ebenso die komplexe Zahl $e^{j\omega T}$ für einen speziellen Wert von ω. Wir bemerken, daß alle Punkte von $e^{j\omega T}$ auf dem Einheitskreis liegen ($|e^{j\omega T}| = 1$!). Der zu $\omega = 0$ gehörende Punkt $z = 1$ ist im Bild markiert. Mit zunehmenden ω-Werten bewegen wir uns auf dem oberen Kreisbogen zum Punkt $z = -1$ hin. $z = -1$ bedeutet $\omega T = \pi$ und $\omega = \pi/T = \omega_{max}$ (vgl. hierzu die Ausführungen im Abschnitt 2.3.1). Punkte auf der unteren Kreishälfte repräsentieren negative ω Werte.

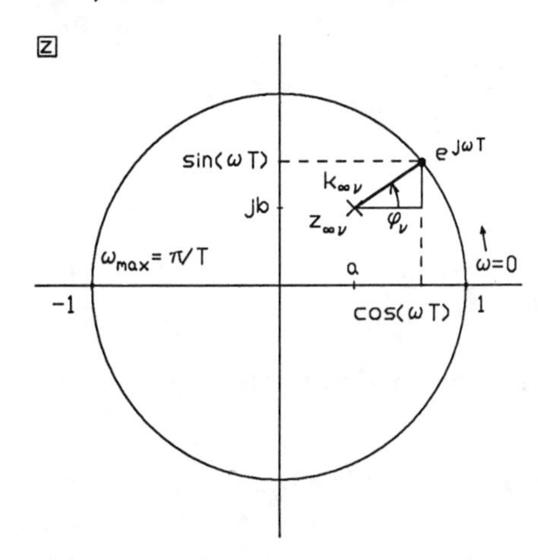

Bild 2.28

Darstellung zur Interpretation der Strecke $k_{\infty\nu}$ und des Winkels φ_ν

Wir erhalten mit $z_{\infty\nu} = a + jb$

$$(e^{j\omega T} - z_{\infty\nu}) = (\cos(\omega T) + j\sin(\omega T) - a - jb) = (\cos(\omega T) - a) + j(\sin(\omega T) - b) =$$

$$= \sqrt{(\cos(\omega T) - a)^2 + (\sin(\omega T) - b)^2}\, e^{j\varphi\nu}, \quad \tan\varphi_\nu = \frac{\sin(\omega T) - b}{\cos(\omega T) - a}$$

und erkennen, daß die im Bild 2.28 eingezeichnete Strecke $k_{\infty\nu}$ dem Betrag der Zahl $(e^{j\omega T} - z_{\infty\nu})$ entspricht und der ebenfalls eingetragene Winkel φ_ν dem Winkel der Zahl $(e^{j\omega T} - z_{\infty\nu})$.

Damit wurde gezeigt, daß die Ermittlung von Betrag und Phase bei zeitdiskreten Systemen in gleicher Weise wie bei analogen Systemen erfolgen kann. Die in Gl. 2.38 auftretenden Faktoren $k_{0\mu}$ sind die Entfernungen der Nullstellen zu dem interessierenden ω Wert, die Faktoren $k_{\infty\nu}$ die Entfernungen von den Polstellen. Die bei $B(\omega)$ in Gl. 2.39 auftretenden Winkel sind die Steigungswinkel dieser Verbindungsstrecken. Der Unterschied zu analogen Systemen liegt darin, daß die Frequenzwerte hier auf dem Einheitskreis liegen und nicht auf der imaginären Achse. Ein weiterer Unterschied ist, daß die Frequenz nur von $\omega = 0$ bis $\omega_{max} = \pi/T$ geht. Dies ist gerade der üblicherweise zulässige Betriebsfrequenzbereich für zeitdiskrete Systeme.

Hinweise:

1. Die oben angegebene Beziehung für den $\tan\varphi_\nu$ ist nur gültig, wenn die komplexe Zahl $(e^{j\omega T} - z_{\infty\nu})$ im 1. (oder auch im 4.) Quadranten liegt, also im Falle $\cos(\omega T) > a$ (siehe Bild 2.28). In diesem Fall erhalten wir

$$\varphi_\nu = Arctan \frac{\sin(\omega T) - Im(z_{\infty\nu})}{\cos(\omega T) - Re(z_{\infty\nu})}.$$

Falls die komplexe Zahl $(e^{j\omega T} - z_{\infty\nu})$ im 2. oder 3. Quadranten liegt, wird

$$\varphi_\nu = \pi + Arctan \frac{\sin(\omega T) - Im(z_{\infty\nu})}{\cos(\omega T) - Re(z_{\infty\nu})}.$$

Zur Berechnung der Gruppenlaufzeit $T_G = dB(\omega)/d\omega$ benötigen wir die Ableitungen

$$\frac{d\varphi_\nu}{d\omega} = \frac{T}{k_{\infty\nu}^2}\{1 - Re(z_{\infty\nu})\cos(\omega T) - Im(z_{\infty\nu})\sin(\omega T)\}, \; \nu = 1 \ldots r.$$

Diese Beziehungen gelten in entsprechender Weise für die "Nullstellenwinkel".

2. Zur Berechnung von $|G(j\omega)|, B(\omega)$ und auch der Gruppenlaufzeit bei zeitdiskreten Systemen kann ebenfalls das Programm NETZWERKFUNKTIONEN verwendet werden.

2.3.3 Einige spezielle PN-Schemata zeitdiskreter Systeme

Im Rahmen von Beispielen sollen einige PN-Schemata zeitdiskreter Systeme mit typischen Übertragungsverhalten angegeben werden. Bei den Erklärungen fassen wir uns relativ kurz und verweisen auf die PN-Schemata der entsprechenden analogen Systeme, wie sie im Abschnitt 2.2 besprochen wurden.

Die Polstellen müssen stets im Einheitskreis liegen (Stabilitätsbedingung). Die Nullstellen liegen bei Mindestphasensystemen ebenfalls im Einheitskreis. Nichtmindestphasensysteme weisen mindestens eine Nullstelle im Bereich $|z| > 1$ auf.

Beispiel 1 (Allpaß)
Im Bild 2.29 ist das PN-Schema eines zeitdiskreten Allpasses 3. Grades dargestellt. Bei einem Allpaß liegen Nullstellen und Polstellen spiegelbildlich zum Einheitskreis.

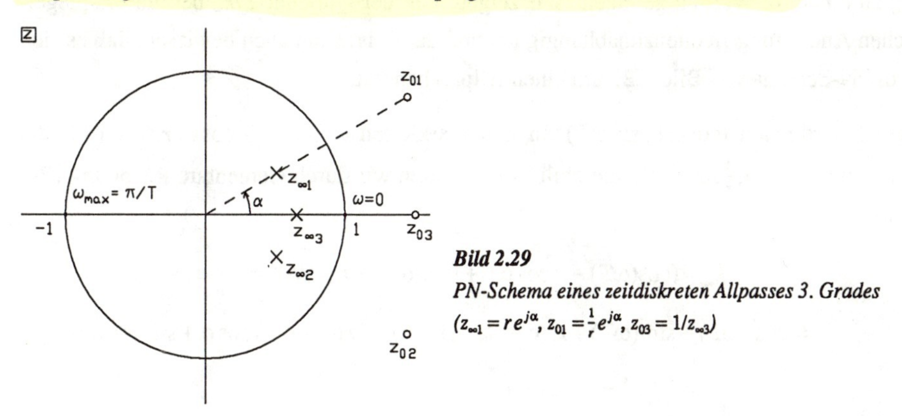

Bild 2.29
PN-Schema eines zeitdiskreten Allpasses 3. Grades
$(z_{\infty 1} = re^{j\alpha},\ z_{01} = \frac{1}{r}e^{j\alpha},\ z_{03} = 1/z_{\infty 3})$

Wir wollen beweisen, daß die spiegelbildliche Anordnung von Pol- und Nullstellen zu einem frequenzunabhängigen Betragsverlauf der Übertragungsfunktion führt und dabei auch den Begriff "spiegelbildlich" genauer erklären.

Wenn die Polstelle in der Form $z_\infty = re^{j\alpha}$ dargestellt wird, dann hat die zu diesem Pol spiegelbildlich auftretende Nullstelle die Form $z_0 = \frac{1}{r}e^{j\alpha}$. Spiegelbildlich bedeutet demnach:

$$z_\infty z_0^* = re^{j\alpha} \cdot \frac{1}{r} e^{-j\alpha} = 1.$$

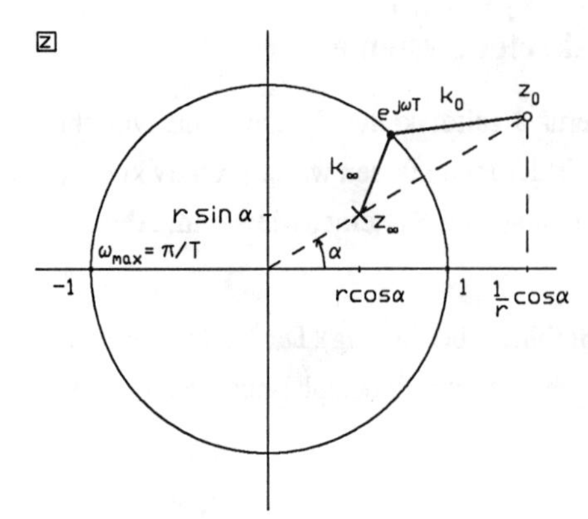

Bild 2.30
Spiegelbildliche Anordnung einer Pol- und Nullstelle

Bild 2.30 zeigt eine solche spiegelbildliche Anordnung genauer. Dort sind auch die Strecken k_0 und k_∞ zu einem ω Wert eingetragen. Wir zeigen, daß der Quotient k_0/k_∞ bei dieser spiegelbildlichen Anordnung frequenzunabhängig ist, und damit ist dann auch bewiesen, daß es sich bei dem PN-Schema von Bild 2.29 um einen Allpaß handelt.

Mit den Koordinaten $(\cos\omega T, \sin\omega T)$ für den markierten ω-Wert, $(r\cos\alpha, r\sin\alpha)$ für die Polstelle und $\left(\frac{1}{r}\cos\alpha, \frac{1}{r}\sin\alpha\right)$ für die Nullstelle erhalten wir durch elementare Rechnung (Pythagoras):

$$k_\infty^2 = (\cos(\omega T) - r\cos\alpha)^2 + (\sin(\omega T) - r\sin\alpha)^2 =$$

$$= \cos^2(\omega T) + \sin^2(\omega T) + r^2(\cos^2\alpha + \sin^2\alpha) - 2r(\cos(\omega T)\cos\alpha + \sin(\omega T)\sin\alpha) =$$

$$= 1 + r^2 - 2r\cos(\omega T - \alpha),$$

$$k_0^2 = \left(\frac{1}{r}\cos\alpha - \cos(\omega T)\right)^2 + \left(\frac{1}{r}\sin\alpha - \sin(\omega T)\right)^2 =$$

$$= \frac{1}{r^2}\{(\cos\alpha - r\cos(\omega T))^2 + (\sin\alpha - r\sin(\omega T))^2\} =$$

$$= \frac{1}{r^2}\{\cos^2\alpha + \sin^2\alpha + r^2(\cos^2(\omega T) + \sin^2(\omega T)) - 2r(\cos(\omega T)\cos\alpha + \sin(\omega T)\sin\alpha)\} =$$

$$= \frac{1}{r^2}\{1 + r^2 - 2r\cos(\omega T - \alpha)\} = \frac{1}{r^2}\cdot k_\infty^2 .$$

Daraus ergibt sich der frequenzunabhängige Wert $k_0/k_\infty = 1/r$.

Beispiel 2 (Tiefpässe)

Links im Bild 2.31 ist das PN-Schema eines zeitdiskreten "Elementartiefpasses" 1. Grades dargestellt, rechts der Verlauf von $|G(j\omega)|$ mit der Bedingung $G(0) = 1$. Aus der Beziehung $|G(j\omega)| = |K|\, k_0/k_\infty$ und der Darstellung dieser Strecken im PN-Schema erkennt man, daß $|G(j\omega)|$ bei $\omega = 0$ besonders groß wird und dann mit steigenden ω Werten abnimmt. Die Phase $B(\omega) = \varphi - \psi$ steigt von $B(0) = 0$ auf ihren Maximalwert $B(\omega_{max}) = \pi/2$ an ($\varphi \to \pi$, $\psi \to \pi/2$ für $\omega \to \omega_{max}$). Offensichtlich müssen Tiefpässe Polstellen in der "Nähe" von $\omega = 0$ (d.h. $z = 1$) aufweisen und bei $\omega_{max} = \pi/T$ (d.h. $z = -1$) eine (mindestens einfache) Nullstelle.

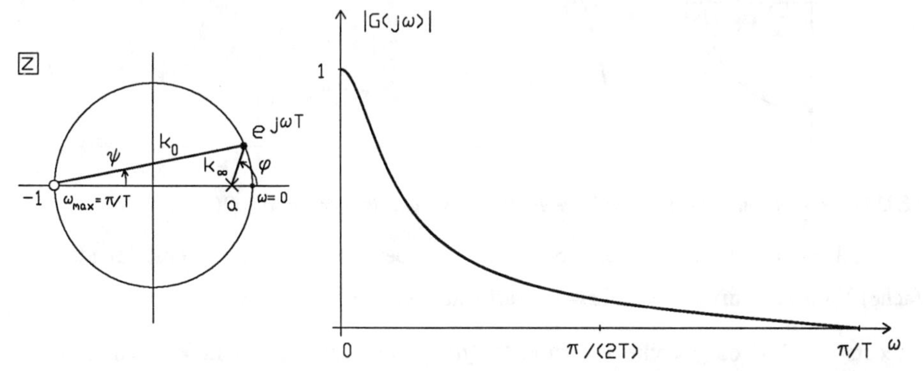

Bild 2.31 PN-Schema und Verlauf von $|G(j\omega)|$ bei einem zeitdiskreten Tiefpaß 1. Ordnung (im Bild a=0,8)

Bild 2.32 zeigt schließlich das PN-Schema und den Verlauf der Übertragungsfunktion eines Tiefpasses 3. Grades, der auch Nullstellen auf dem Einheitskreis aufweist.

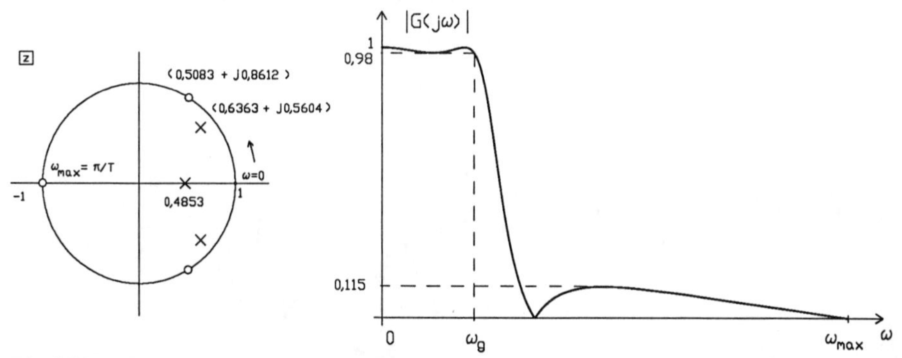

Bild 2.32 PN-Schema eines zeitdiskreten Tiefpasses 3.Grades

Beispiel 3 (Hochpaß)

Wir beschränken uns hier auf einen "Elementarhochpaß" mit dem links im Bild 2.33 skizzierten PN-Schema.

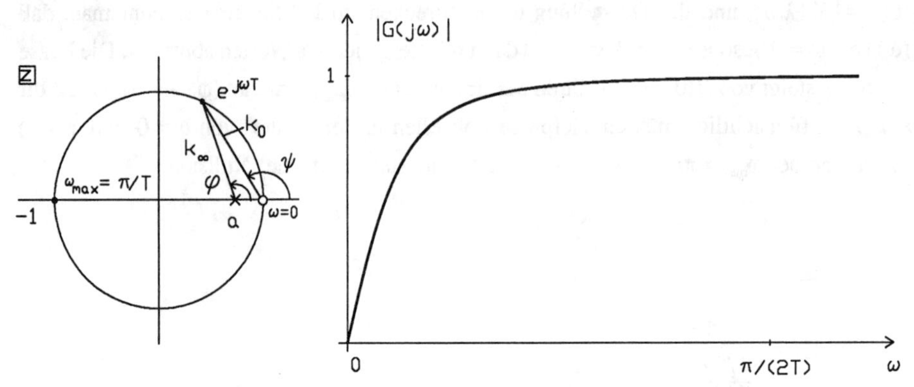

***Bild 2.33** PN-Schema eines einfachen zeitdiskreten Hochpasses und der Verlauf von* $|G(j\omega)|$

Das PN-Schema eines zeitdiskreten Hochpasses muß bei $z = 1$ (d.h. $\omega = 0$) eine (mindestens einfache) Nullstelle aufweisen. Bei $z = -1$ darf keine Nullstelle auftreten.

Die rechts im Bild dargestellte Funktion $|G(j\omega)|$ kann auch mit dem Programm NETZWERKFUNKTIONEN berechnet werden, wobei die Nebenbedingung $|G(j\omega_{max})| = 1$ berücksichtigt werden muß.

3 Die Synthese von Zweipolen

3.1 Notwendige und hinreichende Bedingungen für Zweipolfunktionen

3.1.1 Ein Satz über Zweipolfunktionen

Impedanzfunktionen $Z(s)$ und Admittanzfunktionen $Y(s) = 1/Z(s)$ werden unter dem Oberbegriff Zweipolfunktionen zusammengefaßt. Wir werden im folgenden für Zweipolfunktionen die Bezeichnung $Z(s)$ verwenden, wobei $Z(s)$ auch eine Admittanz sein kann. Nur an den Stellen, an denen Unterschiede zwischen Impedanz- und Admittanzfunktionen relevant werden, z.B. bei der Synthese einer Schaltung, werden wir eine unterschiedliche Bezeichnung verwenden.

Im Abschnitt 2.2.2 wurde bereits kurz auf Eigenschaften von Zweipolfunktionen eingegangen. Aus der Tatsache, daß sowohl $Z(s)$, wie auch $1/Z(s)$ eine Übertragungsfunktion ist, folgt, daß $Z(s)$ Pole **und** Nullstellen nur in der linken s-Halbebene haben kann. Im Abschnitt 2.2.2 wurde auch begründet, warum es bei Zweipolfunktionen sinnvoll ist, Pole (und damit auch Nullstellen) auf der imaginären Achse zuzulassen.

Eine weitere wesentliche Eigenschaft von Zweipolfunktionen leitet sich daraus ab, daß die in einem (passiven) Zweipol verbrauchte mittlere Leistung nicht negativ sein kann. Schließt man eine Impedanz $Z(j\omega)$ an eine Stromquelle an (siehe linker Bildteil 2.10), dann wird

$$P = |I|^2 \cdot Re\{Z(j\omega)\} = |I|^2 \cdot |Z(j\omega)| \cdot \cos\varphi \geq 0,$$

und somit erhalten wir die Bedingung

$$Re\{Z(j\omega)\} \geq 0 \quad bzw. \quad -\frac{\pi}{2} \leq \varphi \leq \frac{\pi}{2}. \tag{3.1}$$

Hinweise:

1. Bei einer festgelegten Frequenz kann $Z(j\omega) = R(\omega) + jX(\omega)$ stets als Reihenschaltung eines Ohm'schen Widerstandes $R(\omega)$ und einer Induktivität im Falle $X(\omega) > 0$ bzw. einer Kapazität im Falle $X(\omega) < 0$ interpretiert werden. Durch den Strom I wird also eine mittlere Leistung $P = |I|^2 \cdot R(\omega) = |I|^2 \cdot Re\{Z(j\omega)\}$ verbraucht.
2. Bei der rechten Seite von Gl. 3.1 wurde von der Darstellung $Z(j\omega) = |Z(j\omega)|\, e^{j\varphi}$ ausgegangen.
3. Gl. 3.1 gilt ebenfalls, wenn $Z(j\omega)$ eine Admittanz ist. Schließt man nämlich eine Admittanz $Y(j\omega)$ an eine Spannungsquelle an (rechter Bildteil 2.10), so wird $P = |U|^2 \cdot Re\{Y(j\omega)\} \geq 0$.

Bis jetzt wissen wir, daß Zweipolfunktionen gebrochen rationale Funktionen mit reellen Koeffizienten sind, die Pole und Nullstellen ausschließlich in der (abgeschlossenen) linken s-Halbebene haben und deren Realteil auf der imaginären Achse nicht negativ werden darf (Gl. 3.1). Diese Bedingungen sind zwar notwendig, aber nicht hinreichend dafür, daß $Z(s)$ tatsächlich eine Zweipolfunktion ist.

Ohne Beweis wird der folgende Satz mitgeteilt.

Eine Zweipolfunktion $Z(s)$ ist eine gebrochen rationale Funktion mit reellen Koeffizienten, die für Argumente mit einem positiven Realteil, also $Re\{s\} > 0$ einen ebenfalls positiven Realteil besitzt, d.h. $Re\{Z(s)\} > 0$. Funktionen mit solchen Eigenschaften nennt man auch positive reelle Funktionen.

Funktionen dieser Art besitzen folgende Eigenschaften:

1. $Z(s)$ hat Pole und Nullstellen nur in der abgeschlossenen linken s-Halbebene.
2. Auf der imaginären Achse sind nur einfache Pole und Nullstellen mit positiven Entwicklungskoeffizienten zulässig.
3. $Re\{Z(j\omega)\} \geq 0$ für alle ω (Leistungsbedingung).

Wenn die in dem Satz genannten Eigenschaften, aber auch die drei oben genannten Bedingungen erfüllt sind, ist sichergestellt, daß es mindestens eine RLCÜ-Zweipolschaltung gibt, für die $Z(s)$ die Impedanz oder Admittanz ist. Einen vollständigen Beweis für diese Aussagen findet der Leser z.B. in der Literaturstelle [Un]. Wir wollen uns damit begnügen, im folgenden Abschnitt einige dieser Aussagen zu erklären und plausibel zu machen.

3.1.2 Bemerkungen und einige Beweise

In diesem Abschnitt werden einige Aussagen des Satzes über Zweipolfunktionen und den daraus folgenden Eigenschaften näher erklärt und z.T. bewiesen.

1. Eine Interpretation zur Aussage $Re\{Z(s)\} > 0$ für $Re\{s\} > 0$.

Wir gehen von einer beliebigen Zweipolschaltung, etwa der oben im Bild 3.1 skizzierten Reaktanzschaltung mit $Z(s) = sL + 1/(sC)$ aus.

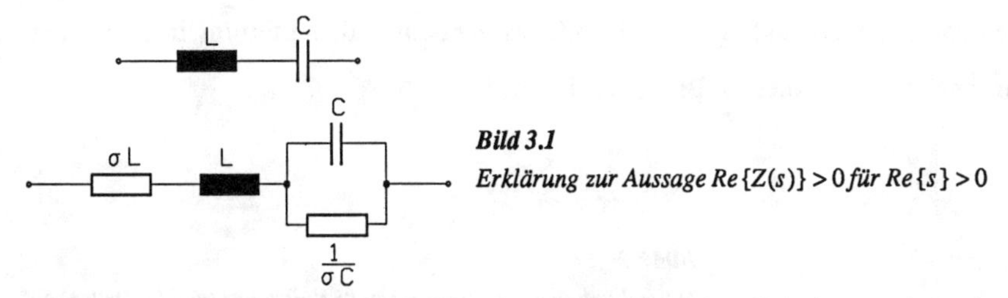

Bild 3.1
Erklärung zur Aussage $Re\{Z(s)\} > 0$ für $Re\{s\} > 0$

Bei dieser Schaltung ist $Re\{Z(j\omega)\} = 0$, denn es liegt eine Schaltung mit verlustfreien Bauelementen vor, die (im Mittel) keine Leistung verbraucht.

Wir setzen nun $s = \sigma + j\omega$ mit $\sigma > 0$ (damit die Bedingung $Re\{s\} = \sigma > 0$ erfüllt ist) und erhalten

$$Z(s) = Z(\sigma + j\omega) = (\sigma + j\omega)L + \frac{1}{(\sigma + j\omega)C} = \sigma L + j\omega L + \frac{1}{\sigma C + j\omega C} = \tilde{Z}(j\omega)\,.$$

Die rechte Seite dieser Gleichung kann als Impedanz der unten im Bild 3.1 skizzierten Schaltung interpretiert werden. Die Induktivität geht in eine Reihenschaltung aus L und einem Ohm'schen Widerstand σL über, die Kapazität in eine Parallelschaltung aus C und einem Leitwert σC.

Aus der zunächst verlustfreien Schaltung mit $Re\{Z(j\omega)\} = 0$ ist eine Schaltung entstanden, in der Leistung verbraucht wird, wir erhalten (im Falle $\sigma = Re\{s\} > 0$):

$$Re\{Z(s)\} = Re\{\tilde{Z}(j\omega)\} = \sigma L + \frac{\sigma C}{\sigma^2 C^2 + \omega^2 C^2} > 0\,.$$

Aus diesen Überlegungen folgt, daß jede denkbare Zweipolschaltung (mit $Re\{Z(j\omega)\} \geq 0$) für den Fall $s = \sigma + j\omega$ und $Re\{s\} = \sigma > 0$ als Schaltung interpretierbar ist, die Ohm'sche Widerstände enthält und bei der dann

$$Re\{Z(\sigma + j\omega)\} = Re\{Z(s)\} > 0$$

gelten muß.

2. Beweis zu der Eigenschaft 2 (Abschnitt 3.1.1) über Pole und Nullstellen auf der imaginären Achse.

Wir nehmen an, daß $Z(s)$ auf der imaginären Achse eine k-fache Nullstelle bei $s = j\omega_0$ besitzt. Dann kann $Z(s)$ in der Nähe dieser Nullstelle als Potenzreihe dargestellt werden:

$$Z(s) = a_k(s - j\omega_0)^k + a_{k+1}(s - j\omega_0)^{k+1} + a_{k+2}(s - j\omega_0)^{k+2} + \ldots.$$

Die Variable s soll nur Werte auf einem kleinen Kreis mit dem Radius r um $j\omega_0$ in der rechten s-Halbebene annehmen, wie dies im Bild 3.2 skizziert ist.

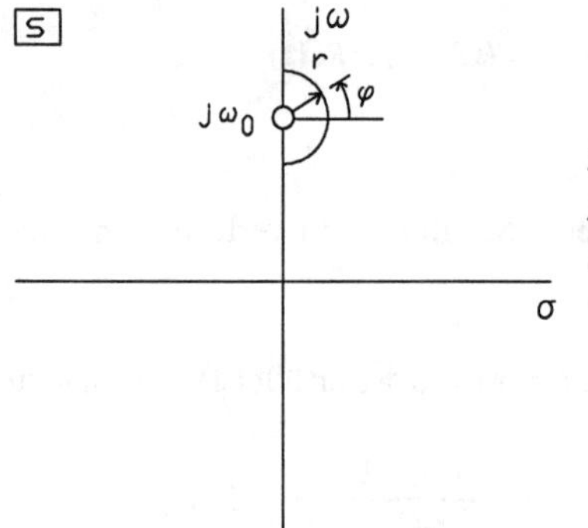

Bild 3.2
Darstellung zum Beweis für einfache Nullstellen (und Polstellen) auf der imaginären Achse

Dann ist $(s - j\omega_0) = re^{j\varphi}$, und wir erhalten für Werte von s auf dem Halbkreis in der rechten s-Halbebene

$$Z(s) = a_k r^k e^{jk\varphi} + a_{k+1} r^{k+1} e^{j(k+1)\varphi} + \dots .$$

Für sehr kleine Werte r überwiegt der 1. Summand dieser Reihe, wir erhalten (mit beliebig guter Genauigkeit)

$$Z(s) = a_k r^k e^{jk\varphi} = |\, a_k \,|\, r^k e^{j(\alpha_k + k\varphi)} .$$

Dabei wurde der "Entwicklungskoeffizient" a_k in der Form $a_k = |\, a_k \,|\, e^{j\alpha_k}$ dargestellt. Wir finden aus der rechten Form von Z(s) den Realteil

$$Re\{Z(s)\} = |\, a_k \,|\, r^k \cos(\alpha_k + k\varphi).$$

Über den Winkel α_k des Koeffizienten a_k können wir zunächst keine allgemeine Aussage machen. Der Winkel φ liegt im Bereich $-\pi/2 < \varphi < \pi/2$, denn es sollen Werte von $Z(s)$ mit $Re\{s\} > 0$ untersucht werden (siehe Bild 3.2).

Bei einer **einfachen** Nullstelle von $Z(s)$ bei $j\omega_0$, d.h. $k = 1$ erhalten wir

$$Re\{Z(s)\} = |\, a_1 \,|\, r \cos(\alpha_1 + \varphi).$$

Die Bedingung $Re\{Z(s)\} > 0$ ist bei beliebigen Werten von φ zwischen $-\pi/2$ und $\pi/2$ erfüllt, wenn $\alpha_1 = 0$ ist. Dies bedeutet, daß der Entwicklungskoeffizient a_1 reell und positiv sein muß.

Im Falle einer zweifachen Nullstelle bei $j\omega_0$ würden wir

$$Re\{Z(s)\} = |a_2| r^2 \cos(\alpha_2 + 2\varphi)$$

erhalten. Der Winkel $\alpha_2 + 2\varphi$ überstreicht jetzt einen Bereich von 2π, und dies bedeutet, daß es s-Werte (mit$Re\{s\} > 0$) gibt, bei denen $Re\{Z(s)\} < 0$ wird. Bei einer zweifachen Nullstelle auf der $j\omega$-Achse wäre demnach die Bedingung $Re\{Z(s)\} > 0$ für $Re\{s\} > 0$ verletzt. In gleicher Weise läßt sich zeigen, daß auch 3- und höherfache Nullstellen unzulässig sind.

Da mit $Z(s)$ auch $1/Z(s)$ eine Zweipolfunktion ist, folgt aus der Zulässigkeit von nur einfachen Nullstellen auf der imaginären Achse, daß auch nur einfache Pole möglich sind, die ebenso positive Entwicklungskoeffizienten besitzen müssen. Bei einer Nullstelle von $Z(s)$ bei $j\omega_0$ gilt in deren unmittelbarer Umgebung

$$Z(s) = a_1(s - j\omega_0)$$

mit einem reellen positiven Entwicklungskoeffizienten a_1. $1/Z(s)$ hat dann bei $j\omega_0$ eine einfache Polstelle, in deren unmittelbarer Umgebung gilt

$$\frac{1}{Z(s)} = \frac{1}{a_1(s - j\omega_0)} = \frac{A_1}{s - j\omega_0},$$

wobei $A_1 = 1/a_1$ ebenfalls reell und positiv ist. A_1 ist der Entwicklungskoeffizient bei der Polstelle, man bezeichnet ihn oft auch als **Residuum**.

3. Pole und Nullstellen bei $s = \infty$.

Bei einem k-fachen Pol bei $s = \infty$ gilt für große Werte von s:

$$Z(s) \approx c_k s^k = c_k(\sigma + j\omega)^k.$$

Im Falle $k = 1$, also einer einfachen Polstelle bei $s = \infty$ wird $Re\{Z(s)\} = c_1\sigma$. Die Bedingung $Re\{Z(s)\} > 0$ für $\sigma > 0$ ist also bei reellen positiven Werten c_1 erfüllt. Einfache Pole bei $s = \infty$ sind zulässig. Bei einer doppelten Polstelle wäre $Z(s) = c_2 s^2 = c_2(\sigma + j\omega)^2 = c_2(\sigma^2 - \omega^2 + 2j\omega\sigma)$ und die Bedingung $Re\{Z(s)\} > 0$ für $\sigma > 0$ ist nicht erfüllbar. In entsprechender Weise läßt sich zeigen, daß auch 3 fache Polstellen usw. bei $s = \infty$ die Bedingung $Re\{Z(s)\} > 0$ für $Re\{s\} > 0$ verletzen und damit unzulässig sind. Daraus, daß bei $s = \infty$ nur einfache Pole zulässig sind, folgt die entsprechende Aussage auch für die Nullstellen bei $s = \infty$.

Als einfach nachzukontrollierende Bedingung haben wir damit bewiesen, daß bei Zweipolfunktionen der Unterschied zwischen dem Grad des Zähler- und des Nennerpolynoms höchstens 1 sein darf.

3.1.3 Zusammenstellung von Eigenschaften von Zweipolfunktionen

Wie im Abschnitt 3.1.1 ausgeführt wurde, ist eine gebrochen rationale Funktion mit reellen Koeffizienten genau dann eine Zweipolfunktion, wenn für $Re\{s\} > 0$ auch $Re\{Z(s)\} > 0$ gilt (Bezeichnung positive reelle Funktion). Die unmittelbare Anwendung dieser Aussage zur Kontrolle, ob eine gegebene Funktion eine Zweipolfunktion ist, gestaltet sich in den meisten Fällen als schwierig. Daher ist es sinnvoll, weitere Eigenschaften abzuleiten, die ggf. leichter nachprüfbar sind. Bei diesen Eigenschaften handelt es sich dann allerdings nur um notwendige Bedingungen. Falls eine dieser Eigenschaften nicht zutrifft, handelt es sich um keine Zweipolfunktion. Das Zutreffen der Eigenschaft gibt andererseits aber keine Gewißheit, daß tatsächlich eine Zweipolfunktion vorliegt. Erst die Kontrolle weiterer Eigenschaften kann dann zu einer sicheren Aussage führen.

Drei grundlegende Eigenschaften für Zweipolfunktionen wurden bereits im Abschnitt 3.1.1 ausgeführt.

1. $Z(s)$ hat Pole und Nullstellen nur in der abgeschlossenen linken s-Halbebene (Beweis siehe Abschnitt 2.2.2).

2. Auf der imaginären Achse sind nur einfache Pole und Nullstellen mit positivem Entwicklungskoeffizienten zulässig (Beweis siehe Abschnitt 3.1.2, Punkt 2).

3. $Re\{Z(j\omega)\} \geq 0$ (Beweis siehe Abschnitt 3.1.1).

Die Notwendigkeit jeder dieser drei Bedingungen wurde in früheren Abschnitten begründet. Man kann zeigen, daß sie **zusammen** notwendige und hinreichende Bedingungen für Zweipolfunktionen darstellen (z.B. [Un]).

Gegenüber diesen drei Bedingungen weisen die beiden folgenden den Vorteil der schnellen Nachprüfbarkeit auf:

4. Der Gradunterschied des Zähler- und Nennerpolynoms von $Z(s)$ ist höchstens 1 (Beweis siehe Abschnitt 3.1.2, Punkt 3).

5. Die Koeffizienten der rationalen Funktion müssen, soweit sie vorhanden sind, alle positiv sein.

Begründung: Nicht gleiche Vorzeichen der Koeffizienten im Zähler- oder Nennerpolynom würden zu Null- bzw. Polstellen im Bereich $Re\{s\} > 0$ führen. Die Bedingung $Re\{Z(s)\} \geq 0$ erfordert positive Vorzeichen der Koeffizienten.

In manchen Fällen gestattet auch die folgende Eigenschaft eine schnelle Kontrolle, ob eine Zweipolfunktion vorliegt.

6. Schreibt man $Z(s) = P_1(s)/P_2(s)$, dann muß das Polynom $P(s) = P_1(s) + P_2(s)$ ein **Hurwitzpolynom** sein.

Erklärung: Der Begriff Hurwitzpolynom wurde erstmals im Abschnitt 2.1.1 erwähnt. Ein Hurwitzpolynom ist dadurch charakterisiert, daß alle seine Nullstellen in der offenen linken s-Halbebene liegen (d.h. im Bereich $Re\{s\} < 0$). Eine schnell nachprüfbare notwendige Bedingung für ein Hurwitzpolynom ist, daß **alle** Polynomkoeffizienten vorhanden und positiv sein müssen.

Wir wollen nun im Rahmen einiger Beispiele zeigen, wie rasch festgestellt werden kann, daß Funktionen keine Zweipolfunktionen sein können:

$$Z(s) = \frac{2 + 3s^2 + s^3}{s}$$

ist keine Zweipolfunktion, weil der Gradunterschied zwischen Zähler- und Nennerpolynom größer als 1 ist (Bedingung 4).

$$Z(s) = \frac{2 - 3s^2}{s}$$

ist keine Zweipolfunktion, weil im Zählerpolynom Koeffizienten mit unterschiedlichem Vorzeichen auftreten (Bedingung 5).

$$Z(s) = \frac{1 + s}{s^2}$$

ist keine Zweipolfunktion, da bei $s = 0$ eine doppelte Polstelle auftritt (Bedingung 2).

$$Z(s) = \frac{1+s+s^4}{2+s^2+s^5}$$

ist keine Zweipolfunktion, weil das Polynom

$$P(s) = P_1(s) + P_2(s) = (1+s+s^4) + (2+s^2+s^5) = 3+s+s^2+s^4+s^5$$

kein Hurwitzpolynom ist, es fehlt der Koeffizient zu s^3 (Bedingung 6).

3.1.4 Der Weg zur Synthese von Zweipolschaltungen

Im Abschnitt 3.1.3 wurden notwendige Bedingungen für Zweipolfunktionen aufgelistet. Mit Hilfe dieser Bedingungen konnte bei einer Reihe von Funktionen schnell gezeigt werden, daß es sich dabei nicht um Zweipolfunktionen handelte. In diesem Abschnitt setzen wir voraus, daß $Z(s)$ eine Zweipolfunktion ist. Wir werden $Z(s)$ in einer Art darstellen, die zum Auffinden von Zweipolschaltungen geeignet ist.

Zur Unterstützung der Erklärungen betrachten wir parallel zu den allgemein gehaltenen Ausführungen eine spezielle Zweipolfunktion

$$\tilde{Z}(s) = \frac{1+2s+3s^2+4s^3+s^4+s^5}{s+s^2+s^3+s^4}.$$

Das PN-Schema von $\tilde{Z}(s)$ ist im Bild 3.3 skizziert, Pole treten an den Stellen $p_{\infty 1} = 0$, $p_{\infty 2} = j$, $p_{\infty 3} = -j$, $p_{\infty 4} = -1$ auf, die Nullstellen liegen bei -0,6259, -0,1035 ± j 1,7964, - 0,0835 ± j 0,6975. Dies kann der Leser z.B. durch Einsetzen nachprüfen.

Man kann in diesem Fall nicht ohne weiteres erkennen, daß $\tilde{Z}(s)$ wirklich eine Zweipolfunktion ist, weil alle leicht überprüfbaren Eigenschaften erfüllt sind. Der Beweis für die Zweipoleigenschaften erfolgt zum Schluß dieses Abschnittes durch die Angabe einer Schaltung mit der Impedanz $\tilde{Z}(s)$.

Wir gehen nun wieder von einer allgemeinen Zweipolfunktion $Z(s)$ aus und erhalten (falls der Zählergrad nicht kleiner als der Nennergrad ist) durch Polynomdivision

$$Z(s) = A + A_\infty s + R_1(s) \quad \text{mit} \quad A \geq 0, A_\infty \geq 0\,. \tag{3.2}$$

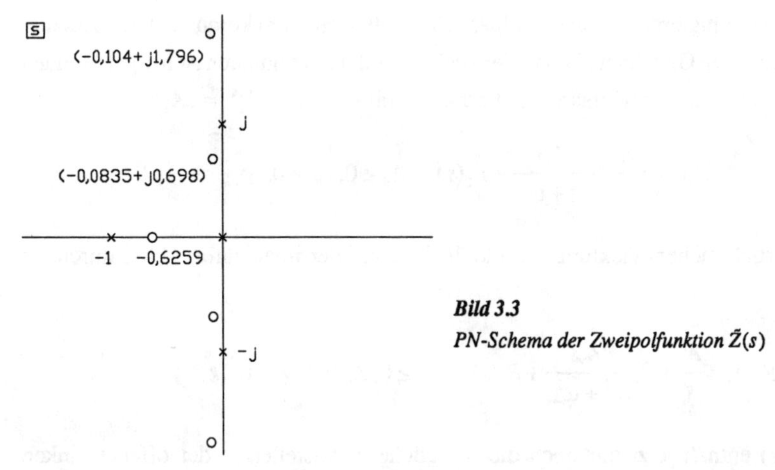

Bild 3.3
PN-Schema der Zweipolfunktion $\tilde{Z}(s)$

Dabei ist $R_1(s)$ eine echt gebrochen rationale Funktion. Der Fall $A=0$ und $A_\infty=0$ bedeutet, daß die Ausgangsfunktion $Z(s)$ bereits echt gebrochen rational war. Im Falle $A\neq 0, A_\infty=0$ hat $Z(s)$ den gleichen Zähler- und Nennergrad.

Negative Werte für A und A_∞ sind nicht möglich, weil dies die Bedingung $Re\{Z(s)\}>0$ für $Re\{s\}>0$ verletzen würde.

Bei unserem Beispiel erhalten wir (durch Polynomdivision)

$$\tilde{Z}(s)=A+A_\infty s+\tilde{R}_1(s)=s+\frac{1+2s+2s^2+3s^3}{s+s^2+s^3+s^4},\quad \text{d.h. } A=0, A_\infty=1, \tilde{R}_1=\frac{1+2s+2s^2+3s^3}{s+s^2+s^3+s^4}.$$

Die echt gebrochen rationale Funktion $R_1(s)$ kann in Partialbrüche zerlegt werden. Wir wollen allerdings nur die Partialbrüche abspalten, die zu den (einfachen) Polen auf der imaginären Achse gehören. Bei einem (möglichen) Pol bei $s=0$ und zunächst einem weiteren Polpaar bei $s_{\infty 1}=j\omega_{\infty 1}$, $s_{\infty 2}=-j\omega_{\infty 1}$ finden wir die Darstellung

$$R_1(s)=\frac{A_0}{s}+\frac{A_1'}{s-j\omega_{\infty 1}}+\frac{A_1''}{s+j\omega_{\infty 1}}+R_2(s),$$

wobei $R_2(s)$ die restlichen Pole von $R_1(s)$ enthält. Aus dem Abschnitt 3.1.2 (Punkt 2) wissen wir, daß die Entwicklungskoeffizienten (Residuen) bei Polen auf der imaginären Achse reell und nicht negativ sind. Damit muß $A_0\geq 0$ und $A_1'=A_1''\geq 0$ sein, denn bekanntlich sind die

Residuen bei einem konjugiert komplexen Polpaar ebenfalls konjugiert komplex. Dies bedeutet bei reellen Residuen deren Gleichheit. Die zu dem Polpaar auf der imaginären Achse gehörenden Summanden können wir zusammenfassen und erhalten mit $A_1 = A_1' + A_1'' = 2A_1'$:

$$R_1(s) = \frac{A_0}{s} + \frac{A_1 s}{s^2 + \omega_{\infty 1}^2} + R_2(s), \quad A_0 \geq 0, A_1 \geq 0.$$

Führen wir die Partialbruchentwicklung für alle $2k$ Pole auf der imaginären Achse durch, so wird

$$R_1(s) = \frac{A_0}{s} + \sum_{\nu=1}^{k} \frac{A_\nu s}{s^2 + \omega_{\infty\nu}^2} + R_2(s), \quad A_0 \geq 0, A_\nu \geq 0, \nu = 1 \ldots k.$$

Die Funktion $R_2(s)$ enthält jetzt nur noch die (möglichen) Polstellen in der offenen linken s-Halbebene ($Re\{s\} < 0$). Setzen wir $R_1(s)$ in Gl. 3.2 ein, so erhalten wir die Darstellung

$$Z(s) = \frac{A_0}{s} + \sum_{\nu=1}^{k} \frac{A_\nu s}{s^2 + \omega_{\infty\nu}^2} + A_\infty s + (A + R_2(s))$$

oder mit $Z_1(s) = A + R_2(s)$

$$Z(s) = \frac{A_0}{s} + \sum_{\nu=1}^{k} \frac{A_\nu s}{s^2 + \omega_{\infty\nu}^2} + A_\infty s + Z_1(s), \quad A_0 \geq 0, A_\nu \geq 0, \nu = 1 \ldots k, A_\infty \geq 0. \tag{3.3}$$

Dabei hat $Z_1(s)$ Pole nur im Bereich $Re\{s\} < 0$.

Wir kommen zu unserem Beispiel zurück. Den Nenner von $\tilde{Z}(s)$ können wir in der Form

$$s + s^2 + s^3 + s^4 = s(s-j)(s+j)(s+1)$$

darstellen (siehe PN-Schema nach Bild 3.3). Dies bedeutet, daß die Pole bei $s = 0$ und bei $s = \pm j$ abzuspalten sind. Wir erhalten schließlich (mit dem oben angegebenen Ausdruck für $\tilde{R}_1(s)$)

$$\tilde{R}_1(s) = \frac{1 + 2s + 2s^2 + 3s^3}{s + s^2 + s^3 + s^4} = \frac{1 + 2s + 2s^2 + 3s^3}{s(s-j)(s+j)(s+1)} = \frac{1}{s} + \frac{1/2}{s-j} + \frac{1/2}{s+j} + \frac{1}{s+1} =$$

$$= \frac{1}{s} + \frac{s}{s^2+1} + \tilde{R}_2(s) \quad \text{mit} \quad \tilde{R}_2(s) = \frac{1}{s+1}.$$

Entsprechend der Schreibweise von Gl. 3.3 wird

$$\tilde{Z}(s)=\frac{1}{s}+\frac{s}{s^2+1}+s+\tilde{Z}_1(s) \quad \text{mit} \quad \tilde{Z}_1(s)=\frac{1}{s+1}.$$

Nach Gl. 3.3 kann eine Zweipolfunktion als Summe

$$Z(s)=Z_0(s)+Z_1(s) \tag{3.4}$$

dargestellt werden, wobei

$$Z_0(s)=\frac{A_0}{s}+\sum_{\nu=1}^{k}\frac{A_\nu s}{s^2+\omega_{\infty\nu}^2}+A_\infty s, \quad A_0\geq 0, A_\nu\geq 0, \nu=1\ldots k, A_\infty\geq 0 \tag{3.5}$$

die Pole auf der imaginären Achse (einschließlich einem möglichen Pol bei $s=0$ und bei $s=\infty$) enthält und $Z_1(s)$ die restlichen Pole von $Z(s)$ im Bereich $Re\{s\}<0$. Man kann zeigen, daß sowohl $Z_0(s)$ wie auch $Z_1(s)$ Zweipolfunktionen sind, so daß $Z(s)$ (bei einer Impedanz) durch eine Hintereinanderschaltung von zwei Zweipolen mit den Impedanzen $Z_0(s)$ und $Z_1(s)$ realisiert werden kann oder bei einer Admittanz durch eine Parallelschaltung.

Bei $Z_0(s)$ handelt es sich um eine Reaktanzzweipolfunktion, wir erhalten nämlich mit $s=j\omega$

$$Z_0(j\omega)=\frac{A_0}{j\omega}+\sum_{\nu=1}^{k}\frac{A_\nu j\omega}{\omega_{\infty\nu}^2-\omega^2}+A_\infty j\omega=j\left\{\frac{-A_0}{\omega}+\sum_{\nu=1}^{k}\frac{A_\nu\omega}{\omega_{\infty\nu}^2-\omega^2}+A_\infty\omega\right\}=jX(\omega), \tag{3.6}$$

also gilt $Re\{Z_0(j\omega)\}=0$ für alle ω. Der (vollständige) Beweis, daß $Z_0(s)$ tatsächlich eine Zweipolfunktion ist, kann relativ einfach durch unmittelbare Überprüfung der Bedingung $Re\{Z_0(s)\}>0$ für $Re\{s\}>0$ erbracht werden. Der entsprechende Beweis für $Z_1(s)$ ist nicht ganz so einfach zu führen, hier wird auf die weiterführende Literatur verwiesen ([Un], [Vi]).

Nach Gl. 3.4 kann ein Zweipol als Reihenschaltung (bei Impedanzen) oder als Parallelschaltung (bei Admittanzen) einer Reaktanzschaltung ($Z_0(s)$) und einer weiteren Schaltung ($Z_1(s)$) mit Verlusten, die also Ohm'sche Widerstände enthält, realisiert werden. Natürlich sind dabei auch die Fälle $Z_0(s)=0$ oder $Z_1(s)=0$ möglich, bei denen dann eine der beiden Teilschaltungen entfällt. Wir werden in den folgenden Abschnitten sehen, wie man diese Schaltungen auf systematische Weise erhält.

Abschließend kommen wir auf unser Beispiel zurück. Nach den obigen Ausführungen muß es eine Reaktanzschaltung mit

$$\tilde{Z}_0(s)=\frac{1}{s}+\frac{s}{s^2+1}+s$$

und eine weitere mit

$$\tilde{Z}_1(s) = \frac{1}{s+1}$$

geben. Der Leser kann schnell nachprüfen, daß die im Bild 3.4 skizzierte Schaltung, bei denen alle Bauelemente den (normierten) Wert 1 haben, gerade die hier auftretende Impedanz

$$\tilde{Z}(s) = \frac{1}{s} + \frac{s}{s^2+1} + s + \frac{1}{s+1}$$

besitzt.

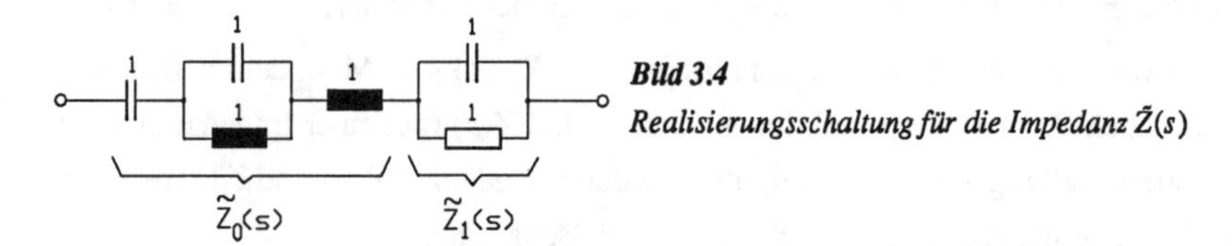

Bild 3.4
Realisierungsschaltung für die Impedanz $\tilde{Z}(s)$

3.2 Die Synthese von verlustfreien Zweipolen

3.2.1 Spezielle Eigenschaften von Reaktanzzweipolfunktionen

Im Abschnitt 3.1.4 wurde ausgeführt, daß eine Reaktanzzweipolfunktion (dort $Z_0(j\omega)$) in der Form

$$Z(s) = \frac{A_0}{s} + \sum_{\nu=1}^{k} \frac{A_\nu s}{s^2 + \omega_{\infty\nu}^2} + A_\infty s, \quad A_0 \geq 0, A_\nu \geq 0, \nu = 1 \ldots k, A_\infty \geq 0 \tag{3.7}$$

dargestellt werden kann. Die Reaktanzzweipolfunktion hat Pole (und somit auch Nullstellen) nur auf der imaginären Achse.

Auch in diesem Abschnitt sollen die allgemein gehaltenen Ausführungen durch ein Beispiel zusätzlich erklärt werden. Wir gehen dazu von der Reaktanzzweipolfunktion

$$\tilde{Z}(s) = \frac{1}{s} + \frac{s}{s^2+1} + s$$

aus. Diese Form entspricht der nach Gl. 3.7 mit $A_0 = 1, A_\infty = 1, k = 1$. Bei $\tilde{Z}(s)$ handelt es sich übrigens um den "Reaktanzanteil" $\tilde{Z}_0(s)$ der im Abschnitt 3.1.4 behandelten Funktion $\tilde{Z}(s)$. Zur Bestimmung der Pole und Nullstellen von $Z(s)$ schreiben wir zunächst

$$\tilde{Z}(s) = \frac{1}{s} + \frac{s}{s^2+1} + s = \frac{1+3s^2+s^4}{s(s^2+1)} = \frac{1+3s^2+s^4}{s+s^3}$$

und erhalten Polstellen bei $s = 0$ sowie $s = \pm j$ und Nullstellen bei $s = \pm j0{,}618$ und $s = \pm j1{,}618$ (siehe auch linken Bildteil 3.5).

Bei der Darstellung von $Z(s)$ als Quotient von Polynomen muß ein Polynom gerade, das andere ungerade sein. $Z(s)$ hat also die Form

$$Z(s) = \frac{P_g(s)}{P_u(s)} \quad \text{oder} \quad Z(s) = \frac{P_u(s)}{P_g(s)}, \tag{3.8}$$

wobei $P_g(s)$ nur gerade und $P_u(s)$ nur ungerade Potenzen von s enthält. Die Begründung für diese Aussage ergibt sich daraus, daß $Z(s)$ *für* $s = j\omega$ rein imaginär ist. $P_g(j\omega)$ ist stets reell, weil in ihm nur gerade Potenzen von $j\omega$ auftreten, $P_u(j\omega)$ ist rein imaginär und somit hat der Quotient die vorgeschriebene Form $Z(j\omega) = j\,X(\omega)$. Der Gradunterschied der beiden Polynome muß genau 1 sein, höhere Gradunterschiede sind bei Zweipolfunktionen generell nicht zulässig (siehe Bedingung 4 im Abschnitt 3.1.3). Andererseits ist der Gradunterschied zwischen einem geraden und einem ungeraden Polynom mindestens 1.

Bei unserem Beispiel ist $P_g(s) = 1+3s^2+s^4$, $P_g(j\omega) = 1-3\omega^2+\omega^4$, $P_u(s) = s+s^3$, $P_u(j\omega) = j(\omega-\omega^3)$, wir erhalten hier also

$$\tilde{Z}(s) = \frac{P_g(s)}{P_u(s)}, \quad \tilde{Z}(j\omega) = j\frac{1-3\omega^2+\omega^4}{-(\omega-\omega^3)} = j\tilde{X}(\omega).$$

Um weitere Aussagen über die Lage der Pol- und Nullstellen von $Z(s)$ zu gewinnen, setzen wir in $Z(s)$ nach Gl. 3.7 $s = j\omega$ und erhalten zunächst

$$Z(j\omega) = j\left\{\frac{-A_0}{\omega} + \sum_{\nu=1}^{k} \frac{A_\nu \omega}{\omega_{\infty\nu}^2 - \omega^2} + A_\infty \omega\right\} = j\,X(\omega).$$

Wir bilden die Ableitung (Anwendung der Quotientenregel)

$$\frac{dX(\omega)}{d\omega}=\frac{A_0}{\omega^2}+\sum_{\nu=1}^{k}\frac{A_\nu(\omega_{\infty\nu}^2+\omega^2)}{(\omega_{\infty\nu}^2-\omega^2)^2}+A_\infty \tag{3.9}$$

und stellen fest, daß diese (mit Ausnahme an den Polstellen) stets positiv ist, d.h

$$\frac{dX(\omega)}{d\omega}>0 \quad \text{für alle } \omega. \tag{3.10}$$

Dies ist ein sehr wichtiges Ergebnis, aus dem folgt, daß zwischen zwei Polstellen (auf der imaginären Achse) eine Nullstelle (ebenfalls auf der imaginären Achse) liegen muß:

Pol- und Nullstellen treten auf der imaginären Achse alternierend auf.

Am schnellsten wird diese Aussage mit Hilfe unseres Beispieles verständlich. Die Funktion

$$\tilde{X}(\omega)=\frac{1-3\omega^3+\omega^4}{-(\omega-\omega^3)}=\frac{-1}{\omega}+\frac{\omega}{1-\omega^2}+\omega$$

ist rechts im Bild 3.5 dargestellt. $\tilde{Z}(s)$ hat Pole bei $s=0, s=\pm j$ und $s=\infty$, dies bedeutet $\tilde{X}(0)=\infty, \tilde{X}(1)=\infty$ (sowie $\tilde{X}(-1)=\infty$) und $\tilde{X}(\infty)=\infty$. Die Nullstellen von $Z(s)$ wurden ebenfalls schon ermittelt, sie liegen bei $\pm j0{,}618$ und $\pm j1{,}618$ und somit gilt $\tilde{X}(0{,}618)=0, X(1{,}618)=0$ (und ebenso $\tilde{X}(-0{,}618)=0$, $\tilde{X}(-1{,}618)=0$). Nach Gl. 3.10 ist $d\tilde{X}(\omega)/d\omega>0$ und diese Bedingung erfordert z.B. zwischen den Unendlichkeitsstellen bei $\omega=0$ und $\omega=1$ einen Nulldurchgang. Ein Verlauf von $\tilde{X}(\omega)$ (im Bereich $0<\omega<1$) bei gleichzeitig positiver Ableitung $\tilde{X}'(\omega)>0$ ohne eine zwischen 0 und 1 liegende Nullstelle ist nicht denkbar.

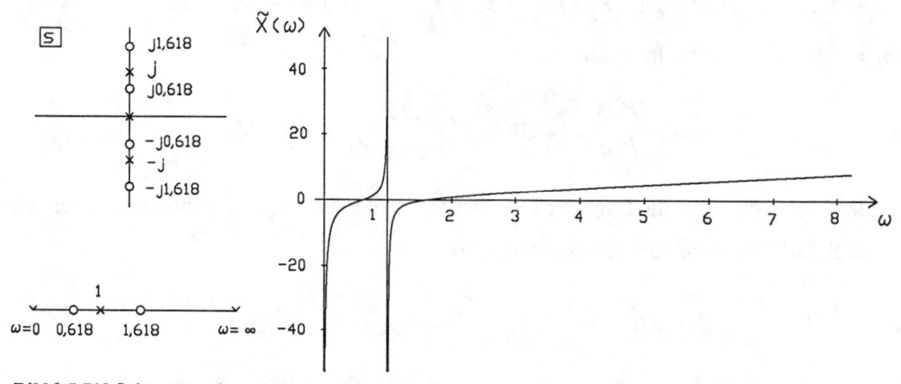

Bild 3.5 *PN-Schema (und vereinfachtes PN-Schema) der Reaktanzzweipolschaltung $\tilde{Z}(s)$ (links) und Verlauf von $\tilde{X}(\omega)$ (rechts)*

Da die Pole und die Nullstellen bei Reaktanzzweipolfunktionen nur auf der imaginären Achse auftreten, reicht es zur Darstellung im PN-Schema eigentlich aus, wenn lediglich die imaginäre Achse mit den dort markierten Pol- und Nullstellen aufgezeichnet wird. Man führt daher für Reaktanzzweipolfunktionen eine eigene spezielle Darstellung für das PN-Schema ein und stellt die **positive** imaginäre Achse waagerecht als endliche Strecke dar. Links ist der zu $\omega = 0$ gehörende Punkt, rechts der zu $\omega = \infty$ gehörende. Im Gegensatz zu "normalen" PN-Schemata wird hier auch der Pol oder die Nullstelle bei ∞ eingetragen.

Für unser Beispiel ist links unten im Bild 3.5 dieses vereinfachte PN-Schema dargestellt. Der Pol bei $\omega = 0$ ($s = 0$) ist im Gegensatz zu dem bei $\omega = 1$ ($s = j$) als "Halbkreuz" dargestellt. Dies gilt ebenfalls für den Pol bei ∞. Diese Darstellungsart (die entsprechend auch für Nullstellen bei 0 und ∞ angewandt wird), soll andeuten, daß diese Pole nur einmal vorkommen, im Gegensatz zu dem Pol bei $\omega = 1$, der den (nicht dargestellten) Pol bei $\omega = -1$ mitrepräsentiert.

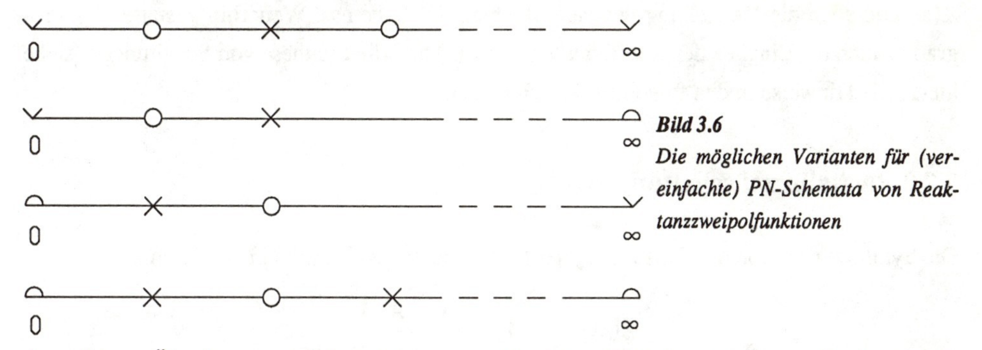

Bild 3.6
Die möglichen Varianten für (vereinfachte) PN-Schemata von Reaktanzzweipolfunktionen

Aus diesen Überlegungen folgt, daß es nur die 4 im Bild 3.6 skizzierten Varianten für (vereinfachte) PN-Schemata von Reaktanzzweipolfunktionen gibt. Bei $\omega = 0$ tritt entweder ein Pol oder eine Nullstelle auf. Die Nullstelle liegt vor, wenn $Z(s) = P_u(s)/P_g(s)$ gilt, denn ein ungerades Polynom hat bei $s = 0$ eine Nullstelle. Im Falle $Z(s) = P_g(s)/P_u(s)$ erhalten wir bei $s = 0$ einen Pol. Die Pole bzw. Nullstellen bei ∞ entstehen durch den Gradüberschuß einer der beiden Polynome.

Zusammenfassung

Notwendig und hinreichend für eine Reaktanzzweipolfunktion ist, daß entweder eine Darstellung gemäß Gl. 3.7 existiert, oder daß $Z(s)$ eines der im Bild 3.6 skizzierten PN-Schemata mit alternierend auftretenden Pol- und Nullstellen besitzt. Beweise, daß diese Bedingungen nicht nur notwendig, sondern auch hinreichend sind, findet der Leser z.B. bei [Un].

Bei der Darstellung der Reaktanzzweipolfunktionen als Quotient von Polynomen muß ein Polynom gerade, das andere ungerade sein. Der Gradunterschied der Polynome ist genau 1. Da (gemäß der Eigenschaft 6 im Abschnitt 3.1.3) das Polynom $P(s) = P_u(s) + P_g(s)$ ein Hurwitzpolynom sein muß, folgt, daß die Polynome $P_u(s)$ und $P_g(s)$ jeweils alle (möglichen) Koeffizienten (mit positivem Vorzeichen) enthalten müssen.

Hinweis:

Dem Leser stehen zur Unterstützung die beiden Programme NETZWERKFUNKTIONEN und REAKTANZZWEIPOLE zur Verfügung. Mit dem Programm NETZWERKFUNKTIONEN können PN-Schemata eingegeben sowie einige Netzwerkfunktionen berechnet und dargestellt werden. Auf dieses Programm wurde im Abschnitt 2 mehrfach hingewiesen. Das Programm REAKTANZZWEIPOLE gestattet die Übernahme von PN-Schemata (für Reaktanzzweipole), die mit dem Programm NETZWERKFUNKTIONEN eingegeben wurden, die Berechnung und Darstellung von $X(\omega)$ und auch die Darstellung des vereinfachten PN-Schemas. Weiterhin gestattet das Programm auch die Eingabe der Koeffizienten von $Z(s)$ und die Synthese von Schaltungen (siehe hierzu die Hinweise in den folgenden Abschnitten).

3.2.2 Partialbruchschaltungen

Die Synthese geht von der Darstellung der Reaktanzzweipolfunktion in der Form

$$Z(s) = \frac{A_0}{s} + A_\infty s + \sum_{\nu=1}^{k} \frac{A_\nu s}{s^2 + \omega_{\infty\nu}^2}$$

aus. Durch Division erhält man daraus die Beziehung

$$Z(s) = \frac{1}{\frac{1}{A_0} s} + A_\infty s + \sum_{\nu=1}^{k} \frac{1}{\frac{1}{A_\nu} s + \frac{1}{\frac{A_\nu}{\omega_{\infty\nu}^2} s}}, \tag{3.11}$$

die ohne weiteres als Impedanz der folgenden Schaltung (oben im Bild 3.7) gedeutet werden kann. Jeder Summand der rechten Summe in Gl. 3.11 entspricht der Impedanz einer der Parallelschwingkreise in der Schaltung.

Falls $Z(s)$ die Bedeutung eines Leitwertes hat, besteht die Leitwertschaltung aus einer Parallelschaltung. Wir können Gl. 3.11 sofort als Admittanz der unten im Bild 3.7 skizzierten Schaltung interpretieren. Diese Schaltungen wurden erstmals von Foster (im Jahre 1924) angegeben und werden daher häufig auch als Foster'sche Partialbruchschaltungen bezeichnet.

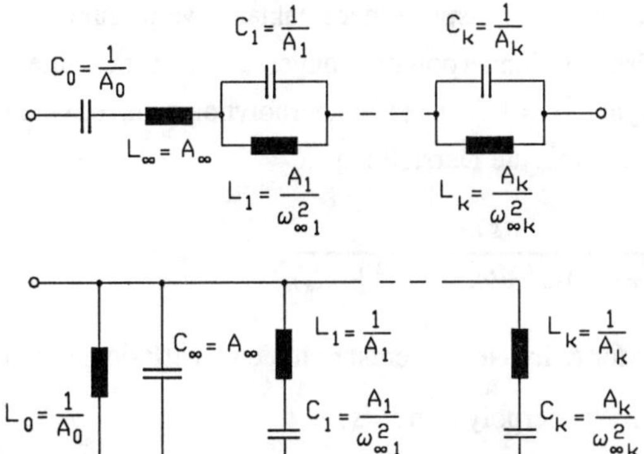

Bild 3.7
Widerstands-Partialbruchschaltung(oben), Leitwert-Partialbruchschaltung (unten) mit der Impedanz bzw. Admittanz nach Gl. 3.11

Die Zahl der Bauelemente in den Schaltungen stimmt mit dem Grad n der vorgegebenen Zweipolfunktion überein. Als Grad einer rationalen Funktion wird üblicherweise die Zahl ihrer Polstellen in der gesamten komplexen s-Ebene (einschließlich dem Punkt ∞) verstanden. $Z(s)$ nach Gl. 3.11 hat den Grad $n \geq 2+2k$ (Pol bei $s=0$ im Falle $A_0>0$, Pol bei $s=\infty$ im Falle $A_\infty>0$, $2k$ Pole auf der imaginären Achse). Offensichtlich kann es Schaltungen mit weniger als n Bauelementen nicht geben. Außerdem ist aus den Schaltungsstrukturen (Bild 3.7) erkennbar, daß sich die Zahl der benötigten Induktivitäten von der Anzahl der Kapazitäten um maximal 1 unterscheidet.

Man bezeichnet Realisierungsschaltungen mit der kleinstmöglichen Zahl der benötigten Energiespeicher als **kanonische** Schaltungen. In diesem Sinne sind die Foster'schen Partialbruchschaltungen kanonisch.

Hinweis:

Der Begriff "kanonisch" wird in der Mathematik für besonders wichtige Aussagen verwendet.

Bevor wir Beispiele behandeln, soll noch angegeben werden, wie man bei einer Funktion $Z(s)$ die zur Schaltungssynthese erforderlichen Konstanten A_0, A_∞, A_ν berechnen kann. Wir setzen dabei voraus, daß $Z(s)$ als Quotient zweier Polynome vorliegt. Dann gelten die Beziehungen

$$A_0=\lim_{s\to 0}\{sZ(s)\},\quad A_\infty=\lim_{s\to\infty}\left\{\frac{Z(s)}{s}\right\},\quad A_\nu=\lim_{s^2\to-\omega_{\infty\nu}^2}\left\{\frac{s^2+\omega_{\infty\nu}^2}{s}Z(s)\right\},\ \nu=1\dots k. \tag{3.12}$$

Die Auswertung dieser Beziehungen muß so erfolgen, daß zunächst der in den geschweiften Klammern angegebene Ausdruck ermittelt und dann der Grenzübergang durchgeführt wird.

Den Beweis für diese Beziehungen skizzieren wir am Beispiel einer Reaktanzzweipolfunktion, die bei $s = 0$ eine Polstelle besitzt, bei der also das Nennerpolynom ungerade ist. Wir ermitteln zunächst die $2k$ weiteren Nullstellen $s_{\infty\nu} = \pm j\omega_{\infty\nu}$ $(\nu = 1\ldots k)$ des Nennerpolynoms und erhalten unter Beachtung von $(s - j\omega_{\infty\nu})(s + j\omega_{\infty\nu}) = s^2 + \omega_{\infty\nu}^2$ die Darstellung

$$Z(s) = \frac{P_1(s)}{P_2(s)} = \frac{P_1(s)}{Ks(s^2+\omega_{\infty1}^2)(s^2+\omega_{\infty2}^2)\ldots(s^2+\omega_{\infty k}^2)}.$$

$P_1(s)$ ist dabei ein gerades Polynom, der Faktor K im Nenner entspricht den Koeffizienten mit der höchsten Potenz von s (nämlich s^{2k+1} im Nennerpolynom $P_2(s)$).

Wir machen den Ansatz

$$Z(s) = \frac{P_1(s)}{Ks(s^2+\omega_{\infty1}^2)(s^2+\omega_{\infty2}^2)\ldots(s^2+\omega_{\infty k}^2)} = \frac{A_0}{s} + \frac{A_1 s}{s^2+\omega_{\infty1}^2} + \ldots + \frac{A_k s}{s^2+\omega_{\infty k}^2} + A_\infty s. \quad (3.13)$$

Zur Berechnung von A_0 multiplizieren wir beide Seiten von Gl. 3.13 mit s und erhalten

$$sZ(s) = \frac{P_1(s)}{K(s^2+\omega_{\infty1}^2)(s^2+\omega_{\infty2}^2)\ldots(s^2+\omega_{\infty k}^2)} = A_0 + s\left\{\frac{A_1 s}{s^2+\omega_{\infty1}^2} + \ldots + \frac{A_k s}{s^2+\omega_{\infty k}^2} + A_\infty s\right\}.$$

Mit $s = 0$ erhält man die gewünschte Größe A_0, weil dann der 2. Summand auf der rechten Gleichungsseite wegfällt:

$$A_0 = \lim_{s\to 0}\{sZ(s)\} = \lim_{s\to 0}\frac{P_1(s)}{K(s^2+\omega_{\infty1}^2)(s^2+\omega_{\infty2}^2)\ldots(s^2+\omega_{\infty k}^2)} = \frac{P_1(0)}{K\omega_{\infty1}^2\cdot\omega_{\infty2}^2\ldots\omega_{\infty k}^2}.$$

Zur Ermittlung von beispielsweise A_1 multiplizieren wir Gl. 3.13 mit dem Faktor $(s^2+\omega_{\infty1}^2)/s$ und erhalten zunächst

$$\frac{s^2+\omega_{\infty1}^2}{s}Z(s) = \frac{P_1(s)}{Ks^2(s^2+\omega_{\infty2}^2)\ldots(s^2+\omega_{\infty k}^2)} = A_1 + \frac{s^2+\omega_{\infty1}^2}{s}\left\{\frac{A_0}{s} + \frac{A_2 s}{s^2+\omega_{\infty2}^2} + \ldots + \frac{A_2 s}{s^2+\omega_{\infty k}^2} + A_\infty s\right\}.$$

Wir erkennen, daß im Falle $s^2 = -\omega_{\infty1}^2$ auf der rechten Gleichungsseite nur noch A_1 steht, also wird

$$A_1 = \lim_{s^2\to -\omega_{\infty1}^2}\left\{\frac{s^2+\omega_{\infty1}^2}{s}Z(s)\right\}.$$

Auf entsprechende Weise ermittelt man $A_2 \ldots A_k$ (siehe Gl. 3.12).

Zur Ermittlung von A_∞ dividieren wir Gl. 3.13 durch s.

$$\frac{1}{s}Z(s) = \frac{P_1(s)}{Ks^2(s^2+\omega_{\infty 1}^2)\ldots(s^2+\omega_{\infty k}^2)} = A_\infty + \frac{1}{s}\left\{\frac{A_0}{s} + \frac{A_1 s}{s^2+\omega_{\infty 1}^2} + \ldots + \frac{A_k s}{s^2+\omega_{\infty k}^2}\right\}.$$

Für $s = \infty$ erhalten wir den gewünschten Wert A_∞, wobei $A_\infty \neq 0$ wird, wenn der Grad von $P_1(s)$ größer als der Grad des Nennerpolynoms ist.

Der Beweis ist ganz entsprechend durchführbar, wenn das Nennerpolynom $P_2(s)$ gerade ist. In diesem Fall entfällt die Polstelle bei $s = 0$.

Beispiel 1

Gegeben ist die Reaktanzzweipolfunktion

$$Z(s) = \frac{1+3s^2+s^4}{s+s^3} = \frac{1+3s^2+s^4}{s(s^2+1)},$$

zu der die Foster'sche Partialbruchschaltung gesucht wird. Dies ist die Zweipolfunktion, die schon im Abschnitt 3.2.1 besprochen wurde (PN-Schema und Verlauf von $X(\omega)$ im Bild 3.5).

Im vorliegenden Fall gibt es nur ein konjugiert komplexes Polpaar ($k = 1$) bei $s = \pm j$, also $\omega_{\infty 1} = 1$. Nach Gl. 3.12 wird

$$A_0 = \lim_{s\to 0}\{s \cdot Z(s)\} = \lim_{s\to 0}\frac{1+3s^2+s^4}{s^2+1} = 1, \quad A_\infty = \lim_{s\to\infty}\left\{\frac{Z(s)}{s}\right\} = \lim_{s\to\infty}\frac{1+3s^2+s^4}{s^2(s^2+1)} = 1,$$

$$A_1 = \lim_{s^2\to -1}\left\{\frac{s^2+1}{s}Z(s)\right\} = \lim_{s^2\to -1}\frac{1+3s^2+s^4}{s^2} = \frac{1-3+1}{-1} = 1.$$

Damit wird

$$Z(s) = \frac{1}{s} + \frac{s}{s^2+1} + s = \frac{1}{s} + \frac{1}{s+1/s} + s.$$

Bild 3.8 zeigt oben die Schaltung im Falle einer Impedanz, unten die für eine Admittanz. Aus den Schaltungen kann man ganz rasch erkennen, wo die Polstellen der Zweipolfunktion liegen. Bei der Impedanzschaltung entstehen Unendlichkeitsstellen bei $\omega = 0$ (durch die Kapazität), bei $\omega = 1$ (nämlich der Resonanzfrequenz des Parallelschwingkreises) und bei $\omega = \infty$ (durch die

Induktivität). Entsprechende Aussagen gelten für den Leitwert der anderen Schaltung. Bei $\omega = 1$ hat dort der Reihenschwingkreis seine Resonanz und somit einen unendlich großen Leitwert. Die Lage der Nullstellen (ausgenommen solcher bei $\omega = 0$ und $\omega = \infty$) kann man nicht ohne weiteres aus den Schaltungen erkennen. Sie ergeben sich durch das "Zusammenwirken" aller Bauelemente.

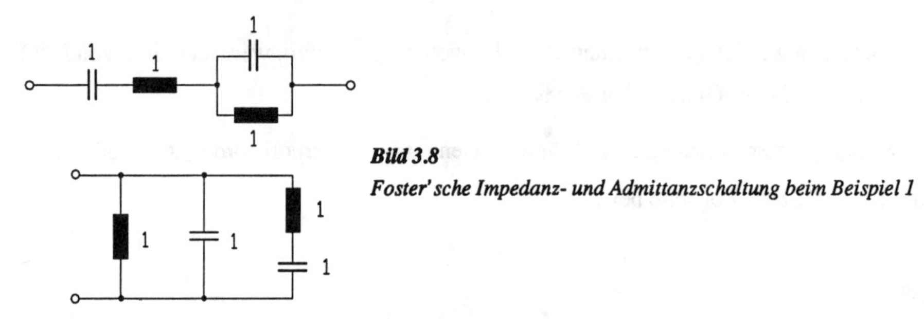

Bild 3.8
Foster'sche Impedanz- und Admittanzschaltung beim Beispiel 1

Schließlich wollen wir noch das Problem der Entnormierung ansprechen. Die wirklichen Bauelementewerte berechnen sich nach den Beziehungen (siehe Tabelle 1.2)

$$L_w = L_n \frac{R_b}{\omega_b}, \quad C_w = \frac{C_n}{R_b \omega_b}.$$

Bei der normierten Funktion $X_n(j\omega_n)$ ist ω_n mit ω_b (bzw. f_b) zu multiplizieren und (im Falle einer Impedanz) X_n mit R_b. Im Falle einer Admittanz ist X_n durch R_b zu dividieren. Es gilt also

$$X_w(j\omega_w) = X_w(j\omega_b\omega_n) = X_n(j\omega_n) \cdot R_b$$

bei einer Impedanz und bei einer Admittanz:

$$X_w(j\omega_w) = X_w(j\omega_b\omega_n) = X_n(j\omega_n)/R_b.$$

Im Rahmen des folgenden Beispieles werden wir eine Entnormierung konkret durchführen.

Beispiel 2

Gesucht ist die Reaktanzschaltung, die das unten im Bilde 3.9 skizzierte PN-Schema realisiert.

Im oberen Bildteil ist die (normierte) Funktion $X(\omega)$ dargestellt. Das PN-Schema beschreibt die Impedanz $Z(s)$ nur bis auf eine Konstante. Als Nebenbedingung wird verlangt, daß der Wert $|X_{2kHz}| = 100$ Ohm betragen soll.

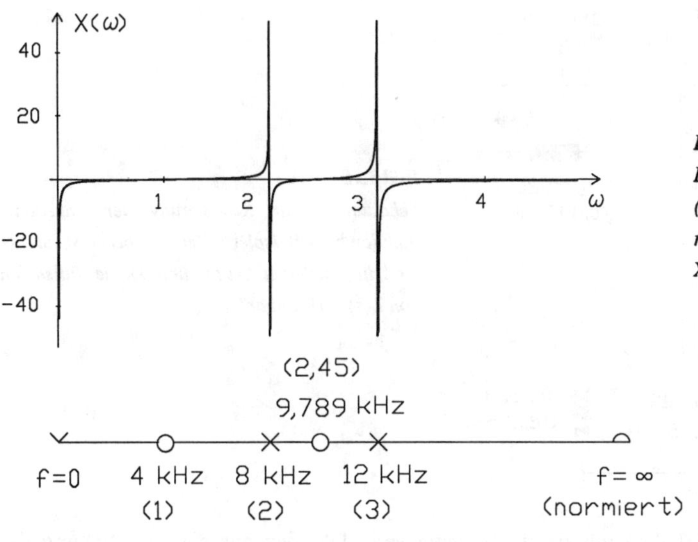

Bild 3.9
PN-Schema zum 2. Beispiel (normierte Werte in Klammern) und der Verlauf von $X(\omega)$

Zur Vereinfachung der nun folgenden Rechnung wählen wir eine Bezugsfrequenz $f_b = 4$ kHz und erhalten die im Bild 3.9 in Klammern angegebenen normierten Werte. Wenn wir beachten, daß die Pol- und Nullstellen jeweils konjugiert komplex auftreten, also z.B. die 1. Nullstelle bei (normiert) j und $-j$, dann wird

$$Z(s) = K\frac{(s-j)(s+j)(s-2{,}45j)(s+2{,}45j)}{s(s-2j)(s+2j)(s-3j)(s+3j)} = K\frac{(s^2+1)(s^2+6)}{s(s^2+4)(s^2+9)}.$$

Die Konstante K wird durch die oben genannte Nebenbedingung $|X_{2kHz}| = 100$ Ohm festgelegt. Wir rechnen aber im weiteren mit $K = 1$ und lösen das Problem mit dieser Nebenbedingung im letzten Entwurfsschritt, der Entnormierung.

Wir müssen nun $Z(s)$ in einer Form gemäß Gl. 3.11 darstellen und erhalten (mit Hilfe der Beziehung 3.12)

$$Z(s) = \frac{(s^2+1)(s^2+6)}{s(s^2+4)(s^2+9)} = \frac{1/6}{s} + \frac{3/10s}{s^2+4} + \frac{24/45s}{s^2+9} = \frac{1}{6s} + \frac{1}{3{,}333s + 1/(0{,}075s)} + \frac{1}{1{,}875s + 1/(0{,}05926s)}.$$

Aus dieser Form ergibt sich unmittelbar die oben im Bild 3.10 skizzierte Schaltung mit den dort angegebenen normierten Bauelementewerten.

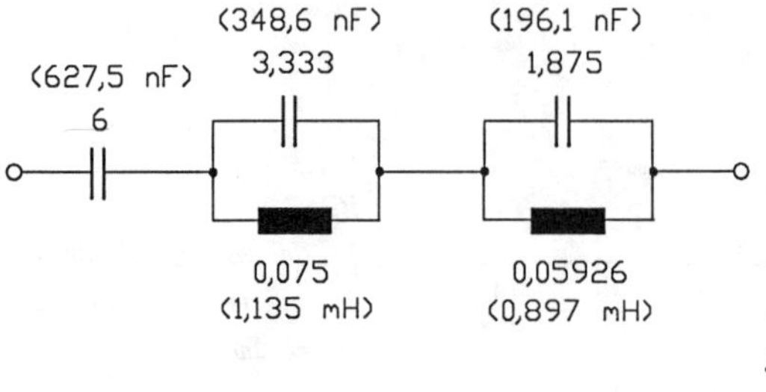

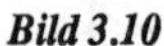

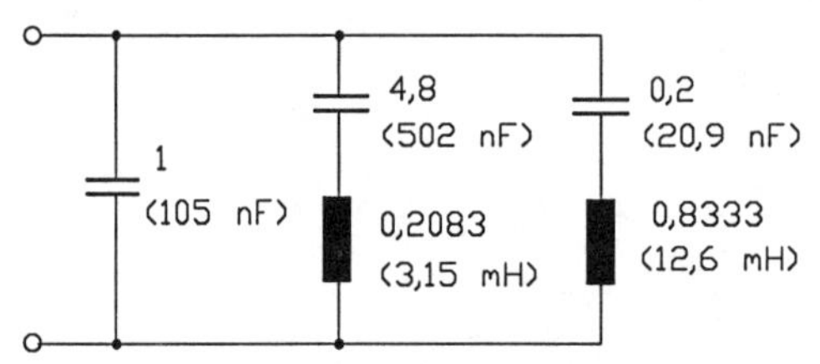

Bild 3.10
Schaltungen zur Realisierung der Impedanzfunktion beim Beispiel 2. Bei der oberen Schaltung sind die Polstellen, bei der unteren die Nullstellen von $Z(s)$ "erkennbar"

Schon beim Beispiel 1 haben wir darauf hingewiesen, daß man aus dieser Schaltung die Polstellen von $Z(s)$ "erkennen" kann, es sind die Resonanzfrequenzen (bei $\omega = 2$ und $\omega = 3$) der beiden Parallelschwingkreise. Der bei $s = 0$ auftretende Pol wird durch die Kapazität verursacht. Die Nullstellen bei $\omega = 1$ und $\omega = \sqrt{6} = 2{,}45$ sind nicht "erkennbar", sie entstehen durch das Zusammenwirken aller Bauelemente der Schaltung. Wir können aber auch eine Schaltung mit der Impedanz $Z(s)$ finden, bei der die Nullstellen "erkennbar" sind. Zu diesem Zwecke bilden wir die Admittanz

$$Y(s) = \frac{1}{Z(s)} = \frac{s(s^2+4)(s^2+9)}{(s^2+1)(s^2+6)}$$

und finden gemäß der Beziehung 3.12

$$Y(s) = \frac{s(s^2+4)(s^2+9)}{(s^2+1)(s^2+6)} = s + \frac{24/5s}{s^2+1} + \frac{6/5s}{s^2+6} = s + \frac{1}{0{,}20833s + 1/(4{,}8s)} + \frac{1}{0{,}8333s + 1/(0{,}2s)}.$$

Die zugehörende Schaltung ist unten im Bild 3.10 skizziert. Wir können aus ihr die Polstellen von $Y(s) = 1/Z(s)$, also die Nullstellen von $Z(s)$ erkennen, die bei den Resonanzfrequenzen ($\omega = 1$, $\omega = \sqrt{6}$) der Reihenresonanzkreise auftreten.

Die Entnormierung führt dazu, daß der Stelle $\omega_n = 1$ die Frequenz $f_w = f_b = 4kHz$ zugeordnet wird. Wenn R_b der Bezugswiderstand ist, wird einem normierten Wert $|X_n| = 1$ der Wert R_b

zugeordnet. Hier müssen wir dafür sorgen, daß die Nebenbedingung $|X_{2kHz}| = 100$ Ohm eingehalten wird. Zunächst berechnen wir den normierten Wert für diese Frequenz ($\omega_n = 1/2$) und erhalten mit $s = j/2$

$$Z_n(j/2) = \frac{(1-1/4)(6-1/4)}{j\,1/2(4-1/4)(9-1/4)} = -j0{,}26286 = j\,X_n(1/2).$$

Die Multiplikation von $|X_n(1/2)|$ mit R_b muß 100 Ohm ergeben, d.h. $R_b \cdot 0{,}26286 = 100$, wir finden den Bezugswiderstand $R_b = 380{,}43$ Ohm. Mit den Beziehungen $L_w = L_n R_b/\omega_b$ und $C_w = C_n/(R_b \omega_b)$ erhalten wir schließlich die im Bild 3.10 im Klammern angegebenen Werte für die Bauelemente.

Hinweis:
Die bei diesem Beispiel notwendigen Entwurfsarbeiten können durch den Einsatz der Programme NETZWERKFUNKTIONEN und REAKTANZZWEIPOLE wesentlich erleichtert werden. Bei dem Programm REAKTANZZWEIPOLE können die Koeffizienten des Zähler- und Nennerpolynoms von $Z(s)$ eingegeben werden. Nach dieser Eingabe kann sich der Benutzer u.a. die Foster'sche Partialbruchschaltung berechnen lassen. Für diese Eingabeart muß man $Z(s)$ zunächst in der verlangten Form darstellen. Man erhält aus der vorne angegebenen Beziehung

$$Z(s) = \frac{6+7s^2+s^4}{36s+13s^3+s^5}$$

und damit die für die Eingabe notwendigen Koeffizienten. Die Vorgehensweise bei der Entnormierung entspricht dann der oben beschriebenen Art, wobei der erforderliche Wert $X_n(1/2)$ natürlich mit Hilfe des Programmes ermittelt werden kann. Nachteilig bei dieser Vorgehensweise ist, daß zunächst $Z(s)$ aus dem PN-Schema ermittelt werden muß. Diese Arbeit kann man sich ersparen, wenn man zuerst das Programm NETZWERKFUNKTIONEN verwendet. Hier wird das PN-Schema eingegeben und ebenso die Bezugsfrequenz von 4 kHz. Um nachher die Entnormierung schneller durchführen zu können, legen wir die frei wählbare Konstante so fest, daß bei $\omega = 1/2$ der verlangte (normierte) Wert $|Z(j/2)| = 1$ auftritt. Wir können dann später mit dem Entnormierungswiderstand $R_b = 100$ Ohm rechnen und ersparen uns die oben beschriebene Ermittlung des Bezugswiderstandes. Das eingegebene PN-Schema kann anschließend vom Programm REAKTANZZWEIPOLE übernommen werden. Das Programm erlaubt auch die Berechnung und Darstellung von $X(\omega)$ (siehe Bild 3.9).

3.2.3 Kettenbruchschaltungen

In diesem Abschnitt soll in relativ kurzer Form auf die Realisierung von Reaktanzzweipolen durch Kettenbruchschaltungen eingegangen werden. Im Abschnitt 3.2.3.1 werden Kettenbruchschaltungen zunächst allgemein vorgestellt. Im Abschnitt 3.2.3.2 geben wir dann zwei kanonische Realisierungsmöglichkeiten für Reaktanzschaltungen an. Die Syntheseverfahren werden dabei an Beispielen demonstriert. Leser, die sich etwas tiefer über den theoretischen Hintergrund dieser Syntheseverfahren informieren möchten, werden auf den Abschnitt 3.2.3.3 verwiesen. In diesem Abschnitt werden wir nichtkanonische Realisierungen behandeln, die im Zusammenhang mit dem Entwurf von Zweitoren (Abschnitt 4.4) eine Rolle spielen.

3.2.3.1 Vorbemerkungen zu den Schaltungen

Bild 3.11 zeigt eine Kettenbruchschaltung deren Eingangsimpedanz $Z(s)$ ermittelt werden soll. Die Zweipolfunktionen in den Längszweigen ($z_1(s)$, $z_3(s)$, $z_5(s)\dots$) sollen Impedanzen sein, die in den Querzweigen ($z_2(s)$, $z_4(s)\dots$) Admittanzen. Die ebenfalls in dem Bild angegebenen Funktionen $Z_\nu(s)$ sind bei ungeraden Indizes die Impedanzen des jeweils angedeuteten rechten Schaltungsteiles. Für gerade Indizes sind $Z_\nu(s)$ die Admittanzen der jeweils rechten Schaltungsteile. Je nachdem, ob n gerade oder ungerade ist, endet die Schaltung mit einem Querleitwert $z_n(s)$ oder einer Längsimpedanz $z_n(s)$ (siehe Bild 3.11). Schließlich ist noch zu erwähnen, daß auch der Fall $z_1(s) = 0$ möglich ist, so daß die Schaltung mit dem Querleitwert $z_2(s)$ beginnt.

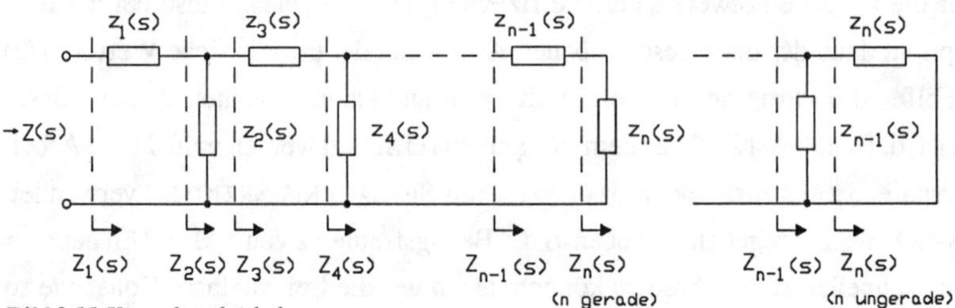

***Bild 3.11** Kettenbruchschaltung*

Wir ermitteln nun die Eingangsimpedanz der Schaltung nach Bild 3.11 und erhalten zunächst

$$Z(s) = Z_1(s) = z_1(s) + \frac{1}{Z_2(s)}, \tag{3.14}$$

denn $Z_2(s)$ ist die Eingangsadmittanz des Schaltungsteiles hinter $z_1(s)$. Die Admittanz $Z_2(s)$ besteht aus der Parallelschaltung der Admittanz $z_2(s)$ und der Admittanz $1/Z_3(s)$, d.h.

$$Z_2(s) = z_2(s) + \frac{1}{Z_3(s)}. \qquad (3.15)$$

Setzen wir diesen Ausdruck in Gl. 3.14 ein, so wird

$$Z(s) = z_1(s) + \frac{1}{z_2(s) + 1/Z_3(s)}.$$

In entsprechender Weise können wir schreiben

$$Z_3(s) = z_3(s) + \frac{1}{Z_4(s)}$$

und erhalten schließlich die Beziehung

$$Z(s) = z_1(s) + \cfrac{1}{z_2(s) + \cfrac{1}{z_3(s) + \cfrac{1}{\dots + \cfrac{1}{z_n(s)}}}}. \qquad (3.16)$$

Diese Form von $Z(s)$ erklärt den Namen "Kettenbruchschaltung". Kettenbrüche der Art nach Gl. 3.16 werden häufig in der Kurzschreibweise

$$Z(s) = z_1(s) + \frac{1|}{|z_2(s)} + \frac{1|}{|z_3(s)} + \dots + \frac{1|}{|z_n(s)} \qquad (3.17)$$

angeschrieben.

Auch die Admittanz der Schaltung nach Bild 3.11 hat diese Form. Mit $Z(s)$ nach Gl. 3.17 erhalten wir

$$Y(s) = \cfrac{1}{z_1(s) + \cfrac{1}{z_2(s) + \cfrac{1}{\dots + \cfrac{1}{z_n(s)}}}},$$

oder in Kurzform

$$Y(s) = \frac{1|}{|z_1(s)} + \frac{1|}{|z_2(s)} + \dots + \frac{1|}{|z_n(s)}.$$

3.2.3.2 Die Kettenbruchschaltungen nach Cauer

Die sogenannten Cauer'schen Kettenbruchschaltungen sind dadurch gekennzeichnet, daß die Zweipolfunktionen $z_\nu(s)$, $\nu = 1 \ldots n$ entweder alle die Form $c_\nu s$ oder alle die Form c_ν / s aufweisen. Im 1. Fall ($z_\nu(s) = c_\nu s$) entsteht die oben im Bild 3.12 skizzierte Schaltung (1. Cauer'sche Schaltung). Im 2. Fall ($z_\nu(s) = c_\nu / s$) treten Kapazitäten in den Längs- und Induktivitäten in den Querzweigen auf (2. Cauer'sche Schaltung, unterer Bildteil 3.12). Je nach vorgegebener Funktion $Z(s)$ kann das jeweils 1. Bauteil in der Schaltung entfallen und das n-te Bauelement im Längs-oder Querzweig auftreten (siehe Struktur nach Bild 3.11). Beide Realisierungsmethoden führen auf kanonische Schaltungen, d.h. Schaltungen mit der kleinstmöglichen Zahl von Bauelementen. Der Entwurf der Schaltungen wird anhand zweier Beispiele demonstriert.

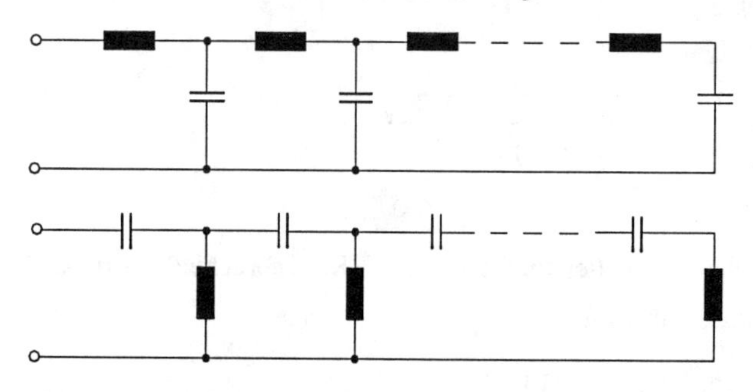

Bild 3.12
Kettenbruchschaltungen nach Cauer, oben 1. Cauer'sche, unten 2. Cauer'sche Schaltung

Beispiel 1 Ermittlung einer Schaltung bei $z_\nu(s) = c_\nu s$ (Cauer 1, obere Struktur im Bild 3.12).

Gegeben sei folgende Impedanzfunktion

$$Z(s) = \frac{6 + 7s^2 + s^4}{36s + 13s^3 + s^5}.$$

Für diese Funktion wurde im 2. Beispiel des Abschnittes 3.2.2 die Foster'sche Partialbruchschaltung entwickelt (siehe Bild 3.10). Das PN-Schema und der Verlauf von $X(\omega)$ sind im Bild 3.9 dargestellt.

Gemäß dem **1. Schritt** bei der Entwicklung des Kettenbruches (Gl. 3.14) schreiben wir

$$Z(s) = Z_1(s) = z_1(s) + \frac{1}{Z_2(s)} = c_1 s + \frac{1}{Z_2(s)}.$$

Im vorliegenden Fall hat $Z(s)$ bei $s = \infty$ eine Nullstelle. Damit muß $c_1 = 0$ sein, denn im anderen Fall würde der rechts stehende Ausdruck bei $s = \infty$ einen Pol besitzen. Bei der gesuchten Schaltung entfällt damit das 1. Bauelement im Längszweig.

Im **2. Schritt** ermitteln wir $Z_2(s)$, hier wird

$$Z_2(s)=\frac{1}{Z(s)}=\frac{36s+13s^3+s^5}{6+7s^2+s^4},$$

und wir machen gemäß Gl. 3.15 den Ansatz

$$Z_2(s)=\frac{36s+13s^3+s^5}{6+7s^2+s^4}=z_2(s)+\frac{1}{Z_3(s)}=c_2 s+\frac{1}{Z_3(s)}.$$

Der in $Z_2(s)$ bei $s=\infty$ auftretende Pol soll durch die Impedanz $z_2(s)=c_2 s$ realisiert (abgebaut) werden. Für $s\rightarrow\infty$ gilt $Z_2(s)=s$ und das bedeutet $c_2=1$. Die gesuchte Schaltung beginnt demnach mit einer Kapazität der Größe 1 im Querzweig (siehe Schaltung im Bild 3.13).

Im **3. Schritt** ermitteln wir $Z_3(s)$ und erhalten zunächst

$$\frac{1}{Z_3(s)}=Z_2(s)-s=\frac{36s+13s^3+s^5}{6+7s^2+s^4}-s=\frac{30s+6s^3}{6+7s^2+s^4}.$$

Der Grad von $1/Z_3(s)$ hat sich gegenüber dem Grad von $Z_2(s)$ um 1 reduziert. Dies muß auch so sein. $Z_2(s)=z_2(s)+1/Z_3(s)$ hat insgesamt 5 Polstellen. Die Polstelle bei $s=\infty$ ist in $z_2(s)=s$ enthalten, und die verbleibenden 4 Pole entfallen auf den Summanden $1/Z_3(s)$.

Wir machen nun den Ansatz

$$Z_3(s)=\frac{6+7s^2+s^4}{30s+6s^3}=c_3 s+\frac{1}{Z_4(s)}.$$

Den Wert $c_3=1/6$ findet man, wenn das Verhalten von $Z_3(s)$ für $s\rightarrow\infty$ untersucht wird $\left(Z_3(s)\rightarrow\frac{1}{6}s \text{ für } s\rightarrow\infty\right)$. Die Impedanz $c_3 s=\frac{1}{6}s$ bedeutet eine Induktivität der Größe 1/6 im Längszweig.

Schritt 4

$$\frac{1}{Z_4(s)}=Z_3(s)-\frac{1}{6}s=\frac{6+7s^2+s^4}{30s+6s^3}-\frac{1}{6}s=\frac{6+2s^2}{30s+6s^3},$$

$$Z_4(s)=\frac{30s+6s^3}{6+2s^2}=c_4 s+\frac{1}{Z_5(s)}=3s+\frac{1}{Z_5(s)}.$$

Das nächste Bauelement ist eine Kapazität der Größe 3 im Querzweig.

Schritt 5

$$\frac{1}{Z_5(s)} = Z_4(s) - 3s = \frac{6+2s^2}{30s+6s^3} - 3s = \frac{6s}{3+s^2}, \quad Z_5(s) = \frac{3+s^2}{6s} = c_5 s + \frac{1}{Z_6(s)} = \frac{1}{6}s + \frac{1}{Z_6(s)}.$$

Im Längszweig tritt eine Induktivität der Größe 1/6 auf.

Schritt 6

$$\frac{1}{Z_6(s)} = Z_5(s) - \frac{1}{6}s = \frac{3+s^2}{6s} - \frac{1}{6}s = \frac{1}{2s}, \quad Z_6(s) = 2s = c_6 s.$$

Damit ist das Entwicklungsverfahren (der Polabbau) beendet, als letztes Bauelement erhalten wir im Querzweig eine Kapazität der Größe 2.

Die Schaltung (Bild 3.13) besteht, ebenso wie die Foster'sche Realisierungsschaltung (Bild 3.10), aus 5 Bauelementen. Im Gegensatz zu den Foster'schen Strukturen kann man hier Pol- oder Nullstellen nicht "erkennen", diese entstehen durch das Zusammenwirken aller Bauelemente der Schaltung.

Bild 3.13
Schaltung zum 1. Beispiel (1. Cauer'sche Schaltung)

Beispiel 2 Ermittlung einer Schaltung bei $z_v(s) = c_v/s$ (Cauer 2, untere Struktur im Bild 3.12).

Wir gehen von der gleichen Impedanz wie bei Beispiel 1 aus:

$$Z(s) = \frac{6+7s^2+s^4}{36s+13s^3+s^5}.$$

Im **1. Schritt** schreiben wir

$$Z(s) = Z_1(s) = \frac{6+7s^2+s^4}{36s+13s^3+s^5} = \frac{c_1}{s} + \frac{1}{Z_2(s)} = \frac{1}{6s} + \frac{1}{Z_2(s)}.$$

Der Summand c_1/s repräsentiert den Pol von $Z_1(s)$ bei $s=0$, wir sprechen von einem Polabbau bei $s=0$. Im vorliegenden Fall wird $c_1 = 1/6$, denn $Z_1(s)$ verhält sich bei sehr kleinen Werten von s wie $1/(6s)$. $Z_1(s)$ ist eine Impedanz, also beginnt die Schaltung mit einer Kapazität der Größe 6 im Längszweig (Bild 3.14).

Schritt 2

$$\frac{1}{Z_2(s)} = Z_1(s) - \frac{1}{6s} = \frac{6+7s^2+s^4}{36s+13s^3+s^5} - \frac{1}{6s} = \frac{29/6s+5/6s^3}{36+13s^2+s^4},$$

$$Z_2(s) = \frac{36+13s^2+s^4}{29/6s+5/6s^3} = \frac{c_2}{s} + \frac{1}{Z_3(s)} = \frac{216/29}{s} + \frac{1}{Z_3(s)}.$$

Das 2. Bauelement in der Schaltung ist eine Induktivität der Größe 29/216 = 0,134 im Querzweig (Leitwert $1/(sL)$!).

Schritt 3

$$\frac{1}{Z_3(s)} = \frac{36+13s^2+s^4}{29/6s+5/6s^3} - \frac{216/29}{s} = \frac{197/29s+s^3}{29/6+5/6s^2},$$

$$Z_3(s) = \frac{29/6+5/6s^2}{197/29s+s^3} = \frac{c_3}{s} + \frac{1}{Z_4(s)} = \frac{841/1182}{s} + \frac{1}{Z_4(s)}.$$

Es handelt sich um eine Kapazität der Größe 1182/841=1,405 im Längszweig.

Schritt 4

$$\frac{1}{Z_4(s)} = \frac{29/6+5/6s^2}{197/29s+s^3} - \frac{841/1182}{s} = \frac{24/197s}{197/29+s^2},$$

$$Z_4(s) = \frac{197/29+s^2}{24/197s} = \frac{c_4}{s} + \frac{1}{Z_5(s)} = \frac{38809/698}{s} + \frac{1}{Z_5(s)}.$$

In der Schaltung folgt eine Induktivität der Größe 698/38809=0,01799.

Schritt 5

$$\frac{1}{Z_5(s)} = \frac{197/29+s^2}{24/197} - \frac{38809/698}{s} = \frac{197}{24}s, \quad Z_5(s) = \frac{24/197}{s} = z_5(s).$$

Als letztes Bauelement tritt eine Kapazität der Größe 197/24=8,208 im Längszweig auf. Die gesamte Schaltung ist im Bild 3.14 dargestellt.

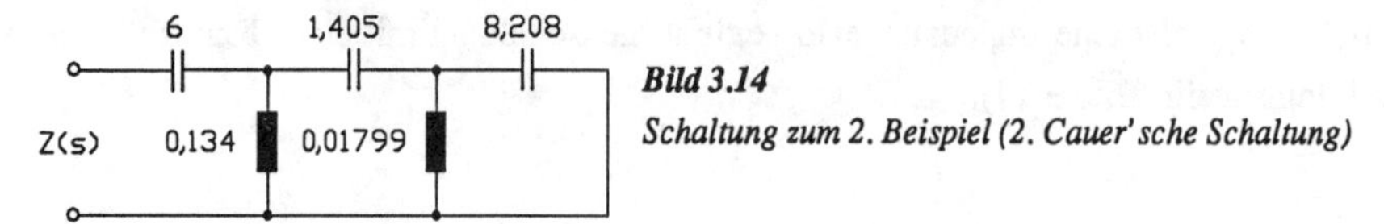

Bild 3.14
Schaltung zum 2. Beispiel (2. Cauer'sche Schaltung)

Wir haben damit für die Impedanzfunktion

$$Z(s)=\frac{6+7s^2+s^4}{36s+13s^3+s^5}$$

vier verschiedene kanonische Schaltungen gefunden.

Oben im Bild 3.10 ist die Foster'sche Realisierung von $Z(s)$ angegeben. Bei dieser Schaltung werden die Polstellen durch die Resonanzfrequenzen der Parallelschwingkreise festgelegt. Auch die unten im Bild 3.10 skizzierte Schaltung hat die oben angegebene Impedanz. Die Realisierung erfolgte als Admittanzrealisierung von $1/Z(s)$. Aus dieser Schaltung kann man die Nullstellen von $Z(s)$ "erkennen", die durch die Resonanzfrequenzen der Reihenschwingkreise festgelegt werden. Bei den beiden Cauer'schen Realisierungen von $Z(s)$ (Bilder 3.13, 3.14) ergeben sich Pol- und Nullstellen jeweils durch das "Zusammenwirken" aller Bauelemente.

Wir sind in diesem Abschnitt nicht auf die Realisierung von Admittanzfunktionen eingegangen. Die Berechnung geschieht sinngemäß auf völlig gleiche Weise. Am einfachsten kann man das Problem der "Admittanzsynthese" aber so lösen, daß man statt der Admittanz $Z(s)$ eine Impedanzfunktion $1/Z(s)$ verwendet und diese dann realisiert.

Schließlich sei noch erwähnt, daß das schon besprochene Programm REAKTANZZWEIPOLE auch die Berechnung der Cauer'schen Schaltungen ermöglicht. Der Leser kann als Übung die beiden hier entwickelten Schaltungen mit diesem Programm nachkontrollieren.

3.2.3.3 Nichtkanonische Kettenbruchschaltungen

Wie zu Beginn des Abschnittes 3.2.3 schon erwähnt wurde, spielen nichtkanonische Realisierungen im Zusammenhang mit der Zweitorsynthese (Abschnitt 4.4.4) eine Rolle. Wenn es nur um die Realisierung von Zweipolfunktionen geht, wird man kanonische Schaltungen in der Regel vorziehen, denn sie benötigen ein Minimum an Bauelementen.

Bei der Berechnung der Impedanz (oder auch Admittanz) wurde die an einer Stelle zum Schaltungsende hin gemessene Impedanz (oder Admittanz) jeweils in der Form

$$Z_i(s) = z_i(s) + \frac{1}{Z_{i+1}(s)} \tag{3.18}$$

dargestellt (siehe Bild 3.11). Da $Z_i(s)$ eine Reaktanzzweipolfunktion ist, ist gemäß Gl. 3.7 eine Darstellung in der Form

$$Z_i(s) = \frac{A_0^{(i)}}{s} + A_\infty^{(i)} s + \sum_{\nu=1}^{k'} \frac{A_\nu^{(i)} s}{s^2 + \omega_{\infty\nu}^{2(i)}}, \quad A_0^{(i)} \geq 0, A_\infty^{(i)} \geq 0, A_\nu^{(i)} \geq 0, i = 1 \ldots k' \tag{3.19}$$

möglich. Bei den Funktionen $z_i(s)$ und $1/Z_{i+1}(s)$ handelt es sich ebenfalls um Reaktanzzweipolfunktionen und es muß daher gelten

$$\begin{aligned} z_i(s) &= \frac{\gamma_0 A_0^{(i)}}{s} + \gamma_\infty A_\infty^{(i)} s + \sum_{\nu=1}^{k'} \frac{\gamma_\nu A_\nu^{(i)} s}{s^2 + \omega_{\infty\nu}^{2(i)}}, \\ \frac{1}{Z_{i+1}(s)} &= \frac{(1-\gamma_0) A_0^{(i)}}{s} + (1-\gamma_\infty) A_\infty^{(i)} s + \sum_{\nu=1}^{k'} \frac{(1-\gamma_\nu) A_\nu^{(i)} s}{s^2 + \omega_{\infty\nu}^{2(i)}}, \\ & 0 \leq \gamma_0 \leq 1, \quad 0 \leq \gamma_\infty \leq 1, \quad 0 \leq \gamma_\nu \leq 1, \nu = 1 \ldots k'. \end{aligned} \tag{3.20}$$

Diese Aussage ist leicht einzusehen, denn nur bei dieser Form ergibt die Summe $z_i(s)$ und $1/Z_{i+1}(s)$ die Form nach Gl. 3.19. Je nach der Wahl der "Abspaltungsfaktoren" $\gamma_0, \gamma_\infty, \gamma_\nu$ erhält man unterschiedliche Realisierungsschaltungen. Beim Polabbau bei $s = \infty$ (1. Beispiel im Abschnitt 3.2.3.2) gilt $\gamma_\infty = 1, \gamma_0 = 0, \gamma_\nu = 0, \nu = 1 \ldots k'$. Dies bedeutet $z_i(s) = A_\infty^{(i)} s$. Alle anderen Pole von $Z_i(s)$ kommen in den 2. Summanden $1/Z_{i+1}(s)$, der gegenüber $Z_i(s)$ einen um 1 reduzierten Grad hat. Bei $\gamma_0 = 1, \gamma_\infty = 0, \gamma_\nu = 0, \nu = 1 \ldots k'$ erfolgt der Polabbau bei $s = 0$ (2. Beispiel im Abschnitt 3.2.3.2). Wir erkennen, daß auch die Abspaltung eines konjugiert komplexen Polpaares möglich ist. Im Falle von z.B. $\gamma_1 = 1$ wäre

$$z_i(s) = \frac{A_1^{(i)} s}{s^2 + \omega_{\infty 1}^{2(i)}}.$$

Dies würde einen Parallelschwingkreis im Längszweig oder einen Reihenschwingkreis im Querzweig zur Folge haben, je nachdem ob $z_i(s)$ eine Impedanz oder eine Admittanz ist. Die Abspaltung des Polpaares reduziert den Grad der Restfunktion $1/Z_{i+1}(s)$ um 2.

Bei dem **Teilabbau** eines Poles liegt der γ-Wert im Bereich $0 < \gamma < 1$. Das hat zur Folge, daß der entsprechende Pol (anteilig) sowohl in $z_i(s)$ als auch in $Z_{i+1}(s)$ enthalten ist und eine Gradreduktion nicht stattfindet. Ein fortwährender Teilabbau ist natürlich nicht möglich, die entstehende Schaltung würde dann nämlich unendlich viele Bauelemente benötigen und das Abspaltverfahren nie beendet sein.

Beispiel

Gegeben ist die Impedanzfunktion

$$Z(s) = \frac{2{,}85996s + 2s^3}{1{,}36027 + 1{,}63853s^2}.$$

Im 1. Schritt soll ein Teilabbau des Poles bei $s = \infty$ erfolgen. Im 2. Schritt soll ein Polpaar voll abgebaut werden und im 3. Schritt der verbleibende Pol ebenfalls vollständig. Als Nebenbedingung soll festgelegt werden, daß die Resonanzfrequenz des im 2. Schritt entstehenden Schwingkreises den Wert 2,2701 hat. Die hier gestellten Forderungen ergeben sich beim Entwurfsbeispiel für das Netzwerk, das im Abschnitt 4.4.4.3 behandelt wird.

Um einen besseren Überblick über die einzelnen Lösungsschritte und die Einhaltung der genannten Nebenbedingung zu erhalten, betrachten wir die PN-Schemata der Impedanzen und Admittanzen bei den einzelnen Entwicklungsschritten. Im Bild 3.15 ist das PN-Schema der Impedanz $Z(s) = Z_1(s)$ skizziert, es treten Pole bei $s = \pm j\sqrt{1{,}36027/1{,}63853} = \pm j0{,}91114$ und bei $s = \infty$ auf, Nullstellen bei $s = 0$ und $s = \pm j\sqrt{2{,}85996/2} = \pm j1{,}19582$.

Im **1. Schritt** soll ein Teilabbau des Poles bei $s = \infty$ erfolgen, dies bedeutet $z_1(s) = c_1 s$, die Schaltung beginnt also mit einer Induktivität der Größe c_1 im Längszweig.

Aus $Z_1(s) = z_1(s) + 1/Z_2(s)$ folgt, daß $1/Z_2(s)$ Pole an den gleichen Stellen wie $Z_1(s)$ aufweisen muß. Auch bei $s = \infty$ hat $1/Z_2(s)$ einen Pol, denn der Pol bei $s = \infty$ wird durch $z_1(s)$ nicht vollständig abgebaut (siehe auch Gln. 3.19, 3.20). Für die Nullstellen gibt es keine entsprechende Aussage. Die Bedingung $Z_1(s_0) = 0$ bedeutet ja lediglich, daß die Summe $z_1(s_0) + 1/Z_2(s_0) = 0$ sein muß. Im Bild 3.15 sind die PN-Schemata von $z_1(s)$ und von $1/Z_2(s)$skizziert.

Da $Z_1(0) = 0$ und $z_1(0) = 0$ ist, muß auch $1/Z_2(s)$ bei $s = 0$ eine Nullstelle besitzen. Die Konstante c_1 bei der Impedanz $z_1(s)$ wird nun so bestimmt, daß $1/Z_2(s)$ bei $s = \pm j2{,}2701$ eine Nullstelle erhält. Dies führt zu einer Polstelle von $Z_2(s)$ bei $\omega = 2{,}2701$ (siehe PN-Schema von $Z_2(s)$) und ermöglicht im 2. Entwurfsschritt die Einhaltung der vorne genannten Nebenbedingung.

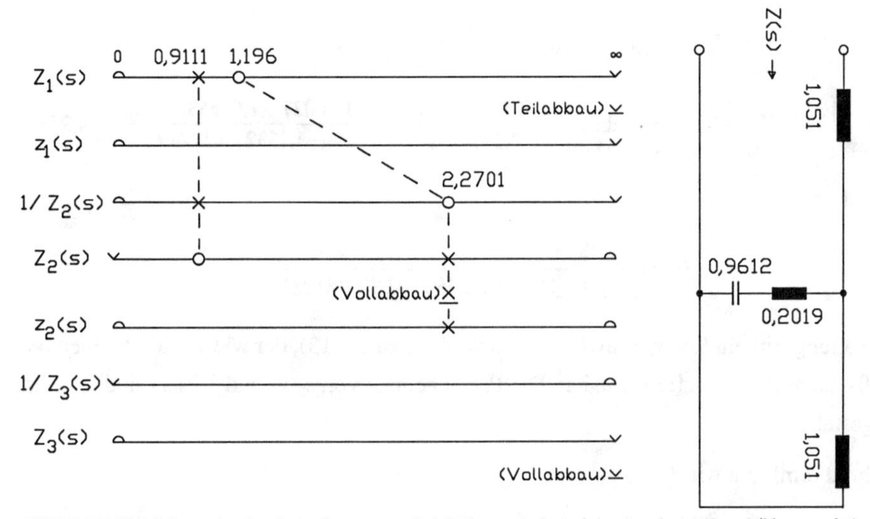

***Bild 3.15** PN-Schemata der Impedanzen und Admittanzen bei den einzelnen Entwicklungsschritten und die Schaltung*

Zur Ermittlung von c_1 schreiben wir

$$\frac{1}{Z_2(j2{,}2701)} = Z_1(j2{,}2701) - c_1 j2{,}2701 = 0,$$

$$c_1 = \frac{1}{j2{,}2701} Z_1(j2{,}2701) = \frac{1}{j2{,}2701} \frac{2{,}85996 \cdot j2{,}2701 - 2 \cdot j2{,}2701^3}{1{,}36027 - 1{,}63853 \cdot 2{,}2701^2} = 1{,}05125.$$

Damit ist der Wert der 1. Induktivität der Schaltung festgelegt. Wir könnten nun auch noch den bei dem Teilabbau verwendeten Abspaltungskoeffizienten γ_∞ berechnen. Bei Vollabbau hätten wir $\tilde{c}_1 = 2/1{,}63853 = 1{,}2206$ erhalten, denn für $s \to \infty$ gilt $Z_1(s) = 2s/1{,}63853$. Damit wird $\gamma_\infty = c_1/\tilde{c}_1 = 1{,}05125/1{,}2206 = 0{,}86125$.

Im **2. Schritt** ermitteln wir zunächst

$$\frac{1}{Z_2(s)} = Z_1(s) - z_1(s) = \frac{2{,}85996s + 2s^3}{1{,}36027 + 1{,}63853s^2} - 1{,}05125s = \frac{1{,}42998s + 0{,}277495s^3}{1{,}36027 + 1{,}63853s^2},$$

$$Z_2(s) = \frac{1{,}36027 + 1{,}63853s^2}{1{,}492998s + 0{,}277495s^3} = \frac{1{,}36027 + 1{,}63853s^2}{0{,}277495s(s^2 + 5{,}1532)}.$$

Nach der Aufgabenstellung soll nun ein Polpaar (nämlich das bei $s = \pm 2{,}2701j$) voll abgebaut werden. Dann wird

$$Z_2(s) = z_2(s) + 1/Z_3(s) = \frac{A_1 s}{s^2 + 5{,}1532} + \frac{1}{Z_3(s)},$$

$$A_1 = \lim_{s^2 \to -5{,}1532} \left\{ \frac{s^2 + 5{,}1532}{s} Z_2(s) \right\} = \lim_{s^2 \to -5{,}1532} \frac{1{,}36027 + 1{,}63853 s^2}{0{,}277495 s^2} = \frac{1{,}36027 - 1{,}63853 \cdot 5{,}1532}{-5{,}1532 \cdot 0{,}277495} = 4{,}9535.$$

Damit wird

$$z_2(s) = \frac{4{,}9535 s}{s^2 + 5{,}1532} = \frac{1}{0{,}2019 s + 1/(0{,}9612 s)}.$$

In der Schaltung tritt ein Reihenschwingkreis auf (siehe Bild 3.15), der wie vorgeschrieben bei $\omega = 2{,}2701$ seine Resonanzfrequenz hat. Die PN-Schemata von $z_2(s)$ und $1/Z_3(s)$ sind im Bild 3.15 dargestellt.

Im **3. Schritt** ermitteln wir

$$1/Z_3(s) = Z_2(s) - z_2(s) = \frac{1{,}36027 + 1{,}63853 s^2}{0{,}277495 s (s^2 + 5{,}1532)} - \frac{4{,}9535 s}{s^2 + 5{,}1532} =$$

$$= \frac{1{,}36027 + 0{,}26396 s^2}{0{,}277495 s (s^2 + 5{,}1532)} = \frac{0{,}263965 (s^2 + 5{,}1532)}{0{,}277495 s (s^2 + 5{,}1532)} = \frac{0{,}95124}{s}.$$

Damit wird $Z_3(s) = 1{,}0512 s = c_3 s$ (Polabbau bei $s = \infty$, siehe Bild 3.15). Das letzte Bauelement der Schaltung ist eine Induktivität. Wir erkennen, daß die hier entwickelte Schaltung nicht kanonisch ist, sie benötigt 4 Energiespeicher und nicht das mögliche Minimum von 3.

3.3 Die Synthese induktivitätsfreier Zweipole

Ohne Beweis wird mitgeteilt, daß die **Impedanz** eines Zweipoles, der keine Induktivitäten enthält (RC-Zweipol), in der Form

$$Z(s) = \frac{B_0}{s} + \sum_{\nu=1}^{k} \frac{B_\nu}{s + \sigma_{\infty\nu}} + B_\infty, \quad B_0 \geq 0, B_\nu \geq 0, \nu = 1 \ldots k, B_\infty \geq 0 \tag{3.21}$$

angegeben werden kann (siehe z.B. [Un]). Die Pole der Impedanz $Z(s)$ sind einfach und liegen auf der negativ reellen Achse. Bei $s = 0$ kann ein Pol auftreten (im Falle $B_0 \neq 0$), bei $s = \infty$ ist eine Nullstelle möglich (im Falle $B_\infty = 0$). Die Nullstellen von $Z(s)$ liegen ebenfalls auf der negativ reellen Achse, sie sind einfach und alternieren mit den Polstellen [Un].

Auch bei einer **Admittanz** treten die (einfachen) Pole und (einfachen) Nullstellen alternierend auf der negativen reellen Achse auf. Bei $s = 0$ kann eine Nullstelle, bei $s = \infty$ kann eine Polstelle auftreten. Die Admittanz eines RC-Zweipoles kann somit stets in der Form

$$Y(s) = \tilde{B}_0 + \sum_{\nu=1}^{\tilde{k}} \frac{\tilde{B}_\nu s}{s + \tilde{\sigma}_{\infty\nu}} + \tilde{B}_\infty s, \quad \tilde{B}_0 \geq 0, \tilde{B}_\nu \geq 0, \nu = 1 \ldots \tilde{k}, \tilde{B}_\infty \geq 0 \tag{3.22}$$

dargestellt werden (siehe [Un]).

Aus den Beziehungen 3.21, 3.22 lassen sich unmittelbar die in Bild 3.16 skizzierten Partialbruchschaltungen für $Z(s)$ und $Y(s)$ ableiten.

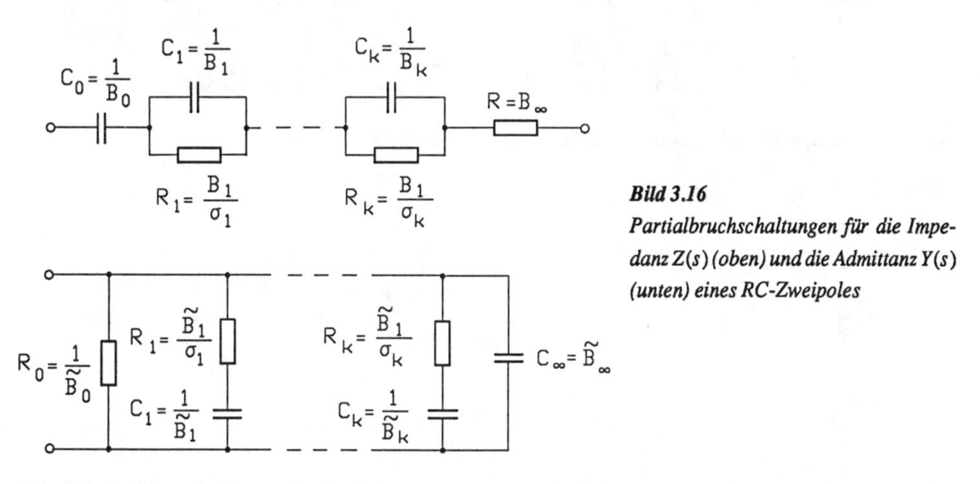

Bild 3.16
Partialbruchschaltungen für die Impedanz $Z(s)$ (oben) und die Admittanz $Y(s)$ (unten) eines RC-Zweipoles

Die Schaltungen sind kanonisch, sie benötigen genau so viele Energiespeicher (Kondensatoren), wie der Grad der Zweipolfunktion ist. Neben den Partialbruchschaltungen sind auch noch Kettenbruchschaltungen realisierbar.

Der Leser hat sicher schon eine gewisse Ähnlichkeit der Darstellung von $Z(s)$ nach Gl. 3.21 mit der "Partialbruchform" (Gl. 3.7) von Reaktanzzweipolfunktionen festgestellt. Diese Ähnlichkeit gestattet die sinngemäße Übertragung von Verfahren zur Synthese von Reaktanzschaltungen auf die Synthese von RC-Zweipolen. Wir wollen auf diese Aspekte hier allerdings nicht näher eingehen und stattdessen im Rahmen von insgesamt 4 Beispielen verschiedene Realisierungsschaltungen für ein und dieselbe Impedanzfunktion besprechen.

Beispiel 1 Realisierung einer Impedanz-Partialbruchschaltung.

Die Impedanzfunktion

$$Z(s) = \frac{(s+1)(s+3)}{s(s+2)(s+4)}$$

hat ihre Pole und Nullstellen in der für eine RC-Impedanzfunktion vorgeschriebenen Art auf der negativen reellen Achse (PN-Schema links im Bild 3.17). Zur Schaltungsentwicklung führen wir (gemäß Gl. 3.21) eine Partialbruchentwicklung durch:

$$Z(s) = \frac{(s+1)(s+3)}{s(s+2)(s+4)} = \frac{B_0}{s} + \frac{B_1}{s+2} + \frac{B_2}{s+4},$$

$$B_0 = \lim_{s \to 0} \{sZ(s)\} = 3/8, \quad B_1 = \lim_{s \to -2} \{(s+2)Z(s)\} = 1/4, \quad B_2 = \lim_{s \to -4} \{(s+4)Z(s)\} = 3/8,$$

$$Z(s) = \frac{3/8}{s} + \frac{1/4}{s+2} + \frac{3/8}{s+4} = \frac{1}{8/3s} + \frac{1}{4s + 1/(1/8)} + \frac{1}{8/3s + 1/(3/32)}.$$

Dies ist die Impedanz der rechts im Bild 3.17 skizzierten Schaltung.

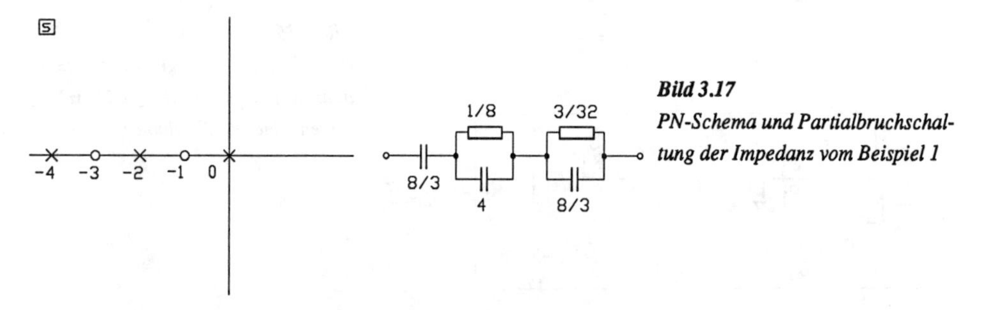

Bild 3.17
PN-Schema und Partialbruchschaltung der Impedanz vom Beispiel 1

Beispiel 2 Realisierung einer Admittanz Partialbruchschaltung.

Wir wählen als Admittanzfunktion die reziproke Funktion $Z(s)$ des 1. Beispieles

$$Y(s) = \frac{s(s+2)(s+4)}{(s+1)(s+3)}.$$

Das PN-Schema von $Y(s)$ ist links im Bild 3.18 skizziert.

Partialbruchentwicklung (gemäß Gl. 3.22):

$$Y(s)=\frac{s(s+2)(s+4)}{(s+1)(s+3)}=\tilde{B}_\infty s+\frac{\tilde{B}_1 s}{s+1}+\frac{\tilde{B}_2 s}{s+3},$$

$$\tilde{B}_\infty=\lim_{s\to\infty}\left\{\frac{1}{s}Y(s)\right\}=1,\quad \tilde{B}_1=\lim_{s\to -1}\left\{\frac{(s+1)}{s}Y(s)\right\}=\frac{3}{2},\quad \tilde{B}_2=\lim_{s\to -3}\left\{\frac{(s+3)}{s}Y(s)\right\}=\frac{1}{2},$$

$$Y(s)=s+\frac{3/2s}{s+1}+\frac{1/2s}{s+3}=s+\frac{1}{2/3+1/(3/2s)}+\frac{1}{2+1/(1/6s)}.$$

Der Leser stellt leicht fest, daß dies die Admittanz der rechts im Bild 3.18 skizzierten Schaltung ist. Die Schaltung hat übrigens die gleiche Impedanz wie die von Bild 3.17, denn wir haben ja die Admittanz $Y(s)=1/Z(s)$ realisiert.

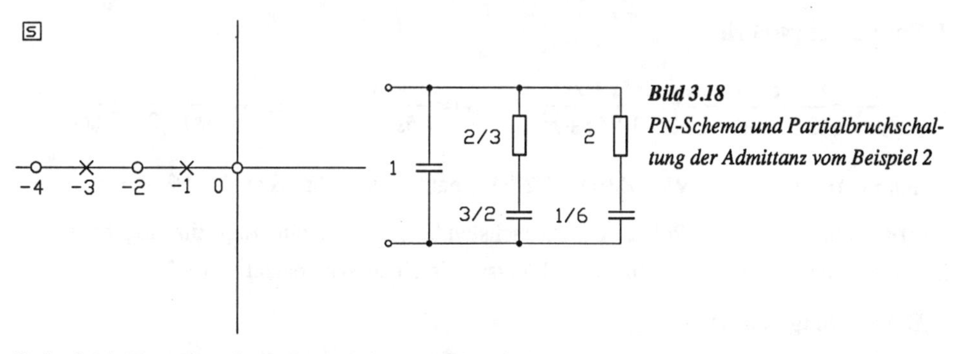

Bild 3.18
PN-Schema und Partialbruchschaltung der Admittanz vom Beispiel 2

Beispiel 3 Kettenbruchschaltung beim Polabbau bei $s=\infty$.

Wir wählen die gleiche Impedanzfunktion wie im Beispiel 1 bei der Zähler und Nenner zunächst ausmultipliziert werden:

$$Z(s)=\frac{(s+1)(s+3)}{s(s+2)(s+4)}=\frac{3+4s+s^2}{8s+6s^2+s^3}.$$

So wie im Abschnitt 3.2.3.1 allgemein für Kettenbruchschaltungen ausgeführt wurde, lautet der **1. Entwicklungsschritt**:

$$Z(s)=Z_1(s)=\frac{3+4s+s^2}{8s+6s^2+s^3}=z_1(s)+\frac{1}{Z_2(s)}.$$

Da die Bauelemente in den Längs- und Querzweigen hier nur Widerstände oder Kondensatoren sind, hat $z_1(s)$ bzw. allgemein $z_v(s)$ nun eine der folgenden Formen: $z_v(s)=c_v$, wenn ein Widerstand (Leitwert) auftritt, $z_v(s)=c_v/s$ bei einer Kapazität im Längszweig und $z_v(s)=c_v\cdot s$ bei einer Kapazität im Querzweig. Da hier die Abspaltung bei $s=\infty$ erfolgt und $Z_1(\infty)=0$ ist, wird $z_1(s)=0$. Das 1. Bauelement im Längszweig der Kettenbruchschaltung entfällt. Im Falle eines gleichgroßen Zähler- und Nennergrades von $Z_1(s)$ hätten wir den konstanten Wert $z_1(s)=Z_1(\infty)$ abgespalten. Die Schaltung hätte dann mit einem Widerstand der Größe $Z_1(\infty)$ im Längszweig begonnen.

2. Entwicklungsschritt

$$\frac{1}{Z_2(s)}=Z_1(s)=\frac{3+4s+s^2}{8s+6s^2+s^3},\quad Z_2(s)=\frac{8s+6s^2+s^3}{3+4s+s^2}=z_2(s)+\frac{1}{Z_3(s)}=s+\frac{1}{Z_3(s)},$$

die Schaltung beginnt mit einer Kapazität der Größe 1 im Querzweig, die den Pol von $Z_2(s)$ bei $s=\infty$ "realisiert".

3. Entwicklungsschritt

$$\frac{1}{Z_3(s)}=\frac{8s+6s^2+s^3}{3+4s+s^2}-s=\frac{5s+2s^2}{3+4s+s^2},\quad Z_3(s)=\frac{3+4s+s^2}{5s+2s^2}=z_3(s)+\frac{1}{Z_4(s)}=\frac{1}{2}+\frac{1}{Z_4(s)}.$$

Durch $z_3(s)=1/2$ wird der Wert $Z_3(\infty)=1/2$ "abgebaut". Dies führt dazu, daß $1/Z_4(\infty)=0$ ist und $Z_4(s)$ dann bei $s=\infty$ einen Pol hat, der im nächsten Schritt durch eine Kapazität abgebaut wird. Die Schaltung hat als 2. Bauelement im Längszweig einen Widerstand von 1/2.

4. Entwicklungsschritt

$$\frac{1}{Z_4(s)}=\frac{3+4s+s^2}{5s+2s^2}-\frac{1}{2}=\frac{3+3/2s}{5s+2s^2},\quad Z_4(s)=\frac{5s+2s^2}{3+3/2s}=\frac{4}{3}s+\frac{1}{Z_5(s)}.$$

In der Schaltung folgt ein Kondensator mit der Kapazität 4/3.

5. Entwicklungsschritt

$$\frac{1}{Z_5(s)}=\frac{5s+2s^2}{3+3/2s}-\frac{4}{3}s=\frac{s}{3+3/2s},\quad Z_5(s)=\frac{3+3/2s}{s}=\frac{3}{2}+\frac{1}{Z_6(s)}.$$

Im Längszweig folgt ein Widerstand der Größe 3/2.

6. Entwicklungsschritt

$$\frac{1}{Z_6(s)}=\frac{3+3/2s}{s}-\frac{3}{2}=\frac{3}{s},\ Z_6(s)=\frac{1}{3}s,$$

die Schaltung endet mit einer Kapazität der Größe 1/3 im Querzweig. Die gesamte Schaltung ist im Bild 3.19 skizziert.

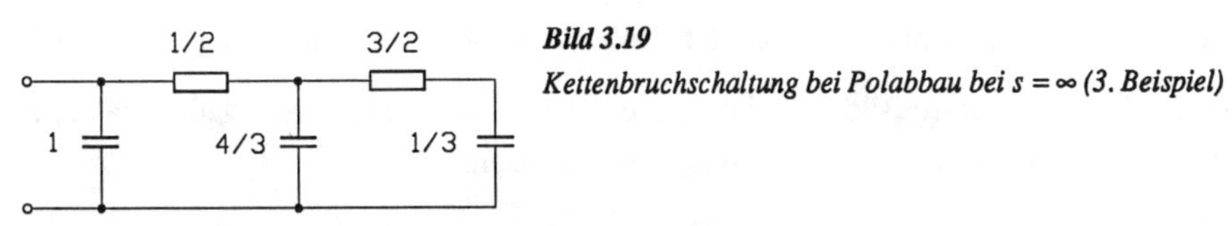

Bild 3.19
Kettenbruchschaltung bei Polabbau bei $s=\infty$ (3. Beispiel)

Beispiel 4 Kettenbruchschaltung beim Polabbau bei $s=0$

$Z(s)$ sei die gleiche Impedanzfunktion wie bei den früheren Beispielen.

1. Entwicklungsschritt

$$Z(s)=Z_1(s)=\frac{3+4s+s^2}{8s+6s^2+s^3}=\frac{c_1}{s}+\frac{1}{Z_2(s)}=\frac{3/8}{s}+\frac{1}{Z_2(s)}.$$

Die Schaltung beginnt mit einer Kapazität der Größe 8/3=2,667 im Längszweig.

2. Entwicklungsschritt

$$\frac{1}{Z_2(s)}=\frac{3+4s+s^2}{8s+6s^2+s^3}-\frac{3/8}{s}=\frac{7/4+5/8s}{8+6s+s^2},\quad Z_2(s)=\frac{8+6s+s^2}{7/4+5/8s}=z_2(s)+\frac{1}{Z_3(s)}=\frac{32}{7}+\frac{1}{Z_3(s)}.$$

Wir haben hier $z_2(s)=Z_2(0)=32/7$ gesetzt und erreichen damit, daß $1/Z_3(0)=0$ ist und $Z_3(s)$ bei $s=0$ eine Polstelle erhält, die im kommenden Schritt abgebaut wird. Unsere Schaltung enthält als 2. Bauelement einen Widerstand der Größe 7/32=0,2188 im Querzweig.

3. Entwicklungsschritt

$$\frac{1}{Z_3(s)}=\frac{8+6s+s^2}{7/4+5/8s}-\frac{32}{7}=\frac{22/7s+s^2}{7/4+5/8s},\quad Z_3(s)=\frac{7/4+5/8s}{22/7s+s^2}=\frac{49/88}{s}+\frac{1}{Z_4(s)}.$$

Im Längszweig tritt eine Kapazität mit dem Wert 88/49=1,796 auf.

4. Entwicklungsschritt

$$\frac{1}{Z_4(s)}=\frac{7/4+5/8s}{22/7s+s^2}-\frac{49/88}{s}=\frac{3/44}{22/7+s},\quad Z_4(s)=\frac{22/7+s}{3/44}=\frac{22/7}{3/44}+\frac{1}{Z_5(s)}=\frac{968}{21}+\frac{1}{Z_5(s)}.$$

Im Querzweig tritt ein Widerstand der Größe 21/968=0,0217 auf.

5. Entwicklungsschritt

$$\frac{1}{Z_5(s)}=\frac{22/7+s}{3/44}-\frac{968}{21}=\frac{44}{3}s,\quad Z_5(s)=\frac{3/44}{s}=z_5(s).$$

Als letztes Bauelement tritt eine Kapazität der Größe 44/3=14,67 im Längszweig auf.

Die gesamte Schaltung ist im Bild 3.20 dargestellt. Wir erwähnen nochmals, daß alle 4 angegebenen Schaltungen die gleiche Eingangsimpedanz besitzen.

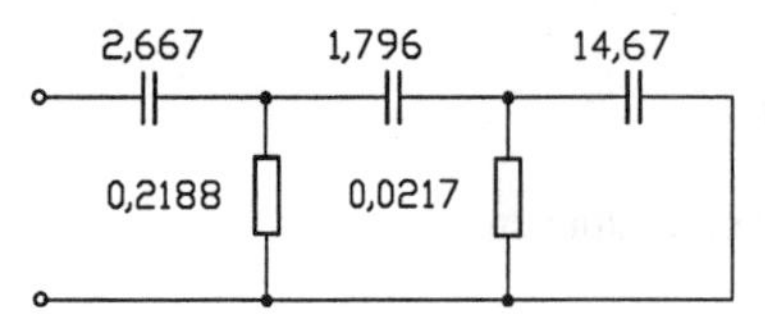

Bild 3.20
Kettenbruchschaltung bei Polabspaltung bei $s = 0$ (Beispiel 4).

3.4 Bemerkungen zur Synthese allgemeiner Zweipole

Bei der Klasse der verlustfreien Zweipole und der Klasse der induktivitätsfreien RC-Zweipole wurde gezeigt (bzw. mitgeteilt), daß eine Partialbruchentwicklung der betreffenden Zweipolfunktion stets zu realisierbaren Schaltungen führt (Partialbruchschaltungen). Dieser Weg zum Auffinden von Schaltungen war dort deshalb möglich, weil die Entwicklungskoeffizienten (Residuen) der Partialbrüche stets reell und nicht negativ sind.

Die einzelnen Partialbrüche sind deshalb Zweipolfunktionen, die durch sehr einfache Schaltungen realisierbar sind und die in Reihe (bei Impedanzen) oder parallel (bei Admittanzen) geschaltet werden. Nicht behandelt wurden Zweipole mit ausschließlich Widerständen und Induktivitäten (RL-Zweipole), für die ebenfalls Partialbruchentwicklungen, und damit auch Schaltungen im oben genannten Sinne möglich sind.

Bei der Realisierung allgemeiner Zweipolfunktionen wird man daher zunächst auch versuchen, über eine Partialbruchentwicklung zu einer Schaltung zu gelangen. Anhand von Beispielen kann man jedoch zeigen, daß dieser Weg, von Ausnahmen abgesehen, nicht zum Ziel führt. Als Beispiel betrachten wir die Funktion

$$Z(s) = \frac{s + 1/2}{2 + 3s + s^2} = \frac{s + 1/2}{(s+1)(s+2)}.$$

$Z(s)$ ist eine Zweipolfunktion, da Pole und Nullstellen nur in der offenen linken s-Halbebene liegen und die Bedingung

$$Re\{Z(j\omega)\} = Re\left\{\frac{1/2 + j\omega}{2 - \omega^2 + 3j\omega}\right\} = \frac{1 + 5/2\omega^2}{(2-\omega^2)^2 + 9\omega^2} \geq 0$$

für alle Werte von ω erfüllt ist (siehe hierzu die Bedingungen im Abschnitt 3.1.3). Wir entwickeln nun $Z(s)$ in Partialbrüche

$$Z(s) = \frac{s+1/2}{(s+1)(s+2)} = \frac{A_1}{s+1} + \frac{A_2}{s+2} = \frac{-1/2}{s+1} + \frac{3/2}{s+2}$$

und erkennen sofort, daß der 1. Partialbruch $A_1/(s+1)$ wegen des negativen Wertes $A_1 = -1/2$ keine Zweipolfunktion ist und somit keine Partialbruchschaltung existiert.

In Fällen, in denen die Partialbruchentwicklung nicht zum Ziel führt, kann man z.B. so vorgehen, daß die vorliegende Funktion $Z(s)$ in die Form

$$Z(s) = Z_0(s) + Z_1(s)$$

gebracht wird. Dabei soll $Z_0(s)$ alle Polstellen enthalten, die auf der imaginären Achse (einschließlich $s = \infty$) liegen. Dann ist $Z_0(s)$ eine Reaktanzzweipolfunktion, die nach einem der im Abschnitt 3.2 beschriebenen Verfahren realisiert werden kann. $Z_1(s)$ ist eine Zweipolfunktion, gegebenenfalls von niedrigerem Grade als $Z(s)$, die die Polstellen (und auch Nullstellen) in der offenen linken s-Halbebene enthält (siehe hierzu auch die Erklärungen im Abschnitt 3.14). Von Ausnahmen abgesehen, ist es nicht möglich, für $Z_1(s)$ kanonische Realisierungsschaltungen ohne Übertrager zu finden. Von Brune (siehe z.B. [Un]) stammt ein Verfahren zum Auffinden kanonischer Schaltungen, die i.a. festgekoppelte (d.h. streuungsfreie) Übertrager enthalten. Kanonisch bedeutet, daß diese Schaltungen ein Minimum an Energiespeichern benötigen, wobei der Übertrager als ein Energiespeicher zählt. Neben dem Verfahren von Brune gibt es zahlreiche andere Realisierungsverfahren (z.B. von Bott/Duffin, Unbehauen), die zwar ohne Übertrager auskommen, bei denen aber mehr Energiespeicher als der Grad der Zweipolfunktion benötigt werden. Auf diese Methoden wird hier nicht eingegangen, zur weiteren Information sei z.B. auf die Literaturstelle [Un] verwiesen.

4 Die Synthese passiver Zweitorschaltungen

4.1 Einige Grundlagen aus der Netzwerktheorie

4.1.1 Die Beschreibung von Zweitoren durch Strom- Spannungsmatrizen

In der Netzwerktheorie spricht man i.a. nicht von Vierpolen, sondern von Zweitoren, womit gemeint ist, daß jeweils zwei der vier Klemmen des Vierpols zu einem Eingangs- bzw. Ausgangstor zusammengefaßt sind. Die Bezeichnung Zweitor eignet sich besser als der historisch entstandene Begriff Vierpol, weil durch ihn auf die wichtige Eigenschaft der Klemmenpaarbildung hingewiesen wird.

Die an den äußeren Klemmen (den Toren) auftretenden Größen U_1, I_1, U_2 und I_2 können in bekannter Weise durch zweireihige quadratische Matrizen miteinander verknüpft werden. In der Tabelle 4.1 sind die sechs möglichen Matrizen und ihre Umrechnungsbeziehungen zusammengestellt. Bei der Impedanzmatrix und der Admittanzmatrix (**Z, Y**) und bei den beiden Hybridmatrizen (**H, P**) sind die Ströme an den Toren symmetrisch gepfeilt. Bei den Kettenmatrizen (**A, B**) hat der Strom am jeweiligen Ausgangstor eine umgekehrte Richtung, so daß das Produkt von Kettenmatrizen wieder auf Kettenmatrizen führt. Bei der Matrix **B** handelt es sich übrigens um die Kettenmatrix des in umgekehrter Richtung betriebenen Zweitores (Kehrmatrix).

Zweitore, die ausschließlich aus Widerständen, Induktivitäten, Kapazitäten und Übertragern aufgebaut sind (RLCÜ-Zweitore), sind sogenannte reziproke Zweitore. Für reziproke Zweitore gilt folgende Aussage (Reziprozitätstheorem):

> Führt ein am Tor 1 eingeprägter Strom $I_1 = I$ zu einer Spannung $U_2 = U$ am Tor 2 (linker Bildteil 4.1), dann ruft ein am Tor 2 eingeprägter gleichgroßer Strom $I_2 = I$ am Tor 1 eine ebenfalls gleichgroße Spannung $U_1 = U$ hervor (rechter Bildteil 4.1). Eine entsprechende Aussage gilt, wenn die Ursache eine Spannung und die Wirkung ein Strom ist.

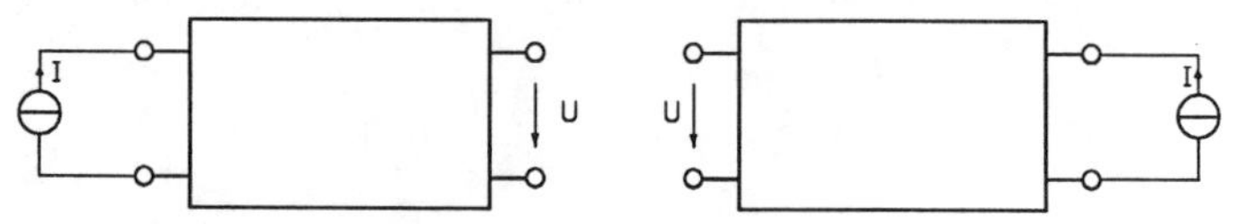

Bild 4.1 Erklärung zum Reziprozitätstheorem

	Z	**Y**	**H**	**P**	**A**	**B**
Z =	$\begin{matrix} Z_{11} & Z_{12} \\ Z_{21} & Z_{22} \end{matrix}$	$\begin{matrix} \frac{Y_{22}}{\lvert Y\rvert} & -\frac{Y_{12}}{\lvert Y\rvert} \\ -\frac{Y_{21}}{\lvert Y\rvert} & \frac{Y_{11}}{\lvert Y\rvert} \end{matrix}$	$\begin{matrix} \frac{\lvert H\rvert}{H_{22}} & \frac{H_{12}}{H_{22}} \\ -\frac{H_{21}}{H_{22}} & \frac{1}{H_{22}} \end{matrix}$	$\begin{matrix} \frac{1}{P_{11}} & -\frac{P_{12}}{P_{11}} \\ \frac{P_{21}}{P_{11}} & \frac{\lvert P\rvert}{P_{11}} \end{matrix}$	$\begin{matrix} \frac{A_{11}}{A_{21}} & \frac{\lvert A\rvert}{A_{21}} \\ \frac{1}{A_{21}} & \frac{A_{22}}{A_{21}} \end{matrix}$	$\begin{matrix} \frac{B_{22}}{B_{21}} & \frac{1}{B_{21}} \\ \frac{\lvert B\rvert}{B_{21}} & \frac{B_{11}}{B_{21}} \end{matrix}$
Y =	$\begin{matrix} \frac{Z_{22}}{\lvert Z\rvert} & -\frac{Z_{12}}{\lvert Z\rvert} \\ -\frac{Z_{21}}{\lvert Z\rvert} & \frac{Z_{11}}{\lvert Z\rvert} \end{matrix}$	$\begin{matrix} Y_{11} & Y_{12} \\ Y_{21} & Y_{22} \end{matrix}$	$\begin{matrix} \frac{1}{H_{11}} & -\frac{H_{12}}{H_{11}} \\ \frac{H_{21}}{H_{11}} & \frac{\lvert H\rvert}{H_{11}} \end{matrix}$	$\begin{matrix} \frac{\lvert P\rvert}{P_{22}} & \frac{P_{12}}{P_{22}} \\ -\frac{P_{21}}{P_{22}} & \frac{1}{P_{22}} \end{matrix}$	$\begin{matrix} \frac{A_{22}}{A_{12}} & -\frac{\lvert A\rvert}{A_{12}} \\ -\frac{1}{A_{12}} & \frac{A_{11}}{A_{12}} \end{matrix}$	$\begin{matrix} \frac{B_{11}}{B_{12}} & -\frac{1}{B_{12}} \\ -\frac{\lvert B\rvert}{B_{12}} & \frac{B_{22}}{B_{12}} \end{matrix}$
H =	$\begin{matrix} \frac{\lvert Z\rvert}{Z_{22}} & \frac{Z_{12}}{Z_{22}} \\ -\frac{Z_{21}}{Z_{22}} & \frac{1}{Z_{22}} \end{matrix}$	$\begin{matrix} \frac{1}{Y_{11}} & -\frac{Y_{12}}{Y_{11}} \\ \frac{Y_{21}}{Y_{11}} & \frac{\lvert Y\rvert}{Y_{11}} \end{matrix}$	$\begin{matrix} H_{11} & H_{12} \\ H_{21} & H_{22} \end{matrix}$	$\begin{matrix} \frac{P_{22}}{\lvert P\rvert} & -\frac{P_{12}}{\lvert P\rvert} \\ -\frac{P_{21}}{\lvert P\rvert} & \frac{P_{11}}{\lvert P\rvert} \end{matrix}$	$\begin{matrix} \frac{A_{12}}{A_{22}} & \frac{\lvert A\rvert}{A_{22}} \\ -\frac{1}{A_{22}} & \frac{A_{21}}{A_{22}} \end{matrix}$	$\begin{matrix} \frac{B_{12}}{B_{11}} & \frac{1}{B_{11}} \\ -\frac{\lvert B\rvert}{B_{11}} & \frac{B_{21}}{B_{11}} \end{matrix}$
P =	$\begin{matrix} \frac{1}{Z_{11}} & -\frac{Z_{12}}{Z_{11}} \\ \frac{Z_{21}}{Z_{11}} & \frac{\lvert Z\rvert}{Z_{11}} \end{matrix}$	$\begin{matrix} \frac{\lvert Y\rvert}{Y_{22}} & \frac{Y_{12}}{Y_{22}} \\ -\frac{Y_{21}}{Y_{22}} & \frac{1}{Y_{22}} \end{matrix}$	$\begin{matrix} \frac{H_{22}}{\lvert H\rvert} & -\frac{H_{12}}{\lvert H\rvert} \\ -\frac{H_{21}}{\lvert H\rvert} & \frac{H_{11}}{\lvert H\rvert} \end{matrix}$	$\begin{matrix} P_{11} & P_{12} \\ P_{21} & P_{22} \end{matrix}$	$\begin{matrix} \frac{A_{21}}{A_{11}} & \frac{\lvert A\rvert}{A_{11}} \\ \frac{1}{A_{11}} & \frac{A_{12}}{A_{11}} \end{matrix}$	$\begin{matrix} \frac{B_{21}}{B_{22}} & -\frac{1}{B_{22}} \\ \frac{\lvert B\rvert}{B_{22}} & \frac{B_{12}}{B_{22}} \end{matrix}$
A =	$\begin{matrix} \frac{Z_{11}}{Z_{21}} & \frac{\lvert Z\rvert}{Z_{21}} \\ \frac{1}{Z_{21}} & \frac{Z_{22}}{Z_{21}} \end{matrix}$	$\begin{matrix} -\frac{Y_{22}}{Y_{21}} & -\frac{1}{Y_{21}} \\ -\frac{\lvert Y\rvert}{Y_{21}} & -\frac{Y_{11}}{Y_{21}} \end{matrix}$	$\begin{matrix} -\frac{\lvert H\rvert}{H_{21}} & -\frac{H_{11}}{H_{21}} \\ -\frac{H_{22}}{H_{21}} & -\frac{1}{H_{21}} \end{matrix}$	$\begin{matrix} \frac{1}{P_{21}} & \frac{P_{22}}{P_{21}} \\ \frac{P_{11}}{P_{21}} & \frac{\lvert P\rvert}{P_{21}} \end{matrix}$	$\begin{matrix} A_{11} & A_{12} \\ A_{21} & A_{22} \end{matrix}$	$\begin{matrix} \frac{B_{22}}{\lvert B\rvert} & \frac{B_{12}}{\lvert B\rvert} \\ \frac{B_{21}}{\lvert B\rvert} & \frac{B_{11}}{\lvert B\rvert} \end{matrix}$
B =	$\begin{matrix} \frac{Z_{22}}{Z_{12}} & \frac{\lvert Z\rvert}{Z_{12}} \\ \frac{1}{Z_{12}} & \frac{Z_{11}}{Z_{12}} \end{matrix}$	$\begin{matrix} -\frac{Y_{11}}{Y_{12}} & -\frac{1}{Y_{12}} \\ -\frac{\lvert Y\rvert}{Y_{12}} & -\frac{Y_{22}}{Y_{12}} \end{matrix}$	$\begin{matrix} \frac{1}{H_{12}} & \frac{H_{11}}{H_{12}} \\ \frac{H_{22}}{H_{12}} & \frac{\lvert H\rvert}{H_{12}} \end{matrix}$	$\begin{matrix} -\frac{\lvert P\rvert}{P_{12}} & -\frac{P_{12}}{P_{12}} \\ -\frac{P_{21}}{P_{12}} & -\frac{1}{P_{12}} \end{matrix}$	$\begin{matrix} \frac{A_{22}}{\lvert A\rvert} & \frac{A_{12}}{\lvert A\rvert} \\ \frac{A_{21}}{\lvert A\rvert} & \frac{A_{11}}{\lvert A\rvert} \end{matrix}$	$\begin{matrix} B_{11} & B_{12} \\ B_{21} & B_{22} \end{matrix}$

I_1, I_2, U_1, U_2 — symmetrische Zählpfeile für die Matrizen **Z, Y, H, P**

I_1, I_2, U_1, U_2 — Kettenpfeilung für die Matrizen **A, B**

Tabelle 4.1 *Zusammenstellung der Zweitormatrizen und ihre Umrechnung* ($\lvert X\rvert = \det \mathbf{X}$)

Bei der Beschreibung des Zweitores durch die Impedanzmatrix gelten die Beziehungen

$$U_1 = Z_{11}I_1 + Z_{12}I_2, \quad U_2 = Z_{21}I_1 + Z_{22}I_2 .$$

Bei der Beschaltung des Zweitores links im Bild 4.1 ist $I_2 = 0$, wir erhalten $U_2 = Z_{21}I_1$ bzw. $U = Z_{21}I$. Bei der Beschaltung rechts im Bild 4.1 ist $I_1 = 0$, und somit wird $U_1 = Z_{12}I_2$ bzw. $U = Z_{12}I$. Die Beziehungen $U = Z_{21}I$ und $U = Z_{12}I$ führen zu der bekannten Reziprozitätsbeziehung $Z_{12} = Z_{21}$. Entsprechend gilt $Y_{12} = Y_{21}$ bei der Admittanzmatrix und bei der Kettenmatrix $|A| = det\,\mathbf{A} = A_{11}A_{22} - A_{12}A_{21} = 1$. Ein reziprokes Zweitor kann zusätzlich symmetrisch sein, dies bedeutet $Z_{11} = Z_{22}$ oder $Y_{11} = Y_{22}$ und $A_{11} = A_{22}$. Ein symmetrisches Zweitor ist immer ein reziprokes Zweitor.

4.1.2 Die Beschreibung von Zweitoren mit Wellengrößen

Wir gehen hier von einem in Widerstände "eingebetteten" Zweitor aus. Beide im Bild 4.2 angegebenen Schaltungen sind bezüglich ihres Betriebsverhaltens gleichwertig, denn bei der rechts angegebenen Schaltung ist lediglich die Spannungsquelle durch eine (bezüglich der Klemmen am Tor 1) äquivalente Stromquelle ersetzt worden.

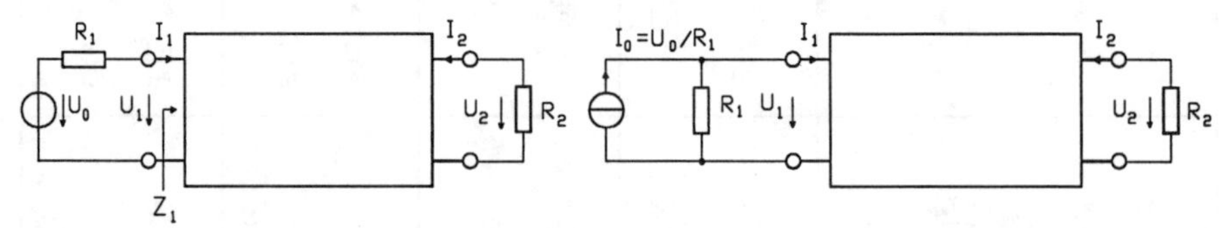

***Bild 4.2** In Widerstände eingebettetes Zweitor mit einer Spannungsquelle bzw. einer dazu äquivalenten Stromquelle*

Im Bild 4.3 ist das Zweitor selbst nochmals dargestellt. Den beiden Toren sind dort die (reellen) Torwiderstände R_1 und R_2 zugeordnet. Die schaltungsmäßige Bedeutung von R_1 und R_2 geht aus Bild 4.2 hervor.

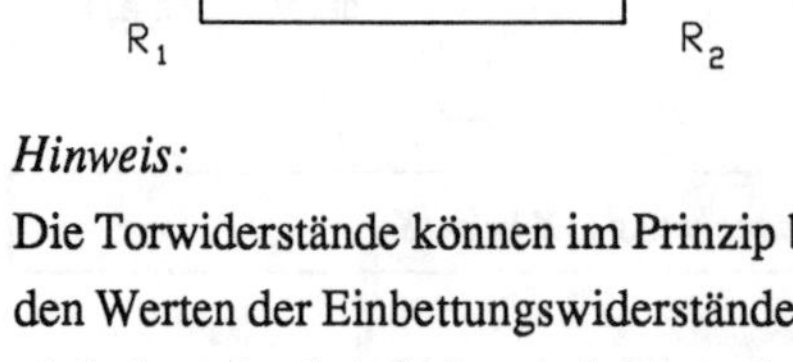

Bild 4.3
Darstellung zur Definition von Wellen

Hinweis:

Die Torwiderstände können im Prinzip beliebig festgelegt werden. Eine Übereinstimmung mit den Werten der Einbettungswiderstände (Bild 4.2) ist jedoch zweckmäßig, weil dadurch später einfachere (und einfacher zu interpretierende) Ausdrücke entstehen.

Mit Hilfe der den beiden Toren zugeordneten Torwiderstände definieren wir folgende Größen:

$$A_1 = \frac{U_1 + R_1 I_1}{2\sqrt{R_1}}, \quad B_1 = \frac{U_1 - R_1 I_1}{2\sqrt{R_1}}, \quad A_2 = \frac{U_2 + R_2 I_2}{2\sqrt{R_2}}, \quad B_2 = \frac{U_2 - R_2 I_2}{2\sqrt{R_2}}. \tag{4.1}$$

Aufgrund einer formalen Analogie entsprechender Beziehungen bei Leitungen sprechen wir hier von **Wellen.** A_1 und A_2 sind die an den Toren eintretenden Wellen, B_1 und B_2 die austretenden Wellen (siehe Bild 4.3). Durch Umstellung der Beziehungen 4.1 kann man die Ströme und Spannungen durch die Wellengrößen ausdrücken. Aus $A_1 + B_1 = U_1/\sqrt{R_1}$, $A_1 - B_1 = I_1\sqrt{R_1}$ und der entsprechenden Summe bzw. Differenz von A_2 und B_2 erhält man

$$U_1 = (A_1 + B_1) \cdot \sqrt{R_1}, \quad I_1 = \frac{A_1 - B_1}{\sqrt{R_1}}, \quad U_2 = (A_2 + B_2) \cdot \sqrt{R_2}, \quad I_2 = \frac{A_2 - B_2}{\sqrt{R_2}}. \tag{4.2}$$

Wegen des umkehrbar eindeutigen Zusammenhangs zwischen den Spannungen und Strömen sowie den Wellengrößen, kann das Zweitor auch durch Verknüpfungsbeziehungen zwischen den Wellengrößen beschrieben werden. Die wichtigste Verknüpfungsmatrix ist die **Streumatrix,** durch die folgender Zusammenhang hergestellt wird:

$$\begin{pmatrix} B_1 \\ B_2 \end{pmatrix} = \begin{pmatrix} S_{11} & S_{12} \\ S_{21} & S_{22} \end{pmatrix} \begin{pmatrix} A_1 \\ A_2 \end{pmatrix}, \tag{4.3}$$

oder in Kuzschreibweise

$$\mathbf{B} = \mathbf{SA}.$$

Die Matrixelemente S_{12} und S_{21} nennt man Transittanzen , S_{11} und S_{22} Reflektanzen.

Von besonderem Interesse bei der Beschaltung des Zweitores nach Bild 4.2 sind die Matrixelemente S_{11} und S_{21}. Aus den Beziehungen

$$B_1 = S_{11}A_1 + S_{12}A_2, \quad B_2 = S_{21}A_1 + S_{22}A_2$$

erhalten wir zunächst

$$S_{11} = \left.\frac{B_1}{A_1}\right|_{A_2=0}, S_{21} = \left.\frac{B_2}{A_1}\right|_{A_2=0}. \tag{4.4}$$

Mit $U_1 + R_1 I_1 = U_0$, $U_2 = -R_2 I_2$ (siehe Bild 4.2) erhalten wir mit Gl. 4.1 die Wellen

$$A_1 = \frac{U_1 + R_1 I_1}{2\sqrt{R_1}} = \frac{U_0}{2\sqrt{R_1}}, \quad B_1 = \frac{U_1 - R_1 I_1}{2\sqrt{R_1}} = \frac{2U_1 - U_0}{2\sqrt{R_1}},$$
$$A_2 = \frac{U_2 + R_2 I_2}{2\sqrt{R_2}} = 0, \quad B_2 = \frac{U_2 - R_2 I_2}{2\sqrt{R_2}} = \frac{U_2}{\sqrt{R_2}}. \tag{4.5}$$

Da die in Gl. 4.4 notwendige Nebenbedingung $A_2 = 0$ bei der Beschaltung des Zweitores nach Bild 4.2 erfüllt ist, erhalten wir die Transmittanz

$$S_{21} = \left.\frac{B_2}{A_1}\right|_{A_2=0} = 2\sqrt{\frac{R_1}{R_2}}\frac{U_2}{U_0}. \tag{4.6}$$

Wir können sie als Verhältnis der am Tor 2 austretenden Welle B_2 zur Eingangswelle A_1 am Tor 1 bei "Anpassung" am Tor 2 ($A_2 = 0$) interpretieren. Andererseits ist S_{21} auch eine Übertragungsfunktion im üblichen Sinne, bei der allerdings noch ein konstanter reeller Faktor auftritt. Bei der Beschaltung rechts im Bild 4.2 mit der Stromquelle als Ursache erhalten wir mit $U_0 = I_0 R_1$ auch die Form

$$S_{21} = \frac{2}{\sqrt{R_1 R_2}}\frac{U_2}{I_0}, \tag{4.7}$$

oder mit $U_2 = -I_2 R_2$

$$S_{21} = -2\sqrt{\frac{R_2}{R_1}}\;\frac{I_2}{I_0}. \tag{4.8}$$

Man bezeichnet S_{21} oft auch als **Betriebsübertragungsfunktion**, das logarithmische Maß

$$A = -20\, lg\, |S_{21}| \tag{4.9}$$

heißt **Betriebsdämpfung**.

Für die Reflektanz S_{11} erhalten wir aus Gl. 4.4 unter Berücksichtigung von Gl. 4.5

$$S_{11} = \left.\frac{B_1}{A_1}\right|_{A_2=0} = \frac{2U_1 - U_0}{U_0} = \frac{Z_1 - R_1}{Z_1 + R_1}. \tag{4.10}$$

Hinweis:

Den rechts stehenden Ausdruck erhält man mit Hilfe der Spannungsteilerregel $U_1/U_0 = Z_1/(Z_1 + R_1)$, wenn Z_1 "die in das Tor 1" gemessene Impedanz ist (siehe Bild 4.2).

S_{11} ist das Verhältnis der am Tor 1 austretenden (reflektierten) Welle B_1 zu der dort eintretenden Welle A_1. Man bezeichnet S_{11} auch als Reflexionsfaktor, das logarithmische Maß

$$A_E = -20 \, lg \mid S_{11} \mid \tag{4.11}$$

heißt **Echodämpfung**.

Die beiden anderen Elemente der Streumatrix interessieren hier nicht, sie beziehen sich auf den Betrieb des Zweitores in der umgekehrten Übertragungsrichtung.

Zum Abschluß der Ausführungen über die Beschreibung von Zweitoren mit Wellengrößen sollen noch einige Leistungsbetrachtungen durchgeführt werden. Dabei beziehen wir uns auf die Darstellung im Bild 4.4.

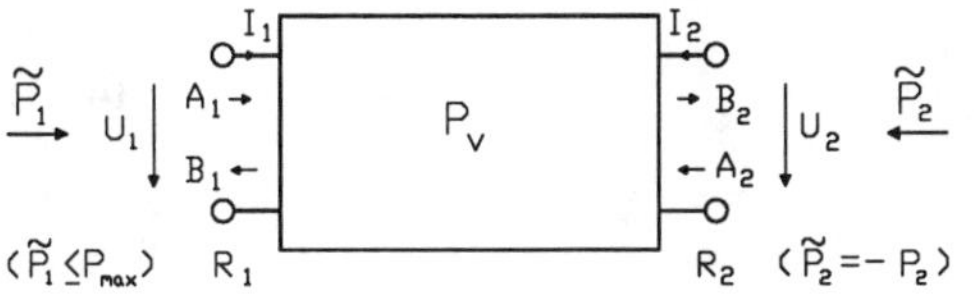

Bild 4.4
Leistungsbetrachtungen an einem Zweitor

Die von dem Zweitor absorbierte Wirkleistung berechnet sich zu $\tilde{P}_1 = Re\{U_1 I_1^*\}$. Ersetzen wir U_1 und I_1 durch die Wellengrößen nach Gl. 4.2, so wird

$$\tilde{P}_1 = Re\{(A_1 + B_1)(A_1^* - B_1^*)\} = \mid A_1 \mid^2 - \mid B_1 \mid^2 . \tag{4.12}$$

Hinweis:
Die bei der Ausmultiplikation entstehenden beiden anderen Summanden sind imaginär und entfallen bei der Realteilbildung.

Die in das Tor 1 "hineingehende" Leistung ist also die Differenz zwischen der Leistung $\mid A_1 \mid^2$, der eintretenden und der Leistung $\mid B_1 \mid^2$, der reflektierten Welle. $\tilde{P}_1$ wird maximal, wenn am Tor 1 keine Reflexion erfolgt, d.h. $B_1 = 0$ bzw. $S_{11} = 0$ ist. In diesem Fall erhalten wir bei Beachtung der Beziehung für A_1 nach Gl. 4.5

$$P_{max} = \tilde{P}_1 = \mid A_1 \mid^2 = \frac{\mid U_0 \mid^2}{4R_1} . \tag{4.13}$$

Dies ist ein sehr einleuchtendes Ergebnis. $B_1 = 0$ bedeutet, daß der Eingangswiderstand am Tor 1 des Zweitores den Wert R_1 hat (siehe Gl. 4.10). Damit wird $U_1 = U_0/2$ und $\bar{P}_1 = |U_1|^2/R_1 = |U_0|^2/(4R_1)$. Bekanntlich liefert die Quelle eine maximale Leistung an einen Verbraucher, wenn sein Widerstand dem Innenwiderstand (R_1) der Quelle entspricht.

In ganz entsprechender Weise erhalten wir für die in das Tor 2 "hineingelieferte" Leistung

$$\bar{P}_2 = |A_2|^2 - |B_2|^2 = -|B_2|^2 = -\frac{|U_2|^2}{R_2} \tag{4.14}$$

(nach Gl. 4.5: $A_2 = 0, B_2 = U_2/\sqrt{R_2}$). Das Ergebnis kann so interpretiert werden, daß das Tor 2 eine "Leistungssenke" für die im Abschlußwiderstand R_2 verbrauchte Leistung

$$P_2 = |B_2|^2 = \frac{|U_2|^2}{R_2} \tag{4.15}$$

darstellt.

Mit $|A_1|^2 = P_{max}$ (Gl. 4.13) und $|B_2|^2 = P_2$ (Gl. 4.15) erhält man die wichtige Beziehung

$$|S_{21}|^2 = \frac{|B_2|^2}{|A_1|^2} = \frac{P_2}{P_{max}}. \tag{4.16}$$

Dies bedeutet, daß das Quadrat des Betrages der Transmittanz dem Verhältnis der im Abschlußwiderstand verbrauchten Leistung zu der maximal möglichen Leistung am Tor 1 entspricht. Bei passiven Zweitoren hat das zur Folge, daß

$$|S_{21}| \le 1 \text{ bzw. } A = -20\,lg\,|S_{21}| \ge 0 \tag{4.17}$$

sein muß, denn im Abschlußwiderstand kann nicht mehr Leistung verbraucht werden, als maximal in das Tor 1 hineingeliefert wird.

Wir untersuchen noch die Summe

$$|S_{11}|^2 + |S_{21}|^2 = \frac{|B_1|^2}{|A_1|^2} + \frac{|B_2|^2}{|A_1|^2}.$$

Mit $|B_1|^2 = |A_1|^2 - \bar{P}_1$ (Gl. 4.12) und $|B_2|^2 = P_2$ (Gl. 4.15) sowie $|A_1|^2 = P_{max}$ (Gl. 4.13) ergibt sich zunächst

$$|S_{11}|^2+|S_{21}|^2=\frac{|A_1|^2-\tilde{P}_1+P_2}{|A_1|^2}=1-\frac{\tilde{P}_1-P_2}{P_{max}}.$$

$\tilde{P}_1-P_2=P_v$ ist offenbar diejenige (Verlust-) Leistung, die im Zweitor selbst verbraucht wird (siehe Bild 4.4), es gilt also

$$|S_{11}|^2+|S_{21}|^2=1-\frac{P_V}{P_{max}}\leq 1. \tag{4.18}$$

In der Praxis sind verlustfreie Zweitore (Reaktanzzweitore) von besonders großer Bedeutung. Bei diesen Zweitoren ist $P_V=0$, und somit gilt dort

$$|S_{11}|^2+|S_{21}|^2=1. \tag{4.19}$$

4.1.3 Einige Netzwerkumwandlungen

Der Leser kann diesen Abschnitt zunächst überspringen und erst dann durcharbeiten, wenn auf die hier besprochenen Verfahren Bezug genommen wird.

4.1.3.1 Äquivalenz-Transformationen

Eine Reihe von Syntheseverfahren kann zu Schaltungen mit negativen Bauelementewerten führen. Diese negativen Bauelemente können in vielen Fällen mit anderen Bauelementen so zusammengefaßt werden, daß eine realisierbare Schaltung entsteht. Dabei ist es ggf. erforderlich, daß ein negatives Bauelement zum Zwecke der Kompensation an eine andere Stelle im Netzwerk "verschoben" wird.

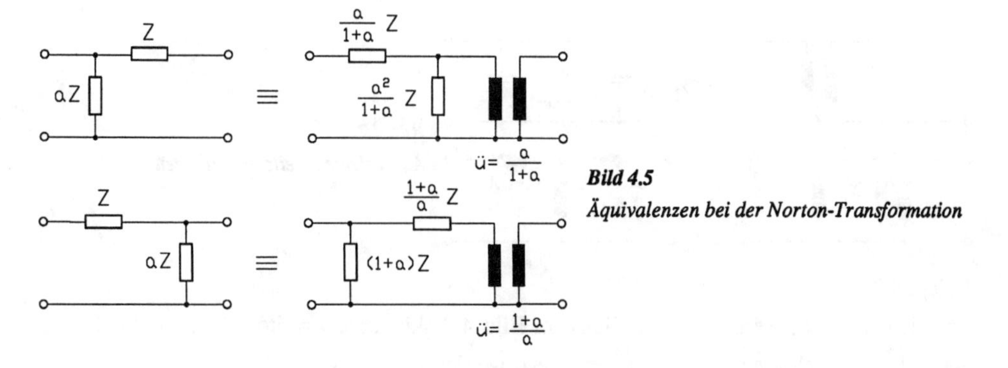

Bild 4.5
Äquivalenzen bei der Norton-Transformation

Dies ist bisweilen mit der sogenannten Norton-Transformation (Bild 4.5) möglich, die eine Vertauschung von Bauelementen in einem Längs- und Querzweig erlaubt. Dazu ist dann allerdings ein idealer Übertrager erforderlich.

Den Beweis der Äquivalenz der Zweitore im Bild 4.5 kann der Leser leicht selbst durch die Berechnung der Kettenmatrizen der Zweitore führen. Die (sinnvolle) Anwendung der Norton-Transformation setzt voraus, daß sich die Impedanzen bei den Schaltungen im Bild 4.5 nur durch einen reellen Faktor a unterscheiden.

Beispiel 1

Gegeben ist die links im Bild 4.6 skizzierte Schaltung mit einer negativen Induktivität L_1. Wir wenden die Norton-Transformation auf den umrandeten Schaltungsteil an. Dieser entspricht der oben links im Bild 4.5 angegebenen Schaltung mit $Z = sL_3$ und $aZ = asL_3 = sL_2$, also $a = L_2/L_3$. Wir erhalten dann die rechts im Bild 4.6 angegebene Schaltung, bei der die in Reihe geschalteten Induktivitäten (im Falle $L_2L_3/(L_2+L_3) \geq |L_1|$) zu einer positiven Induktivität zusammengefaßt werden können.

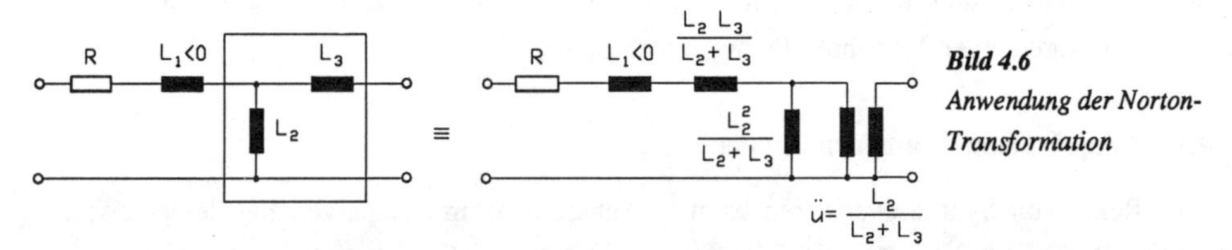

Bild 4.6
Anwendung der Norton-Transformation

Im Bild 4.7 sind zwei weitere spezielle Äquivalenztransformationen angegeben, die bisweilen zur Elimination von Übertragern angewandt werden können. Den Beweis kann auch hier der Leser leicht selbst durchführen, indem er die Kettenmatrizen der zueinander äquivalenten Zweitore ermittelt.

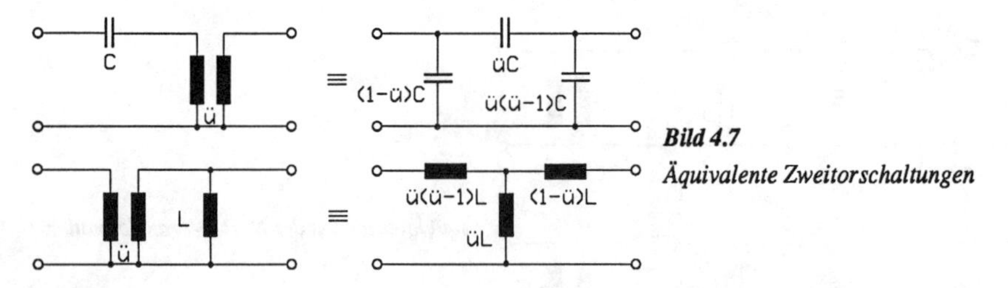

Bild 4.7
Äquivalente Zweitorschaltungen

Beispiel 2

Es soll untersucht werden, ob die links im Bild 4.8 skizzierte Zweitorschaltung durch eine äquivalente Schaltung ohne Übertrager ersetzt werden kann.

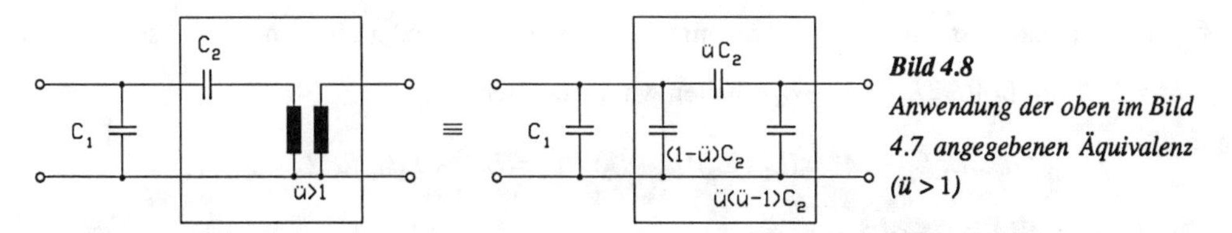

Bild 4.8
Anwendung der oben im Bild 4.7 angegebenen Äquivalenz ($\ddot{u} > 1$)

Die Anwendung der oben im Bild 4.7 angegebenen Äquivalenz auf den umrandeten Schaltungsteil führt auf die rechts im Bild 4.8 skizzierte Schaltung, die (bei $\ddot{u} > 1$) eine negative Kapazität enthält. Wenn $C_1 \geq |(1-\ddot{u})C_2|$ ist, entsteht durch die Zusammenfassung der beiden Kapazitäten eine realsisierbare übertragerfreie Schaltung.

Ohne näher darauf einzugehen, weisen wir noch auf die Stern- Dreieck-Transformation hin. Die bei dieser Transformation ggf. entstehenden negativen Bauelementewerte können möglicherweise durch die anschließende Anwendung der Norton-Transformation kompensiert werden. Die Stern- Dreieck-Transformation kann übrigens als Ersatz einer T-Ersatzschaltung durch die П-Ersatzschaltung eines Zweitores verstanden werden (siehe hierzu Abschnitt 4.3.1).

Abschließend besprechen wir noch die Realisierung negativer Induktivitäten mit Hilfe von festgekoppelten (d.h. streuungsfreien) Übertragern. Die Impedanzmatrix eines festgekoppelten Übertragers lautet bekanntlich

$$\mathbf{Z} = \begin{pmatrix} j\omega L_{11} & j\omega M \\ j\omega M & j\omega L_{22} \end{pmatrix} \text{mit } L_{11} > 0, L_{22} > 0, L_{11}L_{22} = M^2.$$

Aus der Impedanzmatrix erhält man unmittelbar die im Bild 4.9 skizzierte T-Ersatzschaltung des festgekoppelten Übertragers, bei der genau eine der drei Induktivitäten L_1, L_2, L_3 negativ ist.

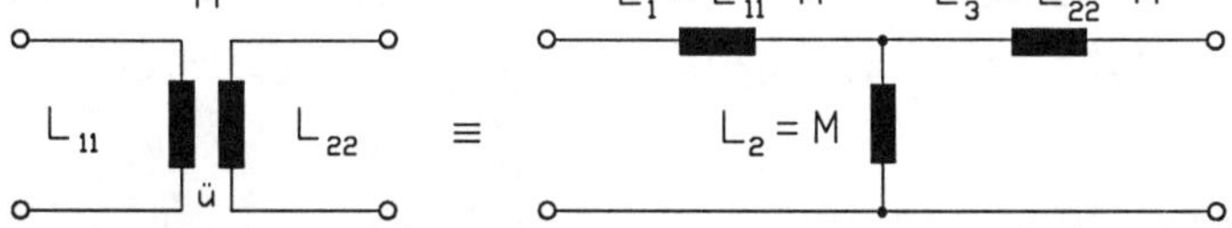

Bild 4.9
T-Ersatzschaltung eines Übertragers

Falls $L_2 = M < 0$ ist, sind die beiden anderen Induktivitäten positiv. Wir nehmen nun $L_2 = M > 0$ an und ermitteln das Produkt

$$L_1L_3 = (L_{11}-M)(L_{22}-M) = L_{11}L_{22} + M^2 - M(L_{11}+L_{22}) = 2M^2 - M(L_{11}+L_{22}) =$$

$$= -M(L_{11}+L_{22}-2M) = -M(\sqrt{L_{11}} - \sqrt{L_{22}})^2 < 0.$$

Das Produkt ist negativ, also muß entweder L_1 oder L_3 negativ sein. Mit $M = L_2, L_{11} = L_1 + L_2, L_{22} = L_3 + L_2$ erhalten wir schließlich

$$L_{11}L_{22} - M^2 = (L_1 + L_2)(L_3 + L_2) - L_2^2 = L_1L_2 + L_1L_3 + L_2L_3 = 0$$

und daraus die bekannte Beziehung

$$\frac{1}{L_1} + \frac{1}{L_2} + \frac{1}{L_3} = 0.$$

Beispiel 3

Gegeben ist die links im Bild 4.10 skizzierte Schaltung mit einer negativen Induktivität $L_1^{'} < 0$. Der umrandete Schaltungsteil soll durch einen Übertrager ersetzt werden.

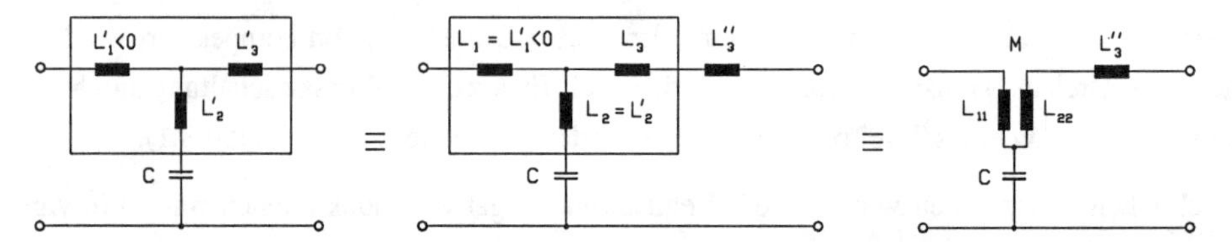

***Bild 4.10** Umwandlung einer Schaltung mit einer negativen Induktivität in eine realisierbare Schaltung mit einem Übertrager*

Da wir nicht voraussetzen können, daß die für den Ersatz durch einen streuungsfreien Übertrager notwendige Bedingung $1/L_1^{'} + 1/L_2^{'} + 1/L_3^{'} = 0$ erfüllt ist, ersetzen wir die Schaltung zunächst durch die Schaltung in der Bildmitte 4.10. Dabei ist $1/L_3 = -1/L_1 - 1/L_2$ bzw. $L_3 = -L_1L_2/(L_1 + L_2)$. Dann kann der in der Bildmitte umrandete Schaltungsteil durch einen festgekoppelten Übertrager ersetzt werden. Für die Induktivität $L_3^{''}$ erhalten wir $L_3^{''} = L_3^{'} - L_3 = L_3^{'} + L_1L_2/(L_1^{'} + L_2)$. Falls dieser Wert nicht negativ ist, kann die rechts im Bild 4.10 angegebene Schaltung realisiert werden. Falls sich ein negativer Wert ergibt, kann z.B. $L_2^{'} = L_2 + L_2^{''}$ mit $1/L_2 = -1/L_1^{'} - 1/L_3^{'}$ gesetzt werden.

4.1.3.2 Duale Netzwerke

Ein Netzwerk ist zu einem anderen dual, wenn es bezüglich der Ströme (bis auf einen konstanten Faktor) die gleichen Eigenschaften hat wie das andere bezüglich der Spannungen. Das bedingt, daß jede Maschengleichung des einen Netzwerkes in eine Knotengleichung des anderen umgewandelt werden muß. Spannungsquellen gehen in (duale) Stromquellen über, und die Impedanzen müssen durch die dazu dualen Admittanzen ersetzt werden. Auf eine ausführliche Darstellung dieser Zusammenhänge wird hier verzichtet, wir wollen den Dualitätsbegriff nur insoweit erklären, wie dies zum Verständnis des Stoffes in diesem Buch notwendig ist.

Im Bild 4.11 ist links ein Zweipol $Z(s)$ an eine Spannungsquelle angeschlossen. Die Maschengleichung lautet $U_0 = IZ$. Entsprechend der oben angegebenen Definition muß bei dem dualen Netzwerk eine entsprechende Knotengleichung gelten. Wir dividieren die Beziehung $U_0 = IZ$ durch einen (beliebig gewählten) Widerstand R_0 und erhalten zunächst $U_0/R_0 = IZ/R_0$ oder mit den Beziehungen $I_0 = U_0/R_0$, $U = IR_0$ und $\tilde{Y} = Z/R_0^2$:

$$\frac{U_0}{R_0} = I_0 = \frac{ZIR_0}{R_0^2} = U\tilde{Y}.$$

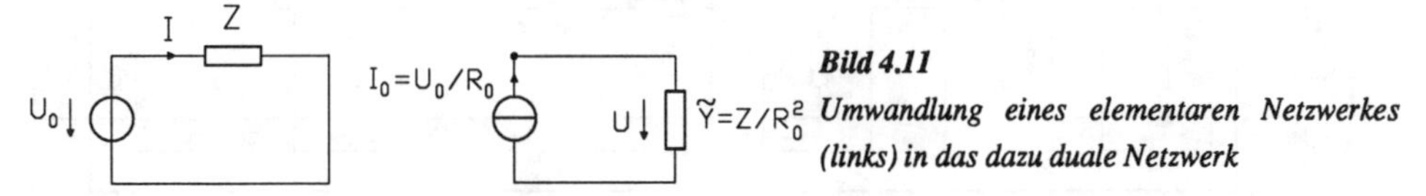

Bild 4.11
Umwandlung eines elementaren Netzwerkes (links) in das dazu duale Netzwerk

Aus der Maschengleichung $U_0 = IZ$ ist (durch Multiplikation mit dem Faktor $1/R_0$) die Knotengleichung $I_0 = U\tilde{Y}$ entstanden, zu der die Schaltung rechts im Bild 4.11 gehört. Die Spannungsquelle U_0 ist in die duale Stromquelle $I_0 = U_0/R_0$ umgewandelt worden, die Impedanz Z in die dazu duale Impedanz $\tilde{Z} = 1/\tilde{Y} = R_0^2/Z$.

Von diesem Ergebnis ausgehend, bezeichnet man zwei Impedanzen $Z(s)$ und $\tilde{Z}(s)$ als dual zueinander, wenn die Beziehung

$$Z(s) \cdot \tilde{Z}(s) = R_0^2 \tag{4.20}$$

gilt. R_0^2 wird auch Dualitätskonstante genannt. Aus Gl. 4.20 erkennen wir sofort, daß Polstellen von $Z(s)$ Nullstellen von $\tilde{Z}(s)$ sein müssen und umgekehrt. In diesem Sinne ist das duale Bauelement zu einem Widerstand R wiederum ein Widerstand mit dem Wert R_0^2/R. Eine Induktivität L ist dual zu einer Kapazität $C = L/R_0^2$, denn dann wird $Z(s) \cdot \tilde{Z}(s) = sL/(sC) = R_0^2$.

Bei dem elementaren Netzwerk vom Bild 4.11 war die Umwandlung in das dazu duale sehr einfach. Im allgemeinen Fall gibt es hier erheblich mehr Probleme. Für die Anwendungen in diesem Buch können wir uns auf Abzweignetzwerke beschränken, für die sehr einfache Umwandlungsregeln angegeben werden können. Im oberen Teil des Bildes 4.12 ist ein durch eine Spannungsquelle gespeistes Abzweignetzwerk skizziert. Das Netzwerk kann als Kettenschaltung elementarer Zweitore mit Impedanzen entweder im Längs- oder Querzweig aufgefaßt werden. Ohne Beweis wird mitgeteilt, daß ein Zweitor mit einer Längsimpedanz in ein Zweitor mit einer dazu dualen Querimpedanz übergeht und umgekehrt. Auf diese Weise entsteht das unten im Bild 4.12 skizzierte duale Abzweignetzwerk.

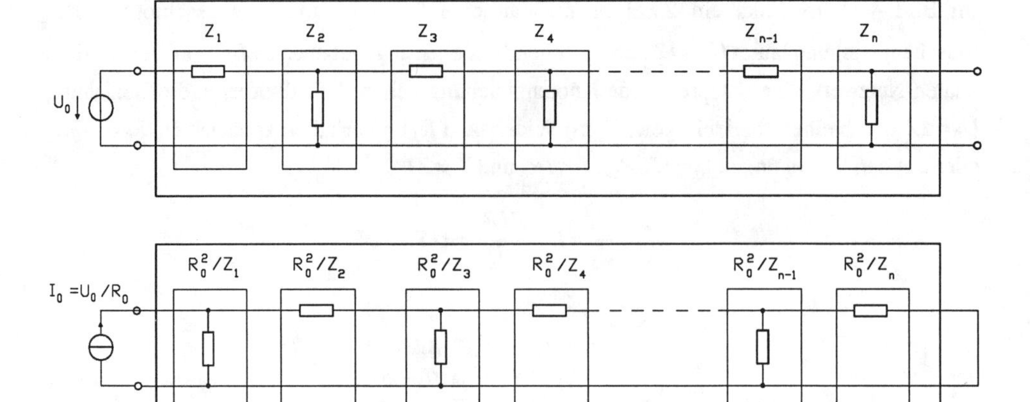

Bild 4.12 Umwandlung eines Abzweignetzwerkes in das dazu duale Netzwerk

Im Bild 4.13 ist als Beispiel die Umwandlung einer speziellen Zweitorschaltung (ohne Quelle) in die dazu duale dargestellt.

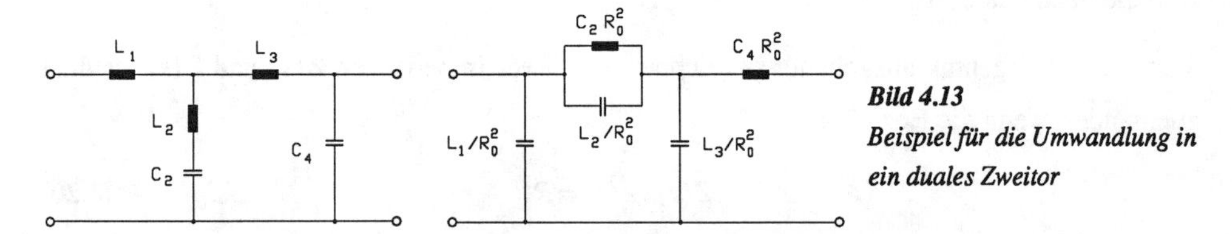

Bild 4.13
Beispiel für die Umwandlung in ein duales Zweitor

Man kann zeigen (siehe z.B. [Ru]), daß der Zusammenhang zwischen der Kettenmatrix **A** und der Kettenmatrix **Ã** der dazu dualen Zweitorschaltung (Bilder 4.12) durch die Beziehung

$$\begin{pmatrix} \tilde{A}_{11} & \tilde{A}_{12} \\ \tilde{A}_{21} & \tilde{A}_{22} \end{pmatrix} = \begin{pmatrix} A_{22} & R_0^2 A_{21} \\ \dfrac{A_{12}}{R_0^2} & A_{11} \end{pmatrix} \tag{4.21}$$

beschrieben wird.

Hinweis:

Die Beziehungen $U_1 = A_{11}U_2 + A_{12}I_2$, $I_1 = A_{21}U_2 + A_{22}I_2$ werden durch Division bzw. Multiplikation mit R_0 in die dazu dualen Beziehungen umgewandelt:

$$\frac{U_1}{R_0} = A_{11}\frac{U_2}{R_0} + \frac{A_{12}}{R_0^2} I_2 R_0, \quad I_1 R_0 = A_{21} R_0^2 \frac{U_2}{R_0} + A_{22} I_2 R_0.$$

Mit $\tilde{U}_\nu = I_\nu R_0$, $\tilde{I}_\nu = U_\nu/R_0$, $\nu = 1,2$ erhält man schließlich den in Gl. 4.21 angegebenen Zusammenhang.

Im Gegensatz zu den im Abschnitt 4.1.3.1 durchgeführten Netzwerkumwandlungen, handelt es sich bei den dualen Zweitoren nicht um äquivalente Schaltungen. Nun steht bei der Filtersynthese oft die Aufgabe im Vordergrund, eine gegebene Übertragungsfunktion zu realisieren und nicht ein Zweitor mit einer z.B. vorgeschriebenen Impedanz- oder Kettenmatrix. Wir wollen zeigen, unter welchen Bedingungen eine zunächst ermittelte Zweitorschaltung durch die dazu duale ersetzt werden kann.

Durch Vergleich der Beziehungen

$$U_1 = A_{11}U_2 + A_{12}I_2, \quad I_1 = A_{21}U_2 + A_{22}I_2$$

bei der ursprünglichen Zweitorschaltung und den entsprechenden Beziehungen

$$\tilde{U}_1 = \tilde{A}_{11}\tilde{U}_2 + \tilde{A}_{12}\tilde{I}_2 = A_{22}\tilde{U}_2 + R_0^2 A_{21}\tilde{I}_2,$$

$$\tilde{I}_1 = \tilde{A}_{21}\tilde{U}_2 + \tilde{A}_{22}\tilde{I}_2 = \frac{A_{12}}{R_0^2}\tilde{U}_2 + A_{11}\tilde{I}_2$$

bei dem dazu dualen Zweitor erhält man z.B.

$$\left.\frac{U_2}{U_1}\right|_{I_2=0} = \left.\frac{\tilde{I}_2}{\tilde{I}_1}\right|_{\tilde{U}_2=0} = \frac{1}{A_{11}}.$$

Dies bedeutet, daß die Spannungsübertragungsfunktion $G_U = U_2/U_1$ bei dem gegebenen Zweitor mit der Stromübertragungsfunktion $G_I = \tilde{I}_2/\tilde{I}_1$ bei der dazu dualen Zweitorschaltung übereinstimmt. Weiterhin gilt z.B

$$\left.\frac{I_2}{U_1}\right|_{U_2=0} = \left.\frac{1}{R_0^2}\frac{\tilde{U}_2}{\tilde{I}_1}\right|_{\tilde{I}_2=0} = \frac{1}{A_{12}}.$$

Hier unterscheiden sich die beiden Übertragungsfunktionen lediglich durch einen konstanten Faktor.

Von besonderem Interesse ist, wie sich eine Betriebsübertragungsfunktion S_{21} ändert, wenn die Zweitorschaltung durch die dazu duale ersetzt wird. Durch elementare Rechnung (siehe hierzu auch Abschnitt 4.4.1) erhält man für die Betriebsübertragungsfunktion die Beziehung

$$S_{21} = 2\sqrt{\frac{R_1}{R_2}}\frac{U_2}{U_1} = \frac{2}{A_{11}\sqrt{\frac{R_2}{R_1}} + A_{12}\frac{1}{\sqrt{R_1R_2}} + A_{21}\sqrt{R_1R_2} + A_{22}\sqrt{\frac{R_1}{R_2}}}.$$

Für das in die gleichen Einbettungswiderstände R_1 und R_2 eingebettete duale Zweitor erhält man nach Gl. 4.21 die Transmittanz

$$\tilde{S}_{21} = 2\sqrt{\frac{R_1}{R_2}}\frac{U_2}{U_1} = \frac{2}{A_{22}\sqrt{\frac{R_2}{R_1}} + A_{21}\frac{R_0^2}{\sqrt{R_1R_2}} + A_{12}\frac{\sqrt{R_1R_2}}{R_0^2} + A_{11}\sqrt{\frac{R_1}{R_2}}}.$$

Dabei ist R_0^2 die Dualitätskonstante. Im Falle gleicher Einbettungswiderstände $R_1 = R_2 = R$ führt die Wahl von $R_0 = R$ zu gleichen Betriebsübertragungsfunktionen $S_{21} = \tilde{S}_{21}$. Bei $R_1 \neq R_2$ erhalten wir gleiche Betriebsübertragungsfunktionen mit $R_0 = \sqrt{R_1R_2}$ **und** einer Vertauschung der Einbettungswiderstände an den Toren. Diese Aussage ist im Bild 4.14 dargestellt.

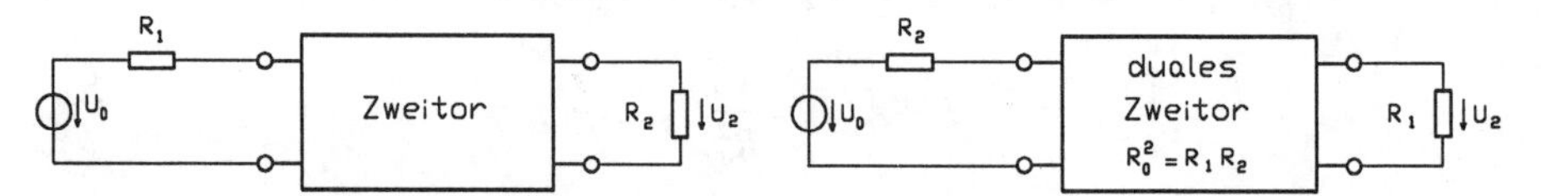

***Bild 4.14** Anordungen mit gleichen Betriebsübertragungsfunktionen*

Die Umwandlung der wichtigen LC-Zweitore ist besonders einfach durchzuführen, wenn man die Bauelemente jeweils auf den Eingangswiderstand R_1 (bzw. R_2 bei der dualen Anordnung) normiert. Der normierte Wert einer Induktivität L_w im Zweitor links im Bild 4.14 beträgt mit $R_b = R_1$ (siehe Tabelle 1.2 im Abschnitt 1.3) $L_n = \omega_b L_w / R_1$. Bei der Umwandlung in die duale Zweitorschaltung wird aus der Induktivität eine Kapazität $\tilde{C}_w = L_w / R_0^2 = L_w/(R_1R_2)$. Daraus erhalten wir durch Normierung auf $R_b = R_2$ den normierten Wert

$$\tilde{C}_n = \omega_b \tilde{C}_w R_2 = \frac{\omega_b L_w R_2}{R_1R_2} = \frac{\omega_b L_w}{R_1} = L_n.$$

Der normierte Wert einer Kapazität entspricht dem normierten Wert der betreffenden Induktivität in der dualen Zweitorschaltung und umgekehrt.

Nach diesen Überlegungen kann die Umwandlung der Schaltung so erfolgen, daß die (auf den Widerstand am Tor 1 normierten) Bauelementewerte eines LC-Zweitores einfach übernommen werden. Die Widerstände am Tor 1 haben jeweils den Wert 1, die Abschlußwiderstände sind reziprok zueinander.

Im Bild 4.15 ist ein Beispiel für eine solche Umwandlung eines Zweitores in das dazu duale mit gleicher Betriebsübertragungsfunktion dargestellt. Die dort angegebenen Bauelementewerte entsprechen denen vom 2. Beispiel im Abschnitt 4.4.4.2.

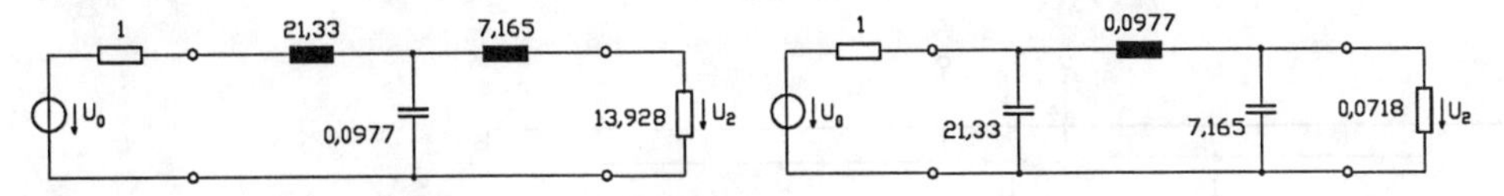

***Bild 4.15** Umwandlung in eine duale Schaltung bei gleicher Betriebsübertragungsfunktion*

4.2 Realisierbarkeitsbedingungen für Zweitore

In diesem Abschnitt wird gezeigt, welche Bedingungen an Zweitormatrizen zu stellen sind, damit diese durch reziproke Zweitore realisiert werden können. Im Abschnitt 4.2.1 werden notwendige und hinreichende Bedingungen für die Realisierung einer Impedanzmatrix durch (mindestens) eine passive reziproke Zweitorschaltung genannt. Der Abschnitt 4.2.2 macht entsprechende Aussagen für die Impedanz- und Kettenmatrizen von verlustfreien Zweitoren. Schließlich wird im Abschnitt 4.2.3 ganz kurz auf die Realisierbarkeitsbedingungen von RC-Zweitoren eingegangen. Die Aussagen in diesen Abschnitten werden größtenteils nicht bewiesen, jedoch teilweise ausführlich erläutert. Angewandt werden die in diesen Abschnitten mitgeteilten Ergebnisse erstmals im Abschnitt 4.3. Der Abschnitt 4.4 befaßt sich schließlich mit der Realisierung von Übertragungsfunktionen.

4.2.1 Die Eigenschaften von Impedanzmatrizen

Wir beginnen diesen Abschnitt mit der Formulierung eines Satzes.

Satz 4.1
Notwendig und hinreichend für die Realisierbarkeit einer symmetrischen (zweireihigen) Impedanzmatrix **Z** durch ein reziprokes Zweitor ist, daß die Matrix positiv reell ist. Dies bedeutet:
a) alle Matrixelemente $Z_{11}(s)$, $Z_{12}(s) = Z_{21}(s)$, $Z_{22}(s)$ sind reelle rationale Funktionen,
b) die Hauptdiagonalelemente $Z_{11}(s)$ und $Z_{22}(s)$ sind positiv reell, also Zweipolfunktionen,
c) es gilt $Re\{Z_{11}(s)\} \cdot Re\{Z_{22}(s)\} - Re\{Z_{12}(s)\}^2 > 0$ *für* $Re\{s\} > 0$.

Einen Beweis für diesen Satz wollen wir hier nicht angeben (siehe z.B. [Un]), einige der Aussagen des Satzes sollen aber näher erläutert werden. Dazu betrachten wir die Anordnung im Bild 4.16.

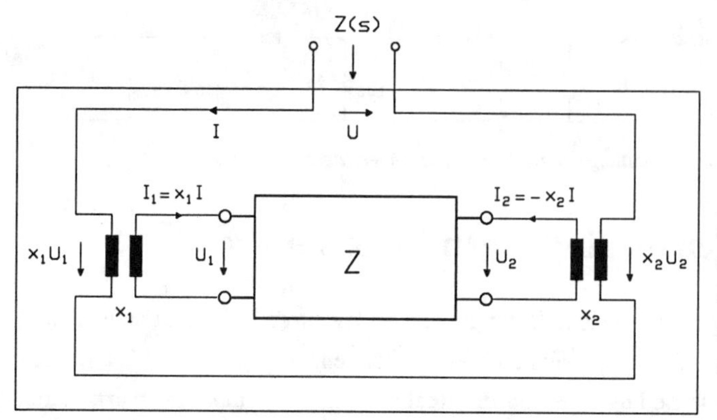

Bild 4.16
Schaltungsanordnung zur Erklärung der Eigenschaften der Impedanzmatrix eines Zweitores

Die idealen Übertrager sollen die Übersetzungsverhältnisse x_1 und x_2 aufweisen. Durch die Beschaltung des Zweitores entsteht (bezüglich der äußeren Klemmen) eine Zweipolschaltung mit der Impedanz $Z(s)$. Diese Impedanz wollen wir nun ermitteln.

Mit den in der Schaltung eingezeichneten Spannungen erhält man

$$U = x_1 U_1 - x_2 U_2$$

und mit

$$U_1 = Z_{11} I_1 + Z_{12} I_2, \quad U_2 = Z_{21} I_1 + Z_{22} I_2$$

zunächst

$$U = x_1 (Z_{11} I_1 + Z_{12} I_2) - x_2 (Z_{21} I_1 + Z_{22} I_2).$$

Berücksichtigt man noch die Beziehungen $I_1 = x_1 I$ und $I_2 = -x_2 I$, so ergibt sich

$$U = x_1^2 Z_{11} I - x_1 x_2 Z_{12} I - x_1 x_2 Z_{21} I + x_2^2 Z_{22} I.$$

Die gesuchte Eingangsimpedanz $Z = U/I$ wird, wenn wir noch die Reziprozitätsbedingung $Z_{12} = Z_{21}$ beachten:

$$Z(s) = x_1^2 Z_{11}(s) - 2 x_1 x_2 Z_{12}(s) + x_2^2 Z_{22}(s). \tag{4.22}$$

$Z(s)$ ist bei beliebigen (endlichen) Werten für die Übersetzungsverhältnisse x_1, x_2 eine Zweipolfunktion. Dabei sind auch negative Werte für x_1, x_2 zugelassen, denn ein negativer Wert für z.B. x_1 bedeutet in der Schaltung 4.16 lediglich eine "Umpolung" bei den Eingangsklemmen des Übertragers am Tor 1.

Die Sonderfälle $x_1 = 1, x_2 = 0$ bzw. $x_1 = 0, x_2 = 1$ führen zu $Z(s) = Z_{11}(s)$ bzw. $Z(s) = Z_{22}(s)$ und dies bedeutet, daß die Matrixelemente $Z_{11}(s)$ und $Z_{22}(s)$ Zweipolfunktionen sein müssen. Zu dieser Erkenntnis hätten wir freilich einfacher kommen können, denn Z_{11} kann ja als Eingangsimpedanz am Tor 1 bei Leerlauf am Tor 2 interpretiert werden:

$$Z_{11} = \left. \frac{U_1}{I_1} \right|_{I_2=0} .$$

Entsprechend ist Z_{22} die Eingangsimpedanz am Tor 2 bei Leerlauf am Tor 1.

Im Gegensatz zu den Hauptdiagonalelementen der Impedanzmatrix muß $Z_{12}(s)$ keine Zweipolfunktion sein. Aus Gl. 4.22 folgt jedoch, daß $Z_{12}(s)$ keine Pole in der rechten s-Halbebene haben kann. Im Falle $x_1 \neq 0, x_2 \neq 0$ würde dann nämlich auch $Z(s)$ Pole in der rechten s-Halbebene haben. Aus dem entsprechenden Grund kann $Z_{12}(s)$ auf der imaginären Achse nur einfache Pole besitzen.

Die Eigenschaft "Zweipolfunktion" bedeutet, daß $Z(s)$ eine reelle positive Funktion ist, d.h. (siehe Abschnitt 3.1.1):

$$Re\{Z(s)\} = x_1^2 Re\{Z_{11}(s)\} - 2x_1x_2 Re\{Z_{12}(s)\} + x_2^2 Re\{Z_{22}(s)\} > 0 \quad \text{für } Re\{s\} > 0. \tag{4.23}$$

Diese Ungleichung gilt für beliebige reelle Werte von x_1, x_2. Man kann zeigen, daß sie genau dann erfüllt ist, wenn die im Satz 4.1 genannte Bedingung c eingehalten wird, also

$$Re\{Z_{11}(s)\} \cdot Re\{Z_{22}(s)\} - [Re\{Z_{12}(s)\}]^2 > 0 \text{ für } Re\{s\} > 0. \tag{4.24}$$

Dies wollen wir kurz beweisen. Mit den Abkürzungen $Re\{Z_{11}(s)\} = a$, $Re\{Z_{22}(s)\} = b$, $Re\{Z_{12}(s)\} = c$ hat Gl. 4.23 die Form

$$ax_1^2 + bx_2^2 - 2x_1x_2c > 0.$$

Mit $\tilde{x}_1 = \sqrt{a}\, x_1, \tilde{x}_2 = \sqrt{b}\, x_2$ und $\alpha = c/\sqrt{ab}$ erhalten wir daraus

$$\tilde{x}_1^2 + \tilde{x}_2^2 - 2\alpha \tilde{x}_1 \tilde{x}_2 > 0.$$

Nun setzen wir $\tilde{x}_1 = (u+v)/\sqrt{2}, \tilde{x}_2 = (u-v)/\sqrt{2}$ und erhalten nach elementarer Rechnung die Beziehung

$$u^2(1-\alpha) + v^2(1+\alpha) > 0,$$

die offensichtlich im Falle $|\alpha| < 1$ erfüllt ist. Dies bedeutet $c/\sqrt{ab} < 1$ bzw. $ab > c^2$ und daraus folgt (unter Beachtung der vorne eingeführten Abkürzungen) die Aussage 4.24.

4.2.2 Bedingungen für Reaktanzzweitore

Enthält das Zweitor keine Widerstände, dann handelt es sich bei der nach Bild 4.16 erklärten Impedanz $Z(s)$ um eine Reaktanzzweipolfunktion, bei der zusätzlich zu der Aussage c des Satzes 4.1 noch die Bedingung $Re\{Z(j\omega)\} = 0$ für alle ω kommt. Nach den Ausführungen im Abschnitt 3.2.1 (Gl. 3.7) kann Z(s) in der Form

$$Z(s) = \frac{D_0}{s} + \sum_{\nu=1}^{k} \frac{D_\nu s}{s^2 + \omega_{\infty\nu}^2} + D_\infty s, \quad D_0 \geq 0, D_\nu \geq 0, \nu = 1 \ldots k, D_\infty \geq 0 \tag{4.25}$$

dargestellt werden. Aus der Beziehung 4.22

$$Z(s) = x_1^2 Z_{11}(s) - 2x_1x_2 Z_{12}(s) + x_2^2 Z_{22}(s) \tag{4.26}$$

folgt, daß Polstellen von $Z_{11}(s)$, $Z_{12}(s)$ und $Z_{22}(s)$ auch Polstellen von $Z(s)$ sind, daher muß gelten:

$$Z_{11}(s) = \frac{A_0}{s} + \sum_{\nu=1}^{k} \frac{A_\nu s}{s^2 + \omega_{\infty\nu}^2} + A_\infty s, \quad A_0 \geq 0, A_\nu \geq 0, \nu = 1 \ldots k, A_\infty \geq 0,$$

$$Z_{22}(s) = \frac{B_0}{s} + \sum_{\nu=1}^{k} \frac{B_\nu s}{s^2 + \omega_{\infty\nu}^2} + B_\infty s, \quad B_0 \geq 0, B_\nu \geq 0, \nu = 1 \ldots k, B_\infty \geq 0, \tag{4.27}$$

$$Z_{12}(s) = \frac{C_0}{s} + \sum_{\nu=1}^{k} \frac{C_\nu s}{s^2 + \omega_{\infty\nu}^2} + C_\infty s.$$

Hinweis:

Die Beziehungen 4.25 und 4.27 sind formal so angeschrieben, als ob alle $(2k+2)$ Polstellen vorhanden sind. Die "Anpassung" an die wirkliche Form wird dadurch erreicht, daß einzelne Entwicklungskoeffizienten verschwinden. So tritt z.B. bei $B_0 = 0$ und $C_0 = 0$ die Polstelle bei $s = 0$ nur in $Z_{11}(s)$ auf ($D_0 \neq 0$ vorausgesetzt).

Da es sich bei $Z_{11}(s)$ und $Z_{22}(s)$ ebenfalls um Reaktanzzweipolfunktionen handelt, dürfen die Entwicklungskoeffizienten (A_ν, B_ν) dort nicht negativ sein. Für die Entwicklungskoeffizienten C_ν gilt diese Aussage nicht, denn $Z_{12}(s)$ muß nicht (Reaktanz-) Zweipolfunktion sein. Setzt man in Gl. 4.26 $Z_{11}(s), Z_{12}(s), Z_{22}(s)$ nach Gl. 4.27 ein, so erhält man mit $Z(s)$ nach Gl. 4.25

$$\frac{D_0}{s} + \sum_{\nu=1}^{k} \frac{D_\nu s}{s^2 + \omega_{\infty\nu}^2} + D_\infty s = \frac{x_1^2 A_0 + x_2^2 B_0 - 2x_1 x_2 C_0}{s} +$$

$$+ \sum_{\nu=1}^{k} \frac{(x_1^2 A_\nu + x_2^2 B_\nu - 2x_1 x_2 C_\nu)s}{s^2 + \omega_{\infty\nu}^2} + (x_1^2 A_\infty + x_2^2 B_\infty - 2x_1 x_2 C_\infty)s$$

und daraus durch einen Vergleich mit den Summanden auf der linken Gleichungsseite

$$D_\nu = x_1^2 A_\nu + x_2^2 B_\nu - 2x_1 x_2 C_\nu, \quad \nu = 0,1\ldots k, \infty.$$

Die Bedingung $D_\nu \geq 0$ führt auf die Ungleichung

$$x_1^2 A_\nu + x_2^2 B_\nu - 2x_1 x_2 C_\nu \geq 0, \quad \nu = 0,1\ldots k, \infty, \tag{4.28}$$

die formal der Beziehung 4.23 entspricht. Entsprechend dem dort durchgeführten Beweis kann leicht gezeigt werden, daß die Ungleichung 4.28 (für beliebige reelle Werte x_1, x_2) genau dann erfüllt ist, wenn

$$A_\nu \geq 0, \quad B_\nu \geq 0, \quad A_\nu B_\nu - C_\nu^2 \geq 0 \; \textit{für} \; \nu = 0,1\ldots k, \infty \tag{4.29}$$

gilt.

Als Ergebnis haben wir gefunden, daß eine Impedanzmatrix genau dann durch eine verlustlose Zweitorschaltung realisiert werden kann, wenn die Matrixelemente in der Form nach Gl. 4.27 dargestellt werden können und dabei die Bedingungen 4.29 eingehalten werden. Genaugenommen wurde lediglich die Notwendigkeit dieser Bedingungen bewiesen. Der Nachweis, daß sie auch hinreichend sind, soll hier nicht durchgeführt werden. Von Cauer wurde als erstem gezeigt, daß eine Realisierung durch sogenannte Partialbruchzweitore stets möglich ist (siehe hierzu z.B. [Un]). Diese Partialbruchrealisierungen sind aufgrund der normalerweise bei der Realisierung notwendigen Übertrager mehr von theoretischem als von praktischem Interesse.

Wir wollen nun noch notwendige und hinreichende Bedingungen für Kettenmatrizen von Reaktanzzweitoren angeben.

Satz 4.2

Notwendig und hinreichend dafür, daß eine Kettenmatrix durch ein Reaktanzzweitor realisiert werden kann ist:

a) die Determinante der Kettenmatrix ist identisch 1,

b) alle Matrixelemente $A_{11}(s)$, $A_{12}(s)$, $A_{21}(s)$, $A_{22}(s)$ sind reelle rationale Funktionen, dabei sind $A_{11}(s)$ und $A_{22}(s)$ gerade Funktionen, $A_{12}(s)$ und $A_{21}(s)$ ungerade Funktionen,

c) die vier Quotienten $A_{12}(s)/A_{11}(s)$, $A_{12}(s)/A_{22}(s)$, $A_{21}(s)/A_{11}(s)$, $A_{21}(s)/A_{22}(s)$ sind Reaktanzzweipolfunktionen, dabei wird als Zweipolfunktion auch die identisch verschwindende Funktion zugelassen.

Einige Bemerkungen zu den Aussagen dieses Satzes. Es wird angenommen, daß kein Element der Kettenmatrix identisch verschwindet, so daß sowohl die Impedanz- als auch die Admittanzmatrix existiert. Dann gelten die folgenden Umrechnungsbeziehungen (siehe Tabelle 4.1):

$$\begin{aligned} A_{11}(s) &= \frac{Z_{11}(s)}{Z_{21}(s)} = -\frac{Y_{22}(s)}{Y_{21}(s)}, \quad A_{22}(s) = \frac{Z_{22}(s)}{Z_{21}(s)} = -\frac{Y_{11}(s)}{Y_{21}(s)}, \\ A_{12}(s) &= \frac{Z_{11}(s)Z_{22}(s) - Z_{12}^2(s)}{Z_{21}(s)} = -\frac{1}{Y_{21}(s)}, \\ A_{21}(s) &= \frac{1}{Z_{21}(s)} = -\frac{Y_{11}(s)Y_{22}(s) - Y_{12}^2(s)}{Y_{21}(s)}. \end{aligned} \tag{4.30}$$

Wir wissen, daß alle Elemente der Impedanzmatrix (und auch der Admittanzmatrix) eines Reaktanzzweitores ungerade Funktionen sind (siehe z.B. Gl. 4.27). Daraus folgt sofort die Aussage b des Satzes 4.2. $A_{12}(s) = -1/Y_{21}(s)$ und $A_{21}(s) = 1/Z_{21}(s)$ sind ungerade und $A_{11}(s)$ bzw. $A_{22}(s)$ als Quotienten zweier ungerader Funktionen sind gerade. Genau so leicht lassen sich die Aussagen von Punkt c des Satzes 4.2 überprüfen. Z.B. ist der Quotient $A_{12}(s)/A_{11}(2) = 1/Y_{22}(s)$ die Eingangsimpedanz am Tor 2 bei Kurzschluß am Tor 1. Der Quotient $A_{21}(s)/A_{11}(s) = 1/Z_{11}(s)$ ist die Eingangsadmittanz am Tor 1 bei Leerlauf am Tor 2 usw.. Auch hier verzichten wir auf den Beweis, daß die Bedingungen nach Satz 4.2 auch hinreichend sind (siehe z.B. [Ru], [Un]).

4.2.3 Bedingungen für induktivitätsfreie Zweitore

Bei RC-Zweitoren sind die Matrixelemente $Z_{11}(s)$ und $Z_{22}(s)$ RC-Zweipolfunktionen und können gemäß den Ausführungen im Abschnitt 3.3 (Gl. 3.21) in folgender Form dargestellt werden:

$$Z_{11}(s)=\frac{A_0}{s}+\sum_{\nu=1}^{k}\frac{A_\nu}{s+\sigma_{\infty\nu}}+A_\infty,\quad A_0\geq 0, A_\nu\geq 0, \nu=1\ldots k, A_\infty\geq 0,$$
$$Z_{22}(s)=\frac{B_0}{s}+\sum_{\nu=1}^{k}\frac{B_\nu}{s+\sigma_{\infty\nu}}+B_\infty,\quad B_0\geq 0, B_\nu\geq 0, \nu=1\ldots k, B_\infty\geq 0,$$
$$(\sigma_{\infty\nu}>0, \nu=1\ldots k). \tag{4.31}$$

Da die Funktion

$$Z(s)=x_1^2Z_{11}(s)-2x_1x_2Z_{12}(s)+x_2^2Z_{22}(s)$$

(siehe Bild 4.16) für beliebige reelle x_1, x_2 ebenfalls die Impedanz eines induktivitätsfreien Zweitores ist, erhalten wir durch entsprechende Überlegungen wie im Abschnitt 4.2.2 für $Z_{12}(s)$ eine Beziehung

$$Z_{12}(s)=\frac{C_0}{s}+\sum_{\nu=1}^{k}\frac{C_\nu}{s+\sigma_{\infty\nu}}+C_\infty. \tag{4.32}$$

An die Entwicklungskoeffizienten von $Z_{12}(s)$ müssen nicht Forderungen wie bei $Z_{11}(s)$ und $Z_{22}(s)$ gestellt werden, denn $Z_{12}(s)$ muß keine Zweipolfunktion sein. Ganz entsprechend den Überlegungen im Abschnitt 4.2.2 finden wir schließlich die Bedingung

$$A_\nu\geq 0,\quad B_\nu\geq 0,\quad A_\nu B_\nu-C_\nu^2\geq 0,\quad \nu=0,1\ldots k,\infty. \tag{4.33}$$

Falls $Z_{11}(s), Z_{12}(s), Z_{22}(s)$ gemäß den Gln. 4.31, 4.32 darstellbar sind und zusätzlich die Bedingung 4.33 erfüllt ist, liegt eine Impedanzmatrix vor, die durch eine induktivitätsfreie Zweitorschaltung realisierbar ist. Wir müssen in diesem Zusammenhang jedoch darauf hinweisen, daß in den Schaltungen das Vorkommen idealer Übertrager nicht ausgeschlossen werden kann. Ein idealer Übertrager stellt keinen Energiespeicher dar.

4.3 Einfache Realisierungsschaltungen für Zweitore

4.3.1 Die T- und die Π-Ersatzschaltung

Bekanntlich führen die Zweitormatrizen **Z** und **Y** auf einfache Ersatzschaltungen, aus denen die Bedeutung der Matrixelemente anschaulich hervorgeht. Im Bild 4.17 sind die T- und Π-Ersatzschaltung skizziert, die man unmittelbar aus der Impedanz- bzw. Admittanzmatrix erhält.

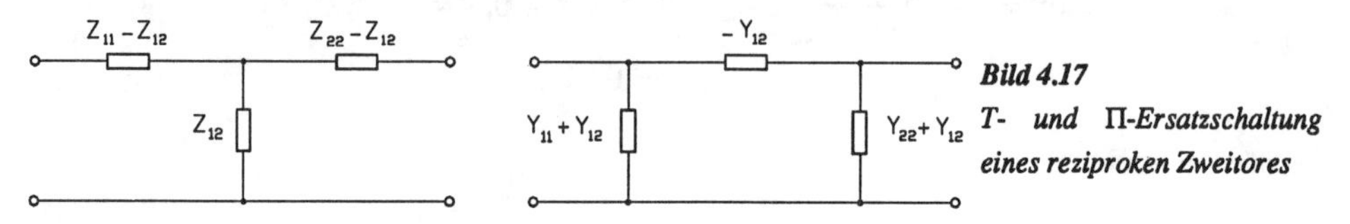

Bild 4.17 *T- und Π-Ersatzschaltung eines reziproken Zweitores*

Diese Ersatzschaltungen haben i.a. nur eine theoretische Bedeutung. Realisierbar sind sie nur in den (seltenen) Fällen, in denen z.B. bei der T-Ersatzschaltung die Funktionen $Z_{11}(s)-Z_{12}(s)$, $Z_{12}(s)$ und $Z_{22}(s)-Z_{12}(s)$ Zweipolfunktionen sind. Die hierbei auftretenden Probleme sollen im Rahmen eines einfachen Beispieles besprochen werden.

Beispiel

Gegeben ist die folgende Impedanzmatrix eines Zweitores:

$$\mathbf{Z}=\begin{pmatrix} \dfrac{1+s^2}{s(2+s^2)} & \dfrac{1}{s(2+s^2)} \\ \dfrac{1}{s(2+s^2)} & \dfrac{1+s^2}{s(2+s^2)} \end{pmatrix}. \tag{4.34}$$

Zunächst prüfen wir, ob diese Matrix tatsächlich die Impedanzmatrix eines realisierbaren Zweitores ist. Die Bedingung a von Satz 4.1 (Abschnitt 4.2.1) ist erfüllt, alle Matrixelemente sind reelle rationale Funktionen und es gilt $Z_{12}(s)=Z_{21}(s)$. Nach der Bedingung b müssen $Z_{11}(s)$ und $Z_{22}(s)$ Zweipolfunktionen sein. Wir stellen fest, daß $Z_{11}(s)$ (und $Z_{22}(s)$) Nullstellen bei $s_{01,2}=\pm j$ auf der imaginären Achse hat und Pole bei $s_{\infty 1}=0$, $s_{\infty 2,3}=\pm j\sqrt{2}$ ebenfalls auf der imaginären Achse. Pol- und Nullstellen treten alternierend auf, also handelt es sich bei $Z_{11}(s)$ und $Z_{22}(s)$ um Reaktanzzweipolfunktionen (vgl. hierzu die Ausführungen im Abschnitt 3.2.1). Die unmittelbare Überprüfung der Bedingung c von Satz 4.1

$$Re\{Z_{11}(s)\}\cdot Re\{Z_{22}(s)\}-[Re\{Z_{12}(s)\}]^2>0 \textit{ für } Re\{s\}>0$$

ist schon bei diesem sehr einfachen Beispiel ziemlich aufwendig. Dazu wäre $s=\sigma+j\omega$ zu setzen und nachzuprüfen, ob die angegebene Bedingung im Fall $\sigma>0$ erfüllt ist. Da wir festgestellt haben, daß $Z_{11}(s)$ und $Z_{22}(s)$ Reaktanzzweipolfunktionen sind, dürfen wir vermuten, daß **Z** die Impedanzmatrix eines Reaktanzzweitores ist. Wir können daher zur Überprüfung die im Abschnitt 4.2.2 genannten Bedingungen 4.27, 4.29 heranziehen.

Entsprechend Gl. 4.27 schreiben wir (siehe auch Gl. 3.12, Abschnitt 3.2.2)

$$Z_{11}(s)=\frac{1+s^2}{s(2+s^2)}=\frac{0{,}5}{s}+\frac{0{,}5s}{s^2+2}=\frac{A_0}{s}+\sum_{\nu=1}^{k}\frac{A_\nu s}{s^2+\omega_{\infty\nu}^2}+A_\infty s,$$

$$Z_{22}(s)=\frac{1+s^2}{s(2+s^2)}=\frac{0{,}5}{s}+\frac{0{,}5s}{s^2+2}=\frac{B_0}{s}+\sum_{\nu=1}^{k}\frac{B_\nu s}{s^2+\omega_{\infty\nu}^2}+B_\infty s,$$

$$Z_{12}(s)=\frac{1}{s(2+s^2)}=\frac{0{,}5}{s}-\frac{0{,}5s}{s^2+2}=\frac{C_0}{s}+\sum_{\nu=1}^{k}\frac{C_\nu s}{s^2+\omega_{\infty\nu}^2}+C_\infty s.$$

Aus Gl. 4.29

$$A_\nu\geq 0,\quad B_\nu\geq 0,\quad A_\nu B_\nu-C_\nu^2\geq 0\ \textit{für}\ \nu=0,1\ldots k,\infty$$

folgt hier ($A_\infty=0, B_\infty=0, C_\infty=0, k=1$):

$$A_0=0{,}5\geq 0,\quad B_0=0{,}5\geq 0,\quad A_0B_0-C_0^2=0{,}5^2-0{,}5^2=0,$$

$$A_1=0{,}5\geq 0,\quad B_1=0{,}5\geq 0,\quad A_1B_1-C_1^2=0{,}5^2-0{,}5^2=0.$$

Die Bedingungen sind offensichtlich erfüllt, also handelt es sich bei der vorliegenden Matrix gemäß Gl. 4.34 um die Impedanzmatrix eines realsisierbaren verlustlosen Zweitores.

Da die Impedanzmatrix vorliegt, bietet es sich an, zunächst nachzuprüfen, ob die T-Ersatzschaltung (links im Bild 4.17) realisierbar ist. Diese Frage kann aber sofort verneint werden, weil im Querzweig dieser Schaltung ein Zweipol mit der Impedanz

$$Z_{12}(s)=\frac{1}{s(2+s^2)}$$

realisiert werden müßte. Eine derartige Zweipolschaltung existiert aber nicht, denn der Gradunterschied zwischen dem Zähler- und Nennerpolynom darf höchstens eins betragen (siehe Abschnitt 3.1.3). Es erübrigt sich also zu prüfen, ob die beiden anderen Zweipole mit den Impedanzen $Z_{11}-Z_{12}$ und $Z_{22}-Z_{12}$ realisierbar sind.

Zur Nachprüfung, ob das Zweitor vielleicht durch die Π-Ersatzschaltung (rechts im Bild 4.17) realisiert werden kann, berechnen wir zunächst die Admittanzmatrix und erhalten (Tabelle 4.1):

$$\mathbf{Y}=\mathbf{Z}^{-1}=\frac{1}{|\,Z\,|}\begin{pmatrix} Z_{22} & -Z_{12} \\ -Z_{12} & Z_{11} \end{pmatrix}=(2+s^2)\begin{pmatrix} \dfrac{1+s^2}{s(2+s^2)} & \dfrac{-1}{s(2+s^2)} \\ \dfrac{-1}{s(2+s^2)} & \dfrac{1+s^2}{s(2+s^2)} \end{pmatrix}=\begin{pmatrix} s+\dfrac{1}{s} & -\dfrac{1}{s} \\ -\dfrac{1}{s} & s+\dfrac{1}{s} \end{pmatrix}.$$

Die beiden "Queradmittanzen" in der Π-Ersatzschaltung lauten $Y_{11}+Y_{12}=s$, sie sind durch Kapazitäten der Größe 1 realisierbar. Die "Längsadmittanz" $-Y_{12}=1/s$ wird durch eine Induktivität mit dem Wert 1 realisiert. Die Schaltung ist im Bild 4.18 skizziert. Wie bereits erwähnt wurde, kann man i.a. nicht damit rechnen, daß die T- oder die Π-Ersatzschaltung realisierbar ist.

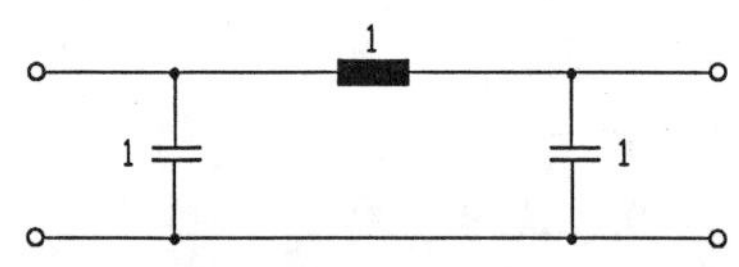

Bild 4.18
Realisierungsschaltung (Π-Ersatzschaltung) der Matrix 4.34

4.3.2 Die symmetrische Kreuzschaltung

4.3.2.1 Die Schaltung und ein Realisierungssatz

Das Bild 4.19 zeigt links die symmetrische Kreuzschaltung in ihrer üblichen Darstellungsart. In der Bildmitte ist eine äquivalente Schaltung mit einem idealen Übertrager angegeben. Wir wollen auf einen Beweis der Äquivalenz verzichten und verweisen hierzu auf die Literaturstelle [Ru].

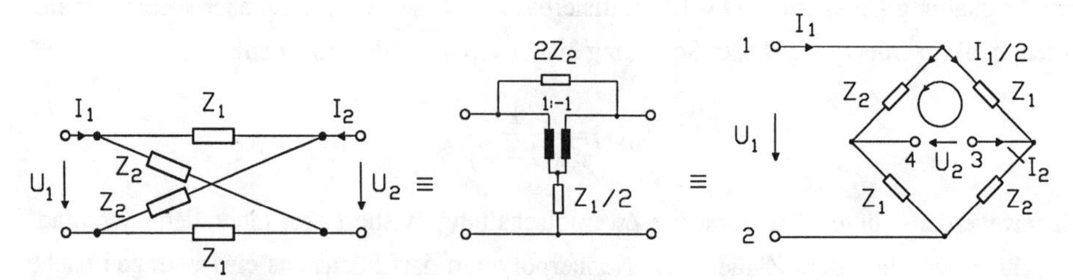

***Bild 4.19** Symmetrische Kreuzschaltung und eine dazu äquivalente Schaltung mit einem idealen Übertrager (Bildmitte), rechts: Darstellung in Form einer Brückenschaltung.*

Die in der Schaltung vorkommenden Impedanzen Z_1 und Z_2 werden auch **kanonische Impedanzen** genannt. Die links im Bild 4.19 skizzierte Schaltung kann leicht in die ganz rechts dargestellte Form umgezeichnet werden. Offenbar handelt es sich bei der symmetrischen Kreuzschaltung um eine Brückenschaltung.

Die Darstellung ganz rechts im Bild 4.19 eignet sich zum schnellen Auffinden der Impedanzmatrix. Ausgehend von den Gleichungen

$$U_1 = Z_{11} I_1 + Z_{12} I_2, \quad U_2 = Z_{21} I_1 + Z_{22} I_2$$

erhält man im Falle $I_2 = 0$

$$Z_{11} = Z_{22} = \left.\frac{U_1}{I_1}\right|_{I_2=0} = \frac{1}{2}(Z_1 + Z_2),$$

denn es liegen zwei parallele Zweige mit einer Impedanz von jeweils $Z_1 + Z_2$ vor. Die beiden anderen Matrixelemente lauten

$$Z_{12} = Z_{21} = \left.\frac{U_2}{I_1}\right|_{I_2=0} = \frac{1}{2}(Z_2 - Z_1).$$

Man erhält diesen Ausdruck aus der (im Bild 4.19 angedeuteten) Maschengleichung

$$\frac{I_1}{2} Z_2 - U_2 - \frac{I_1}{2} Z_1 = 0.$$

Damit hat die Impedanzmatrix der symmetrischen Kreuzschaltung die Form:

$$\mathbf{Z} = \begin{pmatrix} \frac{1}{2}(Z_2 + Z_1) & \frac{1}{2}(Z_2 - Z_1) \\ \frac{1}{2}(Z_2 - Z_1) & \frac{1}{2}(Z_2 + Z_1) \end{pmatrix}. \qquad (4.35)$$

Bei Kenntnis der Impedanzmatrix eines symmetrischen (und damit auch reziproken) Zweitores, können die kanonischen Impedanzen leicht berechnet werden. Aus $Z_{11} = (Z_2 + Z_1)/2$, $Z_{12} = (Z_2 - Z_1)/2$ erhält man (nach Addition bzw. Subtraktion dieser beiden Beziehungen)

$$Z_1 = Z_{11} - Z_{12}, \quad Z_2 = Z_{11} + Z_{12}. \qquad (4.36)$$

Das besondere an der symmetrischen Kreuzschaltung ist, daß sie stets realisiert werden kann, und es gilt die Aussage:

Satz 4.3
Jedes symmetrische (und damit auch reziproke) Zweitor läßt sich als symmetrische Kreuzschaltung mit den beiden kanonischen Impedanzen Z_1 und Z_2 realisieren.

Zum Beweis dieser Aussage ist zu zeigen, daß $Z_1(s)$ und $Z_2(s)$ immer realisierbare Zweipolfunktionen sind. Dies ist recht einfach mit der im Abschnitt 4.2.1 abgeleiteten Beziehung (Gl. 4.22)

$$Z(s) = x_1^2 Z_{11}(s) - 2x_1x_2Z_{12}(s) + x_2^2 Z_{22}(s)$$

möglich. Mit $Z_{11}(s) = Z_{22}(s) = (Z_2(s) + Z_1(s))/2$, $Z_{12}(s) = (Z_2(s) - Z_1(s))/2$ erhalten wir aus dieser Beziehung zunächst

$$Z(s) = x_1^2 \frac{1}{2}(Z_2(s) + Z_1(s)) - x_1x_2(Z_2(s) - Z_1(s)) + x_2^2 \frac{1}{2}(Z_2(s) + Z_1(s))$$

und hieraus mit $x_1 = 1, x_2 = 1$ bzw. $x_1 = 1, x_2 = -1$

$$Z(s) = 2Z_1(s) \quad \text{bzw.} \quad Z(s) = 2Z_2(s).$$

Da $Z(s)$ für beliebige reelle Werte von x_1, x_2 eine Zweipolfunktion ist (siehe auch Bild 4.16), gilt dies somit auch für $Z_1(s)$ und $Z_2(s)$.

Beispiel
Wir gehen von der gleichen (realisierbaren) Impedanzmatrix 4.34 wie beim Beispiel vom Abschnitt 4.3.1 aus, d.h.

$$\mathbf{Z} = \begin{pmatrix} \dfrac{1+s^2}{s(2+s^2)} & \dfrac{1}{s(2+s^2)} \\ \dfrac{1}{s(2+s^2)} & \dfrac{1+s^2}{s(2+s^2)} \end{pmatrix}.$$

Nach Gl. 4.36 erhalten wir daraus

$$Z_1(s) = Z_{11}(s) - Z_{12}(s) = \frac{s}{2+s^2} = \frac{1}{s+2/s}, \quad Z_2(s) = Z_{11}(s) + Z_{12}(s) = \frac{1}{s}.$$

Eine Nachprüfung, ob $Z_1(s)$ und $Z_2(s)$ Zweipolfunktionen sind, ist nach der Aussage von Satz 4.3 nicht erforderlich. In dem vorliegenden sehr einfachen Fall sehen wir, daß es sich bei Z_1 um einen Parallelschwingkreis ($C = 1, L = 1/2$) handelt und bei Z_2 um eine Kapazität mit dem Wert 1. Die Schaltung ist im Bild 4.20 skizziert.

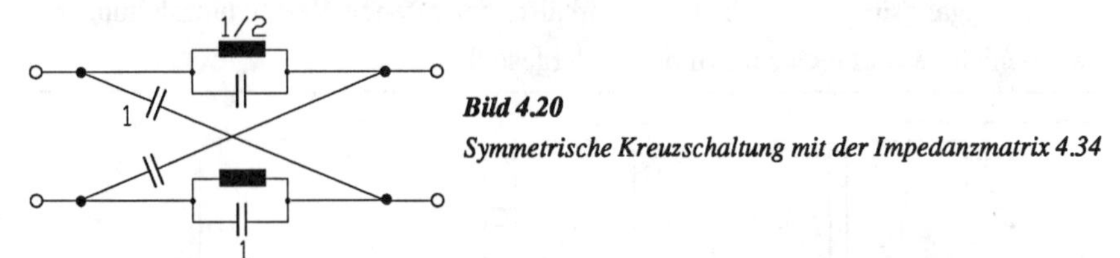

Bild 4.20
Symmetrische Kreuzschaltung mit der Impedanzmatrix 4.34

Wir haben damit für die Impedanzmatrix 4.34 zwei Realisierungsschaltungen gefunden, einmal die Π-Ersatzschaltung (Bild 4.18) und jetzt die symmetrische Kreuzschaltung (Bild 4.20). Eine realisierbare T- oder Π-Ersatzschaltung existiert nur in Ausnahmefällen, hingegen ist die Realisierung der symmetrischen Kreuzschaltung ($Z_{11}(s) = Z_{22}(s)$ vorausgesetzt) immer möglich. Trotz dieser bemerkenswerten Eigenschaft ist die praktische Bedeutung der symmetrischen Kreuzschaltung nicht so groß, wie man es zunächst vermuten könnte. Offensichtlich gibt es Fälle (siehe die äquivalenten Schaltungen 4.18, 4.20), bei denen eine aufwandsärmere Realisierung möglich ist. Auch die bei der symmetrischen Kreuzschaltung nicht vorhandene durchgehende "Erdverbindung" ist für den praktischen Aufbau von Nachteil. Diese Mängel können teilweise dadurch ausgeglichen werden, daß man die äquivalente Schaltung (Bild 4.19, mitte) verwendet, die allerdings den Nachteil eines idealen Übertragers aufweist. Ein Hauptgrund für die geringe Attraktivität in der Praxis ist jedoch die "Brückenstruktur" der symmetrischen Kreuzschaltung (siehe rechten Bildteil 4.20). Ein Charakteristikum von Brückenschaltungen ist, daß kleine Änderungen der Bauelemente große Auswirkungen auf die Übertragungseigenschaften der Schaltung haben. Brückenschaltungen sind generell sehr "toleranzempfindlich". Auf Probleme dieser Art werden wir auch noch im Abschnitt 4.4.2.1 zu sprechen kommen.

4.3.2.2 Der Symmetriesatz von Bartlett

Wir gehen von einer symmetrisch aufgebauten Zweitorschaltung aus, die keine sich kreuzenden Zweige aufweisen soll (z.B. der Schaltung nach Bild 4.18). Solche symmetrisch aufgebauten Netzwerke kann man immer in zwei symmetrische Hälften H_1, H_2 aufteilen, wie dies links im Bild 4.21 skizziert ist.

Von Bartlett stammt folgende Aussage:

> Die kanonische Impedanz Z_1 einer äquivalenten symmetrischen Kreuzschaltung ist die Eingangsimpedanz einer Hälfte des Zweitores, wenn die Verbindungsleitungen kurzgeschlossen sind. Z_2 ist die Eingangsimpedanz einer Zweitorhälfte bei offenen Verbindungsleitungen. Diese Zusammenhänge sind rechts im Bild 4.21 dargestellt.

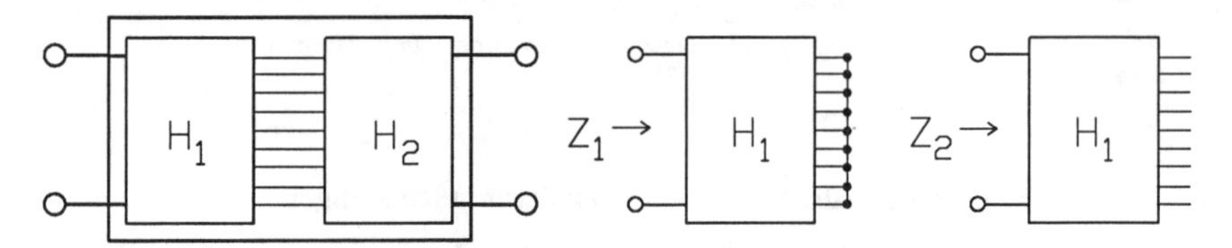

Bild 4.21 Darstellung zur Aussage des Satzes von Bartlett

Bevor wir dies beweisen, sollen diese Aussagen an einem einfachen Beispiel demonstriert werden.

Beispiel

Wir gehen von der symmetrisch aufgebauten Schaltung 4.18 aus, die nochmals (oben links) im Bild 4.22 dargestellt ist. Diese Schaltung wird so abgeändert (links unten im Bild), daß zwei spiegelbildlich gleiche Hälften entstehen. Die Schaltungen für die kanonischen Impedanzen Z_1 und Z_2 sind rechts im Bild 4.22 skizziert. Die symmetrische Kreuzschaltung entspricht der Schaltung im Bild 4.20.

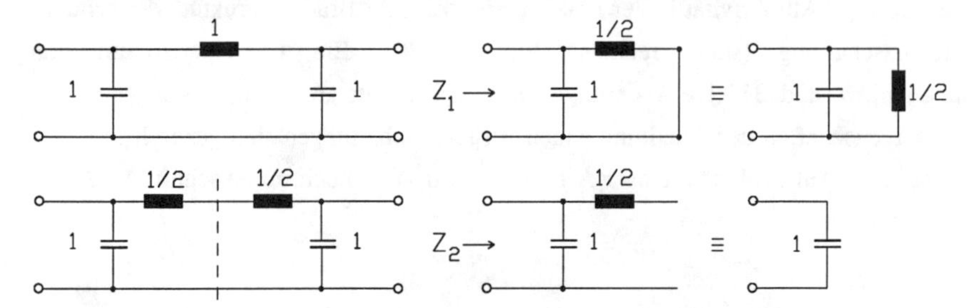

Bild 4.22 Ermittlung der kanonischen Impedanzen eines symmetrisch aufgebauten Zweitores

Wie man sieht, ist es recht einfach aus einer symmetrisch aufgebauten Schaltung die äquivalente Kreuzschaltung zu finden. Man erhält nach dieser Methode unmittelbar Realisierungsschaltungen für die beiden kanonischen Impedanzen. Häufig besteht jedoch der Wunsch, eine zunächst ermittelte symmetrische Kreuzschaltung durch eine äquivalente aufwandsärmere Schaltung zu ersetzen. Dieses Ziel kann manchmal durch eine "Umkehrung" des Satzes von

Bartlett erreicht werden (siehe hierzu [Ru]). Bei diesen Umwandlungen können zunächst Schaltungen mit negativen Bauelementewerten entstehen, die ggf. durch nachfolgende Äquivalenztransformationen (siehe Abschnitt 4.1.3.1) beseitigt werden können.

Zum Abschluß dieses Abschnittes sollen die Aussagen des Symmetriesatzes von Bartlett (dargestellt im Bild 4.21) noch bewiesen werden. Wir beschalten das Zweitor zunächst rechts und links mit Stromquellen, die jeweils einen gleichgroßen Strom I in das Zweitor einprägen (Schaltung links im Bild 4.23).

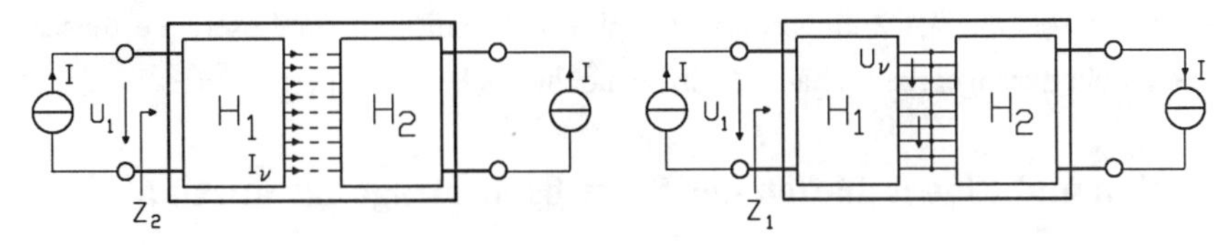

***Bild 4.23** Darstellung zum Beweis des Satzes von Bartlett*

Nun ermitteln wir die (im Bild angedeuteten) Ströme I_v in den Verbindungsleitungen zwischen den beiden (gleichen) Zweitorhälften. Die Berechnung führt man sinnvollerweise mit Hilfe des Überlagerungssatzes durch, und man stellt fest, daß beide Stromquellen gleichgroße, aber unterschiedlich gerichtete Ströme zur Folge haben. Dies bedeutet, daß die Verbindungsleitungen zwischen den Zweitorhälften insgesamt stromlos sind und daher, ohne Beeinflussung von anderen Strömen oder Spannungen, durchgetrennt werden können. Nach der Beziehung $U_1 = Z_{11}I_1 + Z_{12}I_2$ erhalten wir mit $I_1 = I_2 = I$ zunächst $U_1 = I(Z_{11} + Z_{12})$ und mit $Z_2 = Z_{11} + Z_{12}$ (siehe Gl. 4.36) $U_1 = IZ_2$. Dies bedeutet, daß die (auch bei durchgetrennten Verbindungsleitungen) am Tor 1 gemessene Eingangsimpedanz $W = U_1/I$ mit der kanonischen Impedanz Z_2 übereinstimmt.

Bei der Beschaltung des Zweitores rechts im Bild 4.23 ist die Stromrichtung von I_2 gegenüber der Schaltung links im Bild umgedreht. Durch entsprechende Überlegungen stellen wir fest, daß nun zwischen den Verbindungsleitungen keine Spannungen auftreten ($U_v = 0$). Damit dürfen die Verbindungsleitungen kurzgeschlossen werden. Mit $I_1 = I, I_2 = -I$ und $Z_1 = Z_{11} - Z_{12}$ (Gl. 4.36) erhalten wir $U_1 = IZ_{11} - IZ_{12} = IZ_1$. Dies bedeutet, daß am Tor 1 eine Eingangsimpedanz $W = U_1/I = Z_1$ gemessen wird.

4.4 Die Realisierung von Übertragungs- und Betriebsübertragungsfunktionen

Bei der Synthese geht man meistens nicht von einer das Zweitor beschreibenden Matrix, z.B. der Impedanzmatrix aus, sondern von einer zu realisierenden Übertragungsfunktion. Von besonderer Bedeutung sind Betriebsübertragungsfunktionen, die eine Einbettung des gesuchten Zweitores in Ohm'sche Widerstände voraussetzen. Der Begriff Betriebsübertragungsfunktion wurde bereits im Abschnitt 4.1.2 eingeführt. Zur Wiederholung und für Leser, die diesen Abschnitt noch nicht durchgearbeitet haben, wird er nochmals kurz erläutert.

4.4.1 Definition und Eigenschaften der Betriebsübertragungsfunktion

Im Bild 4.24 ist ein Zweitor dargestellt, dessen Tore mit Widerständen abgeschlossen sind. Der Widerstand R_1 kann als Innenwiderstand der Spannungsquelle interpretiert werden, R_2 als Widerstand eines an das Zweitor angeschlossenen Verbrauchers. Natürlich kann die Spannungsquelle auch durch eine äquivalente Stromquelle ersetzt werden (siehe Bild 4.2 im Abschnitt 4.1.2).

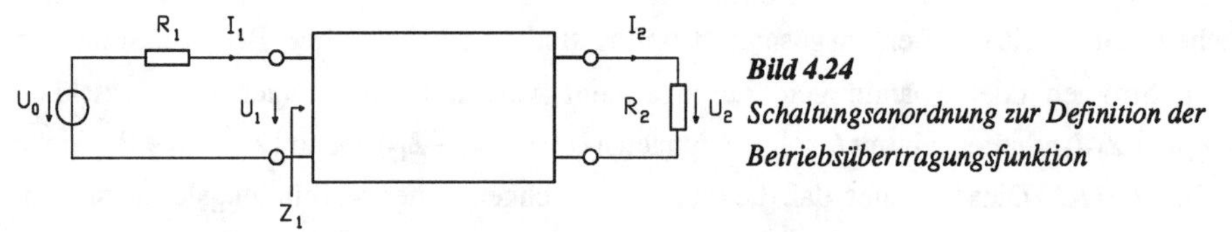

Bild 4.24
Schaltungsanordnung zur Definition der Betriebsübertragungsfunktion

Statt der (Spannungs-) Übertragungsfunktion

$$G_0 = \frac{U_2}{U_0} \tag{4.37}$$

verwenden wir hier die sogenannte Betriebsübertragungsfunktion

$$S_{21} = 2\sqrt{\frac{R_1}{R_2}}\,G_0 = 2\sqrt{\frac{R_1}{R_2}}\frac{U_2}{U_0}. \tag{4.38}$$

Bei S_{21} handelt es sich also um eine (übliche) Übertragungsfunktion, die lediglich mit einem (sinnvoll gewählten) Faktor multipliziert worden ist. In der Nachrichtentechnik spielt meistens die Frequenzabhängigkeit einer Übertragungsfunktion die entscheidende Rolle, und diese wird durch die Einführung eines konstanten Faktors nicht verändert. Die Bezeichnung S_{21} für die nach Gl. 4.38 definierte Übertragungsfunktion kommt daher, daß S_{21} auch als Element der Streumatrix aufgefaßt werden kann (siehe Abschnitt 4.1.2).

Wir wollen nun eine Leistungsbetrachtung durchführen. Die von der Quelle gelieferte Leistung hängt von der Zweitorschaltung und damit i.a. auch von der Betriebsfrequenz ab. Die größte Leistung kann die Quelle an das "Verbraucher- Zweitor" abgeben, wenn die Eingangsimpedanz Z_1 am Tor 1 (siehe Bild 4.24) den Wert R_1 annimmt (Leistungsanpassung). In diesem Fall wäre $U_1 = U_0/2$ und wir erhalten

$$P_{max} = \frac{|U_0|^2}{4R_1}.$$

Im Abschlußwiderstand R_2 wird eine Leistung

$$P_2 = \frac{|U_2|^2}{R_2}$$

verbraucht. Bei passiven Zweitoren muß der Quotient

$$\frac{P_2}{P_{max}} = 4\frac{R_1}{R_2}\frac{|U_2|^2}{|U_0|^2} \le 1$$

sein. Aus Gl. 4.38 erhalten wir ebenfalls

$$|S_{21}|^2 = 4\frac{R_1}{R_2}\frac{|U_2|^2}{|U_0|^2} = \frac{P_2}{P_{max}},$$

und dies bedeutet, daß bei passiven Zweitoren der Betrag der Betriebsübertragungsfunktion nicht größer als 1 und die Betriebsdämpfung $A = -20\,lg\,|S_{21}|$ nicht negativ werden kann:

$$|S_{21}(j\omega)| \le 1, \quad A = -20\,lg\,|S_{21}(j\omega)| \ge 0. \tag{4.39}$$

Aus dem Dämpfungsverlauf bzw. dem Verlauf von S_{21} kann man also auf die Passivität des Zweitores schließen.

Betrachtet man bei der Beschaltung des Zweitores nach Bild 4.24 nicht die Betriebsübertragungsfunktion, sondern die (Spannungs-) Übertragungsfunktion $G_0 = U_2/U_0$, so gilt bei passiven Zweitoren

$$|G_0(j\omega)| \leq \frac{1}{2}\sqrt{\frac{R_2}{R_1}}. \tag{4.40}$$

Wir geben nun noch einige Beziehungen zur Ermittlung von S_{21} und der Eingangsimpedanz Z_1 am Tor 1 an. Bei der Beschreibung des Zweitores durch die Kettenmatrix gelten die Beziehungen

$$U_1 = A_{11}U_2 + A_{12}I_2, \quad I_1 = A_{21}U_2 + A_{22}I_2.$$

Bei der Beschaltung gemäß Bild 4.24 ist $U_1 = U_0 - I_1R_1$ und $U_2 = I_2R_2$. Mit diesen Beziehungen erhalten wir durch elementare Rechnung die Betriebsübertragungsfunktion

$$S_{21} = \frac{2}{A_{11}\sqrt{\frac{R_2}{R_1}} + A_{12}\frac{1}{\sqrt{R_1R_2}} + A_{21}\sqrt{R_1R_2} + A_{22}\sqrt{\frac{R_1}{R_2}}} \tag{4.41}$$

und die Eingangsimpedanz am Tor 1

$$Z_1 = \frac{A_{11}R_2 + A_{12}}{A_{21}R_2 + A_{22}}. \tag{4.42}$$

Bei Kenntnis der Impedanzmatrix des Zweitores erhält man

$$S_{21} = \frac{2\sqrt{R_1R_2}Z_{21}}{(Z_{11}+R_1)(Z_{22}+R_2) - Z_{12}Z_{21}}. \tag{4.43}$$

Schließlich wird noch darauf hingewiesen, daß $S_{21}(s)$ eine gebrochen rationale Funktion mit reellen Koeffizienten sein muß. Der Grad des Zählerpolynoms darf nicht größer als der des Nennerpolynoms sein, die Pole von $S_{21}(s)$ müssen in der (offenen) linken s –Halbebene liegen. Dies bedeutet, daß das Nennerpolynom von $S_{21}(s)$ ein Hurwitzpolynom sein muß (siehe Abschnitt 2.1.1).

4.4.2 Die Realisierung durch symmetrische Kreuzschaltungen

Die Realisierung von Betriebsübertragungsfunktionen kann auf sehr verschiedene Weise erfolgen. Notwendig ist zunächst die Auswahl einer geeigneten Schaltungsstruktur. Es zeigt sich, daß jede zulässige, d.h. im Bereich $Re\{s\} \geq 0$ polfreie Betriebsübertragungsfunktion, bis auf einen konstanten Faktor durch eine symmetrische Kreuzschaltung mit dualen kanonischen Impedanzen realisierbar ist. Auf die Realisierung durch Kettenschaltungen und die Methode von Darlington wird nur kurz eingegangen.

4.4.2.1 Die Realisierung mit dualen kanonischen Impedanzen

Wie gehen von der oben im Bild 4.25 skizzierten Zweitorschaltung aus, die in zwei gleichgroße Widerstände $R_1 = R_2 = R$ eingebettet ist. Mit dieser Schaltung können gemäß Gl. 4.38 Betriebsübertragungsfunktionen $S_{21} = 2U_2/U_0$ realisiert werden. Die Realisierung des allgemeinen Falles mit $R_1 \neq R_2$ erfordert den Einsatz eines (idealen) Übertragers, wie unten im Bild 4.25 dargestellt. Das Übertragungsverhältnis $ü = \sqrt{R/R_2}$ ist dabei so festgelegt, daß die symmetrische Kreuzschaltung selbst mit einem Widerstand R abgeschlossen ist.

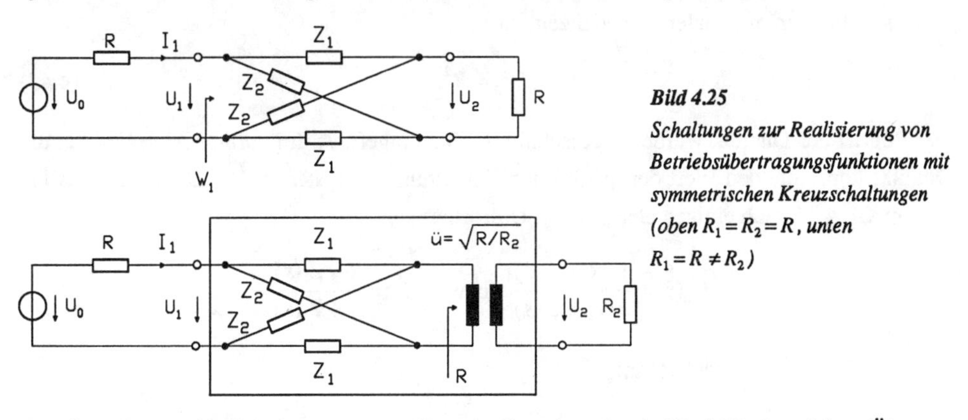

Bild 4.25
Schaltungen zur Realisierung von Betriebsübertragungsfunktionen mit symmetrischen Kreuzschaltungen (oben $R_1 = R_2 = R$, unten $R_1 = R \neq R_2$)

Für die weiteren Ausführungen verwenden wir die schon durch Gl. 4.37 eingeführte Übertragungsfunktion $G_0 = U_2/U_0$. Dann gilt bei der Schaltung oben im Bild 4.25 $S_{21} = 2G_0$ und bei der Schaltung unten $S_{21} = 2\sqrt{R/R_2}\,G_0 = 2üG_0$. Die folgenden Ausführungen beziehen sich ausschließlich auf die oben im Bild 4.25 angegebene Schaltung.

Aus Gl. 4.43 erhalten wir mit $R = R_1 = R_2$ zunächst

$$G_0 = \frac{RZ_{21}}{(Z_{11}+R)(Z_{22}+R) - Z_{12}Z_{21}}.$$

In dieser Beziehung drücken wir die Elemente der Impedanzmatrix durch die kanonischen Impedanzen der symmetrischen Kreuzschaltung aus. Nach Gl. 4.35 (Abschnitt 4.3.2.1) ist $Z_{11} = Z_{22} = (Z_2 + Z_1)/2$, $Z_{12} = Z_{21} = (Z_2 - Z_1)/2$, und damit wird

$$G_0 = \frac{R(Z_2 - Z_1)}{2R^2 + 2R(Z_1 + Z_2) + 2Z_1Z_2}. \qquad (4.44)$$

An dieser Stelle soll auf einen Aspekt hingewiesen werden, der schon im Abschnitt 4.3.2.1 angesprochen worden ist. Nach Gl. 4.44 entstehen die Nullstellen von $G_0(s)$ durch die Differenz von Zweipolfunktionen. Dies kann zur Folge haben, daß schon kleine Ungenauigkeiten bei den Bauelementewerten der Zweipole zu großen Änderungen bei den Übertragungsnullstellen führen. Symmetrische Kreuzschaltungen sind sehr empfindlich gegenüber Bauelementetoleranzen.

Wie schon zu Beginn des Abschnittes erwähnt wurde, betrachten wir hier symmetrische Kreuzschaltungen mit dualen Impedanzen, d.h.

$$Z_1 Z_2 = R^2. \tag{4.45}$$

Der Begriff der Dualität wurde im Abschnitt 4.1.3.2 eingeführt. Im vorliegenden Fall hat die Dualitätskonstante den Wert der quadrierten Einbettungswiderstände. Mit $Z_2 = R^2/Z_1$ erhalten wir aus Gl. 4.44 nach einigen elementaren Umformungen

$$G_0(s) = \frac{1}{2} \cdot \frac{R - Z_1(s)}{R + Z_1(s)} \quad \text{bzw.} \quad S_{21} = \frac{R - Z_1(s)}{R + Z_1(s)}. \tag{4.46}$$

Diese Beziehung wird nach Z_1 aufgelöst:

$$Z_1(s) = R \cdot \frac{1 - 2G_0(s)}{1 + 2G_0(s)}, \quad Z_2(s) = \frac{R^2}{Z_1(s)}. \tag{4.47}$$

Die Frage, ob tatsächlich jede in der abgeschlossenen rechten s-Halbebene polfreie Betriebsübertragungsfunktion durch eine symmetrische Kreuzschaltung realisiert werden kann, hängt davon ab, ob $Z_1(s)$ nach Gl. 4.47 in jedem Fall eine realisierbare Zweipolfunktion ist. Dieser Beweis kann tatsächlich erbracht werden, wir wollen die Beweisführung kurz skizzieren.

Mit den Abkürzungen $g(s) = 2G_0(s)$ und $z_1(s) = Z_1(s)/R$ erhalten wir aus Gl. 4.47

$$z_1(s) = \frac{1 - g(s)}{1 + g(s)}.$$

Dabei ist $|g(j\omega)| = 2 \cdot |G_0(j\omega)| = |S_{21}(j\omega)| \le 1$ (siehe Gl. 4.38 mit $R_1 = R_2 = R$ und Gl. 4.39).

Die Funktion g(s) ist eine in der rechten s-Halbebene polfreie Funktion mit der zusätzlichen Eigenschaft $|g(s)| \le 1$ für $s = j\omega$. Aus der Funktionentheorie ist bekannt, daß solche Funktionen auch die Eigenschaft $|g(s)| < 1$ für $Re\{s\} > 0$ aufweisen. Nun ermitteln wir den Betrag von $g(s)$ und erweitern dazu den oben angegebenen Ausdruck mit $1 + g^*(s)$:

$$z_1(s) = \frac{1-g(s)}{1+g(s)} \cdot \frac{1+g^*(s)}{1+g^*(s)} = \frac{1-|g(s)|^2-(g(s)-g^*(s))}{|1+g(s)|^2}.$$

Dann finden wir mit der oben begründeten Eigenschaft $|g(s)| < 1$ für $Re\{s\} > 0$:

$$Re\{z_1(s)\} = \frac{1-|g(s)|^2}{|1+g(s)|^2} > 0 \; \textit{für} \; Re\{s\} > 0,$$

und dies ist eine notwendige und hinreichende Bedingung für Zweipolfunktionen (siehe Abschnitt 3.1.1).

Damit wurde gezeigt, daß tatsächlich jede Betriebsübertragungsfunktion (zumindest bis auf einen konstanten Faktor) durch eine symmetrische Kreuzschaltung realisiert werden kann. Die sich ergebenden Funktionen $Z_1(s)$ und $Z_2(s) = R^2/Z_1(s)$ sind Zweipolfunktionen, für die mindestens jeweils eine Realisierungsschaltung existiert.

Bei der Realisierung durch die symmetrische Kreuzschaltung in der beschriebenen Weise gibt es eine weitere interessante Betriebseigenschaft. Wir ermitteln die im Bild 4.25 angedeutete Eingangsimpedanz W_1 am Tor 1. Dazu steht uns die im Abschnitt 4.4.1 abgeleitete Beziehung 4.42 zur Verfügung. Wir ersetzen dort Z_1 durch W_1 und erhalten zunächst

$$W_1 = \frac{A_{11}R + A_{12}}{A_{21}R + A_{22}}.$$

Die Elemente der Kettenmatrix der symmetrischen Kreuzschaltung erhalten wir (mit Hilfe der Umrechnungsbeziehungen in der Tabelle 4.1) aus den Elementen der Impedanzmatrix (Gl. 4.35):

$$A_{11} = A_{22} = \frac{Z_2+Z_1}{Z_2-Z_1} = \frac{R^2+Z_1^2}{R^2-Z_1^2}, \quad A_{12} = \frac{2Z_1Z_2}{Z_2-Z_1} = \frac{2R^2Z_1}{R^2-Z_1^2}, \quad A_{21} = \frac{2}{Z_2-Z_1} = \frac{2Z_1}{R^2-Z_1^2}.$$

Mit diesen Ausdrücken wird

$$W_1 = \frac{R(R^2+Z_1^2)+2R^2Z_1}{2RZ_1+R^2+Z_1^2} = R. \tag{4.48}$$

Dies bedeutet, daß am Tor 1 ein frequenzunabhängiger Widerstand gemessen wird, der mit dem Abschlußwiderstand des Zweitores übereinstimmt (Begriff "Wellenwiderstand"). Die Quelle liefert demnach ständig die maximal mögliche Leistung in das Zweitor. Gemäß Gl. 4.10 (Abschnitt 4.1.2) hat unsere Schaltung eine identisch verschwindende Reflektanz S_{11}. Aus $S_{11} = 0$ folgt nach Gl. 4.18 die Beziehung

$$|S_{21}|^2 = 1 - \frac{P_V}{P_{max}}. \tag{4.49}$$

Das heißt, daß ein frequenzabhängiger Verlauf der Betriebsübertragungsfunktion bei der vorliegenden Schaltung dadurch erreicht wird, daß im Zweitor eine mehr oder weniger große Verlustleistung P_V entsteht. Bei einem aus verlustfreien Bauelementen aufgebauten Zweitor ist $P_V = 0$, und somit $|S_{21}| = 1$. Mit einem Reaktanzzweitor kann man demnach (bei der vorliegenden Schaltungsstruktur) nur ein Allpaßverhalten realisieren. Spezielle Synthesebeispiele sollen hier nicht besprochen werden, wir verweisen hierzu auf die Beispiele im Abschnitt 5.1 über Allpaßsysteme.

4.4.2.2 Die Realisierung durch Kettenschaltungen

Infolge des frequenzunabhängigen Eingangswiderstandes $W_1 = R$ können symmetrische Kreuzschaltungen mit dualen kanonischen Impedanzen rückwirkungsfrei in Kette geschaltet werden. Bild 4.26 zeigt die Schaltungsanordnung.

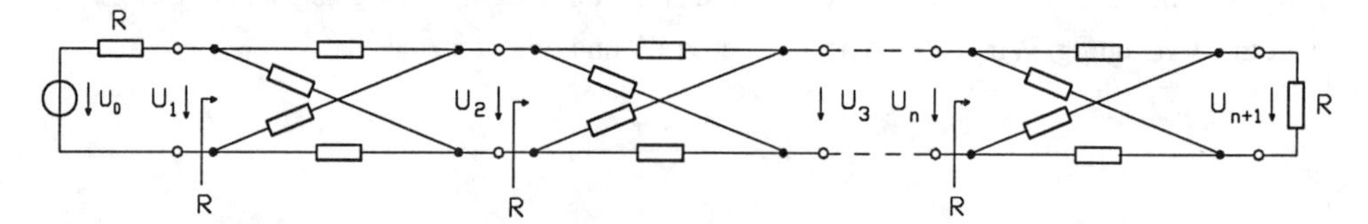

***Bild 4.26** Kettenschaltung von symmetrischen Kreuzgliedern mit dualen kanonischen Impedanzen*

Mit den Übertragungsfunktionen der Teilzweitore

$$G_i = \frac{U_{i+1}}{U_i}, \; i = 1 \ldots n$$

erhalten wir (mit $U_1 = U_0/2$) die Übertragungsfunktion der Gesamtschaltung

$$G_0 = \frac{1}{2} G_1 G_2 \cdots G_n = \frac{1}{2}\frac{U_2}{U_1} \cdot \frac{U_3}{U_2} \cdot \frac{U_4}{U_3} \cdots \frac{U_{n+1}}{U_n} = \frac{1}{2}\frac{U_{n+1}}{U_1} = \frac{U_{n+1}}{U_0}$$

und somit die Betriebsübertragungsfunktion

$$S_{21} = 2G_0 = G_1 G_2 \cdots G_n. \tag{4.50}$$

Die Synthese einer Übertragungsfunktion bzw. Betriebsübertragungsfunktion kann nun derart erfolgen, daß sie zunächst als Produkt von Teilübertragungsfunktionen niedrigeren Grades dargestellt wird, z.B. 1. und 2. Grades. Diese Teilübertragungsfunktionen werden durch symmetrische Kreuzschaltungen realisiert. Dabei kann die gegebene Übertragungsfunktion i.a. nur bis auf einen konstanten Faktor realisiert werden. Ein Beispiel für die Synthese eines Allpasses nach dieser Methode findet der Leser im Abschnitt 5.1.

4.4.2.3 Die Synthesemethode nach Darlington

Die bisher behandelten Syntheseverfahren setzen gleichgroße Einbettungswiderstände voraus. Wenn dies nicht zutrifft, und wenn auch ein Übertrager zur Impedanztransformation nicht verwendet werden soll (Schaltung unten im Bild 4.25), so kann

$$Z_2 = \sqrt{R_1 R_2} \tag{4.51}$$

gesetzt werden. Man erhält dann

$$Z_1 = \sqrt{R_1 R_2}\,\frac{1 - G_0\left(1+\sqrt{\frac{R_1}{R_2}}\right)^2}{1 + G_0\left(1+\sqrt{\frac{R_1}{R_2}}\right)^2}. \tag{4.52}$$

Hinweis:

Diese Beziehung findet man, wenn man zunächst S_{21} nach Gl. 4.43 ermittelt und diese Beziehung dann nach Z_1 aufgelöst wird. Dabei ist

$$G_0 = \frac{U_2}{U_0} = \sqrt{\frac{R_2}{R_1}}\;\frac{S_{21}}{2}.$$

Auf die Durchführung der etwas umständlichen Ableitung wollen wir hier verzichten.

Im Abschnitt 4.4.2.1 wurde bewiesen, daß die Funktion

$$Z_1(s) = R\,\frac{1 - 2G_0(s)}{1 + 2G_0(s)}$$

unter der Bedingung $2\,|\,G_0(j\omega)\,| \le 1$ eine Zweipolfunktion ist. Ein Vergleich mit Gl. 4.52 führt hier auf die Realisierungsbedingung

$$|G_0(j\omega)| \leq \frac{1}{1+\sqrt{\frac{R_1}{R_2}}}.$$

Im Falle $R_1 = R_2 = R$ wird $|G_0(j\omega)| \leq 1/2$, dies ist die gleiche Bedingung wie bei der Synthesemethode im Abschnitt 4.4.2.1.

Auch bei diesem Verfahren ist eine Übertragungsfunktion i.a. nur bis auf einen konstanten Faktor realisierbar. Vorteilhaft ist hier der i.a. geringere Aufwand, denn eine der kanonischen Impedanzen ist ein Widerstand. Nachteilig ist, daß eine Kettenschaltung im Sinne der Methode vom Abschnitt 4.4.2.2 hier nicht möglich ist. Der Eingangswiderstand bei dem Darlington-Netzwerk ist normalerweise frequenzabhängig, so daß keine rückwirkungsfreie Kettenschaltung möglich ist.

4.4.3 Die Realisierung von Mindestphasensystemen durch die überbrückte T-Schaltung

Bild 4.27 zeigt eine in zwei gleichgroße Widerstände $R_1 = R_2 = R$ eingebettete überbrückte T-Schaltung, bei der die beiden Impedanzen Z_2 und Z_3 dual zueinander sind ($Z_2 Z_3 = R^2$).

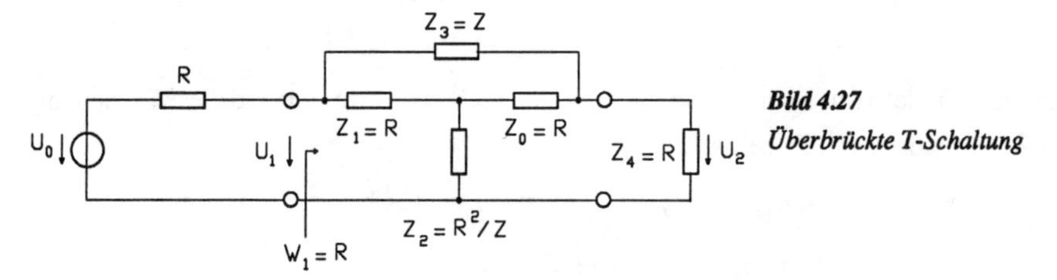

Bild 4.27
Überbrückte T-Schaltung

Aus der Schaltung erkennt man, daß die Impedanz $Z_0 = R$ im Zweig einer Brücke liegt, die stets abgeglichen ist, denn bei der angegebenen Dimensionierung $Z_1 = R$, $Z_2 = R^2/Z$, $Z_3 = Z$ und $Z_4 = R$ gilt

$$\frac{Z_1}{Z_2} = \frac{Z_3}{Z_4} = \frac{Z}{R}.$$

Dies bedeutet, daß die Impedanz Z_0 stets stromlos ist und eigentlich beliebig sein kann. Nehmen wir den (zulässigen) Fall $Z_0 = 0$ an, so erhält man die Eingangsimpedanz am Tor 1:

$$W_1 = \frac{Z_1 Z_3}{Z_1 + Z_3} + \frac{Z_2 Z_4}{Z_2 + Z_4} = \frac{RZ}{R+Z} + \frac{R^3/Z}{R^2/Z + R} = \frac{RZ}{R+Z} + \frac{R^2}{R+Z} = R.$$

Die Eingangsimpedanz am Tor 1 hat den konstanten Eingangswiderstand $W_1 = R$. Im Falle $Z_0 = \infty$ liegt die Spannung U_1 an der Reihenschaltung der Impedanzen Z_3 und Z_4, wir erhalten $U_2/U_1 = R/(R+Z)$ und mit $U_1 = U_0/2$ finden wir die Betriebsübertragungsfunktion

$$S_{21} = 2\frac{U_2}{U_0} = \frac{R}{R+Z} = \frac{1}{1+Z/R}.$$

Der im Nenner von S_{21} auftretende Ausdruck $1 + Z/R$ ist eine Zweipolfunktion, und somit hat auch der reziproke Ausdruck S_{21} die Eigenschaften einer Zweipolfunktion. Dies bedeutet, daß mit der überbrückten T-Schaltung in der Anordnung von Bild 4.27 nur (Betriebs-) Übertragungsfunktionen mit Eigenschaften von Zweipolfunktionen realisiert werden können.

Infolge des konstanten Eingangswiderstandes $W_1 = R$ am Tor 1 können überbrückte T-Glieder in Kette geschaltet werden (vgl. hierzu die Ausführungen im Abschnitt 4.4.2.2).

4.4.4 Die Realisierung mit Reaktanzzweitoren

Die Abschnitte 4.4.4.1 bis 4.4.4.3 beziehen sich ausschließlich auf die Realisierung von Betriebsübertragungsfunktionen. Es sind also in Widerstände eingebettete verlustfreie Zweitore zu realisieren. Im Abschnitt 4.4.4.4 werden Zweitorschaltungen betrachtet, die entweder am Tor 1 oder am Tor 2 einen Widerstand aufweisen. In diesem Fall handelt es sich um die Realisierung von Übertragungsfunktionen. Im Abschnitt 4.4.4.5 wird kurz gezeigt, wie sich Verluste bei den Bauelementen der (theoretisch verlustfreien) Zweitorschaltung auf die zu realisierenden Funktionen auswirken.

4.4.4.1 Vorbemerkungen zu den Syntheseverfahren

Durch Reaktanzzweitore lassen sich unmittelbar nur solche Betriebsübertragungsfunktionen realisieren, deren Zählerpolynom gerade oder ungerade ist. Liegt eine Übertragungsfunktion vor, bei der dies nicht zutrifft, so kann unter Umständen die vorgschriebene Form durch eine Erweiterung mit einem geeigneten Hurwitzpolynom hergestellt werden (siehe hierzu [Un]).

Setzt man voraus, daß das Zweitor nur aus verlustfreien Bauelementen aufgebaut ist, dann besteht zwischen der Betriebsübertragungsfunktion S_{21} und der Reflektanz

$$S_{11}=\frac{Z_1-R_1}{Z_1+R_1}$$

der Zusammenhang (siehe Gln. 4.10, 4.19 im Abschnitt 4.1.2)

$$|S_{11}|^2+|S_{21}|^2=1$$

Daraus folgt, daß die Realisierung von $S_{21}(s)$ auf die Realisierung der Eingangsimpedanz $Z_1(s)$ des mit R_2 abgeschlossenen verlustfreien Zweitores zurückgeführt werden kann. Es bietet sich also eine Synthesemethode an, bei der zunächst $Z_1(s)$ ermittelt wird und dann (für $Z_1(s)$) eine Schaltung mit einem einzigen Ohm'schen Widerstand R_2 am Schaltungsende. Unbehauen (siehe [Un]) hat gezeigt, daß diese Methode möglich ist und stets zum Ziele führt. Dieses allgemeine Verfahren soll hier nicht behandelt werden. Wir beschränken uns auf die Realisierung von Polynomnetzwerken (Abschnitt 4.4.4.2) und auf Systeme mit Nullstellen auf der imaginären Achse, ausgenommen bei $s=0$ (Abschnitt 4.4.4.3). Der Begriff Polynomfilter wurde bereits im Abschnitt 2.2.4 eingeführt. Dort wurde mitgeteilt, daß diese Filter stets durch LC-Abzweigschaltungen (siehe Bild 2.15) realisierbar sind. Durch Polynomfilter lassen sich nullstellenfreie Bertriebsübertragungsfunktionen realisieren. Das im Abschnitt 4.4.4.3 beschriebene Verfahren führt nicht immer zu LC-Abzweigschaltungen mit ausschließlich positiven Bauelementewerten. Ggf. auftretende negative Bauelementewerte können aber oft durch die Anwendung von Äquivalenztranformationen (siehe Abschnitt 4.1.3.1) kompensiert werden. Die hier besprochenen Verfahren gehen auf Bader und Piloty (ca. 1940) zurück.

Bei der Synthese gehen wir von Betriebsübertragungsfunktionen $S_{21}(s)$ aus, die als gebrochen rationale Funktionen vorliegen sollen und bei denen $S_{21}(0)>0$ ist. Diese Voraussetzung ist bei Polynomnetzwerken wegen der Nullstellenfreiheit immer erfüllt. Bei den im Abschnitt 4.4.4.3 behandelten Systemen werden Nullstellen bei $s=0$ ausgeschlossen.

Wir untersuchen zunächst das Übertragungsverhalten unserer zu entwerfenden Schaltung bei der Frequenz $f=0$. Dann stellen die Induktivitäten in der Zweitorschaltung Durchverbindungen dar, die Kapazitäten Trennstellen. Das Zweitor verhält sich bei $f=0$ wie eine Durchverbindung (Bild 4.28). Das kann sich der Leser ganz rasch klarmachen, wenn er z.B. die Schaltung eines Polynomzweitores im Bild 2.15 (Abschnitt 2.2.4) bei $f=0$ betrachtet.

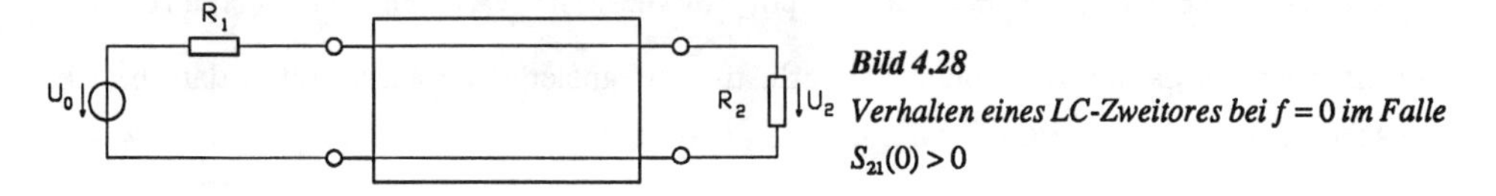

Bild 4.28
Verhalten eines LC-Zweitores bei $f=0$ im Falle $S_{21}(0)>0$

Wir erhalten aus dieser Anordnung mit $\ddot{u} = \sqrt{R_1/R_2}$ die Transmittanz

$$S_{21}(0) = 2\sqrt{\frac{R_1}{R_2}}\,\frac{U_2}{U_0} = 2\sqrt{\frac{R_1}{R_2}}\,\frac{R_2}{R_1+R_2} = 2\sqrt{\frac{R_1}{R_2}}\,\frac{1}{1+R_1/R_2} = 2\ddot{u}\,\frac{1}{1+\ddot{u}^2}.$$

Diese Beziehung liefert (wegen $|S_{21}| \le 1$) die beiden positiven Werte

$$\ddot{u}_1 = \frac{1}{S_{21}(0)}\left(1+\sqrt{1-S_{21}^2(0)}\right),\quad \ddot{u}_2 = \frac{1}{S_{21}(0)}\left(1-\sqrt{1-S_{21}^2(0)}\right), \tag{4.53}$$

die zueinander reziprok sind, d.h. $\ddot{u}_1\ddot{u}_2 = 1$.

Im Falle $S_{21}(0) = 1$ gibt es nur eine Lösung $\ddot{u} = 1$, und dies bedeutet gleiche Einbettungswiderstände $R_1 = R_2 = R$. Im Fall $S_{21}(0) < 1$ gibt es zwei Lösungen. Nach der Festlegung des Widerstandes R_1 erhält man

$$R_2 = \frac{R_1}{\ddot{u}_1^2} \quad \text{oder} \quad R_2 = \frac{R_1}{\ddot{u}_2^2} = \ddot{u}_1^2 R_1. \tag{4.54}$$

Damit ist der 1. Schritt zur Synthese getan, aus dem Wert $S_{21}(0)$ kann, nach Festlegung des Widerstandes R_1, der Abschlußwiderstand R_2 ermittelt werden.

4.4.4.2 Die Synthese von Polynomfiltern

Wir gehen von einer nullstellenfreien Betriebsübertragungsfunktion in der Form

$$S_{21}(s) = \frac{1}{b_0 + b_1 s + \ldots + b_n s^n}$$

aus. Die reziproke Betriebsübertragungsfunktion

$$F(s) = \frac{1}{S_{21}(s)} = b_0 + b_1 s + \ldots + b_n s^n \tag{4.55}$$

ist ein Polynom n-ten Grades, das in einen geraden und einen ungeraden Anteil zerlegt wird:

$$F(s) = F_g(s) + F_u(s). \tag{4.56}$$

$F_g(s) = F_g(-s)$ enthält die Summanden von $F(s)$ mit den geraden und $F_u(s) = -F_u(-s)$ die mit den ungeraden Potenzen von s. Nach Gl. 4.41 (Abschnitt 4.41) kann F(s) auch folgendermaßen dargestellt werden:

$$F(s) = \frac{1}{2}\left(\sqrt{\frac{R_2}{R_1}}A_{11}(s) + \frac{1}{\sqrt{R_1R_2}}A_{12}(s) + \sqrt{R_1R_2}A_{21}(s) + \sqrt{\frac{R_1}{R_2}}A_{22}(s)\right). \tag{4.57}$$

Nach Satz 4.2 (Abschnitt 4.2.2) sind die Kettenmatrixelemente $A_{11}(s)$ und $A_{22}(s)$ eines Reaktanzzweitores gerade Funktionen und $A_{12}(s)$ sowie $A_{21}(s)$ ungerade Funktionen. Dies rechtfertigt den folgenden Ansatz

$$\begin{aligned} &\sqrt{\frac{R_2}{R_1}}A_{11}(s) = F_g(s) + f_g(s), \quad \sqrt{\frac{R_1}{R_2}}A_{22}(s) = F_g(s) - f_g(s), \\ &\frac{1}{\sqrt{R_1R_2}}A_{12}(s) = F_u(s) + f_u(s), \quad \sqrt{R_1R_2}A_{21}(s) = F_u(s) - f_u(s). \end{aligned} \tag{4.58}$$

Dabei ist $f(s) = f_g(s) + f_u(s)$ eine zunächst noch unbekannte Funktion mit dem geraden Anteil $f_g(s)$ und dem ungeraden Anteil $f_u(s)$. Die Zulässigkeit des Ansatzes nach Gl. 4.58 ist dadurch nachzuprüfen, indem man diese Ausdrücke in Gl. 4.57 einsetzt und dann die Form gemäß Gl. 4.56 erhält.

Wir benutzen nun die Reziprozitätseigenschaft

$$det\,\mathbf{A} = A_{11}(s)A_{22}(s) - A_{12}(s)A_{21}(s) = 1,$$

und erhalten unter Verwendung von Gl. 4.58

$$(F_g(s) + f_g(s))(F_g(s) - f_g(s)) - (F_u(s) + f_u(s))(F_u(s) - f_u(s)) = 1.$$

Durch elementare Rechnung folgt daraus

$$(F_g(s) + F_u(s))(F_g(s) - F_u(s)) - (f_g(s) + f_u(s))(f_g(s) - f_u(s)) = 1,$$

oder

$$F(s)F(-s) - f(s)f(-s) = 1. \tag{4.59}$$

Hinweis:
$F(s) = F_g(s) + F_u(s), F(-s) = F_g(s) - F_u(s), f(s) = f_g(s) + f_u(s), f(-s) = f_g(s) - f_u(s)$.

Zur weiteren Auswertung definieren wir folgende Funktionen

$$Q(s) = F(s)F(-s), \quad q(s) = f(s)f(-s) \tag{4.60}$$

und erhalten dann aus Gl. 4.59

$$q(s) = Q(s) - 1 = F(s)F(-s) - 1. \tag{4.61}$$

Da $F(s)$ ein Polynom vom Grade n ist, ist

$$q(s) = f(s)f(-s) = (f_g(s) + f_u(s))(f_g(s) - f_u(s)) = f_g^2(s) - f_u^2(s)$$

ein (gerades) Polynom vom Grade $2n$. Wir ermitteln die $2n$ Nullstellen von $q(s)$. Weil $q(s)$ ein gerades Polynom mit reellen Koeffizienten ist, müssen diese symmetrisch sowohl zur reellen wie auch zur imaginären Achse auftreten. Nullstellen auf der imaginären Achse müssen eine gerade Vielfachheit aufweisen. Aus $q(s) = f(s)f(-s)$ folgt, daß von den $2n$ Nullstellen genau n zu $f(s)$ und n zu $f(-s)$ gehören. Wir finden also $f(s)$ (zunächst bis auf einen konstanten Faktor), indem wir aus n der $2n$ Nullstellen ein Polynom bilden. Bei der Zuordnung der Nullstellen zu $f(s)$ ist darauf zu achten, daß jeweils konjugiert komplexe Nullstellenpaare zuzuordnen sind. Bei einer $2k$-fachen Nullstelle ist $f(s)$ eine k-fache zuzuweisen. Der noch unbestimmte Faktor in $f(s)$ wird schließlich so festgelegt, daß das Produkt $f(s)f(-s)$ zu der vorgegebenen Funktion $q(s)$ führt.

Normalerweise gibt es eine größere Anzahl von Zuordnungsmöglichkeiten der n Nullstellen zu $f(s)$ und damit später auch eine entsprechende Anzahl unterschiedlicher Realisierungsschaltungen für das Zweitor.

Mit $f(s)$ sind auch $f_g(s)$ und $f_u(s)$ bekannt, und wir finden mit der Beziehung 4.58 die Kettenmatrix des gesuchten Zweitores

$$\mathrm{A} = \begin{pmatrix} \sqrt{\dfrac{R_1}{R_2}}(F_g(s) + f_g(s)) & \sqrt{R_1 R_2}\,(F_u(s) + f_u(s)) \\ \dfrac{1}{\sqrt{R_1 R_2}}(F_u(s) - f_u(s)) & \sqrt{\dfrac{R_2}{R_1}}(F_g(s) - f_g(s)) \end{pmatrix}. \tag{4.62}$$

Bevor wir zeigen, wie man von der so ermittelten Kettenmatrix des gesuchten Zweitores eine diese realisierende Schaltung findet, sollen die bisher besprochenen Schritte im Rahmen eines einfachen Beispieles durchgeführt werden.

Beispiel 1 (1. Teil)

Zu realisieren ist die Betriebsübertragungsfunktion

$$S_{21}(s)=\frac{1}{1+2s+2s^2+s^3}.$$

Aus der Eigenschaft $S_{21}(0)=1$ folgt, daß das hier gesuchte Zweitor in gleichgroße Widerstände $R_1=R_2=R$ eingebettet ist (siehe hierzu die Erklärungen im Abschnitt 4.4.4.1). Nach den Beziehungen 4.55, 4.56 und 4.60 wird $F(s)=1+2s+2s^2+s^3$, $F_g(s)=1+2s^2$, $F_u(s)=2s+s^3$, $Q(s)=F_g^2(s)-F_u^2(s)=1-s^6$, und nach Gl. 4.61 $q(s)=Q(s)-1=-s^6=f(s)f(-s)$. $q(s)$ hat eine 6-fache Nullstelle im Ursprung und dies bedeutet, daß es hier zwei Lösungen für $f(s)$ gibt, nämlich $f(s)=s^3$ und $f(s)=-s^3$.

Fall a: $f(s)=s^3, f_g(s)=0, f_u(s)=s^3$

Mit $F_g(s)=1+2s^2$, $F_u(s)=2s+s^3$ und $R_1=R_2=R$ erhalten wir nach Gl. 4.62 die Kettenmatrix

$$\mathbf{A}=\begin{pmatrix}1+2s^2 & R(2s+2s^3)\\ \frac{1}{R}2s & 1+2s^2\end{pmatrix}.$$

Fall b: $f(s)=-s^3, f_g(s)=0, f_u(s)=-s^3$

Hier finden wir die Kettenmatrix

$$\mathbf{A}=\begin{pmatrix}1+2s^2 & R2s\\ \frac{1}{R}(2s+2s^3) & 1+2s^2\end{pmatrix}.$$

Wir setzen nun die Besprechung des Syntheseverfahrens fort und greifen das Beispiel später wieder auf.

Zunächst wird die physikalische Bedeutung von Quotienten von Kettenmatrixelementen untersucht. Aus den Gleichungen $U_1=A_{11}U_2+A_{12}I_2$, $I_1=A_{21}U_2+A_{22}I_2$ findet man folgende Beziehungen

$$\frac{A_{11}}{A_{12}}=Y_{2K},\quad \frac{A_{11}}{A_{21}}=W_{1L},\quad \frac{A_{22}}{A_{12}}=Y_{1K},\quad \frac{A_{22}}{A_{21}}=W_{2L}. \tag{4.63}$$

Y_{2K} ist der am Tor 2 gemessene Leitwert bei Kurzschluß am Tor 1, W_{1L} ist die am Tor 1 gemessene Impedanz bei Leerlauf am Tor 2 usw.. Da unser Zweitor ein Reaktanzzweitor ist, handelt es sich bei den vier Quotienten um Reaktanzzweipolfunktionen. Alle Quotienten haben eine Form $A_g(s)/A_u(s)$ oder $A_u(s)/A_g(s)$, wobei $A_g(s)$ ein gerades und $A_u(s)$ ein ungerades Polynom ist.

Nun wählt man eine der Reaktanzzweipolfunktionen nach Gl. 4.63 mit dem höchsten Grad aus und entwickelt eine Zweitorschaltung nach dem Verfahren Cauer 1 (Polabbau bei ∞, siehe Abschnitt 3.2.3.2). Diese Schaltung wird rechts und links mit den Torwiderständen R_1 und R_2 ergänzt.

Wir skizzieren den Beweis, daß auf diese Weise tatsächlich die vorgegebene Kettenmatrix 4.62 realisiert worden ist.

Vorgeschrieben war die Kettenmatrix (Gl. 4.62)

$$\mathbf{A} = \begin{pmatrix} A_{11} & A_{12} \\ A_{21} & A_{22} \end{pmatrix}. \tag{4.64}$$

Durch die Entwicklung der Zweipolfunktion ist ein Zweitor mit der Kettenmatrix

$$\mathbf{A}' = \begin{pmatrix} A'_{11} & A'_{12} \\ A'_{21} & A'_{22} \end{pmatrix} \tag{4.65}$$

entstanden. Dann muß

$$\frac{A_g(s)}{A_u(s)} = \frac{A'_g(s)}{A'_u(s)} \tag{4.66}$$

sein, denn die Verwirklichung dieses Quotienten als Zweipolfunktion mit den Elementen aus der Gl. 4.64 muß zu dem gleichen Ergebnis wie bei Gl. 4.65 führen. Aus Gl. 4.66 folgt

$$A'_g = kA_g, \quad A'_u = kA_u.$$

Bei k kann es sich nicht um ein Polynom handeln. Wenn dies so wäre, dann würde bei $s = s_0$ eine Nullstelle von k auftreten, und damit wäre bei diesem Wert s_0 die Determinante $det\,\mathbf{A}' = A'_{11}A'_{22} - A'_{12}A'_{21} = 0$. Bei A'_g kann es sich um A'_{11} oder A'_{22} handeln, bei A'_u um A'_{12} oder A'_{21}. Da $A_g(0) = 1$ und auch $A'_g(0) = 1$ ist, muß $k = 1$ sein und damit $A_g = A'_g$, $A_u = A'_u$.

Hinweis:
Bei $f = 0$ stellt das Zweitor eine Durchverbindung dar (siehe Bild 4.28 im Abschnitt 4.4.4.1), das bedeutet $U_1 = U_2$, $I_1 = I_2$ und somit $A_{11}(0) = 1$, $A_{22}(0) = 1$ bzw. $A'_{11}(0) = 1$, $A'_{22}(0) = 1$.

Für die Fortführung des Beweises nehmen wir nun an, daß $A_g = A_{11}$, $A_u = A_{21}$ sei, dann gilt bis jetzt

$$\mathbf{A}' = \begin{pmatrix} A_{11} & A_{12}' \\ A_{21} & A_{22}' \end{pmatrix}$$

und die Determinantenbedingung lautet

$$det\,\mathbf{A}' = A_{11}(s)A_{22}'(s) - A_{12}'(s)A_{21}(s) = 1.$$

Wir nehmen an, daß $A_{11}(s)$ den höchsten Grad n aller Elemente der Kettenmatrix hat (A_{21} und A_{12} haben dann den Grad $n-1$). Das Polynom $A_{11}(s)$ hat damit n Nullstellen $s_1, s_2 \ldots s_n$. An diesen n Stellen muß $A_{12}'(s) \cdot A_{21}(s) = -1$ und auch $A_{12}(s) \cdot A_{21}(s) = -1$ sein ($det\,\mathbf{A}' = det\,\mathbf{A} = 1$). Daraus folgt, daß für n Werte von s

$$A_{12}'(s) = A_{12}(s) = -\frac{1}{A_{21}(s)}$$

gilt. Nach unseren Voraussetzungen haben $A_{12}(s)$ und $A_{12}'(s)$ den Grad $n-1$. Zwei Polynome vom maximalen Grad $n-1$, die an n Stellen übereinstimmen, sind jedoch identisch, also ist $A_{12}'(s) = A_{12}(s)$.

Hinweis:
Ein Polynom vom Grade $n-1$ ist durch genau n Koeffizienten und damit auch durch die Festlegung von n Funktionswerten vollständig bestimmt. Daher müssen zwei Polynome, die an n Stellen gleiche Funktionswerte aufweisen, identisch sein.

Bis jetzt haben wir die Übereinstimmung von drei Matrixelementen bei den Kettenmatrizen 4.64, 4.65 nachgewiesen. Unter Berücksichtigung dieses Ergebnisses lauten die Determinanten der beiden Kettenmatrizen $A_{11}A_{22} - A_{12}A_{21} = 1$ und $A_{11}A_{22}' - A_{12}A_{21} = 1$, und daraus folgt sofort die Übereinstimmung des 4. Kettenmatrixelementes $A_{22}' = A_{22}$.

Wir nehmen nun das Beispiel 1 wieder auf.

Beispiel 1 (Fortsetzung)
Die bei diesem Beispiel vorliegende Betriebsübertragungsfunktion kann durch Zweitore mit zwei unterschiedlichen Kettenmatrizen realisiert werden.

Fall a: Hier wählen wir die Form

$$Y_{1K} = \frac{A_{22}}{A_{12}} = \frac{1+2s^2}{R(2s+2s^3)} \quad \text{bzw.} \quad W_{1K} = \frac{1}{Y_{1K}} = R\frac{2s+2s^3}{1+2s^2}.$$

Sinnvollerweise normiert man die Impedanz auf den Widerstand R und ermittelt dann durch Polabspaltung bei ∞ (Methode Cauer 1) eine Schaltung für die Impedanz

$$W'_{1K} = \frac{W_{1K}}{R} = \frac{2s+2s^3}{1+2s^2}.$$

Zur Ermittlung der Schaltung kann das Programm REAKTANZZWEIPOLE verwendet werden. Die (auf R normierte) Zweipolschaltung ist links im Bild 4.29 skizziert. Rechts im Bild ist die gesuchte Schaltung zur Realisierung der vorgegebenen Betriebsübertragungsfunktion dargestellt. Zur Entnormierung der Schaltung ist der Wert des Widerstandes R festzulegen und weiterhin eine Bezugsfrequenz.

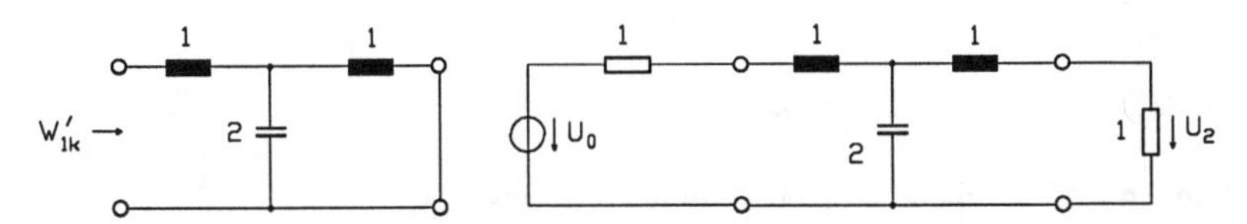

Bild 4.29 Eingangsimpedanz am Tor 1 bei Kurzschluß am Tor 2 (links), Schaltung zur Realisierung der gegebenen Betriebsübertragungsfunktion im Fall a (rechts).

Fall b: Hier wählen wir den Quotienten

$$W_{1L} = \frac{A_{11}}{A_{21}} = R\frac{1+2s^2}{2s+2s^3}.$$

Die Realisierung der auf R normierten Impedanz $W'_{1L} = W_{1L}/R$ führt auf die links im Bild 4.30 skizzierte Zweipolschaltung. Durch Ergänzung mit den (hier gleichen) Torwiderständen erhält man die Schaltung rechts im Bild.

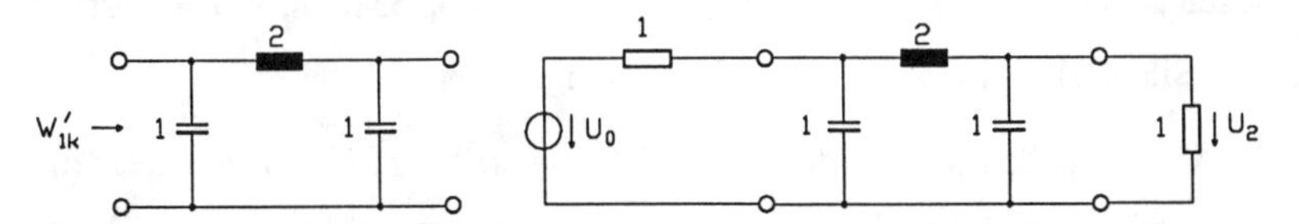

Bild 4.30 Eingangsimpedanz am Tor 1 bei Leerlauf am Tor 2 (links), Schaltung zur Realisierung der gegebenen Betriebsübertragungsfunktion im Fall b (rechts).

Für praktische Fälle wird man die Schaltung von Bild 4.30 meist vorziehen, weil sie nur eine Induktivität benötigt. Die Zweitorschaltung von Bild 4.30 ist übrigens dual zu der von Bild 4.29. Eine gesonderte Berechnung wäre also nicht erforderlich gewesen, wenn die im Abschnitt 4.1.3.2 angegebenen Umwandlungsregeln auf die Schaltung 4.29 angewandt worden wären.

Beispiel 2

Zu realisieren ist die Betriebsübertragungsfunktion

$$S_{21}(s) = \frac{1/2}{1+2s+2s^2+s^3},$$

sie unterscheidet sich von der im Beispiel 1 nur dadurch, daß hier $S_{21}(0) = 1/2$ (und nicht 1) ist. $S_{21}(0) \neq 1$ bedeutet unterschiedlich große Einbettungswiderstände $R_1 \neq R_2$. Wenn wir $R_1 = 1$ setzen, gibt es nach Gl. 4.54 (Abschnitt 4.4.4.1) zwei mögliche (normierte) Abschlußwiderstände $R_2 = \ddot{u}_1^2$ bzw. $R_2 = 1/\ddot{u}_1^2$. Nach Gl. 4.53 wird

$$\ddot{u}_1 = \frac{1}{S_{21}(0)}\left(1+\sqrt{1-S_{21}(0)^2}\right) = 2\,(1+\sqrt{0{,}75}) = 3{,}732,$$

also lauten die Werte $R_2 = 13{,}928$ oder $R_2 = 0{,}0718$.

Nach den Beziehungen 4.55, 4.56 und 4.60 erhalten wir zunächst

$$F(s) = 2+4s+4s^2+2s^3,\quad F_g(s) = 2+4s^2,\quad F_u(s) = 4s+2s^3, Q(s) = F_g(s)^2 - F_u(s)^2 = 4-4s^6$$

und mit Gl. 4.61

$$q(s) = Q(s) - 1 = 3 - 4s^6.$$

Nullstellen von $q(s)$:

$$3-4s^6 = 0,\ s^6 = \frac{3}{4} = \frac{3}{4}e^{jk2\pi},\quad s_{0k} = \sqrt[6]{\frac{3}{4}}\,e^{j2\pi k/6},\ k = 0\ldots5.$$

Die Nullstellen liegen auf einem Kreis mit dem Radius $r = \sqrt[6]{3/4} = 0{,}95318$ im Winkelabstand von 60°, sie sind im Bild 4.31 in der komplexen s-Ebene eingetragen.

Hier existieren vier Möglichkeiten der Zuordnung von drei Nullstellen zu $f(s)$. Die linke reelle Nullstelle zusammen mit einem konjugiert komplexen Nullstellenpaar führt auf zwei Möglichkeiten. Weitere zwei Fälle entstehen durch die rechte reelle Nullstelle und ein Nullstellenpaar.

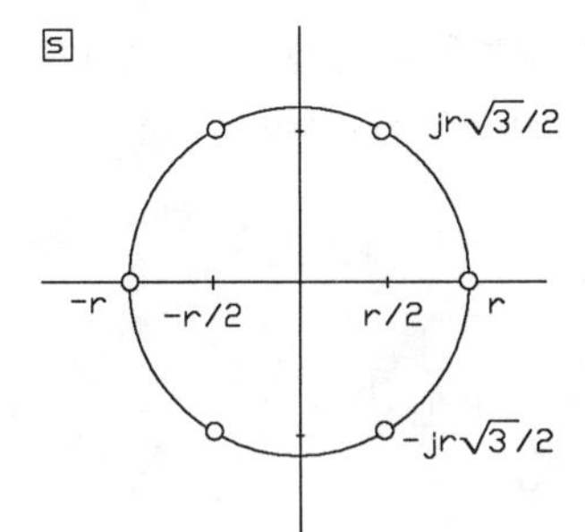

Bild 4.31
Nullstellen von $q(s)$ beim Beispiel 2 ($r = 0{,}95318$)

Wir wählen die in der linken s-Halbebene auftretenden Nullstellen und erhalten zunächst mit $r = \sqrt[6]{3/4} = 0{,}95318$:

$$f(s) = K(s+r)\left(s + \frac{r}{2} - jr\frac{\sqrt{3}}{2}\right)\left(s + \frac{r}{2} + jr\frac{\sqrt{3}}{2}\right) = K(s+r)(s^2 + rs + r^2) =$$

$$= K(r^3 + s2r^2 + s^2 2r + s^3) = K(0{,}86603 + 1{,}8171s + 1{,}9064s^2 + s^3).$$

Die Konstante K ist so festzulegen, daß die Bedingung $q(0) = f^2(0) = 3$ eingehalten wird. Dies führt zu $f^2(0) = (K \cdot r^3)^2 = 3$ und damit zu $K = \pm\sqrt{3}/r^3 = \pm 2$. Es läßt sich zeigen, daß der Fall $K > 0$ stets zu einer Zweitorschaltung führt, die mit einer Induktivität im Längszweig beginnt. Im Fall $K < 0$ entsteht die dazu duale Schaltung, die mit einer Kapazität im Querzweig beginnt. Wir wählen hier den poisitiven Wert $K = 2$ und erhalten

$$f(s) = 1{,}73205 + 3{,}6342s + 3{,}8127s^2 + 2s^3,$$

$$f_g(s) = 1{,}73205 + 3{,}8127s^2, \quad f_u(s) = 3{,}6342s + 2s^3,$$

$$F_g(s) + f_g(s) = 3{,}73205 + 7{,}8127s^2, \quad F_g(s) - f_g(s) = 0{,}26795 + 0{,}1873s^2,$$

$$F_u(s) + f_u(s) = 7{,}6342s + 4s^3, \quad F_u(s) - f_u(s) = 0{,}36365s^3.$$

Je nach Wahl der Einbettungswiderstände gibt es zwei Möglichkeiten. Im Fall $R_1 = 1, R_2 = 13{,}928$ erhalten wir entsprechend Gl. 4.62 die Kettenmatrix

$$\mathrm{A} = \begin{pmatrix} 1 + 2{,}0934s^2 & 28{,}491s + 14{,}928s^3 \\ 0{,}09744s & 1 + 0{,}7s^2 \end{pmatrix}.$$

Wir wählen den Quotienten

$$Y_{1K} = \frac{A_{22}}{A_{12}} = \frac{1 + 0{,}7s^2}{28{,}491s + 14{,}928s^3}.$$

Durch Polabspaltung bei ∞ entsteht die links im Bild 4.32 skizzierte Schaltung (Anwendung des Programmes REAKTANZZWEIPOLE). Rechts im Bild ist die unsere Betriebsübertragungsfunktion realisierende Schaltung dargestellt.

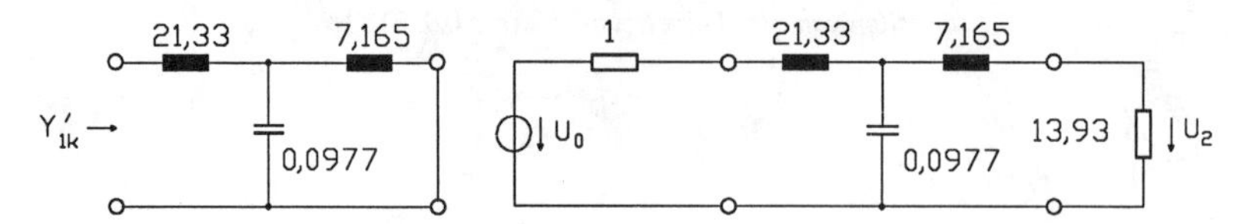

Bild 4.32 *Schaltungen zum Beispiel 2*

Wir können das Zweitor durch das dazu duale ersetzen und erhalten so ohne umfangreichere Rechnung (mit $K=-2$) eine weitere Realisierungsschaltung mit nur einer Induktivität. Diese Schaltungsumwandlung wurde als Beispiel im Abschnitt 4.1.3.2 durchgeführt (Bild 4.15).

Hinweis:

Die Synthese von Polynomfiltern und ebenso die Synthese der im folgenden Abschnitt besprochenen Systeme mit Nullstellen auf der imaginären Achse wird durch das Programm SCHALTUNGSENTWURF unterstützt.

4.4.4.3 Die Synthese bei Nullstellen auf der imaginären Achse

Das Verfahren wird nur sehr knapp und z.T. ohne Beweise beschrieben. Der Leser sollte vorher den Abschnitt 4.4.4.2 durchgearbeitet haben.

Wir gehen von einer Betriebsübertragungsfunktion

$$S_{21}(s)=\frac{(s^2+\omega_{01}^2)(s^2+\omega_{02}^2)\dots(s^2+\omega_{0k}^2)}{b_0+b_1 s+\dots+b_n s^n},\quad m=2k<n \tag{4.67}$$

aus. Das Zählerpolynom hat $2k$ Nullstellen ($s_{0\nu}=\pm j\omega_{0\nu}$, $\nu=1\dots k$) auf der imaginären Achse. Die reziproke Betriebsübertragungsfunktion wird hier mit $H(s)$ bezeichnet, sie hat die Form

$$H(s)=\frac{1}{S_{21}(s)}=\frac{F(s)}{E(s)}, \tag{4.68}$$

wobei $F(s)=b_0+b_1 s+\dots+b_n s^n$ ein Hurwitzpolynom ist und $E(s)$ ein gerades Polynom mit $2k$ Nullstellen auf der imaginären Achse.

Nach Gl. 4.41 (Abschnitt 4.4.1) hat $H(s)$ auch die Form

$$H(s)=\frac{1}{2}\left(A_{11}(s)\sqrt{\frac{R_2}{R_1}}+A_{12}(s)\frac{1}{\sqrt{R_1R_2}}+A_{21}(s)\sqrt{R_1R_2}+A_{22}(s)\sqrt{\frac{R_1}{R_2}}\right). \tag{4.69}$$

Dabei sind $A_{11}(s), A_{22}(s)$ gerade (gebrochen rationale) Funktionen und $A_{12}(s), A_{21}(s)$ ungerade Funktionen.

In Analogie zur Vorgehensweise im Abschnitt 4.4.4.2 machen wir den Ansatz

$$\begin{aligned}&\sqrt{\frac{R_2}{R_1}}A_{11}(s)=\frac{1}{E(s)}(F_g(s)+f_g(s)), \quad \sqrt{\frac{R_1}{R_2}}A_{22}(s)=\frac{1}{E(s)}(F_g(s)-f_g(s)),\\&\frac{1}{\sqrt{R_1R_2}}A_{12}(s)=\frac{1}{E(s)}(F_u(s)+f_u(s)), \quad \sqrt{R_1R_2}A_{21}(s)=\frac{1}{E(s)}(F_u(s)-f_u(s)).\end{aligned} \tag{4.70}$$

Dabei wurde das Polynom $F(s)=F_g(s)+F_u(s)$ in einen geraden und einen ungeraden Anteil zerlegt. $f(s)=f_g(s)+f_u(s)$ ist ein zunächst noch unbekanntes Polynom. Ansonsten kann der Leser schnell nachprüfen, daß der Ansatz nach Gl. 4.70 zulässig ist, indem er diese Ausdrücke in Gl. 4.69 einsetzt.

Die Bedingung

$$det\,\mathbf{A}=A_{11}(s)A_{22}(s)-A_{12}(s)A_{21}(s)=1$$

führt mit dem Ansatz nach Gl. 4.70 zunächst zu den Beziehungen

$$(F_g(s)+F_u(s))(F_g(s)-F_u(s))-(f_g(s)+f_u(s))(f_g(s)-f_u(s))=E^2(s),$$

$$F(s)F(-s)-f(s)f(-s)=E^2(s) \tag{4.71}$$

(vgl. hierzu die entsprechende Beziehung im Abschnitt 4.4.4.2). Mit $Q(s)=F(s)F(-s)$, $q(s)=f(s)f(-s)$ erhalten wir schließlich

$$q(s)=Q(s)-E^2(s)=F(s)F(-s)-E^2(s). \tag{4.72}$$

Von den $2n$ Nullstellen des Polynoms $q(s)$ werden entsprechend den im Abschnitt 4.4.4.2 besprochenen Regeln n dem Polynom $f(s)$ zugeordnet. Damit sind auch $f_g(s)$ und $f_u(s)$ bekannt. Die Kettenmatrix des zu realisierenden Zweitores hat die (jetzt bekannte) Form

$$\mathbf{A} = \frac{1}{E(s)} \begin{pmatrix} \sqrt{\frac{R_1}{R_2}}(F_g(s)+f_g(s)) & \sqrt{R_1R_2}\,(F_u(s)+f_u(s)) \\ \frac{1}{\sqrt{R_1R_2}}(F_u(s)-f_u(s)) & \sqrt{\frac{R_2}{R_1}}(F_g(s)-f_g(s)) \end{pmatrix}. \tag{4.73}$$

Genau wie bei der Synthese von Polynomfiltern wird einer der Quotienten

$$\frac{A_{11}}{A_{12}} = Y_{2K}, \quad \frac{A_{11}}{A_{21}} = W_{1L}, \quad \frac{A_{22}}{A_{12}} = Y_{1K}, \quad \frac{A_{22}}{A_{21}} = W_{2L}$$

mit dem höchsten Grad ausgewählt. Wie man aus Gl. 4.73 erkennt, sind diese Zweipolfunktionen unabhängig von $E(s)$. Daher genügt es nicht, die ausgewählte Funktion als Impedanz oder als Admittanz zu realisieren, es muß zusätzlich noch auf die Realisierung der (in $E(s)$ enthaltenen) Übertragungsnullstellen geachtet werden. Dies geschieht durch einen "gesteuerten" Teilabbau von Polen und wird bei dem folgenden Beispiel demonstriert.

Beispiel

Eine Betriebsübertragungsfunktion hat das im Bild 4.33 skizzierte PN-Schema. Die weitere Bedingung $S_{21}(0) = 1$ bedeutet gleichgroße Einbettungswiderstände $R_1 = R_2 = R$ (die Rechnung erfolgt mit $R = 1$).

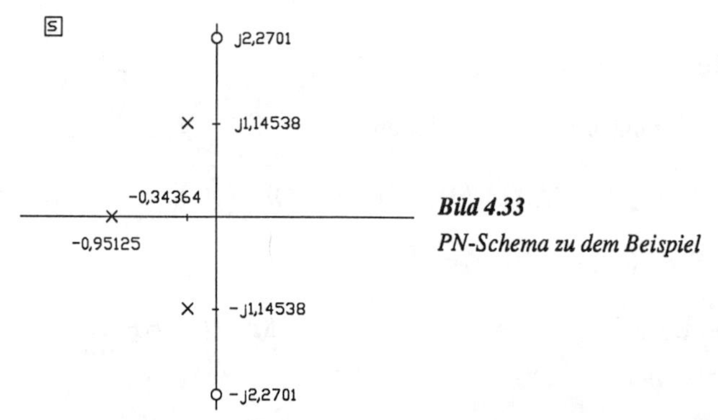

Bild 4.33
PN-Schema zu dem Beispiel

Durch elementare Rechnung erhalten wir aus dem PN-Schema die Transmittanz

$$S_{21}(s) = \frac{1{,}36027 + 0{,}26396s^2}{1{,}36027 + 2{,}08376s + 1{,}63853s^2 + s^3},$$

$$F_g(s) = 1{,}36027 + 1{,}63853s^2, \quad F_u(s) = 2{,}08376s + s^3, \quad E(s) = 1{,}36027 + 0{,}26396s^2.$$

Mit $Q(s) = F(s)F(-s) = F_g^2(s) - F_u^2(s)$ erhalten wir nach elementarer Rechnung gemäß Gl. 4.72

$$q(s)=f(s)f(-s)=Q(s)-E^2(s)=-0{,}602459s^2-1{,}552405s^4-s^6.$$

$q(s)$ hat bei 0 und $\pm j0{,}881028$ jeweils doppelte Nullstellen, damit wird

$$f(s)=\pm s(s^2+0{,}881028^2)=\pm s(s^2+0{,}7762025).$$

Bei Wahl des positiven Vorzeichens wird $f_g(s)=0$, $f_u(s)=0{,}7762025s+s^3$ und nach Gl. 4.73

$$\mathbf{A}=\frac{1}{1{,}36027+0{,}26396s^2}\begin{pmatrix}1{,}36027+1{,}63853s^2 & 2{,}85996s+2s^3\\ 1{,}30755s & 1{,}36027+1{,}63853s^2\end{pmatrix}.$$

Zur Schaltungsentwicklung wählen wir den Quotienten

$$W_{2K}=\frac{A_{12}}{A_{11}}=\frac{2{,}85996s+2s^3}{1{,}36027+1{,}63853s^2}.$$

Bei der Entwicklung der Zweipolschaltung muß darauf geachtet werden, daß durch die später entstehende Zweitorschaltung die Übertragungsnullstelle bei $j2{,}2701$ (siehe PN-Schema im Bild 4.33) realisiert wird. Dies wird durch einen Teilabbau von Polen bei der Schaltungsentwicklung erreicht. Im vorliegenden Fall können wir auf das im Abschnitt 3.2.3.3 durchgerechnete Beispiel zurückgreifen. Die dort im Bild 3.15 angegebene Schaltung entspricht der hier gesuchten Impedanz W_{2K}. Wir übernehmen diese Schaltung, die ergänzt durch die (gleichgroßen) Einbettungswiderstände, auf die links im Bild 4.34 skizzierte Schaltung führt. Dabei ist zu beachten, daß die Schaltung im Bild 3.15 die Eingangsimpedanz am Tor 2 (bei Kurzschluß am Tor 1) darstellt. Rechts im Bild 4.34 ist die dazu duale Zweitorschaltung angegeben, durch die ebenfalls die hier vorliegende Betriebsübertragungsfunktion realisiert wird (siehe hierzu auch Abschnitt 4.1.3.2).

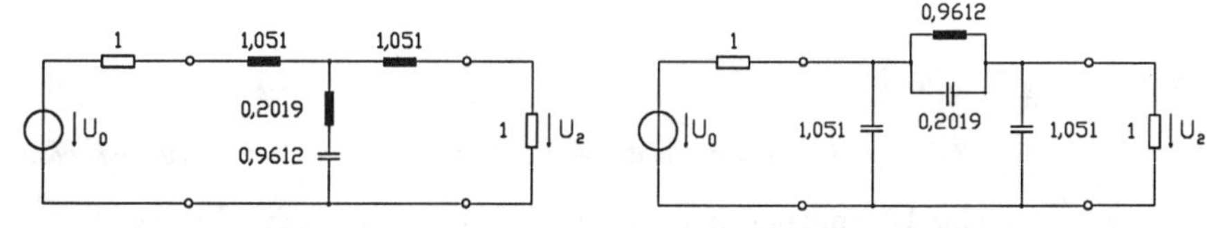

***Bild 4.34** Schaltungen zur Realisierung der Betriebsübertragungsfunktion bei dem Beispiel*

Aus den Schaltungen kann man die Übertragungsnullstelle bei $\omega=2{,}27$ (siehe Bild 4.33) unmittelbar ablesen. Es ist die Resonanzfrequenz des Reihenschwingkreises in der linken bzw. des Parallelschwingkreises in der rechten Schaltung.

Im Gegensatz zur Synthese von Polynomnetzwerken ist hier nicht gesichert, daß immer realisierbare Schaltungen entstehen. Es kann vorkommen, daß bei dem Teilabbau von Polen negative Bauelemente auftreten. Diese können ggf. durch geeignete Äquivalenztransformationen beseitigt werden (siehe Abschnitt 4.1.3.1).

4.4.4.4 Spezielle Realisierungen von Übertragungsfunktionen

Wir untersuchen in diesem Abschnitt Reaktanzzweitore, die an einem der beiden Tore mit einem Widerstand beschaltet sind. Die Zweitore können mit einer Spannungs- oder Stromquelle am Tor 1 betrieben werden, so wie dies im Bild 4.35 dargestellt ist. In dem Bild sind zusätzlich alle möglichen Übertragungsfunktionen angegeben. Diese ermittelt man am bequemsten zunächst mit Hilfe der Kettenmatrix. Durch Ersatz der Kettenmatrixelemente gemäß den Umrechnungsbeziehungen in der Tabelle 4.1 findet man die anderen Formen.

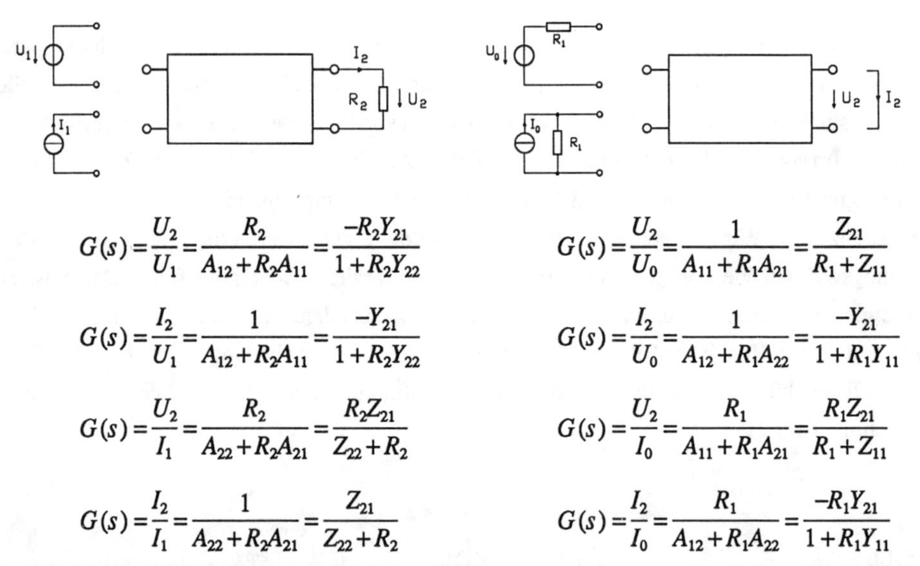

$$G(s)=\frac{U_2}{U_1}=\frac{R_2}{A_{12}+R_2A_{11}}=\frac{-R_2Y_{21}}{1+R_2Y_{22}} \qquad G(s)=\frac{U_2}{U_0}=\frac{1}{A_{11}+R_1A_{21}}=\frac{Z_{21}}{R_1+Z_{11}}$$

$$G(s)=\frac{I_2}{U_1}=\frac{1}{A_{12}+R_2A_{11}}=\frac{-Y_{21}}{1+R_2Y_{22}} \qquad G(s)=\frac{I_2}{U_0}=\frac{1}{A_{12}+R_1A_{22}}=\frac{-Y_{21}}{1+R_1Y_{11}}$$

$$G(s)=\frac{U_2}{I_1}=\frac{R_2}{A_{22}+R_2A_{21}}=\frac{R_2Z_{21}}{Z_{22}+R_2} \qquad G(s)=\frac{U_2}{I_0}=\frac{R_1}{A_{11}+R_1A_{21}}=\frac{R_1Z_{21}}{R_1+Z_{11}}$$

$$G(s)=\frac{I_2}{I_1}=\frac{1}{A_{22}+R_2A_{21}}=\frac{Z_{21}}{Z_{22}+R_2} \qquad G(s)=\frac{I_2}{I_0}=\frac{R_1}{A_{12}+R_1A_{22}}=\frac{-R_1Y_{21}}{1+R_1Y_{11}}$$

***Bild 4.35** Einseitig mit einem Widerstand beschaltete Reaktanzzweitore mit den möglich Übertragungsfunktionen*

Man kann zeigen, daß eine Übertragungsfunktion in der Form $G(s)=E(s)/F(s)$ mit einem geraden oder ungeraden Polynom $E(s)$ und einem Hurwitzpolynom $F(s)$ mit nicht kleinerem Grad als dem von $E(s)$ durch die Schaltungen im Bild 4.35 realisierbar sind. Die Realisierung kann z.B. so erfolgen, daß zunächst die Kettenmatrix der gesuchten Zweitorschaltung ermittelt wird und danach die Schaltung (entsprechend den Methoden in den beiden früheren Abschnitten). Da bei der Beschaltung mit einem Widerstand nur zwei Matrixelemente des Reaktanzzweitores vorgeschrieben sind, ist eine einfachere Schaltungssynthese möglich.

Wir wollen hier beispielhaft für die Übertragungsfunktion

$$G=\frac{U_2}{U_1}=\frac{R_2}{A_{12}+R_2A_{11}}=\frac{-R_2Y_{21}}{1+R_2Y_{22}}$$

(siehe Bild 4.35 links) zeigen, wie die Synthese durchgeführt werden kann. Wir setzen $R_2=1$, dies bedeutet, daß die später gefundene Schaltung auf R_2 normiert ist, und erhalten

$$G(s)=\frac{-Y_{21}(s)}{1+Y_{22}(s)}=\frac{E(s)}{F(s)}=\frac{E(s)}{F_g(s)+F_u(s)}, \tag{4.74}$$

wobei $F_g(s), F_u(s)$ der gerade bzw. ungerade Anteil von $F(s)$ ist.

Hinweis:
Mit $R_1=1$ bzw. $R_2=1$ haben alle im Bild 4.35 angegebenen Übertragungsfunktionen eine Form entsprechend Gl. 4.74. Im Zähler tritt stets ein Nebendiagonalelement der Admittanz- oder der Impedanzmatrix auf. Das Element im Nenner ist immer eine Reaktanzzweipolfunktion. Daher können die folgenden Ableitungsschritte sinngemäß auch für die Synthese der anderen Übertragungsfunktionen übernommen werden.

Offensichtlich muß von dem gesuchten Zweitor lediglich das Element $Y_{22}(s)$ und $Y_{12}(s)=Y_{21}(s)$ realisiert werden. $Y_{11}(s)$ kann (im Rahmen der Einschränkungen vom Abschnitt 4.2.2) beliebig hinzugefügt werden.

Bei der Ermittlung von $Y_{21}(s)$ und $Y_{22}(s)$ sind zwei Fälle zu unterscheiden.

1. Fall: $E(s)$ ist ein ungerades Polynom

$$Y_{21}(s)=-\frac{E(s)}{F_g(s)},\quad Y_{22}(s)=\frac{F_u(s)}{F_g(s)}. \tag{4.75}$$

Die formale Richtigkeit dieses Lösungsansatzes kann der Leser ganz leicht nachprüfen, indem er die Beziehungen 4.75 in Gl. 4.74 (ganz rechte Form) einsetzt. Das Element $Y_{22}(s)$ hat die Eigenschaft einer Reaktanzzweipolfunktion, denn es ist eine Interpretation als Eingangsleitwert am Tor 2 bei kurzgeschlosssenem Tor 1 möglich. Weiterhin kann gezeigt werden (siehe z.B.

[Un]), daß der Quotient des ungeraden und des geraden Anteiles eines Hurwitzpolynoms eine Reaktanzzweipolfunktion ist (vgl. hierzu auch die Erklärungen im Abschnitt 3.13). Dadurch, daß $F_g(s)$ auch im Nenner von $Y_{21}(s)$ steht, hat $Y_{21}(s)$ die gleichen Polstellen wie $Y_{22}(s)$.

2. Fall: $E(s)$ ist ein gerades Polynom

$$Y_{21}(s) = -\frac{E(s)}{F_u(s)}, \quad Y_{22}(s) = \frac{F_g(s)}{F_u(s)}. \tag{4.76}$$

Die formale Richtigkeit kann wiederum durch Einsetzen in Gl. 4.74 nachgewiesen werden, ansonsten wird auf die Bemerkungen bei 1. Fall verwiesen.

Die eigentliche Synthese des Zweitores kann jetzt so erfolgen, daß eine (geeignete) Schaltung für die Admittanz $Y_{22}(s)$ ermittelt wird, die, durch den Widerstand $R_2 = 1$ und die Spannungsquelle ergänzt, zu der gesuchten Anordnung führt. Bei der Entwicklung der Schaltung für $Y_{22}(s)$ ist zusätzlich darauf zu achten, daß die entstehende Zweitorschaltung die (in $E(s)$ enthaltenen) Übertragungsnullstellen realisiert.

Bei der Synthese von $Y_{22}(s)$ werden wir uns im folgenden auf Kettenbruchschaltungen (Abschnitt 3.2.3) beschränken, die zu den meistens erwünschten Abzweigschaltungen für das Zweitor führen. Falls $G(s)$ keine Übertragungsnullstelle besitzt ($E(s) = K$), führt die Polabspaltung bei $s = \infty$ (Methode Cauer 1, Abschnitt 3.2.3.2) zu stets realisierbaren Schaltungen. Bei Übertragungsnullstellen ausschließlich bei $\omega = 0$ ($E(s) = s^k$) führt die Synthesemethode mit Polabbau bei $s = 0$ (Methode Cauer 2) stets zum Ziel. In den anderen Fällen muß durch einen gezielt durchgeführten Teilabbau von Polen für die Einhaltung der Übertragungsnullstellen gesorgt werden (siehe Abschnitt 3.2.3.3). In solchen Fällen kann das Auftreten negativer Bauelementewerte prinzipiell nicht ausgeschlossen werden. Ggf. ist in solchen Fällen durch Anwendung von Äquivalenztransformationen (Abschnitt 4.1.3.1) eine Kompensation möglich.

Hinweis:
Da bei dieser Synthesemethode nur der Quotient $F_g(s)/F_u(s)$ bzw. dessen Kehrwert (ggf. bei Berücksichtigung von Übertragungsnullstellen) realisiert wird, wirkt sich die Multiplikation von $G(s)$ mit einem Faktor nicht auf das "Syntheseprodukt" aus. Dies bedeutet, daß $G(s)$ i.a. nur bis auf einen konstanten Faktor realisiert wird. Für Tiefpaßübertragungsfunktionen ($G(0) \neq 0, G(\infty) = 0$) wird die Schaltungssynthese auch durch das Programm SCHALTUNGSENTWURF unterstützt.

Im Rahmen von drei Beispielen soll die Synthesemethode demonstriert werden.

Beispiel 1

Die Übertragungsfunktion

$$G(s)=\frac{1}{1+2s+2s^2+s^3}$$

ist als Spannungsverhältnis U_2/U_1 nach der Schaltung links im Bild 4.35 zu realisieren. Diese Übertragungsfunktion entspricht der im 1. Beispiel des Abschnittes 4.4.4.2 realisierten Betriebsübertragungsfunktion. Da $E(s)=1$ eine gerade Funktion ist, erhalten wir mit $F_g(s)=1+2s^2, F_u(s)=2s+s^3$ nach Gl. 4.76

$$Y_{21}(s)=\frac{-1}{2s+s^3},\quad Y_{22}(s)=\frac{1+2s^2}{2s+s^3}.$$

Wir entwickeln die Impedanz $Z(s)=1/Y_{22}(s)$ durch Polabspaltung bei $s=\infty$ (Verfahren Cauer 1, Abschnitt 3.2.3.2, Anwendung des Programmes REAKTANZZWEIPOLE) und erhalten die links im Bild 4.36 skizzierte Schaltung. Die Ergänzung mit dem Widerstand $R_2=1$ und der Spannungsquelle führt zu der Anordnung rechts im Bild, bei der keine Übertragungsnullstelle auftritt ($E(s)=1$).

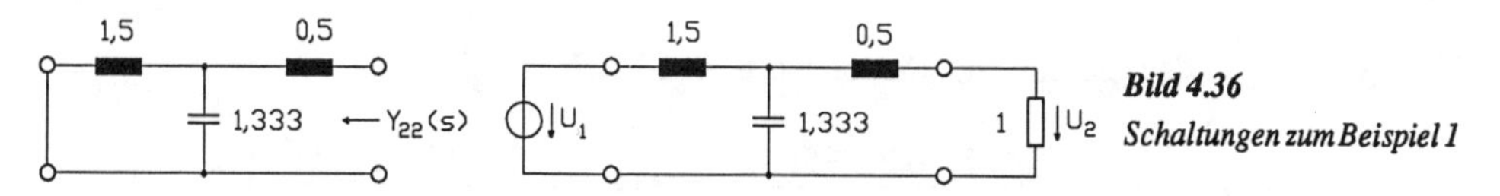

Bild 4.36
Schaltungen zum Beispiel 1

Die Schaltung kann auch mit dem Programm SCHALTUNGSENTWURF entworfen werden.

Beispiel 2

Die Übertragungsfunktion

$$G(s)=\frac{s^3}{1+2s+2s^2+s^3}$$

ist als Spannungsverhältnis nach der Schaltung links im Bild 4.35 zu realisieren. Da $E(s)=s^3$ eine ungerade Funktion ist, erhalten wir mit $F_g(s)=1+2s^2, F_u(s)=2s+s^3$ nach Gl. 4.75

$$Y_{21}(s)=\frac{-s^3}{1+2s^2},\quad Y_{22}(s)=\frac{2s+s^3}{1+2s^2}.$$

Da die zu realisierende Übertragungsfunktion bei $\omega = 0$ eine (dreifache) Nullstelle hat, wird $Z(s) = 1/Y_{22}(s)$ durch Polabbau bei $s = 0$ realisiert (Methode Cauer 2, Abschnitt 3.2.3.2). Die Bauelemente der links im Bild 4.37 skizzierten Schaltung von $Y_{22}(s)$ können mit Hilfe des Programmes REAKTANZZWEIPOLE ermittelt werden. Rechts im Bild ist die Gesamtschaltung dargestellt. Die Übertragungsnullstellen bei $\omega = 0$ werden durch die Kapazitäten im Längszweig (und die Induktivität im Querzweig) erreicht.

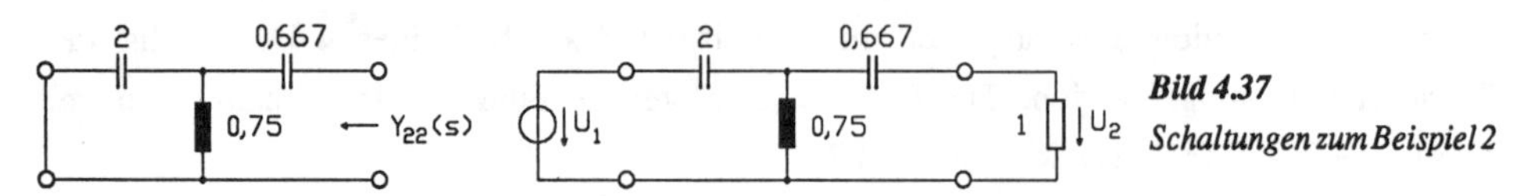

Bild 4.37
Schaltungen zum Beispiel 2

Beispiel 3
Die Übertragungsfunktion

$$G(s) = \frac{1{,}36027 + 0{,}26396s^2}{1{,}36027 + 2{,}08376s + 1{,}63853s^2 + s^3} \tag{4.77}$$

ist als Spannungsverhältnis mit der Schaltung links im Bild 4.35 zu realisieren. Diese Funktion entspricht der Betriebsübertragungsfunktion bei dem Beispiel im Abschnitt 4.4.4.3. Das PN-Schema von $G(s)$ ist im Bild 4.33 dargestellt.

Da $E(s)$ eine gerade Funktion ist, erhalten wir nach Gl. 4.76

$$Y_{21}(s) = -\frac{1{,}36027 + 0{,}26396s^2}{2{,}08376s + s^3}, \quad Y_{22}(s) = \frac{1{,}36027 + 1{,}63853s^2}{2{,}08376s + s^3}.$$

Bei der Entwicklung der Schaltung muß darauf geachtet werden, daß die Übertragungsnullstelle bei $\omega = 2{,}2701$ realisiert wird. Dies kann durch einen Teilabbau von Polen erreicht werden. Die Rechnung soll hier nicht durchgeführt werden. Die Rechenschritte sind genau die gleichen wie beim Beispiel im Abschnitt 3.2.3.3. Im Bild 4.38 ist dargestellt, wie die einzelnen Abbauschritte bei der Realisierung der Impedanz $Z(s) = Z_1(s) = 1/Y_{22}(s) = F_u(s)/F_g(s)$ durchzuführen sind. Das PN-Schema von $Z_1(s)$ erhält man aus den Nullstellen von $F_g(s)$ und $F_u(s)$. Rechts im Bild ist die Schaltung mit ihren Bauelementewerten skizziert. Der Reihenschwingkreis sorgt mit seiner Resonanzfrequenz bei $\omega = 2{,}2701$ für die später erforderliche Realisierung der Übertragungsnullstelle.

Schließlich zeigt Bild 4.39 die gesuchte Realisierungsschaltung für die Übertragungsfunktion U_2/U_1 gemäß Gl 4.77. Diese Schaltung kann auch mit dem Programm SCHALTUNGSENTWURF entworfen werden.

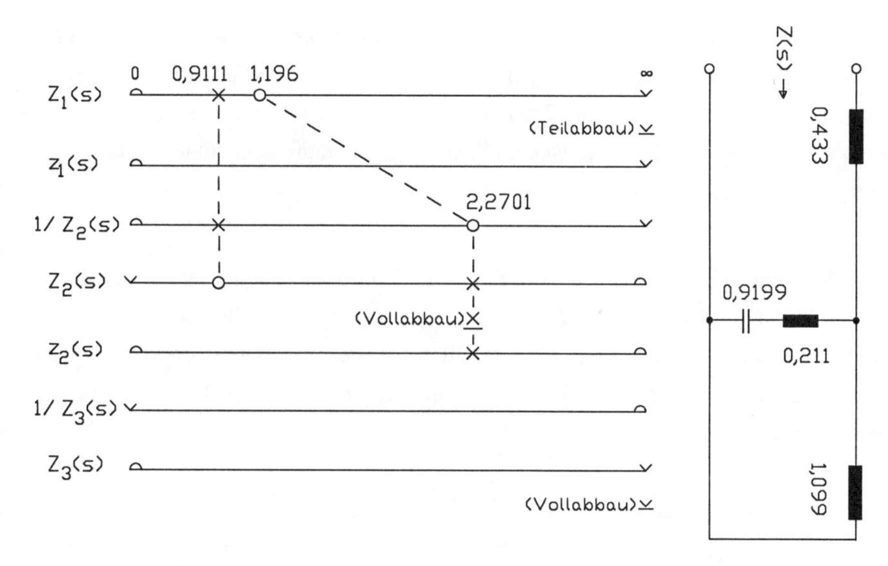

Bild 4.38 *Entwicklungsschritte und Schaltung für die Impedanz $Z(s) = Z_1(s)$ bzw. die Admittanz $Y_{22}(s) = 1/Z_1(s)$*

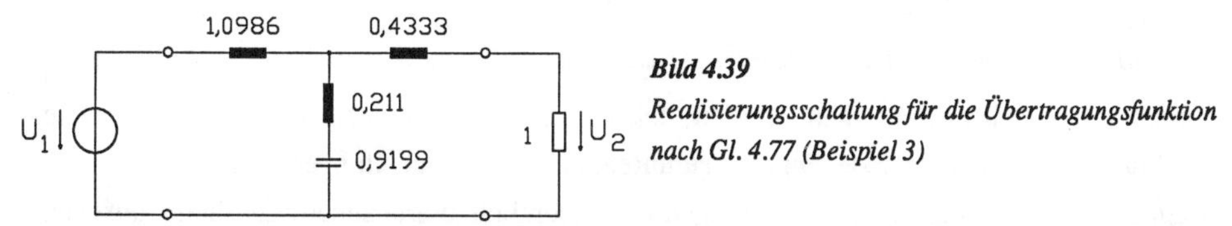

Bild 4.39
Realisierungsschaltung für die Übertragungsfunktion nach Gl. 4.77 (Beispiel 3)

Aus der im Bild 4.39 angegebenen Schaltung kann man durch einfache Überlegungen weitere Realisierungsschaltungen für G(s) gemäß Gl. 4.77 ermitteln. Da der Abschlußwiderstand R_2 hier den Wert 1 hat, stimmt die Übertragungsfunktion $G = U_2/U_1$ mit der Übertragungsfunktion $G = I_2/U_1$ überein ($I_2 = U_2/R_2$!). Dieser Sachverhalt ist links im Bild 4.40 dargestellt, wobei dort der Abschlußwiderstand $R_2 = 1$ in das Zweitor hineinverlegt wurde. Aufgrund der Reziprozität führt eine am Tor 2 angelegte gleichgroße Spannung zu einem gleichgroßen Strom am Tor 1 (vgl. hierzu die Erklärungen im Abschnitt 4.1.1). Dies bedeutet, daß beide im Bild 4.40 dargestellten Schaltungen die gleiche Übertragungsfunktion (Gl. 4.77) $G = I/U$ realisieren.

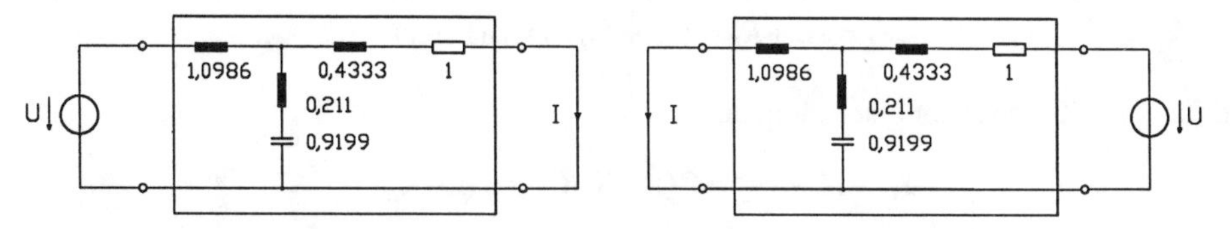

Bild 4.40 *Anwendung des Reziprozitätstheorems zur Ermittlung weiterer Realisierungsschaltungen*

Die Schaltung rechts im Bild 4.40 ist (umgedreht) nochmals links im Bild 4.41 dargestellt. Rechts im Bild 4.41 ist die dazu duale Schaltung angegeben, die ebenfalls die angegebene Übertragungsfunktion U_2/I_1 gemäß Gl. 4.77 realisiert. Die Stromquelle bei der Schaltung rechts im Bild kann wieder durch die dazu äquivalente Spannungsquelle mit dem "Innenwiderstand " 1 (wie links im Bild) ersetzt werden.

Hinweis:

Bezieht man den Ohm'schen Widerstand jeweils in das Zweitor ein, so gilt bei der Schaltung links im Bild 4.41 (mit $U_2 = 0$): $U_1 = A_{12} I_2$. Bei der Schaltung rechts erhalten wir (mit $I_2 = 0$): $I_1 = A_{21} U_2$. Gemäß Gl. 4.21 (Abschnitt 4.1.3.2) gilt bei dualen Zweitoren (und bei $R_0 = 1$) $A_{21} = A_{12}/R_0^2 = A_{12}$, und damit ist die Übereinstimmung der Übertragungsfunktionen beider Schaltungen bewiesen.

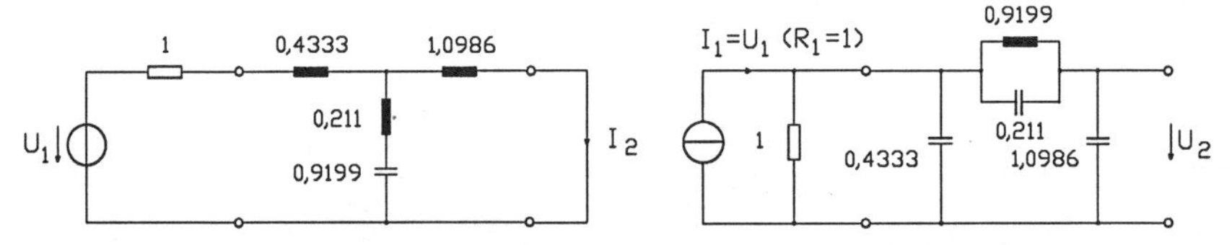

***Bild 4.41** Umwandlung der Schaltung (links) in die dazu duale*

Abschließend soll noch erwähnt werden, daß vom praktischen Gesichtspunkt Realisierungsstrukturen mit in Widerstände eingebetteten Reaktanzzweitorschaltungen vorzuziehen sind. Es zeigt sich nämlich, daß solche Schaltungen i.a. wesentlich toleranzunempfindlicher aufgebaut werden können als die hier besprochenen mit nur einem Widerstand am Tor 1 oder Tor 2. Eine Begründung für diese Aussage findet der Leser im Abschnitt 6.3.1.

4.4.4.5 Bemerkungen zur Verlustberücksichtigung

Reine Reaktanzschaltungen sind physikalisch nicht realisierbar. Die Verluste lassen sich bei Spulen durch in Reihe geschaltete Widerstände darstellen, bei Kondensatoren durch Parallelleitwerte. Dann erhält man für eine verlustbehaftete Spule die Impedanz

$$Z_L = sL + R_L = L(s + R_L/L) = L(s + \varepsilon_L)$$

und für einen Kondensator eine Admittanz

$$Y_C = sC + G_C = C(s + G_C/C) = C(s + \varepsilon_C).$$

Wir wollen uns auf den Fall beschränken, daß übertragerfreie Schaltungen vorliegen und außerdem $\varepsilon_L = \varepsilon_C = \varepsilon$ ist. Dann kann die Verlustberücksichtigung so erfolgen, daß in allen Netzwerkfunktionen die Frequenzvariable s durch die neue Variable $\tilde{s} = s + \varepsilon$ ersetzt wird. Im PN-Schema wirkt sich das so aus, daß alle Pole und Nullstellen um den Wert ε nach links verschoben werden. Damit rücken ggf. auf der imaginären Achse auftretende Nullstellen in die linke s-Halbebene, und die Übertragungsfunktion liegt immer im Bereich $|G(j\omega)|>0$. Bei Filterschaltungen werden zusätzlich die Übergänge zwischen Durchlaß- und Sperrbereichen "verrundet" (siehe hierzu [Bo]). Der Leser kann mit Hilfe des Programmes NETZWERKFUNKTIONEN selbst untersuchen, wie sich Verluste z.B. auf den Dämpfungsverlauf auswirken. Zu diesem Zweck wird das um "ε nach links verschobene" PN-Schema eingegeben und der entstehende Dämpfungsverlauf ermittelt.

Die beschriebene Methode zur Verlustberücksichtigung hat den Nachteil, daß $\varepsilon_L = \varepsilon_C$ vorausgesetzt werden muß. In der Praxis sind jedoch die Verluste der Kondensatoren in der Regel wesentlich kleiner als die der Spulen. In der Literatur (siehe z.B. [Vi]) wird daher empfohlen, mit dem Näherungswert $\varepsilon = 0{,}5(\varepsilon_L + \varepsilon_C)$ zu rechnen.

In manchen Fällen besteht auch die Möglichkeit, die Verluste von vornherein beim Schaltungsentwurf mitzuberücksichtigen. Dazu würde man die Pole und Nullstellen zunächst um ε nach rechts verschieben und dieses PN-Schema dann realisieren. Die auftretenden Verluste verschieben die Pole und Nullstellen in ihre ursprüngliche Lage zurück. Diese Methode ist bei Polynomfiltern i.a. problemlos anwendbar, nicht jedoch bei Filtern mit Übertragungsnullstellen auf der imaginären Achse. Wie schon mehrfach erwähnt, ist das Nennerpolynom $E(s)$ bei Übertragungsfunktionen, die mit Reaktanzzweitoren realisierbar sind, entweder gerade oder ungerade. Eine Verschiebung der Nullstellen würde diese Eigenschaft verletzen. Bei solchen Übertragungsfunktionen muß man sich ggf. mit einer Verschiebung der Polstellen begnügen.

5 Die Realisierung von speziellen Übertragungscharakteristiken

In diesem Abschnitt wird gezeigt, wie Schaltungen zur Realisierung von speziellen Übertragungscharakteristiken entworfen werden können. Der Abschnitt 5.1 befaßt sich mit der Synthese von Allpässen, wobei davon ausgegangen wird, daß die Übertragungsfunktion bzw. das PN-Schema bekannt ist. Im umfangreichen Abschnitt 5.2 wird der Entwurf von Tiefpässen mit Vorschriften an den Dämpfungsverlauf bzw. den Phasenverlauf besprochen. Der in diesem Abschnitt behandelte Stoff ist Voraussetzung zum Verständnis der in den Abschnitten 5.3 bis 5.5 behandelten Verfahren zur Synthese von Hochpässen, Bandpässen und Bandsperren.

Zur einfachen Unterscheidung zwischen normierten und nichtnormierten Frequenzen wird in diesem Abschnitt "ω" ausschließlich für normierte und "f" für nichtnormierte (wirkliche) Frequenzen verwandt.

5.1 Der Entwurf von Allpässen

Dem Leser wird empfohlen, zunächst nochmals den Abschnitt 2.2.5.1 anzusehen, in dem die Eigenschaften von Allpässen erläutert wurden.

Die Übertragungs- bzw. die Betriebsübertragungsfunktion eines Allpasses hat die Form

$$S_{21}(s) = K\frac{F(-s)}{F(s)}. \tag{5.1}$$

$F(s)$ ist ein Hurwitzpolynom, d.h. die Nullstellen von $F(s)$ liegen ausschließlich in der linken offenen s-Halbebene. Das Polynom $F(-s)$ hat seine Nullstellen in der rechten offenen s-Halbebene, wobei die imaginäre Achse eine Symmetrielinie für die Nullstellen von $F(s)$ und $F(-s)$ bildet. Damit führt der Ansatz gemäß Gl. 5.1 auf ein PN-Schema mit Pol- und Nullstellen, die symmetrisch zur imaginären Achse liegen (siehe z.B. Bild 2.18).

Ist $F_g(s)$ der gerade und $F_u(s)$ der ungerade Anteil des Polynoms $F(s)$, so folgt aus Gl. 5.1

$$S_{21}(s) = K\frac{F_g(s) - F_u(s)}{F_g(s) + F_u(s)} \tag{5.2}$$

und mit $s = j\omega$ zunächst

$$S_{21}(j\omega) = K\frac{F_g(j\omega) - F_u(j\omega)}{F_g(j\omega) + F_u(j\omega)}.$$

$F_g(j\omega)$ enthält nur gerade Potenzen von $j\omega$, damit ist $F_g(j\omega) = R(\omega)$ eine reeller Ausdruck. Da $F_u(j\omega)$ nur ungerade Potenten von $j\omega$ enthält, ist $F_u(j\omega) = jX(\omega)$ rein imaginär. Wir erhalten aus der vorne angegebenen Beziehung

$$S_{21}(j\omega) = K\frac{R(\omega) - jX(\omega)}{R(\omega) + jX(\omega)}$$

und hieraus den vorgeschriebenen konstanten Betrag

$$|S_{21}(j\omega)| = |K|.$$

Die Konstante kann positiv oder negativ sein. Wir setzen im folgenden stets $|K| = 1$ voraus.

Wie aus dem Abschnitt 2.2.4 bekannt ist, können Allpässe nicht durch Abzweigschaltungen realisiert werden, denn es handelt sich bei ihnen um keine Mindestphasensysteme. Im Abschnitt 4.4.2 wurde bewiesen, daß jede zulässige Betriebsübertragungsfunktion, zumindest bis auf einen konstanten Faktor, durch eine symmetrische Kreuzschaltung mit dualen kanonischen Impedanzen realisiert werden kann. Wir können rasch zeigen, daß es sich bei den kanonischen Impedanzen hier um Reaktanzzweipole handeln muß. Nach Gl. 4.49 (Abschnitt 4.4.2.1) gilt

$$|S_{21}|^2 = 1 - \frac{P_V}{P_{max}},$$

wobei P_v die Verlustleistung im Zweitor ist. Die Bedingung $|S_{21}| = 1$ bedeutet $P_V = 0$, also muß das Zweitor ein Reaktanzzweitor sein.

Zur Ermittlung der kanonischen Impedanzen stellen wir die im Abschnitt 4.4.2.1 abgeleitete Beziehung 4.46

$$S_{21}(s) = \frac{R - Z_1(s)}{R + Z_1(s)} \tag{5.3}$$

nach $Z_1(s)$ um und erhalten

$$Z_1(s) = R\frac{1 - S_{21}(s)}{1 + S_{21}(s)}, \quad Z_2(s) = \frac{R^2}{Z_1(s)} = R\frac{1 + S_{21}(s)}{1 - S_{21}(s)}. \tag{5.4}$$

Mit $S_{21}(s)$ in der Form 5.2 erhält man (mit $K = \pm 1$)

$$Z_1(s) = R\frac{F_u(s)}{F_g(s)}, \quad Z_2(s) = R\frac{F_g(s)}{F_u(s)} \quad bei\ K = 1,$$
$$Z_1(s) = R\frac{F_g(s)}{F_u(s)}, \quad Z_2(s) = R\frac{F_u(s)}{F_g(s)} \quad bei\ K = -1. \tag{5.5}$$

Hinweise:

1. Man kann zeigen, daß der Quotient des geraden und des ungeraden Anteiles eines Hurwitzpolynoms eine Reaktanzzweipolfunktion ist (siehe auch Abschnitt 4.4.4.4).
2. Der Faktor R in den Ausdrücken von Gl. 5.5 bedeutet, daß die Schaltungen für $Z_1(s)/R = F_g(s)/F_u(s)$ usw. auf den Widerstand R zu entnormieren sind.

Im Grunde können wir damit unsere Aufgabe, den Entwurf einer Allpaßschaltung bei Vorgabe der Beziehung $S_{21}(s)$, als gelöst betrachten. Für $Z_1(s)$ und $Z_2(s)$ nach Gl. 5.5 können die Schaltungen nach den im Abschnitt 3.2 beschriebenen Verfahren ermittelt werden. Dabei kann das hierfür zur Verfügung stehende Programm REAKTANZZWEIPOLE verwendet werden.

Für die praktische Realisierung ist es zweckmäßig, die Allpaßtransmittanz durch eine Kettenschaltung von symmetrischen Kreuzschaltungen zu realisieren (siehe hiezu Abschnitt 4.4.2.2). Wir betrachten daher zunächst Allpässe 1. und 2. Grades.

Allpaß 1. Grades

Im Bild 5.1 ist links das PN-Schema eines Allpasses 1. Grades angegeben.

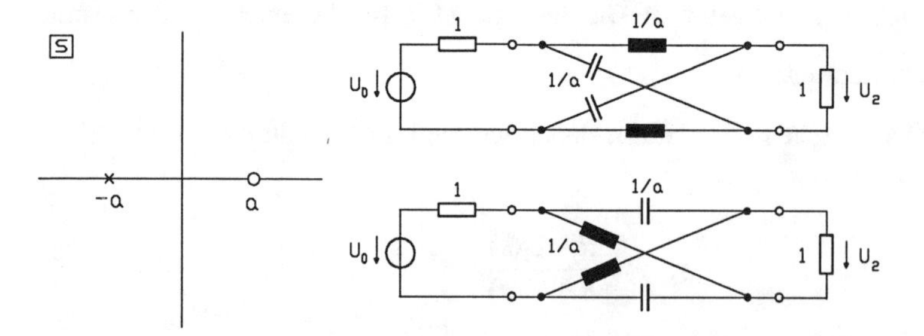

***Bild 5.1** PN-Schema eines Allpasses 1. Grades und zwei mögliche Realisierungsschaltungen*

Die Betriebsübertragungsfunktion hat hier die Form

$$S_{21}(s) = \pm\frac{F(-s)}{F(s)} = \pm\frac{-s+a}{s+a}$$

mit $F(s) = s + a$, d.h. $F_g(s) = a$ und $F_u(s) = s$. Dann erhält man nach Gl. 5.5 im Fall $K = 1$: $Z_1(s)/R = s/a$, $Z_2(s)/R = a/s$ und im Fall $K = -1$: $Z_1(s)/R = a/s$, $Z_2(s)/R = s/a$. Die beiden möglichen Realisierungsschaltungen sind rechts im Bild 5.1 dargestellt. Die Entnormierung ist auf den Widerstand R und eine noch festzulegende Bezugsfrequenz durchzuführen.

Hinweis:
Der Phasenverlauf des Allpasses 1. Grades wurde im Abschnitt 2.2.5.1 diskutiert. Die dort im Bild 2.19 angegebenen Schaltungen realisieren die Übertragungsfunktion $G(j\omega) = U_2/U_0$ und nicht die Betriebsübertragungsfunktion. Bei dem PN-Schema im Bild 2.19 gilt $a = R/L$.

Allpaß 2. Grades

Bild 5.2 zeigt links das PN-Schema eines Allpasses 2. Grades mit einem konjugiert komplexen Pol- und Nullstellenpaar. Rechts im Bild sind zwei mögliche Realisierungsschaltungen angegeben.

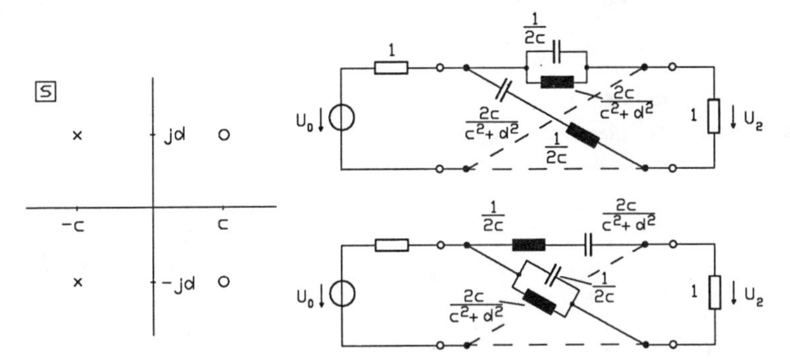

***Bild 5.2** PN-Schema eines Allpasses 2. Grades und zwei mögliche Realisierungsschaltungen*

Wir erhalten hier

$$S_{21}(s) = \pm\frac{F(-s)}{F(s)} = \pm\frac{(s-c-jd)(s-c+jd)}{(s+c-jd)(s+c+jd)} = \pm\frac{s^2-2cs+c^2+d^2}{s^2+2cs+c^2+d^2},$$

also $F_g(s) = c^2+d^2+s^2$, $F_u(s) = 2cs$.

Die kanonischen Impedanzen werden nach Gl. 5.5 ermittelt, für den Fall $K = 1$ (positives Vorzeichen) erhalten wir

$$\frac{Z_1(s)}{R}=\frac{2cs}{c^2+d^2+s^2}=\frac{1}{s/(2c)+(c^2+d^2)/(2cs)},$$

$$\frac{Z_2(s)}{R}=\frac{c^2+d^2+s^2}{2cs}=\frac{c^2+d^2}{2cs}+\frac{s}{2c}.$$

Die normierte Impedanz Z_1/R wird durch einen Parallelschwingkreis mit $C=1/(2c)$ und $L=2c/(c^2+d^2)$ realisiert, die Impedanz $Z_2(s)/R$ durch einen Reihenschwingkreis mit $C=2c/(c^2+d^2)$ und $L=1/(2c)$. Diese Schaltung ist rechts oben im Bild 5.2 skizziert. Die Schaltung für $K=-1$ kann der Leser leicht selbst ermitteln.

Beispiel

Zu realisieren ist ein Allpaß 3. Grades mit dem im Bild 5.3 angegebenen PN-Schema.

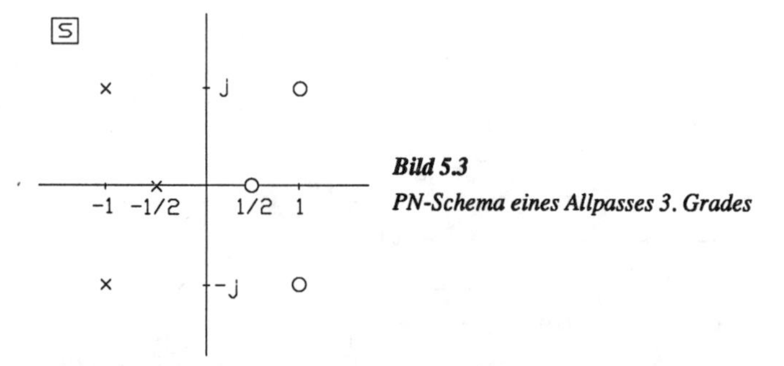

Bild 5.3
PN-Schema eines Allpasses 3. Grades

1. Realisierungsart

Aus dem PN-Schema erhalten wir

$$F(s)=(s+0{,}5)(s+1-j)(s+1+j)=s^3+2{,}5s^2+3s+1,\quad F_g(s)=1+2{,}5s^2,\quad F_u(s)=3s+s^3.$$

Dann wird nach Gl. 5.5 mit $K=1$

$$Z_1(s)/R=\frac{3s+s^3}{1+2{,}5s^2},\quad Z_2(s)/R=\frac{1+2{,}5s^2}{3s+s^3}.$$

Schaltungen für $Z_1(s)/R$ und $Z_2(s)/R$ können nach den im Abschnitt 3.2 beschriebenen Methoden entwickelt werden, am besten mit Hilfe des Programmes REAKTANZZWEIPOLE. Bild 5.4 zeigt schließlich eine Realisierungsschaltung für den Allpaß.

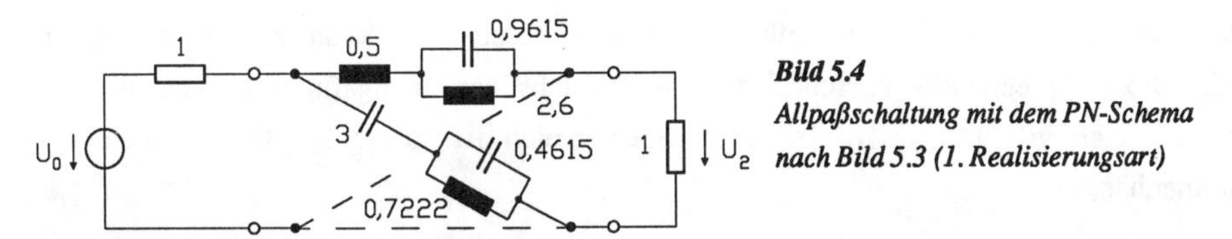

Bild 5.4
Allpaßschaltung mit dem PN-Schema nach Bild 5.3 (1. Realisierungsart)

2. Realisierungsart

Der Allpaß wird als Kettenschaltung eines Allpasses 1. Grades (reelle Pol- und Nullstelle) und eines Allpasses 2. Grades (konjugiert komplexes Pol- und Nullstellenpaar) realisiert. Wir können unmittelbar auf die PN-Schemata in den Bildern 5.1 und 5.2 zurückgreifen (Bild 5.1: $a = 1/2$, Bild 5.2: $c = 1, d = 1$) und erhalten damit die im Bild 5.5 skizzierte Allpaßschaltung.

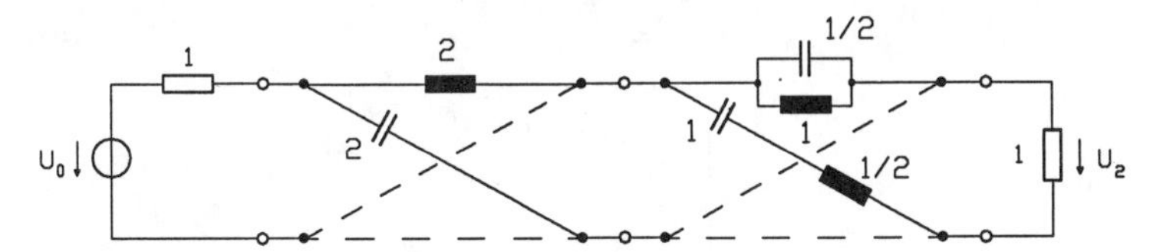

***Bild 5.5** Allpaßschaltung mit dem PN-Schema nach Bild 5.3 (2. Realisierungsart)*

Der Leser erkennt, daß auf diese Weise Allpässe mit beliebigen (zulässigen) PN-Schemata realisierbar sind, wobei die Bauelemente unmittelbar aus dem PN-Schema "abgelesen" werden können. Der Aufwand an Bauelementen entspricht dem Aufwand bei einer unmittelbaren Realisierung. Wie aus dem Abschnitt 4.3.2.1 bekannt ist, können die symmetrischen Kreuzschaltungen durch aufwandsärmere Schaltungen ersetzt werden, die dann allerdings Übertrager enthalten (Bild 4.19). Bei Allpässen 2. Grades sind unter Umständen (abhängig von der Lage der Pol- und Nullstellen) auch Schaltungen mit einer durchgehenden Erdverbindung möglich (siehe z.B. [Un]).

5.2 Der Entwurf von Tiefpässen

5.2.1 Vorbemerkungen

5.2.1.1 Entwurfsvorschriften

Ein Tiefpaß ist dadurch charakterisiert, daß seine Dämpfung bis zu einer Grenzfrequenz f_g einen vorgegebenen Wert A_D (die Durchlaßdämpfung) nicht übersteigt und oberhalb einer Sperrfrequenz $f_S > f_g$ einen Wert A_S (die Sperrdämpfung) nicht unterschreitet. Links im Bild 5.6 ist eine solche Dämpfungsvorschrift dargestellt, man spricht von einem Toleranzschema. Rechts im Bild ist die entsprechende Vorschrift für die Betriebsübertragungsfunktion skizziert. Im Durchlaßbereich gilt $1-\delta_D \leq |S_{21}| \leq 1$, im Sperrbereich ist $|S_{21}| \leq \delta_S$. Dabei gelten die Zusammenhänge

$$A_D = -20\, lg(1-\delta_D), \quad \delta_D = 1-10^{-A_D/20}, \quad A_S = -20\, lg(\delta_S), \quad \delta_S = 10^{-A_S/20}. \tag{5.6}$$

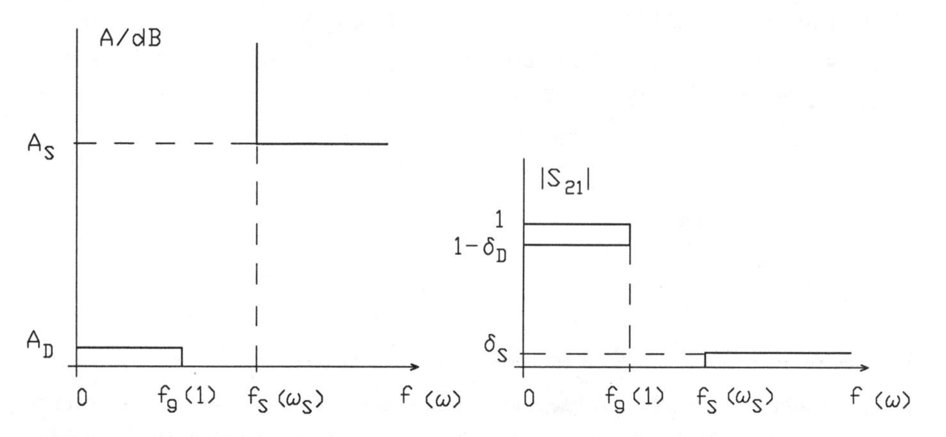

***Bild 5.6** Vorschrift für die Dämpfung bzw. für $|S_{21}|$ bei einem Tiefpaß (Toleranzschema)*

Wie bereits zu Anfang dieses Abschnittes erwähnt wurde, soll im folgenden f stets die wirkliche (d.h. die nicht normierte) Frequenz kennzeichnen und ω normierte Frequenzwerte. Bei Tiefpässen ist es üblich, eine Normierung auf die Grenzfrequenz f_g vorzunehmen. Dies bedeutet, daß die normierte Grenzfrequenz eines Tiefpasses den Wert 1 hat und die normierte Sperrfrequenz den Wert $\omega_S = f_S/f_g$. Im Bild 5.6 ist dies durch eine 2. Bezifferung der Frequenzachse (in Klammern) angedeutet. Wir erinnern daran, daß bei normierten Werten nicht zwischen der Frequenz und der Kreisfrequenz unterschieden werden muß. Ein Beispiel für ein Toleranzschema eines Tiefpasses und den Verlauf des Betrages der Übertragungsfunktion ist übrigens im Bild 1.2 des Abschnittes 1.3 dargestellt.

Neben der Dämpfung interessiert natürlich auch noch der Phasenverlauf des zu entwerfenden Tiefpasses. Entwurfsvorschriften mit Anforderungen gleichzeitig an den Dämpfungs- und den Phasenverlauf, lassen sich i.a. nur schwer realisieren. Daher entwirft man Tiefpässe üblicherweise entweder nach Vorschriften an die Dämpfung oder nach Vorschriften an die Phase. Bei einem nach einer Dämpfungsvorschrift entworfenen Tiefpaß muß die in der Regel nicht ausreichend konstante Gruppenlaufzeit möglicherweise durch einen nachgeschalteten Allpaß

(Phasenentzerrer) korrigiert werden. Tiefpässe, die nach Vorschriften an die Phase bzw. an die Gruppenlaufzeit entworfen wurden, erfordern oft einen wesentlich größeren Aufwand, wenn zusätzlich Dämpfungsbedingungen eingehalten werden müssen.

5.2.1.2 Die charakteristische Funktion

Die Aufgabe beim Entwurf einer Filterschaltung besteht im 1. Schritt darin, eine geeignete (zulässige) Betriebsübertragungsfunktion $S_{21}(s)$ zu ermitteln, mit der die vorgegebene Vorschrift (z.B. ein Toleranzschema gemäß Bild 5.6) erfüllt wird. Bei Realisierungen durch Reaktanzzweitore ist es sinnvoll, die sogenannte charakteristische Funktion $K(s)$ einzuführen. Zur Definition von $K(s)$ und der Erklärung ihrer Eigenschaften wählen wir den folgenden Weg.

Mit der reziproken Übertragungsfunktion

$$H(s)=\frac{1}{S_{21}(s)} \tag{5.7}$$

lautet die Betriebsdämpfung

$$A(\omega)=-20\,lg\,|\,S_{21}(j\omega)\,|=10\,lg\frac{1}{|\,S_{21}(j\omega)\,|^2}=10\,lg\,|\,H(j\omega)\,|^2, \tag{5.8}$$

wobei $|\,H(j\omega)\,|=|\,S_{21}(j\omega)\,|^{-1}\geq 1$ ist. Wir setzen nun

$$|\,H(j\omega)\,|^2=1+|\,K(j\omega)\,|^2 \tag{5.9}$$

und erhalten

$$A(\omega)=10\,lg(1+|\,K(j\omega)\,|^2). \tag{5.10}$$

$K(j\omega)$ ist dabei die vorne erwähnte charakteristische Funktion.

Zunächst erkennen wir, daß Nullstellen der charakteristischen Funktion auch Dämpfungsnullstellen sind. An den Stellen, an denen die charakteristische Funktion unendlich wird, treten auch Dämpfungspole auf. Wichtiger als diese Eigenschaft ist jedoch, daß an $K(j\omega)$ bzw. $K(s)$ keine zusätzlichen Bedingungen gestellt werden müssen. Jede rationale Funktion kann eine charakteristische Funktion sein. Es ist also viel einfacher einen geeigneten Ansatz für $K(s)$ zu formulieren als für $H(s)$. Bei der Festlegung von $H(s)$ muß stets darauf geachtet werden, daß sein Zählerpolynom ein Hurwitzpolynom ist und auch noch die Bedingung $|H(j\omega)| \geq 1$ für alle ω eingehalten wird. Aus Gl. 5.9 erkennt man, daß diese Bedingung durch jede beliebige Funktion $K(j\omega)$ von selbst erfüllt ist.

Zur Herstellung eines Zusammenhanges zwischen $H(s)$ und $K(s)$ schreiben wir Gl. 5.9 folgendermaßen an

$$H(j\omega)H(-j\omega) = 1 + K(j\omega)K(-j\omega)$$

und erhalten mit $s = j\omega$

$$Q(s) = H(s)H(-s) = 1 + K(s)K(-s). \tag{5.11}$$

Damit kann folgender Weg zur Ermittlung einer (zulässigen) Betriebsübertragungsfunktion für eine Filterschaltung aufgezeigt werden.
1. Ausgehend von einer Vorschrift (z.B. an den Dämpfungsverlauf nach Gl. 5.10) wählt man eine geeignete charakteristische Funktion $K(s)$. Dabei kann es sich um ein Polynom oder auch um eine gebrochen rationale Funktion ohne irgendwelche weiteren Einschränkungen handeln.
2. Die Funktion $Q(s) = H(s)H(-s)$ wird nach Gl. 5.11 ermittelt. $Q(s)$ enthält nur gerade Potenzen von s, daher treten Null- und Polstellen von $Q(s)$ symmetrisch zur imaginären Achse auf. Aus $Q(j\omega) = 1 + |K(j\omega)|^2$ folgt, daß $Q(s)$ keine Nullstellen auf der imaginären Achse einschließlich $s = 0$ hat. Von den $2n$ Nullstellen von $Q(s)$ werden die n in der linken s-Halbebene liegenden der Funktion $H(s)$ zugeordnet, dies sind die Polstellen von $S_{21}(s)$. Bei der Zuordnung der Pole von $Q(s)$ gibt es i.a. mehrere Möglichkeiten. Bei $2k$-fachen Polen ist $H(s)$ jeweils ein k-facher zuzuordnen. Ansonsten ist darauf zu achten, daß stets konjuguiert komplexe Pole zugeordnet werden und natürlich die Hälfte der Pole zu $H(s)$ gehört. Schließlich ist durch die Wahl eines geeigneten Faktors für die Einhaltung der Bedingung $H(s)H(-s) = Q(s)$ zu sorgen (z.B. $H^2(0) = Q(0)$ im Falle $Q(0) \neq \infty$).

Nachdem auf diese Weise das PN-Schema von $H(s)$ und damit auch das von $S_{21}(s)$ bekannt ist, kann die eigentliche Schaltungssynthese nach den im Abschnitt 4.4 besprochenen Methoden erfolgen.

Die hier beschriebene Vorgehensweise ist nicht nur für die Realisierung von Betriebsübertragungsfunktionen anwendbar, sondern auch für beliebige Übertragungsfunktionen. Zu diesem Zweck wird das PN-Schema von $H(s)$ lediglich als PN-Schema einer reziproken Übertragungsfunktion $G(s)$ aufgefaßt, die ggf. nach der im Abschnitt 4.4.4.4 beschriebenen Methode realisiert werden kann.

5.2.1.3 Tiefpaßarten

Besonders einfach und übersichtlich werden die Verhältnisse, wenn die charakteristische Funktion $K(s)$ ein Polynom vom Grade n ist. In diesem Fall ist auch $H(s) = 1/S_{21}(s)$ bzw. $H(s) = 1/G(s)$ ein Polynom und man spricht von **Polynomtiefpässen.** Im Abschnitt 4.4.4.2 wurde bewiesen, daß jede derartige Übertragungsfunktion durch ein Polynomfilter mit genau n Energiespeichern realisiert werden kann. Das Bild 5.7 zeigt nochmals die beiden möglichen (zueinander dualen) Realisierungsschaltungen für Polynomfilter bei geradem und ungeradem Grad. Bei der Realisierung einer Betriebsübertragungsfunktion wird das Zweitor in Widerstände R_1 und R_2 eingebettet. Bei der Realisierung als Übertragungsfunktion sind auch die Fälle $R_1 = 0, R_2 = 0$ und $R_2 = \infty$ zugelassen (siehe hierzu Bild 4.35 im Abschnitt 4.4.4.4).

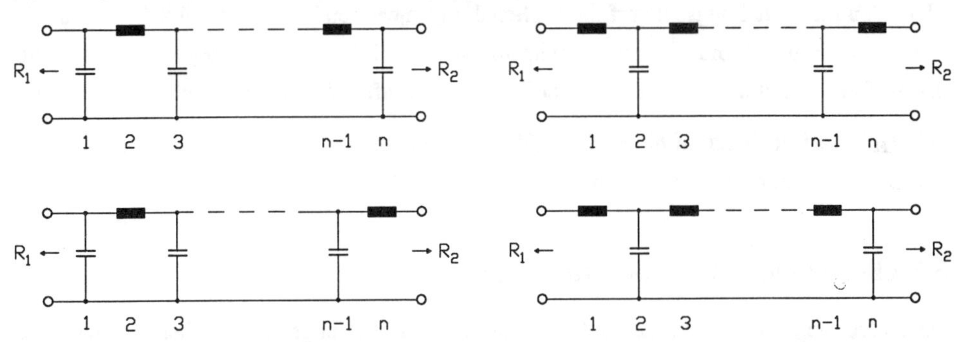

***Bild 5.7** Realisierungsschaltungen für Polynomfilter (n ungerade: oberer Bildteil, n gerade: unterer Bildteil)*

Je nach Wahl des Polynomansatzes für $K(s)$ entstehen spezielle Typen von Polynomtiefpässen. Der einfachste Fall $K(s) = \varepsilon \cdot s^n$ führt zu den sogenannten Potenz- oder Butterworth-Tiefpässen (siehe Abschnitt 5.2.2). Durch die Verwendung von Tschebyscheffpolynomen entstehen Tschebyscheff-Tiefpässe (Abschnitt 5.2.3). Bessel- oder Thomson-Tiefpässe sind Polynomtiefpässe mit Anforderungen an die Phase, sie werden im Abschnitt 5.2.4 besprochen.

Bei den im Abschnitt 5.2.5 behandelten Cauer-Tiefpässen ist die charakteristische Funktion eine gebrochen rationale Funktion, die ihre Null- und Polstellen alle auf der imaginären Achse hat. Diese Null- und Polstellen sind gleichzeitig Dämpfungsnullstellen bzw. Dämpfungspole (siehe Gl. 5.10). Cauer-Filter sind also keine Polynomfilter. Im Bild 5.8 sind mögliche Realisierungsschaltungen angegeben. Die Dämpfungspole (das sind Übertragungsnullstellen) werden bei diesen Schaltungen durch Parallel- bzw. Reihenschwingkreise realisiert. Man beachte die Unterschiede der Schaltungsstrukturen (am Schaltungsende) zwischen Filtern mit ungeradem Grad (oberer Bildteil) und geradem Grad (unterer Bildteil).

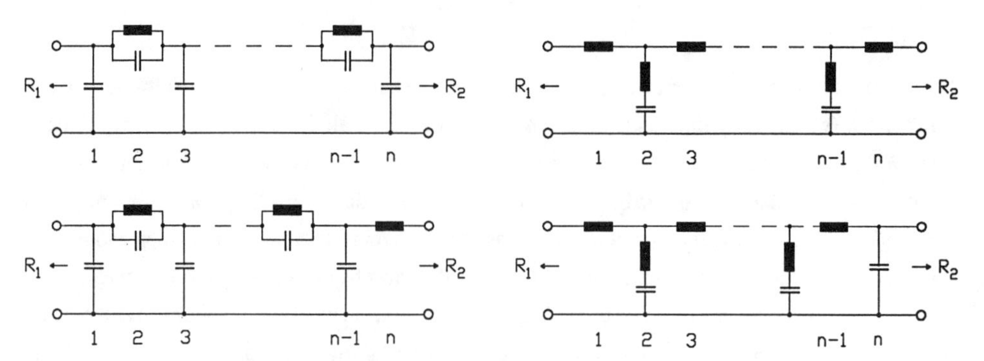

***Bild 5.8** Realisierungsschaltungen für Cauer-Filter (oben: n ungerade, unten: n gerade)*

Methoden zum Schaltungsentwurf solcher Schaltungen wurden im Abschnitt 4.4.4.3 behandelt. Ein Cauer-Tiefpaß 3. Grades ist uns bereits im Abschnitt 1.3 (Bild 1.2) begegnet. Im Abschnitt 5.2.6 erfolgt schließlich ein Vergleich der Filtereigenschaften der hier besprochenen Tiefpässe.

Schließlich sei noch darauf hingewiesen, daß der Entwurf von Butterworth-, Tschebyscheff- und Cauer-Filtern durch das Programm STANDARDFILTER unterstützt wird.

5.2.2 Potenz- oder Butterworth-Tiefpässe

Die einfachste charakteristische Funktion, mit der ein Dämpfungstoleranzschema gemäß Bild 5.6 erfüllt werden kann, lautet

$$K(s) = \varepsilon \cdot s^n. \tag{5.12}$$

Dann wird $K(s) \cdot K(-s) = (-1)^n \varepsilon^2 s^{2n}$, $K(j\omega) \cdot K(-j\omega) = |K(j\omega)|^2 = \varepsilon^2 \omega^{2n}$ und nach Gl. 5.10

$$A(\omega) = 10\, lg(1 + \varepsilon^2 \omega^{2n}). \tag{5.13}$$

Tiefpässe mit einem solchen Dämpfungsverlauf werden Potenz- oder Butterworth-Tiefpässe genannt. Sie haben die Eigenschaft, daß ihr Dämpfungsverlauf monoton und (bei $\omega = 0$) maximal "flach" ansteigt. Bild 5.9 zeigt den Dämpfungsverlauf eines Potenztiefpasses 3. Grades ($n = 3$) im Fall $\varepsilon = 1$. Die Dämpfung

$$A(\omega) = 10\, lg(1 + \omega^6) \tag{5.14}$$

erreicht bei der Grenzfrequenz $\omega = 1$ den Wert $A_D = 10\, lg\, 2 \approx 3$ dB. Bei der Sperrfrequenz ω_S (hier $\omega_S = 2$ angenommen) wird die Sperrdämpfung $A_S = 10\, lg(1 + 2^6) = 18{,}1$ dB erreicht.

Im allgemeinen Fall hat die Durchlaßdämpfung den Wert

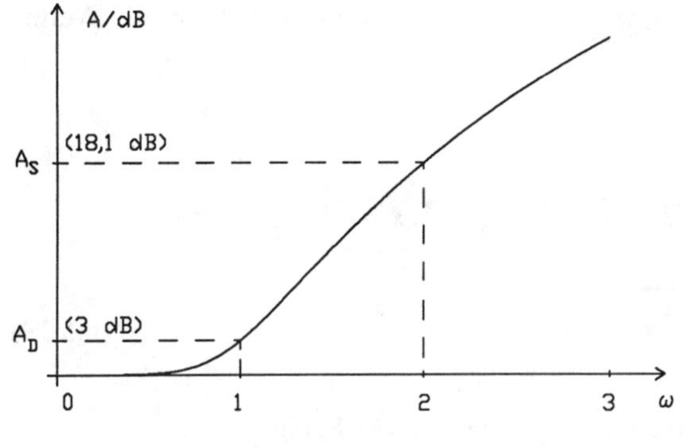

Bild 5.9
Dämpfungsverlauf eines Potenzfilters 3. Grades mit A(ω) nach Gl. 5.14

$$A_D = 10\,lg(1+\varepsilon^2) \tag{5.15}$$

(Gl. 5.13 mit $\omega = 1$) und die Sperrdämpfung den Wert

$$A_S = 10\,lg(1+\varepsilon^2\omega_S^{2n}). \tag{5.16}$$

Wenn A_D, A_S und ω_S vorgeschrieben sind, kann aus den beiden Gleichungen 5.15, 5.16 der erforderliche Filtergrad berechnet werden. Aus Gl. 5.16 erhält man

$$10^{A_S/10} = 1+\varepsilon^2\omega_S^{2n}, \quad \omega_S^{2n} = \frac{10^{A_S/10}-1}{\varepsilon^2}, \quad 2n \cdot lg\,\omega_S = lg\frac{10^{A_S/10}-1}{\varepsilon^2}.$$

Mit $\omega_S = f_S/f_g$ und $\varepsilon^2 = 10^{A_D/10} - 1$ (Gl. 5.15) erhalten wir schließlich

$$n \geq \frac{1}{2}\frac{lg\frac{10^{A_S/10}-1}{10^{A_D/10}-1}}{lg\frac{f_S}{f_g}}. \tag{5.17}$$

Mit der Festlegung des Filtergrades und mit ε^2 nach Gl. 5.15 sowie $\omega_S = f_S/f_g$ erhält man den Dämpfungsverlauf

$$A(\omega) = A(f/f_g) = 10\,lg\left(1+\left(10^{A_D/10}-1\right)\left(\frac{f}{f_g}\right)^{2n}\right). \tag{5.18}$$

Zur Ermittlung der Betriebsübertragungsfunktion $S_{21}(s)$ verwenden wir Gl. 5.11 und erhalten mit $K(s) = \varepsilon\, s^n$, $K(-s) = \varepsilon(-s)^n$ zunächst

$$Q(s) = H(s)H(-s) = 1+(-1)^n\varepsilon^2 s^{2n}.$$

Bei der Berechnung der Nullstellen von $Q(s)$ muß zwischen ungeraden und geraden Werten von n unterschieden werden.

n ungerade

$$Q(s) = 1 - \varepsilon^2 s^{2n} = 0, \quad s^{2n} = \frac{1}{\varepsilon^2} = \frac{1}{\varepsilon^2} e^{jk2\pi}, k = 0,1,\ldots$$

$$s_{0k} = \sqrt[2n]{\frac{1}{\varepsilon^2} e^{jk\pi/n}}, k = 0\ldots 2n-1. \tag{5.19}$$

Die Nullstellen von $Q(s)$ liegen offenbar auf einem Kreis mit dem Radius

$$r = \sqrt[2n]{\frac{1}{\varepsilon^2}} = \sqrt[2n]{\frac{1}{10^{A_D/10} - 1}},$$

ihr Winkelabstand beträgt π/n. Es treten zwei reelle Nullstellen bei $\pm 1/\sqrt[2n]{\varepsilon^2}$ auf ($k = 0$ und $k = n$). Nullstellen auf der imaginären Achse sind nicht möglich.

n gerade

$$Q(s) = 1 + \varepsilon^2 s^{2n} = 0, \quad s^{2n} = -\frac{1}{\varepsilon^2} = \frac{1}{\varepsilon^2} e^{j(2k+1)\pi}, k = 0,1,\ldots$$

$$s_{0k} = \sqrt[2n]{\frac{1}{\varepsilon^2} e^{j(2k+1)\pi/(2n)}}, k = 0\ldots 2n-1. \tag{5.20}$$

Auch hier liegen die Nullstellen in gleichem Winkelabstand π/n auf einem Kreis mit dem Radius $r = 1/\sqrt[2n]{\varepsilon^2}$. Nullstellen auf der reellen und imaginären Achse sind nicht möglich.

Die in der linken s-Halbebene liegenden Nullstellen von $Q(s)$ werden der Funktion $H(s)$ zugeordnet, dabei ist auf die Einhaltung der Nebenbedingung $H(0) = 1$ zu achten. Aus $H(s)$ erhält man schließlich die Betriebsübertragungsfunktion in der Form

$$S_{21}(s) = \frac{1}{H(s)} = \frac{1}{b_0 + b_1 s + \ldots + b_n s^n}.$$

Hinweis:

Der gleiche Winkelabstand der Nullstellen von $Q(s)$ führt im Falle $\varepsilon = 1$ zu symmetrischen Koeffizienten des Polynoms $H(s)$. Es gilt also $b_0 = b_n$, $b_1 = b_{n-1}$ usw..

Die Ermittlung einer Realisierungsschaltung kann nun mit der im Abschnitt 4.4.4.2 besprochenen Methode erfolgen. Dabei ist gewährleistet, daß stets realisierbare Schaltungen mit den Strukturen nach Bild 5.7 entstehen. Die Bedingung $A(0) = 0$ (siehe Gl. 5.13) bedingt gleichgroße Einbettungswiderstände $R_1 = R_2 = R$ im Falle der Realisierung als Betriebsübertragungsfunktion.

Im Sonderfall der Potenztiefpässe ist es sogar möglich, explizite Formeln für die Bauelementewerte (der Schaltungen nach Bild 5.7) anzugeben, so daß das Verfahren vom Abschnitt 4.4.4.2 nicht angewandt werden muß. Es gilt

$$a_\nu = 2\sqrt[2n]{10^{A_D/10} - 1} \cdot \sin\frac{(2\nu - 1)\pi}{2n}, \nu = 1 \ldots n, \tag{5.21}$$

wobei a_ν je nach Lage in der Schaltung eine (normierte) Induktivität oder Kapazität ist. Der Leser kann leicht nachprüfen, daß auch bezüglich der (normierten) Bauelementewerte eine Symmetrie vorliegt. Es gilt $a_1 = a_n$, $a_2 = a_{n-1}$ usw.. Auf die Durchführung der relativ aufwendigen Ableitung der Gl. 5.21 soll verzichtet werden (siehe hierzu [Bo]).

Beispiel 1

Gesucht ist ein Potenztiefpaß mit einer Grenzfrequenz $f_g = 10$ kHz und einer maximalen Durchlaßdämpfung $A_D = 10\,lg\,2 = 3$ dB. Ab der Frequenz $f_S = 20$ kHz soll die Sperrdämpfung $A_S = 18$ dB nicht unterschritten werden. Der Bezugswiderstand hat einen Wert von 1000 Ohm.

Mit diesen Werten erhalten wir zunächst nach Gl. 5.17 den erforderlichen Grad

$$n \geq \frac{1}{2} \frac{lg\frac{10^{1,8}-1}{10^{0,3}-1}}{lg\,2} = 2{,}98,$$

also $n = 3$. Nach Gl. 5.18 erhalten wir dann den Dämpfungsverlauf

$$A(\omega) = A(f/f_g) = 10\,lg\left(1 + \left(\frac{f}{f_g}\right)^6\right),$$

der im Bild 5.9 dargestellt ist (siehe auch Gl. 5.14).

Die Nullstellen von $Q(s) = H(s)H(-s)$ erhält man nach Gl. 5.19 ($n = 3, \varepsilon = 1$), sie liegen im Winkelabstand von $\pi/3$ auf einem Einheitskreis (siehe Bild 5.10).

Die in der linken s-Halbebene liegenden Nullstellen führen zu

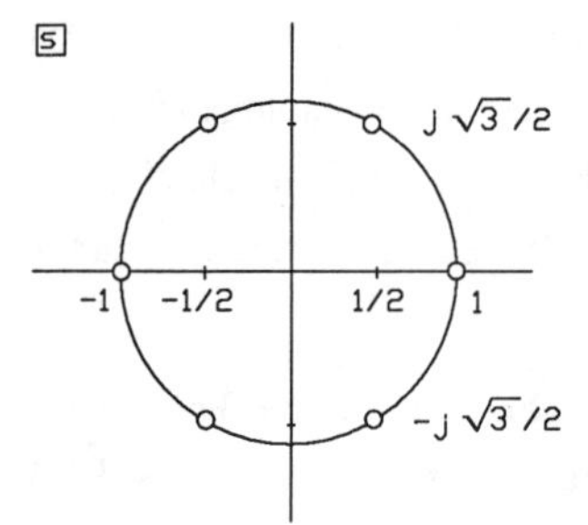

Bild 5.10
PN-Schema der Funktion $Q(s) = H(s)H(-s)$ beim Beispiel 1

$$H(s) = (s+1)\left(s+\frac{1}{2}-j\frac{\sqrt{3}}{2}\right)\left(s+\frac{1}{2}+j\frac{\sqrt{3}}{2}\right) = 1+2s+2s^2+s^3,$$

und damit wird

$$S_{21}(s) = \frac{1}{1+2s+2s^2+s^3}.$$

Für diese Betriebsübertragungsfunktion wurden im 1. Beispiel des Abschnittes 4.4.4.2 zwei mögliche Schaltungen entwickelt (Bilder 4.29, 4.30). Einfacher als der dort beschrittene Weg ist die Anwendung von Gl. 5.21, wir erhalten mit ihr die normierten Bauelementewerte

$$a_\nu = 2\sin\frac{(2\nu-1)\pi}{6}, \nu = 1\ldots3,$$

d.h. $a_1 = 1, a_2 = 2, a_3 = 1$.

Die beiden möglichen Schaltungen (Strukturen nach Bild 5.7) sind nochmals im Bild 5.11 dargestellt. Die Entnormierung ist mit $R_b = 1000$ Ohm und $f_b = f_g = 10$ kHz durchzuführen. Mit den Beziehungen aus der Tabelle 1.2 (Abschnitt 1.3) erhält man die in den Schaltungen angegebenen Bauelementewerte.

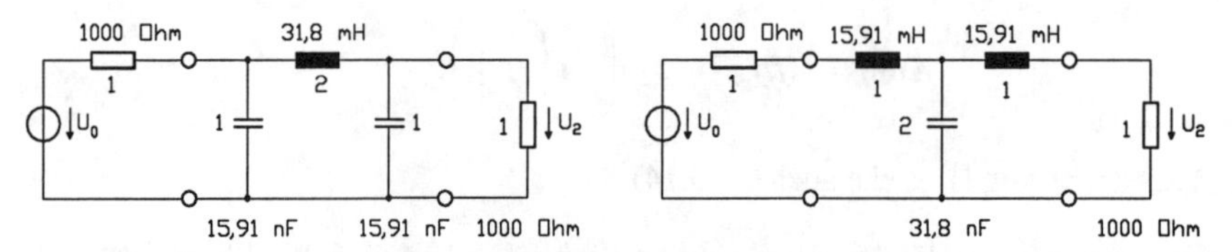

***Bild 5.11** Schaltungen für den Tiefpaß vom Beispiel 1 mit normierten und entnormierten Bauelementwerten*

Statt der Betriebsübertragungsfunktion kann auch eine Übertragungsfunktion im Sinne der Anordnung von Bild 4.35 realisiert werden. Im Beispiel 1 des Abschnittes 4.4.4.4 wurde eine solche Synthese durchgeführt, Bild 4.36 zeigt eine Realisierungsschaltung mit $R_1 = 0$.

Beispiel 2

Ein Butterworth-Tiefpaß mit den Daten $f_g = 5$ kHz, $A_D = 1{,}25$ dB, $f_S = 10$ kHz, $A_S = 30$ dB, Bezugswiderstand 600 Ohm ist zu entwerfen.

Nach Gl. 5.17 wird

$$n \geq \frac{1}{2} \frac{lg \frac{10^3 - 1}{10^{0{,}125} - 1}}{lg\, 2} = 5{,}78,$$

d.h. $n = 6$. Die Bauelementewerte der Schaltung werden nach Gl. 5.21 ermittelt:

$$a_\nu = 1{,}825 \sin\frac{(2\nu - 1)\pi}{12}, \nu = 1 \ldots 6,$$

$$a_1 = a_6 = 0{,}4723,\ a_2 = a_5 = 1{,}29,\ a_3 = a_4 = 1{,}763.$$

Im Bild 5.12 ist eine Realisierungsschaltung mit den entnormierten Bauelementewerten angegeben, die auch mit dem Programm STANDARDFILTER ermittelt werden kann.

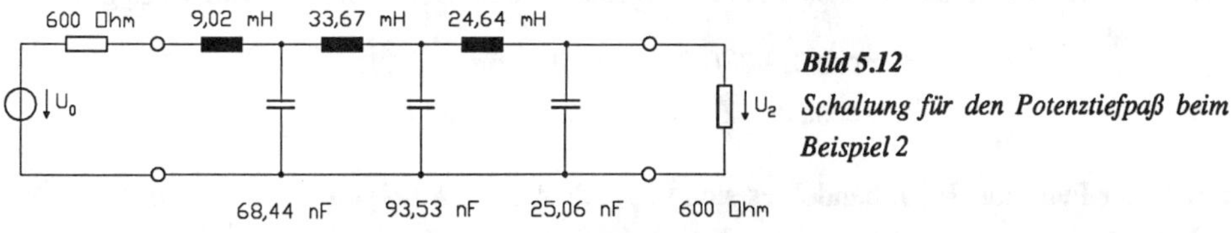

Bild 5.12
Schaltung für den Potenztiefpaß beim Beispiel 2

Der so entworfene Tiefpaß erreicht bei $f_S = 5$ kHz die vorgeschriebene Durchlaßdämpfung $A_D = 1{,}25$ dB. Durch die erforderliche Aufrundung des Grades auf $n = 6$ hat die Dämpfung bei $f_S = 10$ kHz einen etwas größeren Wert als $A_S = 30$ dB, nämlich (Gl. 5.18)

$$A_S = 10\, lg(1 + (10^{0{,}125} - 1) \cdot 2^{12}) = 31{,}4 \text{ dB}.$$

Falls der Phasenverlauf der Filterschaltung berechnet werden soll, muß noch das PN-Schema ermittelt werden. Zur Berechnung der Nullstellen von $H(s)$ bzw. von $Q(s) = H(s)H(-s)$ kann Gl. 5.20 verwandt werden. Diese formale Vorgehensweise ist jedoch entbehrlich, da die Nullstellen von $Q(s)$ im Winkelabstand von $\pi/6$ auf einem Kreis mit dem Radius $1/\sqrt[12]{\varepsilon^2} = 1{,}0958$ symmetrisch zur imaginären und zur reellen Achse liegen. Bei Kenntnis des PN-Schemas von $H(s)$ bzw. von $S_{21}(s)$ kann die Phase nach dem im Abschnitt 2.1.2 besprochenen Verfahren berechnet werden (Anwendung des Programmes NETZWERKFUNKTIONEN).

5.2.3 Tschebyscheff-Tiefpässe

Wie im Abschnitt 5.2.2 gezeigt wurde, kann eine Dämpfungsvorschrift (Bild 5.6) durch die einfache charakteristische Funktion $K(s)=\varepsilon\cdot s^n$ erfüllt werden. Die Vorschriften im Durchlaßbereich ($A\leq A_D$) und die im Sperrbereich ($A\geq A_S$) werden durch diese einfache charakteristische Funktion jedoch kaum "ausgenutzt". Im größten Teil des Durchlaßbereiches ist die Dämpfung weitaus kleiner und im größten Teil des Sperrbereiches weitaus größer als vorgeschrieben. Tschebyscheff-Tiefpässe nutzen den Durchlaßbereich besser als Butterworth-Tiefpässe aus und dies führt dazu, daß sie (bei gegebenem Toleranzschema) i.a. aufwandsärmer realisiert werden können. Tschebyscheff-Tiefpässe sind ebenfalls Polynomtiefpässe und somit durch Schaltungsstrukturen gemäß Bild 5.7 realisierbar. Bevor wir den Dämpfungsverlauf und den Schaltungsentwurf besprechen, werden zunächst einige Kenntnisse über Tschebyscheffpolynome vermittelt.

5.2.3.1 Tschebyscheffpolynome

Tschebyscheffpolynome werden i.a. in Form einer Parameterdarstellung definiert, es gilt

$$\begin{aligned}\omega=\cos\vartheta,\quad T_n(\omega)=\cos(n\vartheta)\quad \text{für } |\omega|\leq 1,\\ \omega=\cosh\vartheta,\quad T_n(\omega)=\cosh(n\vartheta)\quad \text{für } |\omega|\geq 1.\end{aligned}\tag{5.22}$$

Bei dieser Funktion $T_n(\omega)$ handelt es sich tatsächlich um ein Polynom n-ten Grades. Im Fall $n=1$ gilt $\omega=\cos\vartheta$, $T_1(\omega)=\cos\vartheta$, und dies bedeutet $T_1(\omega)=\omega$. Im Fall $n=2$ schreiben wir $T_2(\omega)=\cos(2\vartheta)=2\cos^2\vartheta-1$, und mit $\cos\vartheta=\omega$ wird $T_2(\omega)=2\omega^2-1$.

Ein allgemeiner Beweis dafür, daß $T_n(\omega)$ ein Polynom n-ten Grades ist, kann folgendermaßen erbracht werden. Mit den Additionstheoremen können wir schreiben

$$T_{n+1}(\omega)=\cos((n+1)\vartheta)=\cos(n\vartheta)\cos\vartheta-\sin(n\vartheta)\sin\vartheta,$$

$$T_{n-1}(\omega)=\cos((n-1)\vartheta)=\cos(n\vartheta)\cos\vartheta+\sin(n\vartheta)\sin\vartheta.$$

Die Addition der beiden Gleichungen führt auf $T_{n+1}(\omega)+T_{n-1}(\omega)=2\cos(n\vartheta)\cos\vartheta$, und mit $\cos\vartheta=\omega$ erhalten wir die Rekursionsgleichung

$$T_{n+1}(\omega)=2\omega T_n(\omega)-T_{n-1}(\omega),\ n=1,2,\ldots\tag{5.23}$$

Da gezeigt wurde, daß $T_1(\omega)$ und $T_2(\omega)$ Polynome sind, gilt dies auch für alle höheren Werte von n. Selbstverständlich erhält man die gleichen Beziehungen, wenn man die Rechnung nicht mit der Parameterdarstellung für $|\omega| \leq 1$, sondern mit der für $|\omega| \geq 1$ durchführt (siehe Gl. 5.22).

Gl. 5.23 kann vorteihaft zur Aufstellung der Tschebyscheffpolynome verwendet werden. Man erhält z.B.

$$T_3(\omega) = 2\,\omega T_2(\omega) - T_1(\omega) = 2\omega(2\omega^2 - 1) - \omega = 4\omega^3 - 3\omega.$$

In Gl. 5.24 sind die Tschebyscheffpolynome bis zum 5. Grade zusammengestellt, ihr Verlauf ist im Bild 5.13 skizziert.

$$\begin{aligned} T_1(\omega) &= \omega \\ T_2(\omega) &= 2\omega^2 - 1 \\ T_3(\omega) &= 4\omega^3 - 3\omega \\ T_4(\omega) &= 8\omega^4 - 8\omega^2 + 1 \\ T_5(\omega) &= 16\omega^5 - 20\omega^3 + 5\omega. \end{aligned} \tag{5.24}$$

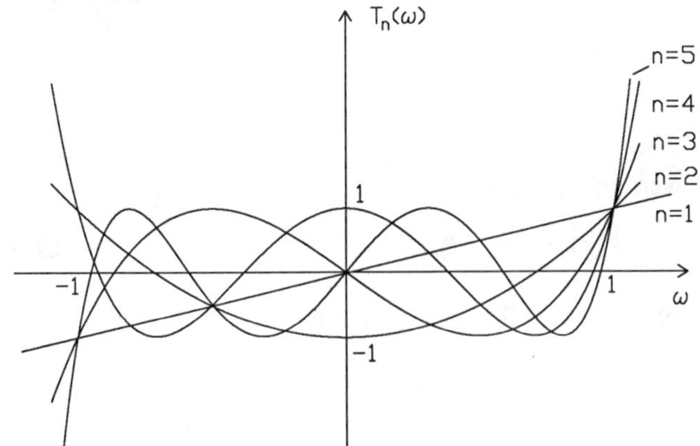

Bild 5.13
Verlauf der Tschebyscheffpolynome bis zum Grad 5

Aus der Rekursionsgleichung 5.23 kann man leicht erkennen, daß Tschebyscheffpolynome geraden Grades gerade Funktionen sind und bei ungeradem n ungerade Polynome. Wir wollen einige weitere Eigenschaften von Tschebyscheffpolynomen auflisten.

1. Im Bereich $|\omega| \leq 1$ gilt $|T_n(\omega)| \leq 1$, für $\omega > 1$ steigt $T_n(\omega)$ monoton an.

Beweis: Für $|\omega| \leq 1$ wird nach Gl. 5.22 $\vartheta = arccos\,\omega$ und $T_n(\omega) = \cos(n\vartheta) = \cos(n \cdot arccos\,\omega)$, d.h. $|T_n(\omega)| \leq 1$. Für $\omega > 1$ führen ansteigende Werte von ω zu ebenfalls ansteigenden Werten des Parameters $\vartheta = arcosh\,\omega$, und damit ist $T_n(\omega) = \cosh(n\vartheta) = \cosh(n \cdot arcosh\,\omega)$ ebenfalls eine monoton ansteigende Funktion.

2. Bei geradem Grad n gilt $T_n(0)=\pm 1, T_n(-1)=T_n(1)=1$, bei ungeradem n wird $T_n(0)=0, T_n(-1)=-1, T_n(1)=1$.

Beweis: Zum Wert $\omega=0$ gehört der Parameterwert $\vartheta=\pi/2$ (Gl. 5.22). Dann wird $T_n(0)=\cos(n\pi/2)$. Dies bedeutet $T_n(0)=0$ bei ungeradem n und $T_n(0)=\pm 1$ bei geradem n. Zu $\omega=1$ gehört der Parameterwert $\vartheta=0$, und somit wird $T_n(1)=\cos 0=1$. Mit $\vartheta=\pi$ erhalten wir die Funktionswerte $T_n(-1)=\cos(n\pi)$. Dies bedeutet $T_n(-1)=1$ bei geradem n und $T_n(-1)=-1$ bei ungeradem n.

3. $T_n(\omega)$ besitzt genau n reelle Nullstellen im Bereich $-1<\omega<1$.

Beweis: Die Bedingung $T_n(\omega)=\cos(n\vartheta)=0$ ist für die Werte $n\vartheta=(2k+1)\pi/2, k=0,1,\ldots$ erfüllt und führt auf genau n unterschiedliche Werte $\omega=\cos[(2k+1)\pi/(2n)], k=0\ldots n-1$. Ab $k=n$ ergeben sich wieder gleiche Werte für ω.

4. $T_n(\omega)$ nimmt im Bereich $-1<\omega<1$ den Wert ± 1 $n-1$ mal an.

Beweis: Aus $T_n(\omega)=\cos(n\vartheta)=\pm 1$ folgt $n\vartheta=k\pi, k=0,1,\ldots$ und $\omega=\cos(k\pi/n)$. Da $\omega=1$ (d.h. $k=0$) und $\omega=-1$ (d.h. $k=n$)) nicht zu dem hier betrachteten Intervall $|\omega|<1$ gehören, kann k die Werte $1\ldots n-1$ annehmen.

5.2.3.2 Der Entwurf der Tiefpässe

Für die charakteristische Funktion erfolgt der Ansatz

$$K(s)=\varepsilon\cdot T_n(s/j). \tag{5.25}$$

Damit erhalten wir $K(j\omega)=\varepsilon T_n(\omega)$ und gemäß Gl. 5.10 den Dämpfungsverlauf

$$A(\omega)=10\,lg(1+\varepsilon^2 T_n^2(\omega)). \tag{5.26}$$

Im Bild 5.14 ist der Dämpfungsverlauf für $n=3$, $\varepsilon=1$ für positive und negative Frequenzwerte dargestellt.

Im Bereich $|\omega|\le 1$ ist auch $|T_n(\omega)|\le 1$ (siehe Eigenschaft 1), daher wird die maximale Durchlaßdämpfung

$$A_D=10\,lg(1+\varepsilon^2) \tag{5.27}$$

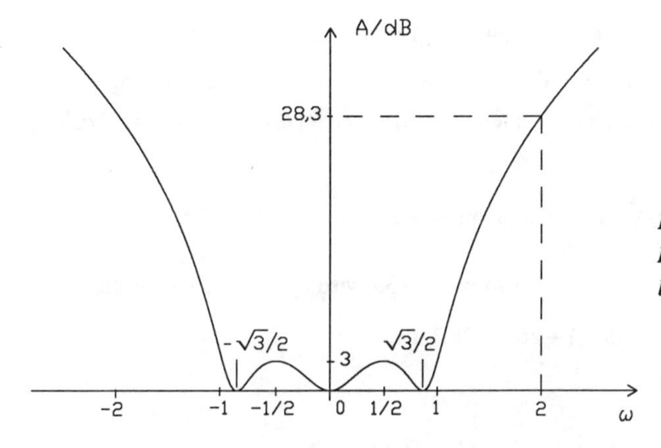

Bild 5.14
Dämpfungsverlauf eines Tschebyscheff-Tiefpasses 3. Grades

im Durchlaßbereich bis zur Grenzfrequenz $\omega = 1$ nicht überschritten. Im Gegensatz zu Butterworth-Tiefpässen steigt die Dämpfung (im Durchlaßbereich) aber nicht monoton an. Der zulässige Maximalwert A_D wird bei der Grenzfrequenz erreicht und innerhalb des Durchlaßbereiches $|\omega| < 1$, d.h. einschließlich der negativen Frequenzen, noch n-1 mal (siehe Eigenschaft 4). Es sind dies die Stellen, an denen die Tschebyscheffpolynome die Werte ± 1 annehmen. Die entsprechenden Frequenzwerte berechnen sich nach der bei der Eigenschaft 4 angegebenen Beziehung zu

$$\omega = \cos\left(k \frac{\pi}{n}\right), k = 1 \ldots n-1.$$

Im vorliegenden Fall ($n = 3$) sind dies die Werte $\omega = \pm 1/2$ (siehe Bild 5.14).

Die n Nullstellen von $T_n(\omega)$ sind auch Dämpfungsnullstellen, sie treten bei den Frequenzen

$$\omega = \cos\left((2k+1)\frac{\pi}{2n}\right), k = 0 \ldots n-1$$

auf (siehe Eigenschaft 3). Im vorliegende Fall erhalten wir Dämpfungsnullstellen bei $\omega = 0$ und $\omega = \pm\sqrt{3}/2$ (siehe Bild 5.14).

Oberhalb von $\omega = 1$ steigt die Dämpfung monoton an und erreicht bei einem Wert ω_S die minimale Sperrdämpfung

$$A_S = 10\, lg(1 + \varepsilon^2 T_n^2(\omega_S)). \tag{5.28}$$

Der zur Ermittlung von A_S notwendige Wert von $T_n(\omega_S)$ kann einmal mit Hilfe der expliziten Formeln für die Tschebyscheffpolynome (Gl. 5.24) berechnet werden. Die Berechnung ist aber auch mit Hilfe der Gl. 5.22 möglich. Dort erhalten wir (im Bereich $|\omega| > 1$) mit $\vartheta = arcosh\,\omega_S$ den Ausdruck

$$T_n(\omega_S) = \cosh(n \cdot arcosh\,\omega_S). \tag{5.29}$$

Im Bild 5.14 wurde $\omega_S = 2$ angenommen, mit $T_3(\omega) = 4\omega^3 - 3\omega$ wird $T_3(2) = 26$, und die minimale Sperrdämpfung hat den Wert $A_S = 10 \lg(1 + 26^2) = 28{,}3$ dB.

Aus den Beziehungen 5.27, 5.28

$$A_D = 10\,lg(1 + \varepsilon^2), \quad A_S = 10\,lg(1 + \varepsilon^2 T_n^2(\omega_S))$$

kann man bei einem vorgegebenem Toleranzschema mit den Daten f_g, A_D, f_S und A_S den erforderlichen Filtergrad ermitteln. Aus der 1. Gleichung erhält man

$$\varepsilon^2 = 10^{A_D/10} - 1.$$

Die 2. Gleichung stellen wir folgendermaßen um

$$10^{A_S/10} = 1 + \varepsilon^2 T_n^2(\omega_S), \quad T_n(\omega_S) = \sqrt{\frac{10^{A_S/10} - 1}{10^{A_D/10} - 1}}.$$

Mit $T_n(\omega_S)$ nach Gl. 5.29 folgt

$$\cosh(n \cdot arcosh\,\omega_S) = \sqrt{\frac{10^{A_S/10} - 1}{10^{A_D/10} - 1}}, \quad n \cdot arcosh\,\omega_S = arcosh\sqrt{\frac{10^{A_S/10} - 1}{10^{A_D/10} - 1}},$$

und schließlich wird mit $\omega_S = f_S/f_g$

$$n \geq \frac{arcosh\sqrt{\frac{10^{A_S/10} - 1}{10^{A_D/10} - 1}}}{arcosh\frac{f_S}{f_g}}. \tag{5.30}$$

Zur Ermittlung der Betriebsübertragungsfunktion $S_{21}(s)$ verwenden wir zunächst die Beziehung

$$H(j\omega)H(-j\omega) = 1 + |K(j\omega)|^2 = 1 + \varepsilon^2 T_n^2(\omega)$$

(siehe Gl. 5.11 und Gl. 5.25). Mit $s = j\omega$ bzw. $\omega = s/j = -js$ folgt daraus

$$Q(s) = H(s)H(-s) = 1 + \varepsilon^2 T_n^2(-js). \tag{5.31}$$

Nun müssen die $2n$ Nullstellen des Polynoms $Q(s)$ ermittelt werden. Die in der linken s-Halbebene liegenden Nullstellen werden in bekannter Weise (siehe Abschnitt 5.1.2) der Funktion $H(s)$ zugeordnet, es sind die Polstellen von $S_{21}(s)$.

Den etwas umständlichen Weg zur Berechnung der Nullstellen von $Q(s)$ wollen wir hier nicht beschreiben, er kann z.B. in [Ru] nachgelesen werden. Dort wird auch gezeigt, daß diese Nullstellen auf einer Ellipse liegen. Die Pole von $S_{21}(s)$ (bzw. die Nullstellen von $H(s)$) berechnen sich nach den Beziehungen

$$\begin{aligned} s_{\infty\nu} &= -\left| \sin\left(\frac{2\nu+1}{2n}\pi\right)\sinh a \right| + j\cos\left(\frac{2\nu+1}{2n}\pi\right)\cosh a, \quad \nu = 1\ldots n, \\ a &= \frac{1}{n} Arsinh \frac{1}{\varepsilon} = \frac{1}{n}\ln\left(\frac{1}{\varepsilon} + \sqrt{\frac{1}{\varepsilon^2}+1}\right), \quad \varepsilon = \sqrt{10^{A_D/10} - 1}. \end{aligned} \tag{5.32}$$

Für den Tschebyscheff-Tiefpaß mit dem Dämpfungsverlauf nach Bild 5.14 ($n = 3, \varepsilon = 1$) liefert diese Beziehung die Polstellen

$$s_{\infty 1} = -0{,}14902 + j\,0{,}90367,\ s_{\infty 2} = -0{,}29804,\ s_{\infty 3} = -0{,}14902 - j\,0{,}90367.$$

Dann erhält man die Betriebsübertragungsfunktion

$$S_{21}(s) = \frac{K}{(s - s_{\infty 1})(s - s_{\infty 2})(s - s_{\infty 3})} = \frac{1}{1 + 3{,}7106s + 2{,}3843s^2 + 4s^3}.$$

(Nachrechnung durch den Leser! Nebenbedingung $S_{21}(0) = 1$ beachten).

Nachdem die Betriebsübertragungsfunktion vorliegt, kann die Schaltungssynthese nach der im Abschnitt 4.4.4.2 beschriebenen Methode erfolgen. Es entstehen Schaltungsstrukturen gemäß Bild 5.7.

Bei ungeradem Grad n ist $T_n(0) = 0$ und damit $S_{21}(0) = 1$. Dies bedingt gleichgroße Einbettungswiderstände. Bei geradem Filtergrad ist $T_n(0) = \pm 1$, damit wird $A(0) = A_D = 10\,lg(1 + \varepsilon^2)$ und $R_1 \neq R_2$ (siehe Gln. 4.53, 4.54 im Abschnitt 4.4.4.1). Wenn das PN-Schema als PN-Schema einer Übertragungsfunktion interpretiert wird, kann die Synthese ggf. auch nach der im Abschnitt 4.4.4.4 beschriebenen Methode erfolgen.

Beispiel 1

Ein Tschebyscheff-Tiefpaß mit folgenden Daten ist zu entwerfen: $f_g = 10\,\text{kHz}, A_D = 3\,\text{dB}, f_S = 20$ kHz, $A_S = 28$ dB, Bezugswiderstand 1000 Ohm. Zu realisieren ist einmal eine Betriebsübertragungsfunktion und zum anderen eine Übertragungsfunktion bei einer Zweitorschaltung mit Leerlauf am Tor 2 (siehe rechten Bildteil 4.35 im Abschnitt 4.4.4.4).

Mit den angegebenen Daten erhalten wir nach Gl. 5.30

$$n \geq \frac{arcosh\sqrt{\frac{10^{2,8}-1}{10^{0,3}-1}}}{Arcosh 2} = \frac{3,918}{1,32} = 2,97,$$

also $n = 3$. Dies bedeutet, daß Bild 5.14 den Dämpfungsverlauf des hier zu entwerfenden Tiefpasses darstellt und wir auf die vorne ermittelten Ergebnisse zurückgreifen können.

Wir übernehmen die vorne ermittelte Betriebsübertragungsfunktion

$$S_{21}(s) = \frac{1}{1 + 3,7106s + 2,3843s^2 + 4s^3},$$

sie hat die Form $S_{21}(s) = 1/F(s)$ mit dem Hurwitzpolynom

$$F(s) = 1 + 3,7106s + 2,3843s^2 + 4s^3.$$

Mit der im Abschnitt 4.4.4.2 beschriebenen Methode ermitteln wir nach Gl. 4.61 die Nullstellen von

$$q(s) = f(s)f(-s) = F(s)F(-s) - 1 = -9s^2 - 24s^4 - 16s^6.$$

Es treten jeweils doppelte Nullstellen bei $s = 0$ und $s = \pm j\sqrt{3}/2$ auf, wir erhalten durch Zuordnung jeweils einer Nullstelle (und mit $K = 4$)

$$f(s) = \pm Ks\left(s + j\frac{\sqrt{3}}{2}\right)\left(s - j\frac{\sqrt{3}}{2}\right) = \pm K\left(\frac{3}{4}s + s^3\right) = \pm(3s + 4s^3).$$

Durch die Wahl der Konstanten $K = 4$ ergibt das Produkt $f(s)f(-s)$ den vorgeschriebenen Ausdruck $q(s)$. Für die weitere Rechnung wählen wir $f(s) = -3s - 4s^3$, d.h. $f_g(s) = 0, f_u(s) = -3s - 4s^3$. Dann erhalten wir mit $F_g(s) = 1 + 2,3843s^2, F_u(s) = 3,7106s + 4s^3$ sowie $R_1 = R_2 = 1$ die Kettenmatrix der gesuchten Zweitorschaltung (Gl. 4.62)

$$\mathbf{A} = \begin{pmatrix} 1+2{,}3843s^2 & 0{,}71065 \\ 6{,}71065s+8s^3 & 1+2{,}3843s^2 \end{pmatrix}.$$

Wir entwickeln nun für den Quotienten (siehe Gl. 4.63)

$$W_{1L} = \frac{A_{11}}{A_{21}} = \frac{1+2{,}3843s^2}{6{,}7106s+8s^3}$$

eine Zweipolschaltung durch Polabbau bei unendlich (siehe Abschnitt 3.2.3.1) und erhalten

$$W_{1L} = \frac{1}{3{,}355s + 1/(0{,}7106s + 1/(3{,}355s))}.$$

Dies ist die Eingangsimpedanz der gesuchten Zweitorschaltung bei Leerlauf am Tor 2. Durch Ergänzung mit den Torwiderständen entsteht die im Bild 5.15 skizzierte Realisierungsschaltung für die vorliegende Betriebsübertragungsfunktion. Die Entnormierung erfolgt auf 10 kHz und 1000 Ohm, die entnormierten Bauelementewerte sind ebenfalls bei der Schaltung angegeben.

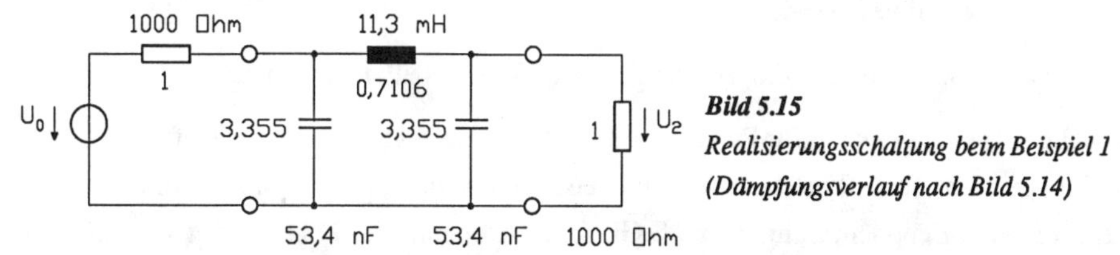

Bild 5.15
Realisierungsschaltung beim Beispiel 1 (Dämpfungsverlauf nach Bild 5.14)

Das vorgegebene Toleranzschema soll nun durch die Spannungs-Übertragungsfunktion einer Zweitorschaltung mit Leerlauf am Tor 2 ($R_2 = \infty$) realisiert werden. Entsprechend Bild 4.35 im Abschnitt 4.4.4.4 hat diese (mit $R_1 = 1$) die Form

$$G(s) = \frac{U_2}{U_0} = \frac{Z_{21}}{1+Z_{11}} = \frac{1}{1+3{,}7106s+2{,}3843s^2+4s^3} = \frac{E(s)}{F_g(s)+F_u(s)}.$$

Da $E(s) = 1$ ein gerades Polynom ist, erhalten wir im Sinne der Ausführungen des Abschnittes 4.4.4.4

$$Z_{21}(s) = -\frac{E(s)}{F_u(s)}, \quad Z_{11}(s) = \frac{F_g(s)}{F_u(s)} = \frac{1+2{,}3843s^2}{3{,}7106s+4s^3}.$$

Die Entwicklung der Impedanz $Z_{11}(s)$ durch Polabspaltung bei unendlich führt schließlich zu der im Bild 5.16 angegebenen Schaltung.

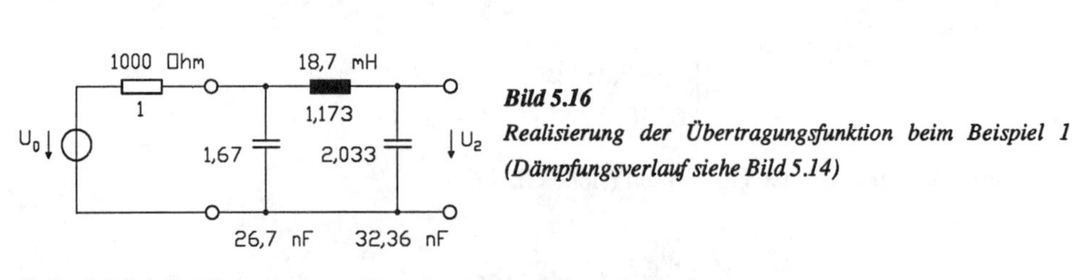

Bild 5.16
Realisierung der Übertragungsfunktion beim Beispiel 1 (Dämpfungsverlauf siehe Bild 5.14)

Beispiel 2 (mit Hinweisen zur Benutzung von Filtertabellen)
Ein Tschebyscheff-Tiefpaß mit folgenden Daten ist zu entwerfen: $f_g = 5$ kHz, $A_D = 1{,}25$dB, $f_S = 10$ kHz, $A_S = 58$ dB, Bezugswiderstand 600 Ohm.

Nach Gl. 5.30 erhalten wir

$$n \geq \frac{arcosh\sqrt{\frac{10^{5,8}-1}{10^{0,125}-1}}}{arcosh 2} = \frac{7{,}919}{1{,}317} = 6{,}01,$$

d.h. (gerade noch) $n = 6$. Die Schaltung für den Tiefpaß kann mit Hilfe des Programmes STANDARDFILTER ermittelt werden.

Wir wollen an dieser Stelle auf die Verwendung von Filtertabellen eingehen.

Die Tabelle [Pf] enthält Daten für Potenz- und Tschebyscheff-Tiefpässe. Die Tiefpässe sind in dieser Tabelle nicht nach Werten der maximalen Durchlaßdämpfung geordnet, sondern nach der zugehörenden Echodämpfung. Gemäß Gl. 4.11 (Abschnitt 4.1.2) berechnet sich diese zu $A_E = -20\, lg\, |S_{11}|$. Mit $|S_{11}|^2 = 1 - |S_{21}|^2$ erhält man

$$A_E = -10\, lg(1 - |S_{21}|^2) = -10\, lg\left(1 - 10^{-A_D/10}\right).$$

Im vorliegenden Fall ($A_D = 1{,}25$ dB) wird $A_E = 6$ dB. Wir finden unser Filter unter der Bezeichnung **T6/6 dB,** wobei die 1. Zahl den Grad angibt. Die Filtertabelle enthält Daten für Tschebyscheff-Tiefpässe bis zum Grad 15 für ganzzahlige Werte der Echodämpfung von 6 dB (dies entspricht $A_D = 1{,}25$ dB) bis 60 dB (dies entspricht $A_D = 4 \cdot 10^{-6}$ dB).

Die Filtertabelle [Sa] enthält umfangreiches Datenmaterial über Potenz-, Tschebyscheff- und Cauer-Tiefpässe. Die Tiefpässe sind dort nach Werten von $|S_{11}|$ geordnet, genauer nach dem maximalen Reflexionsfaktor im Durchlaßbereich in % (d.h. $100 \cdot |S_{11}|$). Bei unserem Filter wäre dies der Wert

$$100 \cdot |S_{11}| = 100\sqrt{1 - |S_{21}|^2} = 100\sqrt{1 - 10^{-A_D/10}} = 50.$$

Nachzusehen wäre hier unter dem Blatt **C 06 50b**. Dabei steht der Buchstabe C eigentlich für Cauer-Filter, die 1. bzw. 2. Zeile in dem Blatt ist jedoch mit "T" für Tschebyscheff-Tiefpässe gekennzeichnet. Die Zahl 50 bedeutet den vorne besprochenen 100-fachen Wert des maximalen Reflexionsfaktors im Durchlaßbereich. Der Buchstabe b kommt nur bei Filtern geraden Grades vor und bezieht sich eigentlich auf Cauer-Tiefpässe (siehe Abschnitt 5.2.5). Bei geradem Grad gibt es übrigens noch Daten mit der Bezeichnung c, bei der durch eine geeignete Transformation gleichgroße Einbettungswiderstände erreicht werden. Die Tabelle enthält Daten für Filter bis zum Grade 15 in den Stufen (für $100\,|S_{11}|$): 1, 2, 5, 8,10, 15, 20, 25, 50. Dies entspricht einem Dämpfungsbereich zwischen $4 \cdot 10^{-4}$ dB und 1,25 dB.

Auch die etwas ältere Tabelle [Zv] ordnet die Daten nach Werten von $100\,|S_{11}|$. Tschebyscheff-Tiefpässe findet man hier in der jeweils 1. Zeile eines Blattes unter der Bezeichnung C.

Die Tabellen enthalten alle auch Informationen über die PN-Schemata. Hierbei ist allerdings zu beachten, daß diese für die reziproken Übertragungsfunktionen angegeben werden. Der Grund hierfür liegt darin, daß in der Netzwerksynthese oft nicht der Quotient "Wirkung/Ursache" als Übertragungsfunktion verstanden wird, sondern dessen Kehrwert.

Wir entnehmen schließlich aus einer der Tabellen die dort angegebenen Daten für unseren Tiefpaß (Bild 5.17). Die Angaben bei den Pfeilen beziehen sich auf die (normierten) Werte der Einbettungswiderstände.

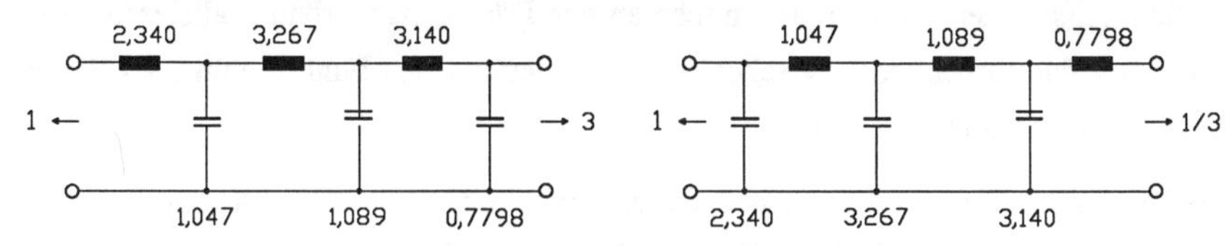

Bild 5.17 Schaltungen für einen Tschebyscheff-Tiefpaß 6. Grades mit einer Durchlaßdämpfung von 1,25 dB (2. Beispiel)

Wie aus dem Abschnitt 4.4.4.1 bekannt ist, gibt es im Falle $S_{21}(0) < 1$ zwei verschiedene Sätze von Einbettungswiderständen. Bei Tschebyscheff-Tiefpässen geraden Grades tritt bei $\omega = 0$ die maximale Durchlaßdämpfung A_D auf. Mit

$$S_{21}(0) = 10^{-A_D/20} = 0{,}866$$

erhält man (Gln. 4.53, 4.54) $\ddot{u}_1 = 1{,}7323$ und mit $R_1 = 1$ die beiden möglichen Werte $R_2 = 3$ und $R_2 = 1/3$. Auf die Durchführung der Entnormierung der Schaltung wird hier verzichtet.

Bild 5.18 zeigt schließlich den Dämpfungsverlauf des Tiefpasses. Ein Vergleich mit dem im Abschnitt 5.2.2 besprochenen Potenzfilter gleichen Grades und gleicher Durchlaßdämpfung zeigt, daß hier eine wesentlich größere Sperrdämpfung (58 dB) als bei dem Potenztiefpaß (31,4 dB) bei gleichem Schaltungsaufwand erreicht wird.

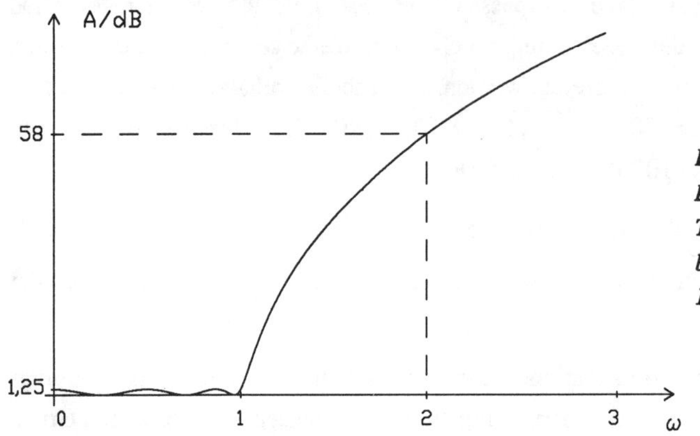

Bild 5.18
Dämpfungsverlauf eines Tschebyscheff-Tiefpasses 6. Grades bei einer Durchlaßdämpfung von 1,25 dB (Beispiel 2)

5.2.4 Bessel- oder Thomson-Tiefpässe

Bei den Bessel- oder Thomson-Tiefpässen handelt es sich ebenfalls um Polynomtiefpässe, die jedoch nach Forderungen an den Phasenverlauf dimensinoniert werden. Forderungen an die Phase lassen sich i.a. schwieriger als Forderungen an den Dämpfungsverlauf realisieren, weil es keinen einfachen Zusammenhang zwischen der charakteristischen Funktion und der Phase der Übertragungsfunktion gibt.

Die hier gestellte Aufgabe besteht darin, einen Tiefpaß mit einer möglichst linear ansteigenden Phase $B(\omega)$ zu realisieren. Dies bedeutet im Idealfall eine Übertragungsfunktion, die (im Durchlaßbereich) die Form

$$G_0(j\omega) = |\,G_0(j\omega)\,|\,e^{-B(j\omega)} = e^{-j\omega t_0} \qquad (5.33)$$

hat (siehe Abschnitt 2.2.1). Die Forderung nach einer möglichst linear verlaufenden Phase $B(\omega) = \omega t_0$ entspricht der nach einer konstanten Gruppenlauzeit

$$T_G = \frac{d\,B(\omega)}{d\omega} = t_0.$$

Im folgenden rechnen wir stets mit $t_0 = 1$. Durch Wahl einer geeigneten Bezugsfrequenz bei der Entnormierung kann später jeder gewünschte Wert t_0 realisiert werden (siehe das Entwurfsbeispiel am Abschnittsende).

Mit $t_0 = 1$ und $s = j\omega$ erhalten wir die zu realisierende Übertragungsfunktion

$$G_0(s) = e^{-s} = \frac{1}{e^s}. \tag{5.34}$$

Die transzendente Funktion e^s muß jetzt durch ein Hurwitzpolynom $F(s)$ approximiert werden. Zunächst bietet es sich an, e^s durch eine nach dem $(n+1)$-ten Glied abgebrochene Taylorreihe

$$e^s \approx 1 + \frac{s}{1!} + \frac{s^2}{2!} + \ldots + \frac{s^n}{n!}$$

zu approximieren. Dieser Weg ist allerdings nur in Sonderfällen gangbar, da nicht gesichert ist, daß es sich bei diesen Näherungspolynomen auch immer um Hurwitzpolynome handelt. Im Fall $n = 5$ trifft dies beispielsweise nicht zu (siehe [Ru]). Es muß daher nach einem Approximationsverfahren gesucht werden, das auf jeden Fall auf ein Hurwitzpolynom führt.

Mit der geraden und ungeraden Funktion

$$\tilde{F}_g(s) = \cosh s = \frac{1}{2}(e^s + e^{-s}), \quad \tilde{F}_u(s) = \sinh s = \frac{1}{2}(e^s - e^{-s}) \tag{5.35}$$

kann Gl. 5.34 auch in der Form

$$G_0(s) = \frac{1}{e^s} = \frac{1}{\cosh s + \sinh s} = \frac{1}{\tilde{F}_g(s) + \tilde{F}_u(s)} \tag{5.36}$$

dargestellt werden. Unsere Aufgabe, ein geeignetes Nennerpolynom für $G_0(s)$ zu ermitteln, kann nun folgendermaßen formuliert werden. $\tilde{F}_g(s) = \cosh s$ wird durch ein gerades Polynom $F_g(s)$ approximiert, $\tilde{F}_u(s) = \sinh s$ durch ein ungerades Polynom $F_u(s)$ mit der Nebenbedingung, daß $F(s) = F_g(s) + F_u(s)$ ein Hurwitzpolynom ist.

Nun ist bekannt (siehe z.B. [Un]), daß der Quotient des geraden Anteiles eines Hurwitzpolynoms zu seinem ungeraden Anteil eine Reaktanzzweipolfunktion ist. Daher wird folgender Ansatz gemacht:

$$\frac{\tilde{F}_g(s)}{\tilde{F}_u(s)} = \frac{\cosh s}{\sinh s} = \frac{1 + \frac{s^2}{2!} + \frac{s^4}{4!} + \ldots}{s + \frac{s^3}{3!} + \frac{s^5}{5!} + \ldots} =$$

$$= 1/s + \cfrac{1}{3/s + \cfrac{1}{5/s + \cfrac{1}{7/s + \ldots}}} \tag{5.37}$$

Zunächst wurden $\cosh s$ und $\sinh s$ durch ihre Taylorreihen dargestellt, der Quotient wurde dann als Kettenbruch entwickelt. Der Leser kann diese Kettenbruchentwicklung selbst nachvollziehen (Polabspaltung bei 0, siehe Abschnitt 3.2.3.2) und erkennt dabei, daß jeweils Summanden der Form $(2\nu - 1)/s, \nu = 1,2,\ldots$ abgespaltet werden können. Der Abbruch der Kettenbruchentwicklung nach dem $(2n-1)$-ten Term führt zu der Näherung

$$\frac{\tilde{F}_g(s)}{\tilde{F}_u(s)} \approx \frac{1}{s} + \cfrac{1}{3/s + \cfrac{1}{\cdots (2n-1)/s}} = \frac{F_g(s)}{F_u(s)}. \tag{5.38}$$

Bei diesem Ausdruck handelt es sich tätsächlich um eine Reaktanzzweipolfunktion, denn der Kettenbruch kann unmittelbar in eine realisierbare Schaltung (Struktur nach unterem Bildteil 3.12) umgesetzt werden. Durch schrittweise Erweiterung dieses Ausdruckes erhält man schließlich die Näherungspolynome $F_g(s)$ und $F_u(s)$ und damit das gesuchte Hurwitzpolynom $F(s) = F_g(s) + F_u(s)$.

Wir wollen diese Rechnung für den Fall des Abbruches nach dem Glied mit $n = 3$ durchführen. Dann erhalten wir gemäß Gl. 5.38

$$\frac{F_g(s)}{F_u(s)} = \frac{1}{s} + \cfrac{1}{3/s + \cfrac{1}{5/s}} = \frac{1}{s} + \frac{s}{3 + s^2/5} = \frac{3 + 6/5\, s^2}{3s + s^3/5},$$

$$F(s) = F_g(s) + F_u(s) = 3 + 3s + \frac{6}{5}s^2 + \frac{1}{5}s^3.$$

Bei Beachtung der Nebenbedingung $G(0) = 1$ lautet dann die gesuchte Übertragungsfunktion

$$G(s) = \frac{1}{1 + s + 2/5\, s^2 + 1/15\, s^3} = \frac{15}{15 + 15s + 6s^2 + s^3}. \tag{5.39}$$

Ein Vergleich von $G(s)$ mit der Zielfunktion $G_0(s) = 1/e^s$ zeigt, daß e^s durch das Polynom $1+s+0{,}4s^2+0{,}0667s^3$ approximiert worden ist. Die nach dem Glied mit s^3 abgebrochene Taylorreihe hat die Form $1+s+0{,}5s^2+0{,}1667s^3$. Da dieses Polynom ("zufällig") ein Hurwitzpolynom ist, hätte hier auch die abgebrochene Taylorreihe zu einer realisierbaren Übertragungsfunktion geführt.

Wie wir erkannt haben, führt der Abbruch der Kettenbruchentwicklung nach dem $(2n-1)$-ten Glied (Gl. 5.38) zu einem Hurwitzpolynom n-ten Grades und damit zu einer realisierbaren Übertragungs- oder Betriebübertragungsfunktion eines Polynomfilters vom Grade n. Die auf diese Weise entstehenden Hurwitzpolynome heißen Besselfunktionen, und daher kommt auch die Filterbezeichnung. Besselfunktionen können rekursiv berechnet werden, es gilt (siehe [Un])

$$B_{n+1}(s) = (2n+1)B_n(s) + s^2 B_{n-1}(s),\ n = 2,3\ldots \tag{5.40}$$

Das Besselpolynom 1. Grades ensteht nach dem Abbruch des Kettenbruches nach dem 1. Summanden:

$$\frac{F_g(s)}{F_u(s)} = \frac{1}{s},\ F(s) = F_g(s) + F_u(s) = 1 + s = B_1(s).$$

Bei dem Abbruch der Kettenbruchentwicklung mit $n = 2$ erhalten wir

$$\frac{F_g(s)}{F_u(s)} = \frac{1}{s} + \frac{1}{3/s} = \frac{3+s^2}{3s},\ F(s) = F_g(s) + F_u(s) = 3 + 3s + s^2 = B_2(s).$$

Mit diesen Ergebnissen erhält man nach Gl. 5.40 die bereits auf andere Weise (siehe Nennerpolynom von Gl. 5.39) ermittelte Funktion

$$B_3(s) = 5B_2(s) + s^2 B_1(s) = 15 + 15s + 6s^2 + s^3.$$

Die Anwendung von Gl. 5.40 erspart also die mühsame Ermittlung von $F_g(s)$ und $F_u(s)$ aus dem entsprechenden Kettenbruch. Wir geben hier die Besselpolynome bis zum Grad 5 an:

$$\begin{aligned} B_1(s) &= 1 + s \\ B_2(s) &= 3 + 3s + s^2 \\ B_3(s) &= 15 + 15s + 6s^2 + s^3 \\ B_4(s) &= 105 + 105s + 45s^2 + 10s^3 + s^4 \\ B_5(s) &= 945 + 945s + 420s^2 + 105s^3 + 15s^4 + s^5. \end{aligned} \tag{5.41}$$

Damit hat die Übertragungs- oder auch Betriebsübertragungsfunktion eines Bessel-Filters die Form

$$G(s)=\frac{b_0}{b_0+b_1s+\ldots+b_{n-1}s^{n-1}+b_ns^n}=\frac{b_0}{B_n(s)}, \tag{5.42}$$

wobei der Koeffizient b_0 im Zähler für die Einhaltung der Bedingung $G(0)=1$ sorgt.

Das Auffinden der Schaltung kann wieder nach der im Abschnitt 4.4.4.2 oder 4.4.4.3 beschriebenen Methode erfolgen. Im Falle der Realisierung als Betriebsübertragungsfunktion ist eine Einbettung des Zweitores in gleichgroße Einbettungswiderstände vorzusehen. Durch eine geeignete Entnormierung kann der Wert der zu approximierende Gruppenlaufzeit t_0 festgelegt werden. Die Dämpfung von Besseltiefpässen steigt (bei gleichem Schaltungsaufwand) wesentlich flacher an als bei den nach Dämpfungsvorschriften entworfenen Tiefpässen. Nähere Informationen hierzu findet der Leser im Abschnitt 5.2.6.

Beispiel

Ein Bessel-Tiefpaß 3. Grades mit einer Gruppenlauzeit $t_0 = 1$ ms ist zu entwerfen. Zu realisieren ist eine Übertragungsfunktion $G = U_2/U_1$ entsprechend der Darstellung links im Bild 4.35. Der Widerstand am Tor 2 soll den Wert 1000 Ohm haben.

Die Übertragungsfunktion des zu entwerfenden Filters hat nach Gl. 5.39 (oder nach Gl. 5.42 mit $B_3(s)$ nach Gl. 5.41) die Form

$$G(s)=\frac{15}{15+15s+6s^2+s^3}=\frac{E(s)}{F_g(s)+F_u(s)}.$$

Nach Gl. 4.76 erhalten wir mit dem geraden Polynom $E(s)=15$ das durch Polabspaltung bei unendlich zu realisierende Matrixelement

$$Y_{22}(s)=\frac{F_g(s)}{F_u(s)}=\frac{15+6s^2}{15s+s^3}.$$

Die sich auf diese Weise ergebende Zweipolschaltung ist links oben im Bild 5.19 skizziert. Die Ergänzung mit einer Spannungsquelle und dem Abschlußwiderstand führt schließlich zu der darunter skizzierten Realisierungsschaltung für den Bessel-Tiefpaß. Die Schaltung kann selbstverständlich auch durch die dazu duale Schaltung ersetzt werden, bei der nur eine Induktivität benötigt wird.

Nach der Tabelle 1.3 im Abschnitt 1.3 gehört zu der Gruppenlaufzeit von $t_0 = 1$ ms eine Bezugskreisfrequenz $\omega_b = 1/t_0 = 1000 s^{-1}$. Dann erhalten wir mit $R = 1000$ Ohm die wirklichen Bauelementewerte

$$L_1 = \frac{5 R_b}{6 \omega_b} = \frac{5}{6} \text{H}, \quad C_2 = \frac{36/75}{R_b \omega_b} = \frac{36}{75} \mu\text{F}, \quad L_3 = \frac{1}{6} \text{H}.$$

Die Gruppenlaufzeit unseres Filters und auch der Dämpfungsverlauf ist rechts im Bild 5.19 aufgetragen. Die Frequenz $\omega = 1$ entspricht der Bezugskreisfrequenz $\omega_b = 1000 \text{ s}^{-1}$ und der wirklichen Frequenz $f_b = 159{,}2$ Hz. Die Dämpfung hat bei der Grenzfrequenz einen Wert von 0,9 dB und bei $\omega = 3$ ca. 9 dB. Im Vergleich dazu erreicht ein Butterworth-Tiefpaß mit der gleichen Durchlaßdämpfung bei der 3-fachen Grenzfrequenz einen Wert von ca. 22 dB.

Hinweis:
Der Entwurf von Bessel-Tiefpässen kann mit Hilfe des Programmes SCHALTUNGSENTWURF erfolgen (Eingabe der Koeffizienten der Übertragungsfunktion).

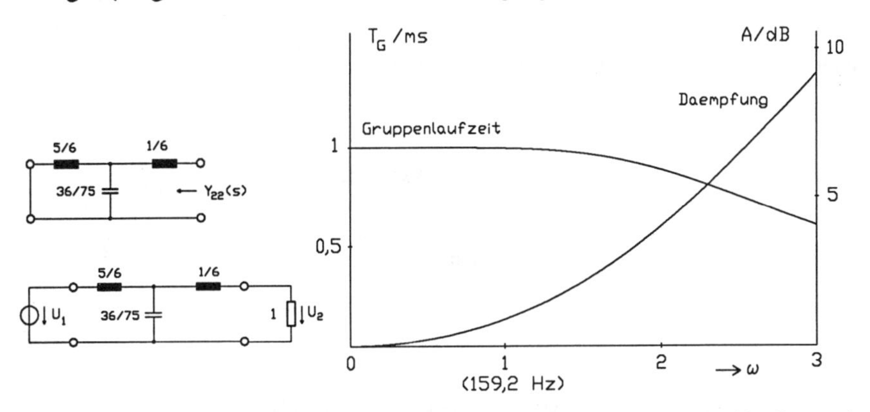

***Bild 5.19** Schaltung für einen Bessel-Tiefpaß 3. Grades (linker Bildteil) und der Verlauf der Gruppenlaufzeit sowie der Dämpfung*

5.2.5 Cauer-Filter

Von Cauer stammt ein Verfahren, mit dem der Dämpfungsverlauf sowohl im Durchlaß- wie auch im Sperrbereich im sogenannten Tschebyscheff'schen Sinn approximiert wird. Auf diese Weise entsteht die effektivste Art ein vorgegebenes Dämpfungstoleranzschema einzuhalten.

Cauer-Tiefpässe gehören nicht zu der Klasse der Polynomtiefpässe. Ihr Entwurfsverfahren ist mathematisch recht anspruchsvoll und soll im folgenden Abschnitt in kurzer Weise skizziert werden. Dabei lehnen wir uns relativ eng an die Darstellung in [Ru] an.

5.2.5.1 Theoretische Grundlagen

Für die charakteristische Funktion von Cauer-Tiefpässen wird folgender Ansatz gemacht:

$$K(s) = s\,\frac{s^2+\omega_2^2}{\omega_2^2 s^2+1}\cdot\frac{s^2+\omega_4^2}{\omega_4^2 s^2+1}\cdots\frac{s^2+\omega_{n-1}^2}{\omega_{n-1}^2 s^2+1},\quad n\ \textit{ungerade}$$
$$K(s) = \frac{s^2+\omega_1^2}{\omega_1^2 s^2+1}\cdot\frac{s^2+\omega_3^2}{\omega_3^2 s^2+1}\cdots\frac{s^2+\omega_{n-1}^2}{\omega_{n-1}^2 s^2+1},\quad n\ \textit{gerade} \tag{5.43}$$

Bei einem Cauer-Tiefpaß 3. Grades wird dann

$$K(s) = s\,\frac{s^2+\omega_2^2}{\omega_2^2 s^2+1}. \tag{5.44}$$

Ersetzt man in Gl. 5.44 die Variable s durch $1/s$, so wird

$$K(1/s) = \frac{1}{s}\,\frac{\frac{1}{s^2}+\omega_2^2}{\frac{\omega_2^2}{s^2}+1} = \frac{1+\omega_2^2 s^2}{s(\omega_2^2+s^2)} = \frac{1}{K(s)}.$$

Wir stellen fest, daß diese Eigenschaft generell zutrifft, es gilt

$$K(1/s) = \frac{1}{K(s)}. \tag{5.45}$$

Bei Kenntnis der charakteristischen Funktion erhält man die Dämpfung

$$A(\omega) = 10\,lg(1+|K(j\omega)|^2).$$

Im vorliegenden Fall mit $K(s)$ gemäß Gl. 5.43 wird $|K(s=j)|=1$, und dies bedeutet, daß bei der (normierten) Grenzfrequenz $\omega = 1$ stets der Dämpfungswert $A(1) = 10\,lg\,2 = 3$ dB auftritt. Um beliebige Werte A_D realisieren zu können, machen wir den Ansatz

$$A(\omega) = 10\,lg(1+\alpha^2|K(j\omega)|^2). \tag{5.46}$$

Auf die Festlegung der Konstanten α^2 kommen wir später zurück.

Im oberen Bildteil 5.20 ist der (erwünschte) Verlauf von $|K(j\omega)|^2$ im Falle eines ungeraden Filtergrades ($n = 5$) skizziert. Der untere Bildteil zeigt den Verlauf von $|K(j\omega)|^2$ bei einem geraden Filtergrad ($n = 4$).

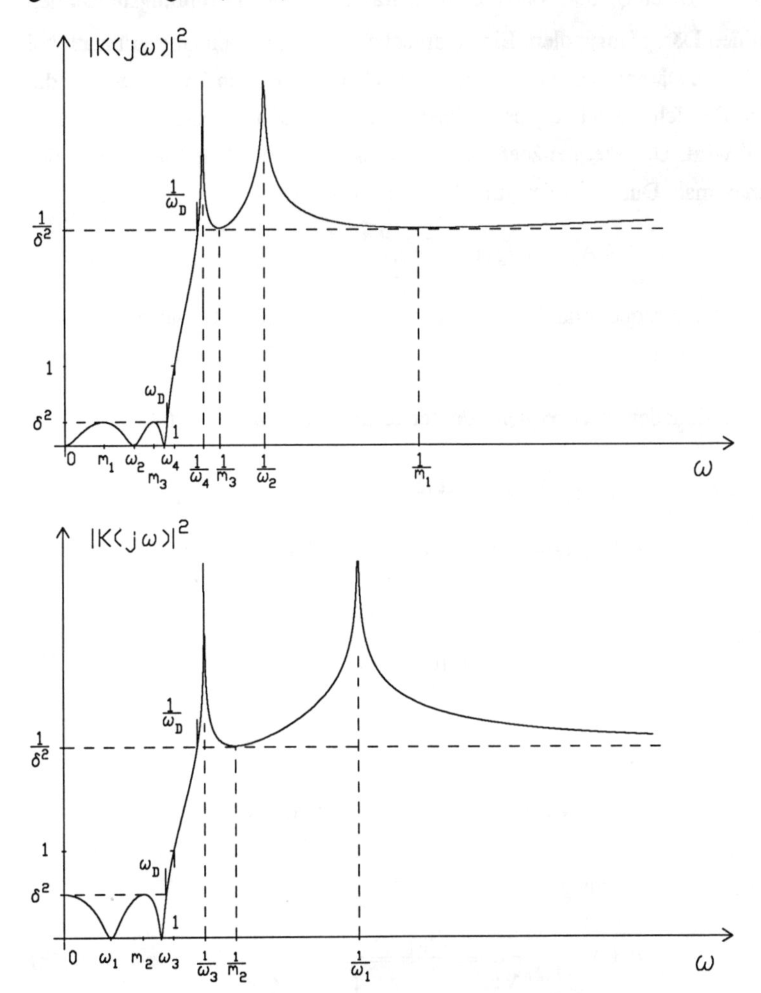

***Bild 5.20** Verlauf von charakteristischen Funktionen bei ungeradem Grad (oberer Bildteil) und geradem Grad (unterer Bildteil)*

Hinweis:

Bei den Bildern wurden die Ordinatenmaßstäbe logarithmisch verzerrt. Es handelt sich um die charakteristischen Funktionen für Filter 4. und 5. Grades bei einem Modulwinkel $\Theta = 50°$ (Erklärung dazu folgt später).

Da die Pol- und Nullstellen von $|K(j\omega)|$ auch Pol- und Nullstellen der Dämpfung sind, beschreiben die Bilder gleichzeitig den prinzipiellen Dämpfungsverlauf.

Durch den Ansatz von $K(s)$ nach Gl. 5.43 sind die Frequenzwerte an den Dämpfungsnullstellen reziprok zu denen an den Dämpfungspolen. Ein entsprechender Zusammenhang gilt auch bei den Frequenzwerten für die Dämpfungsmaxima im Bereich $|\omega| < 1$ und den Frequenzen für die Dämpfungsminima im Bereich $|\omega| > 1$. ω_D bezeichnet diejenige Frequenz, nach der $|K(j\omega)|^2$ erstmals größer als δ^2 wird. Der Frequenzbereich von 0 bis ω_D ist der Durchlaßbereich des Tiefpasses, und die maximale Durchlaßdämpfung hat den Wert

$$A_D = 10\,lg(1+\alpha^2\delta^2).$$

ω_D ist die "eigentliche" Grenzfrequenz des Tiefpasses, die später durch eine Umnormierung den Wert 1 erhält.

Der Wert $\omega_S = 1/\omega_D$ entspricht der Sperrfrequenz, dort erreicht die Dämpfung erstmals den Wert

$$A_S = 10\,lg(1+\alpha^2/\delta^2).$$

Bei Vorgabe der Werte von A_D und A_S kann aus den beiden Gleichungen die bisher noch nicht festgelegte Konstante

$$\alpha^2 = \sqrt{(10^{A_D/10}-1)(10^{A_S/10}-1)} \tag{5.47}$$

ermittelt werden.

Cauer hat gezeigt, daß tatsächlich charakteristische Funktionen gemäß Gl. 5.43 mit dem (im Bild 5.20 dargestellten) gewünschten Verlauf existieren und er hat auch eine geschlossene Lösung zu ihrer Berechnung angegeben. Zu der Berechnung benötigt man im wesentlichen das sogenannte vollständige elliptische Integral

$$B(\Theta) = \int_{\varphi=0}^{\pi/2} \frac{d\varphi}{\sqrt{1-\sin^2\Theta\,\sin^2\varphi}} \tag{5.48}$$

und das unvollständige elliptische Integral

$$F(\Phi,\Theta) = \int_{\varphi=0}^{\Phi} \frac{d\varphi}{\sqrt{1-\sin^2\Theta\,\sin^2\varphi}}. \tag{5.49}$$

Θ wird als **Modulwinkel** bezeichnet. Diese Funktionen sind tabelliert (siehe z.B. [Ab]).

Die Umkehrbeziehung von $F(\Phi,\Theta)$

$$\sin\Phi = sn(F,\sin\Theta) \tag{5.50}$$

wird als Jakobische elliptische Funktion bezeichnet. Man findet sie in einer Tabelle, indem zu dem gegebenen Wert F der Winkel Φ gesucht und dann $\sin\Phi$ ermittelt wird.

Nach diesen Informationen geben wir folgende Beziehungen an.

n ungerade:

$$\begin{aligned} &\omega_D^2 = \sin\Theta,\ \Theta = arcsin\,\omega_D^2, \quad \omega_\nu = \omega_D sn\left(\frac{\nu B(\Theta)}{n}\right), \nu = 2,4,\ldots,n-1 \\ &m_\nu = \omega_D sn\left(\frac{\nu B(\Theta)}{n}\right), \nu = 1,3,\ldots,n-2, \quad |\delta| = \omega_D(m_1 m_3 \cdots m_{n-2})^2. \end{aligned} \tag{5.51}$$

n gerade:

$$\begin{aligned} &\omega_D^2 = \sin\Theta,\ \Theta = arcsin\,\omega_D^2, \quad \omega_\nu = \omega_D sn\left(\frac{\nu B(\Theta)}{n}\right), \nu = 1,3,\ldots,n-1 \\ &m_\nu = \omega_D sn\left(\frac{\nu B(\Theta)}{n}\right), \nu = 2,4,\ldots,n-2, \quad |\delta| = (\omega_1 \omega_2 \cdots \omega_{n-1})^2. \end{aligned} \tag{5.52}$$

Die Bedeutung dieser Größen kann aus Bild 5.20 ersehen werden.

Beispiel

Zu entwerfen ist ein Cauer-Tiefpaß vom Grad $n = 3$ mit einer Durchlaßdämpfung von $A_D = 0{,}177$ dB und einem Modulwinkel $\Theta = 30°$.

Zunächst ermitteln wir $B(30°)$ gemäß Gl. 5.48 und erhalten aus der Tabelle [Ab] $B(30°) = 1{,}686$. Zu dem Modulwinkel $\Theta = 30°$ gehört der Wert $\omega_D^2 = \sin\Theta = \sin 30° = 0{,}5$, also ist $\omega_D = 0{,}5\sqrt{2}$. Mit Gl. 5.51 wird

$$\omega_2 = \omega_D\, sn\left(\frac{2B(30°)}{3}\right) = \frac{1}{2}\sqrt{2}\, sn(1{,}122, 30°).$$

Den Wert für $sn(1{,}122, 30°)$ finden wir ebenfalls aus der Tabelle und erhalten $\Phi \approx 62°$ und somit $\sin 62° = sn(1{,}122, 30°) \approx 0{,}882$. Damit wird $\omega_2 = 0{,}5\sqrt{2}\,0{,}882 = 0{,}624$. Weiterhin erhält man

$$m_1 = \omega_D sn\left(\frac{B(30°)}{3}\right) = \omega_D sn(0{,}562, 30°) = 0{,}5\sqrt{2}\cdot 0{,}5299 = 0{,}375$$

(aus der Tabelle: $\Phi \approx 32°, \sin\Phi = 0{,}5299$). Damit wird schließlich

$$|\delta| = \omega_D m_1^2 = \frac{1}{2}\sqrt{2}\cdot 0{,}375^2 = 0{,}0994.$$

Wir können nun die charakteristische Funktion aufstellen und erhalten mit $n = 3$, $\omega_2 = 0{,}624$ nach Gl. 5.43

$$K(s) = s\,\frac{s^2 + 0{,}3894}{0{,}3894s^2 + 1}.$$

Die Funktion $|K(j\omega)|^2$ ist im Bild 5.21 (mit logarithmisch verzerrtem Ordinatenmaßstab) aufgetragen.

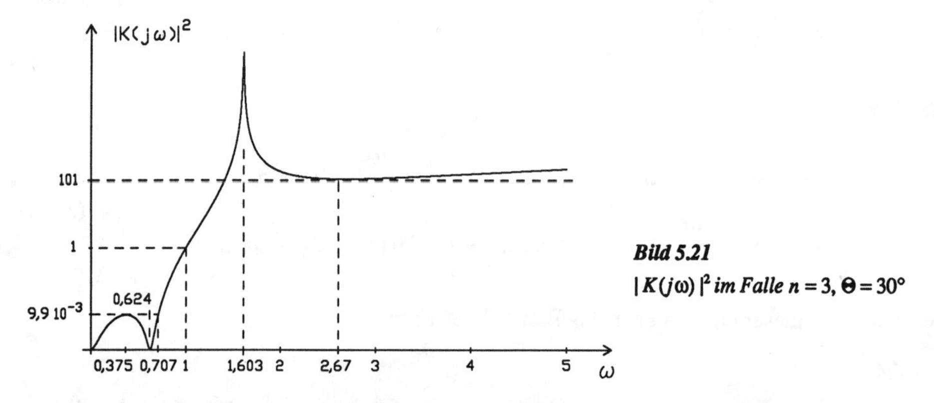

Bild 5.21
$|K(j\omega)|^2$ *im Falle* $n = 3$, $\Theta = 30°$

Der Ansatz $A(\omega) = 10\,lg(1 + |K(j\omega)|^2)$ würde zu einem Tiefpaß führen, der bei $\omega = 1$ eine Dämpfung von 3 dB und bei der Grenzfrequenz ω_D eine Durchlaßdämpfung von $A = 10\,lg(1+\delta^2) = 0{,}043$ dB hätte. Wir machen daher gemäß Gl. 5.46 den Ansatz $A_D = 10\,lg(1+\alpha^2\delta^2)$ und erhalten daraus mit $A_D = 0{,}177$ dB den Wert

$$\alpha^2 = \frac{10^{A_D/10} - 1}{\delta^2} = 4{,}21.$$

Die Beziehung

$$A(\omega) = 10\,lg\,|H(j\omega)|^2 = 10\,lg(1 + \alpha^2\,|K(j\omega)|^2)$$

führt entsprechend den Aussagen vom Abschnitt 5.2.1.2 zu

$$Q(s) = H(s)H(-s) = 1 + \alpha^2 K(s)K(-s),$$

hier erhalten wir mit der vorne ermittelten charakteristischen Funktion

$$Q(s) = 1 - 4{,}21\,s^2\left(\frac{s^2+0{,}3894}{0{,}3894s^2+1}\right)^2 = \frac{1+0{,}14046s^2-3{,}1271s^4-4{,}21s^6}{(0{,}3894s^2+1)^2}.$$

$Q(s)$ hat jeweils doppelte Polstellen bei $s=\pm j1{,}6026$ und Nullstellen bei $\pm 0{,}684$, $\pm 0{,}259 \pm j0{,}803$. Die in der linken s-Halbebene liegenden Nullstellen von $Q(s)$werden der Funktion $H(s)$ zugeordnet, es sind die Pole der Betriebsübertragungsfunktion. Von den doppelten Polen von $Q(s)$ wird jeweils einer der Funktion $H(s)$ zugeordnet, dies sind die Nullstellen von $S_{21}(s)$. Das auf diese Weise ermittelte PN-Schema von $S_{21}(s)$ ist im Bild 5.22 dargestellt.

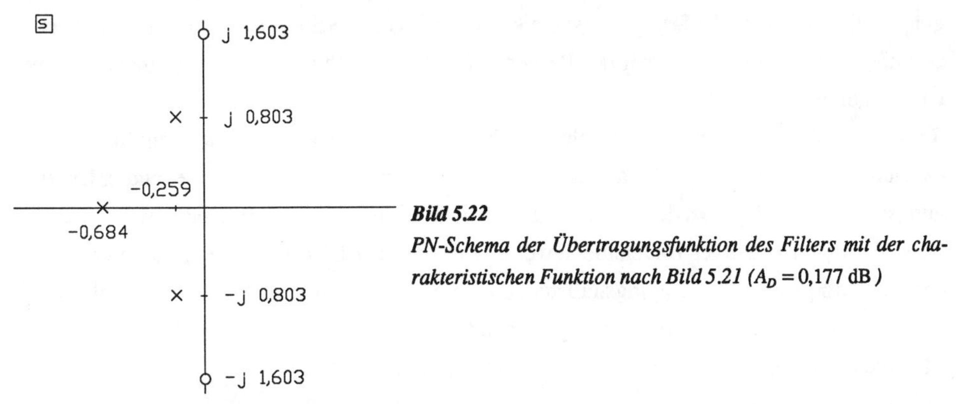

Bild 5.22
PN-Schema der Übertragungsfunktion des Filters mit der charakteristischen Funktion nach Bild 5.21 ($A_D = 0{,}177$ dB)

Für die weitere Rechnung ist es nun zweckmäßig, eine "Umnormierung" derart vorzunehmen, daß die Grenzfrequenz den Wert 1 hat. Dies erreicht man einfach dadurch, daß alle Frequenzen (und auch die komplexe Frequenzvariable s) durch $\omega_D = 0{,}5\sqrt{2}$ dividiert werden. Diese Division führt auf ein PN-Schema mit Nullstellen bei $\pm j2{,}27$ und Polen bei -0,967 und $-0{,}366 \pm j1{,}136$. Das ist genau das PN-Schema, das dem Entwurfsbeispiel im Abschnitt 4.4.4.3 zugrunde liegt (Bild 4.33) und für das dort Realisierungsschaltungen entwickelt wurden (Bild 4.34). Die geringen Unterschiede der Pol- und Nullstellen erklären sich aus der ungenauen Ermittlung der elliptischen Funktionen mit Hilfe der angegebenen Tabelle. Das PN-Schema im Bild 4.33 wurde der Filtertabelle [Zv] entnommen.

Der Leser hat sicher festgestellt, daß der Entwurf von Cauer-Tiefpässen recht aufwendig ist. Daher empfiehlt sich in der Praxis die Verwendung von Filtertabellen oder auch der Einsatz von Rechenprogrammen (z.B. dem Programm STANDARDFILTER).

5.2.5.2 Cauer-Tiefpässe ungeraden Grades

Im Abschnitt 5.2.5.1 wurde ein Weg zur Aufstellung der Übertragungsfunktionen von Cauer-Tiefpässen beschrieben. Bei ungeradem Grad n ist $A(0)=0$, und dies bedeutet gleichgroße Einbettungswiderstände bei der Realisierung als Betriebsübertragungsfunktion. Bei Kenntnis von $S_{21}(s)$ kann die Schaltung nach der im Abschnitt 4.4.4.3 beschriebenen Methode ermittelt werden. Wenn nur eine Übertragungsfunktion mit einem Widerstand entweder am Tor 1 oder Tor 2 zu realisieren ist, kann das einfachere Verfahren vom Abschnitt 4.4.4.4 angewandt werden. Die Syntheseverfahren führen zu den oben im Bild 5.8 skizzierten Schaltungsstrukturen, wobei nicht gewährleistet ist, daß ausschließlich positive Bauelementewerte auftreten. Die Übertragungsnullstellen bzw. die Dämpfungspole kann man aus den Schaltungen unmittelbar ablesen, es sind die Resonanzfrequenzen der Reihen- bzw. Parallelschwingkreise. Bei mehr als einer Übertragungsnullstelle ($n \geq 5$) gibt es mehrere mögliche Schaltungen, je nachdem, in welcher Reihenfolge die Übertragungsnullstellen durch die Schwingkreise erzeugt werden. In der Praxis hat sich gezeigt, daß (bei großem Grad n) die nahe bei der Grenzfrequenz liegenden Übertragungsnullstellen möglichst durch Schwingkreise in der Schaltungsmitte realisiert werden sollen. Beim Auftreten negativer Bauelementewerte wird man zunächst versuchen, durch Änderung der Abbaufolge der Übertragungsnullstellen eine Schaltung mit nur positiven Bauelementewerten zu erreichen. Wenn diese Strategie versagt, kann auf die im Abschnitt 4.1.3 beschriebenen Methoden der Netzwerkumwandlungen zurückgegriffen werden.

Für den praktischen Entwurf von Cauer-Tiefpässen stehen Filtertabellen zur Verfügung (z.B. [Sa], [Zv]). Wie im Abschnitt 5.2.3.2 (beim 2. Entwurfsbeispiel) ausgeführt wurde, sind die Filter in den Tabellen nach Werten des maximalen Reflexionsfaktors im Durchlaßbereich in % geordnet. Die Tabellen enthalten auch Nomogramme zur Ermittlung des erforderlichen Filtergrades. Der Leser hat auch die Möglichkeit, den Filterentwurf mit dem vorliegenden Programm durchzuführen. Zu diesem Zweck wird zunächst das Programm STANDARDFILTER aufgerufen und ein Dämpfungstoleranzschema festgelegt. Danach wird das PN-Schema berechnet und schließlich die Schaltung ermittelt. Dabei hat der Benutzer auch die Möglichkeit, die Reihenfolge für die Abspaltung der Übertragungsnullstellen vorzuschreiben.

Entwurfsbeispiel

Ein Cauer-Tiefpaß mit folgenden Daten ist zu entwerfen: $f_g = 10$ kHz, $A_D = 1{,}25$ dB, $f_S = 15$ kHz, $A_S = 55$ dB, Bezugswiderstand 1000 Ohm.

Wir beschreiben den Filterentwurf bei Verwendung einer der genannten Filtertabellen. Der Leser kann den Entwurf zusätzlich auch mit dem Programm STANDARDFILTER durchführen.

Zu dem Wert $A_D = 1{,}25$ dB gehört ein Reflexionsfaktor

$$|S_{11}| = \sqrt{1 - |S_{21}|^2} = \sqrt{1 - 10^{-A_D/10}} = 0{,}5,$$

also 50%. Aus dem Nomogramm in der Filtertabelle ermitteln wir den Filtergrad $n = 5$, wir finden unsere Daten im Blatt **C 05 50**. In diesem Blatt wird das Filter mit dem Modulwinkel $\Theta = 42°$ ausgewählt, das bei der 1,4945-fachen Grenzfrequenz eine Dämpfung von 54,8 dB erreicht. Es ist anzunehmen, daß der vorgeschriebene Wert $A_S = 55$ dB bei $\omega_S = f_g/f_S = 1{,}5$ erreicht wird. Eine Nachrechnung bestätigt dies, die Dämpfung bei $\omega = 1{,}5$ hat einen Wert von 55,8 dB.

Die Bauelementewerte der Filterschaltung können aus der Tabelle unmittelbar entnommen werden. Bild 5.23 zeigt die spulenarme Realisierungsschaltung mit den normierten Bauelementewerten.

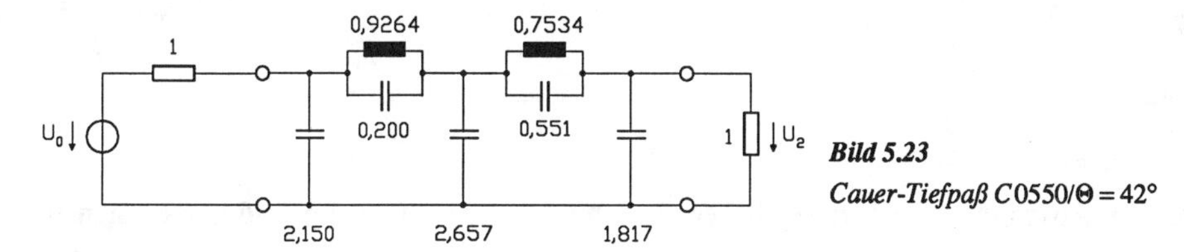

Bild 5.23
Cauer-Tiefpaß C0550/Θ = 42°

Die Entnormierung ist auf 10 kHz und 1000 Ohm durchzuführen, es gilt also

$$L_w = L_n \frac{R_b}{\omega_b} = L_n \cdot 15{,}92 \text{ mH}, \quad C_w = C_n \frac{1}{R_b \omega_b} = C_n \cdot 15{,}92 \text{ nF}.$$

Das PN-Schema kann ebenfalls aus der Tabelle entnommen werden, es ist im Bild 5.24 angegeben.

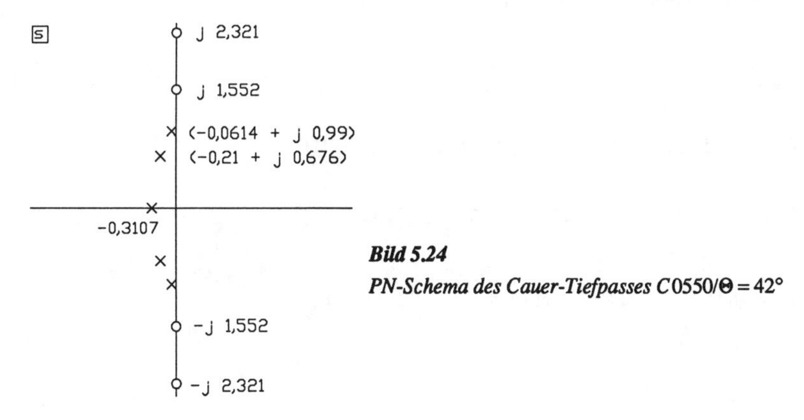

Bild 5.24
PN-Schema des Cauer-Tiefpasses C0550/Θ = 42°

Die Nullstellen sind die Resonanzfrequenzen der beiden Schwingkreise in der Schaltung. Der 1. Schwingkreis hat die Resonanzfrequenz $\sqrt{1/(0{,}2 \cdot 0{,}9264)} = 2{,}32$ und der 2. die Resonanzfrequenz 1,55. Bei der Schaltungssynthese wurde also die von der Grenzfrequenz weiter entfernt liegende Nullstelle zuerst abgebaut. Bild 5.25 zeigt schließlich den Dämpfungsverlauf des Tiefpasses in Abhängigkeit von der normierten Frequenz $\omega = f/f_g$.

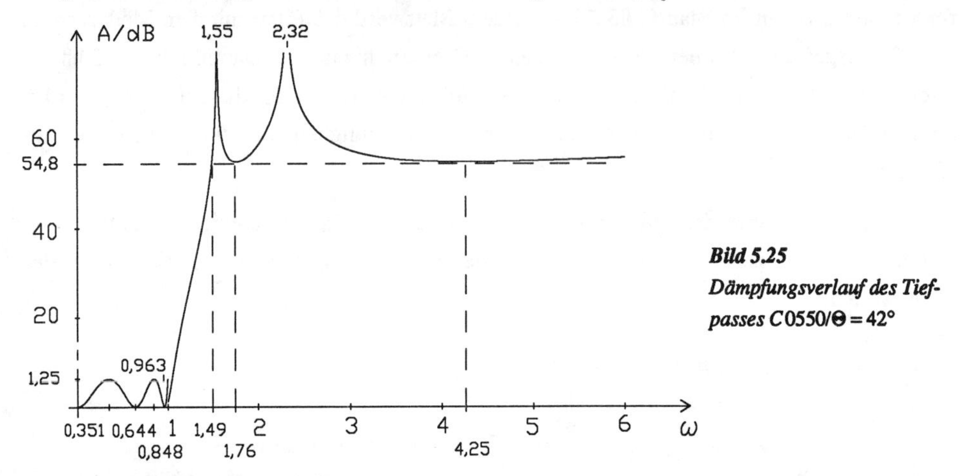

Bild 5.25
Dämpfungsverlauf des Tiefpasses C0550/Θ = 42°

Mit den im Abschnitt 5.2.5.1 angegebenen Beziehungen können die im Bild eingetragenen Werte berechnet werden. Dabei ist zu beachten, daß die dort berechneten Werte auf die hier gültige Bezugsfrequenz $\omega_D = \sqrt{\sin\Theta} = \sqrt{\sin 42°} = 0{,}818$ umzunormieren sind. Die Angaben im Sperrbereich lassen sich leicht aus denen im Durchlaßbereich ermitteln. Zu einer Frequenz $\omega < 1$ im Bild 5.25 wird zunächst die im Bild 5.20 gültige Frequenz $\tilde{\omega} = \omega \cdot \omega_D$ berechnet. Bezüglich $\tilde{\omega}$ sind die Frequenzwerte im Sperrbereich reziprok zu denen im Durchlaßbereich. Der so ermittelte Wert $1/\tilde{\omega} = 1/(\omega \cdot \omega_D)$ muß (für das Bild 5.25) wieder auf ω_D bezogen werden, dies ergibt den Frequenzwert $1/(\omega \cdot \omega_D^2)$ und mit $\omega_D^2 = \sin\Theta$ den Wert

$$\frac{1}{\omega} \cdot \frac{1}{\sin\Theta}.$$

Damit geht der Wert $\omega = 1$ (im Bild 5.20 ist dies ω_D) in den Wert

$$\omega_S = \frac{1}{\sin\Theta} = \frac{1}{\sin 42°} = 1{,}494$$

über (im Bild 5.20 ist dies $1/\omega_D$). Der Wert $\omega_2 = 0{,}6438$ führt zu

$$\frac{1}{\omega_2} \cdot \frac{1}{\sin \Theta} = 2{,}32,$$

dies ist einer der Dämpfungspole. Entsprechend können die anderen im Bild 5.25 eingetragenen Werte ineinander umgerechnet werden.

Auch die Sperrdämpfung kann berechnet werden. Nach Gl. 5.51 erhält man mit den im Bild 5.25 eingetragenen Werten (siehe auch Bild 5.20)

$$|\,\delta\,| = \omega_D (m_1 m_3)^2 = \omega_D (0{,}351\omega_D \cdot 0{,}848\omega_D)^2 = 0{,}03245.$$

Die Durchlaßdämpfung hat nach Gl. 5.46 den Wert $A_D = 10\,lg(1 + \alpha^2\delta^2) = 1{,}25$ dB. Hieraus bestimmen wir den Faktor $\alpha^2 = 316{,}8$ und wir erhalten $A_S = 10\,lg(1 + \alpha^2/\delta^2) = 54{,}8$ dB.

5.2.5.3 Cauer-Tiefpässe geraden Grades

Bei geradem Grad hat die charakteristische Funktion (Gl. 5.43) und damit auch die Betriebsübertragungsfunktion einen gleichgroßen Zähler- und Nennergrad. Damit wird

$$A(\infty) = 10\,lg(1 + \alpha^2\,|\,K(j\infty)\,|^2) = A_S$$

(siehe unterer Bildteil 5.20). Dies hat zunächst insofern Konsequenzen, daß Cauer-Tiefpässe geraden Grades nicht durch LC-Abzweigschaltungen realisierbar sind. Der Leser kann sich das sehr rasch klarmachen, denn bei den Abzweigschaltungen sorgt bereits die 1. Querkapazität bzw. die 1. Längsinduktivität dafür, daß die Ausgangsspannung bei $\omega = \infty$ verschwindet, und dies bedeutet $A(\infty) = \infty$. Das vermindert zunächst die Bedeutung von Cauer-Tiefpässen geraden Grades, die passiv nur durch gekoppelte Schaltungsstrukturen realisiert werden können.

Cauer-Tiefpässe mit den bisher besprochenen Eigenschaften werden üblicherweise mit der Bezeichnung "Fall a" versehen. Durch gewisse Modifizierungen lassen sich aus dem Fall a (dem eigentlichen Cauer-Tiefpaß) Fälle b und c ableiten, die dann durch Abzweigschaltungen realisierbar sind. In Filtertabellen sind normalerweise nur diese Fälle b und c tabelliert. Aber auch der Fall a ist von praktischem Interesse, wenn aktive oder zeitdiskrete (digitale) Filter zu entwerfen sind.

Wir besprechen nun kurz, wie man die Betriebsübertragungsfunktion $S_{21}(s)$ eines Cauer-Tiefpasses (Fall a) abändern kann, damit eine Realisierung durch eine LC-Abzweigschaltung möglich ist (Fall b). Dazu soll zuerst erklärt werden, was man unter dem Begriff **Frequenztransformation** versteht.

Ersetzt man in einer Übertragungsfunktion $G(s)$ die Frequenzvariable s durch eine rationale Funktion $s = f(\tilde{s})$, z.B. $s = \tilde{s}^2$ oder $s = 1/\tilde{s}$, so entsteht wieder eine rationale Funktion

$$\tilde{G}(\tilde{s}) = G(s = f(\tilde{s})).$$

Damit die neue Funktion $\tilde{G}(\tilde{s})$ ebenfalls eine (zulässige) Übertragungsfunktion ist, müssen gewisse Forderungen an die "Transformationsbeziehung" $f(\tilde{s})$ gestellt werden. Zugelassen sind nämlich nur solche Transformationen, die bei $\tilde{G}(\tilde{s})$ zu einem Hurwitzpolynom im Nenner führen. Als Beispiel betrachten wir die einfache Übertragungsfunktion

$$G(s) = \frac{1}{1+s}.$$

Ersetzen wir dort s durch $f(\tilde{s}) = \tilde{s}^2$, so entsteht die Funktion

$$\tilde{G}(\tilde{s}) = \frac{1}{1+\tilde{s}^2},$$

die zweifellos keine (zulässige) Übertragungsfunktion ist. Hingegen führt die Transformation $s = f(\tilde{s}) = 1/\tilde{s}$ zu der realisierbaren Übertragungsfunktion

$$\tilde{G}(\tilde{s}) = G\left(s = \frac{1}{\tilde{s}}\right) = \frac{\tilde{s}}{1+\tilde{s}}.$$

Diese Transformation wird übrigens als Tiefpaß-Hochpaß Transformation bezeichnet und im Abschnitt 5.3 ausführlich behandelt.

Stellt man die Transformationsbeziehung $s = f(\tilde{s})$ nach $\tilde{s}$ um, so kann man aus dem PN-Schema von $G(s)$ das PN-Schema von $\tilde{G}(\tilde{s})$ berechnen, indem die Pole und Nullstellen einfach umgerechnet (transformiert) werden. Bei der gerade behandelten Tießpaß-Hochpaß Transformation $s = 1/\tilde{s}$ geht der Pol bei $s_\infty = -1$ in der s-Ebene in einen Pol bei $\tilde{s}_\infty = -1$ in der $\tilde{s}$-Ebene über. $G(s)$ hat bei ∞ eine Nullstelle. Der Punkt $s = \infty$ wird durch die Beziehung $\tilde{s} = 1/s$ in den Punkt $\tilde{s} = 0$ transformiert, so daß in der $\tilde{s}$-Ebene im Ursprung eine Nullstelle auftritt.

Zulässige Übertragungsfunktionen $\tilde{G}(\tilde{s})$ entstehen offensichtlich nur dann, wenn die Transformationsbeziehung $s = f(\tilde{s})$ Werte mit $Re\{s\} < 0$ in Werte $Re\{\tilde{s}\} < 0$ transformiert und umgekehrt. Man sagt, daß die linke s-Halbebene in die linke $\tilde{s}$-Halbebene transformiert werden muß. Weiterhin muß die imaginäre Achse in der s-Ebene (d.h. Werte $s = j\omega$) auf die imaginäre Achse in der $\tilde{s}$-Ebene (d.h. in Werte $\tilde{s} = j\tilde{\omega}$) transformiert werden. Diese Eigenschaft liegt bei der Transformation $s = 1/\tilde{s}$ ebenfalls vor, es gilt $\omega = -1/\tilde{\omega}$.

Wir kommen nun auf unser Ausgangsproblem zurück und bezeichnen mit s die Frequenzvariable des eigentlichen Cauer-Tiefpasses (Fall a) und mit $\tilde{s}$ die Frequenzvariable der Zielübertragungsfunktion (Fall b). Dann gilt die Transformationsbeziehung (siehe z. B. [Sa])

$$\tilde{s}^2 = \frac{(\omega_{0\max}^2 - 1)s^2}{\omega_{0\max}^2 + s^2}. \tag{5.53}$$

Dabei ist $\omega_{0\max}$ die größte Dämpfungspolfrequenz im Fall a.

Hinweis:
Im unteren Bildteil 5.20 ist dies die Frequenz $1/\omega_1$. Bei einer Umnormierung auf die Grenzfrequenz ω_D erhält man $1/(\omega_1 \sin\Theta)$ (vgl. hierzu die Erklärungen im Abschnitt 5.2.5.2).

Auf einen Beweis dafür, daß diese Transformation die linke s-Halbebene in die linke $\tilde{s}$-Halbebene transformiert, soll verzichtet werden. Wesentlich bei der Transformation ist, daß die Übertragungsnullstellen (Dämpfungspole) bei $s = \pm j\omega_{0\max}$ in der s-Ebene durch Gl. 5.53 zu einer Nullstelle $\tilde{s} = \infty$ führt. Dies bedeutet, daß diese beiden Nullstellen bei der transformierten Funktion $\tilde{G}(\tilde{s})$ nicht mehr als Nullstellen im Zählerpolynom auftreten.

Für $s = j\omega$ erhält man aus Gl. 5.53

$$\tilde{\omega}^2 = \frac{(\omega_{0\max}^2 - 1)\omega^2}{\omega_{0\max}^2 - \omega^2}.$$

Die Grenzfrequenz $\omega = 1$ des ursprünglichen Tiefpasses (Fall a) geht in den gleichgroßen Wert $\tilde{\omega} = 1$ des transformierten Tiefpasses (Fall b) über. Der Bereich $|\omega| < 1$ wird in den Bereich $|\tilde{\omega}| < 1$ transformiert. Ohne Beweis wird mitgeteilt, daß der Wert ω_S in den Wert $\tilde{\omega} = \omega_{0\min}$ übergeht. Dabei ist $\omega_{0\min}$ die kleinste Dämpfungspolfrequenz im Fall a.

Beispiel
Wir untersuchen einen Cauer-Tiefpaß C 04 50 mit dem Modulwinkel $\Theta = 50°$, dies ist ein Tiefpaß mit einer Durchlaßdämpfung $A_D = 1{,}25$ dB. Die Tabellen ([Sa], [Zv]) enthalten Daten

lediglich für die bereits transformierte Version b. Durch Umstellung von Gl. 5.53 lassen sich aus diesen die Daten für den Fall a rückrechnen. In der Tabelle [Sa] ist diese Umrechnung genau beschrieben und für den hier vorliegenden Fall auch zahlenmäßig durchgeführt. Von dort wurden die Werte für das links im Bild 5.26 skizzierte PN-Schema des Falles a übernommen. Rechts im Bild ist das (ebenfalls aus der Tabelle) entnommene PN-Schema für den Fall b dargestellt. Bei der Darstellung wurde auf eine unterschiedliche Bezeichnung der Frequenzvariablen (s bzw. $\bar{s}$) verzichtet.

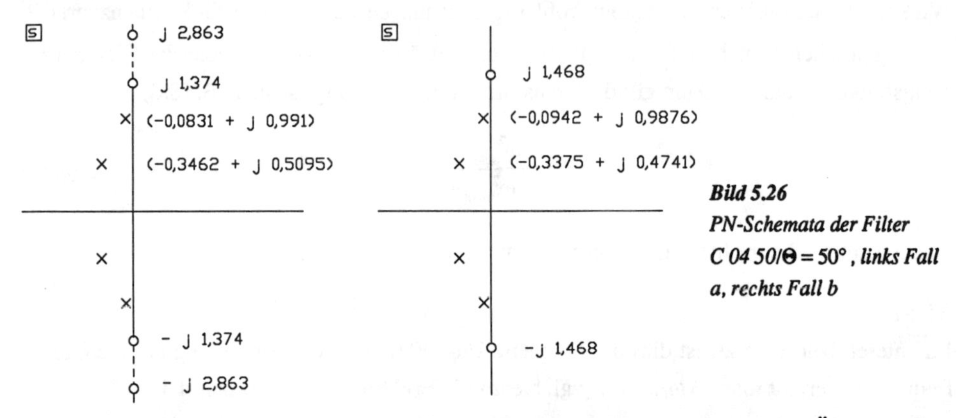

Bild 5.26
PN-Schemata der Filter C 04 50/Θ = 50°, links Fall a, rechts Fall b

Der wesentlichste Unterschied beim Fall b ist die Reduktion der Anzahl der Übertragungsnullstellen gegenüber dem Fall a. Die PN-Schemata können übrigens auch mit dem zur Verfügung stehenden Programm ermittelt werden.

Im Bild 5.27 sind die Dämpfungsverläufe für die beiden Fälle dargestellt. Man erkennt, daß die Sperrfrequenz $\omega_S = 1{,}374$ beim Fall b mit der kleinsten Dämpfungspolfrequenz beim Fall a übereinstimmt. Beim Fall a hat die Sperrfrequenz den Wert $\omega_S = 1/\sin\Theta = 1{,}305$.

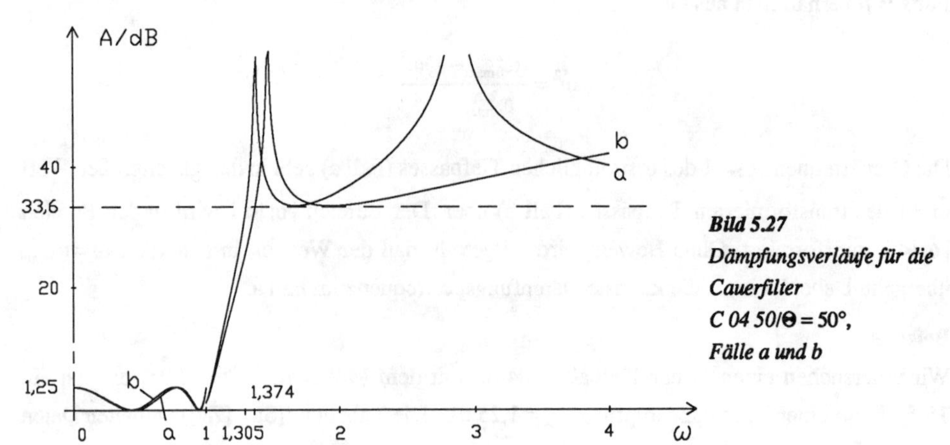

Bild 5.27
Dämpfungsverläufe für die Cauerfilter C 04 50/Θ = 50°, Fälle a und b

Für den Fall b existieren Abzweigschaltungen (Strukturen wie im unteren Bildteil 5.8). Aus der Tabelle [Sa] wurden für den vorliegenden Fall die Daten für die beiden (zueinander dualen) Schaltungen im Bild 5.28 entnommen.

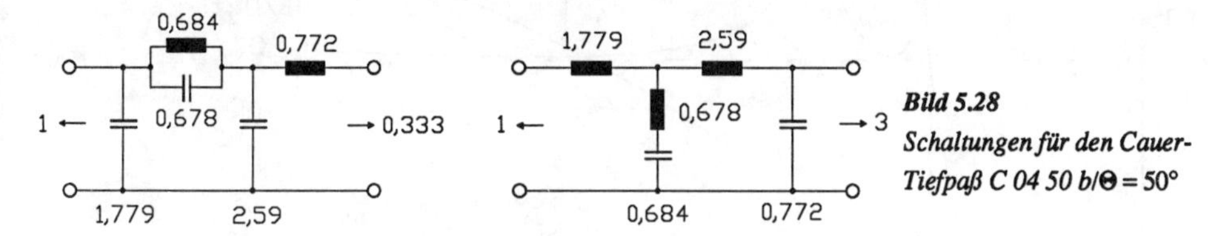

Bild 5.28 *Schaltungen für den Cauer-Tiefpaß C 04 50 b/Θ = 50°*

Bei Cauer-Tiefpässen geraden Grades ist

$$S_{21}(0) = 10^{-A_D/20},$$

und dies bedeutet unterschiedlich große Einbettungswiderstände.

Neben dem Fall b gibt es auch noch einen sogenannten Fall c mit gleichgroßen Einbettungswiderständen, der durch eine weitere Transformation aus dem Fall b gewonnen wird. Informationen hierzu findet der Leser in der Tabelle [Sa].

5.2.6 Ein Vergleich der Tiefpässe

Mit Cauer-Tiefpässen läßt sich ein vorgegebenes Dämpfungstoleranzschema i.a. am aufwandärmsten realisieren. Dies liegt daran, daß Cauer-Tiefpässe die Vorschriften im Durchlaß- und im Sperrbereich soweit wie möglich "ausnutzen". Tschebyscheff-Tiefpässe passen sich nur im Durchlaßbereich optimal an die vorgegebenen Grenzen an. Bei Butterworth-Tiefpässen sind die Dämpfungswerte im Durchlaßbereich meist viel kleiner als zulässig und im Sperrbereich meist viel größer als erforderlich.

Im Bild 5.29 sind die Dämpfungsverläufe dieser drei Filtertypen bei einer maximalen Durchlaßdämpfung $A_D = 1{,}25$ dB dargestellt. Bei dem Cauer-Tiefpaß handelt es sich um den im Abschnitt 5.2.5.2 besprochenen Tiefpaß C 05 50/Θ = 42° (Dämpfungsverlauf auch im Bild 5.25). Der Cauer-Tiefpaß erreicht bei seiner Sperrfrequenz $\omega_S = 1{,}49$ eine minimale Sperrdämpfung $A_S = 54{,}8$ dB. Bei dieser Frequenz erreicht der Tschebyscheff-Tiefpaß einen Wert von ca. 31 dB (Gl. 5.28) und der Butterworth-Tiefpaß ca. 13 dB (Gl. 5.16). Der Dämpfungsverlauf des Bessel-Filters (5. Grades) ist nicht im Bild 5.29 eingetragen, weil dieses nach Anforderungen

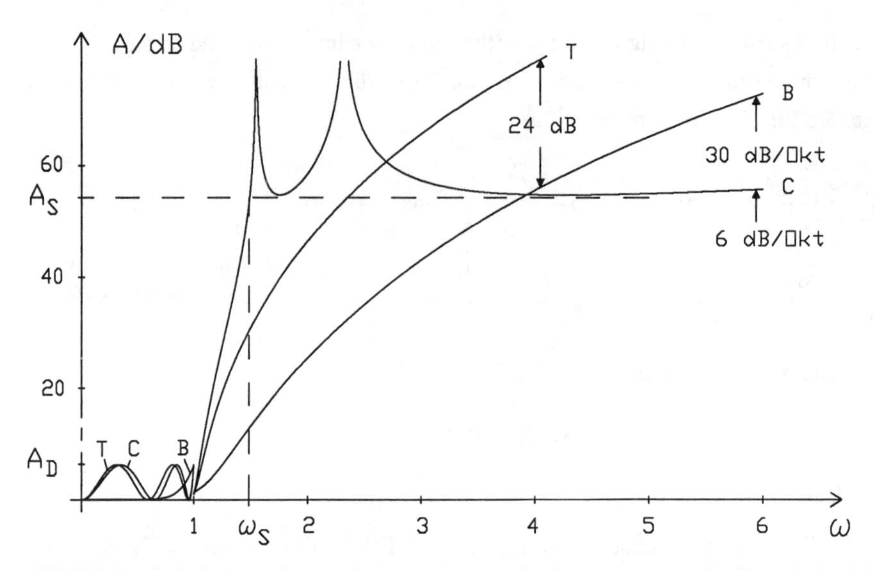

Bild 5.29 *Vergleich der Dämpfungsverläufe von Filtern 5. Grades mit A_D = 1,25 dB (Cauer-Tiefpaß: Θ = 42°)*

an den Phasenverlauf entworfen wird. Dies bedingt, daß seine Dämpfung oberhalb der Grenzfrequenz nur sehr langsam ansteigt. Bei $\omega_S = 1{,}49$ erreicht der Bessel-Tiefpaß nur einen Wert von ca. 1,1 dB (Gln. 5.41, 5.42 anwenden!).

Zur Realisierung des Cauer-Tiefpasses benötigt man sieben Energiespeicher (Schaltung siehe Bild 5.23). Wenn das durch den Cauer-Tiefpaß eingehaltene Dämpfungs-Toleranzschema durch ein Tschebyscheff- oder Butterworth-Tiefpaß realisiert werden soll, benötigt man acht Energiespeicher ($n = 8$, Gl. 5.30) oder sogar siebzehn Energiespeicher ($n = 17$, Gl. 5.17).

Beim Cauer-Tiefpaß hat das Zählerpolynom der Übertragungsfunktion den Grad 4 und das Nennerpolynom den Grad 5 (siehe PN-Schema im Bild 5.24). Daher gilt $S_{21}(s) \approx k/s$ für $s \to \infty$ und die Dämpfung wird bei großen Frequenzwerten

$$A(\omega) = -20\,lg\,|\,S_{21}(\omega)\,| \approx -20\,lg\frac{|\,k\,|}{\omega} = -20\,lg\,|\,k\,| + 20\,lg\,\omega.$$

Dies bedeutet bei großen Frequenzen einen Dämpfungsanstieg $A(\omega) \approx 20\,lg\,\omega$. Eine Verdoppelung der Frequenz führt zu $A(2\omega) \approx 20\,lg(2\omega)$. Die Differerenz bei einer Frequenzverdoppelung (Oktave) beträgt $\Delta A = 20\log(2\omega) - 20\,lg\,\omega = 20\,lg\,2 \approx 6$ dB. Bei einem Polynomfilter (Butterworth- und Tschebyscheff-Tiefpaß) gilt wegen der Nullstellenfreiheit $S_{21}(s) \approx k/s^n$ für $s \to \infty$. Das führt zu einer Dämpfung $A(\omega) \approx 20\,n\,lg(\omega)$ und bedeutet einen Dämpfungsanstieg von $n \cdot 6$ dB/Oktave (hier 30 dB/Oktave) bei großen Frequenzen.

Im Bild 5.29 ist außerdem noch angedeutet, daß die Differenz zwischen der Dämpfung des Butterworth- und des Tschebyscheff-Tiefpasses (bei großen Frequenzen) 24 dB ausmacht. Dieser Wert erklärt sich folgendermaßen. Bei großen Frequenzen gilt beim Butterworth-Tiefpaß $A_B \approx 10\,lg(\varepsilon^2\omega^{2n})$ und beim Tschebyscheff-Tiefpaß $A_T \approx 10\,lg\left(\varepsilon^2(c_n\omega^n)^2\right)$,wobei c_n der Koeffizient der höchsten Potenz des Tschebyscheffpolynoms $T_n(\omega)$ ist. Mit Hilfe der Gl. 5.23 (Abschnitt 5.2.3.1) läßt sich für c_n der Wert 2^{n-1} ermitteln. Daher beträgt die Dämpfungsdifferernz

$$A_T(\omega) - A_B(\omega) \approx 10\,lg\,c_n^2 = 20\,lg\,2^{n-1} = (n-1)\cdot 20\,lg\,2 \approx (n-1)\cdot 6\text{ dB}.$$

Im vorliegenden Fall $n = 5$ sind das die im Bild 5.29 angegebenen 24 dB.

Die für die Filter 5. Grades diskutierten Ergebnisse lassen sich verallgemeinern. Bei Cauer-Tiefpässen ungeraden Grades steigt die Dämpfung bei großen Frequenzen um 6 dB/Oktave an. Bei Cauer-Tiefpässen geraden Grades tritt beim Fall a überhaupt kein Dämpfungsanstieg bei großen Frequenzen auf. Die Dämpfung nimmt monoton auf den Wert $A(\infty) = A_S$ ab. Im Fall b beträgt der Dämpfungsanstieg 12 dB/Oktave, weil die Übertragungsfunktion eine doppelte Nullstelle im Unendlichen besitzt. Bei allen Polynomfiltern beträgt der Dämpfungsanstieg bei großen Frequenzen $n \cdot 6$ dB/Oktave. Die Dämpfungsdifferenz zwischen Butterworth- und Tschebyscheff-Tiefpässen hat bei großen Frequenzen den konstanten Wert $(n-1)\cdot 6$ dB.

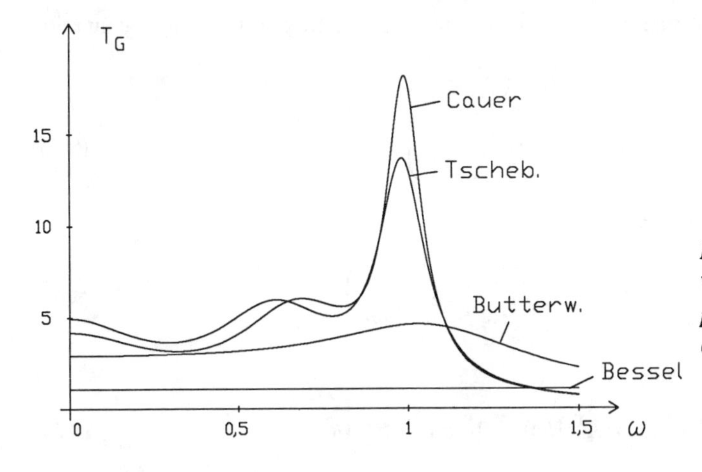

Bild 5.30
Verlauf der (normierten) Gruppenlaufzeiten bei Filtern 5. Grades

Schließlich sind im Bild 5.30 die Gruppenlaufzeiten für die drei bisher besprochenen Tiefpässe aufgetragen und zusätzlich die für einen Bessel-Tiefpaß 5. Grades. Hier verhält es sich genau umgekehrt wie bei den Däpfungsverläufen. Die Gruppenlaufzeit des Bessel-Tiefpasses ist (im dargestellten Frequenzbereich) völlig konstant. Der Cauer-Tiefpaß weist einen besonders ungünstigen Verlauf der Gruppenlaufzeit auf.

5.3 Der Entwurf von Hochpässen

5.3.1 Die Transformationseigenschaften

Der Entwurf von Hochpässen kann durch eine Frequenztransformation auf den Entwurf von Tiefpässen zurückgeführt werden. Wie im Abschnitt 5.2.5.3 erklärt wurde, wird bei einer Frequenztransformation die Frequenzvariable s durch eine geeignete Funktion $f(\tilde{s})$ ersetzt. Im vorliegenden Fall setzen wir

$$s = \frac{1}{\tilde{s}} \tag{5.54}$$

und erhalten hierdurch aus einer Tiefpaßtransmittanz $S_{21}^T(s)$ die Betriebsübertragungsfunktion eines Hochpasses

$$S_{21}^H(\tilde{s}) = S_{21}^T\left(s = \frac{1}{\tilde{s}}\right). \tag{5.55}$$

Für $s = j\omega$ bzw. $\tilde{s} = j\tilde{\omega}$ folgt daraus

$$S_{21}^H(j\tilde{\omega}) = S_{21}^T\left(\frac{1}{j\tilde{\omega}}\right) = S_{21}^T\left(j\frac{-1}{\tilde{\omega}}\right) \tag{5.56}$$

und damit

$$A^H(\tilde{\omega}) = A^T(1/\tilde{\omega}), \quad B^H(\tilde{\omega}) = -B^T(1/\tilde{\omega}). \tag{5.57}$$

Hinweise:

1. Die Dämpfung ist eine gerade Funktion, daher gilt $A^T(-1/\tilde{\omega}) = A^T(1/\tilde{\omega})$.

2. Aus Gl. 5.56 folgt für die (ungerade) Phasenfunktion $B^H(\tilde{\omega}) = B^T(-1/\tilde{\omega}) = -B^T(1/\tilde{\omega})$.

Um die hier angewandte Frequenztransformation anschaulich zu erklären, ist oben im Bild 5.31 der Dämpfungsverlauf $A^T(\omega)$ eines Cauer-Tiefpasses C 03 50/$\Theta = 50°$ aufgetragen. Dies ist ein Tiefpaß 3. Grades mit einer maximalen Durchlaßdämpfung von $A_D = 1{,}25$ dB, einer Sperrdämpfung $A_S = 21$ dB und einer Sperrfrequenz $f_S = 1/\sin\Theta = 1{,}305$.

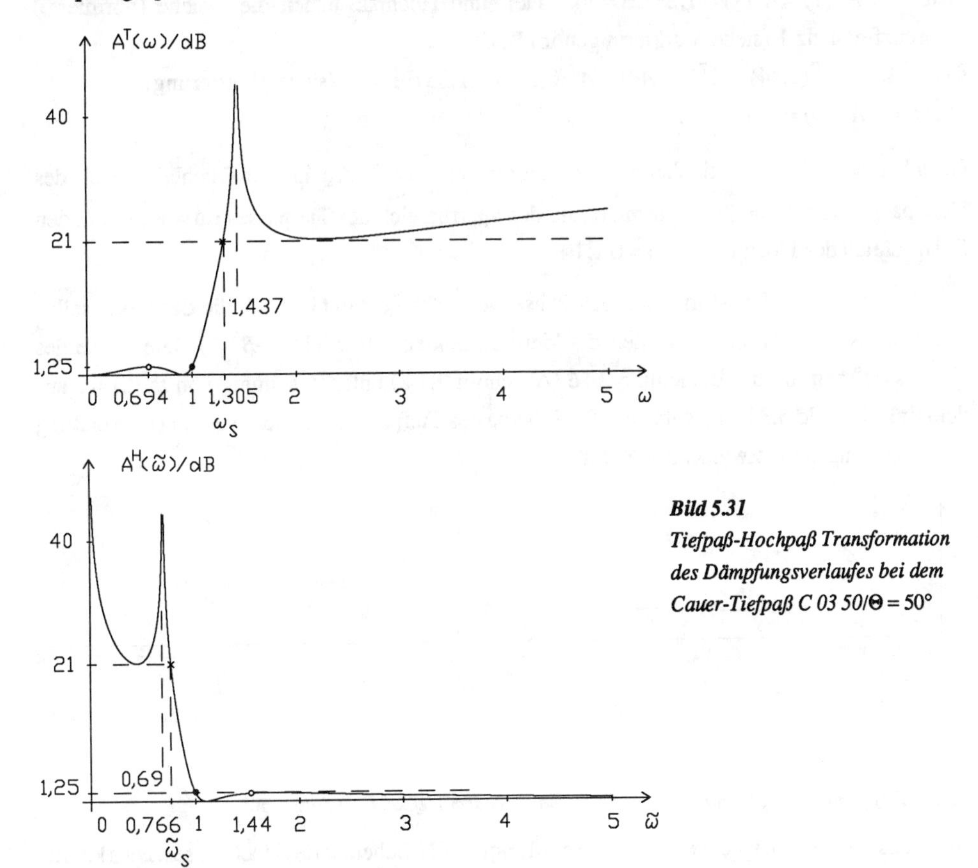

Bild 5.31
Tiefpaß-Hochpaß Transformation des Dämpfungsverlaufes bei dem Cauer-Tiefpaß C 03 50/Θ = 50°

Mit der Beziehung 5.57

$$A^H(\tilde{\omega}) = A^T(\omega = 1/\tilde{\omega})$$

sollen einige Punkte der Kurve unten im Bild 5.31 nachkontrolliert werden.

a) $\tilde{\omega} = 0 : A^H(0) = A^T(\omega = \infty) = \infty$, der Hochpaß hat bei $\tilde{\omega} = 0$ den Dämpfungswert des Tiefpasses bei $\omega = \infty$.

b) $\tilde{\omega}=0{,}766: \ A^H(0{,}766)=A^T(1/0{,}766)=A^T(1{,}305)=21\text{ dB}=A_S$. Die Sperrfrequenz des Tiefpasses $\omega_S=1{,}305$ wird in die Sperrfrequenz $\tilde{\omega}_S=0{,}766$ transformiert. Diese beiden Punkte sind im Bild 5.31 markiert.

c) $\tilde{\omega}=1: \ A^H(1)=A^T(1)=1{,}25\text{ dB}=A_D$. Tief- und Hochpaß haben die gleiche (normierte) Grenzfrequenz 1 (siehe Markierungen im Bild).

d) $\tilde{\omega}=1{,}44: A^H(1{,}44)=A^T(1/1{,}44)=A^T(0{,}694)=1{,}25\text{ dB}=A_D$ (siehe Markierung).

e) $\tilde{\omega}=\infty: A^H(\infty)=A^T(0)=0.$

Offenbar wird der Durchlaßbereich des Tiefpasses ($\omega=0\ldots1$) in den Duchlaßbereich des Hochpasses ($\tilde{\omega}=1\ldots\infty$) transformiert und der Sperrbereich des Tiefpasses ($\omega=1\ldots\infty$) in den Sperrbereich des Hochpasses ($\tilde{\omega}=0\ldots1$).

Bild 5.32 zeigt die Transformation des Phasenverlaufes gemäß Gl. 5.57, die der Leser selbst leicht nachvollziehen kann. An den markierten Punkten gilt $B^H(1)=-B^T(1)$. Die Phase des Tiefpasses kann mit der Beziehung 2.16 (Abschnitt 2.1.2) unter Beachtung von $B^T(0)=0$ aus dem links im Bild 5.33 angegebenen PN-Schema des Tiefpasses ermittelt werden (Anwendung des Programmes NETZWERKFUNKTIONEN).

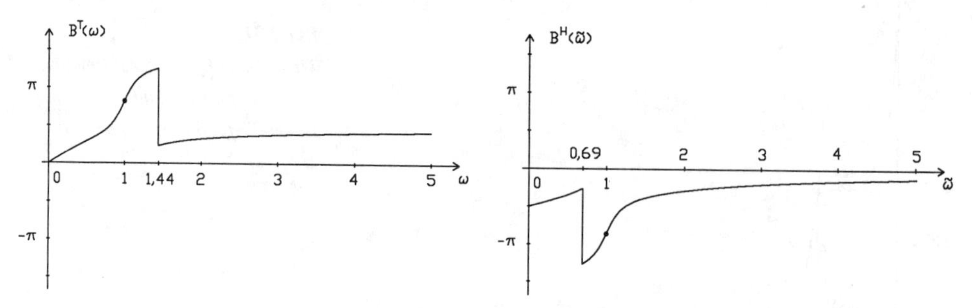

***Bild 5.32** Tiefpaß-Hochpaß Transformation der Phase bei dem Tiefpaß C 03 50/Θ = 50°*

Als nächsten Punkt besprechen wir die Ermittlung des PN-Schemas des Hochpasses. Dies könnte z.B. so ermittelt werden, daß zunächst (aus dem PN-Schema des Tiefpasses) die Tießpaß-übertragungsfunktion aufgestellt wird. Im vorliegenden Fall (PN-Schema links im Bild 5.33) hat diese die Form

$$S_{21}^T(s)=\frac{s^2+\omega_2^2}{b_0+b_1s+b_2s^2+b_3s^3},$$

wobei $\omega_2=1{,}437$ ist (siehe Nullstelle im PN-Schema). Gemäß Gl. 5.55 erhalten wir dann die Hochpaß-Betriebsübertragungsfunktion

$$S_{21}^{H}(\tilde{s}) = S_{21}^{T}\left(\frac{1}{\tilde{s}}\right) = \frac{\frac{1}{\tilde{s}^2}+\omega_2^2}{b_0+b_1\frac{1}{\tilde{s}}+b_2\frac{1}{\tilde{s}^2}+b_3\frac{1}{\tilde{s}^3}} = \frac{\tilde{s}(1+\omega_2^2\tilde{s}^2)}{b_3+b_2\tilde{s}+b_1\tilde{s}^2+b_0\tilde{s}^3}$$

und nach Berechnung der Nullstellen des Zähler- und Nennerpolynoms das Hochpaß PN-Schema.

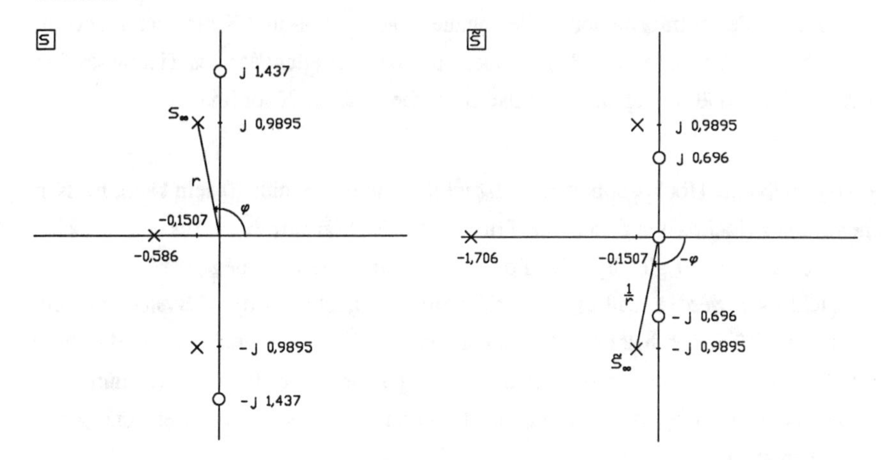

Bild 5.33 PN-Schema des Tiefpasses C 03 50/Θ = 50° (links) und des hieraus transformierten Hochpasses (rechts)

Dieser umständliche Weg kann aber vermieden werden, indem man die Null- und Polstellen des Tiefpasses unmittelbar transformiert. Zur Erklärung betrachten wir die links im Bild 5.33 mit s_∞ bezeichnete Polstelle, die in der Form

$$s_\infty = re^{j\varphi} \tag{5.58}$$

dargestellt werden kann. Wir erhalten hier die Werte

$$r = \sqrt{0{,}1507^2 + 0{,}9895^2} = 1{,}0009, \quad \varphi = 180° - Arctan\frac{0{,}9895}{0{,}1507} = 98{,}66°.$$

Diese Polstelle wird in den Wert

$$\tilde{s}_\infty = \frac{1}{s_\infty} = \frac{1}{r}e^{-j\varphi} \tag{5.59}$$

transformiert, wie rechts im Bild 5.33 dargestellt. Der zu s_∞ konjugiert komplexe Tiefpaßpol ($s^*_\infty = re^{-j\varphi}$) geht entsprechend in den zu $\tilde{s}_\infty$ konjugiert komplexen Pol ($\tilde{s}^* = 1/r\, e^{j\varphi}$) über. Auf diese Weise werden konjugiert komplexe Polpaare des Tiefpasses in konjugiert komplexe Polpaare des Hochpasses transformiert und reelle Tiefpaßpole in reelle Pole des Hochpasses.

Bei Nullstellen gelten die entsprechenden Regeln, wobei aber zu beachten ist, daß Nullstellen des Tiefpasses im Unendlichen in den Punkt $\bar{s} = 0$ transformiert werden. Im vorliegenden Fall hat die Tiefpaßübertragungsfunktion bei unendlich eine einfache Nullstelle, dies führt zu der bei $\bar{s} = 0$ eingetragenen Nullstelle bei dem Hochpaß PN-Schema. Im übrigen kann man auch aus der vorne angegebenen Beziehung für $S_{21}^{H}(\bar{s})$ die Nullstelle bei 0 ablesen.

Der Leser kann nach diesen Informationen die genaue Lage der Pol- und Nullstellen rechts im Bild 5.33 nachrechnen. Da der Wert r bei dem komplexen Polstellenpaar des Tiefpasses fast genau den Wert 1 hat, erhält man beim Hochpaß (fast) die gleichen Koordinaten.

Hinweis:

Da definitionsgemäß eine Hochpaßübertragungsfunktion bei $\omega = \infty$ nicht 0 sein kann, müssen im PN-Schema eines Hochpasses gleichviele Pol- und Nullstellen auftreten. Aus der Tatsache, daß ein PN-Schema mit einer gleichgroßen Pol- und Nullstellenzahl vorliegt, darf aber umgekehrt nicht geschlossen werden, daß es sich hierbei um ein "hochpaßartiges" System handelt. Aus dem Abschnitt 5.2.5.3 ist bekannt, daß Cauer-Tiefpässe geraden Grades im Fall a diese Eigenschaft ebenfalls aufweisen. Dort entsteht das Tiefpaßverhalten dadurch, daß durch die Festlegung der Konstanten bei der Übertragungsfunktion bei $\omega = \infty$ eine ausreichend große Dämpfung (A_S) entsteht.

Als letzter Punkt bleibt die Entwicklung der Hochpaßschaltung. Ein möglicher Weg besteht darin, aus der Hochpaß-Übertragungsfunktion eine Schaltung zu entwickeln (im Sinne der im Abschnitt 4.4.4 beschriebenen Methoden). Viel einfacher ist aber auch hier die unmittelbare Transformation der Tiefpaßschaltung.

Im Bild 5.34 ist dargestellt, wie die Bauelemente transformiert werden müssen. In der Tiefpaßschaltung hat die (normierte) Induktivität die Impedanz $Z^T = sL$. Ersetzt man s durch $1/\bar{s}$, so entsteht daraus die Impedanz

$$Z^H = \frac{1}{\bar{s}} L = \frac{1}{\bar{s}\frac{1}{L}},$$

die durch eine Kapazität der Größe $C = 1/L$ realisiert wird. Enstprechend transformiert sich eine Kapazität im Tiefpaß ($Z^T = 1/(sC)$) in eine Induktivtät der Größe $L = 1/C$ im Hochpaß ($Z^H = \bar{s} \cdot 1/L$). Selbstverständlich werden Ohm'sche Widerstände durch die Frequenztransformation nicht berührt. Im folgenden Abschnitt wird gezeigt, wie die hier erklärte Transformation zu einfachen Entwurfsverfahren für Hochpässe führt.

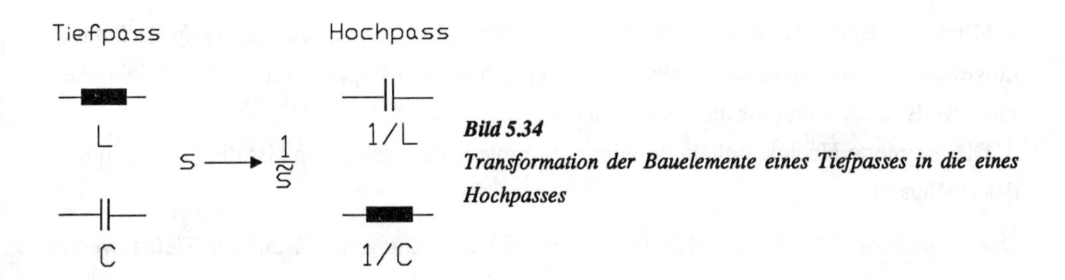

Bild 5.34
Transformation der Bauelemente eines Tiefpasses in die eines Hochpasses

5.3.2 Der Entwurf

Im folgenden wird die Frequenzvariable sowohl beim Hochpaß, wie auch beim Tiefpaß einheitlich mit ω bezeichnet. Dort, wo Mißverständnisse möglich sind, wird die Tiefpaßfrequenz mit einem Index versehen.

Der Entwurf des Hochpasses erfolgt in folgenden Schritten.

1. Man transformiert die vorgegebene Dämpfungsvorschrift des Hochpasses (links im Bild 5.35) in eine Tiefpaßdämpfungsvorschrift (rechts im Bild 5.35).

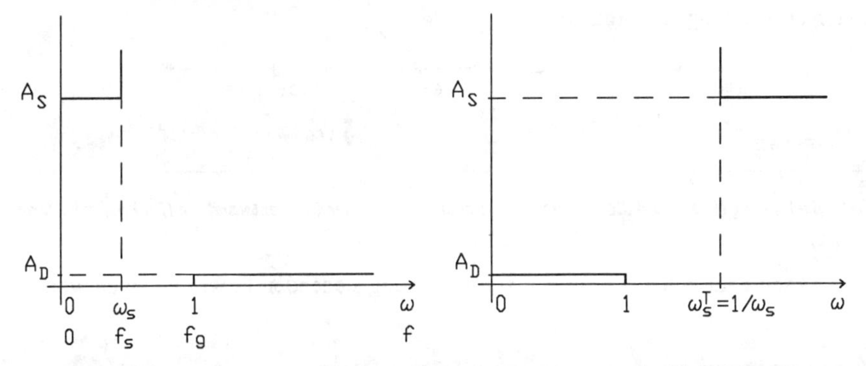

Bild 5.35 *Transformation der Dämpfungsvorschrift eines Hochpasses in eine Tiefpaßdämpfungsvorschrift*

Die (normierte) Grenzfrequenz ($\omega = 1$) des Hochpasses geht in $\omega = 1$ beim Tiefpaß über. Zu der Sperrfrequenz ω_S ($\omega_S = f_S/f_g < 1$!) gehört die Tiefpaßsperrfrequenz $\omega_S^T = 1/\omega_S$. Die Dämpfungswerte A_D, A_S werden übernommen, denn es handelt sich ja nur um eine Transformation der Abszisse (der Frequenz).

2. Nach der Festlegung des Typs des Hoch- bzw. Tiefpasses (Butterworth, Tschebyscheff, Cauer), wird die Tiefpaßschaltung mit ihren normierten Bauelementewerten ermittelt. Normalerweise wählt man die spulenreiche Variante aus, die später zu einer spulenarmen Hochpaßschaltung führt.

3. Mit den im Bild 5.34 angegebenen Bauelementetransformationen wird die Tiefpaßschaltung umgewandelt. Induktivitäten werden durch Kapazitäten und Kapazitäten durch Induktivitäten mit jeweils reziproken (normierten) Werten ersetzt.
4. Die normierte Hochpaßschaltung wird entnormiert. Bezugsfrequenz ist die Grenzfrequenz des Hochpasses.

Der Verlauf von Dämpfung und Phase kann mit den Beziehungen 5.57 aus den Tiefpaßwerten berechnet werden.

Beispiel 1

Zu entwerfen ist ein Cauer-Hochpaß, der unterhalb der Frequenz $f_S = 7{,}7$ kHz eine Mindestdämpfung von $A_S = 20$ dB besitzt und ab $f_g = 10$ kHz eine maximale Durchlaßdämpfung von $A_D = 1{,}25$ dB. Der Bezugswiderstand hat den Wert 1000 Ohm.

Das Beispiel ist so gewählt, daß auf Ergebnisse des Abschnittes 5.3.1 zurückgegriffen werden kann. Wir erkennen, daß der unten im Bild 5.31 dargestellte Dämpfungsverlauf die hier gestellten Forderungen erfüllt. Daher wird der Tiefpaß C 03 50/$\Theta = 50°$ mit der Sperrfrequenz $\omega_S^T = 1{,}305$ als Referenztiefpaß ausgewählt. Einer Filtertabelle wird die links im Bild 5.36 skizzierte spulenreiche Tiefpaßschaltung entnommen.

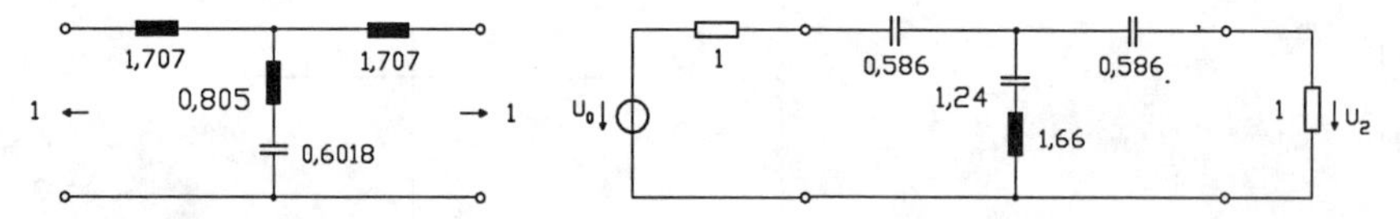

***Bild 5.36** Tiefpaßschaltung (links) und die daraus durch Frequenztransformation entstandene Hochpaßschaltung (rechts).*

Die Schaltung kann natürlich auch mit den zur Verfügung stehenden Programmen entworfen werden.

Rechts im Bild 5.36 ist die spulenarme Hochpaßschaltung mit ihren normierten Bauelementewerten skizziert. Die Entnormierung führt auf die Bauelementewerte

$$L_w = L\frac{R_b}{2\pi f_g} = L \cdot 15{,}9\ \text{mH}, \quad C_w = C\frac{1}{R_b 2\pi f_g} = C \cdot 15{,}9\ \text{nF}.$$

Die beiden Widerstände haben den Wert 1000 Ohm.

Der Dämpfungs- und Phasenverlauf dieses Hochpasses ist in den Bildern 5.31 und 5.32 dargestellt, das PN Schema rechts im Bild 5.33.

Beispiel 2

Zu entwerfen ist ein Butterworth-Hochpaß 3. Grades mit einer Durchlaßdämpfung von 3 dB.

Hier erhalten wir ohne weitere Rechnung einen Referenztiefpaß ebenfalls 3. Grades mit $A_D = 3$ dB. Die spulenreiche Tiefpaßschaltung ist links im Bild 5.37 dargestellt. Ihre Bauelementewerte können mit der im Abschnitt 5.2.2 angegebenen Gl. 5.21 berechnet werden. Dort wurde übrigens im Beispiel 1 ebenfalls ein Butterworth-Tiefpaß 3. Grades mit $A_D = 3$ dB entworfen. Der rechte Bildteil 5.37 zeigt die Hochpaßschaltung.

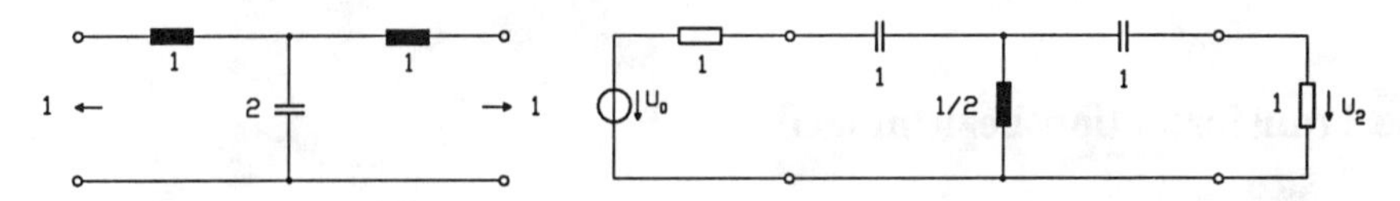

Bild 5.37 Tief- und Hochpaßschaltung (Beispiel 2)

Das PN-Schema des Tiefpasses ist links im Bild 5.38 skizziert (siehe hierzu Abschnitt 5.2.2). Der rechte Bildteil zeigt das Hochpaß PN-Schema. Die dreifache Nullstelle bei 0 entsteht durch die dreifache Nullstelle des Tiefpasses im Unendlichen. Da die Pole des Butterworth-Tiefpasses auf einem Kreisbogen liegen, gilt dies auch für die Pole beim Hochpaß. Im vorliegenden Fall hat der Kreisradius den Wert 1, und dadurch treten die Pole beim Hochpaß an exakt den gleichen Stellen wie beim Tiefpaß auf (siehe hierzu die Gln. 5.58, 5.59).

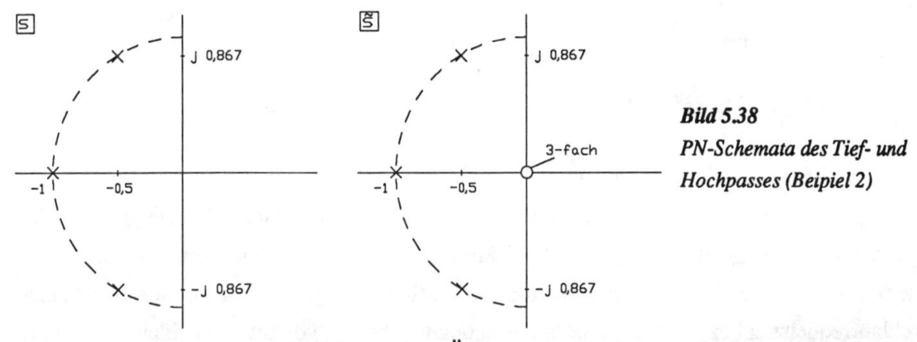

Bild 5.38
PN-Schemata des Tief- und Hochpasses (Beipiel 2)

Wenn das PN-Schema als PN-Schema einer Übertragungsfunktion aufgefaßt wird, können auch Schaltungen mit nur einem Widerstand am Tor 1 oder am Tor 2 realisiert werden (siehe Bild 4.35). Aus dem PN-Schema rechts im Bild 5.38 erhält man (mit der Nebenbedingung $G(\infty) = 1$) die Hochpaßübertragungsfunktion

$$G(s) = \frac{s^3}{1 + 2s + 2s^2 + s^3}.$$

Für diese Übertragungsfunktion wurde im 2. Beispiel des Abschnittes 4.4.4.4 eine Schaltung entwickelt. Die dort rechts im Bild 4.37 skizzierte Schaltung hat also ebenfalls eine Übertragungsfunktion mit Butterworth Charakter und bei $\omega = 1$ eine Dämpfung von 3 dB. Schließlich wird noch erwähnt, daß im Bild 2.22 des Abschnittes 2.2.5.3 ebenfalls das PN-Schema des hier besprochenen Hochpasses dargestellt ist. Das Bild zeigt rechts den Verlauf von $|G(j\omega)|$.

5.4 Der Entwurf von Bandpässen

5.4.1 Die Transformationsbeziehungen

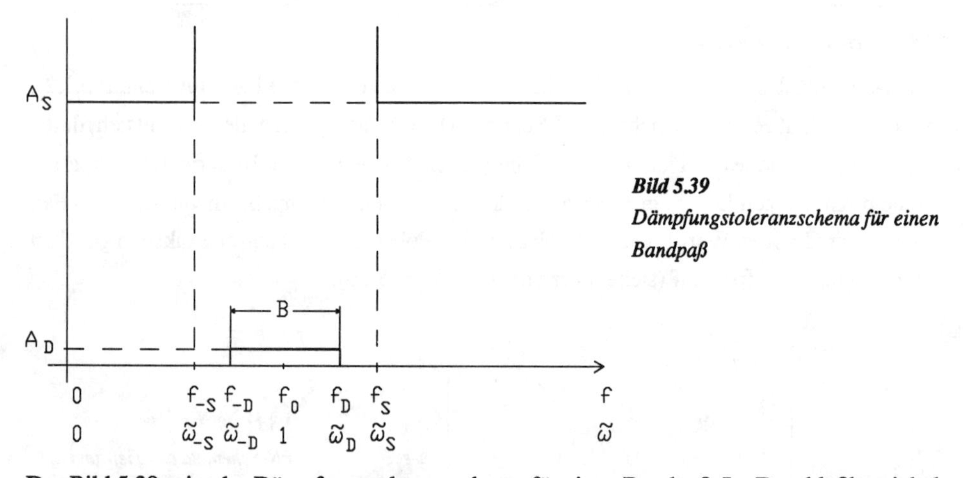

Bild 5.39
Dämpfungstoleranzschema für einen Bandpaß

Das Bild 5.39 zeigt das Dämpfungstoleranzschema für einen Bandpaß. Im Durchlaßbereich des Bandpasses von f_{-D} bis f_D darf die Dämpfung den Wert A_D nicht übersteigen. In den Sperrbereichen $f \leq f_{-S}$ und $f \geq f_S$ soll die Dämpfung mindestens den Wert A_S haben. Als Mittenfrequenz f_0 des Bandpasses wird nicht die arithmetische Mitte zwischen den beiden Durchlaßfrequenzen bezeichnet, sondern der geometrische (und damit etwas kleinere) Mittelwert

$$f_0 = \sqrt{f_{-D} f_D}\,. \tag{5.60}$$

Mit f_0 als Bezugsfrequenz erhalten wir die normierte Frequenz $\tilde{\omega} = f/f_0$ und die im Bild 5.39 ebenfalls eingetragenen normierten Werte.

Aufgrund der Festlegung von f_0 als geometrische Mitte der Durchlaßfrequenzen wird

$$\tilde{\omega}_{-D} \cdot \tilde{\omega}_D = \frac{f_{-D}}{f_0} \cdot \frac{f_D}{f_0} = 1. \tag{5.61}$$

Wir setzen voraus, daß die beiden Sperrfrequenzen so festgelegt wurden, daß sie ebenfalls den gleichen geometrischen Mittelwert f_0 haben. Dann gilt ebenso

$$\tilde{\omega}_{-S} \cdot \tilde{\omega}_S = 1. \tag{5.62}$$

Wir werden später (Abschnitt 5.4.2) zeigen, wie ein Dämpfungstoleranzschema zu modifizieren ist, wenn die zunächst angegebenen Sperrfrequenzen einen von f_0 abweichenden geometrischen Mittelwert haben. Eine weitere charakteristische Größe ist die relative Bandbreite B/f_0 des Bandpasses. Wir benötigen anschließend den Kehrwert dieser relativen Bandbreite

$$a = \frac{f_0}{B} = \frac{\sqrt{f_{-D} f_D}}{f_D - f_{-D}} = \frac{1}{\tilde{\omega}_D - \tilde{\omega}_{-D}}. \tag{5.63}$$

Es wird nun gezeigt, daß die Frequenztransformation

$$\omega = a\left(\tilde{\omega} - \frac{1}{\tilde{\omega}}\right) \quad \text{bzw.} \quad s = a\left(\tilde{s} + \frac{1}{\tilde{s}}\right) \tag{5.64}$$

eine Tiefpaßübertragungsfunktion $S_{21}^T(s)$ in die Übertragungsfunktion $S_{21}^B(\tilde{s})$ eines Bandpasses überführt. Dies bedeutet

$$S_{21}^B(\tilde{s}) = S_{21}^T(s = a(\tilde{s} + 1/\tilde{s})), \tag{5.65}$$

bzw.

$$A^B(\tilde{\omega}) = A^T(a(\tilde{\omega} - 1/\tilde{\omega})), \quad B^B(\tilde{\omega}) = B^T(a(\tilde{\omega} - 1/\tilde{\omega})). \tag{5.66}$$

Zur Erklärung dieser Frequenztransformation betrachten wir Bild 5.40. Im oberen Bildteil ist die Frequenzachse ω (auch mit negativen Werten) für den Tiefpaß mit der Grenzfrequenz 1 und der Sperrfrequenz ω_S dargestellt. Durchlaß- und Sperrbereich sind dabei durch dickere Linien hervorgehoben. Der untere Bildteil zeigt die Frequenzachse $\tilde{\omega}$ des Bandpasses mit den dort relevanten Frequenzen und ebenfalls hervorgehobenen Durchlaß- und Sperrbereichen. Wir zeigen nun, wie charakteristische Frequenzwerte $\tilde{\omega}$ des Bandpasses aus denen des Tiefpasses entstehen.

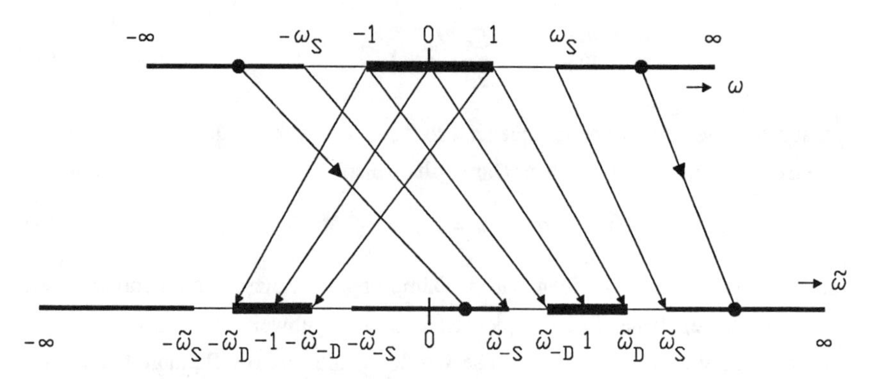

***Bild 5.40** Darstellung zur Tiefpaß- Bandpaß Transformation*

a) $\tilde{\omega}=\pm 1$: $\omega=a(\tilde{\omega}-1/\tilde{\omega})=0$. Dies bedeutet, daß die Tiefpaßfrequenz $\omega=0$ in zwei verschiedene Bandpaßfrequenzen, nämlich die positive (normierte) Mittenfrequenz $\tilde{\omega}=1$ und die negative Mittenfrequenz $\tilde{\omega}=-1$ transformiert wird. Im Bild ist diese Zuordnung besonders angedeutet.

Nach Gl. 5.64 wird einer Bandpaßfrequenz $\tilde{\omega}$ bzw. $\tilde{s}$ eindeutig eine Tiefpaßfrequenz ω bzw. s zugeordnet. Stellt man diese Beziehung um, so wird

$$\tilde{\omega}=\frac{\omega}{2a}\pm\sqrt{\frac{\omega^2}{4a^2}+1} \quad \text{bzw.} \quad \tilde{s}=\frac{s}{2a}\pm\sqrt{\frac{s^2}{4a^2}-1}, \tag{5.67}$$

und man erkennt, daß ein Wert von ω in zwei Werte $\tilde{\omega}$ transformiert wird. Hier ist dies der Wert $\omega=0$, der zu $\tilde{\omega}=\pm 1$ führt. Das bedeutet nach Gl. 5.66 $A^B(1)=A^T(0)$, der Bandpaß hat bei seiner Mittenfrequenz $\tilde{\omega}=1$ bzw. bei $f=f_0$ die gleiche Dämpfung wie der Tiefpaß bei $\omega=0$.

b) $\tilde{\omega}=\tilde{\omega}_D$: $\omega=a(\tilde{\omega}_D-1/\tilde{\omega}_D)=[1/(\tilde{\omega}_D-\tilde{\omega}_{-D})]\cdot(\tilde{\omega}_D-\tilde{\omega}_{-D})=1$, denn nach Gl. 5.61 ist $1/\tilde{\omega}_D=\tilde{\omega}_{-D}$ und nach Gl. 5.63 $a=1/(\tilde{\omega}_D-\tilde{\omega}_{-D})$. Die Grenzfrequenz $\omega=1$ des Tiefpasses wird also in die obere Durchlaßfrequenz $\tilde{\omega}_D$ des Bandpasses transformiert (siehe Markierung im Bild 5.40). Wir sehen aber, daß auch die Bandpaßfrequenz $\tilde{\omega}=-\tilde{\omega}_{-D}$ zur Tiefpaßfrequenz $\omega=a(-\tilde{\omega}_{-D}+1/\tilde{\omega}_{-D})=a(\tilde{\omega}_D-\tilde{\omega}_{-D})=1$ gehört. Die Tiefpaßfrequenz $\omega=1$ wird in die beiden Bandpaßfrequenzen $\tilde{\omega}_D$ und $-\tilde{\omega}_{-D}$ transformiert. Bei $\tilde{\omega}_D$ tritt also die gleiche Dämpfung (nämlich A_D) wie bei der Tiefpaßgrenzfrequenz auf $A^B(\tilde{\omega}_D)=A^T(1)=A_D$.

c) $\tilde{\omega} = \tilde{\omega}_{-D}$: $\omega = a(\tilde{\omega}_{-D} - 1/\tilde{\omega}_{-D}) = a(\tilde{\omega}_{-D} - \tilde{\omega}_D) = -1$. Die Tiefpaßfrequenz $\omega = -1$ wird in die untere Bandpaßdurchlaßfrequenz transformiert. Da die Dämpfung eine gerade Funktion ist, gilt hier ebenfalls $A^B(\tilde{\omega}_{-D}) = A^T(-1) = A^T(1) = A_D$. Der Leser kann selbst nachkontrollieren, daß zu $\omega = -1$ auch die Bandpaßfrequenz $-\tilde{\omega}_D$ gehört.

Wir sehen nun, daß der gesamte Durchlaßbereich des Tiefpasses (einschließlich der negativen Frequenzwerte) in den (positiven und negativen) Durchlaßbereich des Bandpasses transformiert wird. Der Dämpfungsverlauf des Tiefpasses aus dem Bereich von -1 bis 1 wird in den Durchlaßbereich des Bandpasses von $\tilde{\omega}_{-D}$ bis $\tilde{\omega}_D$ "verschoben". Das gleiche gilt sinngemäß auch für die Phase. In diesem Zusammenhang wird auch auf die einführenden Erklärungen zum Bandpaß im Abschnitt 2.2.5.4 verwiesen.

d) $\tilde{\omega} = \tilde{\omega}_S$: $\omega = a(\tilde{\omega}_S - \tilde{\omega}_{-S}) = \omega_S$, denn gemäß Gl. 5.62 ist $1/\tilde{\omega}_S = \tilde{\omega}_{-S}$. Der Wert $\tilde{\omega}_S$ entsteht aus der (so festgelegten) Sperrfrequenz ω_S des Tiefpasses. Wie erwähnt, muß das Toleranzschema des Bandpasses so beschaffen sein, daß die beiden Sperrfrequenzen f_{-S} und f_S den gleichen geometrischen Mittelwert wie die Durchlaßfrequenzen haben.

e) $\tilde{\omega} = \tilde{\omega}_{-S}$: $\omega = a(\tilde{\omega}_{-S} - \tilde{\omega}_S) = -\omega_S$. Infolge der Eigenschaft $\tilde{\omega}_S \cdot \tilde{\omega}_{-S} = 1$ wird die positive und negative Tiefpaßsperrfrequenz in die beiden Sperrfrequenzen des Bandpasses transformiert. Dies heißt $A^B(\tilde{\omega}_{-S}) = A^B(\tilde{\omega}_S) = A^T(\omega_S) = A_S$. Auf die bei der Transformation auftretenden negativen Bandpaßfrequenzen wollen wir hier nicht eingehen, sie erfolgt im gleichen Sinne wie bei den Durchlaßfrequenzen.

f) Wir betrachten den Frequenzbereich $\omega \geq \omega_S$ des Tiefpasses. Zu jedem ω–Wert dieses Bereiches gehört (auch) ein Wert $\tilde{\omega} \geq \tilde{\omega}_S$, und dies bedeutet, daß der Sperrbereich des Tiefpasses ($\omega \geq \omega_S$) in den oberen Sperrbereich des Bandpasses transformiert wird (siehe Markierung im Bild 5.40). Der "negative Sperrbereich" $\omega \leq -\omega_S$ des Tiefpasses wird in den unteren Sperrbereich des Bandpasses von 0 bis $\tilde{\omega}_{-S}$ transformiert. Die Tiefpaßfrequenzbereiche $\omega \geq \omega_S$ und $\omega \leq -\omega_S$ werden ebenfalls in die Frequenzbereiche von 0 bis $-\tilde{\omega}_{-S}$ und $\tilde{\omega} \leq -\tilde{\omega}_S$ transformiert.

Zusammenfassung

Durch die Tiefpaß-Bandpaß Transformation gemäß Gl. 5.64 wird der Durchlaßbereich des Tiefpasses (einschließlich seiner negativen Frequenzen) in den Durchlaßbereich des Bandpasses transformiert. Der Sperrbereich des Tiefpasses ($\omega > \omega_S$ und $\omega \leq -\omega_S$) wird in die Sperrbereiche des Bandpasses transformiert.

Die Betriebsübertragungsfunktion eines Bandpasses kann auf zwei verschiedene Arten ermittelt werden. Die erste Art besteht darin, daß zunächst (z.B. aus dem PN-Schema des Tiefpasses) die Funktion $S_{21}^{T}(s)$ ermittelt wird und hierin die Frequenzvariable s durch $a(\bar{s}+1/\bar{s})$ ersetzt wird (Gl. 5.65). Aus dem so entstandenen Ausdruck $S_{21}^{B}(\bar{s})$ kann man dann das PN-Schema des Bandpasses berechnen. Der einfachere Weg besteht in der Transformation des Tiefpaß PN-Schemas gemäß der Beziehung 5.67

$$\bar{s}=\frac{s}{2a}\pm\sqrt{\frac{s^2}{4a^2}-1}\,.$$

Da zu jedem Wert s zwei Werte $\bar{s}$ gehören, hat der Bandpaß die doppelte Zahl der Pol- und Nullstellen des Tiefpasses. Man kann leicht zeigen, daß die Tiefpaßnullstellen im Unendlichen in Nullstellen gleichen Grades bei $\bar{s}=0$ und $\bar{s}=\infty$ transformiert werden. Auf die Ermittlung des Bandpaß PN-Schemas soll hier nicht näher eingegangen werden. Sein prinzipielles Aussehen ist im Bild 2.24 des Abschnittes 2.2.5.4 dargestellt. Beziehungen zur unmittelbaren Umrechnung der Real- und Imaginärteile der Tiefpaß Pol- und Nullstellen sind in der Tabelle [Sa] angegeben.

Die Ermittlung der Bandpaßschaltung erfolgt am einfachsten durch die unmittelbare Transformation der zugehörenden Tiefpaßschaltung. Betrachtet man z.B. eine Induktivität mit der Impedanz $Z'=sL'$ in der Tiefpaßschaltung, dann wird aus dieser mit $s=a(\bar{s}+1/\bar{s})$ die Impedanz

$$Z=a\left(\bar{s}+\frac{1}{\bar{s}}\right)L'=aL'\bar{s}+\frac{1}{\frac{1}{aL'}\bar{s}}\,.$$

Bei Z handelt es sich um die Impedanz eines Reihenschwingkreises mit einer Induktivität $L=aL'$ und einer Kapazität $C=1/(aL')$. Entsprechend geht eine Kapazität C' in der Tiefpaßschaltung in einen Parallelschwingkreis mit einer Kapazität $C=aC'$ und einer Induktivität $L=1/(aC')$ über. Diese Transformationsbeziehungen sind im Bild 5.41 zusammengestellt.

Da z.B. bei Cauer-Tiefpaßschaltungen Parallelschwingkreise in den Querzweigen oder Reihenschwingkreise in den Längszweigen vorkommen, sind hierfür im Bild 5.41 besondere Transformationen angegeben (siehe z.B. [Sa]). Zunächst erhält man z.B. aus einem Parallelschwingkreis mit den oben im Bild 5.41 angegebenen Transformationen für L' und C' die Schaltungsstruktur in der Bildmitte 5.42.

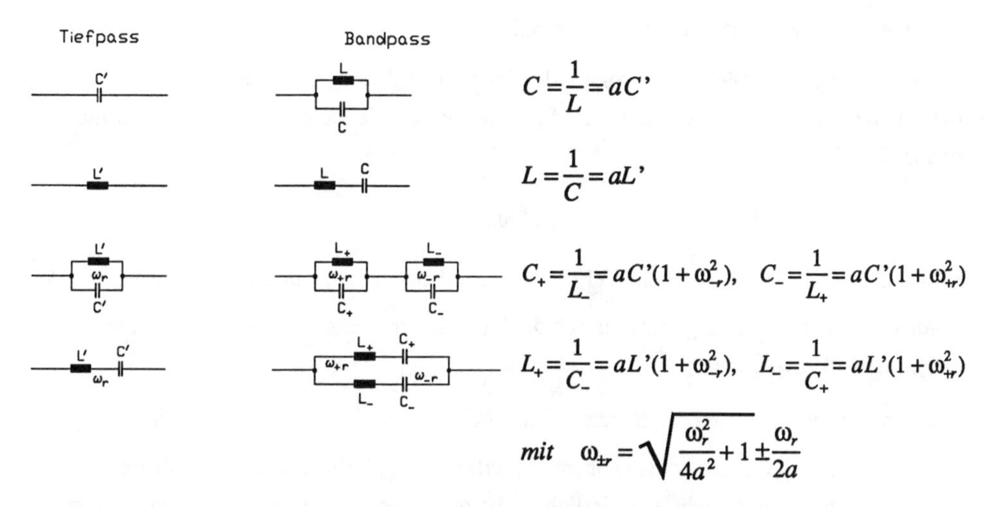

***Bild 5.41** Tranformation der Bauelemente eines Tiefpasses in die Bandpaßbauelemente*

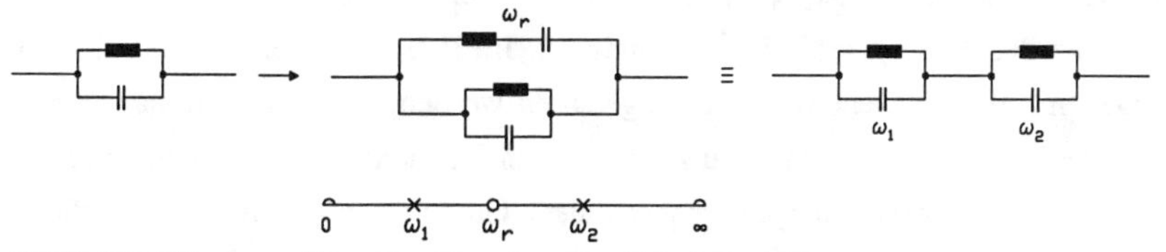

***Bild 5.42** Erklärung zur Transformation eines Parallelschwingkreises*

Die Impedanz der Schaltung in der Bildmitte hat ein (vereinfachtes) PN-Schema mit Nullstellen bei 0 und ∞ sowie bei der Resonanzfrequenz ω_r des Reihenschwingkreises. Zwischen diesen Nullstellen müssen Pole liegen (vgl. hierzu die Eigenschaften von Reaktanzzweipolfunktionen, Abschnitt 3.2.1). Diese Polstellen ω_1 und ω_2 sind aus der Schaltung in der Bildmitte nicht "erkennbar". Der Leser stellt nun fest, daß die ganz rechts im Bild 5.42 skizzierte Zweipolschaltung ein gleiches PN-Schema hat. Die Polstellen entsprechen den Resonanzfrequenzen der beiden Parallschwingkreise. Aus dieser Schaltung ist die Nullstelle bei ω_r nicht "erkennbar". Damit ist bewiesen, daß die Schaltung in der Bildmitte in die ganz rechts umgewandelt werden kann.

5.4.2 Der Entwurf

Im folgenden werden die Frequenzvariablen sowohl beim Bandpaß wie auch beim Tiefpaß einheitlich mit ω bzw. s bezeichnet. Wenn erforderlich, wird die Tiefpaßfrequenz mit einem zusätzlichen Index versehen.

Der Bandpaßentwurf erfolgt in folgenden Schritten.

1. Eine vorgegebene Dämpfungsvorschrift (links im Bild 5.43) wird zunächst so modifiziert, daß sowohl die Durchlaß- wie auch die Sperrfrequenzen die gleiche geometrische Mittenfrequenz

$$f_0 = \sqrt{f_{-D} f_D} = \sqrt{f_{-S} f_S}$$

besitzen. Dies bedeutet, daß nur drei der vier Größen f_{-S}, f_{-D}, f_D und f_S frei gewählt werden können. Bei der Festlegung von f_0 durch die Durchlaßfrequenzen, also $f_0 = \sqrt{f_{-D} f_D}$, kann man folgendermaßen vorgehen.

Aus der angegebenen unteren Sperrfrequenz f_{-S} berechnet man $\omega_{-S} = f_{-S}/f_0$, $\omega_S = 1/\omega_{-S}$ und $f'_S = \omega_S f_0 = f_0^2/f_{-S}$. Wenn f'_S mit der oberen Sperrfrequenz f_S im Toleranzschema übereinstimmt, ist eine Modifizierung nicht erforderlich, f_0 ist dann auch der geometrische Mittelwert der vorgegebenen Sperrfrequenzen. Falls $f'_S < f_S$ ist, wird das Toleranzschema so geändert, daß die obere Sperrfrequenz den Wert $f_S = f'_S = f_0^2/f_{-S}$ annimmt. Im Fall $f'_S > f_S$ können die Dämpfungsbedingungen im Toleranzschema nicht eingehalten werden, weil die minimale Sperrdämpfung A_S erst bei einem größeren als dem vorgesehenen Frequenzwert f_S erreicht würde. In diesem Fall geht man von der oberen Sperrfrequenz als 3. Größe aus und berechnet aus dieser eine neue untere Sperrfrequenz $f'_{-S} = f_0^2/f_S$. Dieser Wert ist dann größer als der vorgegebene Wert, so daß das Toleranzschema eingehalten wird.

2. Das (nun widerspruchsfreie) normierte Bandpaßtoleranzschema wird mit der Transformationsbeziehung (Gl. 5.64)

$$\omega^T = a(\omega - 1/\omega)$$

in das Toleranzschema eines Tiefpasses transformiert (rechts im Bild 5.43). Da die Durchlaßfrequenzen ω_{-D} und ω_D in die Tiefpaßfrequenzen ± 1 transformiert werden, ist lediglich die Sperrfrequenz

$$\omega_S^T = a(\omega_S - 1/\omega_S) = a(\omega_S - \omega_{-S})$$

zu berechnen.

3. Die Tiefpaßschaltung wird ermittelt und mit den im Bild 5.41 angegebenen Umwandlungen in eine Bandpaßschaltung transformiert. Die Bandpaßschaltung wird auf f_0 und einen noch festzulegenden Bezugswiderstand entnormiert.

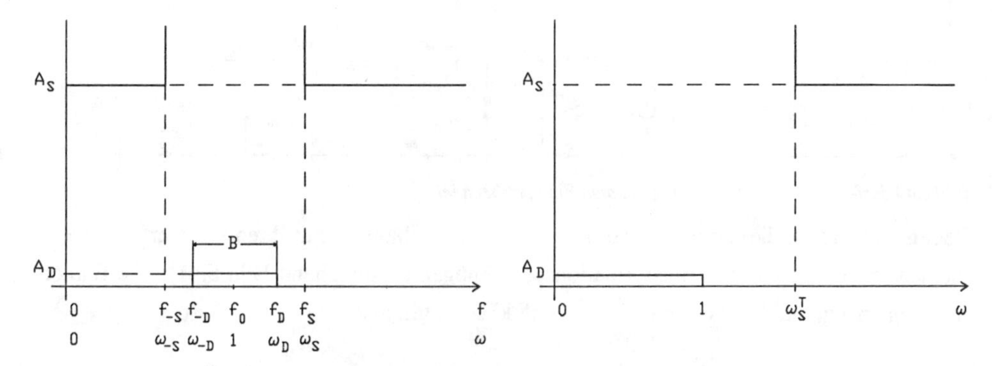

***Bild 5.43** Transformation eines Bandpaß-Toleranzschemas in ein Tiefpaß-Toleranzschema*

Beispiel

Zu entwerfen ist ein Cauer-Bandpaß mit den Daten $f_{-D} = 25$ kHz, $f_D = 35$ kHz, $A_D = 1{,}25$ dB, $f_{-S} = 22$ kHz, $f_S = 36{,}8$ kHz, $A_S = 20$ dB, Bezugswiderstand 1000 Ohm.

Wir bestimmen die Mittenfrequenz aus den Durchlaßfrequenzen

$$f_0 = \sqrt{f_D f_{-D}} = 29{,}58 \text{ kHz}.$$

Entsprechend Punkt 1 gehen wir zunächst von der unteren Sperrfrequenz $f_{-S} = 22$ kHz aus zu der die obere Sperrfrequenz $f'_S = f_0^2/f_{-S} = 39{,}8$ kHz gehört. Der zu entwerfende Bandpaß soll aber schon bei 36,8 kHz und nicht erst bei 39,8 kHz seine minimale Sperrdämpfung erreichen. Daher wird die obere Sperrfrequenz auf den vorgegebenen Wert $f_S = 36{,}8$ kHz festgelegt. Die zugehörende untere Sperrfrequenz hat dann den Wert $f_{-S} = f_0^2/f_S = 23{,}77$ kHz. Das vorgegebene Dämpfungstoleranzschema wird auf diese untere Sperrfrequenz $f_{-S} = 23{,}77$ kHz abgeändert.

Mit der Bandbreite $B = f_D - f_{-D} = 10$ kHz wird $a = f_0/B = 2{,}958$ und mit $\omega_S = f_S/f_0 = 36{,}8/29{,}58$ $= 1{,}244$ erhalten wir die Sperrfrequenz des Referenztiefpasses

$$\omega_S^T = a(\omega_S - 1/\omega_S) = 1{,}302.$$

Das Beispiel wurde so gewählt, daß auf frühere Ergebnisse zurückgegriffen werden kann. Im Abschnitt 5.3 wurde nämlich ein Cauer-Tiefpaß C 03 50/$\Theta = 50°$ benutzt, der bei der 1,305-fachen Grenzfrequenz eine Sperrdämpfung von 21 dB erreicht. Dieser Tiefpaß kann hier als Referenztiefpaß verwendet werden. Die spulenreiche Tiefpaßschaltung ist links im Bild 5.36 skizziert. Für die Tiefpaß-Bandpaß Transformation verwenden wir die dazu duale spulenarme Tiefpaßschaltung, die links im Bild 5.44 angegeben ist.

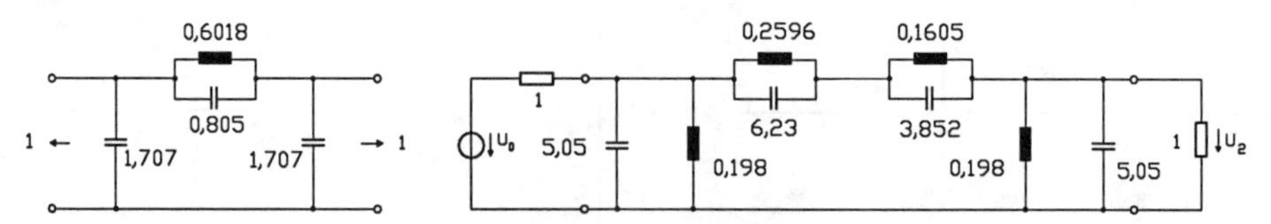

Bild 5.44 Tief- und Bandpaßschaltung bei dem Entwurfsbeispiel

Rechts im Bild ist die daraus transformierte Bandpaßschaltung mit ihren normierten Bauelementewerten angegeben (Transformationsbeziehungen entsprechend Bild 5.41). Die Entnormierung erfolgt auf 1000 Ohm und $f_0 = 29{,}58$ kHz, es gilt also

$$L_w = L\frac{R_b}{2\pi f_0} = L \cdot 5{,}38 \text{ mH}, \quad C_w = C\frac{1}{R_b 2\pi f_0} = C \cdot 5{,}38 \text{ nF}.$$

Diese Entwurfsarbeiten können auch mit dem Programm STANDARDFILTER durchgeführt werden.

Schließlich zeigt Bild 5.45 den Dämpfungsverlauf des Bandpasses. Den Dämpfungsverlauf kann man sich folgendermaßen aus dem des zugehörenden Tiefpasses entstanden denken. Die Tiefpaßdämpfung (oben im Bild 5.31) wird auch für negative Frequenzwerte dargestellt (Spiegelung an der Ordinate). Die dann vorliegende Dämpfungskurve wird auf die Mittenfrequenz f_0 des Bandpasses verschoben. Dabei wird die Frequenzachse so verzerrt, daß der gesamte "negative" Tiefpaßsperrbereich ($\omega \leq -\omega_S$) in den unteren Bandpaßsperrbereich von 0 bis f_{-S} paßt und der "positive" Tiefpaßsperrbereich ($\omega \geq \omega_S$) in den oberen Bandpaßsperrbereich $f \geq f_S$.

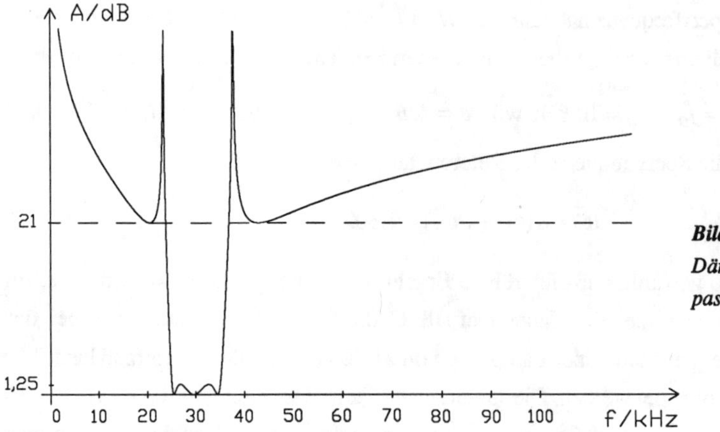

Bild 5.45

Dämpfungsverlauf des Bandpasses

5.5 Der Entwurf von Bandsperren

Wir beschränken uns hier auf eine ganz knappe Darstellung und empfehlen dem Leser, zunächst den Abschnitt 5.4 über den Entwurf von Bandpässen durchzulesen.

Das Bild 5.46 zeigt ein Dämpfungstoleranzschema für eine Bandsperre. Der Durchlaßbereich mit $A \leq A_D$ liegt unterhalb der unteren Durchlaßfrequenz f_{-D} und oberhalb der oberen Durchlaßfrequenz f_D. Der Sperrbereich mit $A \geq A_S$ wird durch die Sperrfrequenzen f_{-S} und f_S begrenzt. Im Bild 5.46 ist auch die Bandbreite $B = f_D - f_{-D}$ der Bandsperre eingetragen.

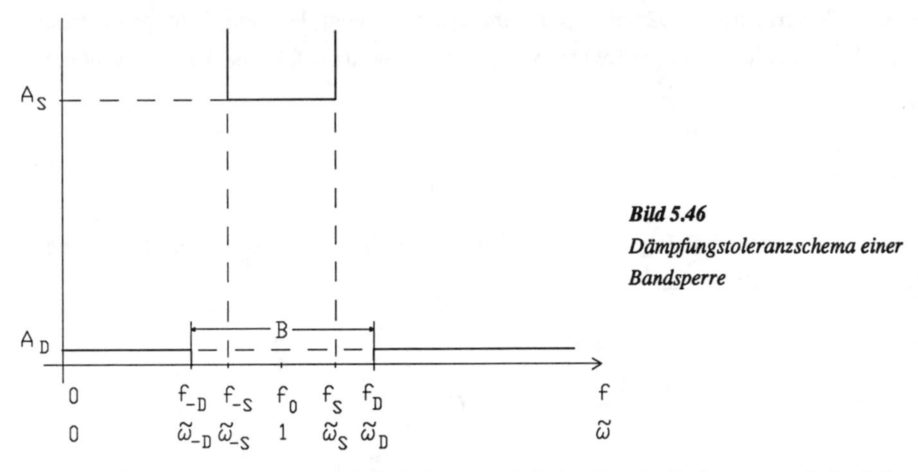

Bild 5.46
Dämpfungstoleranzschema einer Bandsperre

Die Mitten- und Bezugsfrequenz wird ebenso wie beim Bandpaß als geometrische Mitte der Durchlaß- bzw. der Sperrfrequenzen definiert

$$f_0 = \sqrt{f_{-D} f_D} = \sqrt{f_{-S} f_S}.$$

Wie beim Bandpaß ist daher ggf. eine Modifizierung des vorgegebenen Toleranzschemas erforderlich. Die Frequenzachse im Toleranzschema ist zusätzlich mit der normierten Frequenz $\tilde{\omega} = f/f_0$ skaliert.

Durch die Frequenztransformation

$$\omega = \frac{1}{a(\tilde{\omega} - 1/\tilde{\omega})} \quad \text{bzw.} \quad s = \frac{1}{a(\tilde{s} + 1/\tilde{s})} \tag{5.68}$$

kann eine Tiefpaßübertragungsfunktion in die einer Bandperre transformiert werden, es gilt

$$S_{21}^{BS}(s) = S_{21}^{T}\left(s = \frac{1}{a(\tilde{s} + 1/\tilde{s})}\right) \tag{5.69}$$

und somit auch

$$A^{BS}(\tilde{\omega}) = A^{T}\left(\frac{1}{a(\tilde{\omega} - 1/\tilde{\omega})}\right). \qquad (5.70)$$

Dabei ist $a = f_0/B$ die reziproke relative Bandbreite. Auf eine Begründung dieser Frequenztransformation verzichten wir hier und verweisen auf die ganz ähnliche Transformation im Abschnitt 5.4.

Der Entwurf einer Bandsperre erfolgt nach dem gleichen Schema wie beim Bandpaß. Zunächst wird ein widerspruchfreies Dämpfungstoleranzschema erzeugt, bei dem f_0 die geometrische Mitte der Durchlaß- und der Sperrfrequenzen ist. Danach wird mit Gl. 5.68 die zu $\tilde{\omega}_S$ gehörende Tiefpaßsperrfrequenz

$$\omega_S^T = \frac{1}{a(\tilde{\omega}_S - \tilde{\omega}_{-S})} \qquad (5.71)$$

berechnet, die Tiefpaßschaltung entworfen und mit den im Bild 5.47 angegebenen Beziehungen in eine Bandpaßschaltung transformiert.

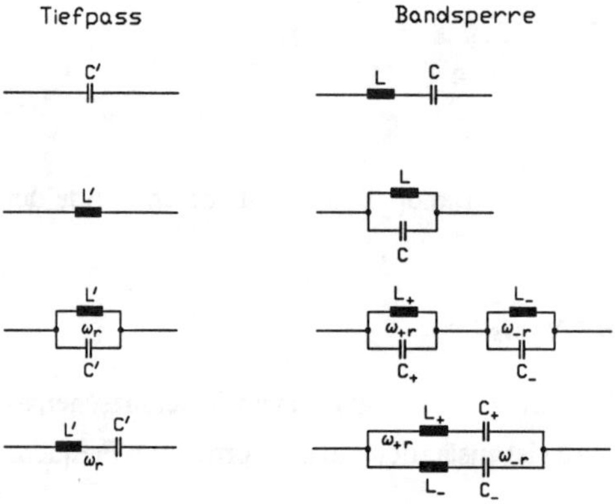

Tiefpass Bandsperre

$$C = \frac{1}{L} = \frac{C'}{a}$$

$$L = \frac{1}{C} = \frac{L'}{a}$$

$$C_+ = \frac{1}{L_-} = \frac{a}{L'}(1 + \omega_{-r}^2), \quad C_- = \frac{1}{L_+} = \frac{a}{L'}(1 + \omega_{+r}^2)$$

$$L_+ = \frac{1}{C_-} = \frac{a}{C'}(1 + \omega_{-r}^2), \quad L_- = \frac{1}{C_+} = \frac{a}{C'}(1 + \omega_{+r}^2)$$

$$\text{mit} \quad \omega_{\pm r} = \sqrt{\frac{1}{(2a\omega_r)^2} + 1} \pm \frac{1}{2a\omega_r}$$

***Bild 5.47** Tranformation der Bauelemente eines Tiefpasses in die Bandsperrebauelemente*

Beispiel

Zu entwerfen ist eine Cauer-Bandsperre mit $f_{-D} = 10$ kHz, $f_D = 25$ kHz, $A_D = 1{,}25$ dB, $f_{-S} = 11{,}1$ kHz, $f_S = 22$ kHz, $A_S = 21$ dB, Bezugswiderstand 1000 Ohm.

Die Mittenfrequenz beträgt

$$f_0 = \sqrt{f_{-D} f_D} = 15{,}81 \text{ kHz}.$$

Wir prüfen nach, ob das Toleranzschema bezüglich der Sperrfrequenzen widerspruchsfrei ist. Zu der unteren Sperrfrequenz $f_{-S} = 11{,}1$ kHz gehört eine obere Sperrfrequenz $f'_S = f_0^2/f_{-S} = 22{,}52$ kHz. Dieser Wert ist größer als der vorgeschriebene Wert von 22 kHz. Die obere Sperrfrequenz wird daher auf 22,52 kHz abgeändert, weil auf diese Weise die Dämpfungsanforderungen der Aufgabenstellung eingehalten werden.

Nach Gl. 5.71 erhält man mit $\tilde{\omega}_S = 22{,}52/15{,}81 = 1{,}424$, $\tilde{\omega}_{-S} = 11{,}1/15{,}81 = 0{,}702$, $a = f_0/B = 15{,}81/15 = 1{,}054$ die Sperrfrequenz des Referenztiefpasses $\omega_S^T = 1{,}31$. Das Beispiel wurde auch hier so gewählt, daß auf frühere Ergebnisse zurückgegriffen werden kann. Wir können nämlich auch hier den Referenztiefpaß C 03 50/$\Theta = 50°$ verwenden, der bei $\omega = 1{,}305$ eine Sperrdämpfung von 21 dB hat.

Im Bild 5.48 ist links die Tiefpaßschaltung skizziert (identisch mit der Tiefpaßschaltung im Bild 5.44). Rechts ist die Schaltung der Bandsperre mit den normierten Bauelementewerten angegeben. Die Schaltung ist auf $f_0 = 15{,}81$ kHz und 1000 Ohm zu entnormieren.

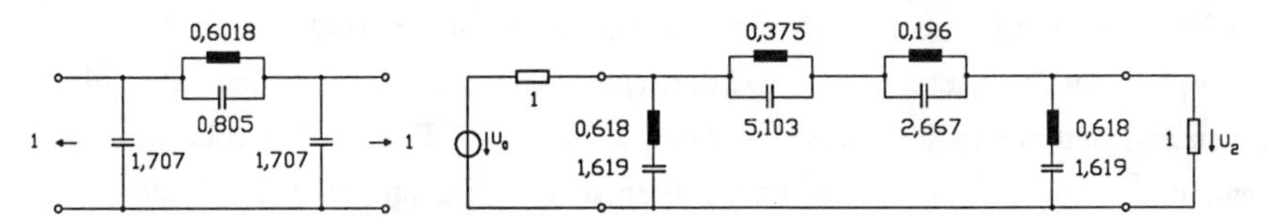

Bild 5.48 Tiefpaßschaltung und Bandsperreschaltung beim Entwurfsbeispiel

Schließlich zeigt Bild 5.49 den Dämpfungsverlauf der hier entworfenen Bandsperre.

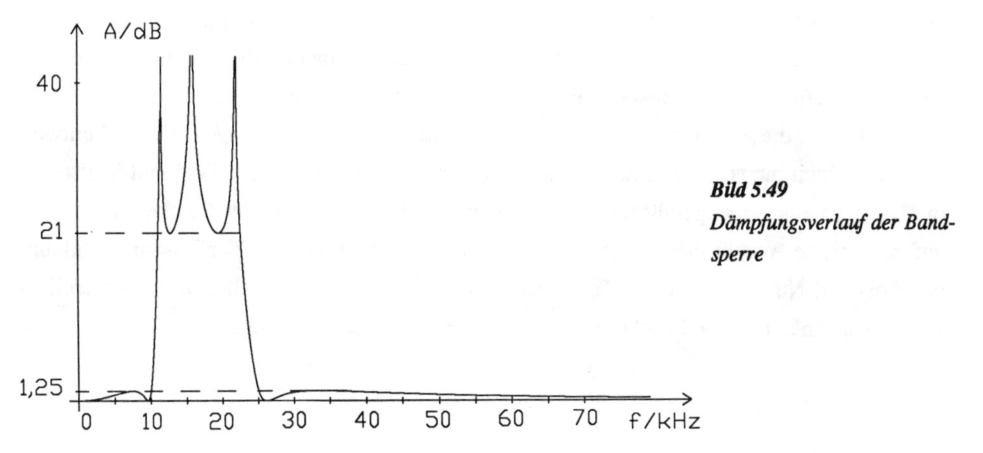

Bild 5.49 Dämpfungsverlauf der Bandsperre

6. Aktive Filter

6.1 Einleitung und Überblick

Die in diesem Abschnitt besprochenen Syntheseverfahren befassen sich mit Realisierungsschaltungen, die ausschließlich Widerstände, Kapazitäten und aktive Elemente (Verstärker) enthalten. Filterschaltungen dieser Art werden generell als aktive Filter bezeichnet. Ihre praktische Bedeutung liegt in der Vermeidung von (ggf. großvolumigen und teuren) Induktivitäten und Übertragern, und sie sind daher mit Hilfe moderner Technologieverfahren (z.B. als integrierte Schaltungen) herstellbar. Dies bedingt i.a. eine erhebliche Verminderung der Abmessungen und ggf. auch günstige Produktionskosten.

Diesen Vorteilen stehen Nachteile und Schwierigkeiten entgegen, die bei passiven Schaltungen nicht auftreten. Dazu gehören Aussteuerungs- und Stabilitätsprobleme und vor allem die begrenzte Bandbreite der aktiven Elemente. Deshalb ist der Einsatzbereich aktiver Filter auch auf Frequenzen bis ca. 300 kHz begrenzt, während passive Schaltungen bis zu 500 MHz einsetzbar sind. Bei ganz niedrigen Frequenzen bieten aktive Filter sogar erhebliche Vorteile, da dort Spulen und Übertrager großvolumig und teuer sind.

Bei aktiven Filtern ist der Einfluß der (unvermeidlichen) Bauelementetoleranzen oft wesentlich größer als bei passiven Realisierungen, so daß diese ggf. beim Entwurf mit zu berücksichtigen sind. Aussteuerungsprobleme bei aktiven Filtern können den Betrieb bei sehr niedrigen Betriebsspannungen erfordern. Dies kann dazu führen, daß das Eigenrauschen der Widerstände und Halbleiterbauteile beim Schaltungsentwurf berücksichtigt werden muß.

Die Synthese aktiver Filter kann im wesentlichen auf zwei verschiedene Arten erfolgen. Bei den direkten Verfahren (in [Un] wird die Bezeichnung "en bloc"-Realisierung verwendet) wird die Schaltung als Ganzes entworfen. Bei der Kaskaden-Methode wird die zu realisierende Übertragungsfunktion zunächst als Produkt von Übertragungsfunktionen 1. und 2. Grades dargestellt. Für diese Teilübertragungsfunktionen werden dann Schaltungen (Blöcke) entworfen, die rückwirkungsfrei zusammengeschaltet werden. Je nachdem, wie Pole und Nullstellen in Teilfiltern zusammengefaßt werden, und je nach der Reihenfolge der Blöcke, gibt es eine ggf. sehr große Anzahl theoretisch gleichwertiger Varianten. Die Art der Zusammenfassung von Pol- und Nullstellen in den Teilfiltern und die Reihenfolge der Blöcke hat wesentliche Auswirkungen auf das praktische Betriebsverhalten der Filterschaltung.

Bei den direkten Realisierungsmethoden müssen zwei Gruppen unterschieden werden. Bei der 1. Gruppe besteht die aktive Filterschaltung aus RC-Netzwerken, die in geeigneter Weise durch aktive Elemente ergänzt oder mit aktiven Schaltungsteilen zusammengeschaltet werden. Ein klassisches Beispiel hierzu ist die seit 1954 bekannte Methode von Linvill, bei der ein NIC (Negativ-Impedanz-Konverter, siehe Abschnitt 6.2.2.1) rechts und links mit RC-Zweitoren beschaltet ist. Bei der 2. Gruppe geht man in der Regel von in Widerständen eingebetteten passiven Filterschaltungen aus und ersetzt (simuliert) dort die Induktivitäten durch elektronische Schaltungen. Im einfachsten Fall geschieht dies so, daß die Induktivitäten unmittelbar durch mit Kapazitäten abgeschlossene Gyratoren ersetzt werden (siehe Abschnitt 6.2.2.2). Neben diesem unmittelbaren Ersatz, gibt es auch noch Verfahren, bei denen die Funktionsweise der passiven Schaltung ermittelt und nachgebildet wird. Filter dieser Gruppe sollen im folgenden als Referenzfiltertypen bezeichnet werden, weil zu ihrer Synthese zunächst ein passives Referenzfilter entworfen werden muß.

Alle hier angesprochenen Methoden haben sowohl Vor- wie auch Nachteile. Der Vorteil der Kaskadenrealisierung besteht darin, daß der Entwurf außerordentlich einfach ist. Die Realisierung der Pol- und Nullstellen in voneinander unabhängigen Teilblöcken ermöglicht deren getrennten Abgleich und reduziert die Anforderungen an die Bauelementetoleranzen. Der Einfluß dieser Toleranzen begrenzt gleichzeitig das Einsatzgebiet von Kaskadenfiltern. Unproblematisch ist der Aufbau von Blöcken 2. Grades bei Polgüten $Q_P < 10$. Bei größeren Polgüten sind aufwendigere Schaltungen mit oft mehreren Operationsverstärkern erforderlich. Die Einsatzgrenze liegt bei Polgüten von ca. 20.

Hinweis:
Der Begriff Polgüte wurde im Abschnitt 2.2.3 eingeführt. Ein nahe bei der imaginären Achse auftretendes Polstellenpaar ($s_\infty = -\varepsilon \pm j\omega_0$) hat die Polgüte $Q_P = \omega_P/(2\varepsilon)$. Bei dem Cauer-Tiefpaß "05 50 42°" (PN-Schema nach Bild 5.24 im Abschnitt 5.2.5.2) hat die größte auftretende Polgüte den Wert $Q_P \approx 0{,}99/(2 \cdot 0{,}0614) \approx 8$. Dieses Filter kann also noch durch eine Kaskadenschaltung realisiert werden.

Bei den direkten Realisierungsmethoden weisen die Referenzfiltertypen gegenüber allen anderen den Vorteil auf, daß sie besonders unempfindlich gegenüber Bauelementetoleranzen sind. Der Grund liegt darin, daß die günstigen Toleranzeigenschaften von passiven (in Widerstände eingebetteten) Filterschaltungen bei dem "Ersatz" der Induktivitäten weitgehend erhalten bleiben. Eine Begründung für diese Aussage folgt im Abschnitt 6.3.1. Der Nachteil gegenüber der Kaskadenrealisierung ist der i.a. größere Entwurfsaufwand.

Für Filter aus der Gruppe der direkten Realisierung, die nicht zu den Referenzfiltern gehören, ist eine generelle Aussage dieser Art nicht möglich. So hat sich z.B. das vorne erwähnte klassische Verfahren von Linvill infolge eines sehr großen Einflusses von Bauelementetoleranzen in der Praxis nicht durchsetzen können.

In diesem Buch beschränken wir uns auf aktive Filter nach der Referenzfiltermethode (Abschnitt 6.3) und auf Kaskadenrealisierungen (Abschnitt 6.4). Im folgenden Abschnitt 6.2 werden zunächst einige Grundlagen zusammengestellt und besprochen.

6.2 Grundlagen zum Entwurf aktiver Filter

6.2.1 Die aktiven Elemente

6.2.1.1 Der Operationsverstärker

Bei der Realisierung aktiver Filter nimmt der Operationsverstärker eine herausragende Stellung ein. Bild 6.1 zeigt links das Schaltungssymbol eines Operationsverstärkers und im rechten Teil seine netzwerktheoretische Darstellung.

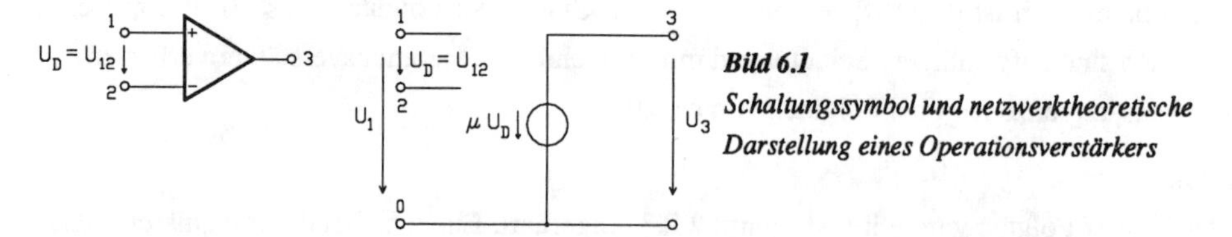

Bild 6.1
Schaltungssymbol und netzwerktheoretische Darstellung eines Operationsverstärkers

Der Operationsverstärker stellt nach Bild 6.1 netzwerktheoretisch eine spannungsgesteuerte Spannungsquelle mit symmetrischen Eingängen und einer sehr großen Verstärkung μ dar (idealer Operationsverstärker: $\mu \to \infty$). Sein Eingangswiderstand ist unendlich groß, sein Ausgangswiderstand ist Null. Der Verstärkungsfaktor μ hat bei handelsüblichen Operationsverstärkern Werte im Bereich von $10^5 \ldots 10^6$. Die Eingangswiderstände liegen im Bereich von $10^6 \ldots 10^{12}$ Ohm und können meist vernachlässigt werden. Die Ausgangswiderstände haben eine Größenordnung von 50 ... 250 Ohm. Sie können durch eine geeignete Wahl der Impedanzen des Netzwerkes ebenfalls vernachlässigt werden, oder aber bei der Berechnung in das Netzwerk mit einbezogen werden.

Bei der Analyse von Netzwerken mit Operationsverstärkern kann man i.a. annehmen, daß die Eingangsklemmen 1-2 (fast) gleiches Potential haben und somit als kurzgeschlossen betrachtet werden können. Der Eingangsstrom in den Operationsverstärker braucht i.a. nicht berücksichtigt werden.

Aus der Beziehung $U_3 = \mu U_{12}$ (siehe Bild 6.1) erhält man die Kettenmatrix des Operationsverstärkers

$$\mathbf{A} = \begin{pmatrix} \frac{1}{\mu} & 0 \\ 0 & 0 \end{pmatrix},$$

dabei sind die Klemmen 1-2 die Eingangs- und die Klemmen 3-0 die Ausgangsklemmen des Zweitores. Beim idealen Operationsverstärker ($\mu \to \infty$) wird $\mathbf{A}$=0, die Kettenmatrix ist die Nullmatrix.

Beim Entwurf von Schaltungen ist es oft notwendig das nicht vollständig frequenzunabhängige Verhalten realer Operationsverstärker bei höheren Frequenzen zu berücksichtigen. Dies kann dadurch erfolgen, daß der Verstärkungsfaktor μ durch den frequenzabhängigen Ausdruck

$$\mu(s) = \frac{\mu_0}{1 + s/\sigma_0} \quad bzw. \quad \mu(j\omega) = \frac{\mu_0}{1 + j\omega/\sigma_0} \tag{6.1}$$

ersetzt wird. $\mu(s)$ hat die Form einer Übertragungsfunktion mit einer Polstelle bei $s_\infty = -\sigma_0$. Bei niedrigen Frequenzen gilt $\mu = \mu_0$ (Gleichspannungsverstärker). Bei höheren Frequenzwerten wird

$$\mu \approx \frac{\mu_0 \sigma_0}{j\omega},$$

die Verstärkung nimmt mit steigender Frequenz ab. Für $\omega = \mu_0 \sigma_0$ wird $|\mu| \approx 1$, man bezeichnet

$$\omega_T = \mu_0 \sigma_0$$

als das Verstärkungs-Bandbreite-Produkt. Für ω_T bzw. $f_T = \omega_T/(2\pi)$ ist auch die Bezeichnung Transitfrequenz üblich. Bei Operationsverstärkern mit interner Kompensation hat die Transitfrequenz einen (durch die Typenbezeichnung) festgelegten Wert (Größenordnung 1...10 MHz). Bei Typen, die eine externe Kompensation erfordern, wird die Transitfrequenz durch das äußere Netzwerk festgelegt.

6.2.1.2 Grundschaltungen mit Operationsverstärkern

In Bild 6.2 sind zwei grundlegende Schaltungen mit Operationsverstärkern dargestellt.

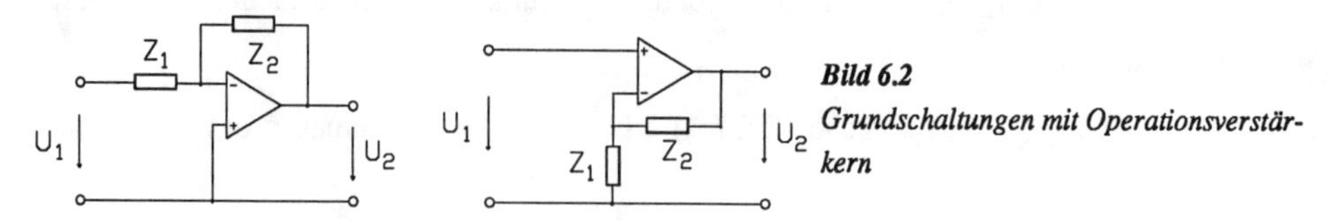

Bild 6.2
Grundschaltungen mit Operationsverstärkern

Bei der Schaltung links erhält man (mit dem Ersatzschaltbild 6.1) durch einfache Analyse

$$\frac{U_2}{U_1} = -\frac{\mu Z_2}{\mu Z_1 + Z_1 + Z_2} \quad \text{bzw.} \quad \frac{U_2}{U_1} = -\frac{Z_2}{Z_1} \quad \textit{für} \quad \mu \to \infty. \tag{6.2}$$

Bei der rechten Schaltung in Bild 6.2 wird

$$\frac{U_2}{U_1} = \frac{\mu(Z_1 + Z_2)}{\mu Z_1 + Z_1 + Z_2} \quad \text{bzw.} \quad \frac{U_2}{U_1} = 1 + \frac{Z_2}{Z_1} \quad \textit{für} \quad \mu \to \infty. \tag{6.3}$$

Hinweis:

Mit $Z_1 = R_1$ und $Z_2 = R_2$ erhält man bei der rechts im Bild 6.2 angegebenen Schaltung die Eingangsspannung an den Klemmen des Operationsverstärkers

$$U_D = U_1 - U_2 \frac{R_1}{R_1 + R_2}.$$

Dies bedeutet, daß eine kleine Erhöhung von U_2 um ΔU_2 zu einer Verkleinerung der Eingangsspannung $\Delta U_D = -\Delta U_2 \cdot R_1/(R_1 + R_2)$ führt. Man spricht hier von einer Gegenkopplung. Eine Vertauschung der Eingangsklemmen des Operationsverstärkers bedeutet $\Delta U_D = \Delta U_2 \cdot R_1/(R_1 + R_2)$, eine Erhöhung der Ausgangsspannung führt nun zu einer Erhöhung der Eingangsspannung am Operationsverstärker. Bei größeren Werten der Verstärkung (hier größer als $(R_1 + R_2)/R_1$) entsteht aus ΔU_D eine noch größere Abweichung ΔU_2 und damit eine fortwährende Zunahme der Ausgangsspannung U_2. Man spricht von einer Mitkopplung. Offenbar kann diese Mitkopplung zu einem instabilen Verhalten der Schaltung führen. Dieses Phänomen ist aus Gl. 6.3 nicht erkennbar. Die Umpolung des Operationsverstärkers bedeutet dort negative Werte der Verstärkung μ und im Fall $\mu \to \infty$ (bzw. $\mu \to -\infty$) entsteht das gleiche Ergebnis. Der Leser kann nachprüfen, daß auch bei der Schaltung links im Bild 6.2 eine (unproblematische) Gegenkopplung vorliegt.

Im Fall $Z_1 = R_1$ und $Z_2 = R_2$ realisieren die beiden Schaltungen frequenzunabhängige Verstärker. Der Fall $R_1 = R_2 = R$ führt bei der linken Schaltung zu einem invertierenden Trennverstärker mit der Verstärkung -1. Der Fall $R_2 = 0$ oder auch $R_1 = \infty$ ergibt bei der rechten Schaltung in Bild 6.2 einen Trennverstärker mit der Verstärkung 1.

Im Fall $Z_1 = R$ und $Z_2 = 1/(j\omega C)$ hat die Schaltung links die Übertragungsfunktion

$$\frac{U_2}{U_1} = -\frac{1}{j\omega RC}$$

und realisiert einen idealen (invertierenden) Integrator.

Im Bild 6.3 sind einige wichtige Grundschaltungen zusammengestellt. Die dort angegebenen Übertragungsfunktionen kann der Leser selbst mit Hilfe der Gln. 6.2, 6.3 ermitteln. Bei der Summierschaltung (ganz unten im Bild) fließt (im Falle $\mu \to \infty$) durch den "Überbrückungswiderstand" R ein Strom $I = U_1'/R + U_1''/R$. Da die negative Eingangsklemme des Operationsverstärkers praktisch Massenpotential hat (virtuelle Masse), gilt $U_2 = -IR$, und daraus folgt die angegebene Verknüpfungsbeziehung $U_2 = -(U_1' + U_1'')$.

Da bei allen Schaltungen der Betriebsausgangswiderstand sehr klein ist, können sie rückwirkungsfrei hintereinander geschaltet werden. Dies bedeutet, daß die Übertragungsfunktion der Gesamtschaltung das Produkt der Übertragungsfunktionen der Teilschaltungen ist.

Im Bild 6.3 sind zusätzlich die Signalflußgraphen für die Schaltungen angegeben. Ein Signalflußgraph ist eine Darstellung von Abhängigkeiten zwischen Größen (hier Spannungen) in linearen Systemen. Jeder Knoten in einem Signalflußgraph repräsentiert eine dieser Größen. Die Verbindungszweige zwischen den Knoten geben die Richtung des Signalflusses an, wobei die Signale mit den dort angegebenen Faktoren zu multiplizieren sind. Eine Quelle wird durch einen Knoten repräsentiert, von dem ein Zweig weggeht (unabhängiger Knoten). Die Senke ist ein Knoten, zu dem (mindestens) ein Zweig hinführt (abhängiger Knoten). Zu einem Knoten hinführende Signale werden dort addiert. Im Abschnitt 6.3 kommen wir bei der Besprechung der Leapfrog-Filter auf diese Darstellungsart zurück.

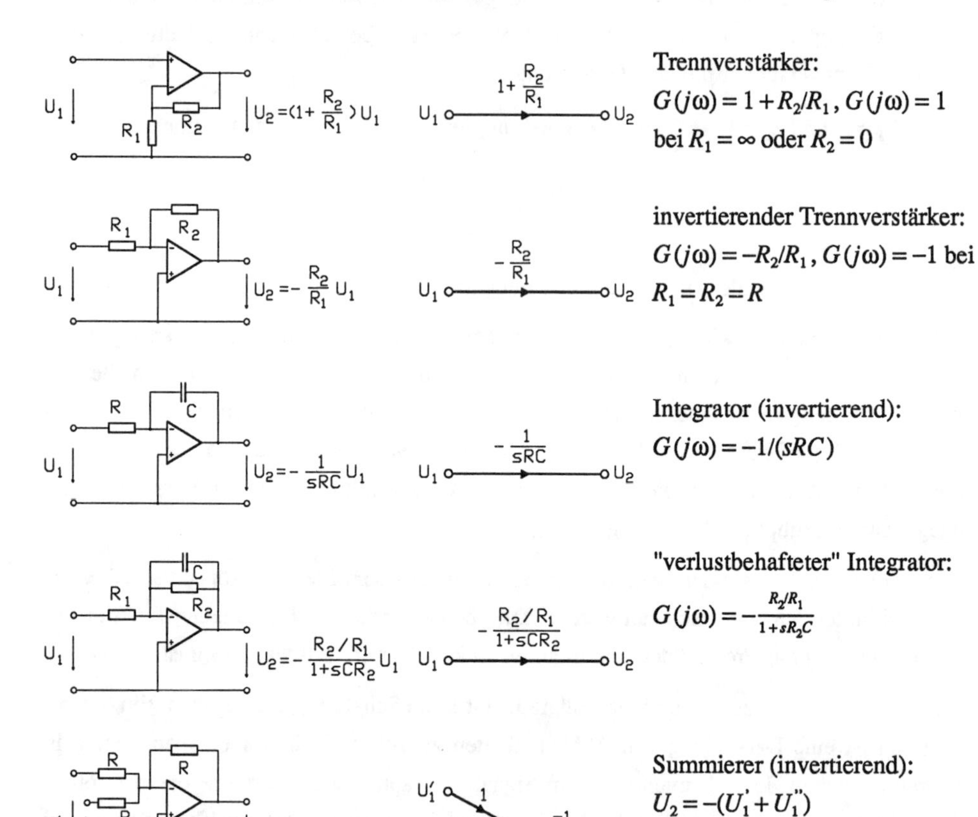

***Bild 6.3** Zusammenstellung von elementaren Verknüpfungsschaltungen*

6.2.1.3 Eine grundlegende Schaltungsstruktur

Bild 6.4 zeigt eine bei der Realisierung von aktiven Filtern häufig auftretende Schaltungsstruktur mit einem RC-Vierpol und einem (idealen) Spannungsverstärker. Im Bild 6.5 sind zwei mögliche Realisierungsschaltungen für den Spannungsverstärker angegeben. Bei der Schaltung links besteht er aus einem (als nahezu ideal vorausgesetzten) Operationsverstärker mit der Verstärkung $V = -\mu$. In der Praxis kann man häufig mit $\mu = \infty$ rechnen. Die Schaltung rechts im Bild 6.5 hat eine positive Verstärkung $V = 1 + R_b/R_a$ (siehe oberste Schaltung in Bild 6.3).

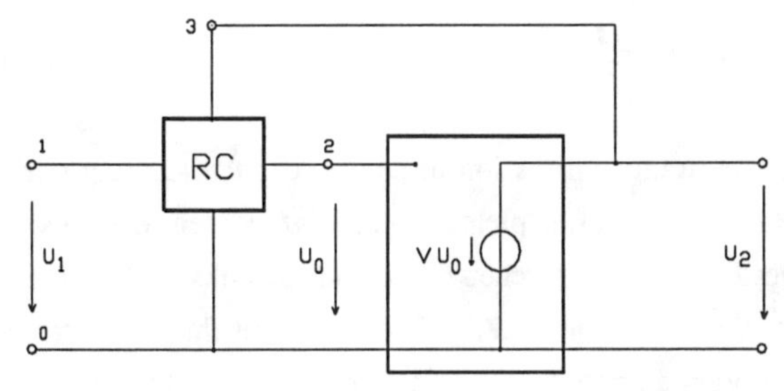

Bild 6.4
Grundlegende Schaltungsstruktur mit einem Spannungsverstärker

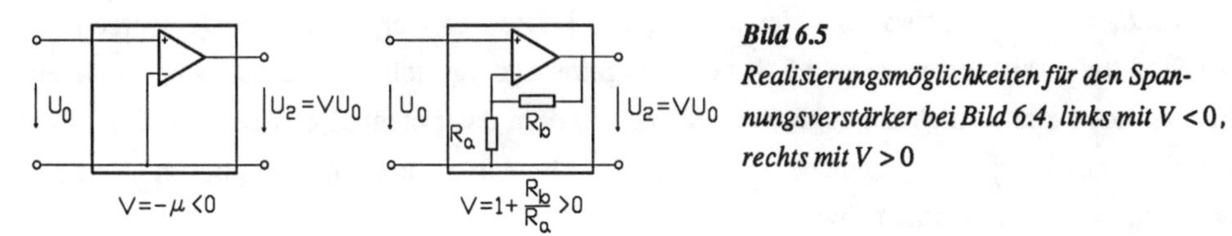

Bild 6.5
Realisierungsmöglichkeiten für den Spannungsverstärker bei Bild 6.4, links mit $V < 0$, rechts mit $V > 0$

Zur Ermittlung der Übertragungsfunktion $G(j\omega) = U_2/U_1$ der Schaltung nach Bild 6.4 ist es zweckmäßig, eine Admittanzmatrix für die RC-Schaltung aufzustellen (siehe hierzu auch [Un]). Mit den an den Klemmen 1,2,3 in den Vierpol hineinfließenden Strömen kann man schreiben

$$\begin{pmatrix} I_1 \\ I_2 \\ I_3 \end{pmatrix} = \begin{pmatrix} y_{11} & y_{12} & y_{13} \\ y_{21} & y_{22} & y_{23} \\ y_{31} & y_{32} & y_{33} \end{pmatrix} \begin{pmatrix} \varphi_1 \\ \varphi_2 \\ \varphi_3 \end{pmatrix}, \tag{6.4}$$

wobei $\varphi_1, \varphi_2, \varphi_3$ die Potentiale an den entsprechenden Klemmen sind. Die Klemme 0 hat dabei das Potential $\varphi_0 = 0$ (siehe hierzu auch die Darstellung im rechten Bildteil 6.6).

Aus der Schaltung 6.4 erkennt man, daß $\varphi_1 = U_1$, $\varphi_3 = U_2$, $\varphi_2 = U_0 = U_2/V$ und weiterhin $I_2 = 0$ ist. Damit erhält man aus Gl. 6.4

$$I_2 = y_{21}\varphi_1 + y_{22}\varphi_2 + y_{23}\varphi_3 = y_{21}U_1 + y_{22}\frac{U_2}{V} + y_{23}U_2 = 0.$$

Hieraus erhält man die gesuchte Übertragungsfunktion U_2/U_1 zu

$$G(s) = \frac{-V y_{21}(s)}{y_{22}(s) + V y_{23}(s)}. \tag{6.5}$$

Bei Verwendung der links im Bild 6.5 angegebenen Schaltung für den Spannungsverstärker folgt daraus (mit $V = -\mu \to -\infty$) die besonders einfache Beziehung

$$G(s) = -\frac{y_{21}(s)}{y_{22}(s)}. \tag{6.6}$$

Die Hauptarbeit bei der Ermittlung der Übertragungsfunktion besteht in der Aufstellung der Admittanzmatrix **Y** gemäß Gl. 6.4. Im Rahmen eines Beispieles soll gezeigt werden, wie diese Aufgabe auf systematische Art gelöst werden kann. Wir gehen dabei von der links im Bild 6.6 skizzierten Schaltung aus, die auch schon im Abschnitt 2.2.3 (Bild 2.13) mit ihrer Übertragungsfunktion angegeben wurde. Bei dem Verstärker handelt es sich um den Typ rechts im Bild 6.5 mit $R_b = R, R_a = \infty$, also einer Verstärkung $V = 1$. Die RC-Vierpolschaltung (entsprechend der Struktur 6.4) ist rechts im Bild 6.6 nochmals getrennt dargestellt. Sie hat neben den äußeren Knoten noch einen "nichtzugänglichen" Knoten 4, dem das Potential φ_4 zugeordnet ist. Der innerhalb des Vierpols angegebene Knoten "(2)" zählt nicht zu den "unzugänglichen" Knoten, er hat das gleiche Potential φ_2 wie der Knoten 2.

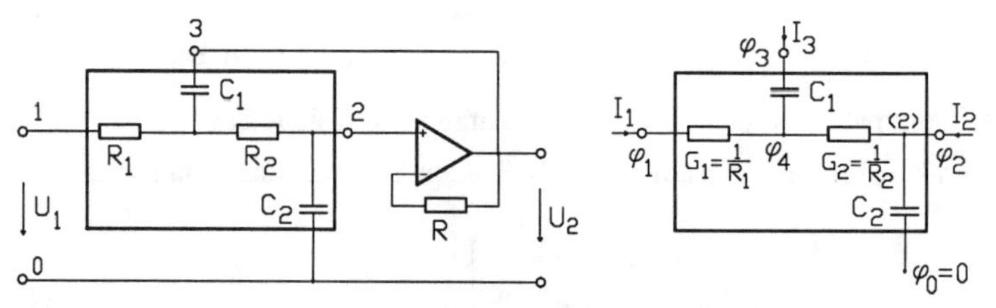

Bild 6.6 Aktive RC-Schaltung (links) und der Rückkopplungsvierpol gemäß der Struktur 6.4

Entsprechend dem Analyseverfahren nach der Knotenpotentialmethode werden nun für die Knoten 1,2,3 und den nichtzugänglichen Knoten 4 die Knotenpunktgleichungen angeschrieben:

$$\begin{array}{ccccc|c}
\varphi_1 & \varphi_2 & \varphi_3 & \varphi_4 & & \\
- & - & - & - & - & - \\
G_1 & 0 & 0 & -G_1 & & I_1 \\
0 & G_2+sC_2 & 0 & -G_2 & & I_2 \\
0 & 0 & sC_1 & -sC_1 & & I_3 \\
-G_1 & -G_2 & -sC_1 & G_1+G_2+sC_2 & & 0
\end{array} \tag{6.7}$$

Die 1. Gleichung in diesem Schema lautet

$$\varphi_1 G_1 - \varphi_4 G_1 = G_1(\varphi_1 - \varphi_4) = G_1 U_{14} = I_1,$$

dies ist die Knotenpunktgleichung für den Knoten 1.

Beim Knoten 2 gilt

$$\varphi_2(G_2+sC_2)-G_2\varphi_4=G_2(\varphi_2-\varphi_4)+sC_2\varphi_2=G_2U_{24}+sC_2U_{20}=I_2$$

usw..

Bekanntlich kann die (symmetrische) Matrix in Gl. 6.7 formal so gewonnen werden, daß die Hauptdiagonalelemente die Summe der an den betreffenden Knoten angeschlossenen Leitwerte darstellen und in den Nebendiagonalelementen die negativen "Verbindungsleitwerte" stehen. Gl. 6.7 hat die Form

$$\begin{pmatrix} I_1 \\ I_2 \\ I_3 \\ \\ 0 \end{pmatrix} = \begin{pmatrix} G_1 & 0 & 0 & | & -G_1 \\ 0 & G_2+sC_2 & 0 & | & -G_2 \\ 0 & 0 & sC_1 & | & -sC_1 \\ - & - & - & - & - \\ -G_1 & -G_2 & -sC_1 & | & G_1+G_2+sC_1 \end{pmatrix} \begin{pmatrix} \varphi_1 \\ \varphi_2 \\ \varphi_3 \\ \\ \varphi_4 \end{pmatrix}. \tag{6.8}$$

Zur Analyse der Schaltung wird die Darstellungsart mit der dreizeiligen quadratischen Admittanzmatrix $\mathbf{Y}$ gemäß Gl. 6.4 benötigt. Zur Ermittlung dieser Matrix wird die Ausgangsmatrix $\tilde{\mathbf{Y}}$ nach Gl. 6.8 folgendermaßen aufgeteilt

$$\tilde{\mathbf{Y}} = \begin{pmatrix} \tilde{\mathbf{Y}}_{11} & \tilde{\mathbf{Y}}_{12} \\ \tilde{\mathbf{Y}}_{21} & \tilde{\mathbf{Y}}_{22} \end{pmatrix}. \tag{6.9}$$

Dabei besteht die quadratische Matrix $\tilde{\mathbf{Y}}_{11}$ aus den drei ersten Zeilen und Spalten von $\tilde{\mathbf{Y}}$. $\tilde{\mathbf{Y}}_{22}$ ist eine quadratische Matrix aus den Elementen der letzten n Zeilen und Spalten von $\tilde{\mathbf{Y}}$, wenn die Vierpolschaltung n nichtzugängliche Knoten besitzt. Die restlichen Matrixelemente werden den Teilmatrizen $\tilde{\mathbf{Y}}_{12}$ und $\tilde{\mathbf{Y}}_{21}$ zugeordnet.

Die hier besprochene Aufteilung ist bei der vorliegenden Matrix $\tilde{\mathbf{Y}}$ nach Gl. 6.8 angedeutet. Da nur ein nichtzugänglicher Knoten vorliegt, handelt es sich bei $\tilde{\mathbf{Y}}_{22}=G_1+G_2+sC_1$ um den Sonderfall einer quadratischen einzeiligen Matrix.

Mit den so erklärten "Teilmatrizen" erhält man die für die Analyse erforderliche Admittanzmatrix zu

$$\mathbf{Y}=\tilde{\mathbf{Y}}_{11}-\tilde{\mathbf{Y}}_{12}\tilde{\mathbf{Y}}_{22}^{-1}\tilde{\mathbf{Y}}_{21}. \tag{6.10}$$

(siehe hierzu z.B. [Kl]).

Im vorliegenden Fall ($\tilde{\mathbf{Y}}$ nach Gl. 6.8) wird

$$\mathbf{Y}=\begin{pmatrix} G_1 & 0 & 0 \\ 0 & G_1+sC_2 & 0 \\ 0 & 0 & sC_1 \end{pmatrix}-\begin{pmatrix} -G_1 \\ -G_2 \\ -sC_1 \end{pmatrix}\frac{1}{G_1+G_2+sC_1}(-G_1-G_2-sC_1)=$$

$$=\begin{pmatrix} G_1 & 0 & 0 \\ 0 & G_2+sC_2 & 0 \\ 0 & 0 & sC_1 \end{pmatrix}-\frac{1}{G_1+G_2+sC_1}\begin{pmatrix} G_1^2 & G_1G_2 & sC_1G_1 \\ G_1G_2 & G_2^2 & sC_1G_2 \\ sC_1G_1 & sC_1G_2 & s^2C_1^2 \end{pmatrix}=\begin{pmatrix} Y_{11} & Y_{12} & Y_{13} \\ Y_{21} & Y_{22} & Y_{23} \\ Y_{31} & Y_{32} & Y_{33} \end{pmatrix}. \quad (6.11)$$

Für die weitere Rechnung benötigen wir die Elemente der mittleren Zeile

$$Y_{21}=\frac{-G_1G_2}{G_1+G_2+sC_1},$$

$$Y_{22}=G_2+sC_2-\frac{G_2^2}{G_1+G_2+sC_1}=\frac{G_1G_2+s(C_1G_2+C_2G_1+C_2G_2)+s^2C_1C_2}{G_1+G_2+sC_1},$$

$$Y_{23}=\frac{-sC_1G_2}{G_1+G_2+sC_1},$$

und wir erhalten mit diesen nach Gl. 6.5 (mit $V=1$ und $R_1=1/G_1, R_2=1/G_2$)

$$G(s)=\frac{G_1G_2}{G_1G_2+sC_2(G_1+G_2)+s^2C_1C_2}=\frac{1}{1+sC_2(R_1+R_2)+s^2C_1C_2R_1R_2}. \quad (6.12)$$

Der Leser stellt fest, daß dieser Ausdruck mit der in Abschnitt 2.2.3 angegebenen Übertragungsfunktion übereinstimmt.

An dieser Stelle soll darauf eingegangen werden, welchen Einfluß die Realisierungsart des Spannungsverstärkers (siehe Bild 6.5) auf das Betriebsverhalten der Schaltung hat. Bringt man die in Gl. 6.5 auftretenden Matrixelemente zunächst auf einen gemeinsamen Nenner, so folgt mit der Schreibweise $Y_{21}(s)=Y_{21}'(s)/N(s)$, $Y_{22}(s)=Y_{22}'(s)/N(s)$, $Y_{23}(s)=Y_{23}'(s)/N(s)$

$$G(s)=\frac{-VY_{21}'(s)}{Y_{22}'(s)+VY_{23}'(s)}.$$

Die Polstellen von $G(s)$ sind die Nullstellen des Polynoms $Y_{22}'(s)+VY_{23}'(s)$. Aus den bisherigen Ergebnissen geht hervor, daß $Y_{22}'(s)$ die Summe von Leitwertprodukten ist und $Y_{23}'(s)$ eine negative Summe von Produkten von Leitwerten. Das bedeutet, daß das Nennerpolynom von $G(s)$ im Falle $V<0$ nur positive Koeffizienten hat, während bei $V>0$ auch Koeffizienten verschwinden oder negativ werden können. Negative oder verschwindende Polynomkoeffizienten bedeuten auf jeden Fall Instabilität. Daher ist eine negative Verstärkung (Gegenkopplung) bezüglich des Stabilitätsverhaltens unkritischer als eine positive Verstärkung (Mitkopplung). Bei Übertragungsfunktionen 2. Grades führt der Fall $V < 0$ immer zu einem stabilen Verhalten, da ein Polynom 2. Grades mit positiven Koeffizienten ein Hurwitzpolynom ist.

6.2.2 Konverter

6.2.2.1 Definition und Vorbemerkung

Ein Konverter (auch Übersetzerzweitor) ist eine Zweitorschaltung bei der entweder beide Nebendiagonal- oder beide Hauptdiagonalelemente der Kettenmatrix verschwinden. Bild 6.7 zeigt die beiden Möglichkeiten. Die Zweitore sind dort jeweils mit einer Impedanz Z_2 abgeschlossen. Die am Tor 1 gemessene Impedanz Z_1 kann nach der Beziehung

$$Z_1 = \frac{A_{11}Z_2 + A_{12}}{A_{21}Z_2 + A_{22}}$$

berechnet werden (siehe auch Gl. 4.42 im Abschnitt 4.4.1). Wir erhalten mit dieser Beziehung für die Anordnung links im Bild 6.7

$$Z_1 = \frac{A_{11}}{A_{22}} Z_2 \qquad (6.13)$$

und sprechen von einem **Proportionalübersetzer.** Bei der Anordnung rechts im Bild 6.7 gilt

$$Z_1 = \frac{A_{12}/A_{21}}{Z_2}, \qquad (6.14)$$

es handelt sich hier um einen **Dualübersetzer** (vgl. hierzu die Definition der Dualität von Impedanzen im Abschnitt 4.1.3.2).

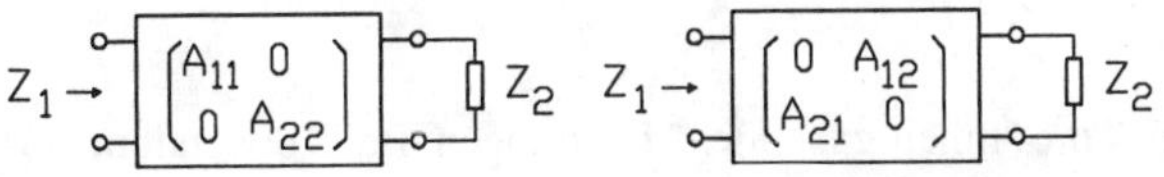

$$Z_1 \rightarrow \begin{pmatrix} A_{11} & 0 \\ 0 & A_{22} \end{pmatrix} Z_2 \qquad Z_1 \rightarrow \begin{pmatrix} 0 & A_{12} \\ A_{21} & 0 \end{pmatrix} Z_2$$

Bild 6.7
Proportionalübersetzer (links) und Dualübersetzer (rechts)

Bei Konvertern handelt es sich also um Zweitore, die eine Impedanz oder Admittanz am Tor 2 in eine Impedanz oder Admittanz am Tor 1 umwandeln (konvertieren). Man verwendet bisweilen auch die Bezeichnung **Immittanzkonverter**. Dabei ist Immittanz ein Kunstwort, das die Begriffe **Im**petanz und Ad**mittanz** verbindet.

Der einfachste und bekannteste Proportionalkonverter ist der ideale Übertrager, hier gilt

$$\mathbf{A} = \begin{pmatrix} ü & 0 \\ 0 & \frac{1}{ü} \end{pmatrix}, \quad Z_2 = ü^2 Z_1.$$

Auch bei dem Negativ-Impedanzkonverter (Abkürzung NIC) handelt es sich um einen Proportionalübersetzer mit

$$\mathbf{A} = \begin{pmatrix} 1 & 0 \\ 0 & -k_I \end{pmatrix} \quad \text{oder} \quad \mathbf{A} = \begin{pmatrix} -k_u & 0 \\ 0 & 1 \end{pmatrix}.$$

Hier gilt $Z_1 = -kZ_2$, wobei $k = 1/k_I > 0$ bzw. $k = k_U > 0$ ist. Bei der linken Kettenmatrix spricht man von einer I-NIC, weil $U_1 = U_2$ und $I_1 = -k_I I_2$ gilt. Die Kettenmatrix rechts gehört zu einem U-NIC, es gilt $U_1 = -k_U U_2$, $I_1 = I_2$.

Der bekannteste Dualübersetzer ist der **Gyrator** mit der Kettenmatrix

$$\mathbf{A} = \begin{pmatrix} 0 & r \\ 1/r & 0 \end{pmatrix},$$

wobei r eine reelle positive Konstante ist. Nach Gl. 6.14 wird

$$Z_2 = \frac{r^2}{Z_1}.$$

Dies bedeutet, daß die Abschlußimpedanz Z_2 in die dazu duale Impedanz Z_1 transformiert wird, wobei r die Bedeutung des Gyrationswiderstandes hat (siehe Abschnitt 4.1.3.2).

Für Stabilitätsuntersuchungen ist es wichtig zu wissen, ob ein verwendeter Konverter ein passives Netzwerkelement ist oder nicht. Netzwerke mit ausschließlich passiven Netzwerkelementen sind auf jeden Fall stabil. In Erweiterung der Definition der Passivität bei Zweipolen (siehe Abschnitt 3.1.1) lautet die Passivitätsbedingung für Zweitore

$$P_1 + P_2 \geq 0.$$

Dabei sind P_1 und P_2 die in die beiden Tore "hineingehenden" Leistungen. Bei Verwendung des Begriffes der komplexen Leistung UI^* kann die Passivität auch durch die Bedingung

$$Re\{U_1 I_1^* + U_2 I_2^*\} \geq 0$$

definiert werden. Bei dieser Gleichung ist eine symmetrische Bepfeilung an den Zweipoltoren vorausgesetzt (siehe Tabelle 4.1 im Abschnitt 4.1.1).

Bei dem idealen Übertrager ist $U_1 = ü U_2$ und $I_1 = -I_2/ü$ (man beachte die andere Stromrichtung von I_2 bei der Kettenmatrix). Damit wird

$$U_1 I_1^* + U_2 I_2^* = U_1 I_1^* - \frac{1}{ü} U_1 ü I_1^* = 0,$$

der Übertrager ist natürlich ein passives Netzwerkelement.

Hingegen ist ein Negativ-Impedanzkonverter nicht passiv. Für z.B. den I-NIC erhalten wir aus der oben angegebenen Kettenmatrix (unter Beachtung der anderen Stromrichtung von I_2) $U_1 = U_2, I_1 = k_I I_2$. Damit wird

$$Re\{U_1 I_1^* + U_2 I_2^*\} = Re\{U_1 I_1^* + U_1 I_1^* / k_I\} = (1 + 1/k_I) \cdot Re\{U_1 I_1^*\} = (1 + 1/k_I) P_1 > 0.$$

Der Gyrator ist zwar ein nichtreziprokes Zweitor ($det\,\mathbf{A} = -1$), aber er ist dennoch passiv. Aus der oben angegebenen Kettenmatrix folgt (bei Umkehrung des Stromes I_2) $U_1 = -r I_2, I_1 = U_2/r$. Damit wird zunächst

$$U_1 I_1^* + U_2 I_2^* = -r I_2 I_1^* + r I_1 I_2^* = r(I_1 I_2^* - I_2 I_1^*).$$

Schreibt man $I_1 = |I_1| e^{j\alpha}, I_2 = |I_2| e^{j\beta}$, so wird

$$U_1 I_1^* + U_2 I_2^* = r\,|I_1|\,|I_2|\,(e^{j(\alpha-\beta)} - e^{-j(\alpha-\beta)}) = 2jr\,|I_1|\,|I_2| \sin(\alpha - \beta),$$

und somit ist $Re\{U_1 I_1^* + U_2 I_2^*\} = 0$.

Ein aus den Netzwerkelementen "RLCÜ" aufgebautes Zweitor ist immer passiv **und** reziprok. Der Gyrator ist zwar ein passives, aber kein reziprokes Zweitor und kann daher auch nicht (ausschließlich) mit passiven Elementen "RLCÜ" realisiert werden. In diesem Sinne zählt der Gyrator zu den aktiven Konvertern, obwohl er sich bezüglich seines Ein- und Ausgangsklemmenpaares wie ein passives Zweitor verhält.

Der Gyrator wird im folgenden Abschnitt ausführlicher besprochen. Im darauf folgenden Abschnitt 6.2.2.3 wird ein bisher nicht angesprochener "verallgemeinerter Immittanzumsetzer" behandelt, der zur Gruppe der Proportionalübersetzer gehört und von einiger Bedeutung in der Praxis ist. Auf Negativ-Impedanzkonverter wird nicht näher eingegangen, weil Filterrealisierungen mit NIC's in diesem Buch nicht behandelt werden.

6.2.2.2 Der Gyrator

Bei einem Gyrator handelt es sich um ein nichtreziprokes Zweitor mit der Ketten- bzw. Admittanzmatrix

$$\mathbf{A} = \begin{pmatrix} 0 & r \\ \frac{1}{r} & 0 \end{pmatrix}, \quad \mathbf{Y} = \begin{pmatrix} 0 & g \\ -g & 0 \end{pmatrix}, \quad g = \frac{1}{r}. \tag{6.15}$$

r bzw. $g = 1/r$ bezeichnet man als Gyrationswiderstand bzw. Gyrationsleitwert.

Nach Gl. 6.14 lautet die Eingangsimpedanz Z_1 eines mit einer Impedanz Z_2 abgeschlossenen Gyrators

$$Z_1 = \frac{r^2}{Z_2}. \tag{6.16}$$

Am Gyratoreingang tritt die duale Abschlußimpedanz auf, wobei r die Dualitätskonstante ist (siehe Abschnitt 4.1.3.2). Aus Gl. 6.16 folgt, daß ein mit einer Kapazität abgeschlossener Gyrator ($Z_2 = 1/(j\omega C)$) zu der Impedanz

$$Z_1 = j\omega r^2 C$$

am Tor 1 führt, und er sich bezüglich seiner Eingangsklemmen wie eine Induktivität $L = r^2 C$ verhält. Im Bild 6.8 ist links das Schaltungssymbol für einen Gyrator dargestellt und rechts ein mit einer Kapazität abgeschlossener Gyrator, der die Induktivität $L = r^2 C$ simuliert.

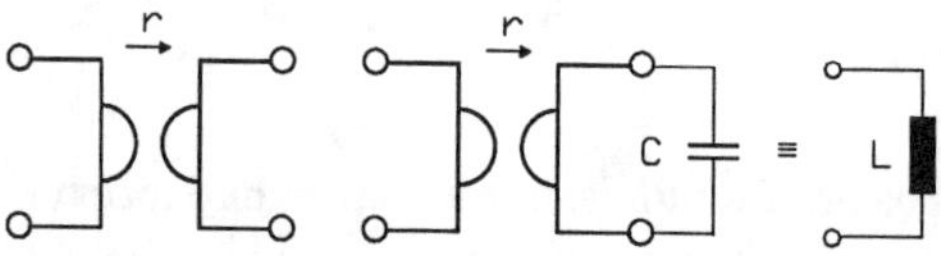

Bild 6.8
Schaltungssymbol eines Gyrators (links) und die Simulation einer Induktivität

Die Vertauschung der beiden Tore des Gyrators, also sein Betrieb in umgekehrter Richtung, führt zu der Kettenmatrix (Kehrmatrix, siehe Tabelle 4.1 im Abschnitt 4.1.1)

$$B = \begin{pmatrix} 0 & -r \\ -1/r & 0 \end{pmatrix}.$$

Damit bleibt die Transformationsbeziehung 6.16 auch bei dem Betrieb des Gyrators in umgekehrter Richtung erhalten. Rechnet man diese Kettenmatrix B in die Leitwertmatrix um, so erhält man

$$\mathbf{Y} = \begin{pmatrix} 0 & -g \\ g & 0 \end{pmatrix},$$

gegenüber der Leitwertmatrix nach Gl. 6.15 sind lediglich die Vorzeichen der Nebendiagonalelemente vertauscht.

Die oben besprochene und rechts im Bild 6.8 dargestellte Möglichkeit zur Simulation von Induktivitäten mit Gyratoren weist auf einen Weg zu Synthese aktiver Filter hin. Man entwirft zunächst ein RLC-Filter und ersetzt in diesem die Induktivitäten durch mit Kapazitäten abgeschlossene Gyratoren. Auf diese Methode kommen wir im Abschnitt 6.3.2 zurück. Da der Gyrator ein passives Netzwerkelement ist (siehe Abschnitt 6.2.2.1), sind Netzwerke aus Widerständen, Induktivitäten und Gyratoren theoretisch stets stabil. Der Aufbau von Gyratoren erfordert jedoch den Einsatz aktiver Elemente, und deshalb ist in der Praxis dennoch auf die Stabilität zu achten.

Die praktische Realisierung von Gyratoren führt auf Admittanzmatrizen bei denen die Hauptdiagonalelemente nicht exakt verschwinden. Außerdem sind die Nebendiagonalelemente meist nicht genau entgegengesetzt gleich groß. Die Admittanzmatrix eines realen Gyrators hat dann näherungsweise (bei niedrigen Frequenzen) die Form

$$\tilde{\mathbf{Y}} = \begin{pmatrix} g_1 & g(1+\varepsilon) \\ -g(1-\varepsilon) & g_2 \end{pmatrix}.$$

Dabei ist $g_1, g_2 \ll g$, so daß die Hauptdiagonalelemente in der Praxis gegenüber den Nebendiagonalelementen vernachlässigt werden können. Durch $|\varepsilon| \ll 1$ wird die Eigenschaft berücksichtigt, daß die Nebendiagonalelemente nicht exakt entgegengesetzt gleich groß sind.

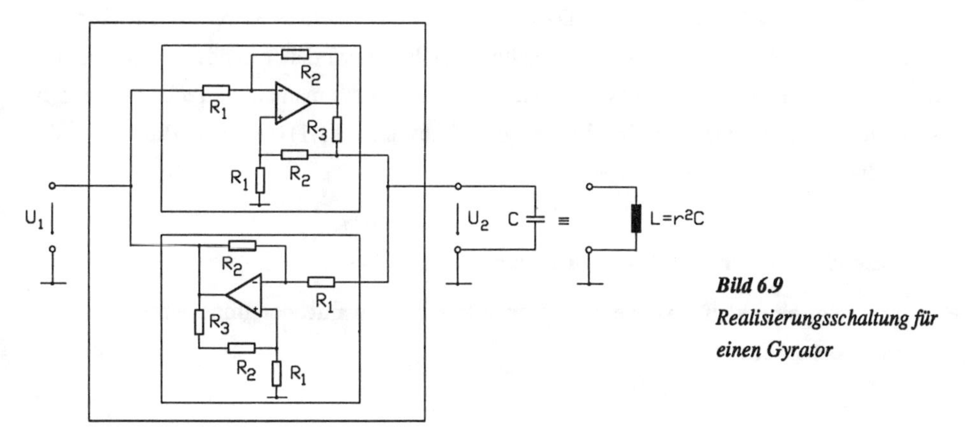

Bild 6.9
Realisierungsschaltung für einen Gyrator

Im Bild 6.9 ist eine Realisierungsschaltung für einen Gyrator angegeben. Eine Schaltungsanalyse führt (unter Annahme idealer Operationsverstärker und mit $R_3 \ll R_1, R_2$) zu der Leitwertmatrix

$$\mathbf{Y} = \begin{pmatrix} \dfrac{1}{R_1} & -\dfrac{R_2}{R_1R_3}\left(1+\dfrac{R_1R_3}{R_2(R_1+R_2)}\right) \\ \dfrac{R_2}{R_1R_3}\left(1-\dfrac{R_1R_3}{R_2(R_1+R_2)}\right) & \dfrac{1}{R_1+R_2} \end{pmatrix}.$$

Mit z.B. den Werten $R_1 = 200\ \mathrm{k\Omega}$, $R_2 = 100\ \mathrm{k\Omega}$, $R_3 = 300\ \Omega$ erhalten wir daraus

$$\mathbf{Y} = \begin{pmatrix} 5 \cdot 10^{-6} & -1{,}66 \cdot 10^{-3}(1+0{,}002) \\ 1{,}66 \cdot 10^{-3}(1-0{,}002) & 3{,}33 \cdot 10^{-6} \end{pmatrix} \approx \begin{pmatrix} 0 & -\dfrac{1}{600} \\ \dfrac{1}{600} & 0 \end{pmatrix}.$$

Die Hauptdiagonalelemente g_1, g_2 sind ca. drei Zehnerpotenzen kleiner als die Nebendiagonalelemente. Für ε erhält man hier den Wert 0,002. Die Schaltung realisiert (mit den angegebenen Widerstandswerten) einen Gyrator mit $r = 1/g = 600$ Ohm.

Hinweise:

1. Gegenüber der Leitwertmatrix 6.15 sind hier die Vorzeichen bei den Nebendiagonalelementen vertauscht. Wie oben ausgeführt wurde, hat das keinen Einfluß auf das (prinzipielle) Übertragungsverhalten des Gyrators.
2. Bei höheren Frequenzen muß die Frequenzabhängigkeit der Operationsverstärker berücksichtigt werden, so daß dann komplexe (frequenzabhängige) Matrixelemente auftreten.
3. Die im Bild 6.9 angegebene Schaltung kann als Parallelschaltung von zwei Teilzweitoren aufgefaßt werden (siehe Markierung). Dabei entspricht das untere Teilzweitor dem oberen in umgekehrter Betriebsrichtung. Für die Schaltungsanalyse wird daher zunächst die Leitwertmatrix $\mathbf{Y}_o$ des oberen Teilzweitores ermittelt. Aus dieser erhält man auf einfache Weise (z.B. über die Ketten- und Kehrmatrix in der Tabelle 4.1, Abschnitt 4.1.1) die Leitwertmatrix $\mathbf{Y}_u$ des unteren Zweitores und dann $\mathbf{Y} = \mathbf{Y}_o + \mathbf{Y}_u$.

6.2.2.3 Ein allgemeiner Immittanzkonverter

Bild 6.10 zeigt eine häufig verwendete Konverterschaltung mit vier Impedanzen und zwei Operationsverstärkern.

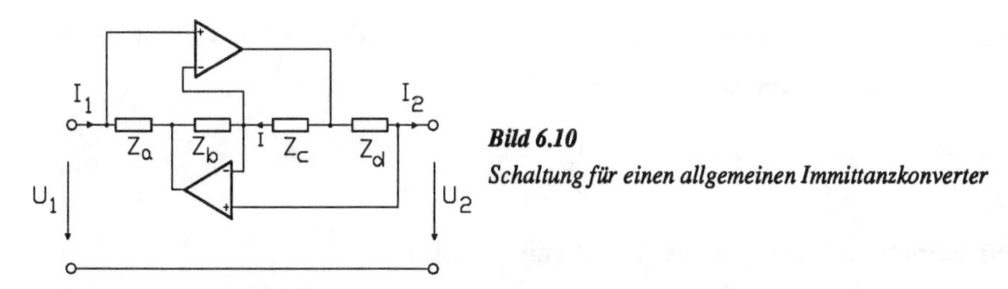

Bild 6.10
Schaltung für einen allgemeinen Immittanzkonverter

Zunächst stellt man fest, daß $U_1 = U_2$ gilt, denn von der oberen Eingangsklemme führt ein direkter Weg über die Eingänge der beiden Operationsverstärker zu der oberen Ausgangsklemme. Unter der Annahme idealer Operationsverstärker kann ja jeweils gleiches Potential an den Eingängen der Operationsverstärker vorausgesetzt werden. Weiterhin kann man mit dem in der Schaltung eingetragenen Strom I noch die beiden Maschengleichungen

$$I_1 Z_a - I Z_b = 0, \quad I_2 Z_d - I Z_c = 0$$

ablesen, wobei verschwindende Eingangsspannungen an den Operationsverstärkereingängen vorausgesetzt wurden. Eliminiert man aus diesen Gleichungen den Strom I, so erhält man nach elementarer Rechnung

$$I_1 = I_2 \frac{Z_b Z_d}{Z_a Z_c}$$

und bei Berücksichtigung von $U_1 = U_2$ schließlich die Kettenmatrix

$$\mathbf{A} = \begin{pmatrix} 1 & 0 \\ 0 & \dfrac{Z_b(s) Z_d(s)}{Z_a(s) Z_c(s)} \end{pmatrix} = \begin{pmatrix} 1 & 0 \\ 0 & \dfrac{1}{f(s)} \end{pmatrix} \quad \text{mit} \quad f(s) = \frac{Z_a(s) Z_c(s)}{Z_b(s) Z_d(s)}. \tag{6.17}$$

Offenbar liegt mit der Schaltung nach Bild 6.10 ein Proportionalübersetzer vor, der (gemäß Gl. 6.13) eine Impedanz Z_2 am Tor 2 in die Eingangsimpedanz

$$Z_1(s) = Z_2(s) \cdot f(s) = Z_2(s) \frac{Z_a(s) Z_c(s)}{Z_b(s) Z_d(s)} \tag{6.18}$$

am Tor 1 umwandelt. Man spricht im vorliegenden Fall von einem verallgemeinerten Immittanzkonverter (Abkürzung: GIK von Generalisierter-Immittanz-Konverter), weil die Funktion $f(s)$ (und damit die Eigenschaft des Konverters) durch die vier Impedanzen in der Schaltung auf vielfältige Weise festgelegt werden kann.

Der Betrieb des GIK in umgekehrter Richtung führt mit $det\mathbf{A} = 1/f(s)$ (nach Tabelle 4.1, Abschnitt 4.1.1) zu der Kettenmatrix (Kehrmatrix)

$$\mathbf{B} = \begin{pmatrix} 1 & 0 \\ 0 & f(s) \end{pmatrix}. \tag{6.19}$$

Bei diesem Betrieb wird eine Impedanz $Z_2(s)$ in die Impedanz

$$Z_1(s) = \frac{Z_2(s)}{f(s)} \tag{6.20}$$

transformiert. Wählt man in der Schaltung 6.10

$$Z_a = R_1, \quad Z_b = \frac{1}{sC_2}, \quad Z_c = R_3, \quad Z_d = R_4,$$

so wird nach Gl. 6.17

$$f(s) = sC_2\frac{R_1R_3}{R_4} = sK_0, \quad K_0 = C_2\frac{R_1R_3}{R_4}, \tag{6.21}$$

und die Kettenmatrix dieser im Bild 6.11 dargestellten Schaltung hat die Form

$$\mathbf{A} = \begin{pmatrix} 1 & 0 \\ 0 & \frac{1}{sK_0} \end{pmatrix}, \quad K_0 = C_2\frac{R_1R_3}{R_4}. \tag{6.22}$$

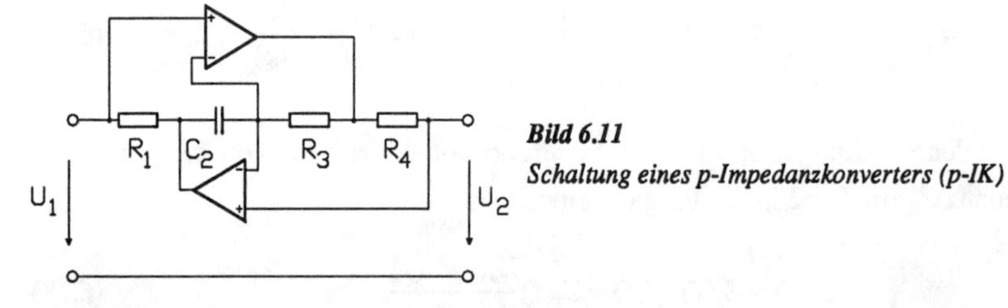

Bild 6.11
Schaltung eines p-Impedanzkonverters (p-IK)

Hinweis:
Ein Konverter mit der Kettenmatrix 6.22, der durch die Schaltung in Bild 6.11 realisierbar ist, wird in der Literatur häufig als p-Impedanzkonverter (Abkürzung p-IK) bezeichnet. Dabei steht der Buchstabe p für die komplexe Frequenz, die hier mit s bezeichnet wird, so daß hier eigentlich die Bezeichnung s-IK treffender wäre. Der Name p-IK kommt daher, daß das die Kettenmatrix bestimmende Element in besonders einfacher Weise von p (hier s) abhängt.

Der Abschluß eines p-IK mit der Impedanz $Z_2(s)$ führt zur Eingangsimpedanz

$$Z_1(s) = sK_0Z_2(s) \tag{6.23}$$

(Gl. 6.18 mit $f(s)$ nach Gl. 6.21). Der Wert von K_0 ist durch die Dimensionierung der Schaltung beliebig "einstellbar". Interessant ist der Abschluß des p-IK mit einem Widerstand $Z_2(s) = R$, dann wird $Z_1(s) = sK_0R$, wodurch eine Induktivität $L = K_0R$ nachgebildet wird.

Der Betrieb des p-IK in umgekehrter Richtung führt gemäß den Gln. 6.19 und 6.20 zur Kettenmatrix

$$\mathbf{B} = \begin{pmatrix} 1 & 0 \\ 0 & sK_0 \end{pmatrix} \tag{6.24}$$

und der Transformationsbeziehung

$$Z_2(s) = \frac{Z_1(s)}{sK_0}. \tag{6.25}$$

Schließt man den in umgekehrter Richtung betriebenen p-IK mit einer Kapazität C ab, so wird mit $Z_2(s) = 1/(sC)$ nach Gl. 6.25

$$Z_1(s) = \frac{1}{s^2K_0C} = \frac{1}{s^2C_S}, \quad C_S = K_0C. \tag{6.26}$$

Man spricht in diesem Zusammenhang von einer **Superkapazität** $C_s = CK_0$. Auf diese Weise wurde ein neues zweipoliges Netzwerkelement (Superkapazität) eingeführt, das durch einen mit einer Kapazität abgeschlossenen und in umgekehrter Richtung betriebenen p-IK realisiert werden kann. Für die Superkapazität wird ein eigenes Schaltungssymbol verwendet (siehe rechts unten im Bild 6.12).

Hinweis:
Der Abschluß eines p-IK mit einer Induktivität (im Vorwärtsbetrieb) ergibt nach Gl. 6.23 eine Eingangsimpedanz $Z_1(s) = s^2K_0L$. Man spricht hier von der Realisierung einer Superinduktivität $L_S = K_0L$.

Im Bild 6.12 sind einige Ergebnisse zusammengestellt, die entweder bereits behandelt wurden, oder die der Leser leicht selbst nachkontrollieren kann. Oben im Bild sind die Schaltungssymbole für den p-IK im Vorwärtsbetrieb (links) und im Rückwärtsbetrieb (rechts) dargestellt. Der untere

Bildteil zeigt p-IK's mit speziellen Abschlüssen und die sich dann ergebenden Ersatzschaltungen bezüglich der Eingangsklemmen. Das Bild enthält auch das Schaltungssymbol für die Superkapazität.

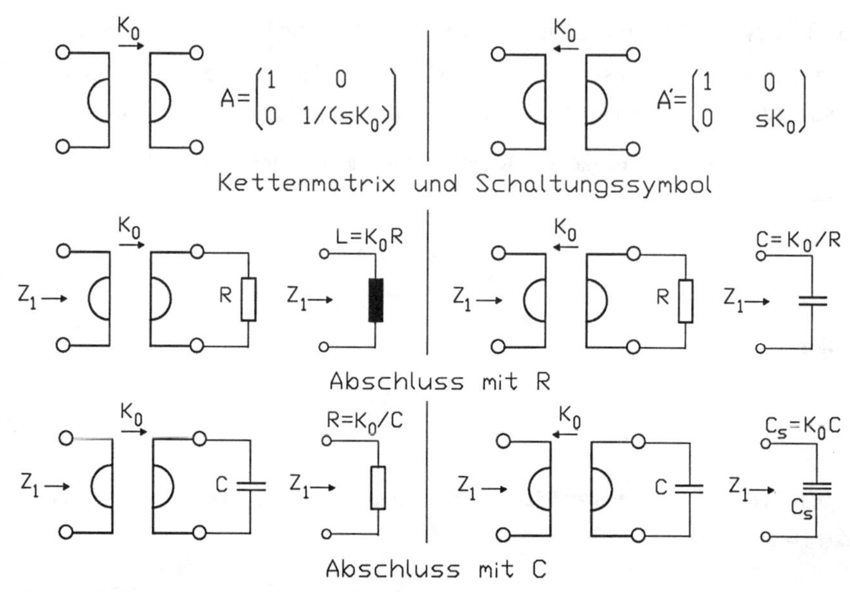

***Bild 6.12** p-IK im Vorwärtsbetrieb (links) und im Rückwärtsbetrieb (rechts) und das Verhalten an den Eingangsklemmen bei unterschiedlichen Abschlüssen*

6.2.3 Bemerkungen zur Empfindlichkeitsanalyse von Netzwerken

Beim Entwurf aktiver Filter (insbesondere bei Kaskadenfiltern) ist es oft erforderlich, den Einfluß von Bauelementetoleranzen auf die Übertragungseigenschaften zu ermitteln. Zu diesem Zweck muß dann eine sogenannte Empfindlichkeitsanalyse durchgeführt werden. Eine ausführliche Behandlung dieses Gebietes ist hier nicht möglich, wir beschränken uns auf die Mitteilung und Besprechung einiger Grundlagen.

$G(s,x)$ sei die Übertragungsfunktion, die außer von der Frequenzvariablen s noch von einem Parameter x abhängt. x kann der Wert eines (passiven) Bauelementes in dem Netzwerk sein, oder auch z.B. der Verstärkungsfaktor eines aktiven Elementes. Dann nennt man

$$S_x = \frac{dG(x)}{dx} \tag{6.27}$$

die **absolute** Empfindlichkeit der Funktion G bezüglich des Parameters x. Mit Hilfe dieser Empfindlichkeit erhält man bei kleinen Abweichungen des Parameters von seinem Sollwert

$$G(x+\Delta x) \approx G(x) + S_x \Delta x, \quad G(x+\Delta x) - G(x) = \Delta G \approx S_x \Delta x.$$

Bei Änderungen von gleichzeitig n Parametern wird

$$\Delta G \approx S_{x_1} \Delta x_1 + S_{x_2} \Delta x_2 + \ldots + S_{x_n} \Delta x_n.$$

Von größerer Bedeutung als die absolute Empfindlichkeit ist die **relative** Empfindlichkeit

$$S_x^G = \frac{d(\ln G(x))}{d(\ln x)} = S_x \frac{x}{G} = \frac{d\,G(x)/G(x)}{dx/x}. \tag{6.28}$$

Hinweis: $\dfrac{d(\ln G(x))}{d(\ln x)} = \dfrac{d(\ln G(x))/dx}{d(\ln x)/dx} = \dfrac{1/G(x) \cdot dG(x)/dx}{1/x} = \dfrac{x}{G(x)} \dfrac{dG(x)}{dx}.$

Bei den relativen Empfindlichkeiten werden die Änderungen ΔG auf G und die Änderungen Δx auf x bezogen. Aus Gl. 6.28 folgt

$$\frac{\Delta G}{G} \approx S_x^G \cdot \frac{\Delta x}{x},$$

und bei der Berücksichtigung von Toleranzen mehrerer Bauelemente wird

$$\frac{\Delta G}{G} \approx S_{x_1}^G \frac{\Delta x_1}{x_1} + S_{x_2}^G \frac{\Delta x_2}{x_2} + \ldots + S_{x_n}^G \frac{\Delta x_n}{x_n}. \tag{6.29}$$

Stellt man die Übertragungsfunktion in der Form

$$G(j\omega) = e^{-(A+jB)}$$

mit der Dämpfung $A(\omega, x)$ und der Phase $B(\omega, x)$ dar, so wird nach Gl. 6.28

$$S_x^G = \frac{d(\ln G(x))}{d(\ln x)} = -\frac{d\,(A(x) + jB(x))}{d(\ln x)} = -\frac{d\,A(x)}{d(\ln x)} - j\frac{d\,B(x)}{d(\ln x)}. \tag{6.30}$$

Die auf der rechten Gleichungsseite auftretenden Ableitungen nennt man die **halbrelativen** Empfindlichkeiten

$$\tilde{S}_x^A = \frac{dA(x)}{d(\ln x)} = \frac{dA(x)}{dx/x}, \quad \tilde{S}_x^B = \frac{dB(x)}{d(\ln x)} = \frac{dB(x)}{dx/x}. \tag{6.31}$$

Aus Gl. 6.30 folgt

$$\tilde{S}_x^A = -Re\{S_x^G\}, \quad \tilde{S}_x^B = -Im\{S_x^G\}.$$

Wenn Dämpfung wie üblich in Dezibel und nicht in Neper angegeben wird, gilt die Beziehung

$$\tilde{S}_x^A = -8{,}68 \cdot Re\{S_x^G\}. \tag{6.32}$$

Eine relative Bauelementeänderung $\Delta x / x$ führt dann zu der Dämpfungsänderung

$$\Delta A \approx -8{,}68 \cdot Re\{S_x^G\} \frac{\Delta x}{x} = \tilde{S}_x^A \frac{\Delta x}{x} \text{ [dB]}.$$

Bei der Änderung von n Bauelementen bzw. Parametern wird

$$\Delta A \approx \sum_{i=1}^{n} \tilde{S}_{x_i}^A \frac{\Delta x_i}{x_i}. \tag{6.33}$$

Die Summanden von Gl. 6.33 können positiv oder negativ sein, so daß sich die Toleranzeinflüsse der einzelnen Bauelemente zumindest teilweise kompensieren können. Im sogenannten "worst case" erhält man die maximal mögliche Dämpfungsabweichung

$$(\Delta A)_{\max} = \sum_{i=1}^{n} |\tilde{S}_{x_i}^A| \left| \frac{\Delta x_i}{x_i} \right|.$$

Das Auftreten dieses besonders ungünstigen Wertes ist in der Praxis äußerst unwahrscheinlich. Daher ist es sinnvoll, die Bauelementetoleranzen als zufällige Größen zu betrachten, die durch ihren Mittelwert (den Nennwert) und ihre Streuung σ_x^2 gekennzeichnet werden. Infolge der Zufälligkeit der Bauelementewerte ist dann auch die Dämpfung eine Zufallsgröße, die ebenfalls durch ihren Mittelwert und ihre Streuung σ_A^2 gekennzeichnet wird. Unter der Voraussetzung, daß die Bauelementetoleranzen (statistisch) voneinander unabhängig sind, erhält man aus Gl. 6.33

$$\sigma_A^2 \approx \sum_{i=1}^{n} \left(\tilde{S}_{x_i}^A\right)^2 \sigma_{x_i}^2. \tag{6.34}$$

Falls man annimmt, daß die Bauelementewerte in ihrem Toleranzbereich gleichverteilt sind wird $\sigma_{x_i}^2 = \frac{1}{3}\varepsilon_i^2$, wobei ε_i die relative Bauelementetoleranz ist (z. B. $\varepsilon_i = 0{,}1$ bei 10%-igen Bauelementen). Bei der Annahme einer Normalverteilung für die Dämpfung, tritt diese mit einer

Wahrscheinlichkeit von 0,997 im Bereich Nennwert $\pm 3\sigma_A$ auf. Auch unabhängig von diesen Annahmen über die Wahrscheinlichkeitsverteilungen ist es einleuchtend, daß σ_A als "Gütemaß" zur Beurteilung des Toleranzeinflusses auf die Dämpfung geeignet ist.

Ein wichtiger Aspekt wurde bis jetzt noch nicht erwähnt, nämlich die Frequenzabhängigkeit der Empfindlichkeiten $\bar{S}^A_{x_i}$. Es scheint sinnvoll, die Berechnung von ΔA bzw. σ_A bei der Frequenz durchzuführen, bei der sich die Bauelementetoleranzen besonders ungünstig auswirken. Man kann zeigen, daß sich zumindest die Toleranzen der passiven Bauelemente bei der Frequenz besonders stark auswirken, bei der die Empfindlichkeit

$$\bar{S}^A_\omega = \frac{dA(\omega)}{d\omega/\omega}$$

ein Maximum hat (siehe hierzu [He]). Das ist (etwas vereinfacht ausgedrückt) die Frequenz, bei der eine besonders große Dämpfungsänderung in Abhängigkeit von ω vorliegt. Bei Tiefpässen ist dies eine Frequenz in der Umgebung der Grenzfrequenz. Bei der Empfindlichkeitsanalyse ist also zunächst diese "kritische" Frequenz ω_k zu ermitteln. Die in der Gleichung 6.34 auftretenden Empfindlichkeiten $\bar{S}^A_{x_i}$ werden dann bei dieser "kritischen Frequenz" ω_k berechnet.

Die Durchführung einer Empfindlichkeitsanalyse ist i.a. eine relativ aufwendige numerische Aufgabe. Vergleichsweise übersichtlich bleiben die Rechnungen, wenn Netzwerke mit Übertragungsfunktionen 1. und 2. Grades vorliegen. Für solche Netzwerke sind in [He] zahlreiche Beziehungen angegeben, mit denen die Empfindlichkeitsanalyse näherungsweise relativ einfach durchgeführt werden kann.

Beispiel

Bei einem einfachen RC-Tiefpaß mit der Übertragungsfunktion

$$G(s) = \frac{1}{1+sRC}$$

erhalten wir nach Gl. 6.28

$$S^G_R = S^G_C = \frac{-sRC}{1+sRC}.$$

Mit $s = j\omega$ wird dann nach Gl. 6.32

$$\bar{S}^A_R = \bar{S}^A_C = -8{,}68 \cdot Re\left\{\frac{-j\omega RC}{1+j\omega RC}\right\} = 8{,}68\frac{\omega^2 R^2 C^2}{1+\omega^2 R^2 C^2}$$

und mit Gl. 6.34

$$\sigma_A^2 \approx 8{,}68^2 \frac{\omega^4 R^4 C^4}{(1+\omega^2 R^2 C^2)^2}(\sigma_R^2 + \sigma_C^2).$$

Man erkennt hier sofort, daß σ_A^2 bei $\omega \to \infty$ seinen Maximalwert erreicht:

$$(\sigma_A^2)_{\max} \approx 8{,}68^2(\sigma_R^2 + \sigma_C^2).$$

6.3 Direkte Realisierungsverfahren für aktive Filter

Wie im Abschnitt 6.1 ausgeführt wurde, werden bei den direkten Realisierungsverfahren die Filterschaltungen (im Gegensatz zu den Kaskadenrealisierungen) als Ganzes entworfen. Von besonderer Bedeutung sind die Syntheseverfahren, bei denen zunächst ein passives Filter entworfen wird. Dieses passive Referenzfilter bildet dann die "Grundstruktur" für ein aktives Filter mit den gleichen Übertragungseigenschaften. Im Abschnitt 6.1 wurde auch schon mitgeteilt, daß auf diese Weise die günstigen Toleranzeigenschaften von in Widerständen eingebetteten passiven Zweitorschaltungen bei der Umwandlung in die aktive Schaltung erhalten bleiben. Im folgenden Abschnitt 6.3.1 wird zunächst gezeigt, warum diese passiven Schaltungen besonders günstige Toleranzeigenschaften besitzen.

6.3.1 Empfindlichkeitseigenschaften der passiven Referenzfilter

Zur Erklärung betrachten wir die oben in Bild 6.13 skizzierte Schaltung eines Tschebyscheff-Tiefpasses 6. Grades mit dem unten im Bild dargestellten Dämpfungsverlauf. Es handelt sich hierbei übrigens um den Tschebyscheff-Tiefpaß des 2. Beispieles von Abschnitt 5.2.3.2.

Wir untersuchen wie sich Bauelementetoleranzen bei dieser Schaltung auf die Übertragungsfunktion bzw. die Dämpfung

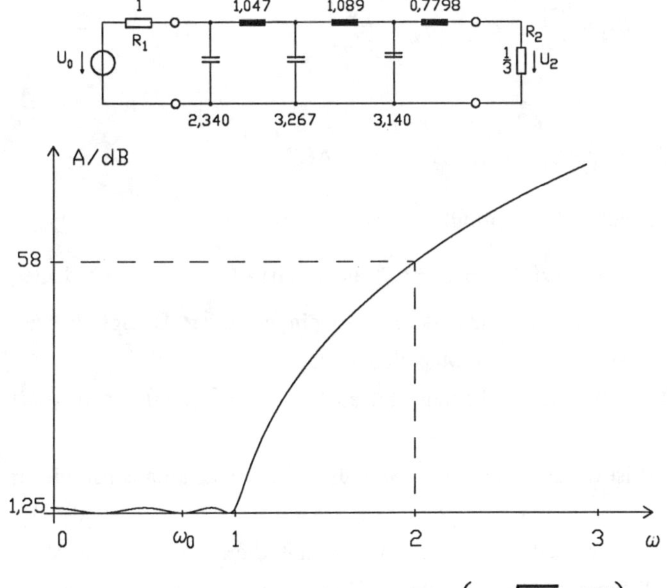

Bild 6.13
Schaltung und Dämpfungsverlauf eines Tschebysheff-Tiefpasses 6. Grades

$$A = -20\,lg\,|S_{21}| = -20\,lg\left(2\sqrt{\frac{R_1}{R_2}}\left|\frac{U_2}{U_0}\right|\right) = 10\,lg\frac{P_{max}}{P_2}$$

auswirken. Dabei ist P_2 die im Abschlußwiderstand R_2 verbrauchte Leistung und P_{max} die maximal in das Tor 1 "hineingelieferte" Leistung (siehe Abschnitt 4.1.2). Bei passiven Schaltungen ist $P_2 \le P_{max}$, und dies bedeutet

$$A \ge 0 \quad \text{bzw.} \quad |G| = |\frac{U_2}{U_0}| \le \sqrt{\frac{R_2}{4R_1}}. \tag{6.35}$$

Es soll nun untersucht werden, welchen Einfluß kleine Änderungen z.B. der Induktivität $L_2 = 1{,}047$ auf die Dämpfung bzw. den Betrag der Übertragungsfunktion $|G| = |U_2/U_0|$ haben. Speziell untersucht wird dies bei der Frequenz ω_0 (siehe Bild 6.13), d.h. an einer Stelle, an der die Dämpfung (bei korrekten Bauelementewerten) verschwindet.

Offenbar gilt bei kleinen Abweichungen ΔL_2 der Induktivität

$$A(L_2+\Delta L_2) \approx A(L_2) + \frac{\partial A}{\partial L_2}\Delta L_2 \quad \text{bzw.} \quad |G(L_2+\Delta L_2)| \approx |G(L_2)| + \frac{\partial\,|G(L_2)|}{\partial L_2}\Delta L_2.$$

Mit $\Delta A = A(L_2+\Delta L_2) - A(L_2)$ bzw. $\Delta|G| = |G(L_2+\Delta L_2)| - |G(L_2)|$ und den Empfindlichkeiten

$$S_{L_2} = \frac{\partial A}{\partial L_2} \quad \text{bzw.} \quad S_{L_2} = \frac{\partial \mid G \mid}{\partial L_2}$$

erhält man

$$\Delta A \approx S_{L_2} \Delta L_2 \quad \text{bzw.} \quad \Delta \mid G \mid \approx S_{L_2} \Delta L_2,$$

wobei natürlich die jeweils zugehörende Empfindlichkeit einzusetzen ist.

Unsere Empfindlichkeitsuntersuchung erfolgt bei $\omega = \omega_0$, und dort ist $A(L_2) = 0$. Dies bedeutet, daß $\Delta A = S_{L_2} \Delta L_2 \geq 0$ sein muß, weil sich im anderen Fall ein negativer Dämpfungswert $A(L_2 + \Delta L_2) < 0$ ergeben würde. Wir führen nun folgende Überlegung durch:

1. sei $\Delta L_2 > 0$ (die Induktivität ist etwas zu groß), dann muß auch $S_{L_2} = \partial A / \partial L_2 \geq 0$ sein, da sonst $\Delta A < 0$ wäre,
2. sei $\Delta L_2 < 0$ (die Induktivität ist etwas zu klein). Dann müßte $S_{L_2} \leq 0$ sein, da sonst wieder $\Delta A < 0$ wäre.

Diese Überlegungen führen zu dem Schluß, daß $S_{L_2} = 0$ sein muß, die beiden anderen Möglichkeiten ($S_{L_2} > 0$ oder $S_{L_2} < 0$) führen zu Widersprüchen. Dies gilt in gleicher Weise auch für alle anderen Bauelemente in dem Netzwerk. Die Empfindlichkeiten der Dämpfung gegenüber allen Bauelementen verschwinden an der Stelle ω_0 und auch bei den anderen Frequenzwerten, bei denen Dämpfungsnullstellen vorliegen.

Für den Betrag der Übertragungsfunktion $\mid G \mid = \mid U_2/U_0 \mid$ gelten (fast) die gleichen Aussagen. Auch hier muß (bei $\omega = \omega_0$) $S_{L_2} = 0$ sein, denn sonst könnte je nach Wahl des Vorzeichens von ΔL_2 ein Wert von $\mid G \mid$ entstehen, der größer als $\sqrt{R_2/4R_1}$ ist (siehe Gl. 6.35). Im Unterschied zur Dämpfung verschwinden bei der Übertragungsfunktion aber nur die Empfindlichkeiten gegenüber den Induktivitäten und Kapazitäten, nicht jedoch die gegenüber den Einbettungswiderständen.

Als Ergebnis wurde gefunden, daß an allen Dämpfungsnullstellen die Empfindlichkeiten der Dämpfung gegenüber allen Bauelementen und die der Übertragungsfunktion gegenüber allen verlustfreien Bauelementen verschwinden. Daraus kann geschlossen werden, daß der Einfluß der Bauelementetoleranzen im gesamten Durchlaßbereich generell sehr gering ist.

Hinweise:

1. Die Aussage von z.B. $S_{L_2} = 0$ bei $\omega = \omega_0$ bedeutet nicht, daß sich Ungenauigkeiten von L_2 überhaupt nicht auf A oder $\mid G \mid$ auswirken. Eine genauere Untersuchung (Taylor-Reihe bis zum zweiten Glied) ergibt

$$A(L_2+\Delta L_2) \approx A(L_2) + \frac{\partial A}{\partial L_2}\Delta L_2 + \frac{\partial^2 A}{\partial L_2{}^2}\frac{(\Delta L_2)^2}{2} = 0{,}5\frac{\partial^2 A}{\partial L_2{}^2}(\Delta L_2)^2.$$

Offenbar ändert sich die Dämpfung proportional zu $(\Delta L_2)^2$, aus $\Delta A \geq 0$ folgt, daß (bei ω_0) $\partial^2 A/\partial L_2{}^2 > 0$ sein muß.

2. Für den offensichtlich geringen Einfluß der Bauelementetoleranzen im Durchlaßbereich ist tatsächlich die Einbettung des Zweitores in Widerstände maßgebend. Den im Bild 6.13 angegebenen Dämpfungsverlauf kann man ja auch durch ein Zweitor realisieren, das nur an einem Tor mit einem Widerstand beschaltet ist (siehe Abschnitt 4.4.4.4). In diesem Fall kann keine Transmittanz definiert werden, und die Dämpfung $A = -20\,lg\,|\,U_2/U_0\,|$ kann auch bei passiven Zweitoren negativ werden. Die vorne durchgeführten Überlegungen basieren aber auf der Aussage $A = -20\,lg\,|\,S_{21}\,| \geq 0$. Insofern ist die oben im Bild 6.13 angegebene Schaltung gegenüber Bauelementetoleranzen (im Durchlaßbereich) wesentlich unempfindlicher als eine Realisierungsschaltung mit z.B. leerlaufendem Tor 2 ($R_2 = \infty$).

Über den Einfluß der Bauelementetoleranzen im Sperrbereich lassen sich nicht so allgemeingültige Aussagen machen. Es zeigt sich, daß Abzweigschaltungen ganz generell günstige Toleranzeigenschaften aufweisen. Der Grund liegt darin, daß sich die Ausgangsspannung bzw. der Ausgangsstrom hier durch eine fortwährende Spannungs- und Stromteilung ergibt (siehe [Fr]). Dies bedingt, daß sich die Abweichung eines Bauelementewertes von seinem Sollwert nur wenig auf das Übertragungsverhalten auswirkt. Deutlich ungünstiger sind hingegen Zweitorrealisierungen durch symmetrische Kreuzschaltungen. Diese Aussage läßt sich besonders leicht bei Filterschaltungen mit Dämpfungspolen demonstrieren, z.B. dem Cauer-Tiefpaß nach Bild 5.28 mit dem Dämpfungsverlauf gemäß Bild 5.27 (Abschnitt 5.2.5.3). Der Dämpfungspol bzw. die Übertragungsnullstelle (bei $\omega = 1{,}468$) wird in der Abzweigschaltung durch den Parallelschwingkreis im Längszweig realisiert. Die Frequenz $\omega = 1{,}468$ kann durch einen Abgleich des Schwingkreises genau "eingestellt" werden. Bei der Realisierung des Dämpfungsverlaufes nach Bild 5.27 durch eine symmetrische Kreuzschaltung entsteht die Dämpfungspolstelle (bzw. die Übertragungsnullstelle) hingegen durch die Differenzbildung von zwei Zweipolfunktionen (siehe hierzu Gl. 4.44, Abschnitt 4.4.2.1). Dies bedingt, daß kleine Bauelementeungenauigkeiten bei den Zweipolschaltungen starke Auswirkungen auf die Lage des Dämpfungspoles und damit auch auf den Dämpfungsverlauf kurz oberhalb der Grenzfrequenz des Tiefpasses haben.

6.3.2 Gyrator C-Filter

6.3.2.1 Die unmittelbare Simulation der Induktivitäten

Man entwirft zunächst ein passives Referenzfilter und ersetzt in diesem die Induktivitäten durch mit Kapazitäten abgeschlossene Gyratoren (siehe hierzu Bild 6.8, Abschnitt 6.2.2.2). Dieses Verfahren bedarf keiner weiteren Erläuterung. Die Bilder 6.14 und 6.15 zeigen die Entstehung eines aktiven Cauer-Tiefpasses C0350/$\Theta = 50°$ und eines aktiven Cauer-Hochpasses C0350/$\Theta = 50°$ aus den entsprechenden passiven Schaltungen (vgl. hierzu das Beispiel im Abschnitt 5.2.5.1 und Beispiel 1 im Abschnitt 5.3.2). Bei dem Gyrationswiderstand r handelt es sich ebenso wie bei den Bauelementen um einen normierten Wert. Der wirkliche Wert des Gyrationswiderstandes beträgt $r_w = rR_0$ mit dem Bezugswiderstand $R_0 = R_1$.

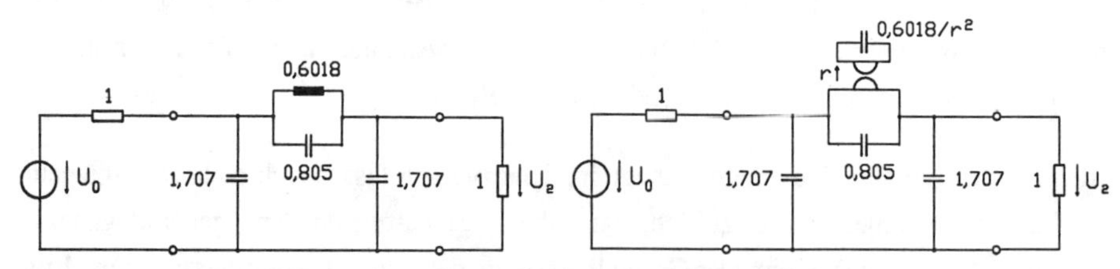

***Bild 6.14** Cauer-Tiefpaß C0350/50° als LC- und als Gyrator-C-Realisierung*

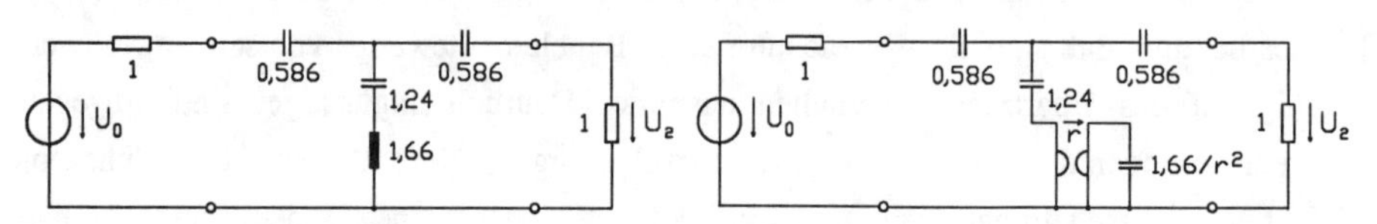

***Bild 6.15** Cauer-Hochpaß C0350/50° als LC- und als Gyrator-C-Realisierung*

Während bei der aktiven Hochpaßschaltung (rechts im Bild 6.15) ein relativ einfach aufzubauender einseitig geerdeter Gyrator verwendet werden kann, ist bei dem Tiefpaß (rechts im Bild 6.14) ein sogenannter "schwimmender Gyrator" erforderlich. Das ist ein Nachteil, weil der Schaltungsaufwand zum Aufbau von schwimmenden Gyratoren erheblich größer ist. Daher hat das in diesem Abschnitt behandelte einfache Realisierungsverfahren eine nicht sehr große Bedeutung, denn die unmittelbare Simulation der Induktivitäten macht meistens den Einsatz von schwimmenden Gyratoren erforderlich.

6.3.2.2 Die Verwendung von ausschließlich einseitig geerdeten Gyratoren

Wie schon erwähnt, ist es wünschenswert Syntheseverfahren zu finden, bei denen schwimmende Gyratoren zugunsten von einseitig geerdeten vermieden werden. In diesem Abschnitt wird gezeigt, auf welche Weise passive LC-Zweitore durch äquivalente Zweitore ersetzt werden können, die neben Kapazitäten nur noch einseitig geerdete Gyratoren enthalten. Zur Erklärung der Vorgehensweise werden zunächst einige einfache äquivalente Zweitore betrachtet.

Äquivalenz a: Die im Bild 6.16 dargestellten Schaltungen sind äquivalent.

ü = r1/r2 ≡ r1 r2

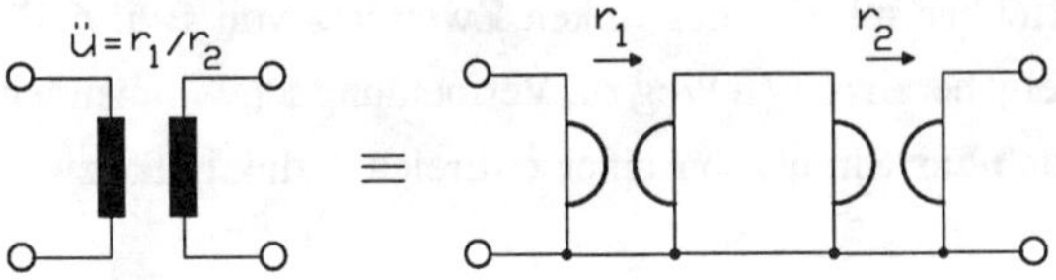

Bild 6.16
Äquivalente Schaltungen (Äquivalenz a)

Nach Bild 6.16 entsprechen zwei in Kette geschaltete Gyratoren einem idealen Übertrager mit dem Übersetzungsverhältnis $ü = r_1/r_2$. Zum Beweis dieser Aussage wird die Kettenmatrix der Hintereinanderschaltung der beiden Gyratoren berechnet. Mit der Kettenmatrix des Gyrators nach Gl. 6.15 wird

$$\mathbf{A} = \begin{pmatrix} 0 & r_1 \\ 1/r_1 & 0 \end{pmatrix} \begin{pmatrix} 0 & r_2 \\ 1/r_2 & 0 \end{pmatrix} = \begin{pmatrix} r_1/r_2 & 0 \\ 0 & r_2/r_1 \end{pmatrix}.$$

Rechts steht offenbar die Kettenmatrix eines idealen Übertragers mit dem Übersetzungsverhältnis $ü = r_1/r_2$.

Wichtig ist noch der Sonderfall der Kettenschaltung von zwei Gyratoren mit gleichen Gyrationswiderständen $r_1 = r_2 = r$, dann wird nämlich $ü = 1$, und es entsteht eine Durchverbindung. Dies bedeutet, daß zwei Gyratoren mit gleichen Gyrationswiderständen in Kette durch eine einfache Durchverbindung ersetzt werden können.

Hinweis:
Ein (normaler) Übertrager hat die zusätzliche Eigenschaft der galvanischen Entkopplung. Diese Eigenschaft liegt bei der "Gyrator-Ersatzschaltung" (Bild 6.16) natürlich nicht vor.

Äquivalenz b: Die im Bild 6.17 dargestellten Schaltungen sind äquivalent.

L ≡ r r L/r²

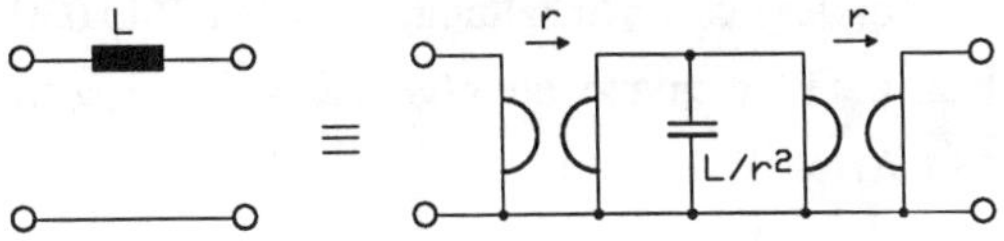

Bild 6.17
Äquivalente Schaltungen (Äquivalenz b)

Die rechts im Bild 6.17 skizzierte Schaltung kann als Kettenschaltung von drei Teilzweitoren angesehen werden. Das mittlere Teilzweitor hat die Form des im Bild 2.17 (Abschnitt 2.2.4) ganz rechts skizzierten Elementarzweitores mit dem Leitwert $Y = j\omega C = j\omega L/r^2$. Dann erhalten wir

$$\mathbf{A} = \begin{pmatrix} 0 & r \\ \frac{1}{r} & 0 \end{pmatrix} \begin{pmatrix} 1 & 0 \\ \frac{j\omega L}{r^2} & 1 \end{pmatrix} \begin{pmatrix} 0 & r \\ \frac{1}{r} & 0 \end{pmatrix} = \begin{pmatrix} 1 & j\omega L \\ 0 & 1 \end{pmatrix}.$$

Die rechts stehende Kettenmatrix ist offenbar mit der des linken Zweitores von Bild 6.17 identisch. Die Äquivalenz von Bild 6.17 zeigt bereits einen Weg zur Vermeidung schwimmender Gyratoren. Von Nachteil ist zunächst, daß zur Simulation einer erdfreien Induktivität zwei Gyratoren benötigt werden.

Äquivalenz c: Die im Bild 6.18 dargestellten Schaltungen sind äquivalent.

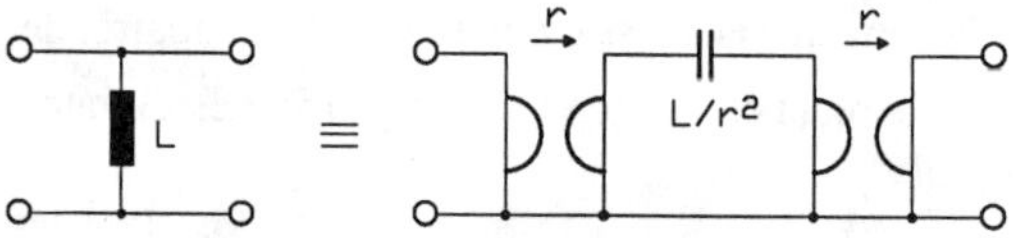

Bild 6.18
Äquivalente Schaltungen (Äquivalenz c)

Der Beweis erfolgt in gleicher Weise durch das Ausmultiplizieren der drei Kettenmatrizen der drei Teilzweitore, er soll dem Leser überlassen werden. Zunächst erscheint diese Äquivalenz als weniger bedeutend, da eine einseitig geerdete Induktivität vorliegt, die auch mit einem einseitig geerdeten Gyrator direkt nachgebildet werden kann. Die praktische Bedeutung dieser Äuqivalenz wird später einsichtig.

Äquivalenz d: Die im Bild 6.19 dargestellten Schaltungen sind äquivalent.

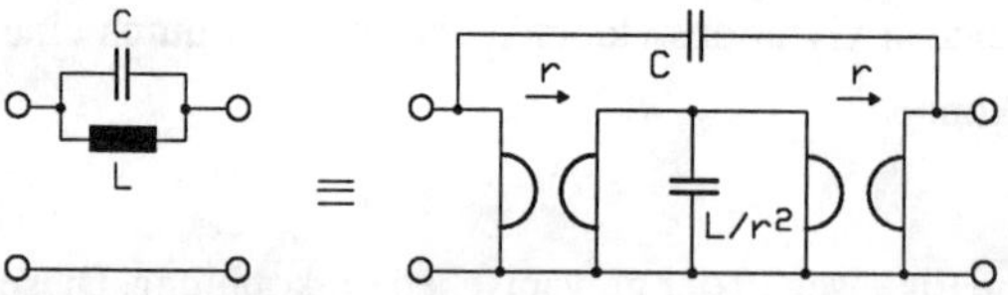

Bild 6.19
Äquivalente Schaltungen (Äquivalenz d)

Die Richtigkeit dieser Äquivalenz ergibt sich unmittelbar aus der Äquivalenz b (Bild 6.17).

Äquivalenz e: Die im Bild 6.20 dargestellten Schaltungen sind äquivalent.

Zum Beweis betrachten wir das mittlere Teilzweitor der rechten Schaltung, dies ist im Bild 6.21 nochmals dargestellt. Offenbar handelt es sich um ein Elementarzweitor (gemäß Bild 2.17, ganz rechts) mit einem Querleitwert $Y = 1/(j\omega C r^2 + r^2/(j\omega L))$.

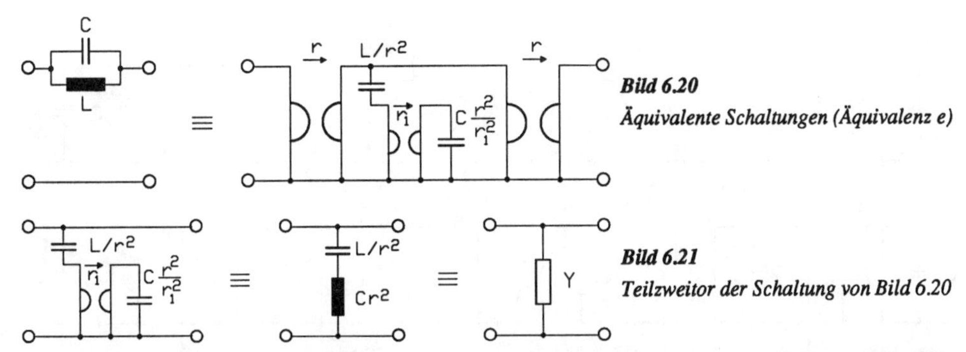

Bild 6.20
Äquivalente Schaltungen (Äquivalenz e)

Bild 6.21
Teilzweitor der Schaltung von Bild 6.20

Die Ausmultiplikation der drei Kettenmatrizen der Teilzweitore (Bild 6.20 rechts) führt schließlich zum Beweis dieser Äquivalenz. Bei der Äquivalenz e benötigt man drei Gyratoren zur Nachbildung eines beiderseitig erdfreien Parallelschwingkreises. Die beiden äußeren Gyratoren müssen überdies den gleichen Gyrationswiderstand r aufweisen während der "innere" einen abweichenden Gyrationswiderstand r_1 haben kann. Nach der Äquivalenz d reichen für das gleiche Problem auch zwei Gyratoren mit gleichem Gyrationswiderstand aus. Die Bedeutung der Äquivalenz e wird anschließend deutlich.

Mit den besprochenen Äquivalenzen lassen sich LC-Abzweigschaltungen in spulenfreie Schaltungen mit ausschließlich Kapazitäten und einseitig geerdeten Gyratoren umwandeln. Diese "Umwandlungsmethoden" werden im Rahmen von zwei Beispielen demonstriert.

Beispiel 1

Bild 6.22 zeigt links einen Polynomtiefpaß 3. Grades. Bei der Umwandlung wurde von der Äquivalenz b Gebrauch gemacht. In diesem Fall benötigt man zwei Gyratoren um eine Induktivität zu ersetzen. Bei Verwendung von schwimmenden Gyratoren hätte man hier nur einen benötigt. Von für die praktische Realisierung erheblichem Nachteil ist übrigens die Tatsache, daß die beiden Gyratoren den gleichen Gyrationswiderstand besitzen müssen (Abgleich erforderlich!).

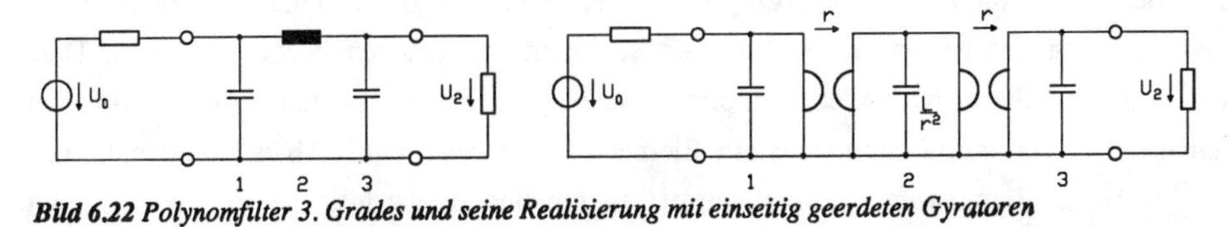

***Bild 6.22** Polynomfilter 3. Grades und seine Realisierung mit einseitig geerdeten Gyratoren*

Beispiel 2

Wir untersuchen einen Bandpaß (transformiert aus einem Cauer-Tiefpaß 3. Grades), der im oberen Teil von Bild 6.23 skizziert ist.

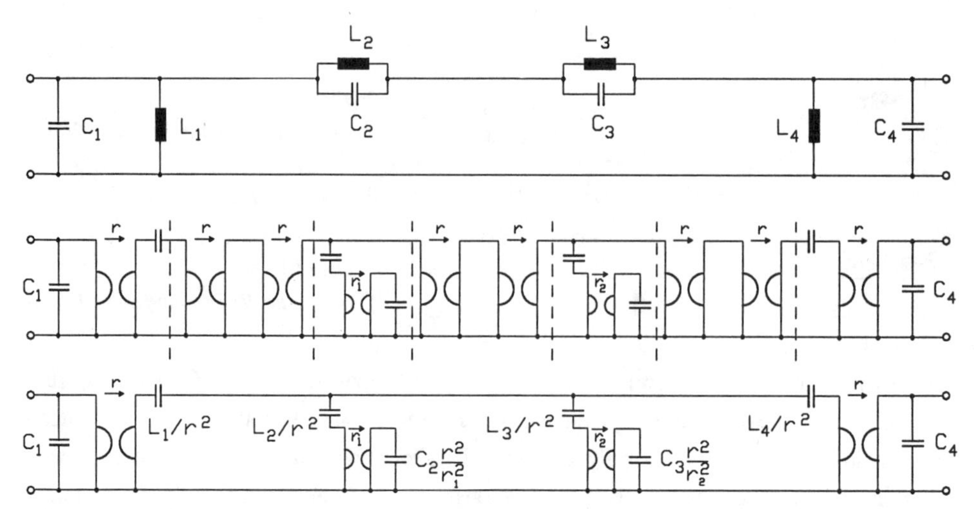

Bild 6.23 Bandpaßschaltung (oben) und seine Realisierung mit einseitig geerdeten Gyratoren

Verwendet werden die Äquivalenzen c (für die einseitig an Erde liegenden Induktivitäten) und e (für die beiderseits erdfreien Schwingkreise). Die Umwandlung ist in der Mitte des Bildes dargestellt. Dabei wurde darauf geachtet, daß die Gyrationswiderstände der jeweils "äußeren" Gyratoren gleich sind. Dies führt dazu, daß an den drei markierten Stellen Kettenschaltungen von jeweils zwei Gyratoren mit gleichem Gyrationswiderstand auftreten. Nach der Äquivalenz a sind diese Kettenschaltungen aber durch einfache Durchverbindungen ersetzbar, so daß wir schließlich die unten im Bild 6.23 skizzierte Schaltung erhalten.Es ist bemerkenswert, daß diese Schaltung mit nur vier einseitig geerdeten Gyratoren zum Ersatz der vier Induktivitäten auskommt. Ein kleiner "Schönheitsfehler" ist auch hier die Forderung, daß die beiden äußeren Gyratoren gleiche Gyrationswiderstände aufweisen müssen.

6.3.2.3 Abschließende Bemerkungen zu den Gyrator-Filtern

Trotz der prinzipiell vorteilhaften Empfindlichkeitsmerkmale der hier besprochenen Filterklasse, muß in der Praxis der Einfluß der Bauelementetoleranzen beachtet werden. Dies besonders bei Filtern mit steilen Dämpfungsflanken, i.a. Filtern mit hohem Grad. Bei den Konvertern (Gyratoren) führen parasitäre Elemente zu unerwünschten Abweichungen, besonders bei hohen Frequenzen. Die einfachste Gegenmaßnahme ist hier die Verwendung von besseren Operationsverstärkern. Ansonsten muß darauf geachtet werden, daß ein bestmöglicher Entwurf der Konverter erfolgt, und parasitäre Bauelemente nach Möglichkeit in den Filterentwurf mit einbezogen werden.

Die im Abschnitt 6.3.2.2 besprochenen Filterstrukturen weisen gegenüber einer unmittelbaren Induktivitätssimulation den wichtigen Vorteil auf, daß nur einseitig geerdete Gyratoren benötigt werden. Es gibt aber auch einige Nachteile. So benötigt man zur Realisierung der Filter Paare von Gyratoren mit gleichen Gyrationswiderständen, ein sorgfältiges Ausmessen ist also notwendig. Bei den im Abschnitt 6.3.2.1 besprochenen Filtern werden stets nur soviele Gyratoren (mit unabhängig wählbaren Gyrationswiderständen) benötigt, wie Induktivitäten in der Referenzschaltung auftreten. Bei Verwendung einseitig geerdeter Gyratoren kann diese Zahl größer sein (z.B. bei der Schaltung nach Bild 6.22). Schließlich geht die leichte Abgleichbarkeit von möglicherweise vorhandenen Dämpfungspolen bei den Realisierungsstrukturen nach Abschnitt 6.3.2.2 verloren (vgl. hierzu die Bemerkungen am Ende des Abschnittes 6.3.1).

Es soll noch kurz auf einen weiteren bisher nicht erwähnten Aspekt eingegangen werden. Als Beispiel betrachten wir die links im Bild 6.15 skizzierte Hochpaßschaltung mit einem Reihenschwingkreis im Querzweig. Liegt an einem Reihenschwingkreis eine Spannung U, so tritt bekanntlich bei der Resonanzfrequenz an Induktivität und Kapazität jeweils eine Spannung der Größe $Q \cdot U$ auf. Dabei ist Q die Güte des Schwingkreises, die üblicherweise im Wertebereich von 100 bis 500 liegt. Eine am Schwingkreis anliegende Spannung von 1 Volt kann also zu Spannungswerten von einigen hundert Volt an der Induktivität (und der Kapazität) führen. Ersetzt man die Induktivität durch einen mit einer Kapazität abgeschlossenen Gyrator (rechts im Bild 6.15), so würde diese hohe Spannung auch am Gyratoreingang auftreten. Dies darf selbstverständlich nicht sein, und ein Ausweg besteht nur darin, die Betriebsspannungen erheblich abzusenken. Die Absenkung des Spannungsniveaus hat aber zur Folge, daß das Eigenrauschen der Schaltung nicht mehr ohne weiteres vernachlässigbar ist und in die Untersuchungen einbezogen werden muß. Besonders stark wirkt sich das Eigenrauschen in den Sperrbereichen der Schaltungen aus, da dort sowieso schon kleine Ausgangsspannungen auftreten. Aktive Filter, die Referenzfilter der hier beschriebenen Art nachbilden, weisen ein relativ günstiges "Rauschverhalten" auf. Dies ist darin begründet, daß bei den Abzweigschaltungen die Ausgangsspannung bzw. der Ausgangsstrom durch fortwährende Spannungs- bzw. Stromteilung erfolgt. Das bedeutet, daß sich eine in einem Zweig befindliche "Rauschquelle" nicht unmittelbar auf den Ausgang auswirkt. Die fortwährend auftretende Strom- und Spannungsteilung wirkt sich ebenso auf den Dynamikbereich der Filterschaltungen günstig aus.

6.3.3 Aktive Filter mit Superkapazitäten

6.3.3.1 Die Bruton-Transformation

Zur Erklärung der Bruton-Transformation benutzen wir die im Bild 6.24 dargestellte Schaltung. Es handelt sich (bei entsprechenden Werten der Bauelemente) um einen Cauer-Tiefpaß 3. Grades in seiner spulenreichen Realisierungsart.

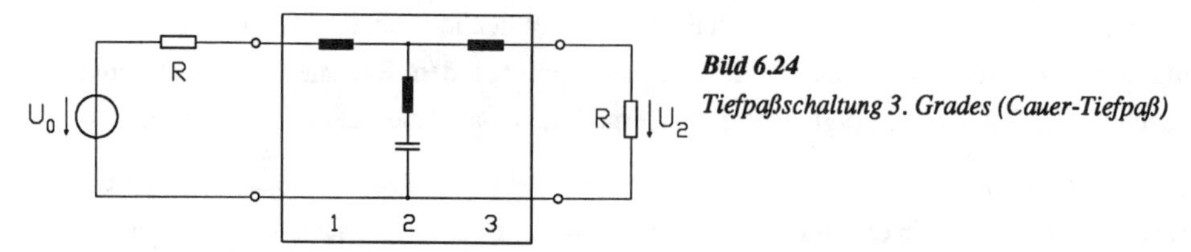

Bild 6.24
Tiefpaßschaltung 3. Grades (Cauer-Tiefpaß)

Die Kettenmatrix des im Bild 6.24 markierten Zweitores ergibt sich als Produkt der Kettenmatrizen von drei Elementarzweitoren

$$\mathbf{A} = \begin{pmatrix} A_{11} & A_{12} \\ A_{21} & A_{22} \end{pmatrix} = \begin{pmatrix} 1 & sL_1 \\ 0 & 1 \end{pmatrix} \begin{pmatrix} 1 & 0 \\ \dfrac{1}{sL_2 + 1/(sC_2)} & 1 \end{pmatrix} \begin{pmatrix} 1 & sL_3 \\ 0 & 1 \end{pmatrix}. \tag{6.36}$$

1. Aussage zur Bruton-Transformation

Dividiert man in einer Zweitorschaltung alle Impedanzen durch sK_0 bzw. multipliziert man alle Admittanzen mit sK_0, so lautet die Kettenmatrix des dann vorliegenden Zweitores

$$\mathbf{A'} = \begin{pmatrix} A_{11} & \dfrac{A_{12}}{sK_0} \\ A_{21}sK_0 & A_{22} \end{pmatrix}. \tag{6.37}$$

Für "Elementarzweitore", die entweder nur eine Impedanz Z im Längszweig oder eine Admittanz Y im Querzweig besitzen (siehe z.B. rechter Bildteil 2.17 im Abschnitt 2.2.4), ist diese Aussage unmittelbar einsichtig. Die Division von Z durch sK_0 bzw. die Multiplikation von Y mit sK_0 führt zu den Kettenmatrizen:

$$\begin{pmatrix} 1 & Z/(sK_0) \\ 0 & 1 \end{pmatrix}, \quad \begin{pmatrix} 1 & 0 \\ YsK_0 & 1 \end{pmatrix},$$

also der Form gemäß Gl. 6.37. Die Kettenschaltung dieser beiden Teilzweitore hat die Kettenmatrix

$$\begin{pmatrix} 1 & Z/(sK_0) \\ 0 & 1 \end{pmatrix} \cdot \begin{pmatrix} 1 & 0 \\ YsK_0 & 1 \end{pmatrix} = \begin{pmatrix} 1+YZ & Z/(sK_0) \\ YsK_0 & 1 \end{pmatrix},$$

auch hier bleibt die Form gemäß Gl. 6.37 erhalten. Ansonsten verzichten wir auf einen Beweis und überprüfen diese Aussagen am Beispiel des Zweitores von Bild 6.24. Gleichzeitig sehen wir, welche schaltungstechnische Bedeutung die Division der Impedanzen durch sK_0 hat.

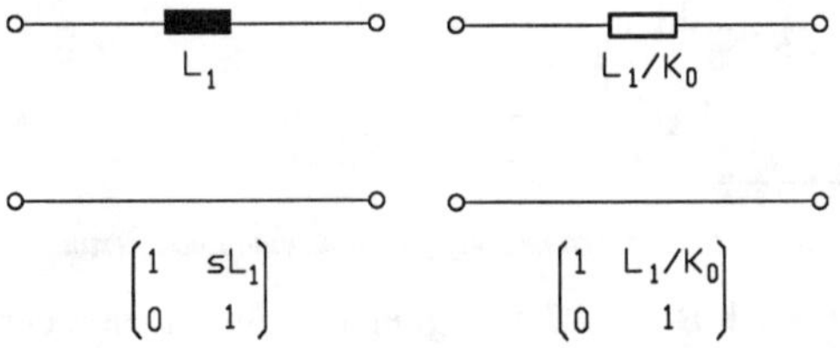

L_1 $\qquad$ L_1/K_0

$$\begin{bmatrix} 1 & sL_1 \\ 0 & 1 \end{bmatrix} \qquad \begin{bmatrix} 1 & L_1/K_0 \\ 0 & 1 \end{bmatrix}$$

Bild 6.25
Umwandlung eines Zweitores durch die Bruton-Transformation

Zunächst wird das 1. Elementarzweitor in der Schaltung von Bild 6.24 betrachtet, es ist nochmals links im Bild 6.25 dargestellt. Die Division der Impedanz sL_1 durch sK_0 ergibt

$$\frac{sL_1}{sK_0} = \frac{L_1}{K_0} = R_1',$$

schaltungstechnisch entsteht aus der Induktivität ein Widerstand. Dies zeigt der rechte Teil von Bild 6.25.

Das mittlere Elementarzweitor vom Tiefpaß nach Bild 6.24 ist nochmals links im Bild 6.26 mit seiner Kettenmatrix skizziert.

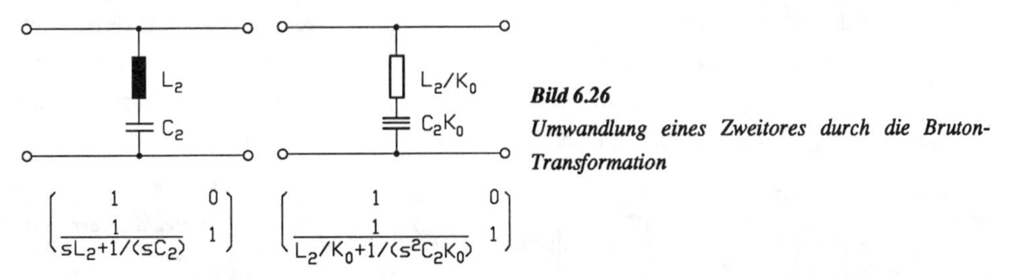

Bild 6.26
Umwandlung eines Zweitores durch die Bruton-Transformation

Die Division der Impedanz sL_2 durch sK_0 führt wieder auf einen Widerstand L_2/K_0, die Division der Impedanz $1/(sC_2)$ durch sK_0 ergibt $1/(s^2K_0C_2) = 1/(s^2C_S)$. Die Kapazität C_2 wird in die Superkapazität $C_S = K_0C_2$ transformiert (siehe hierzu Abschnitt 6.2.2.3). Aus Bild 6.12 ersehen wir, daß ein mit C_2 abgeschlossener p-Impedanzkonverter (im Rückwärtsbetrieb) diese Superkapazität nachbildet. Rechts im Bild 6.26 ist die besprochene Schaltungstransformation dargestellt. Man erkennt, daß die transformierte Kettenmatrix die Form von Gl. 6.37 aufweist.

Das 3. Teilzweitor der Schaltung nach Bild 6.24 entspricht dem 1. Teilzweitor (Bild 6.25). Damit führt die Division aller Impedanzen durch sK_0 das Zweitor von Bild 6.24 in das im Bild 6.27 skizzierte Zweitor über. Rechts im Bild 6.27 ist die Realisierung der Superkapazität durch einen p-Impedanzkonverter angedeutet.

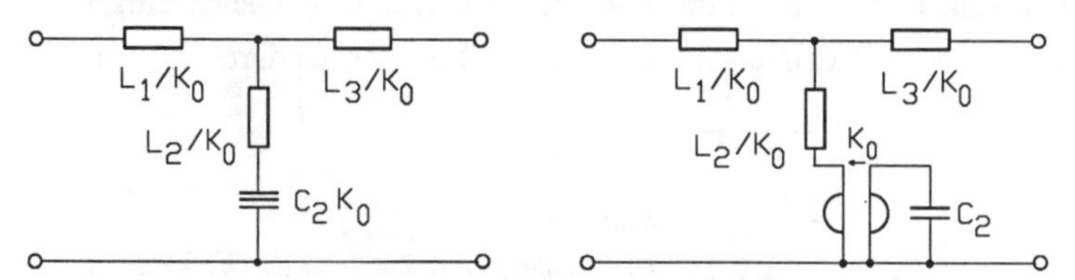

Bild 6.27 *Umwandlung des Zweitores von Bild 6.24 durch die Bruton-Transformation und seine Realisierung*

Zur Ermittlung der Kettenmatrix des Zweitores nach Bild 6.27 erfolgt eine Multiplikation der Matrizen der Teilzweitore (Bilder 6.25, 6.26). Es zeigt sich, daß diese Kettenmatrix eine Form gemäß Gl. 6.37 besitzt. Die Elemente A_{11} und A_{22} entsprechen denen des Ausgangsnetzwerkes, die Elemente A_{12}, A_{21} enthalten sK_0 im Nenner bzw. als Faktor.

2. Aussage zur Bruton-Transformation

Es gilt die Beziehung

$$\begin{pmatrix} A_{11} & A_{12} \\ A_{21} & A_{22} \end{pmatrix} = \begin{pmatrix} 1 & 0 \\ 0 & 1/(sK_0) \end{pmatrix} \begin{pmatrix} A_{11} & A_{12}/(sK_0) \\ A_{21}sK_0 & A_{22} \end{pmatrix} \begin{pmatrix} 1 & 0 \\ 0 & sK_0 \end{pmatrix}. \tag{6.38}$$

Die Richtigkeit dieser Beziehung kann durch Ausmultiplizieren vom Leser selbst leicht nachgewiesen werden. Bild 6.28 zeigt die wichtige schaltungsmäßige Nachbildung dieser Beziehung. Das mittels der Bruton-Transformation umgewandelte Zweitor wird links und rechts mit p-Impedanzkonvertern (im Vor- bzw. Rückwärtsbetrieb) abgeschlossen. Das Gesamtzweitor hat die Kettenmatrix **A** des ursprünglichen Zweitores.

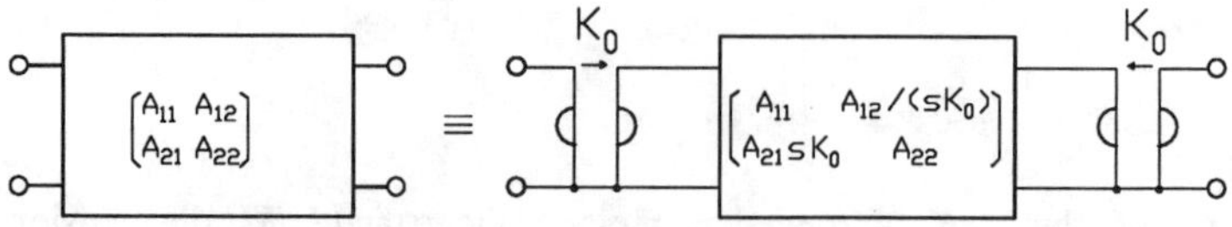

Bild 6.28
Interpretation der Aussage von Gl. 6.38

Die Anwendung auf das besprochene Beispiel erfolgt im Bild 6.29. Das dort angegebene Zweitor hat die gleiche Kettenmatrix wie das Zweitor von Bild 6.24. Die Schaltungen nach Bild 6.24 und 6.29 haben den gleichen Dämpfungs- und Phasenverlauf. Die Anwendung der Bruton-Transformation hat eine Filterschaltung mit Induktivitäten in eine aktive RC-Struktur umgewandelt. Zu ihrer Realisierung werden p-Impedanzkonverter benötigt.

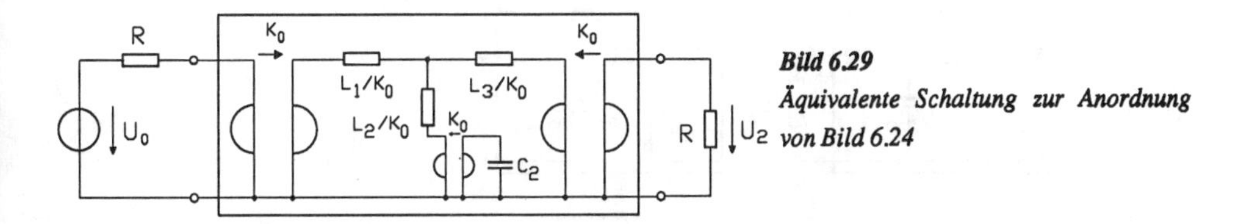

Bild 6.29
Äquivalente Schaltung zur Anordnung von Bild 6.24

6.3.3.2 Der Entwurf der Filterschaltungen

Mit Hilfe der Bruton-Transformation kann das Problem des Ersatzes erdfreier Induktivitäten umgangen werden, wenn das Referenzfilter nur einseitig geerdete Kapazitäten enthält. Induktivitäten werden dann in Widerstände transformiert, ggf. in der Schaltung auftretende Widerstände werden zu Kapazitäten. Kapazitäten werden zu Superkapazitäten, die mit Hilfe eines p-Impedanzkonverters zu realisieren sind. Dabei kommt es darauf an, daß ein einseitig an Masse liegender p-IK zur Anwendung kommen kann. Dies trifft bei einseitig geerdeten Kapazitäten zu. Kommen in der Referenzschaltung erdfreie Kapazitäten vor, so führt die Bruton-Transformation zu (unerwünschten) erdfreien Superkapazitäten, die nur durch "schwimmende" p-Impedanzkonverter nachgebildet werden könnten. Die Beschränkung auf einseitig geerdete Kondensatoren in der Referenzschaltung schränkt die Anwendbarkeit der hier behandelten Synthesemethode etwas ein.

Beispiel 1 (Polynomfilter)
Polynomfilter sind durch Abzweignetzwerke realisierbar, die in den Längszweigen Induktivitäten und den Querzweigen Kapazitäten enthalten. Damit sind die Realisierungsvoraussetzungen gegeben. Es ist sinnvoll von der spulenreichen Schaltung auszugehen, da die Induktivitäten in Widerstände transformiert werden. Ein spezielles Beispiel zeigt Bild 6.30, im oberen Teil ist links ein Polynomfilter 5. Grades dargestellt, rechts das transformierte Zweitor. Unten ist die gesamte aktive Schaltung angegeben.

Beispiel 2 (Cauer-Tiefpässe)
Diese sind ebenfalls realisierbar, wenn die spulenreichen Schaltungen als Referenzschaltungen gewählt werden. Ein spezielles Beispiel ist das im Abschnitt 6.3.3.1 besprochene Cauer-Filter 3. Grades (Bilder 6.24, 6.29).

Beispiel 3 (Hochpässe)
Hochpaßschaltungen, die aus Polynomtiefpässen transformiert worden sind, besitzen in den Querzweigen (einseitig an Masse liegende) Induktivitäten und Kapazitäten in den Längszweigen. Eine Bruton-Transformation ist hier also nicht praktikabel. Es besteht aber die Möglichkeit,

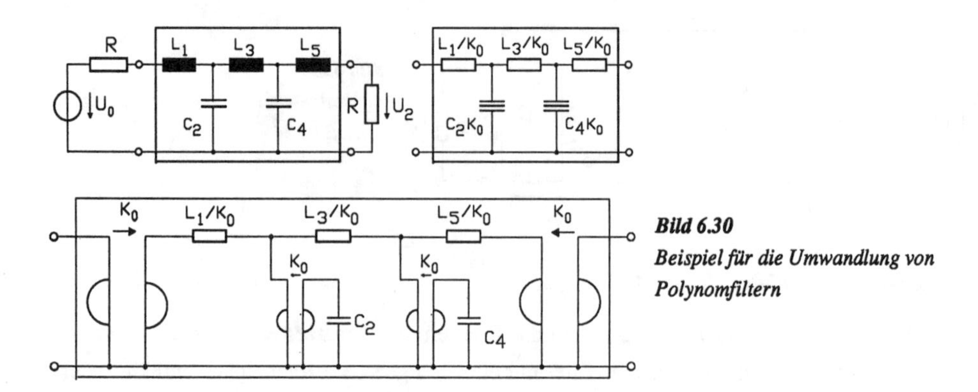

Bild 6.30
Beispiel für die Umwandlung von Polynomfiltern

die Induktivitäten durch mit Widerstände abgeschlossene p-Impedanzkonverter nachzubilden (siehe Bilde 6.12). Auch hier ist also eine spulenfreie Realisierung alleine mit der Verwendung des p-IK möglich. Auf die gleiche Weise ist auch die Realisierung von Hochpässen möglich, die aus Cauer-Tiefpässen durch Frequenztransformation entstanden sind (vgl. hierzu die Realisierung des "Hochpaßteiles" vom Beispiel 4).

Beispiel 4 (Bandpässe)

Bandpässe, die durch Frequenztransformation aus Tiefpaßschaltungen gewonnen wurden, sind als Referenzfilter nicht brauchbar. Als Beispiel betrachten wir die oben im Bild 6.23 skizzierte Bandpaßschaltung, die sowohl nicht geerdete Kapazitäten und Induktivitäten enthält.

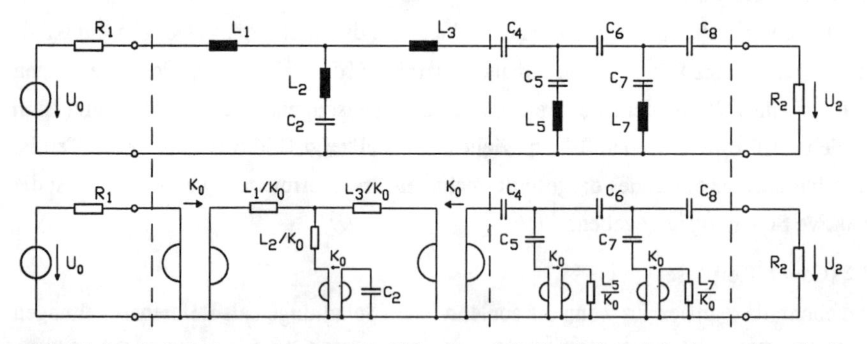

Bild 6.31 *Bandpaßschaltung mit seperatem Tiefpaß- und Hochpaßteil und die Anwendung der Bruton-Transformation*

Ein Ausweg ist möglich, wenn die Bandpaßschaltung nicht durch die bequeme Tiefpaß-Bandpaß-Transformation ermittelt wird, sondern als Struktur mit seperatem Tiefpaß- und Hochpaßteil (siehe z.B. [Fr]). Im Bild 6.31 ist im oberen Teil eine solche Bandpaßstruktur dargestellt, der 1. Teil entspricht einem Tiefpaß, der 2. einem Hochpaß. Der Tiefpaßteil wird der Bruton-Transformation unterzogen (unterer Bildteil), im Hochpaßteil erfolgt der Ersatz der Induktivitäten durch mit Widerstände abgeschlossene p-Impedanzkonverter (vgl. Bild 6.12).

Hinweis:

Die Berechnung von LC-Abzweigschaltungen erfolgt üblicherweise nach einer sogenannten Abspaltmethode (siehe Abschnitt 4.4.4). Dabei werden nacheinander Dämpfungspole (bei endlichen Frequenzen oder im Unendlichen) abgespalten. Dieses Verfahren kann zu Bandpaßstrukturen nach Bild 6.31 führen. Diese Struktur soll aber nicht so interpretiert werden, daß ein Bandpaß einfach durch die Hintereinanderschaltung eines Tiefpasses mit einem Hochpaß entworfen werden kann. Schaltet man einen seperat entworfenen Tiefpaß mit einem Hochpaß (kleinerer Grenzfrequenz) in Kette, so entsteht zwar auch ein "bandpaßartiges" Verhalten. Der Schaltungsaufwand wäre aber (bei gleichen Anforderungen) erheblich höher als bei der unmittelbaren Entwurfsmethode. Schließlich ist dabei auch zu beachten, daß das Produkt der Teilübertragungsfunktionen des Tief- und Hochpasses nur dann die Übertragungsfunktion des Bandpasses ergibt, wenn die Teilschaltungen rückwirkungsfrei in Kette geschaltet werden.

6.3.3.3 Die Realisierung von Spannungs-Übertragungsfunktionen

Die im Abschnitt 6.3.3.1 besprochene Transformation führt in Widerstände eingebettete Zweitore in äquivalente Zweitore über. Die Einbettungswiderstände werden nicht transformiert. Wir betrachten als Beispiel die Anordnung im linken Teil von Bild 6.32, bei der die Widerstände Teil des zu transformierenden Zweitores sind. Der rechte Bildteil zeigt die transformierte Schaltung, die Einbettungswiderstände sind in Kapazitäten transformiert worden.

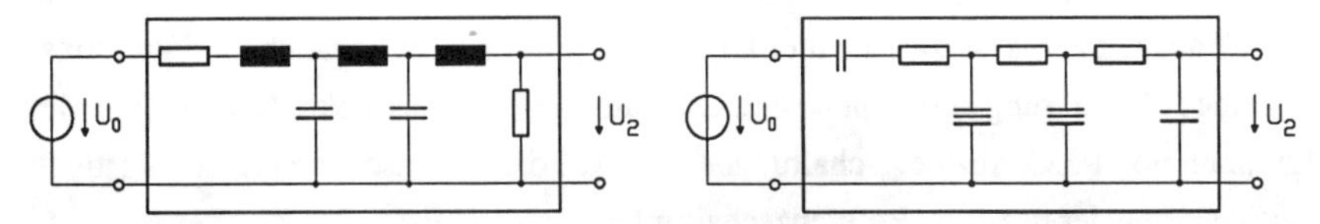

***Bild 6.32** Beispiel zur Realisierung einer Übertragungsfunktion*

Aus der 1. Kettengleichung $U_1 = A_{11}U_2 + A_{12}I_2$ folgt, daß bei der gegebenen Anordnung

$$G = \frac{U_2}{U_0} = \frac{1}{A_{11}}$$

die Spannungs-Übertragungsfunktion ist. Nun wirkt sich aber die durchgeführte Bruton-Transformation nicht auf das Matrixelement A_{11} aus (siehe Gl. 6.37). Dies bedeutet, daß beide im Bild 6.32 angegebenen Schaltungen die gleiche Spannungs-Übertragungsfunktion besitzen. Im Gegensatz zu dem früher besprochenen Verfahren werden zwei p-Impedanzkonverter eingespart (vgl. die entsprechende Schaltung nach Bild 6.30). In der Praxis ist diese aufwandsärmere Realisierung nicht immer brauchbar. Oft liegen die Abschlußwiderstände durch den Innenwiderstand der Quelle und den Eingangswiderstand der Folgestufe fest, sie können nicht "wegtransformiert" werden.

6.3.3.4 Abschließende Bemerkungen

Ein wichtiger Vorteil der in diesem Abschnitt besprochenen Methode zum Entwurf aktiver Filter liegt darin, daß zur Realisierung nur ein aktiver Schaltungstyp, der p-Impedanzkonverter, benötigt wird. Je nach Abschluß werden geerdete Induktivitäten oder geerdete Superkapazitäten nachgebildet. Nachteilig gegenüber den Gyrator C-Strukturen nach Abschnitt 6.3.2.2 ist sicher die Beschränkung auf Referenzschaltungen mit einseitig an Masse liegenden Kondensatoren. Bezüglich weiterer Aspekte wird auf die Auführungen im Abschnitt 6.3.2.3 verwiesen, die auch hier sinngemäß zuteffen.

6.3.4 Leapfrog-Filter

6.3.4.1 Vorbemerkung

Die deutsche Übersetzung für Leapfrog-Filter (kurz LF-Filter) ist "Bocksprung-Filter". Der Name leitet sich aus der Struktur dieser Filter ab, bei der jeweils zwei benachbarte Funktionsblöcke durch eine Rückführung verkoppelt sind. LF-Filter stellen eine direkte Nachbildung der Signalflußgraphen von RLC-Abzweigschaltungen dar. Auf diese Weise werden die günstigen Toleranzeigenschaften der passiven Referenzschaltungen auf die LF-Strukturen übertragen. Je nach der Betrachtungsweise, können LF-Filter auch der Gruppe der sogenannten Zustandsraumfilter zugerechnet werden.

Im kommenden Abschnitt 6.3.4.2 wird zunächst gezeigt, wie aus einer RLC-Abzweigschaltung eine LF-Struktur entsteht. Problemlos realisierbar sind die LF-Strukturen, wenn in den Längszweigen nur Induktivitäten oder Reihenschaltungen von Induktivitäten mit Widerständen und Kapazitäten auftreten. In den Querzweigen sind Kapazitäten oder Parallelschaltungen von Kapazitäten mit Widerständen und Induktivitäten erlaubt. Dies trifft bei Polynomtiefpässen zu und bei Bandpässen, die durch eine Tiefpaß-Bandpaß-Transformation aus Polynomtiefpässen transformiert wurden. Der Entwurf solcher LF-Schaltungen wird im Abschnitt 6.3.4.3 ausführlich besprochen.

Bei Hochpässen sowie bei Tief- und Bandpässen mit Parallelschwingkreisen in den Längszweigen (z.B. Cauer-Tief- und Bandpässe) ergeben sich bei der Realisierung der LF-Strukturen zunächst Schwierigkeiten, die hauptsächlich darin begründet sind, daß zur Realisierung (unerwünschte) Differenzierschaltungen benötigt werden. Auf diese Probleme und auf Methoden zur Vermeidung von Differenzierern kann hier jedoch nicht eingegangen werden. Interessierten Lesern wird in diesem Zusammenhang die Literaturstelle [Br] empfohlen. Das Programm STANDARDFILTER (ANALOG/DIGITAL) unterstützt den Entwurf von Leapfrog-Filtern.

6.3.4.2 Die Grundstrukturen der LF-Filter

Zur Ableitung der Filterstrukturen gehen wir von der oben im Bild 6.33 dargestellten Abzweigschaltung mit der Übertragungsfunktion $G = U_n/U_0$ aus.

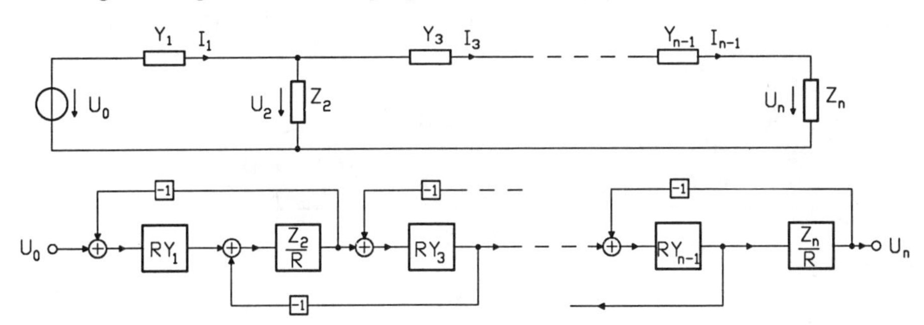

Bild 6.33 Abzweigschaltung (oberer Bildteil) und die zugehörende LF-Struktur

Offensichtlich können die in dieser Schaltung eingetragenen Ströme und Spannungen durch die Beziehungen

$$\begin{aligned} I_\nu &= Y_\nu(U_{\nu-1} - U_{\nu+1}), \quad \nu = 1,3,..,n-1 \\ U_\nu &= Z_\nu(I_{\nu-1} - I_{\nu+1}), \quad \nu = 2,4,..,n, I_{n+1} = 0 \end{aligned} \tag{6.39}$$

ausgedrückt werden. So liegt z.B. am Leitwert Y_1 im Längszweig die Spannung $U_0 - U_2$, so daß $I_1 = Y_1(U_0 - U_2)$ wird. Durch Z_2 fließt der Strom $I_1 - I_3$, und somit wird $U_2 = Z_2(I_1 - I_3)$.

Da die Ein- und Ausgangssignale bei den später zu realisierenden aktiven Funktionsblöcken stets Spannungen sind, wird eine neue Variable

$$\tilde{U}_\nu = RI_\nu \quad \text{mit} \quad R > 0, \quad \nu = 1,3,..,n-1$$

eingeführt. Dabei ist R ein beliebig wählbarer Bezugswiderstand. Ersetzt man in Gl. 6.39 die Ströme durch $I_\nu = \tilde{U}_\nu/R$, so erhält man

$$\begin{aligned} \tilde{U}_\nu &= RY_\nu(U_{\nu-1} - U_{\nu+1}), \quad \nu = 1,3,..,n-1, \\ U_\nu &= \frac{Z_\nu}{R}(\tilde{U}_{\nu-1} - \tilde{U}_{\nu+1}), \quad \tilde{U}_{\nu+1} = 0, \quad \nu = 2,4,..,n. \end{aligned} \tag{6.40}$$

Die Gln. 6.40 lassen sich durch die oben im Bild 6.34 angegebenen einfachen Signalflußgraphen darstellen. Die Multiplikation von U_0 mit dem Faktor 1 und die von U_2 mit dem Faktor -1 führt in dem Knoten zu der Differenz $U_0 - U_2$. Diese Differenz wird anschließend mit dem (Übertragungs-) Faktor RY_1 multipliziert, so daß $\tilde{U}_1 = RY_1(U_0 - U_2)$ entsteht. In entsprechender Weise ergeben sich die weiteren im oberen Bildteil 6.34 dargestellten Signalflußgraphen. Zum Begriff des Signalflußgraphen wird auch auf die Ausführungen im Abschnitt 6.2.1.2 verwiesen.

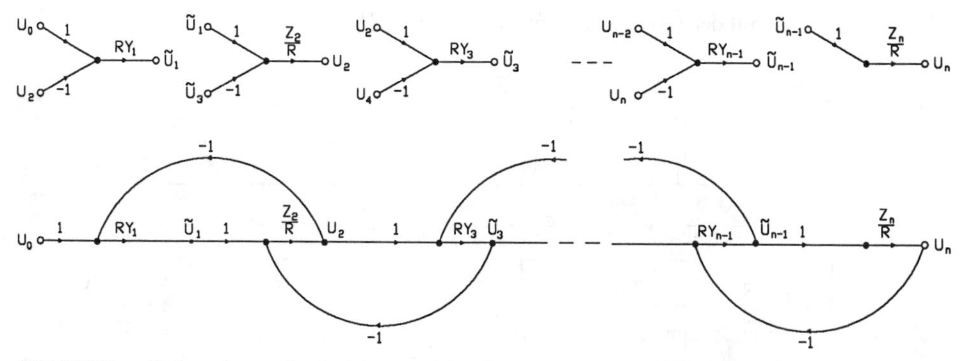

Bild 6.34 Signalflußgraphen zu den Beziehungen 6.40 (oberer Bildteil) und der Signalflußgraph der LF-Struktur

Verbindet man in den einzelnen Signalflußgraphen die Stellen, an denen die gleichen Signale auftreten, so erhält man den unten im Bild 6.34 angegebenen Signalflußgraphen des LF-Filters. Eine etwas übersichtlichere Darstellung des LF-Filters ist im unteren Bildteil 6.33 angegeben. Man erkennt, daß die (auf R normierten) Admittanzen und Impedanzen aus der passiven Abzweigschaltung die Übertragungsfunktionen der aktiv zu realisierenden Funktionsblöcke sind. Dabei ist darauf hinzuweisen, daß es sich bei den Funktionsblöcken durchaus auch um instabile Systeme (z.B. ideale Integratoren) handeln kann, die jedoch in ihrer Zusammenschaltung ein stabiles System ergeben. Das stabile Verhalten der Gesamtanordnung wird insbesonders auch durch die negativen "Rückführungen" erreicht.

Bei der Realisierung kommt es darauf an, mit möglichst wenig Funktionsblöcken auszukommen. Deshalb ist es in manchen Fällen zweckmäßig von der oben im Bild 6.35 angegebenen Schaltung auszugehen, bei der Ein- und Ausgangssignal Ströme sind. Die dort angegebene LF-Struktur kann der Leser entsprechend den Erklärungen bei der Schaltung von Bild 6.33 selbst leicht nachkontrollieren. Sie realisiert die Übertragungsfunktion $\tilde{U}_n/\tilde{U}_0 = I_n/I_0$. Bei den Beispielen im 6.3.4.3 kommen wir auf die unterschiedlichen Formen der Ausgangsschaltungen zurück.

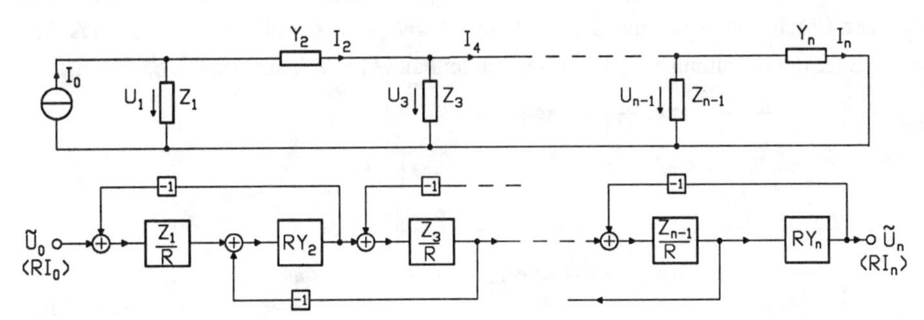

Bild 6.35 Abzweigschaltung (oberer Bildteil) und die zugehörende LF-Struktur

6.3.4.3 Realisierungsbeispiele für LF-Filter

Besprochen wird der Entwurf von Polynomtiefpässen und von Bandpässen, die durch eine Tiefpaß-Bandpaß-Transformation aus Polynomtiefpässen entworfen wurden. Es zeigt sich, daß diese Filtertypen besonders problemlos als LF-Filter realisierbar sind.

Beispiel 1 (Tiefpaß)

Bild 6.36 zeigt die Schaltung eines Polynomtiefpasses 4. Grades mit der dort üblichen Durchnumerierung der Bauelemente und Spannungen.

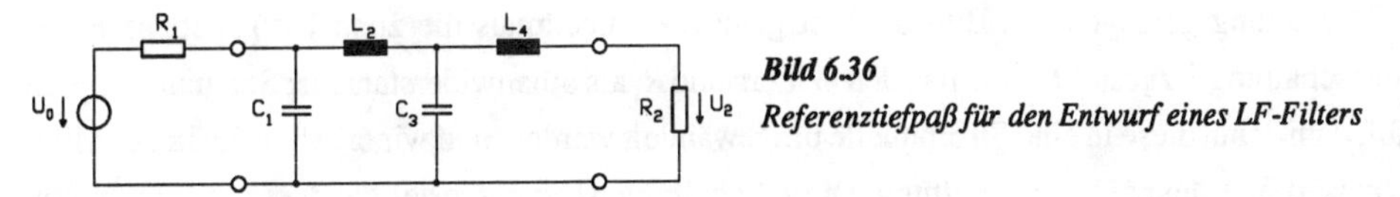

Bild 6.36 Referenztiefpaß für den Entwurf eines LF-Filters

Das zu entwerfende LF-Filter soll die Übertragungsfunktion $G = U_2/U_0$ zumindest bis auf einen konstanten Faktor realisieren.

Die Schaltung entspricht genau der Struktur im oberen Bildteil 6.33, wir können sie also unmittelbar in eine LF-Struktur (unterer Bildteil 6.33) umsetzen und erhalten die im Bild 6.37 angegebene Schaltung.

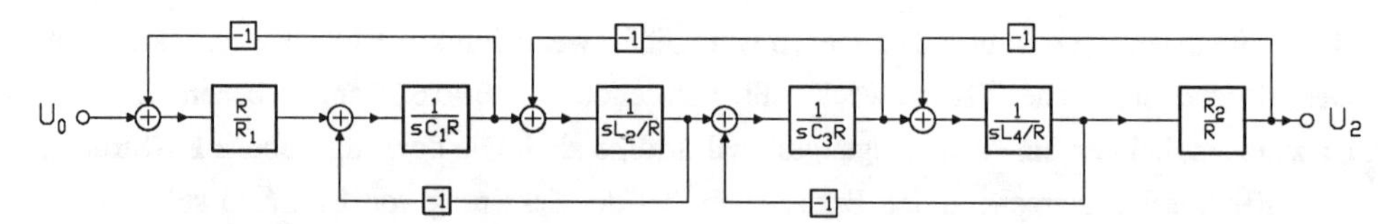

***Bild 6.37** LF-Schaltung, die durch unmittelbare Umsetzung der Referenzschaltung 6.36 entsteht*

Bei den Funktionsblöcken handelt es sich um (ideale) Integrierer und frequenzunabhängige Verstärker. Durch Wahl von entweder $R = R_1$ oder $R = R_2$ kann der Funktionsblock am Anfang oder am Ende der Schaltung eingespart werden, im Falle $R_1 = R_2$ können sogar beide entfallen.

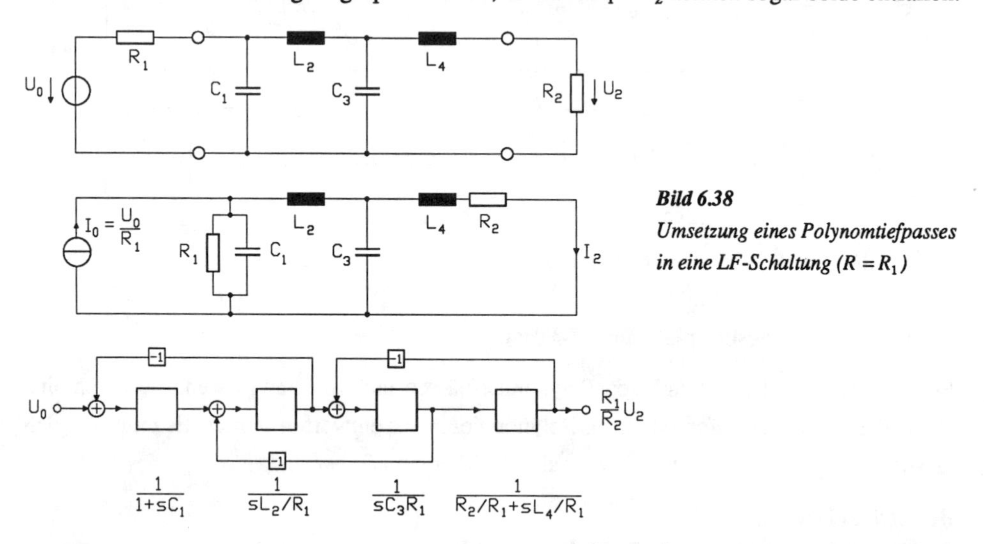

Bild 6.38
Umsetzung eines Polynomtiefpasses in eine LF-Schaltung ($R = R_1$)

Im vorliegenden Fall ist es nicht zweckmäßig, die LF-Schaltung nach Bild 6.37 zu realisieren. Man kann nämlich durch einfache Überlegungen zu einer günstigeren und aufwandsärmeren LF-Schaltung gelangen. Im Bild 6.38 ist ganz oben nochmals die zunächst gegebene Referenzschaltung dargestellt. Faßt man den Widerstand R_1 als Innenwiderstand der Spannungsquelle auf, dann kann diese in eine Stromquelle umgewandelt werden, und wir erhalten die in der Mitte von Bild 6.38 angegebene Schaltung. Diese Schaltung ist so dargestellt, daß ein Minimum von Längs- und Querzweigen auftritt. Das Eingangssignal dieser Schaltung ist der Strom $I_0 = U_0/R_1$, das Ausgangssignal der Strom $I_2 = U_2/R_2$. Die Schaltung in der Mitte von Bild 6.38 entspricht der Schaltungsstruktur im Bild 6.35, und damit erhalten wir die unten im Bild 6.38 angegebene LF-Schaltung.

Mit $R = R_1$ wird $\tilde{U}_0 = R_1 I_0 = U_0$ und das Ausgangssignal $\tilde{U}_n = R_1 I_2 = U_2 R_1/R_2$, so daß die LF-Schaltung zunächst die Übertragungsfunktion

$$\frac{\tilde{U}_n}{\tilde{U}_0}=\frac{R_1}{R_2}\frac{U_2}{U_0}$$

realisiert. Durch einen weiteren Funktionsblock mit der Verstärkung R_2/R_1 am Schaltungsende kann dieser Faktor (falls erforderlich) eliminiert werden.

Die Übertragungsfunktionen der Funktionsblöcke in der Schaltung nach Bild 6.38 können mit Hilfe der Struktur im Bild 6.35 leicht ermittelt werden. So hat z.B. der 1. Funktionsblock die Übertragungsfunktion Z_1/R_1, wobei Z_1 die Impedanz des 1. Querzweiges der Referenzschaltung ist. Im vorliegenden Fall gilt

$$Z_1=\frac{1}{1/R_1+sC_1} \quad \text{und} \quad \frac{Z_1}{R_1}=\frac{1}{1+sC_1R_1}.$$

Genaugenommen benötigt die Schaltung 6.38 (bei gleichen Anforderungen) die gleiche Anzahl von Funktionsblöcken wie die Schaltung 6.37. Mit z.B. $R=R_1$ entfällt in der Schaltung 6.37 der 1. Funktionsblock. Bei der Schaltung 6.38 ist ein zusätzlicher Funktionsblock mit der Übertragungsfunktion R_2/R_1 erforderlich, wenn der dort bei dem Ausgangssignal auftretende Faktor berücksichtigt werden soll. Vorteilhaft bei der Schaltung 6.38 ist, daß nur zwei ideale Integratoren benötigt werden. Ideale Integratoren sind für sich genommen instabil (Pol bei s=0). Die Stabilität der Gesamtanordnung entsteht durch die Zusammenschaltung der Blöcke. Trotzdem sollten nach Möglichkeit instabile Funktionsblöcke vermieden werden, da diese bei ungenauem Abgleich, oder auch infolge von Bauelementetoleranzen ein insgesamt instabiles Verhalten hervorrufen können. Ein weiterer wichtiger Vorteil der Schaltung 6.38 gegenüber der Schaltung 6.37 ist die geringere Zahl der Rückkopplungsschleifen. Rückkopplungsschleifen werden durch invertierende Verstärker realisiert und benötigen somit jeweils einen Operationsverstärker.

Die endgültige Schaltungsrealisierung der Struktur 6.38 kann mit den im Bild 6.3 (Abschnitt 6.2.1.2) zusammengestellten Grundschaltungen erfolgen. Bild 6.39 zeigt die Realisierungsschaltung, bei der ausschließlich die vier invertierten Verstärker aus Bild 6.3 verwendet worden sind. Die Invertierungen bei den Funktionsblöcken haben keine Auswirkungen, da die Rückkopplungen über jeweils zwei Funktionsblöcke erfolgen.

Dimensionierung:
R, C beliebig, $R_a=C_1R_1/C$, $R_b=L_2/(R_1C)$, $R_c=C_3R_1/C$, $R_d=L_4/(R_1C)$, $R_e=L_4/(R_2C)$.

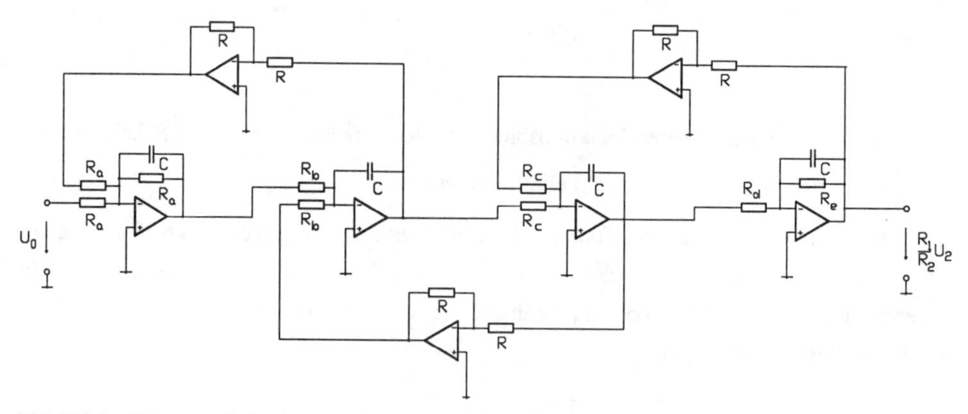

Bild 6.39 Realisierungsschaltung zur LF-Struktur nach Bild 6.38

Zum Abschluß soll noch darauf hingewiesen werden, daß als passive Referenzschaltung auch die duale Zweitorschaltung verwendet werden kann, die mit einer Induktivität im Längszweig beginnt und mit einer Kapazität im Querzweig endet. Diese führt jedoch zu einer aufwandsgleichen LF-Schaltung.

Beispiel 2 (Bandpaß)

Wendet man auf die Tiefpaßschaltung nach Bild 6.38 eine Tiefpaß-Bandpaß-Transformation an, so erhält man eine Schaltung, wie oben im Bild 6.40 skizziert (siehe hierzu Abschnitt 5.4). Ersetzt man die Spannungsquelle durch eine Stromquelle, so entsteht die Schaltung in der Bildmitte (siehe hierzu die entsprechende Umwandlung beim Beispiel 1). Schließlich ist im unteren Bildteil die LF-Struktur dargestellt, die nun Funktionsblöcke 2. Ordnung enthält.

So hat z.B. der 1. Funktionsblock eine Übertragungsfunktion Z_1/R (siehe Bild 6.35), wobei Z_1 die Impedanz des 1. Querzweiges der Schaltung in der Bildmitte 6.40 ist. Mit $R = R_1$ erhalten wir die Übertragungsfunktion

$$\frac{Z_1}{R_1} = \frac{1}{R_1} \frac{1}{1/R_1 + 1/(sL_1) + sC_1} = \frac{sL_1/R_1}{1 + sL_1/R_1 + s^2 L_1 C_1}.$$

Die Übertragungsfunktionen der vier Funktionsblöcke der LF-Struktur sind unten im Bild 6.40 angegeben. Bei den beiden mittleren Funktionsblöcken handelt es sich um instabile Systeme mit jeweils einem konjugiert komplexen Polpaar auf der imaginären Achse. Zur Realisierung der Funktionsblöcke kann die in Bild 6.41 angegebene Schaltung verwandt werden. Die Übertragungsfunktion dieser Schaltung hat die Form (siehe [He] oder Analyse nach dem im Abschnitt 6.2.1.3 beschriebenen Verfahren)

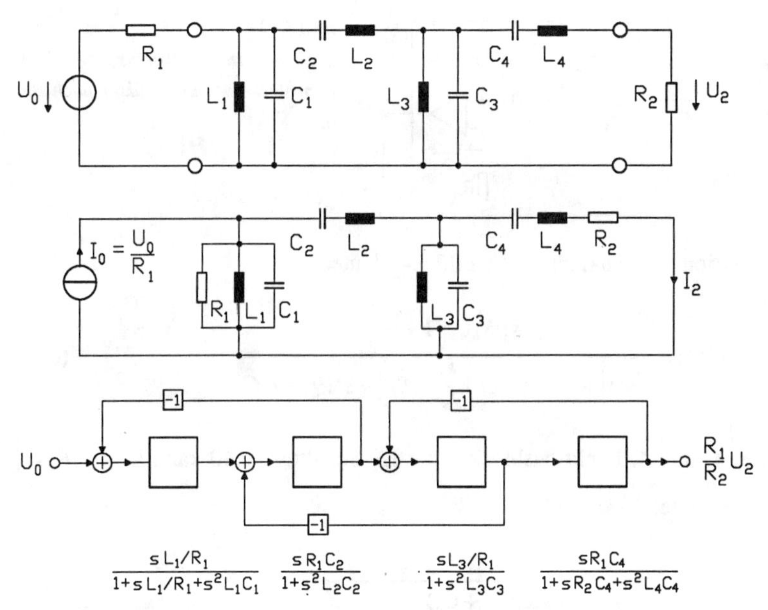

***Bild 6.40** Umsetzung einer Bandpaßschaltung in eine LF-Struktur ($R = R_1$)*

$$G(s)=\frac{\left(1+\frac{R_d}{R_c}\right)R_bC_bs}{1+s\left[R_a(C_a+C_b)-\frac{R_d}{R_c}R_bC_b\right]+s^2R_aC_aR_bC_b}=\frac{a_1s}{1+b_1s+b_2s^2}. \tag{6.41}$$

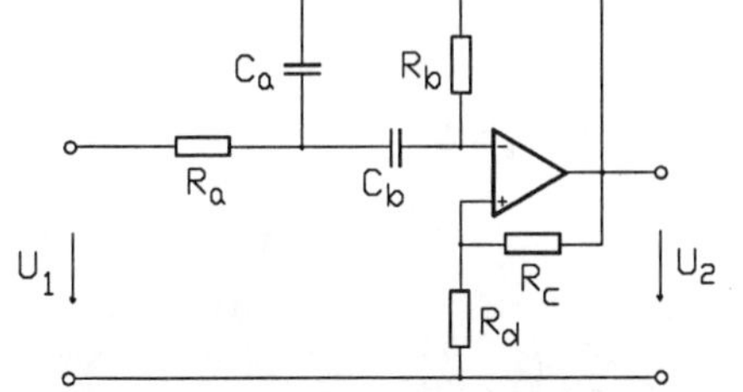

Bild 6.41

Schaltung zur Realisierung von Funktionsblöcken 2. Grades bei einer Nullstelle im Ursprung

Zur "Einstellung" des Faktors a_1 bei der gegebenen Übertragungsfunktion ist ggf. noch ein vor- oder nachgeschalteter Trennverstärker erforderlich.

Mit der Schaltung im Bild 6.42 können alle Funktionsblöcke realisiert werden. Der vorgeschaltete Verstärker mit der Übertragungsfunktion $G = -\rho$ hat einen zweiten Eingang zum Anschluß der Rückkopplungsschleifen. Für den letzten Block der LF-Struktur wird dieser zweite Eingang nicht benötigt.

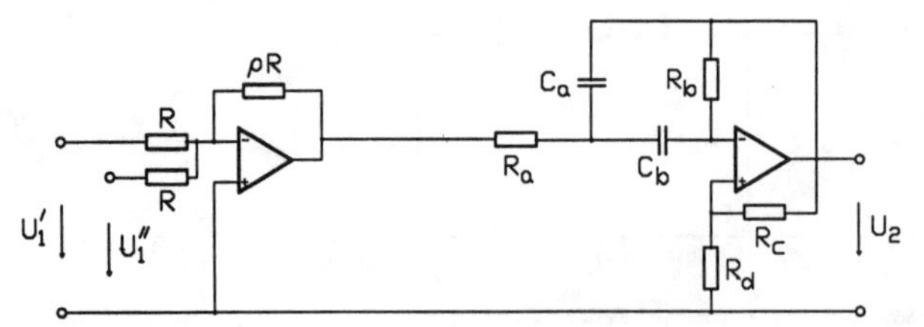

Bild 6.42
Schaltung zur Realisierung der Funktionsblöcke der LF-Struktur nach Bild 6.40

Die Übertragungsfunktion der Schaltung nach Bild 6.42 lautet

$$G(s) = \frac{s\rho R_b C_b\left(1+\frac{R_d}{R_c}\right)}{1+s\left[R_a(C_a+C_b)+\frac{R_d}{R_c}R_b C_b\right]+s^2 R_a C_a R_b C_b}. \qquad (6.42)$$

Zur Realisierung des 1. und 4. Funktionsblockes der LF-Schaltung 6.40 kann $R_c = \infty, R_d = 0$ gesetzt werden, dies bedeutet

$$G_{1,4}(s) = \frac{s\rho R_b C_b}{1+sR_a(C_a+C_b)+s^2 R_a C_a R_b C_b}.$$

Beim **1. Funktionsblock** (siehe Bild 6.40) gilt

$$G_1(s) = \frac{sL_1/R_1}{1+sL_1/R_1+s^2 L_1 C_1}.$$

Koeffizientenvergleich mit $G_{1,4}(s)$:

$$\rho R_b C_b = \frac{L_1}{R_1}, \quad R_a(C_a+C_b) = \frac{L_1}{R_1}, \quad R_a C_a R_b C_b = L_1 C_1.$$

Daraus erhält man zunächst

$$R_b C_b = \frac{1}{\rho}\frac{L_1}{R_1}, \quad R_a C_a = \rho R_1 C_1, \quad R_a C_b = \frac{L_1}{R_1} - \rho R_1 C_1.$$

Nach der 3. Gleichung wird der Verstärkungsfaktor ρ des "Vorverstärkers" so festgelegt, daß $R_a C_b > 0$ wird. Im Falle $L_1/R_1 > R_1 C_1$ kann auch $\rho = 1$ gewählt werden, so daß der Vorverstärker ggf. entfallen kann. Setzt man z.B. $C_a = C_b = C$, so erhält man folgende Dimensionierungsvorschrift

$$\rho = \frac{L_1}{2R_1^2 C_1}, \quad C_a = C_b = C \text{ beliebig}, \quad R_a = \frac{L_1}{2R_1 C}, \quad R_b = \frac{2R_1 C_1}{C}, \quad R_d = 0, \quad R_c = \infty. \quad (6.43)$$

Beim **4. Funktionsblock** (Bild 6.40) gilt

$$G_4(s) = \frac{sR_1C_4}{1 + sR_2C_4 + s^2 L_4 C}.$$

Wir erhalten durch Koeffizientenvergleich mit $G_{1,4}(s)$ zunächst

$$\rho R_b C_b = R_1 C_4, R_a(C_a + C_b) = R_2 C_4, R_a C_a R_b C_b = L_4 C_4$$

und daraus (mit $C_a = C_b = C$) die folgende Dimensionierungsvorschrift

$$\rho = \frac{R_1 R_2 C_4}{2L_4}, \quad C_a = C_b = C \text{ beliebig}, \quad R_a = \frac{R_2 C_4}{2C}, \quad R_b = \frac{2L_4}{R_2 C}, \quad R_d = \infty, R_c = 0. \quad (6.44)$$

Bei den beiden mittleren Funktionsblöcken der LF-Struktur 6.42 muß der Koeffizient b_1 in der Übertragungsfunktion (Gl. 6.42) verschwinden. Wir wählen $R_d = R_c$ und erhalten aus Gl. 6.42 zunächst

$$G_{2,3}(s) = \frac{s2\rho R_b C_b}{1 + s[R_a(C_a + C_b) - R_b C_b] + s^2 R_a C_a R_b C_b}.$$

Die Schaltung muß so dimensioniert (und genau abgeglichen) werden, daß $R_a(C_a + C_b) = R_b C_b$ gilt. Dies kann z.B. durch die Dimensionierung $C_a = C_b = C$ und $R_b = 2R_a$ erreicht werden. Dann gilt

$$G_{2,3}(s) = \frac{s4\rho R_a C}{1 + s^2 2R_a^2 C^2}.$$

Beim **2. Funktionsblock** (Bild 6.42) lautet

$$G_2(s) = \frac{sR_1C_2}{1 + s^2 L_2 C_2},$$

und damit muß zusätzlich

$$4\rho R_a C = R_1 C_2, \quad 2R_a^2 C^2 = L_2 C_2$$

gelten. Wir erhalten die Dimensionierungsvorschrift

$$C_a = C_b = C, \quad R_c = R_d \text{ beliebig}, \quad R_a = \sqrt{\frac{L_2 C_2}{2C^2}}, \quad R_b = 2R_a, \quad \rho = \sqrt{\frac{C_2 R_1^2}{8L_2}}. \qquad (6.45)$$

Beim **3. Funktionsblock** (Bild 6.42) gilt

$$G_3(s) = \frac{sL_3/R_1}{1 + s^2 L_3 C_3}.$$

Auf entsprechende Art wie oben erhalten wir die Dimensionierungsvorschrift

$$C_a = C_b = C, \quad R_c = R_d \text{ beliebig}, \quad R_a = \sqrt{\frac{L_3 C_3}{2C^2}}, \quad R_b = 2R_a, \quad \rho = \sqrt{\frac{L_3}{8R_1^2 C_3}}. \qquad (6.46)$$

Die gesamte LF-Bandpaßschaltung erhält man, wenn in der Schaltung nach Bild 6.39 die Funktionsblöcke durch die nach den Gln. 6.43-6.46 dimensionierten Schaltungen gemäß Bild 6.42 ausgetauscht werden. Dabei wird bei dem 4. Funktionsblock der 2. Eingang nicht benötigt.

Abschließende Bemerkungen

1. Die Schaltung realisiert die gewünschte Übertragungsfunktion nur bis auf den Faktor R_1/R_2, der ggf. durch einen nachgeschalteten Verstärker eliminiert werden muß.

2. Als Referenzschaltung kann auch hier die duale Schaltung verwendet werden, die zu einer aufwandsgleichen LF-Schaltung führt.

3. Die LF-Bandpaßschaltung kann auch so entworfen werden, daß zunächst eine LF-Tiefpaßschaltung entwickelt wird (hier die nach Bild 6.38). Auf diese LF-Tiefpaßschaltung kann dann eine Tiefpaß-Bandpaß-Transformation angewandt werden. Dadurch entstehen aus den Funktionsblöcken 1. Grades solche 2. Grades. Das Ergebnis ist das gleiche, wie wenn die Tiefpaß-Bandpaß-Transformation bei dem Referenzfilter durchgeführt und dieses dann in eine LF-Schaltung umgewandelt wird.

4. Das Programm STANDARDFILTER (ANALOG/DIGITAL) unterstützt den Entwurf von Leapfrog-Filtern. Der Leser kann mit diesem Programm die hier besprochenen Entwurfsbeispiele bearbeiten.

6.4 Kaskaden-Realisierungen

6.4.1 Das Syntheseverfahren

Die Synthesemethode beruht darauf, daß eine zu realisierende Übertragungsfunktion in der Form

$$G(s) = \prod_{\nu}^{k} G_{\nu}(s) \tag{6.47}$$

dargestellt wird, wobei $G_\nu(s)$, $\nu = 1 \ldots k$ Übertragungsfunktionen höchstens 2. Grades sind. Diese Teilübertragungsfunktionen werden entweder durch passive (RC-) oder durch aktive Schaltungen realisiert und rückwirkungsfrei in Kette geschaltet (siehe Bild 6.43).

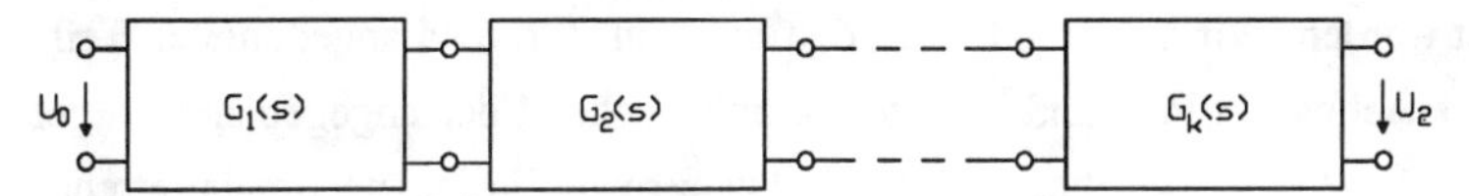

***Bild 6.43** Kaskadenschaltung von Teilfiltern 1. und 2. Grades*

Rückwirkungsfrei bedeutet, daß die Ausgangsspannung eines Teilblockes nicht durch die Eingangsimpedanz des darauf folgenden Blockes beeinflußt wird. Bei aktiven Realisierungsschaltungen nach der Schaltungsstruktur von Bild 6.4 (Abschnitt 6.2.1.3) ist dies durch die vernachlässigbar kleine Impedanz des Ausgangstores der Schaltung sichergestellt. Ansonsten muß die Rückwirkungsfreiheit ggf. durch einen dem Block nachgeschalteten Trennverstärker sichergestellt werden. Auf diese Weise ergibt sich die (Spannungs-) Übertragungsfunktion der Kaskadenschaltung nach Bild 6.43 als Produkt der Übertragungsfunktionen der Teilblöcke.

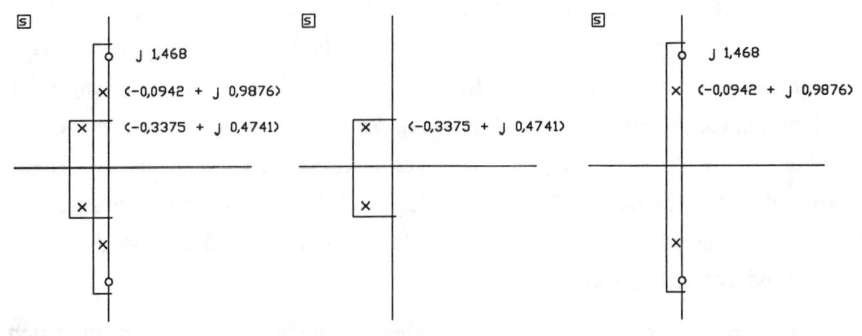

***Bild 6.44** PN-Schema des Cauer Tiefpasses C 04 50/Θ = 50° b (links) und die PN-Schemata der beiden Teilblöcke in der Kaskadenschaltung*

Die Faktorisierung der Übertragungsfunktion gemäß Gl. 6.47 ist i.a. nicht eindeutig. Als einfaches Beispiel betrachten wir das links im Bild 6.44 skizzierte PN-Schema der Übertragungsfunktion eines Cauertiefpasses 4. Grades (Typ C 04 50/$\Theta = 50°$ b, siehe auch Bild 5.26 im Abschnitt 5.2.5.3). Die Kaskadenschaltung besteht hier aus zwei Teilblöcken 2. Grades, wobei es für die Nullstellen zwei Zuordnungsmöglichkeiten gibt. Sie können, wie im Bild 6.44 angedeutet, entweder mit den nahe der $j\omega$-Achse liegenden Polen zusammen in einem Block realisiert werden, oder auch zusammen mit dem weiter entfernt liegenden Polpaar. Die Art der Zusammenfassung von Pol- und Nullstellen zu Teilblöcken kann einen großen Einfluß auf das praktische Betriebsverhalten der Filterschaltung haben. Allgemeingültige Regeln für eine günstige "Zusammenfassungsstrategie" von Pol- und Nullstellen sind nicht bekannt. Es hat sich aber gezeigt, daß es oft sinnvoll ist, benachbarte Pol- und Nullstellen zusammen in Teilblöcken zu realisieren. Diese Regel kann bei Pol- und Nullstellen, die nahe bei der imaginären Achse liegen, gut begründet werden. Wir betrachten dazu den links im Bild 6.44 angedeuteten Teilblock, bei dem die benachbarten Pol- und Nullstellen entsprechend der angegebenen Regel zusammengefaßt sind. Das PN-Schema dieses Blockes ist ganz rechts im Bild nochmals getrennt skizziert. Die Polgüte dieses Teilfilters hat den Wert $Q_p = \sqrt{0{,}9876^2 + 0{,}0942^2}/(2 \cdot 0{,}0942) \approx 5{,}3$ (Gl. 2.22, Abschnitt 2.2.3). Ohne die beiden Nullstellen würde der Betrag der Übertragungsfunktion bei $\omega \approx 0{,}99$ etwa $Q_p = 5{,}3$ mal so groß wie sein Wert bei $\omega = 0$ sein (siehe hierzu z.B. Bild 2.11, Abschnitt 2.2.3). Die Nullstellen in der Nähe der Pole sorgen dafür, daß die Übertragungsfunktion einen deutlich kleineren Maximalwert erreicht, hier nur noch etwa den 3-fachen Wert (Berechnung z.B. mit Hilfe des Programmes NETZWERKFUNKTIONEN). Je größer das Maximum der Übertragungsfunktion eines Teilfilters ist, desto kleiner muß die maximale Betriebseingangsspannung für dieses Teilsystem sein, damit Übersteuerungen ausgeschlossen werden. Kleine Betriebseingangsspannungen bewirken ein ungünstiges Signal-Rauschverhältnis. Im vorliegenden Fall erreicht man durch die Zusammenfassung der nahe beieinander liegenden Pol- und Nullstellen eine Reduktion des Maximalwertes des Betrages der Übertragungsfunktion von 5,3 auf ca. 3. Die Zuordnung der Nullstellen zu den beiden anderen Polen mit der kleinen Polgüte hätte eine wesentlich geringere Auswirkung gehabt. Die Übertragungsfunktion des Blockes mit den beiden von der $j\omega$-Achse entfernter liegenden Polen erreicht lediglich den ca. 1,1-fachen Wert gegenüber dem bei $\omega = 0$ (Anwendung des Programmes NETZWERKFUNKTIONEN).

Nachdem die Zusammenfassung von Pol- und Nullstellen zu Teilblöcken erfolgt ist, stellt sich die Frage, in welcher Reihenfolge die Teilblöcke in der Kaskade angeordnet werden. Hierzu wird empfohlen, Blöcke mit kleinen Polgüten am Anfang der Schaltung zu plazieren, weil dadurch die Folgeblöcke in der kleinstmöglichen Art ausgesteuert werden. Im vorliegenden Fall (PN-Schema nach Bild 6.44) erhalten wir also die Teilblöcke mit dem PN-Schema in der Bildmitte (1. Block) und dem mit dem PN-Schema ganz rechts (2. Block).

Wie schon angedeutet wurde, führen die genannten Regeln für die Zusammenfassung von Pol- und Nullstellen und auch für die Reihenfolge der Teilfilter nicht in jedem Fall auf das bestmögliche Ergebnis. Probleme können besonders bei Filtern hohen Grades auftreten, bei denen es zahlreiche nahezu gleichwertige Zusammenfassungsmöglichkeiten von Pol- und Nullstellen gibt. Auch die Zahl der Anordnungsmöglichkeiten der Teilfilter in der Kaskade kann sehr groß sein, bei k Teilblöcken gibt es $k!$ unterschiedliche Anordnungen. Ggf. ist es erforderlich, alle möglichen Zusammenfassungen und Reihenfolgekombinationen durchzurechnen.

Eng zusammen mit Aussteuerungsfragen hängt der Begriff der **Skalierung**. Aus dem PN-Schema erhält man die Übertragungsfunktion zunächst nur bis auf eine frequenzunabhängige Konstante K. Diese Konstante kann auf die einzelnen Teilfilter aufgeteilt werden. Dann gilt mit $G(s)$ gemäß Gl. 6.47

$$G(s) = \prod_{\nu=1}^{k} G_\nu(s) = \prod_{\nu=1}^{k} K_\nu \tilde{G}_\nu(s) \quad \text{mit} \quad K = \prod_{\nu=1}^{k} K_\nu. \tag{6.48}$$

Die Teilübertragungsfunktionen $\tilde{G}_\nu(s)$ haben bei Blöcken 2. Ordnung eine der Formen

$$\tilde{G}_\nu(s) = \frac{a_{0_\nu}}{b_{0_\nu} + b_{1_\nu} s + s^2}, \quad \tilde{G}_\nu(s) = \frac{a_{0_\nu} + a_{1_\nu} s}{b_{0_\nu} + b_{1_\nu} s + s^2}, \quad \tilde{G}_\nu(s) = \frac{a_{0_\nu} + a_{1_\nu} s + a_{2_\nu} s^2}{b_{0_\nu} + b_{1_\nu} s + s^2}. \tag{6.49}$$

Bei Teilfiltern 1. Grades sind die Formen

$$\tilde{G}_\nu(s) = \frac{a_{0_\nu}}{b_{0_\nu} + s}, \quad \tilde{G}_\nu(s) = \frac{a_{0_\nu} + a_{1_\nu} s}{b_{0_\nu} + s} \tag{6.50}$$

möglich.

Ein (für sinusförmige Signale) sicherer Weg zur Vermeidung der Übersteuerung von Teilfiltern besteht darin, die Konstanten K_ν so festzulegen, daß alle Teilübertragungsfunktionen gleichgroße Maximalwerte $|G_\nu(j\omega)|_{max} = K_\nu\, |\tilde{G}_\nu(j\omega)|_{max} = 1$ erreichen. Dann hat das Ausgangssignal eines Blockes (und damit das Eingangssignal des Folgeblockes) bei $x(t) = \hat{x}\sin(\omega t)$ eine maximal mögliche Amplitude $\hat{y} = \hat{x}$. Durch eine geeignete Festlegung eines Maximalwertes von $\hat{x}$ werden auf diese Weise Übersteuerungen (für Sinussignale) ausgeschlossen.

Die Berechnung des Skalierungsfaktors für den 1. Block erfolgt somit nach der Beziehung

$$K_1 = \frac{1}{|\tilde{G}_1(j\omega)|_{\max}}. \tag{6.51}$$

Wegen der Einfachheit des Ausdruckes von $\tilde{G}_1(j\omega)$ (eine der Formen nach den Gln 6.49, 6.50) können für K_1 Formeln abgeleitet werden, worauf hier allerdings verzichtet werden soll (siehe hierzu z.B. [Sa]).

Die Skalierungsfaktoren der folgenden Blöcke berechnen sich nacheinander zu

$$K_\nu = \frac{1}{\left|\tilde{G}_\nu(j\omega)\prod_{i=1}^{\nu-1} K_i\tilde{G}_i(j\omega)\right|_{\max}}, \quad \nu = 2\ldots k. \tag{6.52}$$

Bei der Ermittlung ist jeweils die Übertragungsfunktion vom Filtereingang (Block 1) zum Ausgang des betreffenden Blockes ν zugrunde zu legen.

Die Durchführung der Skalierung erfordert i.a. den Einsatz zusätzlicher Trennverstärker zwischen den einzelnen Blöcken.

6.4.2 Zusammenstellung einiger Realisierungsschaltungen

6.4.2.1 Blöcke 1. Grades

Im oberen Teil von Bild 6.45 ist das PN-Schema und eine Schaltung für einen "Tiefpaßblock" angegeben und im unteren Bildteil für einen Hochpaß 1. Grades. Die Einfachheit der Beziehungen erlaubt eine Dimensionierung durch Koeffizientenvergleich mit der zu realisierenden (Teil-) Übertragungsfunktion.

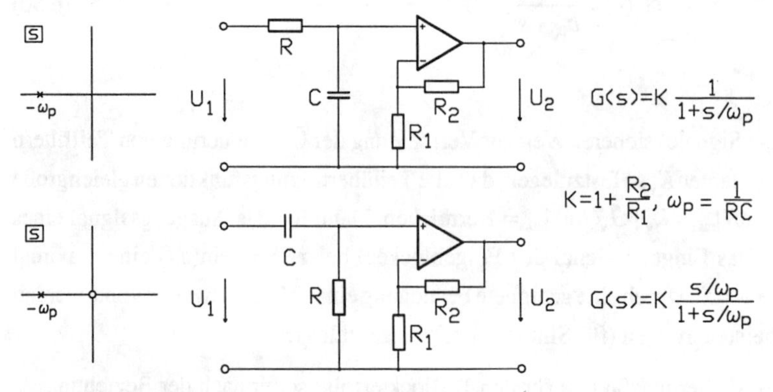

Bild 6.45 PN-Schema und Schaltung für einen Tiefpaß (oberer Bildteil) und für einen Hochpaß

6.4.2.2 Blöcke 2. Grades

Wir beschränken uns auf die Angabe von vier Schaltungen mit denen übliche Standardfilter realisiert werden können. Die Analyse der Schaltungen kann nach der im Abschnitt 6.2.1.3 beschriebenen Methode erfolgen. Hier wurden die bei [He] angegebenen Beziehungen und Dimensionierungsvorschläge übernommen. Durch diese Dimensionierung werden die bei den (Teil-) Übertragungsfunktionen auftretenden Konstanten festgelegt. Falls eine Skalierung durchgeführt werden soll, muß entweder ein zusätzlicher Trennverstärker vorgeschaltet werden, oder (falls möglich) eine andere Dimensionierung der Schaltung vorgenommen werden. Als Kenngrößen für die Filter werden Polfrequenz und Polgüte und ggf. die Nullstellenfrequenz verwandt. Schließlich wird noch darauf hingewiesen, daß eine der angegebenen Schaltungen invertierend ist, so daß ggf. bei der Gesamtschaltung noch ein weiterer invertierender Trennverstärker notwendig wird.

1. Tiefpaß-Grundglied 2. Grades

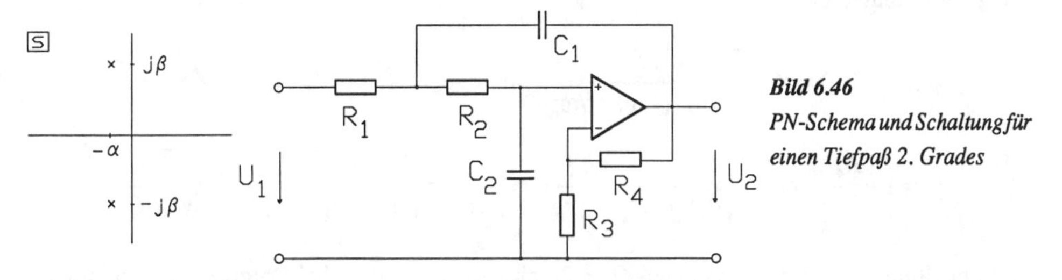

Bild 6.46
PN-Schema und Schaltung für einen Tiefpaß 2. Grades

Das realisierbare PN-Schema und die Schaltung ist im Bild 6.46 dargestellt. Die Übertragungsfunktion lautet

$$G(s) = K\frac{1}{1+s/(\omega_p Q_p)+s^2/\omega_p^2} \quad \text{mit} \quad \omega_p = \sqrt{\alpha^2+\beta^2}, \quad Q_p = \frac{\omega_p}{2\alpha},$$

$$K = 1+\frac{R_4}{R_3}, \quad \omega_p = \frac{1}{\sqrt{R_1 R_2 C_1 C_2}}, \quad \frac{1}{Q_p} = \sqrt{\frac{C_2}{C_1}}\left(\sqrt{\frac{R_1}{R_2}}+\sqrt{\frac{R_2}{R_1}}\right) - \frac{R_4}{R_3}\sqrt{\frac{R_1 C_1}{R_2 C_2}}.$$

Die Schaltung kann bis zu Polgüten $Q_p < 20$ eingesetzt werden, bei Polgüten $Q_p < 5$ ist auch eine Dimensionierung mit $R_3 = \infty$ möglich.

Dimensionierung nach [He]:

$$R, R_3 \text{ beliebig}, \quad R_1 = R_2 = R, \quad C_2 = \frac{1}{\omega_p R \sqrt{2Q_p}}, \quad C_1 = 2Q_p C_2, \quad R_4 = \frac{R_3}{Q_p}\left(1 - \frac{1}{\sqrt{2Q_p}}\right).$$

2. Hochpaß-Grundglied 2. Grades

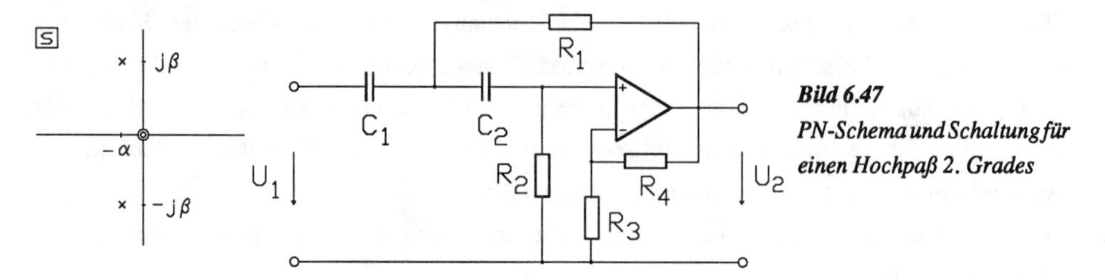

Bild 6.47
PN-Schema und Schaltung für einen Hochpaß 2. Grades

Das realisierbare PN-Schema und die Schaltung ist im Bild 6.47 dargestellt. Die Übertragungsfunktion lautet

$$G(s) = K \frac{s^2/\omega_p^2}{1 + s/(\omega_p Q_p) + s^2/\omega_p^2} \quad \text{mit} \quad \omega_p = \sqrt{\alpha^2 + \beta^2}, \quad Q_p = \frac{\omega_p}{2\alpha},$$

$$K = 1 + \frac{R_4}{R_3}, \quad \omega_p = \frac{1}{\sqrt{R_1 R_2 C_1 C_2}}, \quad \frac{1}{Q_p} = \sqrt{\frac{R_1}{R_2}}\left(\sqrt{\frac{C_1}{C_2}} + \sqrt{\frac{C_2}{C_1}}\right) - \frac{R_4}{R_3}\sqrt{\frac{R_2 C_2}{R_1 C_1}}.$$

Die Schaltung kann bis zu Polgüten $Q_p < 20$ eingesetzt werden, bei Polgüten $Q_p < 5$ ist auch eine Dimensionierung mit $R_3 = \infty$ möglich.

Dimensionierung nach [He]:

$$C, R_3 \text{ beliebig}, \quad C_1 = C_2 = C, \quad R_1 = \frac{1}{\omega_p C \sqrt{2Q_p}}, \quad R_2 = 2Q_p R_1, \quad R_4 = \frac{R_3}{Q_p}\left(1 - \frac{1}{\sqrt{2Q_p}}\right).$$

3. Bandpaß-Grundglied 2. Grades

Das realisierbare PN-Schema und die Schaltung ist im Bild 6.48 dargestellt. Die Übertragungsfunktion lautet

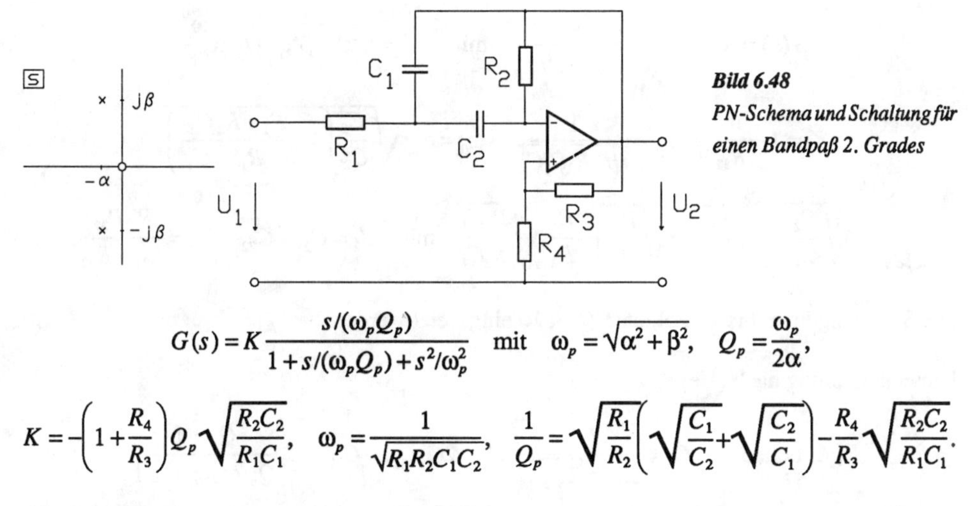

Bild 6.48
PN-Schema und Schaltung für einen Bandpaß 2. Grades

$$G(s) = K\frac{s/(\omega_p Q_p)}{1 + s/(\omega_p Q_p) + s^2/\omega_p^2} \quad \text{mit} \quad \omega_p = \sqrt{\alpha^2 + \beta^2}, \quad Q_p = \frac{\omega_p}{2\alpha},$$

$$K = -\left(1 + \frac{R_4}{R_3}\right) Q_p \sqrt{\frac{R_2 C_2}{R_1 C_1}}, \quad \omega_p = \frac{1}{\sqrt{R_1 R_2 C_1 C_2}}, \quad \frac{1}{Q_p} = \sqrt{\frac{R_1}{R_2}}\left(\sqrt{\frac{C_1}{C_2}} + \sqrt{\frac{C_2}{C_1}}\right) - \frac{R_4}{R_3}\sqrt{\frac{R_2 C_2}{R_1 C_1}}.$$

Die Schaltung kann bis zu Polgüten $Q_p < 20$ eingesetzt werden, bei Polgüten $Q_p < 5$ ist auch eine Dimensionierung mit $R_3 = \infty$ möglich.

Dimensionierung nach [He]:

$$C, R_3 \text{ beliebig}, \quad C_1 = C_2 = C, \quad R_1 = \frac{1}{\omega_p C \sqrt{2Q_p}}, \quad R_2 = 2Q_p R_1, \quad R_4 = \frac{R_3}{Q_p}\left(1 - \frac{1}{\sqrt{2Q_p}}\right).$$

4. Elliptisches Grundglied 2. Grades

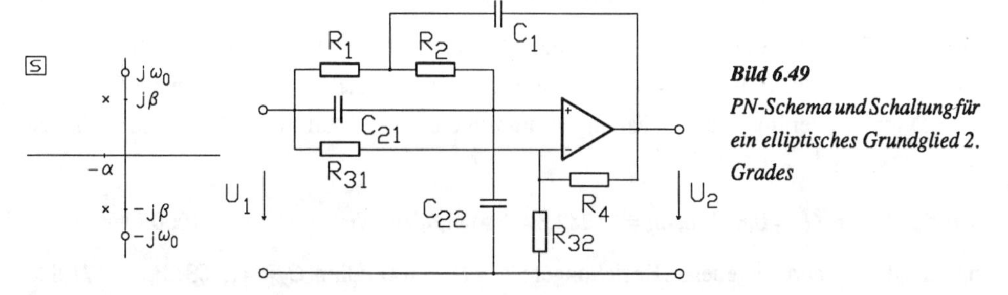

Bild 6.49
PN-Schema und Schaltung für ein elliptisches Grundglied 2. Grades

Das realisierbare PN-Schema und die Schaltung ist im Bild 6.49 dargestellt. Die Übertragungsfunktion lautet

$$G(s)=K\frac{1+s^2/\omega_0^2}{1+s/(\omega_p Q_p)+s^2/\omega_p^2} \quad \text{mit} \quad \omega_p=\sqrt{\alpha^2+\beta^2}, \quad Q_p=\frac{\omega_p}{2\alpha},$$

$$K=1+\frac{R_4}{R_{32}}, \quad \omega_p=\frac{1}{\sqrt{R_1R_2C_1C_2}}, \quad \omega_0=\omega_p\sqrt{\frac{C_2}{C_{21}}\left(1+\frac{R_1+R_2}{R_1}\frac{C_{22}}{C_1}\right)},$$

$$\frac{1}{Q_p}=\sqrt{\frac{C_2}{C_1}}\left(\sqrt{\frac{R_1}{R_2}}+\sqrt{\frac{R_2}{R_1}}\right)-\frac{R_4}{R_3}\sqrt{\frac{R_1C_1}{R_2C_1}} \quad \text{mit} \quad C_2=C_{21}+C_{22}, \quad R_3=\frac{R_{31}R_{32}}{R_{31}+R_{32}}.$$

Die Schaltung kann bis zu Polgüten $Q_p < 10$ eingesetzt werden.

Dimensionierung nach [He]:

$$R, R_4 \text{ beliebig}, \quad C_2=\frac{1}{\omega_p R\sqrt{2Q_p}}, \quad C_1=2Q_pC_2, \quad C_{21}=C_2\frac{Q_p+1}{Q_p(\omega_0/\omega_p)^2+1},$$

$$C_{22}=C_2-C_{21}, \quad R_{32}=R_4\frac{Q_p(\omega_0/\omega_p)^2+1}{(1-1/\sqrt{2Q_p})(\omega_0/\omega_p)^2-1}, \quad R_3=R_4\frac{Q_p}{1-1/\sqrt{2Q_p}}, \quad R_{31}=\frac{R_{32}R_3}{R_{32}-R_3}.$$

6.4.2.3 Ein Entwurfsbeispiel

Ein Cauer-Tiefpaß C 04 50/Θ = 50° b mit einer Grenzfrequenz f_g = 5 kHz ist zu realisieren. Das PN-Schema für diesen Tiefpaß ist links im Bild 6.44 skizziert, im rechten Bildteil sind die PN-Schemata der beiden Teilfilter 2. Grades angegeben.

Das 1. Teilfilter (PN-Schema in der Bildmitte) wird durch die Schaltung nach Bild 6.46 realisiert. Dort gilt $Q_p = 0{,}86216$ und $\omega_p = 0{,}58196$. Bei ω_p handelt es sich um eine normierte Frequenz, zur Dimensionierung der Schaltung entnormieren wir auf $\omega_g = 2\pi f_g$ und erhalten $\omega_p = 18282{,}8\ s^{-1}$.

Mit den Daten $Q_p = 0{,}86216$, $\omega_p = 18282{,}8\ s^{-1}$ sowie den Werten $R = R_3 = 1000$ Ohm erhält man mit den vorne angegebenen Beziehungen: $R_1 = R_2 = 1000$ Ohm, $C_2 = 41{,}653$ nF, $C_1 = 71{,}828$ nF, $R_4 = 276{,}6$ Ohm. Die Konstante bei der Übertragungsfunktion hat den Wert $K_1 = 1{,}276$.

Die Realisierung des 2. Teilfilters (PN-Schema rechts im Bild 6.44) erfolgt durch die Schaltung im Bild 6.49.

Hier ist $Q_p = 5{,}2658$, $\omega_p = 0{,}99208$ bzw. $\omega_p = 31167{,}19\, s^{-1}$, $\omega_0 = 1{,}168$ bzw. $\omega_0 = 46118{,}58\, s^{-1}$.

Mit der Festlegung $R = R_4 = 1000$ Ohm erhalten wir dann mit den vorne angegebenen Beziehungen: $R_1 = R_2 = R = 1000$ Ohm, $C_2 = 9{,}887$ nF, $C_1 = 104{,}12$ nF, $C_{21} = 4{,}944$ nF, $C_{22} = 4{,}943$ nF, $R_{32} = 24336$ Ohm, $R_3 = 7611$ Ohm, $R_{31} = 11075$ Ohm. Die Konstante bei der Übertragungsfunktion hat den Wert $K_2 = 1{,}041$.

Die Kaskadenschaltung der so entworfenen Blöcke hat eine Übertragungsfunktion mit dem Wert $G(0) = K_1 K_2 = 1{,}328$, und dies entspricht einer Dämpfung von $A(0) = -20\, lg\, 1{,}328 = -2{,}464$ dB. Bei dem vorliegenden Cauer-Tiefpaß tritt bei $\omega = 0$ die maximale Durchlaßdämpfung $A_D = 1{,}25$ dB auf, dies entspricht dem Faktor $K = 10^{-1{,}25/20} = 0{,}866$. Zur "Einstellung" von $A(0) = 1{,}25$ dB ist also noch ein zusätzlicher Trennverstärker mit der Verstärkung $0{,}866/1{,}328 = 0{,}652$ erforderlich. Dieser Trennverstärker wird am besten vor dem 2. Block mit der großen Polgüte eingefügt, da dieser auf diese Weise kleinere Eingangsspannungen erhält.

6.4.2.4 Schlußbemerkung

Der Grund für den relativ häufigen Einsatz von aktiven Kaskadenfiltern liegt hauptsächlich in dem besonders einfachen Entwurfsverfahren und in den günstigen Abgleichmöglichkeiten. Andererseits weisen diese Filter ein deutlich ungünstigeres Verhalten gegenüber Bauelementetoleranzen im Vergleich zu den im Abschnitt 6.3 besprochenen Referenzfiltern auf. Dies führt dazu, daß Kaskadenfilter vorwiegend bei geringen oder mäßigen Anforderungen zur Anwendung kommen. Das Programm KASKADENFILTER (ANALOG/DIGITAL) unterstützt den Entwurf der hier besprochenen Filter. Dabei werden im wesentlichen die in der Literaturstelle [He] angegebenen Entwurfsstrategien und Schaltungen berücksichtigt.

7 Zeitdiskrete und digitale Filter

7.1 Grundlagen

7.1.1 Vorbemerkungen

Im Bild 7.1 ist das Schema einer Signalverarbeitung durch zeitdiskrete bzw. digitale Systeme dargestellt.

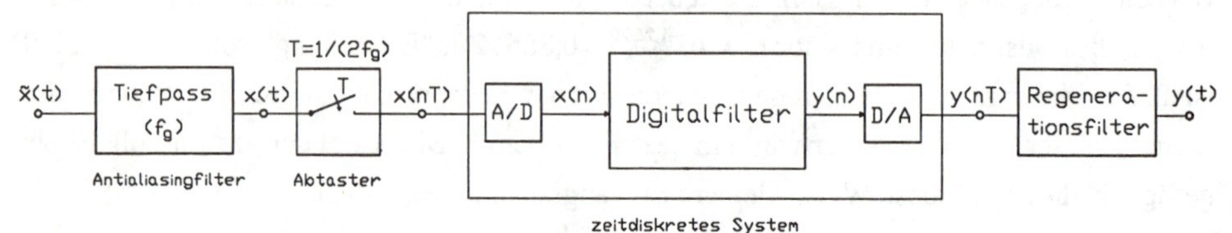

***Bild 7.1** Prinzip der zeitdiskreten/digitalen Signalverarbeitung*

Das Spektrum eines ursprünglich zeit- und wertekontinuierlichen Signales $\tilde{x}(t)$ wird zunächst durch einen Tiefpaß (Bezeichnung Antialaising-Tiefpaß) auf eine Bandbreite f_g begrenzt. Dadurch ist sichergestellt, daß aus den im Abstand $1/(2f_g)$ entnommenen Abtastwerten $x(nT)$ das ursprüngliche Signal $x(t)$ exakt rekonstruiert werden kann (Abtasttheorem, siehe z.B. [Mi]). Die Abtastwerte $x(nT)$ stellen das Eingangssignal des zeitdiskreten Filters dar. Aus der Ausgangsfolge $y(nT)$ dieses Systems kann (falls erforderlich) das zugehörende zeit- und wertekontinuierliche Ausgangssignal erzeugt werden. Analoge zeitdiskrete Filter, z.B. die im Abschnitt 7.5 besprochenen Schalter-Kondensator-Filter (SC-Filter), verarbeiten die Abtastwerte $x(nT)$ unmittelbar. Bei einer digitalen Realisierung des zeitdiskreten Systems werden die Signalwerte $x(nT)$ durch eine A/D-Wandlung zunächst in eine Zahlenfolge $x(n)$ überführt. Dabei entsteht auf jeden Fall ein Informationsverlust, weil die Darstellung eines (analogen) Wertes $x(nT)$ durch eine Zahl $x(n)$ mit unvermeidlichen Rundungsfehlern behaftet ist. Das eigentliche digitale Filter (siehe Bild 7.1) kann als spezieller Digitalrechner angesehen werden, der die Eingangszahlenfolge in eine Ausgangszahlenfolge "umrechnet". Durch eine anschließende D/A-Wandlung werden aus den Zahlen $y(n)$ wieder (physikalische) Ausgangswerte erzeugt.

Ein digitales Filter ist nicht nur ein zeitdiskretes, sondern zusätzlich auch ein wertediskretes System. In der Praxis stellen die diskreten Signalwerte bei digitalen Filtern insofern ein Problem dar, weil durch Rechnen mit Zahlen (endlicher Stellenzahl) zusätzliche Fehler entstehen, die zu einem unerwünschten Verhalten des Systems führen können. Auf Probleme dieser Art wird im Abschnitt 7.1.3 kurz eingegangen.

Üblicherweise berücksichtigt man beim Entwurf digitaler Filter diesen Aspekt zunächst nicht, und untersucht erst danach den Einfluß der wertediskreten Effekte. Insofern befaßt sich der größte Teil dieses Abschnittes genaugenommen mit dem Entwurf zeitdiskreter Filter, weil die bei digitalen Filtern zusätzlich auftretenden Probleme erst in einem zweiten Schritt untersucht und (falls erforderlich) berücksichtigt werden. Solange diese Aspekte nicht betrachtet werden, kann die in diesem Abschnitt häufig verwendete Bezeichnung "digitales Filter" auch durch "zeitdiskretes Filter" ersetzt werden und ebenso die Bezeichnung "digitales" durch "zeitdiskretes" Signal.

Die Bausteine digitaler Filter sind Addierer, Multiplizierer und Verzögerungsglieder. Das Verzögerungsglied kann durch ein Speicherelement realisiert werden. Diese drei Elemente sind links im Bild 7.2 dargestellt. Der rechte Bildteil zeigt die Schaltung eines ganz einfachen zeitdiskreten Systems mit der Differenzengleichung $y(n) = c_1 x(n) - d_0 y(n-1)$. Diese Differenzengleichung kann unmittelbar aus der Schaltung abgelesen werden.

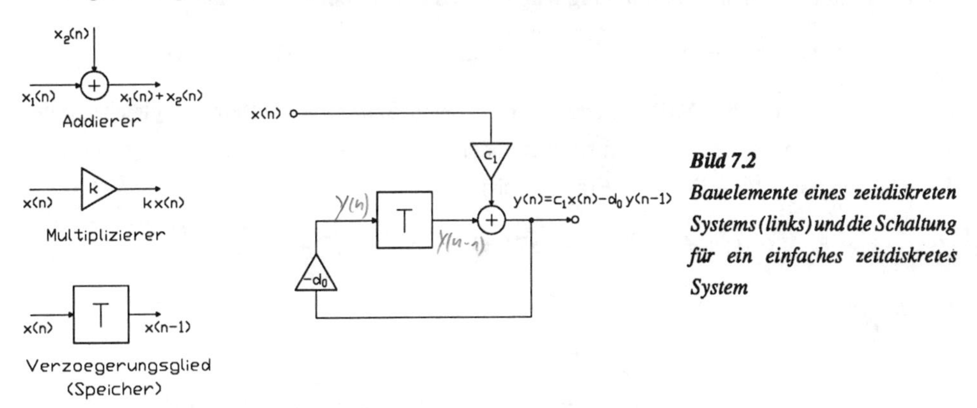

Bild 7.2
Bauelemente eines zeitdiskreten Systems (links) und die Schaltung für ein einfaches zeitdiskretes System

I.a. kann ein durch eine Differenzengleichung oder die Übertragungsfunktion beschriebenes zeitdiskretes System durch eine Vielzahl (theoretisch) gleichwertiger Schaltungen realisiert werden (siehe Abschnitt 7.1.2). Bei der Entwicklung dieser Schaltungen ist jedoch zu beachten, daß nicht jede beliebige Zusammenschaltung der drei Bauelemente nach Bild 7.2 eine realisierbare Schaltung ergibt. So führen z.B. Schleifen ohne Verzögerungsglieder, wie links im Bild 7.3 dargestellt, zu Konflikten, da der Addierer das Additionsergebnis nicht zugleich als Summand verarbeiten kann. Hingegen ist die rechts im Bild 7.3 angegebene Schaltung realisierbar, sie enthält keine verzögerungsfreie Schleife. In der Literatur spricht man in diesem Zusammenhang von einer Berechenbarkeits- oder auch einer Realisierbarkeitsbedingung (siehe z.B. [La], [Lü]).

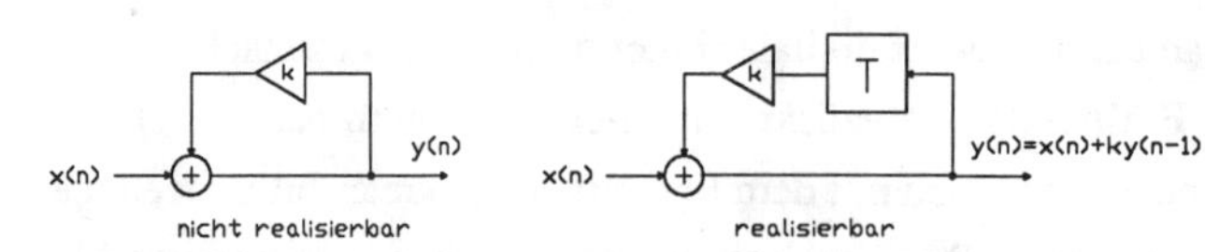

***Bild 7.3** Nichtrealisierbare Schaltung mit einer verzögerungsfreien Schleife (links) und eine realisierbare Schaltung (rechts)*

Hinweis:
In der Literatur wird das Verzögerungsglied häufig mit "z^{-1}" und nicht mit "T" gekennzeichnet. Bekanntlich bedeutet die Multiplikation mit z^{-1} bei der z-Transformation eine Zeitverschiebung im Zeitbereich.

7.1.2 Strukturen zeitdiskreter Filter

7.1.2.1 Direktstrukturen

Ein zeitdiskretes System r-ter Ordnung wird durch die Differenzengleichung

$$y(n)+d_{r-1}y(n-1)+\ldots+d_0y(n-r)=c_rx(n)+c_{r-1}x(n-1)+\ldots+c_0x(n-r) \quad (7.1)$$

beschrieben (siehe z.B. [Mi]). Unterzieht man beide Seiten der Differenzengleichung der z-Transformation, so erhält mit den Korrespondenzen $y(n)$ o— $Y(z)$, $x(n)$ o— $X(z)$ und dem Verschiebungssatz $f(n-i)$ o— $z^{-i}F(z)$ zunächst

$$Y(z)(1+d_{r-1}z^{-1}+\ldots+d_0z^{-r})=X(z)(c_r+c_{r-1}z^{-1}+\ldots+c_0z^{-r})$$

und daraus

$$G(z)=\frac{Y(z)}{X(z)}=\frac{c_r+c_{r-1}z^{-1}+\ldots+c_0z^{-r}}{1+d_{r-1}z^{-1}+\ldots+d_0z^{-r}}=\frac{c_0+c_1z+\ldots+c_rz^r}{d_0+d_1z+\ldots+d_{r-1}z^{r-1}+z^r}. \quad (7.2)$$

Stabil ist das System genau dann, wenn alle Pole von $G(z)$ innerhalb des Einheitskreises $|z|<1$ liegen (siehe [Mi]). Dies führt zu Einschränkungen bei der Wahl der (reellen) Nennerkoeffizienten d_ν. Bei den (reellen) Zählerkoeffizienten c_ν gibt es keinerlei Einschränkungen, bis auf die, daß mindestens einer der Koeffizienten von Null verschieden sein muß.

Mit $z=e^{j\omega T}$ erhält man die Übertragungsfunktion

$$G(j\omega)=G(z=e^{j\omega T})=\frac{c_0+c_1e^{j\omega T}+\ldots+c_re^{jr\omega T}}{d_0+d_1e^{j\omega T}+\ldots+d_{r-1}e^{j(r-1)\omega T}+e^{jr\omega T}}. \quad (7.3)$$

Wir werden im folgenden sowohl für $G(j\omega)$ als auch für $G(z)$ die Bezeichnung Übertragungsfunktion verwenden. Im Abschnitt 2.3 wurde gezeigt, wie man aus dem PN-Schema von $G(z)$ den Betrag und die Phase der Übertragungsfunktion ermitteln kann. Dort wurden auch schon einige charakteristische PN-Schemata besprochen.

Im Sonderfall $d_0 = d_1 = \ldots = d_{r-1} = 0$ spricht man von einem **nichtrekursiven** digitalen (zeitdiskreten) Filter. In diesem Fall erhalten wir aus den Gln. 7.1, 7.2

$$y(n) = c_r x(n) + c_{r-1} x(n-1) + \ldots + c_0 x(n-r) \tag{7.4}$$

und

$$G(z) = c_r + c_{r-1} z^{-1} + \ldots + c_0 z^{-r} = \frac{c_0 + c_1 z + \ldots + c_r z^r}{z^r}. \tag{7.5}$$

Wie man aus der rechten Form von Gl. 7.5 sofort erkennt, ist ein nichtrekursives Filter infolge der r-fachen Polstelle bei $z = 0$ stets stabil.

Für nichtrekursive Filter ist auch die Bezeichnung Transversalfilter und auch FIR-Filter gebräuchlich. Die Bezeichnung FIR ist eine Abkürzung für **F**inite **I**mpulse **R**esponse, was soviel bedeutet, daß die Impulsantwort solcher Filter von endlicher Dauer ist (siehe Hinweis). Rekursive Filter mit der Differenzengleichung 7.1 (bei nicht ausschließlich verschwindenden Koeffizienten d_ν) haben eine zeitlich nicht begrenzte Impulsantwort, und werden daher auch als IIR-Filter (von **I**nfinite **I**mpulse **R**esponse) bezeichnet.

Hinweis:
Die Impulsantwort ist bekanntlich die Systemreaktion auf den Einheitsimpuls

$$\delta(n) = \begin{cases} 1 & \text{für} \quad n = 0 \\ 0 & \text{für} \quad n \neq 0 \end{cases}.$$

Mit $x(n) = \delta(n)$ folgt aus Gl. 7.4

$$y(n) = g(n) = c_r \delta(n) + c_{r-1} \delta(n-1) + \ldots + c_0 \delta(n-r)$$

und daraus

$$g(n) = 0 \textit{ für } n < 0, \quad g(0) = c_r, \quad g(1) = c_{r-1}, \ldots, g(r) = c_0, \quad g(n) = 0 \textit{ für } n > r$$

oder allgemein

$$g(n) = c_{r-n}, n = 0 \ldots r \quad \text{bzw.} \quad c_\nu = g(r-\nu), \nu = 0 \ldots r. \tag{7.6}$$

Die Impulsantwort eines nichtrekursiven Filters r-ten Grades hat also maximal $r+1$ von Null verschiedene Werte. Bei FIR-Filtern bestimmen die Filterkoeffizienten die Impulsantwort und umgekehrt.

Im Bild 7.4 ist eine Realisierungsstruktur für ein nichtrekursives Filter angegeben. Aus der Struktur kann die Differenzengleichung 7.4 unmittelbar abgelesen werden.

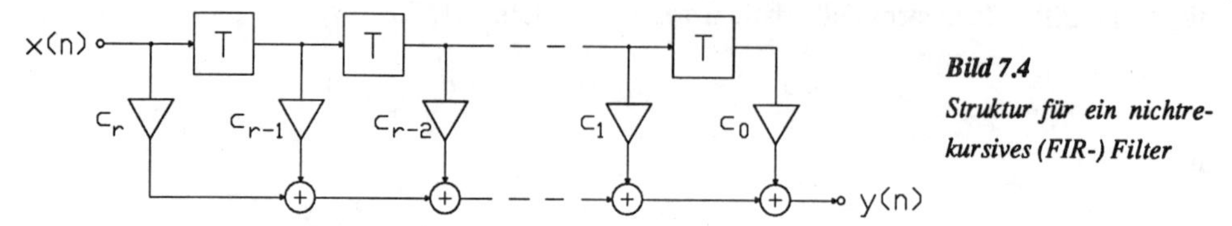

Bild 7.4
Struktur für ein nichtrekursives (FIR-) Filter

Aus Gl. 7.1 erhält man

$$y(n) = c_r x(n) + c_{r-1} x(n-1) + \ldots + c_0 x(n-r) - d_{r-1} y(n-1) - \ldots - d_0 y(n-r), \quad (7.7)$$

und man erkennt, daß diese Beziehung durch die Filterstruktur in Bild 7.5 nachgebildet wird.

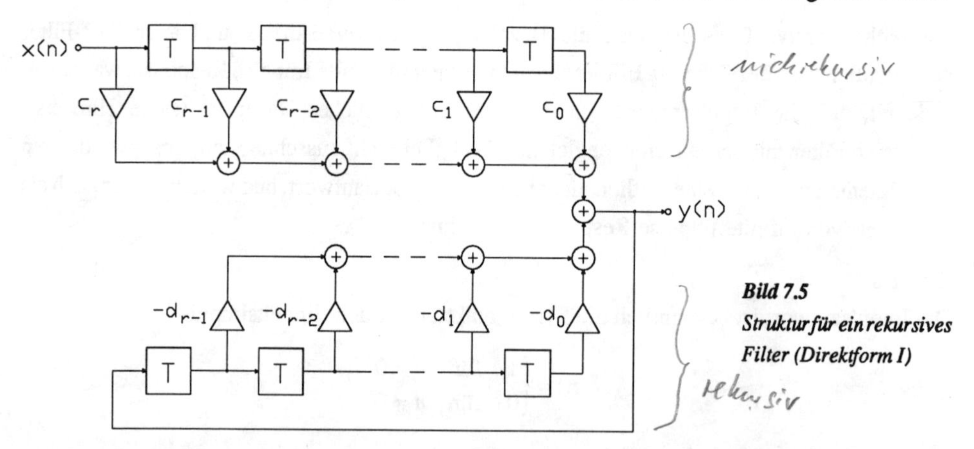

Bild 7.5
Struktur für ein rekursives Filter (Direktform I)

Man sieht, daß diese Struktur für $d_0 = d_1 = \ldots = d_{r-1} = 0$ in die Schaltung des FIR-Filters nach Bild 7.4 übergeht. Der obere Schaltungsteil 7.5 realisiert den "nichtrekursiven Teil" der Differenzengleichung und der untere den rekursiven.

Die Realisierung nach Bild 7.5 benötigt unnötig viele Verzögerungselemente. Bild 7.6 zeigt eine kanonische Struktur mit einem Minimum an Verzögerungsgliedern. Der Leser kann selbst leicht nachprüfen, daß auch diese Schaltung die Differenzengleichung 7.7 nachbildet.

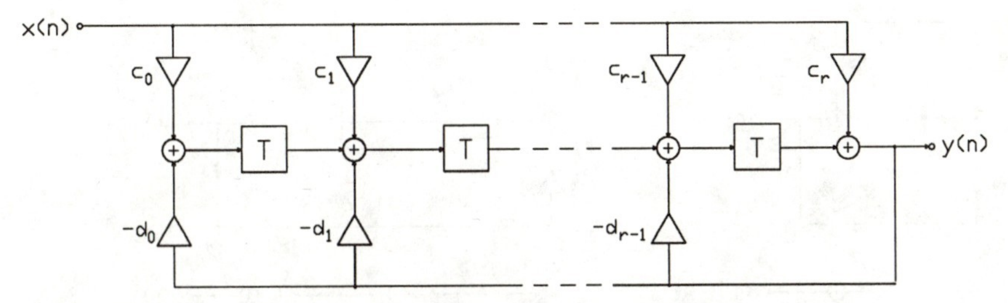

Bild 7.6 Kanonische Struktur für ein zeitdiskretes System (Direktform I)

Eine Methode zur Gewinnung weiterer Realisierungsstrukturen basiert auf dem sogenannten **Transponierungssatz** (siehe z.B. [Lü]). Nach diesem Satz ändert sich die Übertragungsfunktion eines Systems nicht, wenn

a) der Signalflußgraph seine Richtung umkehrt, das bedingt auch ein Vertauschen von Ein- und Ausgang,

b) die Addierer durch Verzweigungspunkte und Verzweigungspunkte durch Addierer ersetzt werden.

Eine Anwendung dieses Transponierungssatzes wird im Bild 7.7 gezeigt. Links ist die Struktur gemäß Bild 7.5 für ein Filter 2. Grades dargestellt, rechts die dazu transponierte Struktur mit der gleichen Übertragungsfunktion. Die Struktur links wird häufig Direktform I die rechts Direktform II genannt.

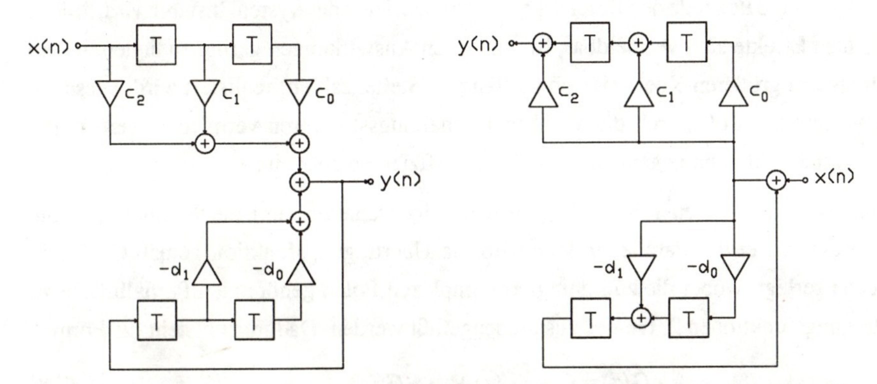

Bild 7.7 Direktform I eines Filters 2. Grades (links) und die transponierte Struktur (Direktform II)

Schließlich zeigt Bild 7.8 im oberen Bildteil kanonische Realisierungen Filter 1. und 2. Grades in der Direktform I und unten die zugehörenden transponierten Strukturen (Direktform II).

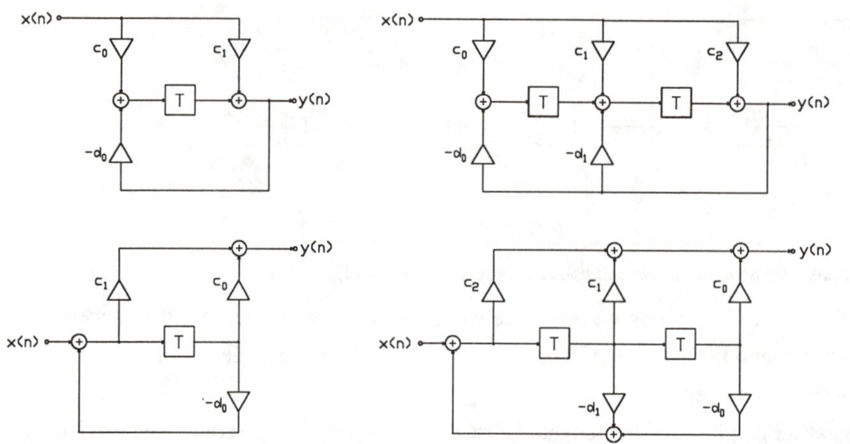

Bild 7.8 Kanonische Schaltung 1. und 2. Grades in der Direktform I (oben) und der Direktform II (unten)

7.1.2.2 Die Parallelstruktur

Bei den im Abschnitt 7.1.2.1 besprochenen Direktstrukturen führt ein kleiner "Einstellfehler" bei einem der Nennerkoeffizienten d_ν dazu, daß alle Polstellen beeinflußt werden. Ein Fehler bei einem der Zählerkoeffizienten c_ν in Gl. 7.2 verändert die Lage aller Nullstellen. Dieser Effekt macht sich besonders bei Filtern mit steilen Dämpfungsflanken bemerkbar, und er kann sogar dazu führen, daß eine Polstelle den Bereich $|z| < 1$ "verläßt" und das System instabil wird. Solche unerwünschten Effekte sind vermeidbar, bzw. in ihren Auswirkungen gering zu halten, indem die Schaltung mit größeren Koeffizientenwortlängen (Stellenzahlen) realisiert wird. Diese i.a. teure Maßnahme kann oft durch die Wahl von Schaltungsstrukturen vermieden werden, die kleinere Empfindlichkeiten gegenüber den Filterkoeffizienten aufweisen.

Die bekanntesten Strukturen mit solch günstigen Eigenschaften sind die Parallel- und die Kaskadenstruktur. Bei der Parallelstruktur wird die Übertragungsfunktion gemäß Gl. 7.2 in Partialbrüche zerlegt, wobei die zu konjugiert komplexen Polen gehörenden Partialbrüche zu Teilübertragungsfunktionen 2. Grades zusammengefaßt werden. Dadurch entsteht die Form

$$G(z) = G_0 + G_1(z) + \ldots + G_k(z), \tag{7.8}$$

wobei G_0 eine Konstante ist und $G_\nu(z)$, $\nu \neq 0$ Übertragungsfunktionen 1. oder 2. Grades. Bei echt gebrochen rationalen Übertragungsfunktionen ($c_r = 0$, siehe Gl. 7.2) entfällt der konstante Anteil G_0. Aus der Darstellung von $G(z)$ in der Form 7.8 erhält man die im Bild 7.9 skizzierte Parallelstruktur.

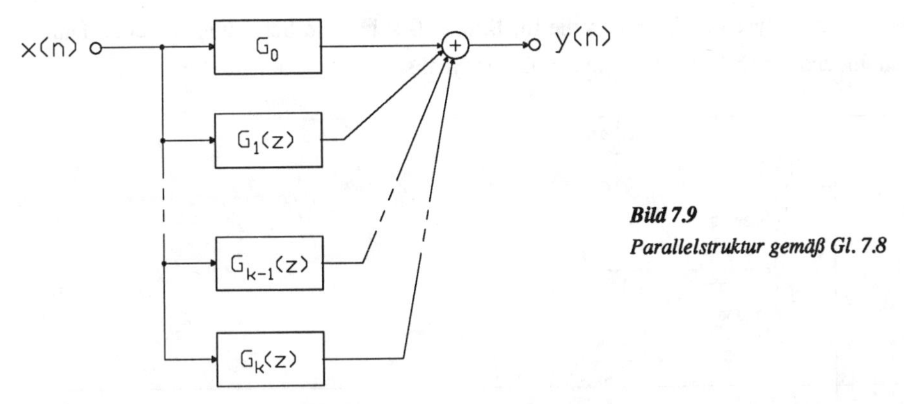

Bild 7.9
Parallelstruktur gemäß Gl. 7.8

Offensichtlich hat die Parallelstruktur günstigere "Empfindlichkeitseigenschaften" als die Direktstrukturen. Wenn in einer der Teilübertragungsfunktionen Nennerkoeffizienten nicht ganz genau realisiert werden, hat dies nur Einfluß auf den Pol oder das Polpaar dieses Teilsystems. Die anderen Pole werden nicht beeinflußt. Über den Einfluß von Koeffizientenfehlern auf die Nullstellen kann keine einfache Aussage gemacht werden, weil diese durch das Zusammenwirken aller Teilsysteme entstehen.

Beispiel

Zu der Übertragungsfunktion mit dem im Bild 2.32 (Abschnitt 2.3.3) angegebenen PN-Schema soll eine Schaltung als Parallelstruktur angegeben werden. Aus diesem PN-Schema erhält man

$$G(z)=K\frac{1-0{,}0166z-0{,}0166z^2+z^3}{-0{,}348895+1{,}3365z-1{,}7579z^2+z^3}.$$

Mit der Nebenbedingung $G(z=1)=1$ (dies bedeutet $G(j\omega=0)=1$) erhält man für die Konstante den Wert $K=0{,}116797$. Aus der Gleichung für $G(z)$ können die Schaltungen für die Direktstrukturen (Abschnitt 7.1.2.1) unmittelbar dimensioniert werden. Eine Partialbruchentwicklung von $G(z)$ führt zunächst zu

$$G(z)=0{,}116791+\frac{0{,}38219}{-0{,}4853+z}+\frac{-0{,}08942-j0{,}11397}{-0{,}6363-j0{,}5604+z}+\frac{-0{,}08942+j0{,}11397}{-0{,}6363+j0{,}5604+z},$$

und nach der Zusammenfassung der beiden Summanden mit dem konjugiert komplexen Polpaar erhält man

$$G(z)=0{,}116791+\frac{0{,}38219}{-0{,}4853+z}+\frac{0{,}24153-0{,}17884z}{0{,}71893-1{,}2726z+z^2}.$$

Das vorliegende System wird durch die im Bild 7.10 skizzierte Schaltung mit einer Durchverbindung und einem Teilfilter 1. und 2. Grades realisiert.

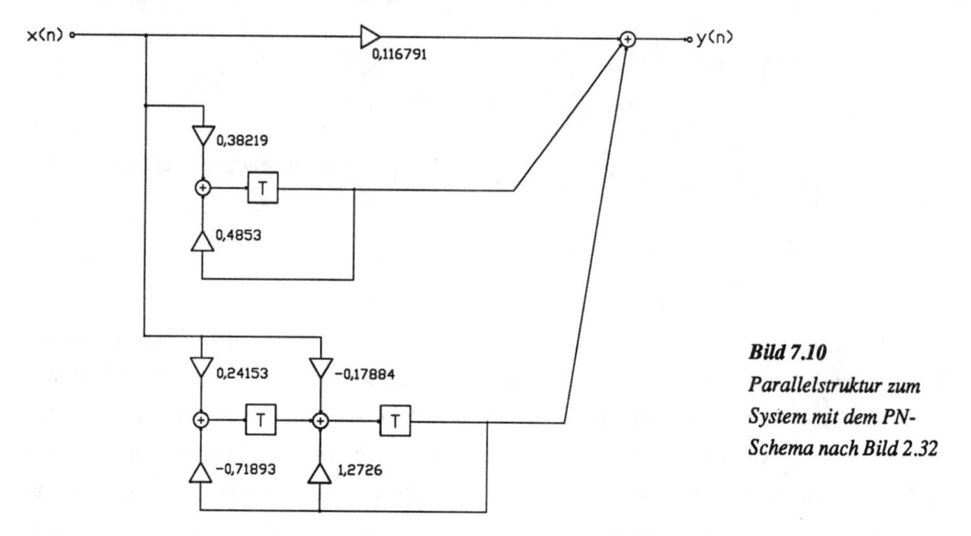

Bild 7.10
Parallelstruktur zum System mit dem PN-Schema nach Bild 2.32

7.1.2.3 Die Kaskadenstruktur

Die in der Praxis wichtige Kaskadenstruktur beruht darauf, daß die Übertragungsfunktion in der Form

$$G(z) = G_1(z) \cdot G_2(z) \cdots G_k(z) \tag{7.9}$$

dargestellt wird, wobei $G_\nu(z), \nu = 1 \ldots k$ Übertragungsfunktionen 1. oder 2. Grades sind. Bild 7.11 zeigt die zugehörende Schaltung.

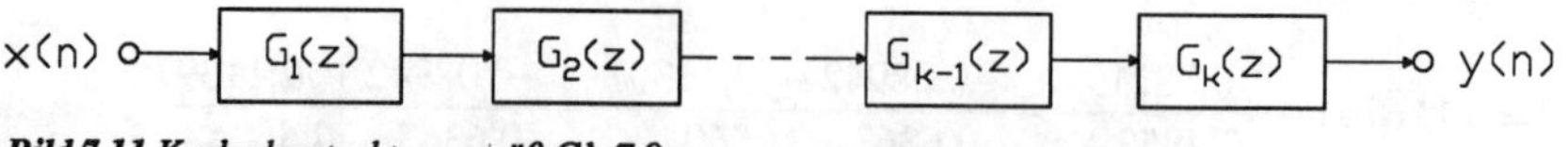

x(n) → $G_1(z)$ → $G_2(z)$ - - - → $G_{k-1}(z)$ → $G_k(z)$ → y(n)

***Bild 7.11** Kaskadenstruktur gemäß Gl. 7.9*

Diese Synthesemethode entspricht in vielen Aspekten der im Abschnitt 6.4 behandelten Kaskadenrealisierung analoger aktiver Filter, wobei die für die Kaskadenschaltung notwendige Rückwirkungsfreiheit der Teilsysteme bei digitalen Filtern von Natur aus gewährleistet ist. Ungenauigkeiten bei den Filterkoeffizienten wirken sich bei der Kaskadenstruktur nur auf die in den betreffenden Teilfiltern realisierten Null- und Polstellen aus.

Im Gegensatz zur Parallelstruktur ist die Kaskadenstruktur i.a. nicht eindeutig, weil die Pol- und Nullstellen meist in vielfältiger Art zu Teilsystemen zusammengefaßt werden können und die Anordnung der Teilsysteme in der Kaskade beliebig sein kann. Diese Freiheitsgrade nützt man in der Praxis i. a. zur Optimierung des Signal-Rauschabstandes des zu entwerfenden Filters aus. Diese Probleme werden im Abschnitt 7.1.3.4 genauer besprochen.

Beispiel

Zu der Übertragungsfunktion mit dem im Bild 2.32 (Abschnitt 2.3.3) angegebenen PN-Schema soll eine Kaskadenschaltung entworfen werden. Aus dem PN-Schema erhält man unmittelbar die Darstellung

$$G(z) = K\frac{z+1}{-0{,}4853+z}\cdot\frac{1-1{,}0166z+z^2}{0{,}71893-1{,}2726z+z^2}.$$

Mit der Nebenbedingung $G(z=1)=1$ wird $K=0{,}116797$. Im vorliegenden Fall gibt es nur eine Möglichkeit der Zusammenfassung von Pol- und Nullstellen zu (stabilen) Teilsystemen. Die reelle Pol- und Nullstelle wird durch das Teilsystem 1. Grades realisiert und das konjugiert komplexe Pol- und Nullstellenpaar durch das Teilsystem 2. Grades. Freiheitsgrade bestehen lediglich in der Wahl der Reihenfolge der Teilsysteme in der Kaskade und der Art der Realisierung des konstanten Faktors K. In der im Bild 7.12 angegebenen Schaltung ist K durch einen entsprechenden Multiplizierer am Eingang realisiert. Meist teilt man den Faktor jedoch auf die Teilsysteme auf, um damit Skalierungsprobleme zu lösen. Diese Aspekte werden im Abschnitt 7.1.3.4 näher besprochen.

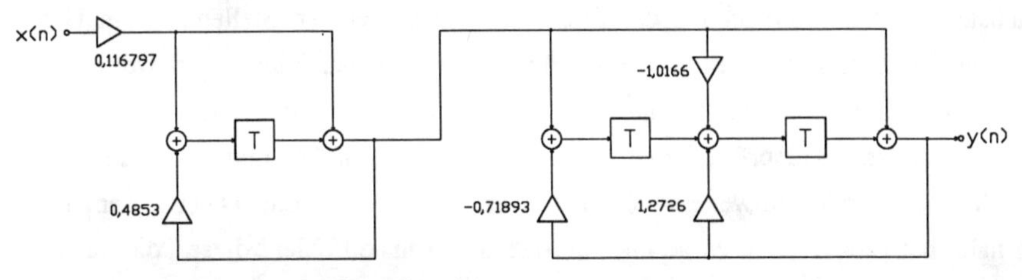

***Bild 7.12** Kaskadenrealisierung beim Beispiel*

Die Schaltungen im Bild 7.10 und 7.12 realisieren beide die gleiche Übertragungsfunktion, deren Betragsverlauf übrigens rechts im Bild 2.32 skizziert ist.

7.1.2.4 Hinweise auf andere Strukturen

Aus der Beschreibung zeitdiskreter Systeme durch Zustandsgleichungen (siehe z.B. [Lü]) lassen sich eine Vielzahl weiterer Realisierungsstrukturen ableiten. Daneben sind in letzter Zeit auch Strukturen bekannt geworden, die sich an analoge Schaltungsstrukturen anlehnen, z.B. Kreuzglied- und Abzweigstrukturen (siehe z.B. [Un], [Wu]). Neben Synthesemethoden, die von der zu realisierenden Übertragungsfunktion ausgehen, gibt es auch noch Verfahren, die analoge Filterschaltungen unmittelbar in digitale Strukturen umsetzen. Diese Methode entspricht dem Vorgehen beim Entwurf aktiver Filter, die passive Referenzfilter nachbilden. Zur Gruppe der digitalen Filter, die analoge Schaltungen nachbilden, gehören die im Abschnitt 7.4 behandelten Wellendigitalfilter.

7.1.3 Besonderheiten bei digitalen Systemen

7.1.3.1 Ein Überblick

Bisher wurde auf Besonderheiten der digitalen Signalverarbeitung nur hingewiesen. Ansonsten wurde vorausgesetzt, daß alle Signalwerte und Filterkoeffizienten beliebige (zulässige) Werte annehmen konnten. Prinzipiell kann die digitale Darstellung dieser Größen beliebig genau erfolgen, so daß die durch begrenzte Wortlängen entstehenden Effekte beliebig klein gehalten werden können. In der Praxis spielen wirtschaftliche Gründe eine wichtige Rolle, und man ist daher bestrebt, mit einer möglichst kleinen Stellenzahl der Zahlen auszukommen.

Am einfachsten ist die Untersuchung des Einflusses der begrenzten Stellenzahl auf Ungenauigkeiten bei den Filterkoeffizienten. Diese können nur so genau "eingestellt" werden, wie dies durch die verwendete Stellenzahl der Zahlen möglich ist. Dadurch wird das Übertragungsverhalten des ursprünglich entworfenen Systems verändert, und es muß untersucht werden, ob die entstehenden Abweichungen noch tolerierbar sind. Besonders bei Systemen mit Polstellen nahe bei $|z|=1$ kann es geschehen, daß die "Einstellfehler" diese Pole aus dem Einheitskreis "hinausschieben" und das realisierte System instabil ist. In solchen Fällen ist (bei Beibehaltung der Filterstruktur) eine Erhöhung der Wortlängen unumgänglich.

Besonders für Filter 1. und 2. Grades gibt es umfangreiche Untersuchungen über den Zusammenhang der Koeffizientenwortlängen und der erreichbaren Genauigkeit für die Lage von Pol- und Nullstellen (siehe z.B. [Sü]). Bei Kaskadenstrukturen (siehe Abschnitt 7.1.2.3) sind die Pol- und Nullstellen der Gesamtübertragungsfunktion durch die der Teilfilter 1. und 2. Grades festgelegt. Bei Parallelstrukturen (siehe Abschnitt 7.1.2.2) legen die Teilfilter die für die Stabilität wichtigen Polstellen fest, nicht aber die Übertragungsnullstellen. Mit dem Problem der Genauigkeit der Filterkoeffizienten werden wir uns im folgenden nicht mehr befassen.

Vorzeichen-Betrags-Darstellung
darstellbarer Zahlenbereich von: $-(1-2^{-b}) \hat{=} 1{,}11\ldots1$ *bis* $(1-2^{-b}) \hat{=} 0{,}11\ldots1$ Null: $0{,}00\ldots0 \hat{=}$ "0 + " oder $1{,}00\ldots0 \hat{=}$ "0 − "
Beispiel $b = 3$ Zahlenbereich von −0,875…0,875: 1,111…0,111; z.B. $0{,}375 \hat{=} 0{,}011$, $-0{,}375 \hat{=} 1{,}011$
Zweierkomplement-Darstellung
darstellbarer Zahlenbereich von: $-1 \hat{=} 1{,}00\ldots0$ *bis* $(1-2^{-b}) \hat{=} 0{,}11\ldots1$ Null: 0,00…0
Beispiel $b = 3$ Zahlenbereich von −1…0,875: 1,000…0,111; z.B. $0{,}375 \hat{=} 0{,}011$, $-0{,}375 \hat{=} 1{,}101$ Ermittlung der Dualzahl von -0,375: $0{,}375 \hat{=} 0{,}011$, Invertierung: 1,100, Addition von 1 zu letzter Stelle: 1,101

***Tabelle 7.1** Darstellung von (b+1)-stelligen Binärzahlen mit b Nachkommastellen im Festkommaformat*

Zur Untersuchung weiterer Effekte soll zunächst auf die Zahlendarstellungen eingegangen werden. Der darstellbare Zahlenbereich wird meistens auf -1 bis 1 begrenzt. Bei der **V**orzeichen-**B**etrags-**D**arstellung (VBD) ist das 1. Bit für das Vorzeichen reserviert, 0 für positive und 1 für negative Zahlen (siehe Tabelle 7.1). Daneben ist noch die **Z**weier-**K**omplement-**D**arstellung (ZKD) von Bedeutung. Bei dieser erhält man eine negative Zahl dadurch, daß zunächst in der positiven Binärzahl alle Bits invertiert werden und noch ein Bit zur letzten Stelle addiert wird (siehe hierzu das Beispiel in der Tabelle 7.1). In der Tabelle 7.1 sind die Merkmale von Zahlen in den beiden angesprochenen Darstellungsarten zusammengestellt. Die Zahlen haben eine Länge von $l = b + 1$ Binärstellen. Da die 1. Stelle das Vorzeichen kennzeichnet, hat die Quantisierungsstufe (die kleinstmögliche Differenz zweier Zahlen) den Wert $Q = 2^{-b}$. Eine Verschiebung der Kommastelle um eine Stelle nach rechts bedeutet eine Multiplikation dieser Zahl mit dem Faktor 2, eine Verschiebung nach links die Multiplikation mit 1/2.

Zur Durchführung von Multiplikationen ist die Vorzeichen-Betrags-Darstellung am günstigsten. Man multipliziert die Beträge und legt das Vorzeichen getrennt fest. Für Additionen ist die Zweier-Komplement-Darstellung günstiger. Zwischen Additionen und Substraktionen muß hier nicht unterschieden werden. Ein weiterer Vorteil ist, daß bei der Addition von mehreren Summanden Zwischenergebnisse den zulässigen Wertebereich verlassen dürfen, solange das Ergebnis im zulässigen Zahlenbereich liegt.

Bei der A/D-Wandlung werden wertekontinuierliche Abtastwerte $x_k = x(nT)$ in Zahlenwerte $x_Q = x(n)$ umgesetzt. Dabei entstehen Quantisierungsfehler

$$x_e = x_k - x_Q. \tag{7.10}$$

Der gleiche Effekt tritt auf, wenn eine gegebene Zahl, etwa ein Multiplikationsergebnis, in der Anzahl seiner Stellen wieder auf die Stellenzahl der Faktoren verkürzt wird. x_k stellt dann das korrekte Ergebnis und x_Q das Näherungsergebnis dar, mit dem weiter gerechnet wird.

Die Quantisierung kann auf verschiedene Weise durchgeführt werden. Beim "Abschneiden" läßt man einfach die überschüssigen Stellen weg und erhält so eine (Binär-) Darstellung mit $l = b + 1$ Stellen. Der entstehende "Schneidefehler" wirkt sich unterschiedlich auf positive und negative Zahlen aus, und ist auch noch von der verwendeten Zahlendarstellung abhängig. Bei der "Rundung" wird der ursprüngliche Wert x_k durch die Dualzahl x_Q mit dem kleinstmöglichen Abstand ersetzt. Der dabei entstehende Rechenfehler liegt dann im Bereich

$$-\frac{Q}{2} \le x_e \le \frac{Q}{2}, \tag{7.11}$$

wenn Q die Quantisierungsstufe ist. Bei b Nachkommastellen hat sie den Wert 2^{-b}. Die Quantisierung stellt i.a. eine nichtlineare Rechenoperation dar.

Durch die Festlegung der Zahlendarstellung ist gleichzeitig der zulässige Zahlenbereich festgelegt. Man muß daher durch geeignete Maßnahmen (Skalierung, siehe Abschnitt 7.1.3.4) dafür sorgen, daß die Ergebnisse aller Rechenoperationen innerhalb des vorgesehenen Zahlenbereiches liegen. Falls dieser zulässige Zahlenbereich verlassen wird, spricht man von einem Überlauf. Bild 7.13 zeigt zwei sogenannte Überlaufkennlinien. Bei der "Sättigungskennlinie" (links im Bild 7.13) nimmt das Rechenergebnis x_r je nach Überlaufrichtung den kleinstmöglichen Wert $-X$ oder den größtmöglichen X an. Bei der "Sägezahnkennlinie" rechts im Bild 7.13 wird bei einem Überlauf entweder X addiert oder subtrahiert. So führt z.B. die Zahl $x = X/2$ zu dem gleichen Ergebnis $x_r = X/2$ wie die außerhalb des zulässigen Zahlenbereiches liegende Zahl $x=5X/2$. Diese Überlaufkennlinie ist übrigens bei der Addition von Zahlen in der Zweier-Komplement-Darstellung gültig und führt zu der vorne erwähnten Eigenschaft, daß Zwischensummen den erlaubten Zahlenbereich ohne Einfluß auf das (als zulässig vorausgesetzte) Endergebnis "verlassen" dürfen.

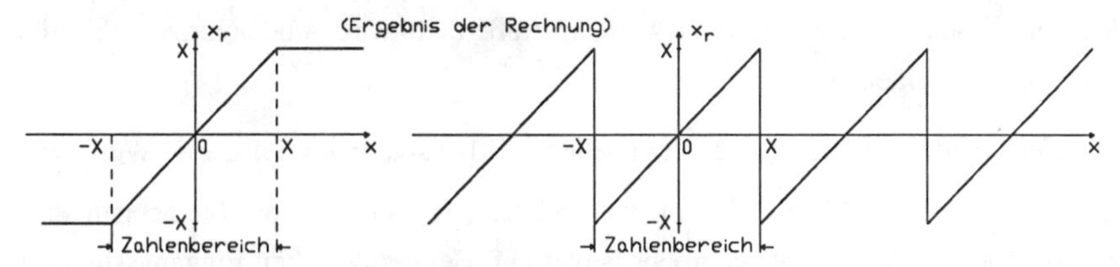

***Bild 7.13** Überlaufkennlinien, links "Sättigung, rechts "Sägezahn"*

Das Verlassen des zulässigen Zahlenbereiches kann unerwünschte nichtlineare Effekte zur Folge haben. So können Überläufe in digitalen Filtern zu möglicherweise großen Abweichungen im Ausgangssignal führen, z.B. zu sogenannten Sprungphänomenen bei sinusförmigen Filtereingangssignalen (siehe z. B. [EV]). Diese unerwünschten Effekte können vollständig bzw. weitgehend durch geeignete Skalierungsmaßnahmen vermieden werden. Weitgehend vermeidbar sind Überlaufeffekte übrigens, wenn die Zahlen in Gleitkommaarithmetik realisiert werden, da solche Zahlen i.a. einen großen Wertebereich umfassen. Der Nachteil ist, daß Operationen in Gleitkommaarithmetik komplizierter, und damit auch teurer, als die bei der meistens üblichen Festkommaarithmetik sind.

Ein weiteres unerwünschtes Phänomen bei rekursiven digitalen Filtern ist die Möglichkeit des Auftretens sogenannter Grenzzyklen, wenn das Eingangssignal längere Zeit konstant oder Null ist. Nimmt ein (zunächst von Null verschiedenes) Eingangssignal ab z.B. dem Zeitpunkt $n=0$ die Werte $x(n)=0$ an, so würde für das Ausgangssignal bei unbegrenzt langen Zahlen $y(n)\to 0$ gelten. Infolge von Quantisierungsfehlern kann es aber vorkommen, daß sich in Wirklichkeit ein kleines periodisches Ausgangssignal (der Grenzzyklus) aufbaut. Dies kann sich z.B. in Pausen bei Musikübertragungen störend auswirken. Durch Wahl geeigneter Filterstrukturen ist es möglich, Filter aufzubauen, bei denen Grenzzyklen nicht auftreten können (siehe [EV]).

In den beiden folgenden Abschnitten werden die Fehler, die durch das Rechnen mit begrenzten Zahlen bei der A/D-Wandlung und innerhalb der Filterschaltungen entstehen, genauer untersucht. Der Abschnitt 7.1.3.4 befaßt sich mit Methoden der Skalierung, durch die Überlaufeffekte ausgeschlossen werden können.

7.1.3.2 Quantisierungsfehler bei der A/D-Umwandlung

Die meisten A/D-Umsetzer arbeiten mit der Zweier-Komplement-Zahlendarstellung. Bei Wortlängen von $l = b + 1$ Bit mit b Nachkommastellen liegen somit die Ausgangszahlenwerte im Bereich $-1 \le x_Q \le 1 - 2^{-b}$. Zur Vermeidung von Überläufen muß das kontinuierliche Eingangssignal auf diesen Bereich begrenzt werden. Außerdem wird angenommen, daß die Quantisierung durch Runden erfolgt.

Die entstehenden Rundungsfehler $x_e = x_k - x_Q$ (siehe Gl. 7.10) sind in komplizierter Weise von den anliegenden Signalen abhängig. Bei einem über längere Zeit konstant bleibenden Eingangssignal tritt auch jeweils ein gleichgroßer Fehler auf. Bei periodischen Eingangssignalen sind, je nach Verhältnis von Periodendauer zu Abtastzeit, auch periodisch verlaufende Fehler denkbar. In den meisten Fällen wird man jedoch davon ausgehen können, daß das Eingangssignal an den Abtastzeitpunkten unterschiedliche, nicht vorhersehbare Werte besitzt und die Quantisierungsfehler als zufällige Werte im Bereich

$$-\frac{Q}{2} \le x_e \le \frac{Q}{2}$$

interpretiert werden können. Die Quantisierungsstufe Q hat bei b Nachkommastellen den Wert $Q = 2^{-b}$. Durch Umstellung der für x_e angegebenen Beziehung erhält man

$$x_k(n) = x_Q(n) + x_e(n). \tag{7.12}$$

Dabei ist $x(nT) = x_k$ die Folge der korrekten Abtastwerte, $x_Q(n)$ die (fehlerbehaftete) Eingangszahlenfolge für das nachfolgende digitale Filter und $x_e(n) = x_e$ die Folge der bei der Quantisierung entstehenden Fehler.

Bei $x_e(n)$ handelt es sich um ein wertekontinuierliches Signal, und es erscheint sinnvoll, $x_e(n)$ als Realisierung eines stationären gleichverteilten Zufallsprozesses mit der im Bild 7.14 skizzierten Dichtefunktion anzusehen. Dabei wird zusätzlich angenommen, daß aufeinanderfolgende Werte von $x_e(n)$ unabhängig voneinander sein sollen (Bezeichnung "weißes Rauschen").

Hinweis:
Zum tieferen Verständnis dieser Zusammenhänge sind Kenntnisse aus der statistischen System- und Signaltheorie erforderlich. Einige Grundlagen hierzu findet der Leser in [Mi], ausführlichere Ergebnisse in [Sü].

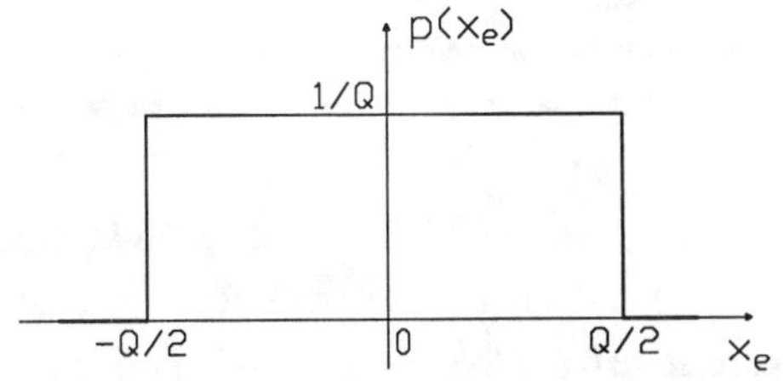

Bild 7.14
Angenommene Wahrscheinlichkeitsdichte für den bei der Rundung auftretenden Fehler im Bereich –Q/2...Q/2

Man spricht bei $x_e(n)$ vom **Quantisierungsrauschen** und nimmt gemäß Gl. 7.12 an, daß die Abtastwerte $x_k(n)$ als Summe der Zahlenfolge $x_Q(n)$ und einem Rauschsignal $x_e(n)$ interpretiert werden. Das Rauschsignal hat den Mittelwert 0 (siehe Dichtefunktion 7.14) und die Streuung

$$\sigma_{x_e}^2 = \int_{-\infty}^{\infty} x_e^2 p(x_e) dx_e = \frac{1}{Q}\int_{-Q/2}^{Q/2} x_e^2 dx_e = \frac{Q^2}{12} = \frac{2^{-2b}}{12} = P_{x_e}. \tag{7.13}$$

Die Streuung entspricht bei mittelwertfreien Signalen auch der mittleren Rauschleistung P_{x_e}.

Faßt man das Signal $x(nT) = x_k$ ebenfalls als mittelwertfreies Zufallssignal auf, so kann auch für $x_k(n)$ eine mittlere Leistung $P_{x_k} = \sigma_{x_k}^2$ angegeben werden. Ein Maß für die Qualität eines digitalen Signales ist dann der sogenannte Signal-Rauschabstand (Abkürzung SNR von Signal to Noise-Ratio)

$$\frac{\sigma_{x_k}^2}{\sigma_{x_e}^2} = \frac{P_{x_k}}{P_{x_e}} = 12 \cdot 2^{2b} \cdot P_{x_k},$$

bzw. dessen logarithmisches Maß in Dezibel

$$A = 10\,lg\frac{P_{x_k}}{P_{x_e}} = 10\,lg\left(12 \cdot 2^{2b} P_{x_v}\right) = 10{,}79 + 10\,lg P_{x_k} + 6{,}02 \cdot b. \tag{7.14}$$

Das bedeutet, daß jedes zusätzliche Bit an Wortlänge den Signal-Rauschabstand um 6 dB verbessert.

Im Bild 7.15 ist das hier verwendete lineare Modell (Gl. 7.12) zur Berücksichtigung der Quantisierungsfehler bei der A/D-Umsetzung dargestellt. Der durch die Quantisierung entstehende Fehler wird durch ein dem quantisierten Signal $x_Q(n)$ überlagertes Rauschsignal $x_e(n)$ mit der mittleren Rauschleistung $P_{x_e} = Q^2/12 = 2^{-2b}/12$ dargestellt. Dabei wird davon ausgegangen, daß aufeinanderfolgende Werte von $x_e(n)$ unabhängig voneinander sind. Man spricht hier von weißem Rauschen.

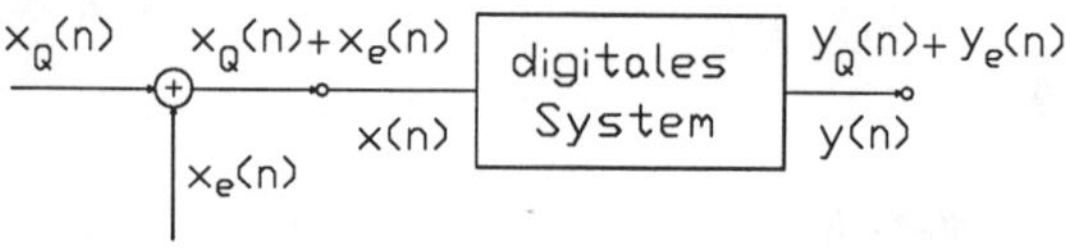

Bild 7.15
Lineares Modell zur Berücksichtigung der Quantisierungsfehler bei der A/D-Umsetzung

Der Signal-Rauschabstand (Gl. 7.14) am Systemeingang ist ein Maß für die Qualität der Quantisierung. Das System reagiert auf $x_Q(n)$ mit $y_Q(n)$ und auf $x_e(n)$ mit dem Rauschsignal $y_e(n)$ am Systemausgang. Dabei wird hier vorausgesetzt, daß das System selbst keine weiteren Fehler produzieren soll, also die Eigenschaften eines wertekontinuierlichen zeitdiskreten Systems aufweist. Zur Beurteilung der Signalqualität am Systemausgang muß eigentlich der dort auftretende Signal-Rauschabstand P_{y_k}/P_{y_e} berechnet werden. Dies führt jedoch zu dem Problem, daß zusätzliche Informationen über das (als zufällig angesehene) Eingangssignal $x_Q(n)$ erforderlich sind. Einfach werden die Verhältnisse dann, wenn für $x_Q(n)$ genauso wie für $x_e(n)$ das Modell "weißes Rauschen" angenommen wird, was bedeutet, daß aufeinanderfolgende Werte von $x_Q(n)$ vollständig unabhängig voneinander sind. Unter dieser Annahme würde der Signal-Rauschabstand am Systemausgang den gleichen Wert wie am Systemeingang haben. Da allgemeingültige Annahmen über die Eigenschaften der Eingangsfolge nicht möglich sind, beschränken wir uns auf die Berechnung der mittleren Rauschleistung P_{y_e} am Ausgang des Systems.

Die Mittelwertfreiheit von $x_e(n)$ hat auch die Mittelwertfreiheit von $y_e(n)$ am Systemausgang zur Folge. Mit der Faltungssumme (siehe z.B. [Mi]) erhalten wir zunächst

$$y_e(n) = \sum_{\mu=0}^{\infty} x_e(n-\mu)g(\mu),$$

wobei $g(n)$ die Impulsantwort des zeitdiskreten Systems ist. Dann wird

$$[y_e(n)]^2 = \sum_{\mu=0}^{\infty} x_e(n-\mu)g(\mu) \cdot \sum_{\nu=0}^{\infty} x_e(n-\nu)g(\nu) = \sum_{\mu=0}^{\infty}\sum_{\nu=0}^{\infty} x_e(n-\mu)x_e(n-\nu)g(\mu)g(\nu),$$

und mit der Mittelwertbildung erhalten wir die mittlere Rauschleistung bzw. Streuung des Ausgangssignales

$$\sigma_{y_e}^2 = P_{y_e} = \sum_{\mu=0}^{\infty}\sum_{\nu=0}^{\infty} E[x_e(n-\mu)x_e(n-\nu)]g(\mu)g(\nu).$$

Voraussetzungsgemäß sind die mittelwertfreien Signalwerte $x_e(n)$ unabhängig voneinander, das bedeutet

$$E[x_e(n-\mu)x_e(n-\nu)] = \begin{cases} 0 \textit{ für } \mu \neq \nu \\ \sigma_{x_e}^2 = Q^2/12 \textit{ für } \mu = \nu \end{cases}.$$

Mit diesem Erwartungswert erhalten wir schließlich

$$\sigma_{y_e}^2 = P_{y_e} = \frac{Q^2}{12} \sum_{\mu=0}^{\infty} g^2(\mu). \tag{7.15}$$

Leicht auswertbar ist diese Beziehung für nichtrekursive Filter. Nach Gl. 7.6 entsprechen dort die Filterkoeffizienten Werten der Impulsantwort.

Im allgemeinen ist die Berechnung von P_{y_e} nach Gl. 7.15 eher unpraktisch, weil dazu zunächst die Impulsantwort des Systems ermittelt werden muß. Die sogenannte Parseval'schen Gleichung führt zu der oft vorteilhafter anzuwendenden Beziehung (siehe z.B. [Sü])

$$\sigma_{y_e}^2 = P_{y_e} = \frac{Q^2}{12} \frac{1}{2\pi j} \oint_{|z|=1} G(z) G\left(\frac{1}{z}\right) z^{-1} dz. \tag{7.16}$$

Die Integration ist dabei über den Einheitskreis durchzuführen.

Bemerkungen:
Gl. 7.16 hat deshalb Vorteile, weil die Integration oft mit Hilfe des sogenannten Residuensatzes

$$\oint F(z)dz = 2\pi j \sum_{\nu=1}^{k} A_\nu$$

durchgeführt werden kann. Dabei ist $F(z)$ eine gebrochen rationale Funktion, und die A_ν sind die Residuen der Polstellen von $F(z)$ in dem durch den Integrationsweg umschlossenen Bereich. Bei einfachen Polstellen erhält man das zu einem Pol z_∞ gehörende Residuum nach der Beziehung (siehe [Mi])

$$A_\nu = \{F(z)(z - z_\infty)\}_{z=z_\infty}.$$

Der Begriff des Residuums wurde übrigens im Abschnitt 3.1.2 eingeführt. Mit dem Residuensatz erhält man demnach

$$\sigma_{y_e}^2 = P_{y_e} = \frac{Q^2}{12} \sum_{\nu=1}^{k} A_\nu, \tag{7.17}$$

wobei A_ν die Residuen der innerhalb des Einheitskreises gelegenen Polstellen der Funktion $F(z) = G(z)G\left(\frac{1}{z}\right)z^{-1}$ sind.

Wir betrachten zunächst Systeme 1. Grades mit der Übertragungsfunktion

$$G(z)=\frac{c_0+c_1 z}{d_0+z},\ |d_0|<1.$$

Dann wird

$$F(z)=G(z)G\left(\frac{1}{z}\right)z^{-1}=\frac{c_0+c_1 z}{d_0+z}\cdot\frac{c_0+c_1/z}{d_0+1/z}z^{-1}=\frac{(c_0+c_1 z)(c_0 z+c_1)}{d_0 z(d_0+z)(1/d_0+z)}=\frac{A_1}{z}+\frac{A_2}{d_0+z}+\frac{A_3}{1/d_0+z}.$$

Zu berechnen sind nur die Residuen A_1 und A_2, weil A_3 zu einer Polstelle außerhalb des Einheitskreises gehört. Wir erhalten

$$A_1=\{F(z)\cdot z\}_{z=0}=\frac{c_0 c_1}{d_0},\quad A_2=\{F(z)(d_0+z)\}_{z=-d_0}=-\frac{(c_0-c_1 d_0)(c_1-c_0 d_0)}{d_0(1-d_0^2)},$$

und gemäß Gl. 7.17

$$P_{y_e}=\frac{Q^2}{12}(A_1+A_2)=\frac{Q^2}{12}\frac{1}{d_0}\left(c_0 c_1-\frac{(c_0-c_1 d_0)(c_1-c_0 d_0)}{1-d_0^2}\right)=\frac{Q^2}{12}\frac{c_0^2+c_1^2}{1-d_0^2}. \tag{7.18}$$

Bei einem System 2. Ordnung mit der Übertragungsfunktion

$$G(z)=\frac{c_0+c_1 z+c_2 z^2}{d_0+d_1 z+z^2}$$

erhält man für den wichtigen Fall eines konjugiert komplexen Polstellenpaares die Beziehung

$$P_{y_e}=\frac{Q^2}{12}\frac{(1+d_0)(c_0^2+c_1^2+c_2^2)}{(1-d_0)(1+d_0^2-d_0(d_1^2-2))}\quad \text{mit } 0<d_0<1,\ d_1^2<4d_0. \tag{7.19}$$

Hinweis:

Zur Ableitung von Gl. 7.19 geht man am besten von der Übertragungsfunktion

$$\tilde{G}(z)=\frac{1}{d_0+d_1 z+z^2}=\frac{1}{(z-re^{j\varphi})(z-re^{-j\varphi})}=\frac{1}{r^2-2rz\cos\varphi+z^2}$$

mit dem konjugiert komplexen Polstellenpaar bei $z_{\infty 1,2}=re^{\pm j\varphi}$ aus. Dann wird

$$F(z)=\tilde{G}(z)\tilde{G}\left(\frac{1}{z}\right)z^{-1}=\frac{z}{(z-re^{j\varphi})(z-e^{-j\varphi})(1-zre^{j\varphi})(1-zre^{-j\varphi})}=$$

$$=\frac{A_1}{z-re^{j\varphi}}+\frac{A_2}{z-re^{-j\varphi}}+\bar{F}(z).$$

$\bar{F}(z)$ enthält die außerhalb des Einheitskreises liegenden Polstellen. Nach Gl. 7.16 erhält man

$$\tilde{P}_{y_e}=\frac{Q^2}{12}(A_1+A_2)=\frac{Q^2}{12}\frac{1+r^2}{(1-r^2)(1+r^4-2r^2\cos 2\varphi)}.$$

Die oben angegebene Übertragungsfunktion $G(z)$ kann in der Form

$$G(z)=c_0\tilde{G}(z)+c_1z\tilde{G}(z)+c_2z^2\tilde{G}(z)$$

dargestellt werden, dies führt zu

$$P_{y_e}=(c_0^2+c_1^2+c_2^2)\tilde{P}_{y_e}$$

und schließlich zu der vorne angegebenen Beziehung 7.19.

Beispiel

Für die im Bild 7.10 (Abschnitt 7.1.2.2) dargestellte Schaltung eines digitalen Filters in Parallelstruktur soll der Einfluß der Quantisierungsfehler auf das Ausgangssignal ermittelt werden. Wegen der Parallelschaltung können die Streuungen der Teilfilter addiert werden.

Durch den konstanten Faktor entsteht eine Ausgangsstreuung

$$P_{y_e}^{(0)}=0{,}116797^2\frac{Q^2}{12}=0{,}0136\frac{Q^2}{12}.$$

Die durch das Teilfilter 1. Ordnung entstehende Streuung kann nach Gl. 7.18 berechnet werden. Mit den Filterkoeffizienten in der Schaltung erhalten wir

$$P_{y_e}^{(1)}=\frac{Q^2}{12}\frac{0{,}38219^2}{1-0{,}4833^2}=0{,}191\frac{Q^2}{12}.$$

Da das Teilfilter 2. Grades konjugiert komplexe Polstellen besitzt, erhalten wir nach Gl. 7.19

$$P_{y_e}^{(2)}=\frac{Q^2}{12}\frac{(1+0{,}71893)(0{,}24153^2+0{,}17884^2)}{(1-0{,}71893)(1+0{,}71893^2-0{,}71893(1{,}2726^2-2))}=0{,}3083\frac{Q^2}{12}.$$

Damit wird

$$P_{y_e} = \sigma_{y_e}^2 = P_{y_e}^{(0)} + P_{y_e}^{(1)} + P_{y_e}^{(2)} = 0{,}513 \frac{Q^2}{12}.$$

7.1.3.3 Fehler bei Zwischenergebnissen in digitalen Systemen

Zwischenergebnisse entstehen innerhalb der Systeme nach Additionen und Multiplikationen. Bei der hier vorausgesetzten Festkommaarithmetik treten bei Additionen keine Fehler auf, solange der zulässige Zahlenbereich nicht verlassen wird (Skalierung!). Bei Multiplikationen von Signalwerten mit Filterkoeffizienten entstehen zunächst Ergebnisse mit einer größeren Stellenzahl, die für die Weiterverarbeitung wieder reduziert werden müssen. Wir setzen im folgenden voraus, daß diese Wortlängenreduktion durch "Runden" erfolgt.

Damit liegt eine vergleichbare Situation wie bei der A/D-Umsetzung vor. Ein genauer Wert x_k wird durch die Wortlängenreduktion durch den Wert x_Q ersetzt, es entsteht ein Multiplikationsfehler $x_e = x_k - x_Q$. Bild 7.16 zeigt bei zwei Schaltungsstrukturen für Systeme 1. Grades, wie die entstehenden Fehler berücksichtigt werden können. Nach der (fehlerhaften) Multiplikation wird der entstandene Fehler additiv hinzugefügt. Dabei gehen wir wie bei der A/D-Wandlung von der Vorstellung aus, daß das Fehlersignal ein mittelwertfreies Zufallssignal mit der im Bild 7.14 skizzierten Wahrscheinlichkeitsdichte ist. Außerdem wird vorausgesetzt, daß die nach den Multiplikationen hinzugefügten Rauschsignale unabhängig voneinander sind, so daß die von ihnen am Systemausgang hervorgerufenen Rauschleistungen addiert werden dürfen.

Die Berechnung der Rauschleistung am Systemausgang erfolgt nach der im Abschnitt 7.1.3.2 beschriebenen Methode. Dabei ist allerdings jeweils diejenige Übertragungsfunktion zu berücksichtigen, die von der Entstehungsstelle des Rauschsignales zum Systemausgang auftritt.

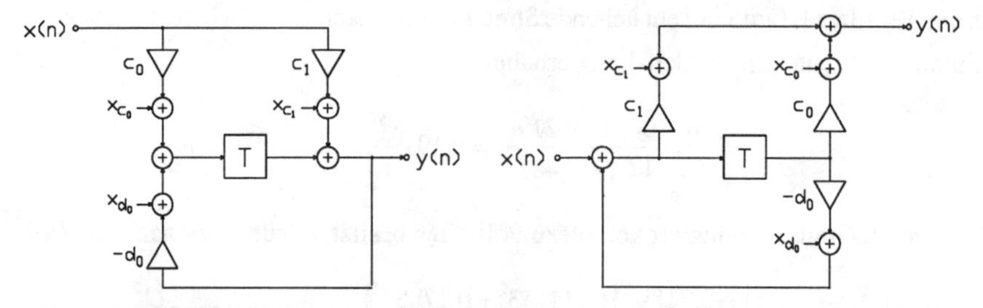

Bild 7.16 Modelle zur Berücksichtigung von Multiplikationsfehlern bei Filterschaltungen 1. Grades

Bei der links im Bild 7.16 angegebenen Schaltung 1. Grades (kanonische Direktform I) gibt es die drei Übertragungsfunktionen

$$G_{c0}(z)=\frac{1}{d_0+z}, \quad G_{c1}(z)=\frac{z}{d_0+z}, \quad G_{d0}(z)=\frac{1}{d_0+z}.$$

Die Rauschleistung am Systemausgang kann bei diesen Übertragungsfunktionen nach Gl. 7.18 berechnet werden. Wir erhalten nach Addition dieser drei Rauschleistungen den gesamten "Multiplikationsfehler"

$$P_{y_e}=\sigma_{y_e}^{\ 2}=3\frac{Q^2}{12}\frac{1}{1-d_0^2}, \quad |d_0|<1. \tag{7.20}$$

Bei der Schaltungsstruktur rechts im Bild 7.16 (kanonische Direktform II) ergeben sich etwas andere Verhältnisse. Die "Rauschquellen c_0 und c_1" wirken direkt auf den Ausgang, also ist $P_{c0}=P_{c1}=Q^2/12$. Die "Rauschquelle d_0" wirkt wie das Eingangssignal $x(n)$ des Systems. Damit erhalten wir mit Gl. 7.18

$$P_{y_e}=\sigma_{y_e}^{\ 2}=\frac{Q^2}{12}\left(2+\frac{c_0^2+c_1^2}{1-d_0^2}\right), \quad |d_0|<1. \tag{7.21}$$

Man erkennt, daß die Multiplikationsfehler, im Gegensatz zu den durch die A/D-Wandlung entstehenden Fehler, von der Schaltungsstruktur abhängig sind.

Hinweis:
Die Gln. 7.20 und 7.21 sind nur dann gültig, wenn die Schaltungen tatsächlich drei Multiplizierer aufweisen. Anderenfalls sind Modifikationen erforderlich. So ist z.B. im Falle $c_0=0$ und $c_1=1$ bei Gl. 7.20 der Faktor 3 durch den Faktor 1 zu ersetzen. In Gl. 7.21 würde in diesem Fall der zweite Summand in dem Klammerausdruck entfallen. Auch bei den unten angegebenen Beziehungen für Systeme 2. Grades sind entsprechende Modifikationen erforderlich, wenn die Schaltungen weniger als 5 Multiplizierer enthalten.

Durch entsprechende Überlegungen erhält man bei Systemen 2. Grades mit einem konjugiert komplexen Polpaar (mit Gl. 7.19) für die 1. kanonische Direktform (oben rechts im Bild 7.8)

$$P_{y_e}=5\cdot\frac{Q^2}{12}\frac{1+d_0}{(1-d_0)(1+d_0^2-d_0(d_1^2-2))}, \quad 0<d_0<1,\ d_1^2<4d_0, \tag{7.22}$$

und für die 2. kanonische Direktform

$$P_{y_e}=\frac{Q^2}{12}\left(3+2\frac{c_0^2+c_1^2+c_2^2}{(1-d_0)(1+d_0^2-d_0(d_1^2-2))}\right), \quad 0<d_0<1,\ d_1^2<4d_0. \tag{7.23}$$

Beispiel

Für die Schaltung nach Bild 7.10 soll der Einfluß der Multiplikationsfehler auf das Ausgangssignal ermittelt werden. Wegen der Parallelstruktur können die Rauschleistungen der Teilfilter addiert werden. Durch den konstanten Faktor entsteht eine Ausgangsstreuung

$$P_{y_e}^{(0)} = \frac{Q^2}{12}.$$

Zur Berechnung der durch das Teilfilter 1. Ordnung hervorgerufenen Rauschleistung ist Gl. 7.20 zu modifizieren, weil die Schaltung nur zwei Multiplizierer enthält, es wird

$$P_{y_e}^{(1)} = 2\frac{Q^2}{12}\frac{1}{1-0{,}4853^2} = 2{,}6161\frac{Q^2}{12}.$$

Da das Teilfilter 2. Grades ein konjugiert komplexes Polpaar realisiert, erhalten wir gemäß Gl. 7.22 unter Beachtung, daß die Schaltung nur vier Multiplizierer enthält

$$P_{y_e}^{(2)} = 4\cdot\frac{Q^2}{12}\;\frac{1}{(1-0{,}71893)(1+0{,}71893^2-0{,}71893(1{,}2726^2-2))} = 7{,}95\frac{Q^2}{12}.$$

Die gesamte durch Multiplikationsfehler hervorgerufene Rauschleistung beträgt

$$P_{y_e} = P_{y_e}^{(0)} + P_{y_e}^{(1)} + P_{y_e}^{(2)} = 11{,}56\frac{Q^2}{12}.$$

Um den tatsächlichen Effekt der Multiplikationsfehler im vorliegenden Fall einmal abzuschätzen, nehmen wir an, daß mit einer Wortlänge von l=8 Bit bei b=7 Nachkommastellen gerechnet wird. Dies bedeutet eine Quantisierungsstufe $Q = 2^{-7}$ und das durch Multiplikationsfehler am Systemausgang hervorgerufene Rauschsignal hat eine Streuung von

$$\sigma_{y_e}^2 = P_{y_e} = 11{,}56\cdot\frac{2^{-14}}{12} = 5{,}88\cdot 10^{-5}.$$

Die Standardabweichung des Rauschsignales beträgt $\sigma_{y_e} = 7{,}7\cdot 10^{-3}$. Zur genaueren Angabe der auftretenden Fehlerwerte müßte die Wahrscheinlichkeitsdichte des Ausgangsrauschsignales bekannt sein. Zur groben Abschätzung gehen wir einmal von einer Normalverteilung aus. Unter dieser Annahme treten Signalwerte von $-3\sigma_{y_e}\ldots 3\sigma_{y_e}$ mit einer Wahrscheinlichkeit von ca. 99,7% auf (siehe [Mi]). Dies bedeutet hier zu erwartende Fehlerwerte im Bereich von -0,023...0,023. Aus der rechts im Bild 2.32 skizzierten Übertragungsfunktion für das hier untersuchte System erkennt man, daß der Schwankungsbereich der Werte von $|G|$ im Durchlaßbereich 0,02 beträgt. Das bedeutet, daß eine Realisierung mit 8-Bit-Zahlen im vorliegenden Fall mit einer Parallelstruktur nicht möglich ist.

Bei jedem Bit zusätzlicher Wortlänge halbieren sich die Multiplikationsfehler. Nach unserem Modell liegen diese bei l=9 Bit im Bereich -0,0115...0,0115 und sind immer noch zu groß. Das bedeutet, daß im vorliegenden Fall eine Wortlänge von (mindestens) 10 Bit erforderlich ist. Dabei ist noch darauf hinzuweisen, daß diese Rechnung nur die Multiplikationsfehler berücksichtigt. Zu diesen müssen die durch die A/D-Wandlung entstehenden Fehler addiert werden. Diese wurden im Beispiel des Abschnittes 7.1.3.2 zu $0{,}513\,Q^2/12$ ermittelt und können gegenüber den Multiplikationsfehlern vernachlässigt werden, wenn die Wortlänge des A/D-Wandlers mindestens so groß wie die innerhalb des digitalen Systems ist. Schließlich müßte auch noch untersucht werden, ob mit der Wortlänge von 10 Bit die Filterkoeffizienten genügend genau "eingestellt" werden können, so daß der gewünschte Verlauf der Übertragungsfunktion ausreichend genau erreicht wird ("Einstellfehler", siehe Abschnitt 7.1.3.1).

Wie wir gesehen haben, ist die Ermittlung der Multiplikationsfehler bei Systemen 1. und 2. Grades und auch bei der Parallelstruktur noch relativ einfach durchführbar. Deutlich schwieriger werden die Verhältnisse bei den in der Praxis wichtigen Kaskadenstrukturen (siehe Bild 7.11, Abschnitt 7.1.2.3). Die oben angegebenen Beziehungen für Systeme 1. und 2. Grades können bei der Kaskadenstruktur nur zur Berücksichtigung von Multiplikationsfehlern im letzten Block der Kaskade angewandt werden. Bei der Berechnung des Fehlereinflusses von Multiplikationen in den vorderen Blöcken treten Übertragungsfunktionen höheren Grades auf. Soll z.B. bei der Kaskadenschaltung im Bild 7.12 der bei dem Multiplizierer 0,4853 im 1. Teilfilter auftretende Fehler berechnet werden, so lautet die Übertragungsfunktion (Rauschquelle - Systemausgang)

$$G_{d_0}(z) = \frac{1}{d_0 + z} G_2(z),$$

wobei $G_2(z)$ die Übertragungsfunktion des nachgeschalteten Blocks 2. Grades ist. Die weitere Auswertung (Gl. 7.16) erfordert in solchen Fällen meistens den Einsatz eines Rechnerprogrammes.

Offensichtlich gibt es bei der Kaskadenschaltung eine Reihe von Freiheitsgraden, die zur Minimisierung der Multiplikationsfehler verwendet werden können. Im allgemeinen bestehen mehrere Möglichkeiten der Zusammenfassung von Pol- und Nullstellen zu Teilfiltern, und diese Teilfilter können in beliebiger Reihenfolge in der Kaskade angeordnet werden. Jede mögliche

Variante führt im allgemeinen zu unterschiedlich großen Multiplikationsfehlern. Leider gibt es keine allgemeingültige Regel über die optimale Zusammenfassung von Pol- und Nullstellen und die Reihenfolge der Blöcke. In vielen Fällen hat sich allerdings die im Abschnitt 6.4.1 beschriebene Strategie für aktive Kaskadenfilter bewährt, die sinngemäß auch für digitale Filter anwendbar ist. An die Stelle der Polgüte bei analogen Systemen tritt bei digitalen Filtern der Abstand eines Poles vom Einheitskreis.

Nach dieser Regel werden möglichst nahe beieinander liegende Pol- und Nullstellen zu Teilfiltern zusammengefaßt. Die Reihenfolge in der Kaskade wird nach abnehmenden Abstand der Pole vom Einheitskreis vorgenommen. Diese Regel muß jedoch nicht unbedingt zu einer besonders günstigen Struktur führen. In der Literatur (siehe z.B. [Az]) werden Vorschläge zum Auffinden günstiger Strukturen mit Hilfe von Rechnerprogrammen gemacht. Bei diesen Verfahren wird für eine bestimmte (beliebige) Anordnung die durch die Multiplikationsfehler am Systemausgang auftretende Rauschleistung ermittelt. Danach werden die Zusammenfassung von Pol- und Nullstellen und die Reihenfolge der Blöcke nach bestimmten Strategien geändert und die jeweilige Rauschleistung am Systemausgang berechnet. Ausgewählt wird die Struktur, bei der schließlich die kleinste Rauschleistung auftritt.

7.1.3.4 Skalierung

Zur Erreichung eines günstigen Signal-Rauschabstandes ist man bestrebt, die Signalwerte so groß wie möglich zu machen. Dies kann andererseits zur Folge haben, daß innerhalb der Netzwerke (bei Addierern) oder am Systemausgang der zulässige Zahlenbereich überschritten wird. Zahlenbereichsüberschreitungen können erhebliche Signalverzerrungen zur Folge haben und müssen daher nach Möglichkeit ausgeschlossen werden.

Bei einer Eingangsfolge $x(n)$ erhält man die Systemreaktion mit der Faltungssumme

$$y(n) = \sum_{\nu=0}^{\infty} x(n-\nu) g(\nu).$$

Bei einem angenommenen Zahlenbereich von -1...1 und unter der Annahme, daß die Bedingung $|x(n)| \leq M \leq 1$ erfüllt ist, erhalten wir die Abschätzung

$$|y(n)| \leq \sum_{\nu=0}^{\infty} |x(n-\nu)| |g(\nu)| \leq M \sum_{\nu=0}^{\infty} |g(\nu)| \leq 1.$$

Aus dieser Beziehung erhält man den größtmöglichen zulässigen Wert des Eingangssignales

$$M = \frac{1}{\sum_{\nu=0}^{\infty} |g(\nu)|}. \tag{7.24}$$

Durch Multiplikation (Skalierung) des zunächst im Bereich von -1...1 liegenden Eingangssignales mit dem Faktor M wird gewährleistet, daß das Ausgangssignal des Systems den zulässigen Bereich $|y(n)| \leq 1$ nicht verläßt.

Bild 7.17 zeigt zwei verschiedene Möglichkeiten der Skalierung bei einem System 2. Grades. Bei der Anordnung links wird der Skalierungsfaktor M unmittelbar realisiert, rechts ist er in die Koeffizienten des Filters eingerechnet.

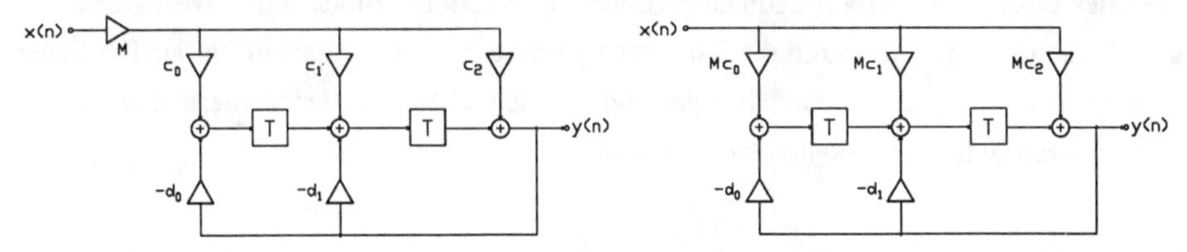

***Bild 7.17** Skalierung eines Systems 2. Grades auf zwei verschiedene Arten*

Dabei kann durchaus die links im Bild angegebene Schaltung aufwandsärmer sein. Bei z.B. $c_0 = c_1 = c_2 = 1$ benötigt sie (neben den Multiplizierern für d_0 und d_1) nur einen Multiplizierer, während die Schaltung rechts drei benötigen würde. Im Falle $c_0 \neq c_1 \neq c_2 \neq 1$ ist die rechte Schaltung aufwandsärmer.

Die soeben besprochene Skalierung verhindert lediglich den Zahlenbereichsüberlauf am Systemausgang, Überläufe im Systeminneren sind damit noch nicht ausgeschlossen. Daher müssen eigentlich Skalierungsfaktoren für alle kritischen Stellen (Addiererausgänge) ermittelt werden, wobei der kleinste Faktor den endgültigen Skalierungsfaktor bestimmt. In Gl. 7.24 ist dabei natürlich stets die Impulsantwort einzusetzen, die sich auf die untersuchte Stelle als Ausgangssignal bezieht.

Die Multiplikation des Eingangssignales mit dem Skalierungsfaktor verringert den Aussteuerungsbereich des (eigentlichen) Filtereingangssignales und führt zu einer Verschlechterung des Signal-Rauschabstandes. Aus diesem Grunde wird oft nach weniger strengen Kriterien skaliert, die Überläufe zwar nicht sicher ausschließen, sie aber doch sehr unwahrscheinlich machen. Bekannt sind Methoden, die von einer vorgegebenen mittleren Signalleistung ausgehen (siehe z.B. [Az]) und auch Skalierungen für sinusförmige Signale (siehe z.B. [Sü]). Bei der Skalierung für sinusförmige Signale wird durch den Skalierungsfaktor dafür gesorgt, daß der

Betrag der Übertragungsfunktion des Systems einen Maximalwert von 1 hat. Dadurch können bei sinusförmigen Eingangssignalen mit einer maximalen Amplitude 1 keine Überläufe entstehen.

Bei der Skalierung von Kaskadenschaltungen gibt es einige Besonderheiten. Die Skalierung kann einmal durch einen einzigen Multiplizierer am Eingang der Kaskade erfolgen. Ein Beispiel hierfür ist die im Bild 7.12 skizzierte Kaskadenschaltung, bei der der Wert des 1. Multiplizierers so festgelegt werden müßte, daß Zahlenbereichsüberläufe in der gesamten nachfolgenden Schaltung ausgeschlossen sind. Günstiger als diese Art ist jedoch die getrennte Skalierung für jeden Teilblock. Dies bedeutet bei einer Skalierung für sinusförmige Signale, daß der Maximalwert des Betrages der Übertragungsfunktion jedes einzelnen Blockes den Wert 1 erreicht. Dieses Verfahren ist im Abschnitt 6.4.1 bei der Synthese aktiver Kaskadenfilter ausführlicher beschrieben und kann hier sinngemäß angewandt werden. Diese Art der Skalierung wird auch bei dem Programm KASKADENFILTER (ANALOG/DIGITAL) durchgeführt.

7.2 Der Entwurf rekursiver digitaler Filter

Der Entwurf zeitdiskreter/digitaler Systeme kann auf zwei grundsätzlich verschiedenen Wegen erfolgen. Bei der 1. Entwurfsmethode erfolgt ein "Umweg" über den Entwurf analoger Systeme, indem zunächst die Netzwerkfunktion (Impulsantwort, Übertragungsfunktion) eines geeigneten analogen Systems ermittelt wird. Aus dieser erhält man dann in einem 2. Schritt die Übertragungsfunktion $G(z)$ des gesuchten zeitdiskreten Systems. Bei dem 2. (direkten) Weg wird die Übertragungsfunktion des zeitdiskreten Systems ohne den Umweg über analoge Systeme ermittelt. Während man bei dem 1. Weg auf gut entwickelte und bewährte Methoden zurückgreifen kann, erfordert die 2. Methode oft umfangreiche Rechnungen, die ohne Rechnerunterstützung nicht durchführbar sind.

Bei den beiden in diesem Abschnitt besprochenen Methoden zum Entwurf digitaler Filter greifen wir auf Netzwerkfunktionen analoger Systeme zurück. Bei der zunächst behandelten Impulsinvarianz-Methode wird ein digitales Filter entworfen, das (an den Abtastzeitpunkten) exakt die gleiche Impulsantwort wie ein vorgegebenes analoges System hat. Man kann dann mit gewissen Einschränkungen davon ausgehen, daß das so entworfene digitale System bei anderen Eingangssignalen zumindest ähnlich verlaufende Systemreaktionen wie das analoge Bezugssystem aufweist. Bei der in der Praxis besonders wichtigen Bilinear-Methode wird versucht, die Übertragungsfunktion eines digitalen Systems so gut wie möglich mit der eines vorgegebenen analogen Systems in Übereinstimmung zu bringen.

Damit besteht der Entwurf eines digitalen Systems aus folgenden Schritten.

1. Man ermittelt die Impulsantwort oder die Übertragungsfunktion eines analogen Systems, das durch das zu entwerfende digitale System "nachgebildet" werden soll.
2. Aus der Impulsantwort bzw. Übertragungsfunktion des analogen Systems wird die Übertragungsfunktion des zeitdiskreten Systems ermittelt.
3. Nach Auswahl einer Filterstruktur erfolgt die eigentliche Schaltungssynthese des digitalen Systems.

7.2.1 Die Impulsinvarianz-Methode

7.2.1.1. Das Verfahren und seine Einschränkungen

Ausgangspunkt ist die Impulsantwort $g_a(t)$ eines analogen Systems. Gesucht wird ein zeitdiskretes System mit der (an den Abtastzeitpunkten) gleichen Impulsantwort

$$g(n) = g_a(nT). \tag{7.25}$$

Dabei beschränken wir uns hier auf analoge Systeme, deren Übertragungsfunktionen $G_a(s)$ nur einfache Pole aufweisen und bei denen der Zählergrad kleiner als der Nennergrad ist. In diesen Fällen kann $G_a(s)$ folgendermaßen in Partialbruchform dargestellt werden

$$G_a(s) = \sum_{\nu=1}^{r} \frac{A_\nu}{s - s_{\infty\nu}}. \tag{7.26}$$

Zu konjugiert komplexen Polen gehören dabei auch konjugiert komplexe Residuen. Die Rücktransformation von $G_a(s)$ gemäß Gl. 7.26 liefert die Impulsantwort des analogen Systems

$$g_a(t) = \sum_{\nu=1}^{r} s(t) A_\nu e^{s_{\infty\nu} t},$$

und nach Gl. 7.25 wird

$$g(n) = g_a(nT) = \sum_{\nu=1}^{r} s(n) A_\nu e^{s_{\infty\nu} nT}.$$

Durch die z-Transformation von $g(n)$ erhält man die Übertragungsfunktion des digitalen Systems

$$G(z)=\sum_{n=0}^{\infty} g(n)z^{-n}=\sum_{n=0}^{\infty}\sum_{\nu=1}^{r} s(n)A_\nu e^{s_{\infty\nu}nT}z^{-n}=$$

$$=\sum_{\nu=1}^{r} A_\nu \sum_{n=0}^{\infty}\left(z^{-1}e^{s_{\infty\nu}T}\right)^n=\sum_{\nu=1}^{r}\frac{A_\nu}{1-z^{-1}e^{s_{\infty\nu}T}}=\sum_{\nu=1}^{r}\frac{A_\nu z}{-e^{s_{\infty\nu}T}+z}.$$

Hinweise:

1. Der Faktor $s(n)$ in der Summe kann wegen der Eigenschaft $s(n)=1$ für $n\geq 0$ weggelassen werden.

2. Im obigen Ausdruck tritt die Summe einer unendlichen geometrischen Reihe auf, die im Falle $|z^{-1}e^{s_{\infty\nu}T}|<1$, also bei $|z|>|e^{s_{\infty\nu}T}|$ konvergiert:

$$\sum_{n=0}^{\infty}\left(z^{-1}e^{s_{\infty\nu}T}\right)^n=\frac{1}{1-z^{-1}e^{s_{\infty\nu}T}},\quad |z|>|e^{s_{\infty\nu}T}|.$$

Da alle Polstellen $s_{\infty\nu}$ des analogen Systems negative Realteile haben, ist $|e^{s_{\infty\nu}T}|<1$.

3. Aus der ganz rechten Summe erkennt man, daß die Pole des zeitdiskreten Systems an den Stellen $z_{\infty\nu}=e^{s_{\infty\nu}T}$, $\nu=1\ldots r$ auftreten. Wegen $|e^{s_{\infty\nu}T}|<1$ liegen sie alle im Einheitskreis, und das bedeutet, daß aus einem stabilen analogen System auch ein stabiles digitales System entsteht.

4. Die Form von $G(z)$ erlaubt auf besonders bequeme Weise eine Realisierung durch die Parallelstruktur (siehe Bild 7.9, Abschnitt 7.1.2.2). Dabei müssen allerdings die zu konjugiert komplexen Polen gehörenden Partialbrüche zu Teilübertragungsfunktionen 2. Grades zusammengefaßt werden.

In der Regel multipliziert man $G(z)$ noch mit der Abtastzeit T und erhält dann

$$G(z)=T\sum_{\nu=1}^{r}\frac{A_\nu}{1-z^{-1}e^{s_{\infty\nu}T}}=T\sum_{\nu=1}^{r}\frac{A_\nu z}{-e^{s_{\infty\nu}T}+z}. \tag{7.27}$$

Dieser Faktor führt dazu, daß (bei ausreichend kleinen Abtastzeiten) die Werte der Übertragungsfunktion bei niedrigen Frequenzen weitgehend unabhängig von der Abtastzeit sind, und bei $\omega=0$ der gleiche Wert wie bei der analogen Übertragungsfunktion auftritt.

Beweis:

Nach Gl. 7.27 gilt bei kleinen Abtastzeiten $e^{s_{\infty\nu}T}\approx 1+s_{\infty\nu}T$ und damit (siehe Gl. 7.26)

$$G(j\omega=0)=G(z=1)\approx\sum_{\nu=1}^{r}\frac{TA_\nu}{1-e^{s_{\infty\nu}T}}\approx\sum_{\nu=1}^{r}\frac{A_\nu}{-s_{\infty\nu}}=G_a(0).$$

Bevor wir im Rahmen eines ganz einfachen Beispieles auf Besonderheiten der nach der Impulsinvarianz-Methode entworfenen Filter eingehen, soll noch mitgeteilt werden, daß die Übertragungsfunktion $G(j\omega)$ des digitalen Systems auch mit der Beziehung

$$G(j\omega) = \sum_{\nu=-\infty}^{\infty} G_a\left(j\left(\omega - \nu\frac{2\pi}{T}\right)\right) \tag{7.28}$$

ermittelt werden kann (siehe z.B. [Wu]).

Beispiel

Gesucht wird ein digitales Filter mit der Impulsantwort

$$g_a(t) = s(t)\frac{1}{RC}e^{-t/(RC)}$$

eines RC-"Elementartiefpasses" (siehe z.B. Bild 2.20). Das analoge System hat dann die Übertragungsfunktion

$$G_a(s) = \frac{\frac{1}{RC}}{\frac{1}{RC} + s},$$

dies ist eine Form gemäß Gl. 7.26 mit einem einzigen Summanden ($s_{\infty 1} = -1/(RC), A_1 = 1/(RC)$). Dann folgt nach Gl. 7.27

$$G(z) = \frac{T\frac{1}{RC}z}{-e^{-T/(RC)} + z}.$$

Als digitale Realisierungsschaltung können wir eine der links im Bild 7.8 skizzierten Schaltungen mit $c_0 = 0$, $c_1 = T/(RC)$ und $d_0 = -e^{-T/(RC)}$ verwenden.

Mit $z = e^{j\omega T}$ erhält man

$$G(j\omega) = \frac{T\frac{1}{RC}e^{j\omega T}}{e^{j\omega T} - e^{-T/(RC)}} \quad \text{und} \quad |G(j\omega)| = \frac{\frac{T}{RC}}{\sqrt{1 + e^{-2T/(RC)} - 2e^{-T/(RC)}\cos(\omega T)}}. \tag{7.29}$$

Für $RC = 1$ und $T = 1/3$ ist links im Bild 7.18 die Impulsantwort des analogen und digitalen Systems skizziert. Rechts im Bild ist der auf $G(0)$ bezogene Betrag der Übertragungsfunktion (Gl. 7.29) skizziert und ebenso der Betrag

$$|G_a(j\omega)| = \frac{\frac{1}{RC}}{\sqrt{\left(\frac{1}{RC}\right)^2 + \omega^2}}$$

der Übertragungsfunktion des analogen Bezugssystems. Bei dem digitalen System ist i.a. nur der Verlauf bis zur Frequenz $\omega_{max} = \pi/T$ *bzw.* $f_{max} = 1/(2T)$ (hier $\omega_{max} = 3\pi$) von Interesse (siehe Abschnitt 7.1.1). Die Division durch $G(0)$ bei der Darstellung von $|G(j\omega)|$ wurde vorgenommen, weil die Verläufe der beiden Kurven damit besser verglichen werden können. Gl. 7.29 liefert einen Wert $G(0) = 1{,}176$. Die vorne erwähnte Gleichheit der Übertragungsfunktionen $G(j\omega)$ und $G_a(j\omega)$ bei $\omega = 0$ wird bei der gewählten Abtastzeit $T = 1/3$ noch nicht erreicht.

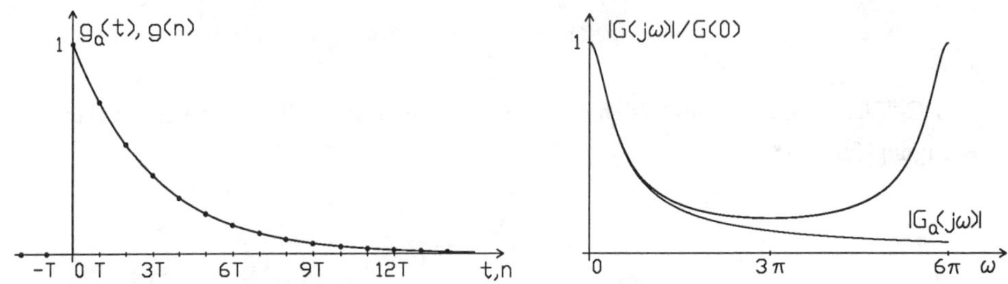

***Bild 7.18** Impulsantwort des digitalen und analogen Systems und der Verlauf von $|G(j\omega)|/G(0)$ sowie $|G_a(j\omega)|$*

Aus dem Bild erkennt man eine gute Übereinstimmung der Übertragungsfunktionen bei niedrigen Frequenzen, die mit zunehmenden Frequenzwerten (bis π/T) immer schlechter wird. Dieser Effekt läßt sich mit der Gl. 7.28 erklären. Wir betrachten diese zunächst bei $\omega = 0$:

$$G(0) = \sum_{\nu=-\infty}^{\infty} G_a\left(-j\nu\frac{2\pi}{T}\right) = G_a(0) + G_a\left(j\frac{2\pi}{T}\right) + G_a\left(-j\frac{2\pi}{T}\right) + G_a\left(j\frac{4\pi}{T}\right) + G_a\left(-j\frac{4\pi}{T}\right) + \ldots .$$

Das bedeutet, daß der Wert $G(0)$ nur dann gut mit $G_a(0)$ übereinstimmt, wenn die analoge Übertragungsfunktion rasch "abklingt" und bei Frequenzen ab $2\pi/T$ schon hinreichend klein ist. Man spricht hier von einem "Überlappungseffekt", weil $G(j\omega)$ aus der Summe von jeweils um $2\pi/T$ verschobenen Übertragungsfunktionen $G_a(j\omega)$ besteht.

Für die maximale Betriebsfrequenz $\omega_{max} = \pi/T$ des digitalen Systems erhalten wir nach Gl. 7.28

$$G(j\omega_{max}) = G\left(j\frac{\pi}{T}\right) = \sum_{\nu=-\infty}^{\infty} G_a\left(j\frac{\pi}{T}(1-2\nu)\right) = G_a\left(j\frac{\pi}{T}\right) + G_a\left(-j\frac{\pi}{T}\right) +$$

$$+ G_a\left(j\frac{3\pi}{T}\right) + G_a\left(-j\frac{3\pi}{T}\right) + \ldots .$$

Eine Übereinstimmung der Übertragungsfunktionen kann bei dieser Frequenz überhaupt nicht erreicht werden. Bei rasch abklingenden Übertragungsfunktionen $G_a(j\omega)$ wird

$$G(j\omega_{max}) \approx G_a(j\omega_{max}) + G_a(-j\omega_{max}) = 2 \cdot Re\{G_a(j\omega_{max})\}.$$

Aus diesen Überlegungen ist ersichtlich, daß die Impulsinvarianz-Methode prinzipiell nur für Systeme mit abnehmenden Übertragungsfunktionen sinnvoll anwendbar ist. Dies wurde schon von Anfang an vorausgesetzt, weil nur Funktionen $G_a(s)$ zugelassen worden sind, bei denen der Nennergrad größer als der Zählergrad ist. Natürlich kann die Impulsinvarianz-Methode auch für Hochpässe durchgeführt werden. Die Identität der Impulsantwort ist dabei durch die Entwurfsmethode sichergestellt. Die Übertragungsfunktionen der Systeme werden (im Bereich bis $\omega_{max} = \pi/T$) aber sehr wesentlich voneinander abweichen. Das bedeutet, daß ein nach der Impulsinvarianz-Methode entworfener Hochpaß nur bezüglich der Impulsantwort das analoge System ersetzt und zu erwarten ist, daß bei anderen Eingangssignalen erhebliche Unterschiede auftreten.

7.2.1.2 Ein Entwurfsbeispiel

Zu entwerfen ist ein digitales Filter mit der gleichen Impulsantwort wie ein Butterworth-Tiefpaß 3. Grades mit einer Grenzfrequenz $f_g = 10$ kHz und einer maximalen Durchlaßdämpfung von 3 dB. Die maximale Betriebsfrequenz soll 40 kHz betragen, dies bedeutet eine Abtastzeit $T = 1/(2f_{max}) = 12{,}5$ µs. Da wir im folgenden von dem auf $f_g = 10$ kHz normierten PN-Schema des analogen Tiefpasses ausgehen, wird später mit der normierten Abtastzeit

$$T = T_w \cdot \omega_g = 2\pi f_g/(2f_{max}) = \pi/4$$

gerechnet.

Der Entwurf analoger Butterworth-Tiefpässe wird im Abschnitt 5.2.2 behandelt. Mit den dort angegebenen Beziehungen erhalten wir das links im Bild 7.19 skizzierte PN-Schema mit Polen bei -1 und $-\frac{1}{2} \pm j\frac{\sqrt{3}}{2}$.

Aus diesem PN-Schema erhält man mit der Nebenbedingung $G_a(0) = 1$

$$G_a(s) = \frac{1}{(s+1)\left(s+\frac{1}{2}-j\frac{\sqrt{3}}{2}\right)\left(s+\frac{1}{2}-j\frac{\sqrt{3}}{2}\right)}.$$

Partialbruchentwicklung:

$$G_a(s) = \frac{1}{s+1} + \frac{\frac{2}{-3+j\sqrt{3}}}{s+\frac{1}{2}-j\frac{\sqrt{3}}{2}} + \frac{\frac{2}{-3-j\sqrt{3}}}{s+\frac{1}{2}+j\frac{\sqrt{3}}{2}}.$$

Dies ist die Form nach Gl. 7.26, und nach Gl. 7.27 folgt

$$G(z) = \frac{Tz}{-e^{-T}+z} + \frac{\frac{2T}{-3+j\sqrt{3}}z}{-e^{(-0,5+j\sqrt{3}/2)T}+z} - \frac{\frac{2T}{-3+j\sqrt{3}}z}{-e^{(-0,5-j\sqrt{3}/2)T}+z}.$$

Die Zusammenfassung der beiden letzten Summanden führt auf die Form

$$G(z) = \frac{Tz}{-e^{-T}+z} + \frac{e^{-T/2}\left(\cos\left(\frac{\sqrt{3}}{2}T\right)+\frac{1}{3}\sqrt{3}\sin\left(\frac{\sqrt{3}}{2}T\right)\right)Tz - Tz^2}{e^{-T} - 2e^{-T/2}\cos\left(\frac{\sqrt{3}}{2}T\right)z + z^2}$$

und mit $T = \pi/4$ auf

$$G(z) = \frac{0,7854z}{-0,45594+z} + \frac{0,60488z - 0,7854z^2}{0,45594 - 1,049935z + z^2}.$$

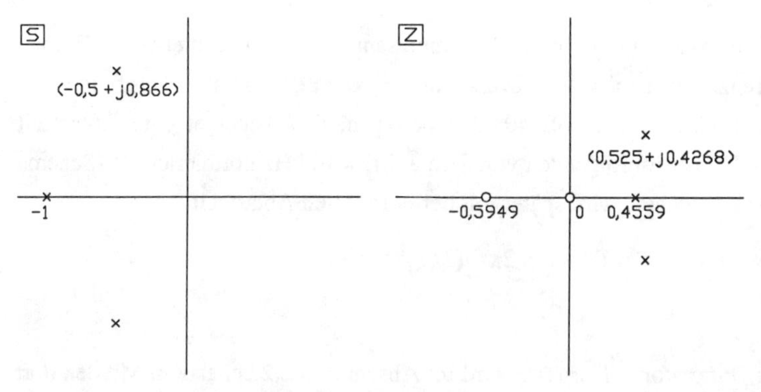

Bild 7.19 PN-Schema des analogen Butterworth-Tiefpasses (links) und das PN-Schema des digitalen Systems im Fall $T = \pi/4$

Diese Form ermöglicht die unmittelbare Realisierung in der Parallelform (siehe Bild 7.9).

Wir wollen hier eine Kaskadenrealisierung durchführen und stellen $G(z)$ dazu folgendermaßen um

$$G(z) = \frac{0,13836\,(0,59487+z)z}{(-0,45594+z)\,(0,45594 - 1,049935z + z^2)}.$$

Aus dieser Beziehung kann man die Null- und Polstellen des digitalen Filters (dargestellt rechts im Bild 7.19) entnehmen bzw. berechnen. Im Bild 7.20 ist eine Kaskadenrealisierung skizziert, bei der die beiden Nullstellen dem Teilfilter 2. Ordnung zugeordnet wurden.

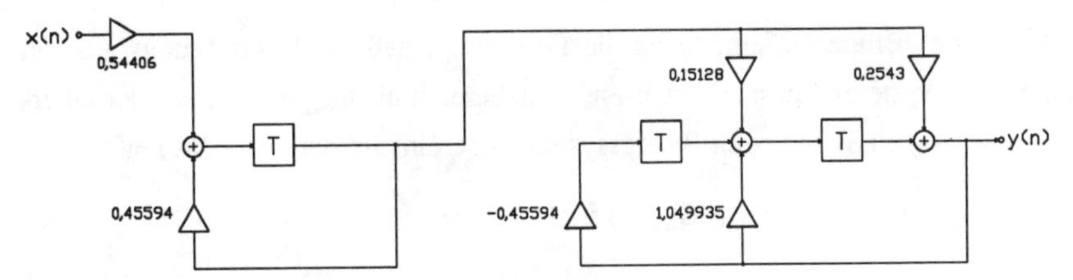

***Bild 7.20** Kaskadenrealisierung für das Entwurfsbeispiel*

Die Teilfilter haben die Übertragungsfunktionen

$$G_1(z) = \frac{0{,}54406}{-0{,}45594 + z}, \quad G_2(z) = \frac{0{,}2543z(0{,}59487 + z)}{0{,}45594 - 1{,}049935z + z^2}.$$

Dabei wurde die Konstante 0,13836 bei $G(z)$ auf die Teilfilter so aufgeteilt, daß beide einen Maximalwert $|G_1(j\omega)|_{max} = |G_2(j\omega)|_{max} = 1$ erreichen (Skalierung). Der Skalierungsfaktor ist bei dem 2. Teilfilter in die Filterkoeffizienten eingerechnet.

Schließlich zeigt Bild 7.21 den Verlauf des Betrages der realisierten Übertragungsfunktion bis zur maximalen Betriebsfrequenz von 40 kHz. Im vorliegenden Fall sind Unterschiede zum Verlauf der Übertragungsfunktion des zugrunde liegenden analogen Filters bei dem gewählten Maßstab (und im Bereich bis 40 kHz) nicht festzustellen.

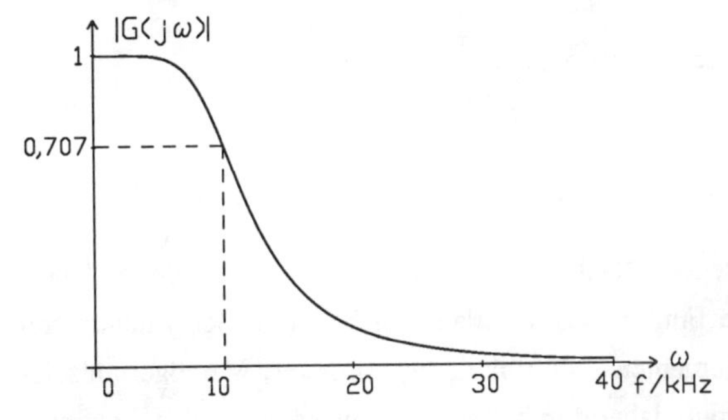

Bild 7.21
Verlauf von $|G(j\omega)|$ beim Entwurfsbeispiel

Der Entwurf von Filtern nach der Impulsinvarianz-Methode wird von dem Programm FILTER nicht unterstützt. Wenn allerdings das PN-Schema (hier das rechts im Bild 7.19) bekannt ist, kann dieses in das Programm NETZWERKFUNKTIONEN eingegeben werden und der weitere Entwurf mit dem Programm KASKADENFILTER (ANALOG/DIGITAL) erfolgen.

7.2.2 Die Bilinear-Methode

7.2.2.1 Grundlagen

Ausgangspunkt bei der Bilinear-Methode ist die Forderung, daß die Übertragungsfunktion $G(j\omega)$ eines digitalen Systems (im relevanten Frequenzbereich bis $\omega_{max} = \pi/T$) mit der Übertragungsfunktion $G_a(j\omega)$ eines analogen Bezugssystems übereinstimmen soll. Das heißt

$$G(j\omega) = G_a(j\omega) \text{ für } |\,\omega\,| < \pi/T \qquad (7.30)$$

oder mit $G(j\omega) = G(z = e^{j\omega T})$ und $G_a(j\omega) = G_a(s = j\omega)$

$$G(z = e^{j\omega T}) = G_a(s = j\omega).$$

Aus $z = e^{j\omega T}$ folgt $j\omega = \frac{1}{T}\ln z$, und wir erhalten

$$G(z) = G_a\left(\frac{1}{T}\ln z\right), \quad z = e^{j\omega T}. \qquad (7.31)$$

Gl. 7.31 ist so zu interpretieren, daß aus der Übertragungsfunktion $G_a(s)$ eines analogen Systems die eines zeitdiskreten Systems $G(z)$ entsteht, indem in $G_a(s)$ die Frequenzvariable s durch $\frac{1}{T}\ln z$ ersetzt wird.

Bei einem RC-Tiefpaß (siehe z.B. Bild 2.20) würde dann gelten

$$G_a(s) = \frac{\frac{1}{RC}}{\frac{1}{RC} + s}, \quad G(z) = \frac{\frac{1}{RC}}{\frac{1}{RC} + \frac{1}{T}\ln z}.$$

Die hier durchgeführte "Transformation" $s = \frac{1}{T}\ln z$ führt zur exakten Erfüllung der Forderung 7.30, sie hat aber einen ganz entscheidenden Nachteil. Die nach Gl. 7.31 entstehenden Übertragungsfunktionen sind transzendente Funktionen und daher nicht durch Schaltungen mit endlich vielen (konzentrierten) Bauelementen (Multiplizierer, Addierer, Verzögerungselemente) realisierbar. Die Funktion $\ln z$ muß daher durch einen geeigneten rationalen Ausdruck ersetzt werden, der einerseits eine gute Approximation dieser Funktion gewährleistet und andererseits zu einem auf jeden Fall stabilen zeitdiskreten System führt.

Zur Erreichung dieses Zieles gehen wir von der Reihendarstellung

$$\ln z = 2\left\{\frac{z-1}{z+1} + \frac{1}{3}\left(\frac{z-1}{z+1}\right)^3 + \frac{1}{5}\left(\frac{z-1}{z+1}\right)^5 + \ldots\right\}$$

aus. Für hinreichend kleine Werte von $|z-1|$ kann diese Reihe nach dem 1. Glied abgebrochen werden, dann wird

$$\ln z \approx 2\frac{z-1}{z+1}. \qquad (7.32)$$

Hinweis:
Bei kleinen Werten der Abtastzeit T bzw. bei kleinen Werten von ωT gilt $e^{j\omega T} \approx 1 + j\omega T$, und dann wird $|z-1| = |e^{j\omega T} - 1| \approx \omega T$. Dies bedeutet, daß der Abbruch der Reihe nach dem 1. Glied bei kleinen Werten ωT zu einer guten Approximation von $\ln z$ führt.

Bei Verwendung der Näherung 7.32 für $\ln z$ erhalten wir die Übertragungsfunktion des zeitdiskreten Systems

$$G(z) = G_a\left(\frac{2}{T}\frac{z-1}{z+1}\right). \qquad (7.33)$$

In der Übertragungsfunktion des analogen Systems wird die Frequenzvariable s durch

$$s = \frac{2}{T}\frac{z-1}{z+1} \qquad (7.34)$$

ersetzt. Dabei entsteht eine gebrochen rationale Übertragungsfunktion $G(z)$, und wir können zumindest bei kleinen Werten von ωT eine gute Übereinstimmung der Funktion $G(j\omega)$ mit $G_a(j\omega)$ erwarten.

Beim Entwurf zeitdiskreter/digitaler Systeme nach Gl. 7.33 spricht man von der **Bilinear-Methode**. Die Bezeichnung kommt daher, daß Transformationsbeziehungen der Form 7.34 in der Mathematik (Funktionentheorie) als Bilinear-Transformation bezeichnet werden. Der Name "bilinear" bedeutet, daß im Zähler und im Nenner der rechten Seite von Gl. 7.34 lineare Beziehungen stehen. Natürlich ist die Transformation insgesamt keinesfalls linear.

Beispiel
Für den vorne angesprochenen RC-Tiefpaß erhalten wir (Gl. 7.33)

$$G_a(s) = \frac{\frac{1}{RC}}{\frac{1}{RC} + s}, \quad G(z) = \frac{\frac{1}{RC}}{\frac{1}{RC} + \frac{2}{T}\frac{z-1}{z+1}} = \frac{\frac{T}{T+2RC}(1+z)}{\frac{T-2RC}{T+2RC} + z}.$$

Das ist ein stabiles System mit einer reellen Polstelle bei $z_\infty = -(T - 2RC)/(T + 2RC)$ und einer Nullstelle bei $z_0 = -1$. Für die (auch im Beispiel des Abschnittes 7.2.1.1 verwendeten) Werte $RC = 1$, $T = 1/3$ erhalten wir

$$\begin{aligned} G(j\omega) &= G(z = e^{j\omega T}) = \frac{\frac{1}{7}(1 + e^{j\omega T})}{-\frac{5}{7} + e^{j\omega T}}, \\ |G(j\omega)| &= \frac{1}{7} \frac{\sqrt{2 + 2\cos(\omega T)}}{\sqrt{1{,}5102 - 1{,}4286\cos(\omega T)}}. \end{aligned} \tag{7.35}$$

Diese Betragsfunktion ist zusammen mit dem Betrag der Übertragungsfunktion des analogen Systems

$$|G_a(j\omega)| = \frac{1}{\sqrt{1 + \omega^2}}$$

im Bild 7.22 bis zur maximalen Betriebsfrequenz $\omega_{max} = \pi/T = 3\pi$ des digitalen Systems aufgetragen.

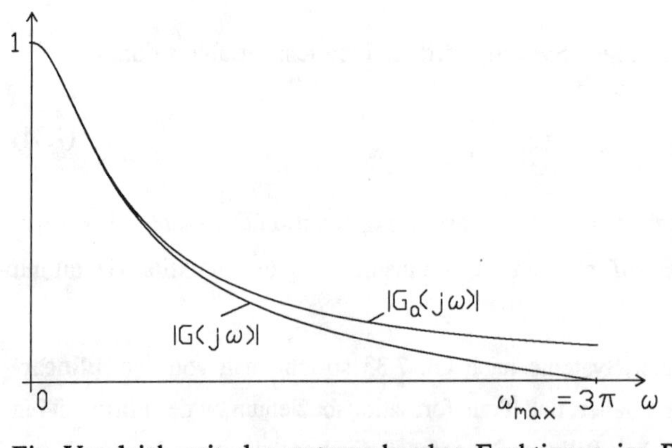

Bild 7.22
Übertragungsfunktionen des digitalen und des analogen Systems bei der Bilinear-Methode

Ein Vergleich mit den entsprechenden Funktionen im Bild 7.18 des nach der Impulsinvarianz-Methode entworfenen Systems könnte zu der Vermutung führen, daß die Bilinear-Methode insgesamt eine schlechtere Approximation für die Übertragungsfunktion liefert. Dies trifft jedoch nicht zu. Zunächst ist nämlich festzustellen, daß die im Bild 7.18 dargestellte Funktion bei $\omega = 0$ den Wert $G(0) = 1{,}176$ (Gl. 7.29 mit $RC = 1$, $T = 1/3$) hat und nur die durch $G(0)$ dividierte Funktion mit der Übertragungsfunktion des analogen Systems so gut übereinstimmt. Bei der Bilinear-Methode stimmen die analoge und die zeitdiskrete Übertragungsfunktion bei $\omega = 0$ stets überein (Gl. 7.33: $G(j\omega = 0) = G(z = 1) = G_a(0)$). Besonders wichtig ist aber, daß die Übertragungsfunktion des digitalen Systems bei seiner maximalen Betriebsfrequenz $\omega_{max} = \pi/T$ den gleichen Wert wie die analoge Übertragungsfunktion bei $\omega = \infty$ annimmt. Zum Beweis für diese Aussage setzt man in Gl. 7.33 $z = e^{j\omega_{max}T} = e^{j\pi} = -1$ ein und erhält $G(j\omega_{max}) = G(z=-1) = G_a(\infty)$. Im Gegensatz zu den nach der Impulsinvarianz-Methode entworfenen Filtern treten hier "Überlappungseffekte", wie sie bei dem Beispiel im Abschnitt 7.2.1.1 geschildert wurden, nicht auf. Daher kann die Bilinear-Methode auch bei (analogen) Übertragungsfunktionen mit gleichgroßem Zähler- und Nennergrad angewandt werden.

Wir wollen nun einige Eigenschaften der Bilinear-Transformation auflisten und dabei auch ' ereits erwähnte Eigenschaften näher klären. Ausgangspunkt ist der Zusammenhang 7.34

$$s = \frac{2}{T}\frac{z-1}{z+1} \quad bzw. \quad z = \frac{\frac{2}{T}+s}{\frac{2}{T}-s}. \tag{7.36}$$

Durch diese Beziehung wird der komplexen Zahl z die komplexe Zahl s zugeordnet und umgekehrt (Bezeichnung Transformation). Zahlen in der s-Ebene werden in der Form $s = \sigma_a + j\omega_a$ angegeben, wobei der Index "a" auf den analogen Bereich hinweist.

1. Die Transformation der $j\omega_a$-Achse in die z-Ebene

Mit $s = j\omega_a$ erhält man aus der rechten Form 7.36

$$z = \frac{\frac{2}{T}+j\omega_a}{\frac{2}{T}-j\omega_a} = |z|\,e^{j\varphi} \quad mit \quad |z| = \frac{\sqrt{\frac{4}{T^2}+\omega_a^2}}{\sqrt{\frac{4}{T^2}+\omega_a^2}} = 1, \quad \varphi = 2\,Arctan\frac{\omega_a T}{2}. \tag{7.37}$$

Dies bedeutet $z = e^{j\varphi}$, und mit der Darstellung $z = e^{j\omega T}$ sowie der oben angegebenen Beziehung für φ, erhalten wir einen unmittelbaren Zusammenhang zwischen den Frequenzen im analogen und zeitdiskreten Bereich

$$\omega = \frac{2}{T}Arctan\frac{\omega_a T}{2}, \quad \omega_a = \frac{2}{T}\tan\frac{\omega T}{2}. \tag{7.38}$$

Wir stellen fest, daß Werte auf der $j\omega_a$-Achse in der s-Ebene auf den Einheitskreis $|z| = 1$ in der z-Ebene führen. Dies ist im Bild 7.23 dargestellt. Zu $\omega_a = 0$ gehört nach Gl. 7.37 der Wert $z = 1$ und die "zeitdiskrete" Frequenz $\omega = 0$ (Gl. 7.38). Die analoge Frequenz $\omega_a = \infty$ wird in den Wert $z = -1$ transformiert, und dieser Punkt repräsentiert die maximale Betriebsfrequenz $\omega_{max} = \pi/T$ des digitalen Systems.

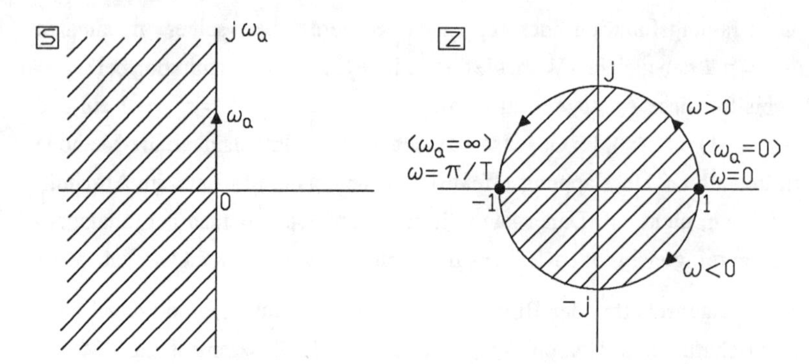

Bild 7.23 Transformation der $j\omega_a$-Achse und der linken s-Halbebene in die z-Ebene

Zunehmende Werte ω_a führen in der z-Ebene zu Punkten auf der oberen Hälfte des Einheitskreises. Negative Frequenzen ω_a werden auf die untere Hälfte des Einheitskreises abgebildet.

Mit Gl. 7.38 kann auch folgender direkte Zusammenhang zwischen den Übertragungsfunktionen hergestellt werden

$$G(j\omega) = G_a\left(j\frac{2}{T}\tan\frac{\omega T}{2}\right). \tag{7.39}$$

Aus dieser Beziehung folgt $G(0) = G_a(0)$ und $G(j\pi/T) = G(j\omega_{\max}) = G_a(\infty)$. Dies bedeutet, daß der gesamte Verlauf der Übertragungsfunktion $G_a(j\omega)$ von $\omega_a = 0$ bis $\omega_a = \infty$ in den Bereich $\omega = 0$ bis $\omega = \pi/T$ des zeitdiskreten Systems transformiert wird. Bei kleinen Werten ωT gilt $\tan(\omega T/2) \approx \omega T/2$ und damit $G(j\omega) \approx G_a(j\omega)$.

2. Die Transformation der linken s-Halbebene in die z-Ebene

Wir betrachten Punkte $s = \sigma_a + j\omega_a$ mit $\sigma_a < 0$, also solche, die in der linken s-Halbebene liegen. Nach Gl. 7.36 gehören dazu Werte

$$z = \frac{\frac{2}{T}+s}{\frac{2}{T}-s} = \frac{\frac{2}{T}+\sigma_a+j\omega_a}{\frac{2}{T}-\sigma_a-j\omega_a} = |z|\,e^{j\varphi} \quad mit \quad |z| = \frac{\sqrt{\left(\frac{2}{T}+\sigma_a\right)^2+\omega_a^2}}{\sqrt{\left(\frac{2}{T}-\sigma_a\right)^2+\omega_a^2}} < 1,$$

denn wegen $\sigma_a < 0$ ist der Nenner des Ausdruckes von $|z|$ stets größer als dessen Zähler. Zu in der linken s-Halbebene liegenden Werten gehören also in der z-Ebene Werte innerhalb des Einheitskreises $|z| < 1$ (siehe Bild 7.23). Man sagt, die linke s-Halbebene wird in das Innere des Einheitskreises abgebildet. Diese Abbildungseigenschaft ist deshalb von großer Bedeutung, weil die bei (stabilen) analogen Systemen ausschließlich in der linken s-Halbebene liegenden Polstellen durch die Bilinear-Transformation zu Polen innerhalb des Einheitskreises, und damit zu stabilen zeitdiskreten Systemen führen.

3. Einige zusätzliche Bemerkungen

Aus Gl. 7.36 ist erkennbar, daß die Bilinear-Transformation Werte aus der s in die z-Ebene umkehrbar eindeutig transformiert. Man kann zeigen, daß Kreise in Kreise transformiert werden. Dabei werden auch Geraden als Kreise mit unendlich großem Radius angesehen. Insofern wird der "Kreis" $j\omega_a$-Achse auf den Einheitskreis $|z|=1$ in der z-Ebene transformiert und umgekehrt. Es bleibt zu erwähnen, daß reelle s-Werte zu reellen z-Werten führen und konjugiert komplexe Wertepaare ebenso zu konjugiert komplexen Werten. Bei der Rechnung ist es meistens vorteilhaft mit normierten s-Werten zu rechnen. In diesem Fall muß auch die Abtastzeit T durch die normierte Abtastzeit $\omega_{a_b}T$ ersetzt werden, wobei ω_{a_b} die Bezugsfrequenz des analogen Systems ist.

Für die weitere Arbeit sind bisweilen noch folgende Beziehungen nützlich. Mit $s=\sigma_a+j\omega_a$ folgt aus Gl. 7.36

$$z=\frac{4/T^2-\sigma_a^2-\omega_a^2}{(2/T-\sigma_a)^2+\omega_a^2}+j\frac{\omega_a\,4/T^2}{(2/T-\sigma_a)^2+\omega_a^2},$$
$$|z|=\sqrt{\frac{(2/T+\sigma_a)^2+\omega_a^2}{(2/T-\sigma_a)^2+\omega_a^2}},\quad \varphi=Arctan\left\{\frac{\omega_a\,4/T}{4/T^2-\sigma_a^2-\omega_a^2}\right\}. \tag{7.40}$$

7.2.2.2 Das Entwurfsverfahren

Im Beispiel des Abschnittes 7.2.2.1 wurde bereits eine mögliche Vorgehensweise demonstriert. In der Übertragungsfunktion $G_a(s)$ des analogen Bezugssystems wird die Frequenzvariable s durch den Ausdruck nach Gl. 7.34 ersetzt, man erhält die gewünschte Übertragungsfunktion

$$G(z)=G_a\left(\frac{2}{T}\frac{z-1}{z+1}\right).$$

Dieser Weg ist i.a. nicht zu empfehlen, weil zur "Weiterverarbeitung" $G(z)$ als Quotient von zwei Polynomen vorliegen muß und die Umstellung auf diese Form recht umständlich sein kann. Günstiger ist es, zunächst das PN-Schema von $G_a(s)$ zu ermitteln und dieses in die z-Ebene zu transformieren. Aus dem PN-Schema in der z-Ebene wird danach $G(z)$ ermittelt.

Beispiel

Gegeben ist die auch bei dem Beispiel des Abschnittes 7.2.2.1 verwendete Übertragungsfunktion eines einfachen RC-Tiefpasses

$$G_a(s) = \frac{\frac{1}{RC}}{\frac{1}{RC} + s}.$$

Zu ermitteln ist $G(z)$ nach der Bilinear-Methode.

Die Polstelle $s_\infty = -\frac{1}{RC}$ führt nach Gl. 7.36 (oder auch Gl. 7.40) zu dem Pol

$$z_\infty = \frac{\frac{2}{T} - \frac{1}{RC}}{\frac{2}{T} + \frac{1}{RC}}.$$

$G_a(s)$ hat im Unendlichen eine Nullstelle, und wir müssen beachten, daß der Punkt $s = \infty$ in den Punkt $z = -1$ transformiert wird. Das bedeutet, daß $G(z)$ neben dem oben angegebenen Pol noch eine Nullstelle bei $z = -1$ besitzt. Damit erhalten wir zunächst

$$G(z) = K \frac{z+1}{z - z_\infty}.$$

Aus der Beziehung $G(j\omega = 0) = G_a(j\omega_a = 0) = G(z = 1) = K \cdot 2/(1 - z_\infty) = 1$ berechnet sich die Konstante zu $K = (1 - z_\infty)/2$, und damit lautet

$$G(z) = \frac{1 - z_\infty}{2} \frac{z+1}{z - z_\infty}.$$

Für $RC = 1$, $T = 1/3$ wird (siehe auch das Beispiel im Abschnitt 7.2.2.1) $z_\infty = \frac{5}{7}$ und

$$G(z) = \frac{1}{7} \frac{1+z}{-\frac{5}{7} + z}.$$

Beim Entwurf von Standardfiltern geht man i.a. von einem Toleranzschema aus, wie es beispielsweise links im Bild 7.24 für einen digitalen Tiefpaß skizziert ist. Bis zur Grenzfrequenz f_g soll die maximale Durchlaßdämpfung nicht überschritten werden und ab der Sperrfrequenz f_s die minimale Sperrdämpfung A_s nicht unterschritten. Der Unterschied zu den Entwurfsvorschriften analoger Tiefpässe (siehe Abschnitt 5.2.1) ist nur der, daß eine maximale Betriebsfrequenz f_{max} für das digitale System festgelegt werden muß. Aus der maximalen Betriebsfrequenz erhält man die erforderliche Abtastzeit $T = 1/(2f_{max})$.

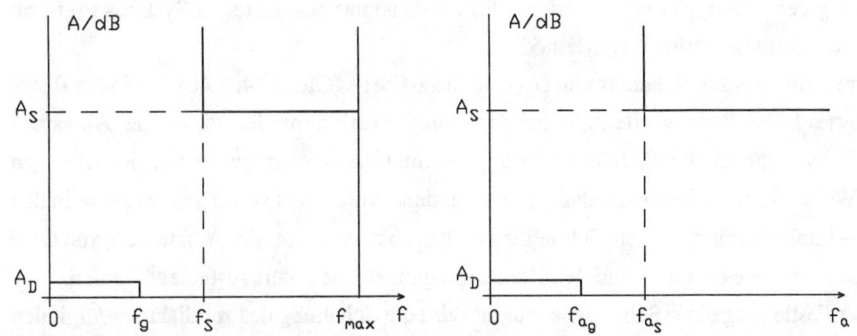

***Bild 7.24** Vorschrift für die Dämpfung eines digitalen Tiefpasses (links) und die entsprechende Dämpfungsvorschrift für den analogen Bezugstiefpaß*

Die Dämpfungsvorschrift für das zeitdiskrete System wird nun mit Gl. 7.38 in die Dämpfungsvorschrift eines analogen Filters transformiert (siehe rechte Bildseite 7.24). Mit $T = 1/(2f_{max})$ erhält man aus der rechten Beziehung 7.38

$$f_a = \frac{2}{\pi} f_{max} \tan\left(\frac{\pi}{2} \frac{f}{f_{max}}\right) \tag{7.41}$$

und damit die Grenz- und Sperrfrequenz des analogen Systems

$$f_{a_g} = \frac{2}{\pi} f_{max} \tan\left(\frac{\pi}{2} \frac{f_g}{f_{max}}\right), \quad f_{a_s} = \frac{2}{\pi} f_{max} \tan\left(\frac{\pi}{2} \frac{f_s}{f_{max}}\right). \tag{7.42}$$

Normiert man bei dem analogen System die Frequenz auf die Grenzfrequenz f_{a_g}, dann hat die normierte Sperrfrequenz des Tiefpasses den Wert

$$\omega_{a_{s(normiert)}} = \frac{f_{a_s}}{f_{a_g}} = \frac{\tan(\pi/2\ f_g/f_{max})}{\tan(\pi/2\ f_s/f_{max})}. \tag{7.43}$$

Im nächsten Schritt erfolgt die Festlegung eines analogen Filters (hier Tiefpaß), das die ermittelte Toleranzvorschrift (hier das Toleranzschema rechts im Bild 7.24) erfüllt. Für dieses Filter wird das PN-Schema berechnet. Dieses wird danach in die z-Ebene transformiert (Gln. 7.34, 7.40) und dann $G(z)$ ermittelt. Nach Festlegung einer Schaltungsstruktur wird letztendlich die Schaltung für das zeitdiskrete System entworfen.

Zusammenfassung der Entwurfsschritte

1. Transformation einer vorgegebenen (z.B. Dämpfungs-) Vorschrift des zeitdiskreten/digitalen Systems in eine Vorschrift für ein analoges System (Gl. 7.41).
2. Festlegung des Filtertyps und Ermittlung des PN-Schemas des analogen Systems (ggf. mit den im 5. Abschnitt beschriebenen Methoden).
3. Transformation des PN-Schemas von $G_a(s)$ in die z-Ebene (Gln. 7.34, 7.40). Da in der Regel ein normiertes PN-Schema vorliegt, ist bei der Transformation mit der normierten Abtastzeit $T_n = \omega_{a_b} \cdot T$ zu rechnen. Bei Tiefpässen ist ω_{a_b} i.a. die Grenzkreisfrequenz ω_{a_g} des analogen Systems. Weiterhin ist zu beachten, daß ggf. vorhandene Nullstellen von $G_a(s)$ bei $s = \infty$ in den Punkt $z = -1$ transformiert werden. Schließlich muß auch noch die bei der Aufstellung von $G(z)$ auftretende Konstante entsprechend den Randbedingungen des Filters festgelegt werden.
4. Nach der Festlegung einer Schaltungsstruktur wird die Schaltung des zeitdiskreten/digitalen Systems entworfen (siehe Abschnitt 7.1.2).

Abschließend soll noch darauf hingewiesen werden, daß der Entwurf digitaler Standardfilter von dem Programmpaket FILTER unterstützt wird.

7.2.2.3 Entwurfsbeispiele

1. Butterworth-Tiefpaß

Zu entwerfen ist ein Butterworth-Tiefpaß 3. Grades mit dem links im Bild 7.25 skizzierten Toleranzschema. Bei der Grenzfrequenz $f_g = 10$ kHz soll eine maximale Durchlaßdämpfung von $A_D = 3$ dB erreicht werden. Die maximale Betriebsfrequenz beträgt 40 kHz.

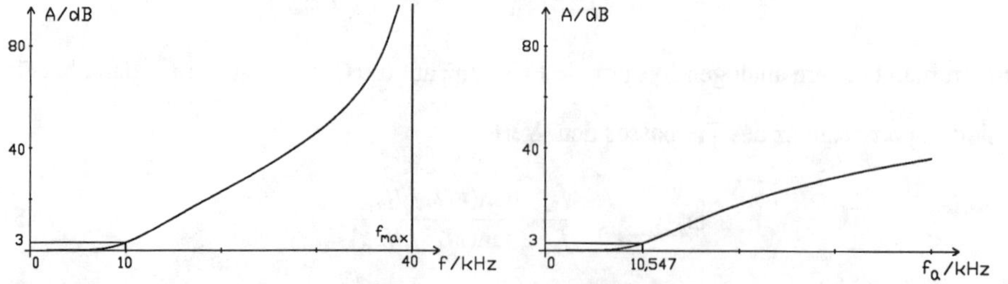

Bild 7.25 Dämpfungsvorschrift und Dämpfungsverlauf eines Butterworth-Tiefpasses 3. Grades (links: digital, rechts: analog)

1. Transformation der Dämpfungsvorschrift

Nach Gl. 7.42 erhält man

$$f_{a_g} = \frac{2}{\pi} \cdot 40000 \tan\frac{\pi}{8} = 10{,}547 \text{ kHz}.$$

Eine Sperrfrequenz ist nicht vorgegeben. Das Toleranzschema (und auch der Dämpfungsverlauf) des analogen Bezugssystems ist rechts im Bild 7.25 dargestellt.

2. Ermittlung des PN-Schemas des analogen Systems
Es handelt sich um einen Butterworth-Tiefpaß 3. Grades mit Polen bei -1 und $-1/2 \pm j\sqrt{3}/2$ (siehe Abschnitt 5.2.2). Das PN-Schema ist links im Bild 7.26 dargestellt, es ist auf die Fequenz $f_{a_g} = 10{,}547$ kHz normiert.

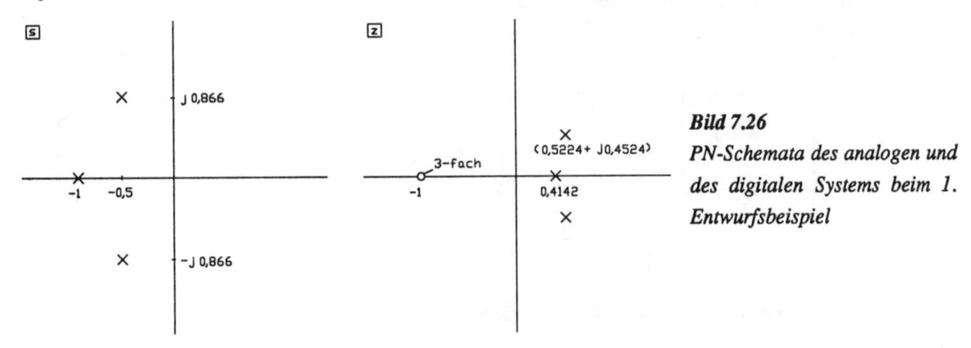

Bild 7.26
PN-Schemata des analogen und des digitalen Systems beim 1. Entwurfsbeispiel

3. Transformation des PN-Schemas
Da ein normiertes PN-Schema vorliegt, ist mit der normierten Abtastzeit

$$\omega_{a_g} T = 2\pi \cdot 10547 \frac{1}{2 \cdot 40000} = 0{,}8284$$

zu rechnen. Mit diesem Wert erhält man nach Gl. 7.40 die Polstellen $z_{\infty 1} = 0{,}4142$, $z_{\infty 2,3} = 0{,}5224 \pm j0{,}4524$ (siehe rechter Bildteil 7.26). Die bei $z = -1$ auftretende 3-fache Nullstelle entsteht durch die ebenfalls 3-fache Nullstelle von $G_a(s)$ bei $s = \infty$. Aus dem PN-Schema rechts im Bild 7.26 erhält man

$$G(z) = K \frac{(z+1)^3}{(z-0{,}4142)(z-0{,}5224-j0{,}4524)(z-0{,}5224+j0{,}4524)} =$$

$$= K \frac{(z+1)^3}{(-0{,}4142+z)(0{,}47757-1{,}0448z+z^2)}.$$

Die Konstante K wird durch die Nebenbedingung $G(j\omega = 0) = G(z = 1) = 1$ festgelegt, man erhält $K = 0{,}03169$.

4. Die Realisierung
Zur Realisierung einer Kaskadenstruktur wird $G(z)$ als Produkt einer Übertragungsfunktion 1. und 2. Grades dargestellt

$$G(z)=\frac{K_1(z+1)}{-0{,}4142+z}\cdot\frac{K_2(z+1)^2}{0{,}47757-1{,}0448z+z^2},\quad K_1\cdot K_2=K=0{,}03169.$$

Die Konstanten K_1 und K_2 werden so festgelegt, daß die Beträge der Teilübertragungsfunktionen nicht größer als 1 werden. Das 1. Teilfilter hat bei $f=0$ seinen Maximalwert $K_1\cdot 3{,}4142$, also wird $K_1=1/3{,}4142=0{,}2929$ und $K_2=K/K_1=0{,}1082$. Die Schaltung ist im Bild 7.27 dargestellt, der Verlauf der Dämpfung im linken Bildteil 7.25.

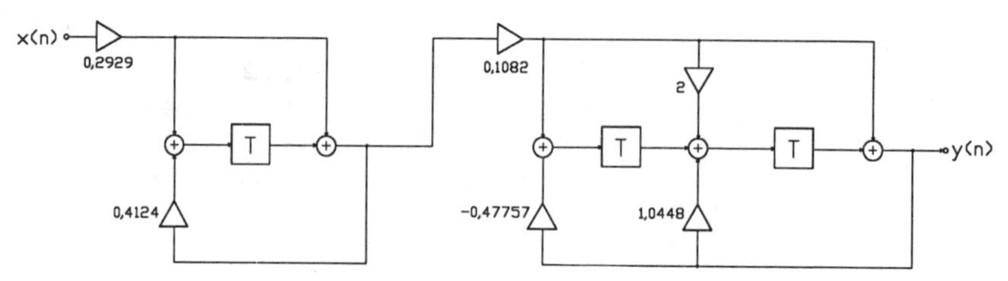

Bild 7.27 Schaltung eines Butterworth-Tiefpasses 3. Grades (1. Entwurfsbeispiel)

2. Cauer-Tiefpaß

Zu entwerfen ist ein digitaler Cauer-Tiefpaß mit folgenden Daten: $f_g=5$ kHz, $A_D=1{,}25$ dB, $f_s=6{,}5$ kHz, $A_s=33$ dB. Die maximale Betriebsfrequenz soll $f_{\max}=30$ kHz sein, die Abtastzeit hat dann den Wert $T=1/60000=16{,}67\ \mu$s.

Nach Gl. 7.42 erhalten wir für das analoge Bezugssystem

$$f_{a_g}=\frac{2}{\pi}\cdot 30000\tan\left(\frac{\pi}{2}\cdot\frac{5}{30}\right)=5{,}117\text{ kHz},\quad f_{a_s}=\frac{2}{\pi}\cdot 30000\tan\left(\frac{\pi}{2}\cdot\frac{6{,}5}{30}\right)=6{,}763\text{ kHz}.$$

Damit hat die normierte Sperrfrequenz den Wert $f_{a_s}/f_{a_g}=1{,}32$.

Wir können in diesem Fall auf das Beispiel im Abschnitt 5.2.5.3 zurückgreifen. Dort wurde ein Cauer-Tiefpaß 4. Grades mit $A_D=1{,}25$ dB entworfen, der in der Version a bei der 1,305-fachen Grenzfrequenz eine Durchlaßdämpfung von 33,6 dB erreicht. Die Version b mit einer Sperrfrequenz von 1,374 würde hier nicht ausreichen. Damit können wir das links im Bild 5.26 angegebene PN-Schema übernehmen und erhalten daraus mit Gl. 7.40 das im Bild 7.28 skizzierte PN-Schema des digitalen Systems. Dabei muß die Rechnung mit der normierten Abtastzeit $2\pi f_{a_g}T=2\pi\,5117/60000=0{,}53585$ durchgeführt werden.

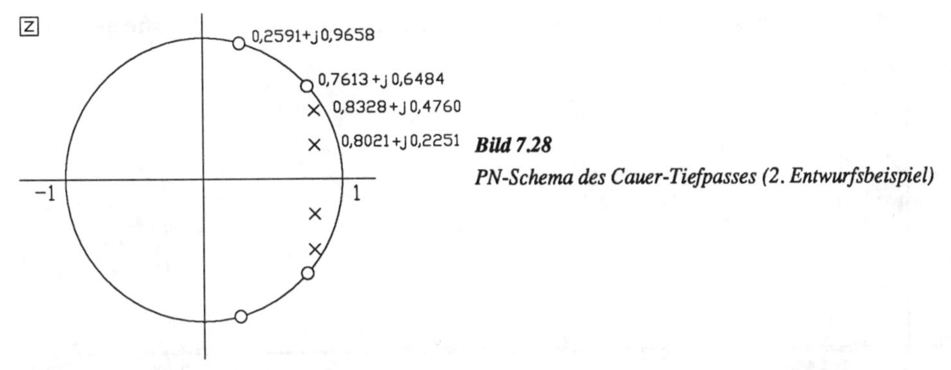

Bild 7.28

PN-Schema des Cauer-Tiefpasses (2. Entwurfsbeispiel)

Zur Berechnung dieses PN-Schemas kann das Programmpaket FILTER verwendet werden. Dazu wird im Programm KASKADENFILTER (ANALOG/DIGITAL) das Toleranzschema des zu entwerfenden Filters mit der Angabe des Grades 4 eingegeben. Nach Ablauf des Entwurfs kann sich der Benutzer das PN-Schema mit dem Programm NETZWERKFUNKTIONEN angesehen.

Hinweis:

Das verwendete analoge Bezugsfilter hat die Sperrfrequenz $f_{a_s} = 1{,}305 \cdot f_{a_g} = 6{,}678$ kHz, also einen etwas kleineren als den vorgeschriebenen Wert. Mit der Transformationsbeziehung 7.38 erhält man nun daraus die realisierte Sperrfrequenz des digitalen Filters

$$f_s = \frac{1}{\pi T} Arctan \frac{2\pi f_{a_s} T}{2} = 6{,}423 \text{ kHz.}$$

Im Programm ist dieser Wert und nicht $f_s = 6{,}5$ kHz einzugeben, wenn man die hier angegebenen Daten nachkontrollieren will.

Für die weiteren Entwurfsschritte verwenden wir das angesprochene Programm und erhalten die im Bild 7.29 dargestellte Schaltung, bei der die Skalierungsfaktoren in die Filterkoeffizienten eingerechnet sind.

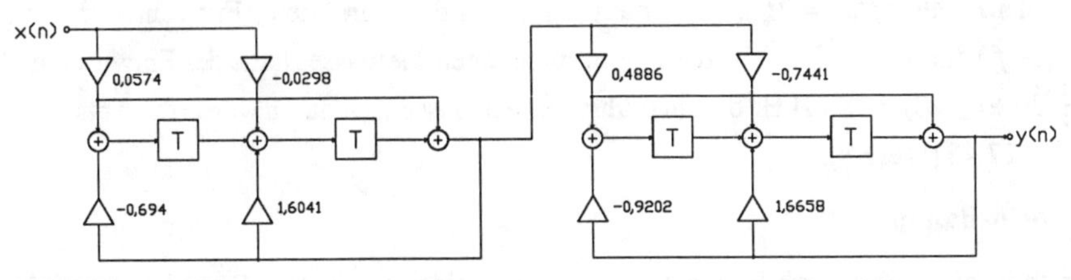

***Bild 7.29** Kaskadenstruktur für einen Cauer-Tiefpaß 4. Grades (2. Entwurfsbeispiel)*

Im Bild 7.30 ist der Verlauf von $|G(j\omega)|$ bis zur 2-fachen maximalen Betriebsfrequenz dargestellt.

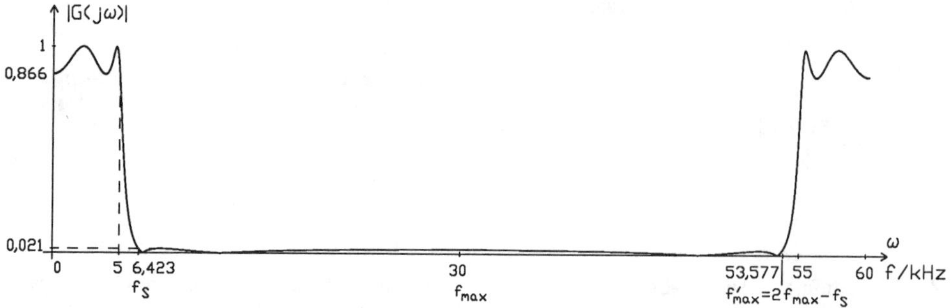

***Bild 7.30** Verlauf von $|G(j\omega)|$ bei einem Cauer-Tiefpaß 4. Grades (2. Entwurfsbeispiel)*

Wir wollen dieses Beispiel zur Erklärung einer bisweilen üblichen Modifikation beim Entwurf von Tief- und Bandpässen benutzen. Die maximale Betriebsfrequenz des vorliegenden Filters beträgt $f_{max} = 30$ kHz. Nur bis zu dieser Frequenz werden die Bedingungen des Abtasttheorems eingehalten. Bei höheren Betriebsfrequenzen können den Ausgangswerten $y(n)$ des Tiefpasses nicht mehr eindeutig Signale $y(t)$ zugeordnet werden. So erzeugt beispielsweise ein sinusförmiges Eingangssignal mit einer Frequenz von 5 kHz exakt die gleiche Ausgangsfolge wie eines mit einer Frequenz von 65 kHz. Diese eindeutige Zuordnung ist bisweilen nicht wichtig, wenn das Ausgangssignal sehr klein ist und sowieso nicht mehr als "Nutzsignal" verwendet werden soll. In diesem Sinne könnte die Betriebsfrequenz bei dem vorliegenden Tiefpaß auf $f'_{max} = 2f_{max} - f_s = 53{,}77$ kHz erhöht werden. Diese Erhöhung der Betriebsfrequenz ist natürlich nur möglich, wenn Filter vorliegen, die oberhalb einer Frequenz ("Sperrfrequenz") bis zu f_{max} einen "Sperrbereich" aufweisen und bei denen es lediglich darauf ankommt, daß die Ausgangssignale im Sperrbereich hinreichend (vernachlässigbar) klein sind. Dies kann bei Tief- und Bandpässen, nicht jedoch bei Hochpässen und Bandsperren zutreffen. Man kann diese Erhöhung auch mit in den Filterentwurf einbeziehen, indem man die vorgegebene maximale Betriebsfrequenz als $f'_{max} = 2f_{max} - f_s$ interpretiert und dann den Filterentwurf mit $f_{max} = \frac{1}{2}(f'_{max} + f_s)$ durchführt. Im Falle des hier besprochenen Tiefpasses hätte der Entwurf dann mit $f_{max} = \frac{1}{2}(30 + 6{,}423) = 18{,}21$kHz durchgeführt werden müssen. Dadurch würde die Abtastzeit auf den Wert 27,46 µs erhöht.

3. Butterworth-Bandpaß

Zu entwerfen ist ein Butterworth-Bandpaß 6. Grades mit einer maximalen Durchlaßdämpfung von $A_D = 3$ dB im Bereich von $f_{-D} = 8$ kHz bis $f_D = 12$ kHz. Die maximale Betriebsfrequenz beträgt 40 kHz.

Nach Gl. 7.41 erhält man die entsprechenden Werte des analogen Bezugsbandpasses $f_{a-D} = 8{,}274$ kHz, $f_{aD} = 12{,}975$ kHz. Die (geometrische) Mittenfrequenz hat den Wert $f_{a0} = 10{,}361$ kHz, sie wird zur Normierung der Abtastzeit benötigt.

Die weiteren Schritte entsprechen zunächst denen beim Entwurf eines analogen Bandpasses (siehe Abschnitt 5.4). Das Bandpaßtoleranzschema wird in ein Tiefpaßtoleranzschema transformiert. Im vorliegenden Falle entsteht ein Butterworth-Tiefpaß 3. Grades mit einer Durchlaßdämpfung von 3 dB. Das PN-Schema dieses Tiefpasses ist das gleiche wie bei dem 1. Beispiel, es treten Pole bei -1 und bei $-1/2 \pm j\sqrt{3}/2$ auf. Die Tiefpaß-Bandpaß-Transformation des PN-Schemas erfolgt mit der Beziehung (Gl. 5.67, Abschnitt 5.4.1)

$$\bar{s} = \frac{s}{2a} \pm \sqrt{\frac{s^2}{4a^2} - 1}\,.$$

Dabei ist s die Tiefpaß- und $\bar{s}$ die Bandpaßfrequenzvariable. Die relative reziproke Bandbreite a des (analogen) Bandpasses ist

$$a = \frac{f_{a0}}{f_{aD} - f_{a-D}} = \frac{10{,}361}{12{,}975 - 8{,}274} = 2{,}204.$$

Dann entstehen aus der Tiefpaßpolstelle $s_{\infty 1} = -1$ die beiden Bandpaßpolstellen $\bar{s}_{\infty 1,2} = -0{,}2269 \pm j0{,}9739$. Zu den Tiefpaßpolstellen $s_{\infty 2,3} = -1/2 \pm j\sqrt{3}/2$ gehören die Bandpaßpole $\bar{s}_{\infty 3,4} = -0{,}1354 \pm j1{,}2095$ und $\bar{s}_{\infty 5,6} = -0{,}09143 \pm j0{,}8166$.

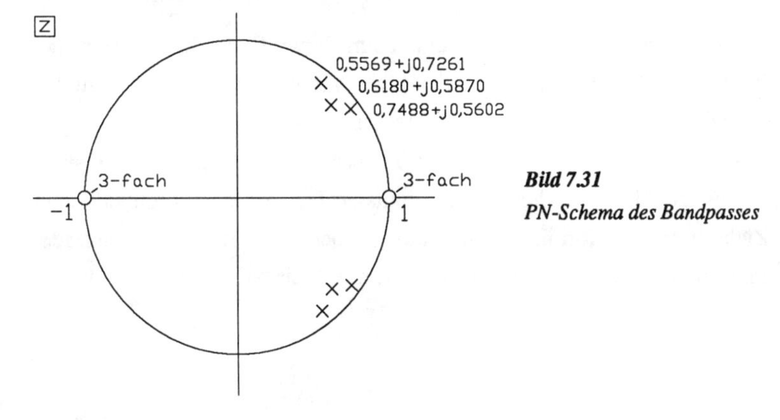

Bild 7.31
PN-Schema des Bandpasses

Weiterhin entsteht durch die Tiefpaß-Bandpaß-Transformation bei $\bar{s} = 0$ eine dreifache Nullstelle. Eine weitere 3-fache Nullstelle tritt bei $\bar{s} = \infty$ durch einen entsprechenden Gradüberschuß im Nenner auf. Im nächsten Schritt werden die Pol- und Nullstellen des Bandpasses in die z-Ebene transformiert (Gl. 7.40). Dabei ist mit der normierten Abtastzeit $T_n = 2\pi f_{a0}/(2f_{max}) = 2\pi 10361/80000 = 0{,}81375$ zu rechnen. Das so entstandene PN-Schema ist in Bild 7.31 skizziert. Die dreifache Nullstelle bei $\bar{s} = 0$ wird in den Punkt $z = 1$, die dreifache Nullstelle bei $\bar{s} = \infty$ in den Punkt $z = -1$ transformiert.

Die zur endgültigen Bestimmung von $G(z)$ erforderliche Konstante kann z.B. mit der Bedingung $A(8\text{kHz}) = 3$ dB ermittelt werden. Man erhält hier den Wert $K = 0{,}002898$.

Schließlich zeigt Bild 7.32 eine Realisierungsschaltung für den Bandpaß, wobei die Skalierungsfaktoren in die Filterkoeffizienten eingerechnet sind. Die Schaltung wurde mit dem Programmpaket FILTER berechnet.

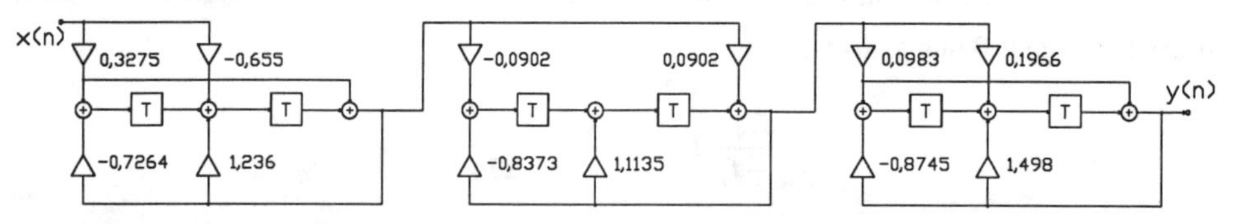

Bild 7.32 Schaltung für den Bandpaß

Der Leser erkennt, daß der Entwurf digitaler Filter schon bei relativ einfachen Anforderungen recht mühsam ist. In der Praxis wird man daher in der Regel auf geeignete Entwurfsprogramme zurückgreifen. Das Programmpaket FILTER unterstützt den Entwurf digitaler Filter.

Abschließend soll noch auf eine etwas andere Strategie beim Entwurf von Bandpässen (und auch Hochpässen, Bandsperren) hingewiesen werden. Die Vorschriften für den digitalen Bandpaß (Hochpaß, Bandsperre) werden zuerst in Vorschriften für einen digitalen Tiefpaß transformiert. Danach wird das PN-Schema des digitalen Tiefpasses in der bekannten Art (siehe Entwurfsbeispiel 1) berechnet. Dieses PN-Schema des digitalen Tiefpasses wird schließlich in das PN-Schema des Zielsystems transformiert. Informationen über diese Transformation findet der Leser in [La]. Im Programm FILTER wird übrigens diese modifizierte Strategie angewandt.

7.3 Der Entwurf nichtrekursiver digitaler Filter

Nichtrekursive (FIR-) Filter werden durch Differenzengleichungen der Form

$$y(n) = c_r x(n) + c_{r-1} x(n-1) + \ldots + c_0 x(n-r)$$

beschrieben. Die Impulsantwort eines FIR-Filters vom Grade r hat maximal $r+1$ von Null verschiedene Werte, dabei gilt der Zusammenhang (siehe Abschnitt 7.1.2.1)

$$c_\nu = g(r-\nu), \quad \nu = 0 \ldots r. \tag{7.44}$$

Das bedeutet, daß bei Kenntnis der Impulsantwort, die Filterkoeffizienten für die im Bild 7.4 angegebene Struktur bekannt sind. Damit ist bereits ein Weg zur Synthese nichtrekursiver Filter angedeutet. Man ermittelt die Impulsantwort des zu realisierenden Systems. Nach der Festlegung des Filtergrades r werden die Filterkoeffizienten nach Gl. 7.44 bestimmt.

Die Übertragungsfunktion des nichtrekursiven Systems hat die Form

$$G(z) = c_r + c_{r-1} z^{-1} + \ldots + c_0 z^{-r} = \frac{c_0 + c_1 z + \ldots + c_r z^r}{z^r}. \tag{7.45}$$

Im Gegensatz zu rekursiven Systemen sind keine Methoden bekannt, nach denen der Entwurf auf die Synthese analoger Filter zurückgeführt werden kann. Aus diesem Grund muß bei nichtrekursiven Systemen fast jedes Approximationsproblem vollständig neu gelöst werden, und dies erfordert in stärkerem Maße den Einsatz von Rechnerleistung. Wenn es (nur) darum geht, ein vorgegebenes Dämpfungstoleranzschema einzuhalten, sind rekursive den nichtrekursiven Filtern i.a. weit überlegen, weil der erforderliche Grad bei den nichtrekursiven Filtern oft sehr hoch ist. Anders kann die Situation aussehen, wenn zusätzlich zu Dämpfungsvorschriften noch Vorschriften an den Phasenverlauf bzw. die Gruppenlaufzeit gestellt werden. Bei rekursiven Systemen ist dann i.a. ein zusätzlicher Allpaß zur Phasenkorrektur erforderlich. Nichtrekursive Filter können so entworfen werden, daß sie eine exakt linear verlaufende Phase bzw. eine konstante Gruppenlaufzeit aufweisen, so daß ein zusätzlicher Aufwand entfällt. In solchen Fällen kann der erforderliche Gesamtaufwand für eine nichtrekursive Lösung geringer als für eine rekursive sein (siehe hierzu auch [Lü]). Aus diesem Grunde spielen bei nichtrekursiven Filtern diejenigen mit linearer Phase die bei weitem wichtigste Rolle.

Im folgenden Abschnitt 7.3.1 wird gezeigt, auf welche Weise der lineare Phasengang erreicht wird. Im Abschnitt 7.3.2 wird anhand eines Entwurfbeispieles besprochen, wie linearphasige Filter bei Vorschriften im Zeitbereich entworfen werden können. Im Abschnitt 7.3.3 gehen wir von Vorschriften im Frequenzbereich aus. Besprochen wird eine auf einer Fourier-Reihenentwicklung der Übertragungsfunktion basierende Entwurfsmethode für ebenfalls linearphasige Filter. Im Abschnitt 7.3.4 wird kurz auf weitere Entwurfsmethoden hingewiesen.

7.3.1 Linearphasige Filter

Zunächst untersuchen wir ein Filter mit einem geraden Grade r, bei dem die Impulsantwort entweder symmetrisch oder antisymmetrisch zum mittleren Wert $g(r/2)$ ist. Bild 7.33 zeigt im linken Teil ein Beispiel für eine symmetrisch verlaufende Impulsantwort im Falle $r = 8$ und im rechten Teil eine antisymmetrisch verlaufende Impulsantwort.

Bei dem System mit der symmetrischen Impulsantwort gilt

$$g(\nu) = g(r-\nu), \quad \nu = 0 \ldots r, \tag{7.46}$$

und bei dem mit der antisymmetrischen

$$g(\nu) = -g(r-\nu), \quad g\left(\frac{r}{2}\right) = 0, \quad \nu = 0 \ldots r. \tag{7.47}$$

Dann können wir die Übertragungsfunktion dieser Filter folgendermaßen anschreiben

$$G(z) = \sum_{\nu=0}^{r} g(\nu) z^{-\nu} = g\left(\frac{r}{2}\right) z^{-\frac{r}{2}} + \sum_{\nu=0}^{\frac{r}{2}-1} g(\nu)\left(z^{-\nu} \pm z^{-(r-\nu)}\right) =$$

$$z^{-\frac{r}{2}} \left\{ g\left(\frac{r}{2}\right) + \sum_{\nu=0}^{\frac{r}{2}-1} g(\nu) \left(z^{\left(\frac{r}{2}-\nu\right)} \pm z^{-\left(\frac{r}{2}-\nu\right)} \right) \right\}. \tag{7.48}$$

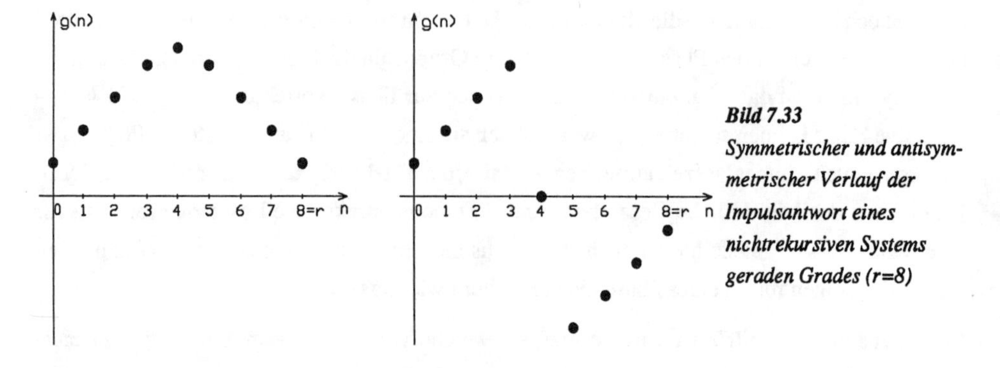

Bild 7.33
Symmetrischer und antisymmetrischer Verlauf der Impulsantwort eines nichtrekursiven Systems geraden Grades (r=8)

Dabei gilt das "+ Zeichen" für den symmetrischen und das "- Zeichen" für den antisymmetrischen Fall. Die Richtigkeit der Beziehung 7.48 kann der Leser selbst leicht nachprüfen, indem er die Summanden einzeln anschreibt und dabei die Beziehung 7.46 bzw. 7.47 beachtet.

Mit $z = e^{j\omega T}$ erhält man aus Gl. 7.48

$$G(j\omega) = e^{-j\omega rT/2}\left[g\left(\frac{r}{2}\right) + \sum_{\nu=0}^{\frac{r}{2}-1} g(\nu)\left\{e^{j\left(\frac{r}{2}-\nu\right)\omega T} \pm e^{-j\left(\frac{r}{2}-\nu\right)\omega T}\right\}\right].$$

Daraus folgt mit $e^{jx} + e^{-jx} = 2\cos x$ für den Fall der symmetrischen Impulsantwort

$$G(j\omega) = e^{-j\omega rT/2}\left\{g\left(\frac{r}{2}\right) + \sum_{\nu=0}^{\frac{r}{2}-1} 2g(\nu)\cos\left[\left(\frac{r}{2}-\nu\right)\omega T\right]\right\} = e^{-j\omega rT/2}H_1(\omega) \tag{7.49}$$

und mit $e^{jx} - e^{-jx} = 2j\sin x$ für den antisymmetrischen Fall bei zusätzlicher Beachtung von $g\left(\frac{r}{2}\right) = 0$

$$G(j\omega) = e^{j\omega rT/2} \cdot j\sum_{\nu=0}^{\frac{r}{2}-1} 2g(\nu)\sin\left[\left(\frac{r}{2}-\nu\right)\omega T\right] = e^{-j\omega rT/2}H_2(\omega). \tag{7.50}$$

Wir befassen uns nun zunächst nur mit dem Fall einer symmetrischen Impulsantwort bei geradem Grad r (Gl. 7.49). Wir können dann schreiben

$$G(j\omega) = H_1(\omega)e^{-j\omega rT/2}, \tag{7.51}$$

wobei

$$H_1(\omega) = g\left(\frac{r}{2}\right) + \sum_{\nu=0}^{\frac{r}{2}-1} 2g(\nu)\cos\left[\left(\frac{r}{2}-\nu\right)\omega T\right] \tag{7.52}$$

eine reelle Funktion ist, die i.a. positive und negative Werte annehmen kann. Um genauere Informationen über den Dämpfungs- und besonders den Phasenverlauf des Systems zu erhalten, ersetzen wir $H_1(\omega)$ in Gl. 7.51 durch $|H_1(\omega)|\,e^{jk\pi}$, $k = 0,2,4\ldots$, wenn $H_1(\omega) > 0$ ist und durch $|H_1(\omega)|\,e^{jk\pi}$, $k = 1,3\ldots$ im Falle $H_1(\omega) < 0$. Dann wird

$$G(j\omega) = |H_1(\omega)|\,e^{-j(\omega rT/2 - k\pi)},$$

und durch Vergleich mit der Darstellung $G(j\omega) = |G(j\omega)|\,e^{-jB(\omega)}$ erhalten wir den Betrag $|G(j\omega)| = |H_1(\omega)|$ und die Phase

$$B(\omega) = \omega r T/2 - k\pi. \qquad (7.53)$$

Nimmt man an, daß zunächst (d.h. bei niedrigen Frequenzen) $H_1(\omega) > 0$ ist, so folgt (mit $k = 0$) $B(\omega) = \omega r T/2$, die Phase steigt linear mit der Frequenz an. Bei einem Vorzeichenwechsel von $H_1(\omega)$ bei der Frequenz ω_1 ist in Gl. 7.53 $k = 1$ zu setzen, und es gilt $B(\omega) = \omega r T/2 - \pi$. Bei der Frequenz ω_1 ist ein "Phasensprung" der Größe π aufgetreten. Wir nehmen an, daß bei $\omega_2 > \omega_1$ ein erneuter Vorzeichenwechsel bei $H_1(\omega)$ auftritt. Dann wird $k = 2$ und $B(\omega) = \omega r T/2 - 2\pi$. Das bedeutet, daß bei jedem Vorzeichenwechsel von $H_1(\omega)$ ein Phasensprung π auftritt und die Phase dazwischen linear verläuft.

Hinweis:
Zur Erklärung dieses Phasenverlaufes können wir auch auf die einführenden Erklärungen im Abschnitt 2.3 zurückgreifen. Stellen, an denen $H_1(\omega)$ sein Vorzeichen wechselt, sind Nullstellen von $H_1(\omega)$ und damit auch Nullstellen von $G(j\omega)$. In der z-Ebene liegen diese (ggf. auftretenden) Nullstellen auf dem Einheitskreis (siehe z.B. das PN-Schema im Bild 2.32). Die Winkel von Nullstellen zu dem entsprechenden Frequenzwert wurden im Abschnitt 2.3 mit ψ_μ bezeichnet. Diese Winkel ändern sich offensichtlich um den Wert π, wenn die Frequenz über diese Nullstelle "hinweggeht". Im Rahmen des Entwurfsbeispieles vom Abschnitt 7.3.2 wird der Phasenverlauf eines Systems dieser Art dargestellt (siehe Bild 7.38).

Bei der Berechnung der Gruppenlaufzeit

$$T_G = \frac{dB(\omega)}{d\omega}$$

treten zunächst Probleme auf, weil durch die Ableitung an den Sprungstellen der Phase Dirac-Impulse auftreten. Diese müssen aber nicht berücksichtigt werden, weil die Übertragungsfunktion an den Sprungstellen verschwindet. Im Falle von $H_1(\omega_1) = 0$ würde das System auf ein Eingangssignal der Form $x(n) = \cos(n\omega_1 T)$ mit $y(n) = 0$ reagieren, und damit erübrigt sich die Angabe einer Phase oder eines Wertes der Gruppenlaufzeit für diesen Frequenzwert.

Nach diesen Überlegungen hat die Gruppenlaufzeit des von uns untersuchten Systems (gerader Grad r, symmetrische Impulsantwort, $B(\omega)$ nach Gl. 7.53) den konstanten Wert

$$T_G = r\frac{T}{2}, \quad r \text{ gerade}. \qquad (7.54)$$

Die Gruppenlaufzeit beträgt ein vielfaches Ganzes der Abtastzeit T.

Bei dem System mit der antisymmetrischen Impulsantwort (rechter Bildteil 7.33) mit $G(j\omega)$ nach Gl. 7.50 erhält man durch entsprechende Überlegungen (und mit $j = e^{j\pi/2}$) die Phase

$$B(\omega) = \omega r \frac{T}{2} - \frac{\pi}{2} - k\pi$$

und damit die gleiche Gruppenlaufzeit gemäß Gl. 7.54. Weiterhin gilt $|G(j\omega)| = |H_2(\omega)|$ mit der rein imaginären Funktion

$$H_2(\omega) = j \sum_{\nu=0}^{\frac{r}{2}-1} 2g(\nu) \sin\left[\left(\frac{r}{2} - \nu\right)\omega T\right]. \tag{7.55}$$

Die bisher durchgeführten Untersuchungen bezogen sich auf Filter mit einem geraden Grad.

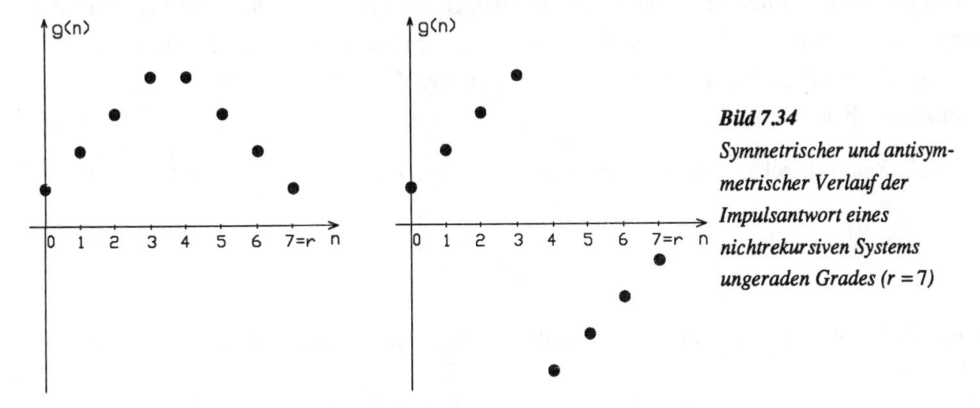

Bild 7.34
Symmetrischer und antisymmetrischer Verlauf der Impulsantwort eines nichtrekursiven Systems ungeraden Grades ($r = 7$)

Bild 7.34 zeigt links eine symmetrisch verlaufende Impulsantwort bei ungeradem Grad ($r = 7$) und rechts eine antisymmetrische. Wir erhalten bei ungeradem r die Beziehung

$$G(z) = \sum_{\nu=0}^{\frac{r-1}{2}} g(\nu)\left(z^{-\nu} \pm z^{-(r-\nu)}\right) = z^{-r/2} \sum_{\nu=0}^{\frac{r-1}{2}} g(\nu)\left(z^{\left(\frac{r}{2}-\nu\right)} \pm z^{-\left(\frac{r}{2}-\nu\right)}\right),$$

wobei das "+ Zeichen" wieder für die symmetrische und das "- Zeichen" für die antisymmetrische Impulsantwort gilt. Entsprechend der Ableitung der Beziehungen 7.49 und 7.50 findet man für das System mit der geraden Impulsantwort

$$G(j\omega) = e^{-j\omega rT/2} \sum_{\nu=0}^{\frac{r-1}{2}} 2g(\nu) \cos\left[\left(\frac{r}{2} - \nu\right)\omega T\right] = e^{-j\omega rT/2} \cdot H_3(\omega) \tag{7.56}$$

und für das mit der antisymmetrischen Impulsantwort

$$G(j\omega) = e^{-j\omega rT/2} j \sum_{\nu=0}^{\frac{r-1}{2}} 2g(\nu) \sin\left[\left(\frac{r}{2} - \nu\right)\omega T\right] = e^{-j\omega rT/2} \cdot H_4(\omega). \qquad (7.57)$$

Entsprechende Überlegungen wie vorne führen auch hier zu der konstanten Gruppenlaufzeit

$$T_G = r\frac{T}{2}, \quad r \text{ ungerade},$$

die hier jedoch kein vielfaches Ganzes der Abtastzeit T ist.

Zusammenfassung

Nichtrekursive Systeme mit symmetrischem oder antisymmetrischem Verlauf der Impulsantwort weisen einen linearen Phasenverlauf mit ggf. auftretenden "Sprüngen" der Höhe π auf. Die Gruppenlaufzeit solcher Systeme hat den konstanten Wert $T_G = rT/2$, sie ist bei geradem Grad r ein ganzes Vielfaches der Abtastzeit T. Die Übertragungsfunktionen der vier unterscheidbaren Fälle (Bilder 7.33, 7.34) haben alle die Form $G(j\omega) = e^{-j\omega rT/2} H_\nu(\omega)$. Dabei sind $H_\nu(\omega)$ reelle oder imaginäre Funktionen.

Fall 1: Symmetrische Impulsantwort bei geradem Grad r (linker Bildteil 7.33, Gl. 7.52)

$$H_1(\omega) = g\left(\frac{r}{2}\right) + \sum_{\nu=0}^{\frac{r}{2}-1} 2g(\nu) \cos\left[\left(\frac{r}{2} - \nu\right)\omega T\right].$$

Fall 2: Antisymmetrische Impulsantwort bei geradem Grad r (rechter Bildteil 7.33, Gl. 7.55)

$$H_2(\omega) = j \sum_{\nu=0}^{\frac{r}{2}-1} 2g(\nu) \sin\left[\left(\frac{r}{2} - \nu\right)\omega T\right].$$

Wegen der unmittelbar erkennbaren Eigenschaft $H_2(0) = 0$ und $H_2(\omega_{max}) = H_2(\pi/T) = 0$ sind Systeme mit Impulsantworten dieser Art für die Synthese von Bandpässen geeignet, nicht aber für die von Tief-, Hochpässen und Bandsperren.

Fall 3: Symmetrische Impulsantwort bei ungeradem Grad r (linker Bildteil 7.34, Gl. 7.56)

$$H_3(\omega) = \sum_{\nu=0}^{\frac{r-1}{2}} 2g(\nu) \cos\left[\left(\frac{r}{2} - \nu\right)\omega T\right] = \sum_{\nu=0}^{\frac{r-1}{2}} 2g(\nu) \cos\left[(r - 2\nu)\frac{\omega T}{2}\right].$$

Mit der rechts stehenden Form von $H_3(\omega)$ läßt sich leicht zeigen, daß $H_3(\omega_{max}) = H_3\left(\frac{\pi}{T}\right) = 0$ ist.

Systeme mit Impulsantworten dieser Art sind also nicht zur Synthese von Hochpässen und Bandsperren geeignet.

Fall 4: Antisymmetrische Impulsantwort bei ungeradem Grad r (rechter Bildteil 7.34, Gl. 7.57)

$$H_4(\omega) = j \sum_{\nu=0}^{\frac{r-1}{2}} 2g(\nu) \sin\left[\left(\frac{r}{2} - \nu\right)\omega T\right] = j \sum_{\nu=0}^{\frac{r-1}{2}} 2g(\nu) \sin\left[(r - 2\nu)\frac{\omega T}{2}\right].$$

Wegen der Eigenschaft $H_4(0) = 0$ sind Systeme mit solchen Impulsantworten nicht für die Synthese von Tiefpässen und Bandsperren geeignet.

Abschließend noch einige Bemerkungen zu Realisierungsschaltungen für linearphasige Systeme. Die Realisierung kann natürlich durch die Direktstruktur nach Bild 7.4 erfolgen. Aufgrund der Symmetrie der Impulsantwort und damit auch der Filterkoeffizienten ist jedoch eine wesentlich aufwandsärmere Realisierung möglich. Bild 7.35 zeigt geeignete Schaltungen. Bei geradem Grad (oberer Bildteil 7.35) werden (maximal) $\frac{r}{2} + 1$ Multiplizierer benötigt und bei ungeradem Grad maximal $(r + 1)/2$.

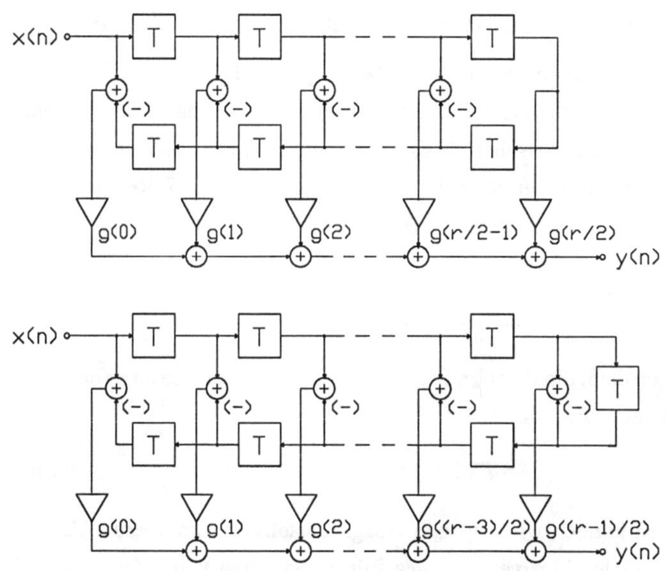

***Bild 7.35** Netzwerke mit linearer Phase mit geradem Grad r (oben) und ungeradem Grad r (unten). Die Minuszeichen (-) beziehen sich auf Filter mit antisymmetrischen Impulsantworten (Fall 2 oder Fall 4)*

7.3.2 Ein Entwurfsbeispiel nach Vorschriften im Zeitbereich

Im Bild 7.36 ist links der Betrag der Übertragungsfunktion und der Phasenverlauf eines (analogen) idealen Tiefpasses dargestellt. Der rechte Bildteil zeigt die Impulsantwort dieses Tiefpasses. Es gilt (siehe z.B. [Mi])

$$G_a(j\omega) = \begin{cases} e^{-j\omega t_0} \; \mathit{für} \; |\omega| < \omega_g \\ 0 \; \mathit{für} \; |\omega| > \omega_g \end{cases}, \quad g_a(t) = \frac{\sin(\omega_g(t-t_0))}{\pi(t-t_0)}. \tag{7.58}$$

ω_g ist die Grenzkreisfrequenz des Tiefpasses und t_0 seine (konstante) Gruppenlaufzeit.

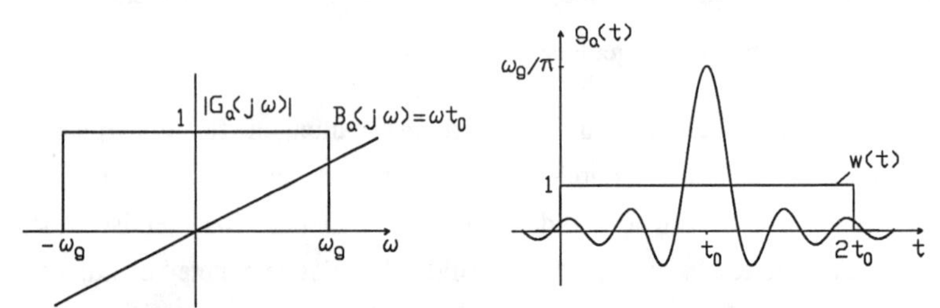

***Bild 7.36** Betrag der Übertragungsfunktion und die Phase eines (analogen) Tiefpasses (links), die Impulsantwort und die Fensterfunktion w(t) nach Gl. 7.59 (rechts)*

Realisierbar sind prinzipiell natürlich nur kausale Systeme mit $g_a(t) = 0 \; \mathit{für} \; t < 0$, also z.B. ein nichtrekursives digitales System mit der Impulsantwort $g(n) = g_a(nT) \; \mathit{für} \; 0 \le n \le n_{max}$. Digitale Systeme mit einem linearen Phasenverlauf erfordern eine symmetrische Impulsantwort. Daher ist es sinnvoll, auch von einer symmetrischen "Ausgangsimpulsantwort" auszugehen. Eine solche können wir uns dadurch entstanden denken, daß die rechts im Bild 7.36 dargestellte Impulsantwort mit der ebenfalls dort skizzierten "Fensterfunktion"

$$w(t) = \begin{cases} 1 \text{ für } 0 \le t \le 2t_0 \\ 0 \text{ für } t < 0 \text{ und } t > 2t_0 \end{cases} \tag{7.59}$$

multipliziert wird. Wir erhalten dann die links im Bild 7.37 skizzierte symmetrische (und noch mit der Abtastzeit T multiplizierte) Impulsantwort

$$\tilde{g}_a(t) = T w(t) g_a(t). \tag{7.60}$$

Nach diesen Vorbemerkungen können wir folgende Aufgabenstellung formulieren. Zu entwerfen ist ein linearphasiges nichtrekursives digitales Filter vom Grad r, das (an den $r+1$ Abtaststellen und bis auf den Faktor T) die gleiche Impulsantwort wie ein analoger idealer Tiefpaß mit der Grenzfrequenz f_g und der Gruppenlaufzeit $T_G = t_0$ hat.

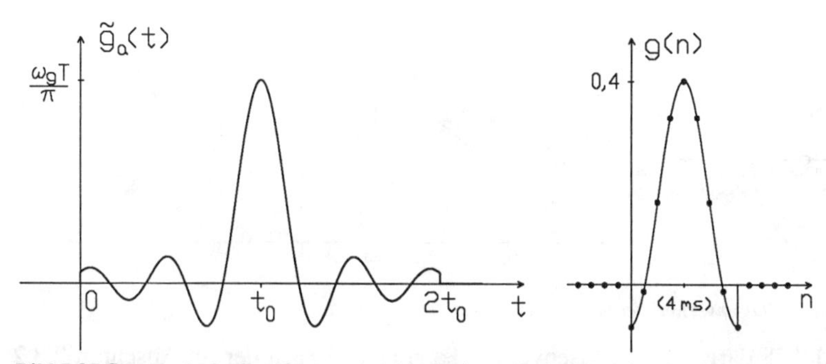

***Bild 7.37** Symmetrische Impulsantwort $\tilde{g}_a(t)$ als Ausgangsfunktion für den Entwurf eines digitalen Systems mit linearer Phase (links) und die Impulsantwort $g(n)$ eines digitalen Systems (rechts)*

Für unser Beispiel wählen wir $r=8, f_g=200$ Hz und eine Gruppenlaufzeit $t_0=4$ ms. Die Abtastzeit T muß jetzt so festgelegt werden, daß eine symmetrische Impulsantwort $g(n)$ entsteht. Dies wird durch die Bedingung $2t_0=rT$ erreicht und bedeutet, daß die "Dauer" $2t_0$ der Impulsantwort ein ganzes Vielfaches der Abtastzeit T ist. Im vorliegenden Fall ($r=8$, $t_0=4\ ms$) erhalten wir $T=2t_0/r=1\ ms$, und damit ist $f_{max}=1/(2T)=500$ Hz die maximale Betriebsfrequenz für das System. Im rechten Bildteil 7.37 ist die Impulsantwort $g(n)$ dargestellt. Wir erhalten die Daten (Gln. 7.58, 7.60):

$g(0)=g(8)=-0{,}07568, g(1)=g(7)=-0{,}06237, g(2)=g(6)=0.09355, g(3)=g(5)=0{,}3027, g(4)=0{,}4.$

Die Impulsantwort ist von der Art nach Fall 1 (links im Bild 7.33, Abschnitt 7.3.1). Bei ungeradem Grad hätten wir den Fall 3 (links im Bild 7.34) erhalten. Die Realisierung des Filters kann nach der im oberen Bildteil 7.35 angegebenen Schaltung erfolgen.

Die Übertragungsfunktion des hier entworfenen Filters hat die Form

$$G(z)=\sum_{\nu=0}^{8} g(\nu)z^{-\nu}=\frac{g(8)+g(7)z+g(6)z^2+\ldots+g(0)z^8}{z^8}.$$

Zur Ermittlung des Phasenverlaufes und auch des Betrages $|G(j\omega)|$ wird das PN-Schema von $G(z)$ ermittelt. Mit den vorliegenden Werten von $g(\nu)$ erhält man folgende Nullstellen:

$$-0{,}954\pm j0{,}301,\quad -0{,}612\pm j0{,}791,\quad -0{,}071\pm j0{,}997,\quad 0{,}518,\quad 1{,}931.$$

Die konjugiert komplexen Nullstellen liegen auf dem Einheitskreis. Das PN-Schema ist links im Bild 7.38 skizziert. Bei den auf dem Einheitskreis liegenden Nullstellen sind die zugehörenden Frequenzen angegeben.

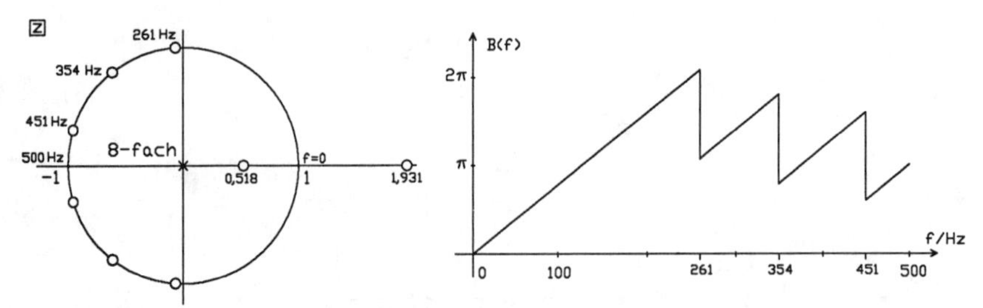

***Bild 7.38** PN-Schema und Phasenverlauf bei dem Entwurfsbeispiel*

Der rechts im Bild 7.38 dargestellte Phasenverlauf kann einmal nach der im Abschnitt 2.3.2 beschriebenen Methode ermittelt werden. Dabei empfiehlt sich der Einsatz des Programmes NETZWERKFUNKTIONEN. Die Berechnung kann aber viel schneller mit der im Abschnitt 7.31 abgeleiteten Beziehung 7.53 durchgeführt werden, wobei die Phasensprünge bei den "Nullstellenfrequenzen" 261 Hz, 354 Hz und 451 Hz auftreten. Aus dem PN-Schema kann auch der im Bild 7.39 dargestellte Betrag der Übertragungsfunktion berechnet werden. Die noch nicht festgelegte Konstante wird aus der Nebenbedingung

$$G(\omega=0)=G(z=1)=\sum_{\nu=0}^{8} g(\nu)=0{,}9164$$

ermittelt. Dieser Wert ist bei Verwendung des Programmes NETZWERKFUNKTIONEN als Anfangswert einzugeben.

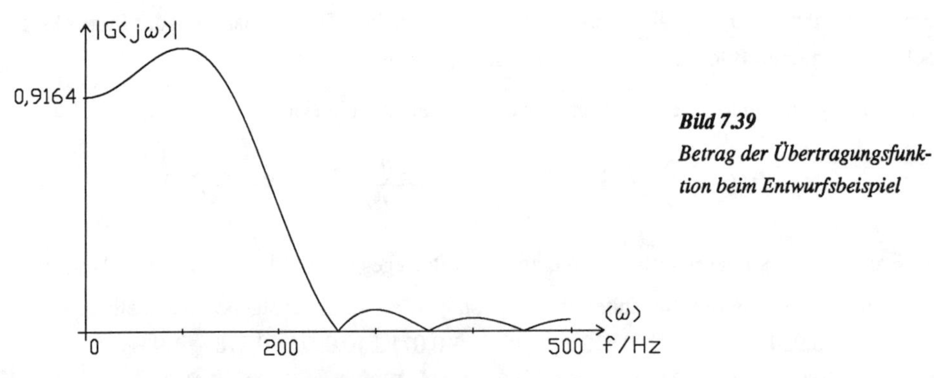

Bild 7.39
Betrag der Übertragungsfunktion beim Entwurfsbeispiel

Neben der Berechnung über das PN-Schema kann hier die Berechnung auch durch die Beziehung $|G(j\omega)|=|H_1(\omega)|$ mit $H_1(\omega)$ nach Gl. 7.52 erfolgen.

Schließlich wird noch darauf hingewiesen, daß das vorliegende Entwurfbeispiel besonders bequem mit dem Programm NICHTREKURSIVE DIGITALE FILTER bearbeitet werden kann. Dort können z.B. die vorne berechneten Werte der Impulsantwort eingegeben werden. Danach wird das PN-Schema berechnet. Noch schneller geht der Entwurf, wenn der Programmpunkt "idealer Tiefpaß" ausgewählt wird. Mit der Eingabe der Grenzfrequenz (200 Hz), der maximalen Betriebsfrequenz (500 Hz) und dem Grad (r=8) wird dann auch die Impulsantwort ermittelt. Weitere Informationen zu dem Programm erhält der Leser im folgenden Abschnitt.

7.3.3 Der Entwurf bei Vorschriften im Frequenzbereich

7.3.3.1 Die Fourier-Approximation

Wir gehen von einer "Wunschübertragungsfunktion" $G_W(j\omega)$ für ein digitales System aus, die möglichst gut durch die Übertragungsfunktion $G(j\omega)$ eines nichtrekursiven digitalen Systems appoximiert werden soll. Bei der Wunschfunktion $G_W(j\omega)$ muß es sich nicht unbedingt um eine realisierbare Funktion handeln. Bild 7.40 zeigt einen möglichen Verlauf des Betrages dieser Funktion. In dem Bild ist außerdem noch der Betrag der Übertragungsfunktion $G_a(j\omega)$ eines analogen Systems dargestellt, wobei

$$G_a(j\omega) = \begin{cases} G_W(j\omega) \text{ für } |\omega| < \omega_{\max} = \pi/T \\ 0 \text{ für } |\omega| > \omega_{\max} \end{cases} \tag{7.61}$$

gelten soll.

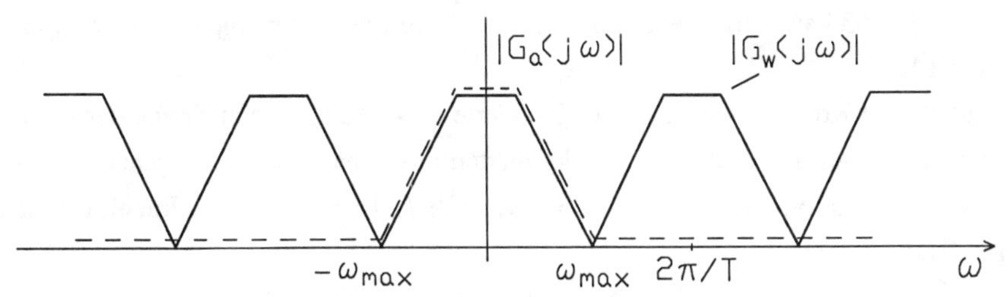

***Bild 7.40** Möglicher Verlauf des Betrages einer Wunschübertragungsfunktion $G_W(j\omega)$ und der Betrag $|G_a(j\omega)|$ einer analogen Übertragungsfunktion gemäß Gl. 7.61*

Bekanntlich kann man periodische Funktionen durch Fourier-Reihen darstellen. Ist $x(t)$ eine periodische Zeitfunktion mit der Periode T_x, dann gilt (siehe z.B. [Mi])

$$x(t) = \sum_{\nu=-\infty}^{\infty} C_\nu e^{j\nu\omega_0 t} \quad \text{mit} \quad C_\nu = \frac{1}{T_x} \int_{-T_x/2}^{T_x/2} x(t) e^{-j\nu\omega_0 t} dt, \quad \omega_0 = \frac{2\pi}{T_x}.$$

Im vorliegenden Fall liegt eine von ω abhängige periodische Funktion vor ($x(t) \mathrel{\hat{=}} G_W(j\omega)$), wir ersetzen t durch ω, die Periode T_x durch $2\pi/T$, ω_0 durch die Abtastzeit T und erhalten

$$G_W(j\omega) = \sum_{\nu=-\infty}^{\infty} C_\nu e^{j\nu\omega T}, \quad C_\nu = \frac{T}{2\pi} \int_{-\pi/T}^{\pi/T} G_W(j\omega) e^{-j\nu\omega T} d\omega.$$

Für die weiteren Betrachtungen ist es günstiger von einer etwas modifizierten Darstellung auszugehen. Durch die Substitution $n = -\nu$ und die Bezeichnung $\tilde{C}_n = C_{-n}$ erhält man die Darstellung

$$G_W(j\omega) = \sum_{n=-\infty}^{\infty} \tilde{C}_n e^{-jn\omega T}, \quad \tilde{C}_n = \frac{T}{2\pi} \int_{-\pi/T}^{\pi/T} G_W(j\omega) e^{jn\omega T} d\omega \tag{7.62}$$

oder mit $e^{j\omega T} = z$ auch

$$G_W(z) = \sum_{n=-\infty}^{\infty} \tilde{C}_n z^{-n} = \sum_{n=-\infty}^{\infty} g_W(n) z^{-n}. \tag{7.63}$$

Aus Gl. 7.63 erkennt man, daß es sich bei den Fourier-Koeffizienten $\tilde{C}_n$ um die Impulsantwort $g_W(n)$ des Wunschsystems handelt.

Hinweise:

1. $G_W(z)$ nach Gl. 7.63 kann auch als zweiseitige z-Transformierte der Impulsantwort $g_W(n)$ interpretiert werden.

2. Zur Ermittlung der Koeffizienten $\tilde{C}_n$ bzw. der Werte $g_W(n)$ kann man auch von der Übertragungsfunktion $G_a(j\omega)$ des nach Gl. 7.61 definierten analogen Systems ausgehen. Durch Fourier-Rücktransformation und unter Beachtung von Gl. 7.61 erhält man die Impulsantwort des analogen Systems

$$g_a(t) = \frac{1}{2\pi} \int_{-\infty}^{\infty} G_a(j\omega) e^{j\omega t} dt = \frac{1}{2\pi} \int_{-\pi/T}^{\pi/T} G_W(j\omega) e^{j\omega t} dt$$

und durch einen Vergleich mit der rechten Seite von Gl. 7.62

$$\tilde{C}_n = T g_a(nT). \tag{7.64}$$

Vergleicht man die Beziehung für $G_W(j\omega)$ nach Gl. 7.63 mit der Übertragungsfunktion eines realisierbaren nichtrekursiven Systems

$$G(z) = \sum_{n=0}^{r} g(n) z^{-n},$$

so stellt man fest, daß bei der Approximation von $G_W(z)$ durch $G(z)$ nur $r+1$ Reihenglieder berücksichtigt werden können. Durch die Wahl von

$$g(n) = T g_a(nT) \text{ für } 0 \le n \le r \tag{7.65}$$

stellt die Übertragungsfunktion

$$G(j\omega) = \sum_{n=0}^{r} g(n) e^{-jn\omega T} \tag{7.66}$$

eine nach dem r-ten Glied abgebrochene Fourier-Reihe der Wunschfunktion $G_W(j\omega)$ dar. Die Approximation ist natürlich umso besser, je mehr Reihenglieder berücksichtigt werden, also je größer der Filtergrad und damit auch der Realisierungsaufwand ist. Bei stetigen Wunschübertragungsfunktionen $G_W(j\omega)$ gibt es kaum Probleme, weil Fourier-Reihen stetiger Funktionen rasch konvergieren. Problematischer sind die Verhältnisse bei Wunschübertragungsfunktionen mit Sprungstellen, z.B. bei idealen Tiefpässen. Neben der dann generell schlechten Konvergenz der Fourier-Reihen treten in solchen Fällen an den Unstetigkeitsstellen "Überschwinger" auf, die sich auch nicht durch eine Erhöhung des Filtergrades r unterdrücken lassen (Bezeichnung: Gibbs'sches Phänomen). Auf diesen Effekt kommen wir bei dem folgenden Entwurfsbeispiel zurück.

Wenn das zu entwerfende Filter zusätzlich noch einen linearen Phasenverlauf aufweisen soll, muß dafür gesorgt werden, daß die Impulsantwort $g(n)$ symmetrisch oder antisymmetrisch (im Sinne der Bilder 7.33, 7.34) ist. Bei dem Beispiel im Abschnitt 7.3.2 wurde gezeigt, wie dies erreicht werden kann.

Beispiel
Zu entwerfen ist ein linearphasiges nichtrekursives Filter, dessen Wunschübertragungsfunktion ein idealer Tiefpaß mit der Grenzfrequenz $f_g = 200$ Hz und der maximalen Betriebsfrequenz $f_{max} = 500$ Hz ist. Die Abtastzeit hat dann den Wert $T = 1/(2f_{max}) = 1$ ms.

Bild 7.41 zeigt den Betrag der Übertragungsfunktion dieses Systems und auch den Betrag $|G_a(j\omega)|$ des analogen Tiefpasses gemäß Gl. 7.61.

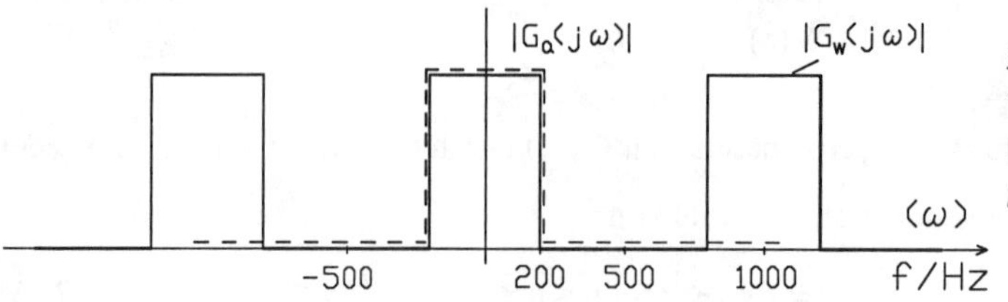

Bild 7.41
Verlauf von $|G_W(j\omega)|$ und $|G_a(j\omega)|$ bei dem Entwurfbeispiel

Die Impulsantwort des analogen Tiefpasses lautet (Gl. 7.58)

$$g_a(t) = \frac{\sin(\omega_g(t-t_0))}{\pi(t-t_0)},$$

ihr prinzipieller Verlauf ist im rechten Bildteil 7.36 skizziert. Nach den Gln. 7.65, 7.66 hat dann die Übertragungsfunktion die Form

$$G(j\omega) = \sum_{n=0}^{r} g(n)e^{-jn\omega T} = \sum_{n=0}^{r} T g_a(nT)e^{-jn\omega T}.$$

Zur Erreichung der linearen Phase bzw. der konstanten Gruppenlaufzeit muß eine symmetrische Impulsantwort vorliegen. Dies wird durch die Bedingung $rT = 2t_0$ erreicht (vgl. hierzu auch die Erklärungen beim Entwurfsbeispiel vom Abschnitt 7.3.2). Im Fall $r = 8$ hat die Gruppenlaufzeit den Wert $t_0 = 4T = 4$ ms, und dieser Grad führt genau auf das im Abschnitt 7.3.2 besprochene Beispiel mit der im Bild 7.39 skizzierten Übertragungsfunktion. Bei diesem kleinen Filtergrad ist natürlich noch keine gute Übereinstimmung mit der Wunschübertragungsfunktion (Bild 7.41) zu erwarten. Im Bild 7.42 ist $|G(j\omega)|$ für den Grad $r = 32$ ($t_0 = 16$ ms) und dem Grad $r = 150$ ($t_0 = 75$ ms) dargestellt. Während die Approximation im "stetigen Bereich" der Wunschübertragungsfunktion mit zunehmendem Grad immer besser wird, tritt an der Unstetigkeitsstelle (200 Hz) keine Verbesserung auf. Dieser Effekt des "Überschwingens" an den Unstetigkeitsstellen wird als Gibbs'sches Phänomen bezeichnet. Die "Überschwinger" (bis zu 9%) lassen sich auch nicht durch die Wahl eines noch so großen Grades verhindern. Die Realisierung des Filters kann schließlich mit der oben im Bild 7.35 skizzierten Schaltung erfolgen.

Das Programm NICHTREKURSIVE DIGITALE FILTER unterstützt den Entwurf linearphasiger Tiefpässe. Das Programm liefert auch (die hier nicht angegebenen) Werte der Impulsantwort $g(n)$, die für den Schaltungsentwurf benötigt werden.

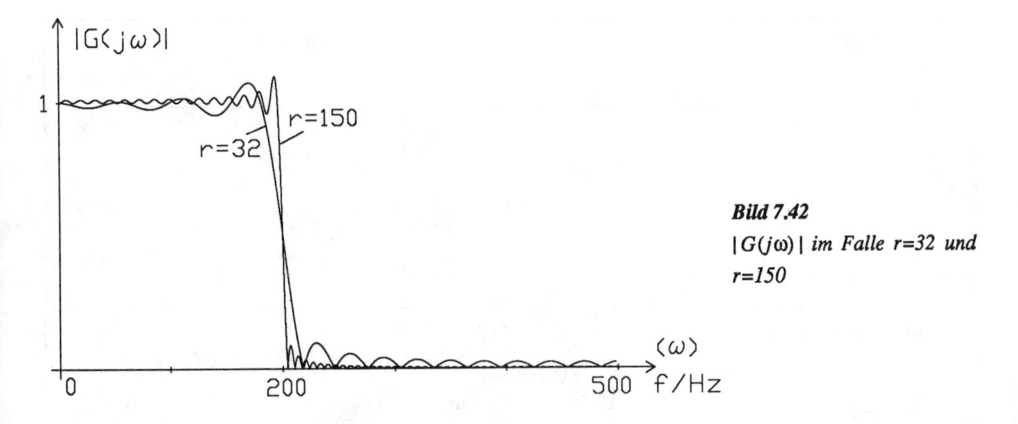

Bild 7.42
$|G(j\omega)|$ im Falle r=32 und r=150

7.3.3.2 Die Verwendung von Fensterfunktionen

Aus dem Beispiel vom Abschnitt 7.3.3.1 wurde deutlich, daß die Fourier-Approximation bei Wunschübertragungsfunktionen idealer selektiver Filter wegen der "Überschwinger" an den Unstetigkeitsstellen zu wenig befriedigenden Ergebnissen führt. Es zeigt sich, daß in solchen Fällen durch eine geeignete Gewichtung der Fourier-Koeffizienten (d.h. der Impulsantwort $g(n)$) wesentlich bessere Ergebnisse erreicht werden können. Zu diesem Zweck multipliziert man die mit der Fourier-Approximation ermittelte Impulsantwort (Gl. 7.65) mit einer sogenannten Fensterfunktion $w(n)$ und realisiert ein Filter mit der Impulsantwort

$$\tilde{g}(n) = w(n)g(n). \tag{7.67}$$

Vorschriften zur Aufstellung von Fensterfunktionen und ihre Auswirkungen auf die Approximationsgüte sind in der Literatur ausführlich behandelt (siehe [Sü]). Die bekanntesten Fensterfunktionen sind in der Tabelle 7.2 zusammengestellt und im Bild 7.43 skizziert. Dabei ist das Rechteckfenster nur der Vollständigkeit halber angegeben. Die Anwendung des Rechteckfensters verändert die Ausgangsimpulsantwort nicht und führt zur Fourier-Approximation.

Von besonderer Bedeutung ist die Gewichtsfunktion von Kaiser. Bei $I_0(x)$ handelt es sich um die modifizierte Besselfunktion 0-ter Ordnung, die durch die in der Tabelle angegebene Reihe berechnet werden kann. In [Ab] findet der Leser auch Polynomapproximationen für $I_0(x)$.

Rechteckfenster	$w(n)=\begin{cases}1 \text{ für } 0\le n\le r\\ 0 \text{ sonst}\end{cases}$
Barlett-Fenster	$w(n)=\begin{cases}\frac{2n}{r} \text{ für } 0\le n\le \frac{r}{2}\\ 2-\frac{2n}{r} \text{ für } \frac{r}{2}<n\le r\\ 0 \text{ sonst}\end{cases}$
Hanning-Fenster	$w(n)=\begin{cases}\frac{1}{2}\left[1-\cos\left(\frac{2\pi n}{r}\right)\right] \text{ für } 0\le n\le r\\ 0 \text{ sonst}\end{cases}$
Hamming-Fenster	$w(n)=\begin{cases}0{,}54-0{,}46\cos\left(\frac{2\pi n}{r}\right) \text{ für } 0\le n\le r\\ 0 \text{ sonst}\end{cases}$
Blackman-Fenster	$w(n)=\begin{cases}0{,}42-0{,}5\cos\left(\frac{2\pi n}{r}\right)+0{,}08\cos\left(\frac{4\pi n}{r}\right) \text{ für } 0\le n\le r\\ 0 \text{ sonst}\end{cases}$
Kaiser-Fenster	$w(n)=\begin{cases}\dfrac{I_0\left(2\alpha\sqrt{\frac{n}{r}-\left(\frac{n}{r}\right)^2}\right)}{I_0(\alpha)} \text{ für } 0\le n\le r \quad mit\ I_0(x)=\sum_{\nu=1}^{\infty}\frac{(x/2)^{\nu}}{\nu!}\\ 0 \text{ sonst}\end{cases}$ A/dB: 30, 40, 50, 60, 70, 80, 90, 100 α: 2,120, 3,384, 4,538, 5,658, 6,764, 7,865, 8,960, 10,06

***Tabelle 7.2** Zusammenstellung von Fensterfunktionen*

Das besondere am Kaiser-Fenster ist der frei wählbare Parameter α, mit dem das Approximationsverhalten "gesteuert" werden kann. Insbesonders besteht durch die Wahl von α die Möglichkeit der Festlegung der "Überschwinghöhe" δ an den Unstetigkeitsstellen. In der Tabelle ist angegeben, wie groß α zu wählen ist, damit ein vorgegebener Wert $A=-20\,lg\,\delta$ eingehalten wird. So gehört z.B. zu einer "Überschwinghöhe" $\delta=0{,}01$, d.h. $A=40$ dB der Wert $\alpha=3{,}384$. Da bei der Anwendung des Kaiser-Fensters im Sperrbereich ein gleichgroßer Überschwingwert δ entsteht, hat A gleichzeitig die Bedeutung der minimalen Sperrdämpfung A_S des Systems.

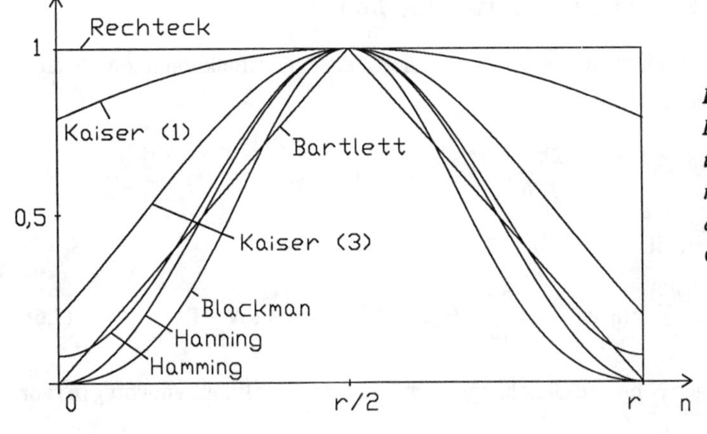

Bild 7.43
Darstellung der Fensterfunktionen (als stetige Funktionen) gemäß der Tabelle 7.2, das Kaiser-Fenster ist für $\alpha = 1$ *und* $\alpha = 3$ *dargestellt*

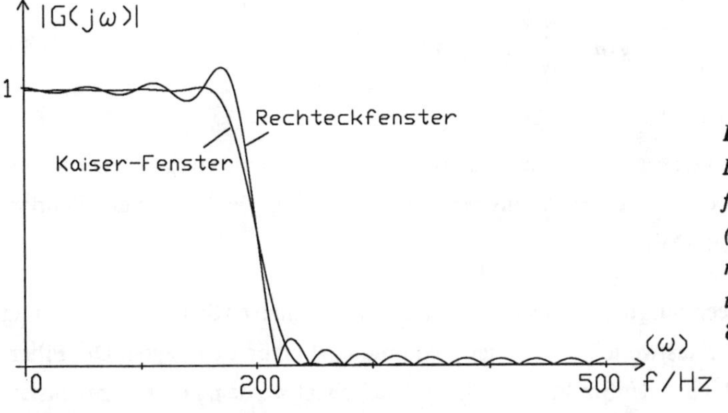

Bild 7.44
Betrag der Übertragungsfunktion eines Tiefpasses ($f_g = 200$ Hz, $f_{max} = 500$ Hz, $r = 32$) *bei einem Rechteck- und einem Kaiser-Fenster mit* $\delta = 0{,}01$ *bzw.* $\alpha = 3{,}384$

Zur Demonstration der Leistungsfähigkeit des Kaiser-Fensters ist im Bild 7.44 die Übertragungsfunktion des Tiefpasses vom Beispiel des Abschnittes 7.3.3.1 bei einem Rechteck- und einem Kaiser-Fenster dargestellt. Die Funktion mit dem Rechteckfenster ist mit der im Bild 7.42 (bei r=32) identisch. Bei dem Kaiser-Fenster wurde der Wert $\delta = 0{,}01$, d.h. $A = 40$ dB gewählt. Man erkennt das günstige Approximationsverhalten, aber auch, daß dies durch einen wesentlich weniger steilen Übergang vom Durchlaß- in den Sperrbereich "erkauft" wurde. Dies kann natürlich durch eine Graderhöhung wieder ausgeglichen werden. Das Programm NICHTREKURSIVE DIGITALE FILTER unterstützt die in der Tabelle 7.2 angegebenen Fensterfunktionen.

7.3.4 Bemerkungen zu weiteren Entwurfsmethoden

Bei dem **Frequenzabtastverfahren** betrachtet man die Übertragungsfunktion nur an N äquidistanten Frequenzwerten

$$\omega_\nu = \frac{2\pi}{T}\frac{\nu}{N}, \quad \nu = 0 \ldots N-1.$$

An diesen Frequenzwerten gilt

$$G(j\omega_\nu) = \sum_{n=0}^{N-1} g(n) e^{-jn\omega_\nu T} = \sum_{n=0}^{N-1} g(n) e^{-j\nu n 2\pi/N}, \quad \nu = 0 \ldots N-1. \tag{7.68}$$

Mit dieser Beziehung liegen N lineare Gleichungen zur Ermittlung der Impulsantwort $g(n)$ vor. Die Lösung lautet

$$g(n) = \frac{1}{N} \sum_{\nu=0}^{N-1} G(j\omega_\nu) e^{j\nu n 2\pi/N}. \tag{7.69}$$

Hinweis:
$G(j\omega_\nu)$ nach Gl. 7.68 kann als sogenannte diskrete Fourier-Transformierte von $g(n)$ interpretiert werden. Gl. 7.69 ist dann die Rücktransformationsbeziehung der diskreten Fourier-Transformation (siehe z.B. [Mi]).

Gl. 7.69 gestattet die Berechnung der Impulsantwort eines nichtrekursiven Systems der Ordnung $r = N-1$, wenn die N "Abtastwerte" $G(j\omega_\nu)$ der Übertragungsfunktion vorliegen. Die Filterschaltung kann dann z.B. nach der Struktur im Bild 7.4 aufgebaut werden. Das Filter realisiert die Übertragungsfunktion an den vorgegebenen Stützstellen exakt. Solange es sich bei der Wunschübertragungsfunktion um eine stetige Funktion handelt, konvergiert das Frequenzabtastverfahren (ebenso wie die Fourier-Approximation) schnell mit wachsendem Filtergrad. Bei unstetigen Funktionen treten auch hier "Überschwinger" auf, die durch eine Gewichtung mit Fensterfunktionen gemildert werden können.

Bei dem Verfahren der **Tschebyscheff-Approximation** wird dafür gesorgt, daß der Betrag der Übertragungsfunktion im Durchlaß- und Sperrbereich eine jeweils gleichgroße "Welligkeit" im Sinne von Tschebyscheff- bzw. Cauer-Filtern (Abschnitte 5.2.3, 5.2.5) aufweist. Filter dieser Art können nur mit numerischen Methoden entworfen werden (siehe z.B. [Sü]).

Schließlich kann auch noch die Methode der **schnellen Fourier-Transformation** zur Realisierung nichtrekursiver digitaler Systeme zur Anwendung kommen (siehe z.B. [Az]).

7.4 Wellendigitalfilter

7.4.1 Vorbemerkungen

Im Abschnitt 6.3.1 wurde gezeigt, daß in Widerstände eingebettete verlustfreie Zweitorschaltungen besonders günstige Toleranzeigenschaften aufweisen. Dies hat zur Entwicklung von aktiven Filtern geführt, die diese Schaltungen "nachbilden", wobei die günstigen Toleranzeigenschaften prinzipiell erhalten bleiben (Referenzfiltertypen, Abschnitt 6.3). Es stellt sich die Frage, ob man den Entwurf digitaler Filter ebenfalls auf passive Referenzfilter zurückführen kann. Dabei wäre zu erwarten, daß digitale Schaltungen entstehen, bei denen sich zumindest die Begrenzung der Wortlänge bei den Filterkoeffizienten günstiger als z.B. bei den Kaskadenstrukturen auswirkt. Als Weg zum Entwurf solcher Filter würde sich zunächst anbieten, daß die Dämpfungsvorschrift für das digitale System nach der Bilinear-Methode in die eines analogen Systems transformiert wird. Danach wäre eine entsprechende passive Schaltung zu entwerfen, aus der unter Anwendung der Bilinear-Transformation eine digitale Schaltung gewonnen wird. Das könnte beispielsweise so geschehen, daß die Umsetzung der Schaltung in eine Leapfrog-Struktur erfolgt, bei der die frequenzabhängigen Blöcke durch die Bilinear-Transformation in digitale Schaltungen umgewandelt werden (siehe z.B. die Schaltungen 6.36, 6.37 im Abschnitt 6.3.4.3). Man kann leicht zeigen (siehe z.B. [Wu]), daß dieser Weg nicht zum Ziel führt, weil hierbei verzögerungsfreie Schleifen nicht vermieden werden können und die so entworfenen Schaltungen nicht realisierbar sind (vgl. hierzu die Ausführungen im Abschnitt 7.1.1). Ein Ausweg aus dieser Situation bietet ein von Fettweis ca. 1971 entwikkeltes Verfahren, bei dem die Zweipole in der passiven Referenzschaltung nicht durch Strom-Spannungsbeziehungen, sondern durch Wellengrößen beschrieben werden. Die nach diesem Verfahren entstehenden Filter werden **Wellendigitalfilter** (Abkürzung WDF) genannt. Die geringe Toleranzempfindlichkeit der Referenzschaltung wirkt sich bei Wellendigitalfiltern in einer geringen Empfindlichkeit bei Wortlängenreduktionen der Filterkoeffizienten aus. Dies bedeutet oft eine deutlich kleinere erforderliche Wortlänge im Vergleich zur Realisierung als Kaskaden- oder Parallelstruktur. Darüber hinaus verhalten sich Wellendigitalfilter oft auch bei Grenzzyklen und Überlaufschwingungen günstiger als andere Schaltungen.

Eine ausführliche Behandlung von Wellendigitalfiltern würde weit über den Rahmen dieses Buches hinausgehen. In den folgenden beiden Abschnitten wird lediglich das Entwurfsprinzip skizziert, wobei wir uns (bei den Zweitoren) auf LC-Abzweigschaltungen beschränken. Eine ausführlichere Darstellung findet der Leser in [Wu].

7.4.2 Die Elemente eines Wellendigitalfilters

Im Abschnitt 4.1.2 wurde gezeigt, daß Zweitore nicht nur durch Strom-Spannungsbeziehungen, sondern auch durch Wellengrößen beschrieben werden können. Im Sinne der dortigen Ausführungen führen wir an dem im Bild 7.45 dargestellten Eintor (Zweipol) die Spannungswellen

$$A = U + IR, \quad B = U - IR \tag{7.70}$$

ein, wobei R ein zunächst beliebig wählbarer (positiver reller) Torwiderstand ist.

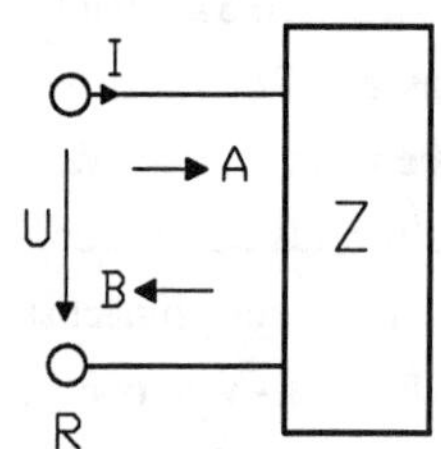

Bild 7.45
Beschreibung eines Zweipoles durch Spannungswellen gemäß Gl. 7.70

Die hier verwendeten Wellen unterscheiden sich von denen im Abschnitt 4.1.2 durch den Faktor $1/(2\sqrt{R})$ (siehe Gl. 4.1). Aufgrund der Dimensionen spricht man hier von Spannungswellen, im Abschnitt 4.1.2 auch von Leistungswellen (Grund: siehe Gl. 4.12).

Nach Addition bzw. Subtraktion der Gln. 7.70 erhält man

$$U = \frac{A+B}{2}, \quad I = \frac{A-B}{2R}, \tag{7.71}$$

es besteht also ein umkehrbar eindeutiger Zusammenhang zwischen Strom und Spannung sowie den Wellengrößen.

Als Beispiel betrachten wir eine Induktivität mit der Impedanz $Z = sL$, die mit der Bilinear-Transformation (Abschnitt 7.2.2.1) in den z-Bereich "transformiert" werden soll. Mit

$$s = \frac{2}{T}\frac{z-1}{z+1}$$

erhält man aus der Beziehung $U = sLI$

$$U = \frac{2}{T}\frac{z-1}{z+1}LI, \quad U - \frac{2L}{T}I = -\left(U + \frac{2L}{T}I\right)z^{-1},$$

und daraus mit den Spannungswellen nach Gl. 7.70

$$B = -z^{-1}A, \quad \text{Torwiderstand} \quad R = \frac{2L}{T}. \tag{7.72}$$

Im Zeitbereich bedeutet die Multiplikation mit z^{-1} eine Zeitverschiebung um T, also gilt bei der Beschreibung der Induktivität mit Wellengößen $b(n) = -a(n-1)$. Damit kann eine durch Spannungswellen beschriebene Induktivität im "zeitdiskreten" Bereich durch die links unten im Bild 7.46 skizzierte digitale Schaltung realisiert werden. In ganz entspechender Weise kann man die anderen im Bild 7.46 angegebenen Bau- und Netzwerkelemente in digitale Schaltungen umsetzen.

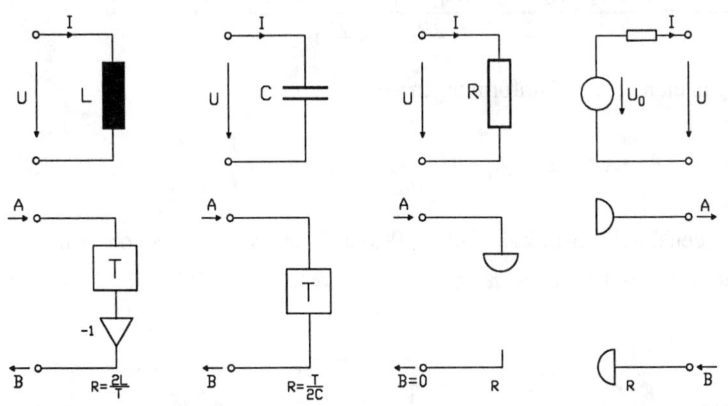

Bild 7.46 Umwandlung der Netzwerkelemente bei der Synthese von Wellendigitalfiltern

Der 1. Schritt zur Umsetzung einer passiven Schaltung besteht also darin, daß die analogen Netzwerkelemente in den z-Bereich transformiert werden, wobei Ströme und Spannungen durch Wellengrößen ersetzt werden. In einem 2. Schritt muß geklärt werden, wie die digitalen Nachbildungen zusammenzuschalten sind. Dieses Problem soll am Beispiel des Anschlusses eines Zweipoles an eine Spannungsquelle besprochen werden. Die Verbindung von der Spannungsquelle zu dem Zweipol ist links im Bild 7.47 in Form eines Zweitores dargestellt.

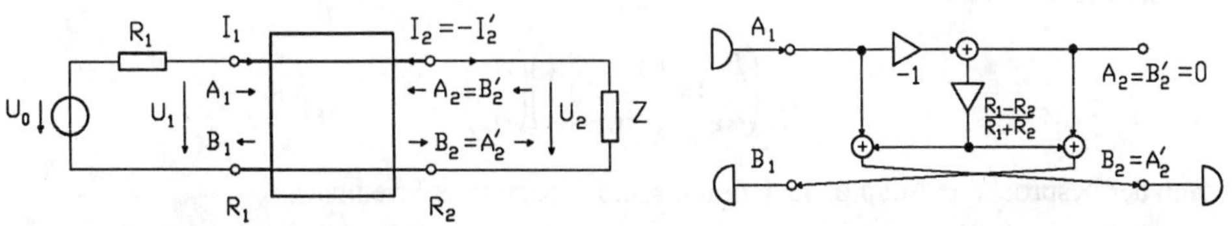

***Bild 7.47** Darstellung zur Erklärung eines Zweitorparalleladaptors und die Umsetzung der Schaltung im Falle eines Ohm'schen Abschlußwiderstandes $Z = R_2$*

Das Zweitor wird durch seine an den beiden Toren auftretenden Spannungswellen beschrieben. Die am Tor 2 austretende Welle B_2 entspricht bei der vorliegenden Schaltung der eintretenden Welle $A_2^{'}$ an dem Zweipol und die eintretende Welle A_2 der am Zweipol austreteneden Welle $B_2^{'}$. Nach Bild 7.46 (Spannungsquelle) liegt am Tor 1 der Torwiderstand R_1 vor, der Torwiderstand am Tor 2 soll R_2 sein, z.B. $R_2 = 2L/T$, wenn es sich bei der Impedanz Z um eine Induktivität handelt.

Aus den Beziehungen $U_1 = U_2$ und $I_1 = -I_2 = I_2^{'}$ erhält man mit Gl. 7.71

$$\frac{A_1+B_1}{2}=\frac{A_2^{'}+B_2^{'}}{2}=\frac{A_2+B_2}{2},\quad \frac{A_1-B_1}{2R_1}=\frac{A_2^{'}-B_2^{'}}{2R_2}=-\frac{A_2-B_2}{2R_2}$$

und hieraus nach einigen elementaren Umformungen

$$B_1 = A_2+\alpha(A_2-A_1),\quad B_2 = A_1+\alpha(A_2-A_1)\quad \text{mit}\quad \alpha=\frac{R_1-R_2}{R_1+R_2}. \tag{7.73}$$

Diese Beziehungen werden durch das links im Bild 7.48 skizzierte "Adaptorzweitor" realisiert. Man spricht von einem Zweitor-Paralleladaptor mit dem rechts im Bild 7.48 skizzierten Schaltungssymbol.

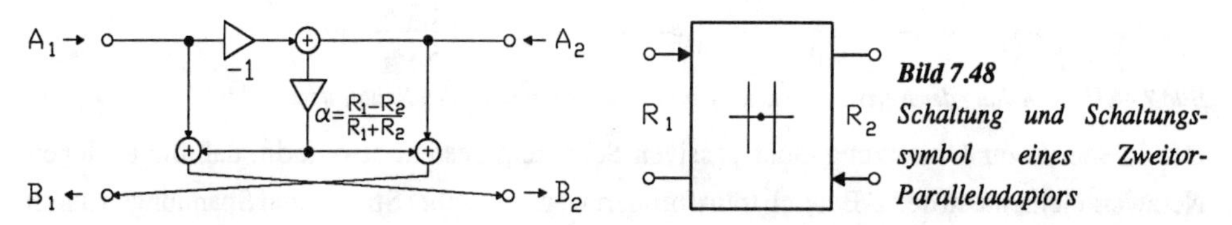

Bild 7.48 *Schaltung und Schaltungssymbol eines Zweitor-Paralleladaptors*

Im Sonderfall $R_1 = R_2$, also bei der Zusammenschaltung von Eintoren mit gleichgroßen Torwiderständen, wird $\alpha = 0$ und damit $B_2 = A_1$, $B_1 = A_2$, die digitalen "Bauelemente" können unmittelbar zusammengeschaltet werden.

Mit der Schreibweise

$$\begin{pmatrix} B_1 \\ B_2 \end{pmatrix} = \begin{pmatrix} S_{11} & S_{12} \\ S_{21} & S_{22} \end{pmatrix}\begin{pmatrix} A_1 \\ A_2 \end{pmatrix}$$

kann der besprochene Adaptor auch durch seine "Spannungs-Streumatrix"

$$\mathbf{S} = \begin{pmatrix} -\alpha & 1+\alpha \\ 1-\alpha & \alpha \end{pmatrix},\quad \alpha=\frac{R_1-R_2}{R_1+R_2} \tag{7.74}$$

beschrieben werden.

Nimmt man an, daß es sich bei dem Zweipol am Tor 2 (Bild 7.47) um einen Ohm'schen Widerstand R_2 handelt, dann erhält man durch Umsetzung der Netzwerkelemente (siehe Bild 7.46) und deren Verbindung durch den Zweitorparalleladaptor die rechts im Bild 7.47 skizzierte Schaltung. Bei dieser Schaltung ist A_1 das Ein- und B_2 das Ausgangssignal. Die analoge Schaltung hat die Übertragungsfunktion $G = U_2/U_0 = R_2/(R_1 + R_2)$. Bei der digitalen Schaltung erhält man $B_2 = A_1 - \alpha A_1 = 2A_1R_2/(R_1 + R_2)$, also hier die Übertragungsfunktion $G = B_2/A_1 = 2R_2/(R_1 + R_2)$. Eine Begründung für das Auftreten des Faktors 2 bei der digitalen Übertragungsfunktion ergibt sich aus den Ausführungen im Abschnitt 7.4.3.

Nach diesen relativ ausführlichen Erklärungen im Zusammenhang mit dem Zweitor-Paralleladaptor soll noch ganz kurz auf die besonders wichtigen Dreitoradaptoren eingegangen werden. Links im Bild 7.49 ist eine Dreitorschaltung dargestellt, dessen 3. Tor mit einer Impedanz Z abgeschlossen ist. Die Streumatrix (im z-Bereich) für dieses Dreitor lautet (siehe z.B. [Wu])

$$\mathbf{S}_P = \begin{pmatrix} \alpha_1 - 1 & \alpha_2 & 2 - \alpha_1 - \alpha_2 \\ \alpha_1 & \alpha_2 - 1 & 2 - \alpha_1 - \alpha_2 \\ \alpha_1 & \alpha_2 & 1 - \alpha_1 - \alpha_2 \end{pmatrix}, \qquad (7.75)$$
$$\alpha_1 = \frac{2G_1}{G_1 + G_2 + G_3}, \quad \alpha_2 = \frac{2G_2}{G_1 + G_2 + G_3},$$

wobei $G_\nu = 1/R_\nu$, $\nu = 1 \ldots 3$ die Torleitwerte sind. In der Bildmitte ist das Schaltungssymbol für einen Adaptor mit dieser Streumatrix angegeben, man spricht von einem **Dreitor-Paralleladaptor**. Auf die Angabe einer Realisierungsschaltung, die zwei Multiplizierer α_1 und α_2 benötigt, soll hier verzichtet werden (siehe z.B. [Wu]).

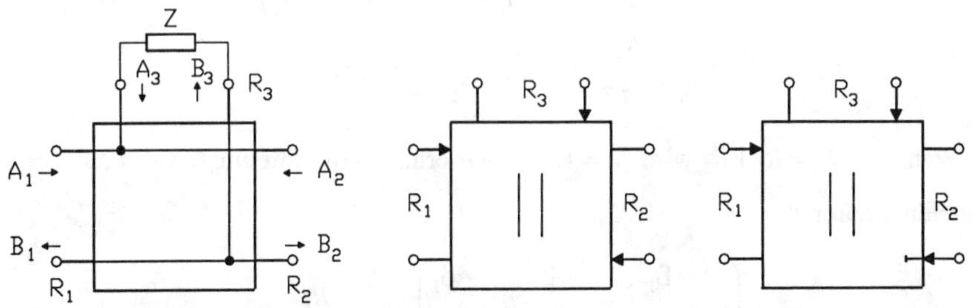

***Bild 7.49** Dreitorschaltung (links), Schaltungssymbol für den Dreitor-Paralleladaptor (Bildmitte) und das Schaltungssymbol bei Reflexionsfreiheit am Tor 2 (rechts)*

Im Falle $G_2 = G_1 + G_3$ wird $\alpha_2 = 1$, und es entsteht die Streumatrix

$$\mathbf{S}_P = \begin{pmatrix} \alpha_1 - 1 & 1 & 1-\alpha_1 \\ \alpha_1 & 0 & 1-\alpha_1 \\ \alpha_1 & 1 & -\alpha_1 \end{pmatrix}, \quad G_2 = G_1 + G_3, \quad \alpha_1 = \frac{G_1}{G_2}. \tag{7.76}$$

Diese Matrix kann durch eine Schaltung mit nur einem Multiplizierer realisiert werden. Wichtig für die späteren Anwendungen ist, daß bei diesem Adaptor die Wellengröße B_2 nicht von der Wellengröße A_2 abhängt. Aus der Beziehung $\mathbf{B} = \mathbf{SA}$ folgt im vorliegenden Fall $B_2 = \alpha_1 A_1 + (1-\alpha_1)A_3$. Man spricht von einem reflexionsfreien Tor 2 ($S_{22} = 0$) und verwendet für diesen Adaptor das rechts im Bild 7.49 dargestellte Schaltungssymbol.

Bild 7.50 zeigt links die dem **Dreitor-Serienadaptor** zugrundeliegende Schaltung und rechts die Adaptorsymbole.

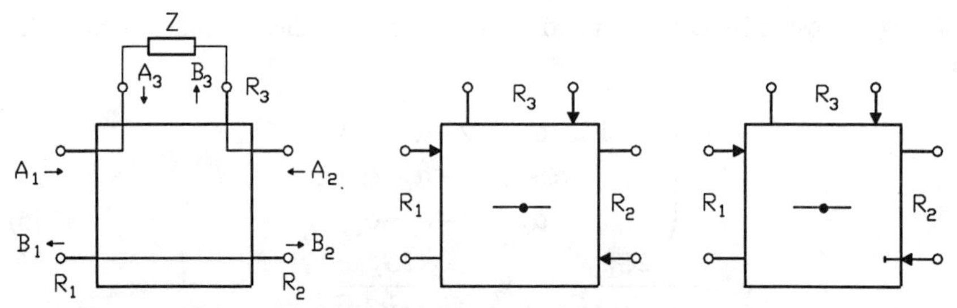

***Bild 7.50** Dreitorschaltung (links), Schaltungssymbol für den Dreitor-Serienadaptor (Bildmitte) und das Schaltungssymbol bei Reflexionsfreiheit am Tor 2 (rechts)*

Die Streumatrix lautet hier (siehe z.B. [Wu])

$$\mathbf{S}_S = \begin{pmatrix} 1-\beta_1 & -\beta_1 & -\beta_1 \\ -\beta_2 & 1-\beta_2 & -\beta_2 \\ -2+\beta_1+\beta_2 & -2+\beta_1+\beta_2 & -1+\beta_1+\beta_2 \end{pmatrix},$$
$$\beta_1 = \frac{2R_1}{R_1+R_2+R_3}, \quad \beta_2 = \frac{2R_2}{R_1+R_2+R_3}. \tag{7.77}$$

Durch die Wahl von $R_2 = R_1 + R_3$ wird $\beta_2 = 1$, und wir erhalten die Streumatrix des am Tor 2 reflexionsfreien Dreitores

$$\mathbf{S}_S = \begin{pmatrix} 1-\beta_1 & -\beta_1 & -\beta_1 \\ -1 & 0 & -1 \\ -1+\beta_1 & -1+\beta_1 & \beta_1 \end{pmatrix}, \quad \beta_1 = \frac{R_1}{R_2}. \tag{7.78}$$

Auf die Angabe von Realisierungsschaltungen soll auch hier verzichtet werden.

7.4.3 Das Entwurfsverfahren

Der **1. Schritt** zum Entwurf eines Wellendigitalfilters besteht in dem Auffinden einer geeigneten analogen Referenzschaltung. Dabei soll es sich hier um ein in Widerstände eingebettetes Zweitor mit einer LC-Abzweigschaltung handeln. Falls das digitale System ein Dämpfungstoleranzschema einhalten muß, wird dieses zunächst mit der Bilinear-Transformation in ein Dämpfungstoleranzschema für ein analoges System transformiert. Die analoge Schaltung wird dann nach dieser transformierten Vorschrift entworfen. Für die jetzt folgenden Erklärungen gehen wir von der oben im Bild 7.51 skizzierten Referenzschaltung aus. Im **2. Schritt** wird die Zweitorschaltung in Zweitore mit entweder nur Längs- oder nur Querzweigen zerlegt (Bildmitte 7.51). Dabei werden die Teilzweitore in Form von Dreitorschaltungen dargestellt, bei denen jeweils das Tor 3 durch das Bauelement abgeschlossen wird. Im **3. Schritt** erfolgt die Umsetzung in die digitale Stuktur, wobei die Bauelemente nach Bild 7.46 zu verwenden sind und die widerspruchsfreie Verknüpfung der Bauelemente mit Dreitoradaptoren erfolgt. Das Ergebnis der Umsetzung ist unten im Bild 7.51 dargestellt. Dabei wurden die beiden ersten Dreitoradaptoren reflexionsfrei am Tor 2 realisiert. Das ist wichtig, weil auf diese Weise das Auftreten verzögerungsfreier Schleifen ausgeschlossen wird. Man kann zeigen (siehe z.B. [Wu]), daß stets nur ein (beliebig auswählbarer) Adaptor mit nichtreflexionsfreien Toren zugelassen werden kann.

Aus der unten im Bild 7.51 angegebenen Schaltung erkennt man, daß das Wellendigitalfilter die Übertragungsfunktion $G = B_2/A_1$ mit der Nebenbedingung $A_2 = 0$ realisiert. Die analoge Referenzschaltung hat die Transmittanz (siehe Gl. 4.4, Abschnitt 4.1.2)

$$S_{21} = 2\sqrt{\frac{R_1}{R_2}}\frac{U_2}{U_0} = \frac{B_2}{A_1}\bigg|_{A_2=0}.$$

Dabei muß aber beachtet werden, daß die zur Definition von S_{21} verwendeten Wellen Leistungswellen und nicht Spannungswellen (wie bei den Wellendigitalfiltern) sind. Beachtet man diese unterschiedlichen Definitionen, so erhält man die Übertragungsfunktion des digitalen Systems zu

$$G = \sqrt{\frac{R_2}{R_1}}S_{21}.$$

Bei der Schaltung im Bild 7.51 liegen gleichgroße Einbettungswiderstände $R_1 = R_2$ vor, so daß hier die Übertragungsfunktion des Wellendigitalfilters mit der Transmittanz der analogen Schaltung übereinstimmt.

Beispiel

Zu entwerfen ist ein Tschebyscheff-Tiefpaß mit den Daten $f_g = 5$ kHz, $A_D = 3$ dB, $f_s = 10$ kHz, $A_S = 30$ dB, $f_{max} = 30$ kHz.

Die zugehörenden analogen Frequenzwerte erhält man nach Gl. 7.42 (Abschnitt 7.2.2.2): $f_{a_g} = 5{,}127$ kHz, $f_{a_s} = 11{,}026$ kHz. Der erforderliche Grad des analogen Tschebyscheff-Tiefpasses wird mit Gl. 5.30 (Abschnitt 5.2.3.2) $n \geq 2{,}96$, also $n = 3$. Beim Beispiel 1 des Abschnittes 5.2.3.2 wurde ein Filter mit diesen Daten berechnet, wir können die Bauelementewerte von dort übernehmen und erhalten die oben im Bild 7.51 skizzierte spulenreiche Referenzschaltung.

Entsprechend dem 2. Entwurfsschritt wird die Zweitorschaltung in Zweitore untergliedert (Bildmitte 7.51). Die Umwandlung der Spannungsquelle und den Bauelementen erfolgt nach den im Bild 7.46 zusammengestellten Ergebnissen. Für die Einbettungswiderstände wählen wir am besten die Werte 1 Ω, und damit liegen die Torwiderstände für das Quelleneintor und das Abschlußeintor fest (unterer Bildteil). Für die beiden Induktivitäten erhält man nach Bild 7.46 die Torwiderstände $R_L = 2L/T$, wobei die "wirklichen" Werte einzusetzen sind. Mit $L = L_n R_1/\omega_0$, $L_n = 3{,}355$, $\omega_0 = 2\pi f_0$, $f_0 = f_g = 5117$ Hz, $R_0 = 1\ \Omega$ und $T = 1/(2f_{max}) = 1/60000$ wird $R_L = 12{,}52\ \Omega$. Der Torwiderstand der Kapazität berechnet sich zu $R_C = T/(2C)$, mit $C = C_n/(\omega_0 R_0)$ erhalten wir $R_C = 0{,}377\ \Omega$.

Wir kommen nun zur Dimensionierung der Dreitoradaptoren. Bei dem Serienadaptor (Nr. 1) liegen die Torwiderstände für die Tore 1 und 3 fest. Wir setzen $R_2 = R_1 + R_3 = 1 + 12{,}52 = 13{,}52$ und erhalten nach Gl. 7.77 die Koeffizienten $\beta_1 = 0{,}07396$, $\beta_2 = 1$. Dies bedeutet ein reflexionsfreies Tor 2 (siehe Bild 7.51). Damit liegen für den Dreitor-Paralleladaptor (Nr. 2) die Torwiderstände $R_1 = 13{,}52$ und $R_3 = 0{,}377$ fest. Wir wählen $G_2 = G_1 + G_3 = 1/13{,}52 + 1/0{,}377 = 2{,}726$, d.h. $R_2 = 1/2{,}726 = 0{,}3668$. Nach Gl. 7.76 erhalten wir die Koeffizienten $\alpha_1 = 0{,}0271$, $\alpha_2 = 1$, auch hier besteht Reflexionsfreiheit am Tor 2. Bei dem Serienadaptor (Nr. 3) liegen alle Torwiderstände fest. Nach Gl. 7.77 erhalten wir die Koeffizienten $\beta_1 = 0{,}0528$, $\beta_2 = 0{,}144$. Auf die Angabe von Schaltungen für die Adaptoren soll hier verzichtet werden (siehe z.B. [Wu]).

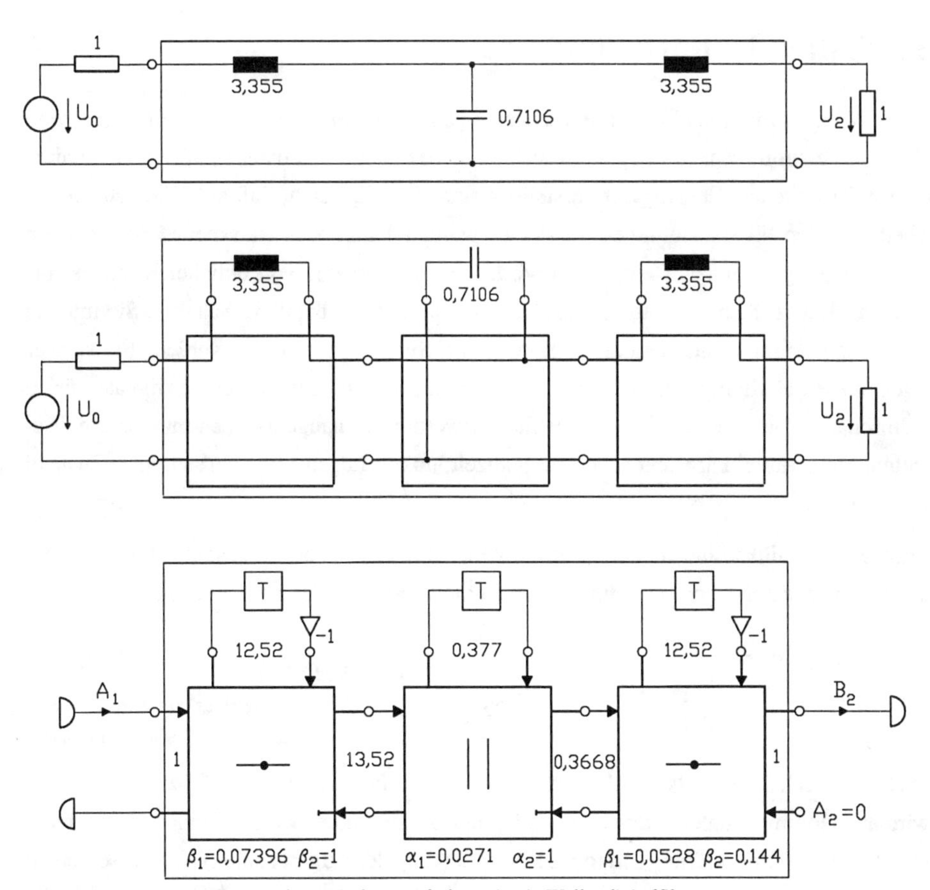

***Bild 7.51** Umsetzung einer analogen Referenzschaltung in ein Wellendigitalfilter*

Der Entwurf von Wellendigitalfiltern wird durch das Programm STANDARDFILTER (ANALOG/DIGITAL) unterstützt. Mit diesem Programm können die einzelnen Entwurfsschritte nachvollzogen werden. Dabei werden (auf Wunsch) auch die Adaptorschaltungen dargestellt. Das Programm gestattet die freie Auswahl des "unabhängigen" Adaptors (ohne reflexionsfreies Tor).

7.5 Schalter-Kondensator-Filter

Bei dem Wunsch, Filter als integrierte Bausteine zu realisieren, stößt man auf Probleme, weil mit Hilfe der monolithischen Integrationstechnik insbesondere (Halbleiter-) Widerstände nicht mit der erforderlichen Genauigkeit herstellbar sind. Es zeigt sich, daß auf Widerstände als Bauelemente der Filterschaltungen verzichtet werden kann, wenn als neues Element ein periodisch betätigter Schalter eingeführt wird. Die Bauelemente von Schalter-Kondensator-Filtern sind Kapazitäten, Operationsverstärker und periodisch betätigte Schalter. Sie müssen daher strenggenommen als periodisch zeitvariante Systeme betrachtet werden. Es ist aber möglich, diese Schaltungen als zeitinvariante Systeme aufzufassen, wenn die Signale nur zu den Umschaltzeitpunkten der Schalter betrachtet werden. Genaugenommen müssen die "Beobachtungszeitpunkte" kurz hinter den Umschaltzeitpunkten liegen, wenn der stationäre Zustand eingetreten ist.

Im Bild 5.52 ist links eine Schaltung mit einem Ohmwiderstand dargestellt, die durch die Schalter-Kondensator-Anordnung im rechten Bildteil nachgebildet werden kann.

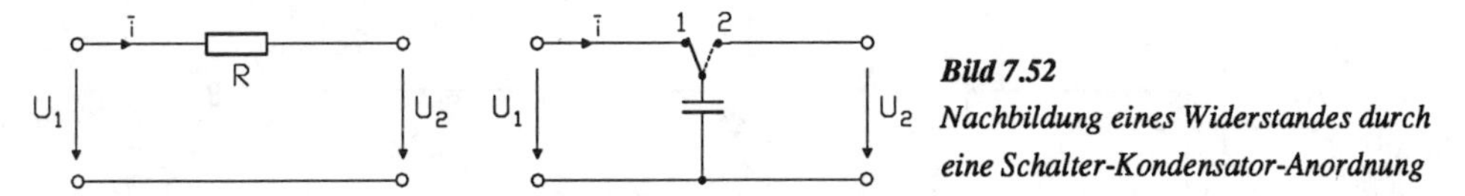

Bild 7.52
Nachbildung eines Widerstandes durch eine Schalter-Kondensator-Anordnung

Der Schalter wechselt jeweils im Abstand T von der Stellung 1 zur Stellung 2 bzw. umgekehrt. Es wird angenommen, daß die Spannungen U_1 und U_2, zumindest während einer Taktperiode, konstant bleiben. Zur Erklärung soll (ohne Einschränkung der Allgemeinheit) $U_1 > U_2$ sein. Nun nehmen wir an, daß der Schalter zunächst in der Position 2 steht und der Kondensator auf die Spannung U_2 aufgeladen ist. Bei Schalterwechsel zur Position 1 fließt dann eine Ladung

$$\Delta q = C(U_1 - U_2)$$

in den Kondensator, der sich dabei auf die Spannung U_1 auflädt.

Hinweis:
Zum physikalischen Verständnis muß man annehmen, daß in Reihe zu dem Kondensator ein kleiner Serienwiderstand liegt, der von dem Schalter und den Zuleitungen herrührt. Dieser Widerstand legt die (sehr kleine) Zeitkonstante für den Ausgleichvorgang fest.

Nach der Zeit T wechselt der Schalter erneut seine Stellung zur Position 2, und jetzt erfolgt ein "Ladungsabbau" um den gleichen Wert Δq, durch den die Kondensatorspannung wieder auf den Wert U_2 zurückgeht. Offensichtlich erfolgt (bei $U_1 > U_2$) während einer Taktperiode ein Ladungstransport vom Tor 1 zum Tor 2, und dies entspricht einem (mittleren) Strom

$$\bar{i} = \frac{\Delta q}{T} = \frac{C}{T}(U_1 - U_2) = \frac{U_1 - U_2}{R} \quad \text{mit} \quad R = \frac{T}{C}.$$

Die Anordnung rechts im Bild 7.52 verhält sich demnach im Mittel genauso wie die Schaltung mit dem Widerstand im linken Bildteil. Damit ist ein Weg zur Vermeidung von Ohmwiderständen angedeutet. Ein verlustbehaftetes Netzwerkelement R kann durch (theoretisch) verlustfreie Elemente (den Kondensator und den periodisch betätigten Schalter) ersetzt werden, wenn die Signale jeweils nur im Abstand T nach den Umschaltzeitpunkten betrachtet werden.

Im Bild 7.53 ist als einfaches Anwendungsbeispiel die Umsetzung eines invertierenden idealen Integrators in ein Schalter-Kondensator-Filter dargestellt.

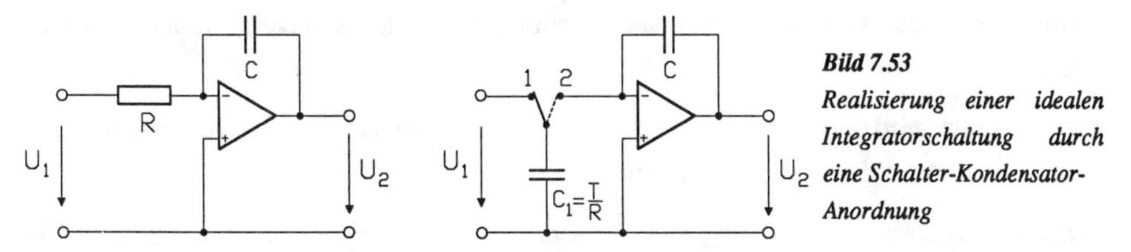

Bild 7.53
Realisierung einer idealen Integratorschaltung durch eine Schalter-Kondensator-Anordnung

Bei Schalter-Kondensator-Filtern handelt es sich um zeitdiskrete wertekontinuierliche Systeme. Sie benötigen, im Gegensatz zu digitalen Filtern, keine A/D und D/A-Wandler, so daß keine Quantisierungsfehler entstehen. Im Gegensatz zu digitalen Schaltungen muß bei ihnen auch nicht auf die Vermeidung verzögerungsfreier Schleifen geachtet werden. Der Entwurf von Schalter-Kondensator-Filtern kann in sehr vielfältiger Art durchgeführt werden. So können z.B. aktive Kaskadenschaltungen durch die Elimination der Widerstände in Schalter-Kondensator-Strukturen umgesetzt werden. Das gleiche gilt auch für die bezüglich ihrer Toleranz- und Stabilitätseigenschaften günstigen Leapfrog-Filter. Der Entwurf kann aber auch genau so wie der von digitalen Filtern erfolgen, wobei die Schaltung durch geeignete Schalter-Kondensator-Anordnungen realisiert wird.

Eine ausführlichere Darstellung dieser Materie würde den Rahmen dieses Buches weit überschreiten. Wir belassen es daher bei diesen wenigen Bemerkungen und verweisen den Leser auf die weiterführende Literatur (siehe z.B. [Un]).

Anhang: Programmbeschreibung

A.1 Allgemeine Hinweise

A.1.1 Vorbemerkungen

Das Programm **FILTER** ist als Ergänzung zu diesem Buch erhältlich. Es hat die Aufgabe, den Leser beim Entwurf von Filtern zu unterstützen. Das Programm ist als "Lernprogramm" konzipiert und erlaubt daher dem Benutzer die Entwurfsschritte soweit wie möglich selbst zu steuern und nachzuvollziehen. Oft besteht auch die Möglichkeit der Nachprüfung der ermittelten Ergebnisse. Durch die Aufrufmöglichkeit von Hilfetexten erhält der Benutzer Hinweise auf die Stellen in diesem Lehrbuch, auf die sich die gerade aktuelle Situation bezieht.

Das Programm wurde während eines längeren Zeitraumes im Rahmen von Studien- und Diplomarbeiten an der Fachhochschule Wiesbaden erstellt. Beim Aufruf des Programmes werden die Namen aller an der Programmerstellung beteiligten Studentinnen und Studenten genannt.

Das Programm wird (nach der Installation) durch die Eingabe von "FILTER" gestartet und führt zu dem im Bild A1 dargestellten Hauptmenue.

Durch die Cursortasten ↓ und ↑ wird eines der Teilprogramme markiert und dann mit ↵ (Return) gestartet. Die weiteren Schritte erfolgen durch den Anwender interaktiv über Auswahl-Menues. Mit der Taste Esc ("Eingabe löschen") kann die Bearbeitung abgebrochen und zum aufrufenden Menue zurückgekehrt werden. Bei der Eingabe von Zahlenwerten ist der "Dezimalpunkt" zu verwenden. Die einzelnen Teilprogramme werden im Abschnitt A.2 beschrieben.

Der Ausdruck von Ergebnissen kann durch die Taste Druck erfolgen. Diese Methode ist allerdings nur bei Bildschirmen im "Textmodus" uneingeschränkt anwendbar. Bildschirme im "Graphikmodus", also solche mit der Darstellung von Schaltungen und Kurvenverläufen, können auf diese Weise nur ausgedruckt werden, wenn vorher das DOS-Betriebsprogramm "GRAPHICS" geladen wurde. Informationen hierzu, und auch Hinweise auf andere Ausdruckmöglichkeiten von Graphikbildschirmen, findet der Leser in der Installationsanleitung zu dem Programm.

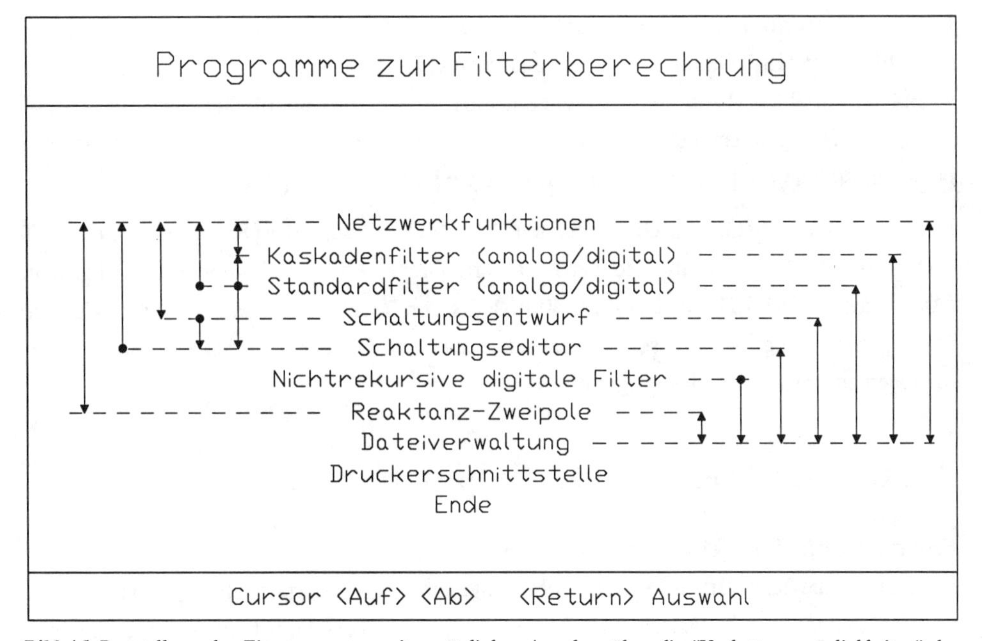

***Bild A1** Darstellung des Eingangmenues mit zusätzlichen Angaben über die "Verkettungsmöglichkeiten" der Teilprogramme*

A.1.2 Informationen über die Programmgröße und die erforderliche Geräteausstattung

Das Programm besteht aus den Dateien

FILTER.EXE	Hauptprogramm (Umfang ca. 120 KByte)
FILTER.OVR	Overlay-Datei (Umfang ca. 780 KByte)
FILTER.HLP	Hilfetext-Datei (Umfang ca. 20 KByte)
BEDIEN.TXT	Bedienungsanleitung (Umfang ca. 40 KByte)
READ.ME	Datei mit Hinweisen zur Programminstallation (Umfang ca. 6 KByte)

Bei dem ersten Aufruf des Programmes (Eingabe: FILTER) wird eine Konfigurationsdatei FILTER.CFG angelegt, in der die notwendigen Hardwareinformationen des Rechners abgespeichert werden. Falls der Benutzer bei der Arbeit mit dem Programm (erstmals) Entwurfsdaten abspeichert, wird ein Unterverzeichnis DATEN angelegt, in das die Dateien mit den Entwurfsdaten abgelegt werden.

Das Programm erfordert einen Rechner IBM XT, AT oder einen dazu kompatiblen, der mit dem Betriebssystem MS-DOS ab Version 3.0 ausgestattet ist. Im Hauptspeicher wird ein Platz von ca. 300 KByte (RAM) benötigt. Bei Rechnern, die über ein Laufwerk für Disketten mit 1,2 bzw. 1,4 MByte verfügen, kann das Programm auch mit der Diskette betrieben werden. Ansonsten ist eine Festplatte erforderlich, auf der ca. 1 MByte Platz zur Verfügung stehen muß.

Das Programm unterstützt die Graphikkarten CGA, MCGA, EGA, IBM 8514, Herkules, AT&T 400, VGA, PC 3270. Die im Rechner installierte Graphikkarte wird automatisch eingestellt (Ausnahmen: IBM 8514 und AT&T 400). Falls der Rechner über einen mathematischen Coprozessor verfügt, wird dieser automatisch mitbenutzt. Die Datei READ.ME enthält Informationen zur Installation des Programmes.

A.2 Die Beschreibung der Teilprogramme

Programmaufruf: FILTER

Im Hauptmenue (siehe Bild A1) wird anschließend durch die Cursortasten [↓], [↑] ein Programm ausgewählt und mit [↵] (Return) gestartet. Der Punkt "Druckerschnittstelle" gestattet die Festlegung der Schnittstelle, an die der Drucker angeschlossen ist. Diese Auswahl ist nur beim erstmaligen Start des Programmes durchzuführen.

A.2.1 Netzwerkfunktionen

Das Programm gestattet die Eingabe von PN-Schemata mit max. 20 Pol- und 20 Nullstellen und die Berechnung sowie Darstellung von Netzwerkfunktionen. Die theoretischen Grundlagen hierzu findet der Leser im Abschnitt 2. Im Programm Netzwerkfunktionen eingegebene Daten können an andere Teilprogramme übergeben werden. Das Programm kann auch in anderen Programmen ermittelte PN-Schemata übernehmen (siehe Bild A1).

Beim Aufruf von Netzwerkfunktionen ergeben sich unterschiedliche Situationen, je nachdem, ob das Programm unmittelbar nach dem Start von Filter ausgewählt wurde, oder erst später. Wir beschreiben hier zunächst nur den Fall des erstmaligen Aufrufes. Der Benutzer kann dann mit [F1] Daten eingeben oder mit [F2] Daten aus früher angelegten Dateien einlesen.

Bei der Dateneingabe über die Tastatur (Auswahl [F1]) stehen mehrere Eingabemöglichkeiten zur Verfügung. Die Auswahl der Eingabeart "Pol-und Nullstellen-Frequenzen/Güten" bezieht sich nur auf analoge Systeme (siehe hierzu Abschnitt 2.2.3). Bei den anderen Eingabearten ist zu unterscheiden, ob es sich um analoge, digitale Systeme oder um Reaktanzzweipolfunktionen handelt. Die eingegebenen Daten werden auf ihre Zulässigkeit geprüft und ggf. abgelehnt. Bei der Eingabe der Koeffizienten der gebrochen rationalen Übertragungsfunktion können bei der dann notwendigen Berechnung der Pol- und Nullstellen (numerische) Probleme auftreten, die zu einer Ablehnung (auch zulässiger) Eingabewerte führen.

Nach erfolgter Dateneingabe wird das PN-Schema dargestellt. Im Folgemenue besteht die Möglichkeit der Festlegung bzw. Änderung von Anfangsbedingungen für die eingegebene Übertragungsfunktion. Der Benutzer kann zwischen einer zahlenmäßigen und einer graphischen Ausgabe von Netzwerkfunktionen wählen. Berechnet bzw. dargestellt werden Betrag und Phase der Übertragungsfunktion, die Dämpfung und die Gruppenlaufzeit. Die Phase kann bei der zahlenmäßigen Ausgabe nur bis auf Vielfache von π angegeben werden. Bei der graphischen Ausgabe ist dafür zu sorgen, daß der Anfangswert der Phase auf den (physikalisch) richtigen Wert eingestellt wird (vgl. hierzu die Bemerkungen im Abschnitt 2.2.5.1).

Bei der graphischen Ausgabe kann der Frequenzmaßstab linear oder logarithmisch gewählt werden. Entsprechend den Angaben in der Informationszeile kann der x- und y-Maßstab verändert werden. Der unmittelbare Ausdruck von Kurven ist mit der Taste [Druck] möglich, wenn vor dem Programmstart das DOS-Betriebsprogramm "GRAPHICS" aufgerufen worden ist (siehe hierzu Abschnitt A.1.2). Durch die Taste [Esc] erreicht man schließlich wieder das Hauptmenue. Wenn jetzt erneut das Programm "Netzwerkfunktionen" aufgerufen wird, besteht die Möglichkeit, mit den früher eingegebenen Daten weiterzuarbeiten oder aber eine Neueingabe vorzunehmen. Die eingegebenen Daten können nach Aufruf des Programmes "Dateiverwaltung" abgespeichert und zu einem beliebigen späteren Zeitpunkt wieder eingelesen werden.

A.2.2 Kaskadenfilter (analog/digital)

Hier besteht einmal die Möglichkeit der Übernahme eines zuvor in dem Programm Netzwerkfunktionen eingegebenen PN-Schemas, oder auch die Eingabe eines Tolerazschemas für Tief- Hoch- und Bandpässe sowie Bandsperren. Es können Filter bis zum Grad 20 entworfen werden, wobei bei den (aktiven) analogen Kaskadenfiltern besondere Einschränkungen vorliegen. Falls nach dem Aufruf des Programmes "Kaskadenfilter (analog/digital)" die Frage nach der Übernahme eines PN-Schemas gestellt und verneint wird, muß der Benutzer entscheiden, ob ein analoges (aktives) oder ein digitales Kaskadenfilter entworfen werden soll.

Die theoretischen Grundlagen zum Entwurf aktiver Kaskadenfilter findet der Leser im Abschnitt 6.4. Der Entwurf der digitalen Filter erfolgt nach der im Abschnitt 7.2.2 besprochenen Bilinear-Methode.

A.2.2.1 Analoge (aktive) Kaskadenfilter

Neben der Übernahme eines PN-Schemas, das im Programm Netzwerkfunktionen eingegeben wurde, ist hier auch die Übernahme eines PN-Schemas aus dem Programm "Standardfilter" möglich, wenn dort zuvor ein passives analoges oder ein Leapfrog-Filter entworfen worden ist. Wenn kein vorhandenes PN-Schema übernommen wurde, gelangt der Benutzer zum 1. Untermenue. Dort kann mit der Taste F2 ein möglicherweise in einer Datei abgespeichertes PN-Schema eingelesen werden. Mit der Taste F3 erfolgt eine Übersicht über die verwendeten aktiven Schaltungen. Die Bezeichnungen der Schaltungen entsprechen denen in der Literaturstelle [He]. Mit der Taste F1 erfolgt der Entwurf bei Vorgabe eines Dämpfungstoleranzschemas. Man wählt zuerst aus, ob ein Tief-, Hoch-, Bandpaß oder eine Bandsperre entworfen werden soll. Nach der Auswahl ist eine Entscheidung über die Dämpfungs-Charakteristik (Butterworth, Tschebyscheff, Cauer) zu treffen. Bei einer Cauer-Charakteristik ist zusätzlich anzugeben, ob bei geradem Grad die Version a oder die Version b gewählt werden soll. Nach der Beantwortung dieser Fragen, muß der Benutzer die Daten für das entsprechende Dämpfungstoleranzschema eingeben. Falls der ermittelte (oder auch eingegebene) Filtergrad bei Bandpässen und Bandsperren nicht größer als 20 und bei Tief- und Hochpässen nicht größer als 10 ist, erscheint das PN-Schema des zu realisierenden Filters. Ab hier besteht im weiteren Entwurfverlauf kein Unterschied zu den Fall eines übernommenen oder später eingelesenen PN-Schemas.

Der nächste Bildschirm nach dem PN-Schema liefert erste Informationen darüber, ob ein Entwurf mit dem vorliegenden Programm überhaupt möglich ist. Eine Realisierung ist bei folgenden Situationen nicht durchführbar.

1. Der Filtergrad ist größer als 20.
2. Nicht alle Übertragungsnullstellen liegen auf der imaginären Achse.
3. Das PN-Schema enthält mehr als eine reelle Polstelle. Dies kann bei sehr breitbandigen Bandpässen und auch bei schmalbandigen Bandsperren zutreffen und natürlich auch dann, wenn zuvor ein soches PN-Schema eingegeben und übernommen wurde.
4. Es treten Blöcke 2. Grades mit Polgüten von mehr als 20 auf. Bei elliptischen Blöcken 2. Grades (siehe z.B. Bild 6.49, Abschnitt 6.4.2.2) darf die Polgüte den Wert 10 nicht übersteigen.

Falls die Entwurfsbedingungen erfüllt sind, wird im Folgebildschirm eine Zuordnung von Pol- und Nullstellen (nach der in der Literaturstelle [He] angegebenen Art) zu Teilfiltern 1. und 2. Grades vorgeschlagen. Es kann durchaus vorkommen, daß hierbei Blöcke mit unzulässig großen Polgüten auftreten. Der Benutzer hat die Möglichkeit einer anderen Zuordnung von Nullstellen zu den Polen. Bei unzulässig großen Polgüten muß der Benutzer versuchen, durch eine andere Zuordnung der Nullstellen auf eine realisierbare Anordnung zu kommen. Nachdem der Benutzer die Zuordnung geändert oder auch die vorgeschlagene Anordung akzeptiert hat, kann im folgenden Menue die Reihenfolge der Blöcke in der Kaskade geändert werden. Voreingestellt ist auch hier die bei [He] vorgeschlagene Anordnungsstrategie.

In den folgenden Schritten werden nacheinander die Schaltungen für die einzelnen Teilblöcke vorgestellt und dimensioniert. Wenn der Benutzer mit der Dimensionierung nicht einverstanden ist, kann er sie selbst vornehmen. Es kann vorkommen, daß eine automatische Dimensionierung nicht zum Ziel führt, dann muß der Benutzer sie selbst durchführen. In manchen Fällen wird dem Benutzer überdies eine Auswahl von Schaltungen für den gerade betrachteten Block vorgeschlagen. Zum Abschluß wird eine Liste mit der Bezeichnung und Reihenfolge der erfolgreich dimensionierten Teilfilter ausgegeben.

Im nun folgenden Entwurfsschritt erfolgt die Skalierung. Bei der 1. Skalierungsmöglichkeit werden alle Teilblöcke einzeln skaliert, so wie das im Abschnitt 6.4.1 beschrieben wird. Diese Skalierung erfordert den Einsatz zusätzlicher Trennverstärker oder auch Spannungsteiler zwischen den Teilblöcken. Bei der 2. Skalierungsart wird nur vor dem letzten Block ein Spannungsteiler oder nach dem letzten Block ein Verstärker zugeschaltet, der dafür sorgt, daß der vorgegebene konstante Faktor bei der Übertragungsfunktion eingehalten wird. Bei der Skalierung (1. Art) wird das Produkt der berechneten Skalierungsfaktoren mit dem Sollwert der Konstanten bei der Übertragungsfunktion verglichen. Falls keine hinreichend gute Übereinstimmung erreicht wird, kann eine erneute Skalierung mit erhöhter Genauigkeit erfolgen. Eine Genauigkeitsangabe erfolgt nicht, wenn das PN-Schema von dem Programm Netzwerkfunktionen übernommen wurde. Da die Skalierung für die Einhaltung der Bedingung $|G(j\omega)|_{max}=1$ sorgt, wird die vom Programm Netzwerkfunktionen übernommene Übertragungsfunktion ggf. nur bis auf einen konstanten Faktor realisiert. Die berechneten Skalierungsfaktoren werden anschließend aufgelistet. Im weiteren Ablauf werden die Trennverstärker bzw. Spannungsteiler dimensioniert und die ganze Schaltung nochmals dargestellt.

Der Benutzer kann anschließend das Programm Netzwerkfunktionen aufrufen und sich dort z.B. den Dämpfungsverlauf der entworfenen Schaltung ansehen. Er kann auch mit dem Programm Kaskadenfilter den Entwurf nochmals in einer ggf. modifizierten Art durchführen. Die Entwurfsdaten können im Programm Dateiverwaltung abgespeichert werden (siehe Abschnitt A.2.8).

A.2.2.2 Digitale Kaskadenfilter

Im 1. Untermenue kann sich der Benutzer mit der Taste [F3] die verwendeten Teilschaltungen 1. und 2. Grades ansehen. Mit der Taste [F2] kann ein möglicherweise in einer Datei abgespeichertes PN-Schema eingelesen werden. Mit der Taste [F1] erfolgt der Entwurf bei Vorgabe eines Dämpfungstoleranzschemas. Danach wählt man zuerst aus, ob ein Tief-, Hoch-, Bandpaß oder eine Bandsperre entworfen werden soll. Nach der Auswahl ist eine Entscheidung über die Dämpfungscharakteristik (Butterworth, Tschebyscheff, Cauer) zu treffen. Bei einer Cauer-Charakteristik ist zusätzlich anzugeben, ob bei geradem Grad die Version a oder b gewünscht wird. Nach Beantwortung dieser Fragen muß der Benutzer die Daten für das entsprechende Dämpfungstoleranzschema eingeben. Bei Tief- und Bandpässen besteht die Möglichkeit den Entwurf mit einer reduzierten Abtastfrequenz durchzuführen (vgl. hierzu das Beispiel 2 im Abschnitt 7.2.2.3). Falls der ermittelte Filtergrad bei Bandpässen und Bandsperren nicht größer als 20 und bei Tief- und Hochpässen nicht größer als 10 ist, erscheint das PN-Schema des zu realisierenden Filters. Ab hier besteht im weiteren Entwurfsverlauf kein Unterschied zu den Fall eines übernommenen oder später eingelesenen PN-Schemas.

Der darauf folgende Bildschirm macht einen Vorschlag für die Zusammenfassung von Pol- und Nullstellen zu Teilfiltern 1. bzw. 2. Grades. Falls der Vorschlag akzeptiert wird, kann im nächsten Schritt die Anordung der Teilblöcke in der Kaskade verändert werden. Die anschließende Skalierung (siehe hierzu Abschnitt 7.1.3.4) kann mit zwei Genauigkeitsstufen erfolgen. Die getroffene Entscheidung kann später korigiert werden, falls sich herausstellt, daß die erreichte Genauigkeit nicht ausreichend war. Bei der Berechnung der Genauigkeit wird das Produkt der Skalierungsfaktoren mit der vorgegebenen Konstanten der Übertragungsfunktion verglichen. Dieser Vergleich wird nicht durchgeführt, wenn das PN-Schema von dem Programm Netzwerkfunktionen übernommen wurde. Da die Skalierung für die Einhaltung der Bedingung $|G(j\omega)|_{max}=1$ sorgt, wird die vom Programm Netzwerkfunktionen übernommene Übertragungsfunktion ggf. nur bis auf einen konstanten Faktor realisiert.

In den folgenden Schritten werden die Schaltungen der Teilblöcke nacheinander dargestellt. Zum Abschluß folgen Informationen über die in den einzelnen Teilblöcken realisierten Pol- und Nullstellen, die Skalierungsfaktoren und die Koeffizienten der Teilfilter. Ganz zum Schluß erfolgt noch eine Information über die bei der Skalierung erreichte Genauigkeit. Auf Wunsch kann danach der Entwurf mit ggf. genauer ermittelten Skalierungsfaktoren erneut durchgeführt werden.

Der Benutzer kann anschließend das Programm Netzwerkfunktionen aufrufen und sich dort z.B. den Dämpfungsverlauf der entworfenen Schaltung ansehen. Er kann auch das Programm Kaskadenfilter erneut starten und den Entwurf in einer ggf. modifizierten Art durchführen. Die Abspeicherung der entworfenen Daten in eine Datei kann im Programm Dateiverwaltung erfolgen.

A.2.3 Standardfilter (analog/digital)

Das Programm gestattet den Entwurf von Tief-, Hoch-, Bandpässen und Bandsperren bei einem vorgegebenen Dämpfungstoleranzschema. Tief- und Hochpässe können bis zum Grad 10, Bandpässe und Bandsperren bis zum Grad 20 entworfen werden. Mit der Taste F1 wird der Entwurf passiver analoger Filter eingeleitet. Die theoretischen Grundlagen hierzu findet der Leser in den Abschnitten 5.2 bis 5.5. Grundlage ist in allen Fällen die Berechnung eines Tiefpasses (Methoden nach Abschnitt 4.4.4), aus dem die anderen Filter durch Frequenztransformation gewonnen werden. Mit der Taste F2 können Leapfrog-Filter entworfen werden (siehe Abschnitt 6.3.4). Dabei wird zunächst ein in Widerstände eingebettetes Reaktanzzweitor (wie beim Programmpunkt passive analoge Filter) ermittelt. Diese Schaltung wird danach in eine Leapfrog-Struktur umgewandelt. Mit F3 erfolgt der Entwurf von Wellendigitalfiltern (siehe Abschnitt 7.4). Auch hier wird von einer zunächst ermittelten passiven Realisierungsschaltung ausgegangen.

A.2.3.1 Passive analoge Filter

Nach der Auswahl dieses Programmpunktes ist zu entscheiden, ob ein Tief-, Hoch-, Bandpaß oder eine Bandsperre entworfen werden soll. Nach der Wahl sind die Daten für das entsprechende Dämpfungstoleranzschema einzugeben. Danach ist zu entscheiden, ob eine Betriebsübertragungsfunktion realisiert werden soll oder aber eine Übertragungsfunktion entsprechend den im Bild 4.35 (Abschnitt 4.4.4.4) angegebenen Möglichkeiten. Im weiteren Verlauf gibt es unterschiedliche Situationen. Falls die zunächst entworfene Tiefpaßschaltung einen ungeraden Grad hat, wird gefragt, ob eine spulenreiche oder spulenarme Schaltung gewünscht wird. Falls die möglichen Schaltungen jeweils gleichviele Induktivitäten und Kapazitäten enthalten (gerader Grad des zunächst entworfenen Tiefpasses), kann entschieden werden, ob die Schaltung mit einem Längs- oder Querzeig beginnen soll. Bei Filtern mit Cauer-Dämpfungscharakteristik besteht zusätzlich noch die Möglichkeit festzulegen, an welchen Stellen in der Filterschaltung die Dämpfungspole realisiert werden sollen. Auf diese Problematik wird im Abschnitt A.2.4 über den Schaltungsentwurf genauer eingegangen. Voreingestellt ist die Polabbaufolge, die in der Filtertabelle [Sa] vorgesehen ist, und die in der Regel zu Schaltungen mit positiven Bauelementewerten führt. Bei Cauer-Filtern kann das Auftreten negativer Bauelemente prinzipiell nicht ausgeschlossen werden. In einem solchen Fall erfolgt eine Meldung. Der Benutzer muß dann nachprüfen, ob bei einer anderen Polabbaufolge eine Schaltung mit positiven Bauelementen entsteht. Falls dies nicht zum Ziel führt, muß der Entwurf ohne Ergebnis abgebrochen werden. In einem solchen Fall kann der Benutzer durch Abspeicherung der Daten (im Programmm Dateiverwaltung) Informationen über die Bauelementewerte der erfolglos entworfenen (Tiefpaß-) Schaltung erhalten.

Anschließend wird die entworfene Schaltung auf dem Monitor dargestellt. Der Benutzer kann nun entscheiden, ob die Übertragungsfunktion der Schaltung und die Eingangsimpedanz bei einzelnen Frequenzwerten berechnet werden soll. Danach werden die Bauelementewerte der Schaltung aufgelistet. Er kann entscheiden, ob die Schaltung zuvor entnormiert werden soll.

Der Benutzer kann nachkontrollieren, ob die entworfene Schaltung tatsächlich die vorgeschriebene Übertragungsfunktion (oder Dämpfung) besitzt. Dazu wird das Programm Netzwerkfunktionen aufgerufen. Bei der graphischen Darstellung es Betrages der Übertragungsfunktion und der Dämpfung besteht nun **zusätzlich** die Möglichkeit, die Übertragungsfunktion bzw. Dämpfung der entworfenen Schaltung berechnen und darstellen zu lassen. Dabei stimmt eine aus dem PN-Schema ermittelte Betriebsübertragungsfunktion nur bis auf einen Faktor mit der Übertragungsfunktion der Schaltung überein. Wenn die Einbettungswiderstände der Schaltung gleich groß sind, hat dieser Faktor den Wert 0,5. Ansonsten kann man mit Hilfe der Option [W] den Faktor bequem ermitten. Durch eine geeignete Veränderung der Anfangsbedingungen (Taste [F1] im 1. Untermenue des Programmes Netzwerkfunktionen) können beide Kurven zum Vergleich "übereinandergelegt" werden.

Schließlich kann der Benutzer auch das Programm Schaltungseditor aufrufen und in der zuvor entworfenen Schaltung Änderungen vornehmen, beispielsweise Induktivitäten durch Reihenschaltungen von Induktivitäten mit (Verlust-) Widerständen ersetzen. Die Übertragungsfunktion der nun geänderten Schaltung kann danach im Programm Netzwerkfunktionen wieder mit der Übertragungsfunktion der verlustfreien Schaltung verglichen werden. Nähere Informationen über das Arbeiten mit dem Schaltungseditor erhält der Leser im Abschnitt A.2.5.

Die Daten der entworfenen Schaltung können im Programm Darteiverwaltung abgespeichert werden.

A.2.3.2 Leapfrog-Filter

Die Eingaben und die zu treffenden Entscheidungen entsprechen vollständig denen im 1. Absatz des Abschnittes A.2.3.1, mit der Ausnahme, daß eine Wahl zwischen der Realisierung einer Betriebsübertragungsfunktion und einer Übertragungsfunktion entfällt. Nach erfolgreichen Entwurfschritten wird die (in Widerstände eingebettete) anlaloge Referenzschaltung dargestellt und danach die Struktur der Leapfrog-Schaltung. Der Benutzer kann sich nun die Schaltungen der einzelnen Blöcke ansehen und dabei noch Änderungen in der Dimensionierung vornehmen. Mit dem Programm Netzwerkfunktionen können danach die (aus dem PN-Schema ermittelten) Netzwerkfunktionen der Schaltung berechnet und dargestellt werden. Die Abspeicherung der Daten der Schaltung erfolgt im Programm Dateiverwaltung.

A.2.3.3 Wellendigitalfilter

Die Eingaben entsprechen denen bei dem Entwurf von Leapfrog-Filtern, wobei zusätzlich noch die maximale Betriebsfrequenz angegeben werden muß. Nach der Darstellung der analogen Referenzschaltung folgt eine schematsische Darstellung der Schaltung des Wellendigitalfilters, wobei der Zweig mit dem uneingeschränkten Adaptor vom Benutzer ausgewählt werden kann. Danach kann sich der Benutzer die Schaltungen in den einzelnen Zweigen ansehen. Die Schaltungsdaten können im Programm Dateiverwaltung in eine Datei abgespeichert werden. Dort besteht auch noch die Möglichkeit, sich die einzelnen Adaptorschaltungen anzusehen. Im Gegensatz zu den bisher besprochenen Programmen ist ein nachträglicher Aufruf von Netzwerkfunktionen hier nicht möglich. Grund: Zur Berechnung der Netzwerkfunktionen des Wellendigitalfilters müßte dessen PN-Schema (z-Ebene) vorliegen. Dies ist hier aber nicht der Fall, weil das Wellendigitalfilter durch eine "Umwandlung" aus einer analogen passiven Schaltung gewonnen wurde.

A.2.4 Schaltungsentwurf

Mit dem Programm können Polynomtiefpässe bis zum Grad 10 entworfen werden, und Tiefpässe mit ausschließlich auf der imaginären Achse liegenden Nullstellen. Die theoretischen Grundlagen der Entwurfsverfahren findet der Leser im Abschnitt 4.4.4.

Das Programm kann ein vorhandenes (zulässiges) PN-Schema oder auch ein in einer Datei abgespeichertes PN-Schema übernehmen. Falls dies nicht geschieht, müssen die Koeffizienten der gewünschten Übertragungsfunktion über Tastatur eingegeben werden. Bei der Eingabe der Koeffizienten ist zu beachten, daß besonders bei höherem Grad etwas ungenaue Koeffizienten zu wesentlichen Abweichungen von dem theoretisch zu erwartenden Dämpfungsverlauf führen können. Es wird nachgeprüft, ob die eingegebenen Koeffizienten zu einem zulässigen PN-Schema führen. Danach ist zu entscheiden, ob eine Betriebsübertragungsfunktion oder eine Übertragungsfunktion (gemäß den Möglichkeiten im Bild 4.35, Abschnitt 4.4.4.4) realisiert werden soll. Übertragungsfunktionen können stets nur bis auf einen konstanten Faktor realisiert werden. Bei Betriebsübertragungsfunktionen wird geprüft, ob die eingegebene Funktion die Bedingung $|S_{21}| \leq 1$ erfüllt. Wenn dies nicht zutrifft, wird die Funktion mit einem Faktor skaliert, der den Maximalwert von $|S_{21}|$ auf 1 festlegt. Bei der Realisierung einer Übertragungsfunktion muß der Benutzer die Art der gewünschten Funktion festlegen.

Bei Betriebsübertragungsfunktionen wird entsprechend den Ausführungen im Abschnitt 4.4.4 ein Polynom $q(s)$ berechnet, dessen Nullstellen in bisweilen vielfältiger Art einer Funktion $f(s)$ zugeordnet werden können. Falls es nur zwei Möglichkeiten gibt, drückt sich diese Auswahlmöglichkeit bei ungeradem Grad in der Frage aus, ob eine spulenarme- oder spulenreiche Schaltung entworfen werden soll. Bei geradem Grad wird stattdessen die Frage gestellt, ob die (Reaktanz-) Zweitorschaltung mit einem Längs- oder Querzweig beginnen soll. Ansonsten hat der Benutzer die Möglichkeit, die Zuordnung der Nullstellen selbst zu steuern.

Bei Tiefpässen mit Dämpfungspolen gibt es ab dem Grad 4 verschiedene Möglichkeiten der Polabspaltung (siehe hierzu auch Abschnitt 5.2.5). Der Benutzer kann die Zuordnung selbst vornehmen. Bei Tiefpässen mit Dämpfungspolen können Schaltungen mit negativen Bauelementen entstehen. Bisweilen führt dann eine andere Abbaufolge der Dämpfungspole zu einer Schaltung mit positiven Bauelementen. Der Benutzer erhält Informationen über die nicht realisierbare Schaltung, wenn er die ermittelten Daten in einer Datei abspeichert.

Nach erfolgreichem Entwurf wird die Schaltung auf dem Monitor dargestellt. Von dieser Stelle ab bestehen die gleichen Möglichkeiten, wie sie am Ende des Abschnittes A.2.3.1 beschrieben sind.

A.2.5 Schaltungseditor

Das Programm kann in erster Linie analoge passive Abzweigschaltungen bearbeiten. Überdies hinaus besteht noch eine (eingeschränkte) Möglichkeit der Verwendung von Gyratoren und p-Impedanzkonvertern. Es sind Schaltungen mit bis zu 20 Zweigen möglich. Wenn nach dem Programmaufruf keine vorher entwickelte Schaltung übernommen werden soll, kann eine Schaltung aus einer Datei eingelesen werden. Der Benutzer kann aber auch eine Schaltung selbst entwerfen.

A.2.5.1 Die Eingabe einer Schaltung

Nach der Beantwortung, ob die Schaltung von einer Spannungs- oder Stromquelle gespeist werden soll, ist anzugeben, ob sie mit einem Längs- oder Querzweig beginnt. Danach stehen eine Reihe von Bauelementen zur Auswahl. Die Elemente R, L, C werden mit ihren Schaltungssymbolen auf dem Monitor dargestellt, andere Netzwerkelemente durch einen "Kasten" mit einigen Informationen (Hilfetaste verwenden!). In Querzweigen sind auch Übertrager, Gyratoren und p-Impedanzkonverter möglich. Nach der Auswahl sind die Bauelementewerte bzw. die Kenngrößen des betreffenden Netzwerkelementes einzugeben. Dabei ist die (einheitliche) Eingabe von normierten oder von "wirklichen" Bauelementewerten möglich. Die Eingabe der Schaltung wird mit der Taste F3 beendet. Falls die Schaltung mit einem Längszweig endet, ist die Ausgangsgröße automatisch ein Strom. Wenn die Schaltung mit einem Querzweig endet, kann der Benutzer bestimmen, ob die Ausgangsgröße eine Spannung oder ein Strom sein soll. Mit der Taste F7 (Edit-Info) und dann F5 kann sich der Benutzer über die von ihm eingegebenen Daten informieren.

Mit der Taste F7 kann eine Reihe von Änderungen eingeleitet werden. Mit F1 (ändern) kann ein Zweig geändert werden, z.B. eine Induktivität in die Reihenschaltung einer Induktivität mit einem Widerstand. Mit F2 (löschen) wird ein Zweig der Schaltung gelöscht. Mit der Taste F3 (einfügen) wird der vorher markierte Zweig danach nochmals eingefügt (kopiert). Dieser kann anschließend mit F7, F2 in die gewünschte Form abgeändert werden. Schließlich kann man mit F4 die Art der Quelle ändern. Die hier beschriebenen Editiermöglichkeiten sind in gleicher Weise auch bei übernommenen oder aus Dateien eingelesenen Schaltungen möglich. Die Eingabe und die Editiermaßnahmen werden durch die Taste F3 (Eingabe beenden) abgeschlossen. Danach ist die Frage zu beantworten, ob es sich bei den eingegebenen Bauelementewerten um normierte oder um "wirkliche" Bauelemente gehandelt hat. Falls normierte Werte eingegeben worden sind, wird der Normierungswiderstand und die Normierungsfrequenz abgefragt.

Nach Beendigung der Eingabe kann man die Übertragungsfunktion und Eingangsimpedanz der Schaltung bei einzelnen Frequenzwerten berechnen lassen. Danach wird eine Tabelle mit allen relevanten Angaben über die Schaltung ausgegeben. Diese Tabelle kann mit der "Drucktaste" ausgedruckt werden (Textbildschirm).

Nach Verlassen des Programmes Schaltungseditor kann man anschließend das Programm Netzwerkfunktionen aufrufen und sich den Betrag der Übertragungsfunktion oder die Dämpfung darstellen lassen. Im Programm Dateiverwaltung kann die Schaltung abgespeichert werden.

A.2.5.2 Die Übernahme einer schon vorhandenen Schaltung

Bei der Übernahme einer bereits vorhandenen Schaltung können mit der Taste F1 Änderungen vorgenommen werden, wie sie im Abschnitt A.2.5.1 beschrieben worden sind. Falls dies nicht geschehen soll (Taste F2), können die Bauelemente der Schaltung normiert oder entnormiert werden. Dabei ist ggf. ein Normierungswiderstand und eine Normierungsfrequenz festzulegen. Anschließend wird gefragt, ob die Übertragungsfunktion und die Eingangsimpedanz der Schaltung berechnet werden soll. Dies ist an dieser Stelle nur für jeweils einzelne Frequenzwerte möglich. Die Schaltungsdaten werden danach auf dem Monitor aufgelistet.

A.2.6 Nichtrekursive digitale Filter

Das Programm unterstützt im wesentlichen den Entwurf von linearphasigen Tiefpässen nach der Fourier-Approximation und die Verwendung von Fensterfunktionen (Abschnitt 7.3.3). Es ist als eigenständiges Programm konzipiert und kann keine Daten von anderen Programmen übernehnmen oder an sie übergeben (Ausnahme: Abspeicherung von Entwurfsdaten). Ein Grund hierfür ist auch, daß die übrigen Teilprogramme nur für Filter bis zum Grad 20 ausgelegt sind, bei nichtrekursiven digitalen Filtern sind meist viel höhere Werte üblich. Mit dem vorliegenden Programm können Filter bis zum Grad 199 entworfen werden.

A.2.6.1 Ideale Tiefpässe mit linearer Phase

Diesen Programmteil erreicht man mit der Taste F1 im 1. Untermenue. Einzugeben sind die Grenzfrequenz, die maximale Betriebsfrequenz und der Filtergrad (max. 199). Bis zu einem Grad von 20 können auf Wunsch die Nullstellen der Übertragungsfunktion berechnet und ausgegeben werden (Form: Real-, Imaginärteil, Betrag). Zusätzlich wird das PN-Schema dargestellt. In dem Folgemenue gibt es die Möglichkeit die Übertragungsfunktion für einzelne Frequenzwerte berechnen zu lassen (Taste F1), oder auch die Möglichkeit der Darstellung des Betrages der Übertragungsfunktion (Taste F2). Bei der Berechnung von Funktionswerten der Übertragungsfunktion und auch deren Darstellung, können Fensterfunktionen ausgewählt werden (siehe Bild 7.43 und Tabelle 7.2 im Abschnitt 7.3.3.2). Bei der Darstellung des Betrages der Übertragungsfunktion (Taste F2) wird zunächst die durch die Fourier-Approximation gewonnene Lösung dargestellt. Danach können einzelne Fensterfunktionen ausgewählt werden. Mit der Option [3] werden die Werte der Impulsantwort bei der zuletzt ausgewählten Fensterfunktion aufgelistet. Nach Verlassen des Programmes können die Daten in einer Datei abgespeichert werden (Programmteil Dateiverwaltung). Hierbei werden allerdings nur die Eingabedaten und (falls vorhanden) das PN-Schema übernommen.

A.2.6.2 Freie Eingabe der Impulsantwort

Bei der Wahl von [F2] im 1. Menue des Programmes wird zunächst nach der Abtastzeit des Filters und dessen Grad (maximal 199) gefragt. Danach müsen die Werte der Impulsantwort des zu entwerfenden Systems über die Tastatur eingegeben werden. Dabei werden gleichzeitig die Koeffizienten der Filterschaltung nach der Struktur im Bild 7.4 (Abschnitt 7.1.2) genannt. Auf Wunsch (und bei einem Filtergrad bis max. 20) werden nachher die Nullstellen der Übertragungsfunktion berechnet. Mit der Option [I] erhält der Benutzer noch einige weitere Informationen. Im darauf folgenden Menue kann sich der Benutzer Filterdaten bei einzelnen Frequenzen (Taste [F1]) ausgeben oder sich den Betrag der Übertragungsfunktion darstellen lassen (Taste [F2]). Die Filterdaten können in dem Programm Dateiverwaltung abgespeichert werden.

A.2.7 Reaktanz-Zweipole

Mit dem Programm können Reaktanz-Zweipolschaltungen (siehe Abschnitt 3.2) bis zum Grad 20 entworfen werden. Dabei besteht die Möglichkeit der Übernahme von (zulässigen) Daten aus dem Programm Netzwerkfunktionen, dem Einlesen von zuvor in einer Datei abgespeicherten Daten oder die Eingabe der Impedanzfunktion über die Tastatur. Bei dieser Eingabeart ist zunächst der Grad festzulegen, danach sind die Zähler- und Nennerkoeffizienten einzugeben. Bei widerpruchsfreien Eingabedaten werden die Pol- und Nullstellen der Reaktanzzweipolfunktion angezeigt. Im nächsten Menue erfolgt mit der Taste [F1] eine (schematische) Darstellung des vereinfachten PN-Schemas. Mit [F2] kann $X(\omega)$ für einzelne Frequenzwerte berechnet oder in einem Frequenzintervall dargestellt werden. Mit [F3] wird die Schaltungssynthese eingeleitet. Zur Auswahl steht die Realisierung als Partialbruchschaltung (Foster'sche Schaltungen, Abschnitt 3.2.2) und die Realisierung als Kettenbruchschaltung (Cauer 1/2, Abschnitt 3.2.3.2). In beiden Fällen ist noch zu unterscheiden, ob es sich bei der Zweipolfunktion um eine Impedanz oder Admittanz handelt. Danach werden die Bauelemente der Schaltungen berechnet und ausgegeben. Auf Wunsch wird die Schaltung entnormiert. Eine (schematische) Darstellung der Schaltungsstrukturen ist ebenfalls vorgesehen.

Die Entwurfsdaten können im Programm Dateiverwaltung abgespeichert und auch vom Programm Netzwerkfunktionen übernommen werden.

A.2.8 Dateiverwaltung

Das Programm organisiert die Verwaltung aller Daten, die in Dateien abgespeichert sind oder abgespeichert werden sollen. Die Dateien werden in einen Unterverzeichnis "DATEN" abgelegt. Je nach Situation, können mit der Option [s] Daten abgespeichert, oder mit ⏎ eingelesen werden. Außerdem besteht die Möglichkeit des Löschens und Umbenennnes von Dateien. Mit [i] erhält der Benutzer Informationen über die betreffende Datei. Die Option [k] erlaubt das Abspeichern der Funktionswerte von Kurven, die in den Programmteilen "Netzwerkfunktionen" oder "nichtrekursive digitale Filter" zuvor berechnet worden sind. Dateien mit Kurvendaten erhalten eine "Erweiterung" **.kvr**. Zweck dieser Option ist, eine Möglichkeit zu schaffen, die Kurven mit geeigneten anderen Programmen zu "bearbeiten" und in einer gewünschten Form darzustellen. Das Programm erweitert den eingegebenen Dateinamen selbständig. Aus der Erweiterung kann auf die Art der abgespeicherten Daten geschlossen werden.

A.2.8.1 Die Erweiterungen "pns", "sch" und "rzp"

Die Erweiterung "pns" bedeutet, daß Daten analoger Systeme abgespeichert sind. Ausgegeben werden auf jeden Fall die Daten des PN-Schemas. Bei Daten aus den Programmen "Schaltungsentwurf" und "Standardfilter" (im Fall "analoge passive Filter") erhält der Benutzer bei der Option [i] auf Wunsch Angaben über den Aufbau und die Bauelemente der entworfenen Schaltung (Option [S] Schaltungseditor). Bei Daten über analoge Kaskadenfilter und Leapfrogfilter besteht eine derartige Informationsmöglichkeit nicht. Diese Daten sind aber auch hier abgespeichert und können weiterverarbeitet werden (z.B. in einem Programm, das die Eingangsdaten für ein Simulationsprogramm erzeugt).

Die Erweiterung "sch" bedeutet, daß Daten einer im Programm Schaltungseditor eingegebenen Schaltung vorliegen. Mit den Optionen [i] und dann [S] kann sich der Benutzer über diese Schaltung informieren.

Dateien mit der Erweiterung "rzp" sind für Daten von Reaktanzweipolfunktionen vorgesehen und erhalten nur wenige mit der Option [i] abrufbare Informationen.

A.2.8.2 Die Erweiterungen "pnz", "ndf" und wdf"

Die Erweiterung "pnz" bedeutet, daß Daten digitaler Systeme vorliegen. Mit der Option [i] erhält man auf jeden Fall das PN-Schema und (falls vorhanden) auch Informationen über den Schaltungsaufbau.

Die Erweiterung "ndf" bedeutet nichtrekursive digitale Filter. Es sind meist nur wenige Daten abgespeichert, das PN-Schema nur, wenn der Filtergrad nicht größer als 20 ist und dieses vorher ermittelt wurde.

Die Erweiterung "wdf" kennzeichnet die Daten von Wellendigitalfiltern. Mit [i] erhält man alle Entwufsdaten des Filters. Überdies kann man sich mit der Option [A] nochmals die Schaltungen für die einzelnen Adaptoren ansehen

Literaturverzeichnis[1]

[Ab] Abramowitz, M., Segun, I.A.: Handbook of Mathematical Functions. Dover Publications, New York 1964

[Az]* Azizi, S. A.: Entwurf und Realisierung digitaler Filter. Oldenbourg Verlag München 1988

[Bo] Bosse, G.: Synthese Elektrischer Siebschaltungen.. Hirzel Verlag Stuttgart 1963

[Br] Bruton, L. T.: RC Active Circuits, Theory and Design. Prentice-Hall Englewood Cliffs 1980

[EV]* Enden van den, A. W. M., Verhoeckx, N. A. M.: Digitale Signalverarbeitung. Vieweg Verlag Wiesbaden 1990

[Fr] Fritzsche, G.: Entwurf aktiver Analogsysteme. Vieweg Verlag Wiesbaden 1980

[He] Herpy, M.: Aktive RC-Filter. Franzis Verlag München 1984

[Kl] Klein, W.: Mehrtortheorie. Akademie Verlag Berlin 1976

[La] Lacroix, A.: Digitale Filter. Oldenbourg Verlag München 1985

[Lü] Lücker, R.: Grundlagen digitaler Filter. Springer Verlag Berlin 1980

[Mi] Mildenberger, O.: System- und Signaltheorie. Vieweg Verlag Wiesbaden 1990

[Pf] Pfitzenmaier, G.: Tabellenbuch Tiefpässe. Siemens München 1971

[Ri] Rienecker, W.: Elektrische Filtertechnik. Oldenbourg Verlag München 1981

[Ru] Rupprecht, W.: Netzwerksynthese. Springer Verlag Berlin 1972

[Sa] Saal, R.: Handbuch zum Filterentwurf. AEG Frankfurt 1988

[Sü]* Schüßler, H. W.: Digitale Systeme zur Signalverarbeitung. Springer Verlag Berlin 1973

[Un]* Unbehauen, R.: Synthese elektrischer Netzwerke und Filter. Oldenbourg Verlag München 1988

[Vi] Vielhauer, P.: Passive lineare Netzwerke. Hüthig Verlag Heidelberg 1974

[Wu] Wupper, H.: Einführung in die digitale Signalverarbeitung. Hüthig Verlag Heidelberg 1989

[Zv] Zverev, A.: Handbook of Filter Syntheses. Wiley New York 1967

---

1 Im Literaturverzeichnis sind nur Bücher angegeben, auf die im Text hingewiesen wird. Die mit "*" gekennzeichneten Bücher enthalten umfangreiche Literaturangaben

Sachregister

System- und Signaltheorie

Grundlagen für das informationstechnische Studium

von Otto Mildenberger

2., verbesserte Auflage 1989. X, 248 Seiten mit 149 Abbildungen.
Kartoniert.
ISBN 3-528-13039-3

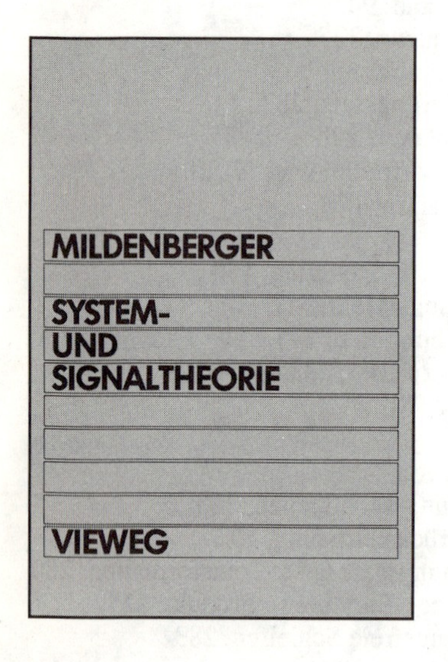

Inhalt: Grundlagen der Signal- und Sytemtheorie – Ideale Übertragungssysteme – Fourier-Transformation und Anwendungen – Laplace-Transformation und Anwendungen – Zeitdiskrete Signale und Systeme – Stochastische Signale – Lineare Systeme mit zufälligen Eingangssignalen.

Die Systemtheorie ist eine grundlegende Theorie zur Beschreibung von Signalen und Systemen der Informationstechnik. Dieses Buch gibt eine Einführung und dient als Begleitbuch zu Vorlesungen. Wohl mit dem notwendigen mathematischen Aufwand erstellt, verzichtet das Buch dennoch auf die mathematisch strenge Beweisführung zugunsten von Plausibilitätserklärungen.

Verlag Vieweg · Postfach 58 29 · D-6200 Wiesbaden